Eckard Specht • Erhard Quaisser • Patrick Bauermann (Hrsg.)

50 Jahre Bundeswettbewerb Mathematik

Die schönsten Aufgaben

50 Jahre Bundeswettbewerb Mathematik

Die schönsten Aufgaben

Eckard Specht

Erhard Quaisser

Patrick Bauermann

(Hrsg.)

2., erweiterte Auflage

Mit Beiträgen aus der
Algebra, Geometrie, Kombinatorik und Zahlentheorie
sowie über 320 Abbildungen
und einer vollständigen Zusammenstellung
aller Wettbewerbsaufgaben 1970–2020

Herausgeber

Dr. rer. nat. Eckard Specht
Institut für Physik
Otto-von-Guericke-Universität Magdeburg
Universitätsplatz 2
39106 Magdeburg
Deutschland
specht@ovgu.de

Prof. i. R. Dr. Erhard Quaisser
Knupperweg 11
14542 Werder/Havel
Deutschland
REquaisser@t-online.de

Dipl.-Math. Patrick Bauermann
Projektleiter Bundesweite Mathematik-Wettbewerbe
Kortrijker Str. 1
53117 Bonn
Deutschland
info@bundeswettbewerb-mathematik.de

Der Bundeswettbewerb Mathematik wird mit Mitteln des Bundesministeriums für Bildung und Forschung gefördert.

ISBN 978-3-662-61165-4
DOI 10.1007/978-3-662-61165-4

ISBN 978-3-662-66166-1 (eBook)

Die Deutsche Nationalbibliothek verzeichnet diese Publikation in der Deutschen Nationalbibliografie; detaillierte bibliografische Daten sind im Internet über http://dnb.d-nb.de abrufbar.

Springer Spektrum

Planung und Lektorat: Dr. Andreas Rüdinger, Bianca Alton
Layout, Satz und Abbildungen: Dr. Eckard Specht, M.Sc. Lukas Zwirner
Bildbearbeitung: Dr. Michael Specht
Einbandabbildung: Dr. Eckard Specht

Springer Spektrum ist ein Imprint der eingetragenen Gesellschaft Springer-Verlag GmbH, DE und ist ein Teil von Springer Nature.
Die Anschrift der Gesellschaft ist: Heidelberger Platz 3, 14197 Berlin, Germany

Vorwort

Der Bundeswettbewerb Mathematik (BWM) wurde Ende 1970 gestartet und zieht seitdem jährlich Hunderte Schülerinnen und Schüler in seinen Bann. Er ist in seinen ersten beiden Runden ein Hausaufgabenwettbewerb und unterscheidet sich allein schon dadurch von den meisten anderen mathematischen Wettbewerben in Deutschland. In jeder der beiden Runden werden vier Aufgaben gestellt, die sich vorzugsweise an Schülerinnen und Schüler der Klassen 9 bis 12/13 wenden. Die Aufgaben müssen in rund zweimonatiger Hausarbeit selbstständig gelöst und schriftlich ausgearbeitet werden. Alle Preisträgerinnen und Preisträger der ersten Runde sind berechtigt, an der zweiten Runde teilzunehmen. Die ersten Preisträgerinnen und Preisträger der zweiten Runde qualifizieren sich für einen abschließenden Teil des Wettbewerbs, für das so genannte Kolloquium. In diesem werden schließlich die Bundessieger ermittelt.

Weit über vier Jahrzehnte des BWM sind Anlass genug, um einmal die Frage nach den *schönsten Aufgaben* in diesem Wettbewerb zu stellen. Was aber ist eine „schöne" Aufgabe? Oft tritt bei dieser Frage keine große Verlegenheit ein. Nach einem Einblick in Lösungszugänge, etwa nach eigenem Bemühen oder anhand von ausgearbeiteten Lösungen, fällt man bald ein Urteil. Diese Einschätzungen fallen aber unterschiedlich aus, abhängig vom Kenntnisstand, von Vorlieben mathematischer Gebiete, von eigenen Erfahrungen mit Wettbewerbsaufgaben oder von Wertvorstellungen. Für die Attraktivität einer mathematischen Problemstellung sprechen folgende Aspekte:

- Die Problemstellung ist kurz, prägnant und gut verständlich. Sie weckt Neugier und Interesse, sich mit ihr eingehend zu beschäftigen, insbesondere bei offener Fragestellung.
- Die behauptete Aussage selbst oder die gewonnenen Einsichten sind unerwartet, verblüffend oder zumindest überraschend.
- Es bestehen mehrere, teils recht unterschiedliche Zugänge und Lösungswege.
- Bei Aufgaben, die sich als leicht erweisen, gibt es wenigstens einen „Pfiff", eine überraschende Einsicht oder eine Methode, die schnell zum Ziele führt.
- Die Aufgabe gestattet eine übersichtliche und straffe Darlegung der Lösung.
- Die Aufgabe bietet Anregungen zu einer breiteren Sicht der Problemstellung, zum Auffinden von Verallgemeinerungen und überhaupt zu einer intensiven Beschäftigung mit mathematischen Themen.

Das Buch gliedert sich in zwei Teile. Im ersten Teil werden 32 ansprechende Probleme einschließlich ihrer Lösungen präsentiert. Bei ihrer Auswahl sind einige langjährige Begleiter des Wettbewerbs, aber auch Teilnehmer befragt worden. Ihre Entscheidungen fielen – wie zu erwarten – recht unterschiedlich aus. Eine der Aufgaben bekam jedoch die meiste Zustimmung, nämlich *„Der Wurm und die Halbkreisscheibe"*. Sie ist somit die „Schönheitskönigin". Der zweite Teil umfasst eine vollständige Zusammenstellung aller BWM-Aufgaben 1970–2015, hiermit erstmalig in einem Band. Sie ist eine Fundgrube für jeden engagierten Problemlöser.

Das vorliegende Buch möchte einerseits Schülerinnen und Schüler, Lehrende sowie mathematisch Interessierte zur Beschäftigung mit Mathematik anregen und ein Stückchen Spaß, Freude und Liebe an mathematischen Denk- und Arbeitsweisen befördern. Andererseits soll es auch etwas Rüstzeug für eine erfolgreiche Teilnahme an mathematischen Wettbewerben vermitteln. An den Ausarbeitungen haben sich Mitglieder des Aufgabenausschusses und weitere Personen beteiligt, die mit dem BWM eng verbunden sind. In ihren Beiträgen werden unterschiedliche Herangehensweisen deutlich, und dies trägt sicherlich zum Reiz und zum Gebrauch dieser Sammlung bei.

Aufgabenvorschläge und Ideen zu Fragestellungen erreichen den Aufgabenausschuss aus unterschiedlichsten Kreisen. Nicht selten sind sie aus einer längeren Beschäftigung mit mathematischen Problemstellungen erwachsen. Meist lässt sich jedoch eine Urheberschaft nicht klar nachweisen. Ebenso lässt es sich nicht ausschließen, dass der einen oder anderen Aufgabenstellung nicht doch schon anderenorts nachgegangen worden ist. Überdies erfahren Problemstellungen, die für den BWM ausgewählt werden, mitunter in der Vorbereitung ihres Einsatzes eine radikale Neufassung. Es ist deshalb auf die Angabe der Aufgabensteller völlig verzichtet worden.

Allerdings möchten wir in Würdigung seines Wirkens hier doch eine Ausnahme machen. Herr Professor ARTHUR ENGEL, gut bekannt durch sein Buch *Problem-Solving Strategies*, ist Gründungsmitglied des BWM und hat über vierzig Jahre lang insbesondere als Mitglied des Aufgabenausschusses nachhaltig zur Gestaltung des Wettbewerbs beigetragen. Eine Vielzahl von Wettbewerbsaufgaben, auch einige der schönen, geht auf seine Vorschläge zurück. Wir möchten ihm auf diese Weise ausdrücklich für sein Wirken danken.

Den Autoren der Beiträge des vorliegenden Bandes möchten wir für ihre Bemühungen danken, die schönsten Aufgaben in nachnutzbarer Weise zu präsentieren. Wir sind der *Bildung & Begabung gemeinnützige GmbH* Bonn für die Förderung des Vorhabens zu großem Dank verpflichtet. Unser Dank gilt Herrn M.Sc. LUKAS ZWIRNER für die Mithilfe beim LaTeX-Satz und für die Anfertigung von Bildern. Ebenso danken wir unseren Mitautoren Dr. ERIC MÜLLER und Dr. HORST SEWERIN für ihr gründliches Korrekturlesen, welches wesentlich zur Verbesserung der Texte beitrug. Besonders danken wir Prof. Dr. GÜNTER M. ZIEGLER (FU Berlin) und Prof. Dr. JÖRG RAMBAU (U Bayreuth) für die freundliche Bereitstellung des LaTeX-Makropaketes, welches das besondere Layout des Buches ermöglichte. Schließlich danken wir Herrn DR. ANDREAS RÜDINGER und Frau BIANCA ALTON für die Aufnahme und freundliche Begleitung des Buchprojekts in das Programm von Springer Spektrum.

Bonn, Werder und Magdeburg, im Februar 2016   HANNS-HEINRICH LANGMANN
ERHARD QUAISSER
ECKARD SPECHT

Vorwort zur 2., erweiterten Auflage

Die Erstauflage dieses Buches hat eine sehr freundliche Aufnahme gefunden. Insbesondere wurde ihre breite Zielsetzung, die Nützlichkeit als Handreichung sowohl für Schülerinnen und Schüler als auch für Lehrer, Mentoren und Trainer wie auch seine grafisch sehr ansprechende Ausgestaltung gewürdigt.

Der *Springer-Verlag* Berlin Heidelberg, die *Bildung & Begabung gemeinnützige GmbH* Bonn als Förderer des Vorhabens sowie die Herausgeber sehen sich deshalb zu einer zweiten, erweiterten Auflage motiviert, die mit ihren acht neuen Beiträgen auch zwei in den Wettbewerben häufig auftretende mathematische Gebiete (Ungleichungen und Funktionalgleichungen) erstmals beleuchtet. Die ergänzten Aufgaben stammen größtenteils aus der jüngeren Zeit des Wettbewerbs, wobei neue Autoren gewonnen werden konnten. Der Zeitpunkt der Veröffentlichung steht in Würdigung des 50. Jahres des Bundeswettbewerbs Mathematik.

Im Teil II wird das Aufgabenverzeichnis auf den aktuellen Stand (bis einschließlich 1. Runde 2020) erweitert.

Magdeburg, Werder und Bonn, im Februar 2020   ECKARD SPECHT
ERHARD QUAISSER
PATRICK BAUERMANN

Inhaltsverzeichnis

Teil I
50 Jahre Bundeswettbewerb Mathematik

Die schönsten Aufgaben

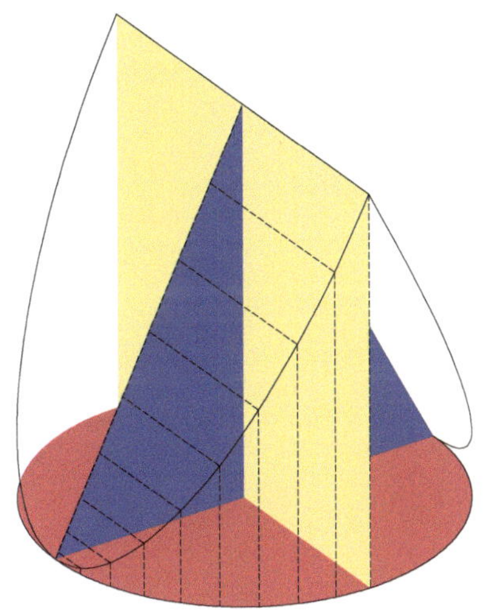

Hinweise

Die im ersten Teil präsentierten Lösungen der schönsten Aufgaben sind nach ihrer Jahreszahl geordnet. Dabei bedeutet z. B. die Bezeichnung 2008-2-3, dass diese Problemstellung im BWM 2008 in der Runde 2 als Aufgabe 3 gestellt wurde.

Die Problemstellungen im zweiten Teil wurden weitestgehend im Original übernommen, lediglich die Rechtschreibung wurde der heute üblichen angepasst. Immer wiederkehrende Hinweise und Erläuterungen, etwa dass die Richtigkeit aller gefundenen Resultate stets zu beweisen ist, wurden weggelassen. Treten Strecken *in Gleichungen* auf, so ist selbstverständlich immer deren Länge gemeint, ohne dass dies durch Betragsstriche oder/und durch einen Überstrich gekennzeichnet ist. Dasselbe gilt entsprechend für Winkelgrößen. Vektoren sind durch halbfette Schrift hervorgehoben. Alle zum Verständnis notwendigen Abkürzungen findet der Leser unten in Tabelle 1.

Zum Bundeswettbewerb Mathematik gibt es offizielle Sammlungen von Aufgaben und Lösungen (siehe Ergänzendes Literaturverzeichnis auf Seite 387).

Verwendete Abkürzungen

Tabelle 1. Häufig benutzte mathematische Symbole und Abkürzungen.

Symbol	Bedeutung
$\in, \notin$	Mitgliedschaft in einer Menge bzw. nicht enthalten in einer Menge
$\subseteq, \subset$	Teilmenge bzw. echte Teilmenge
$\cup, \cap, \setminus$	Vereinigung, Durchschnitt bzw. Differenz zweier Mengen
$a := b$	a wird definiert durch b
$\cong$	kongruent zu (bei geometrischen Figuren)
$\parallel, \nparallel$	parallel zu bzw. nicht parallel zu
$\equiv$	kongruent: $a \equiv b \bmod c$ bedeutet, dass $a - b$ durch c teilbar ist
$a \bmod p$	sprich: „a *modulo* p", Rest von a bei Division durch p
$n!$	sprich: „n *Fakultät*" $= 1 \cdot 2 \cdot \ldots \cdot n$
$|x|$	absoluter Betrag von x
$\lfloor x \rfloor, \lceil x \rceil$	größte ganze Zahl $\leq x$ bzw. kleinste ganze Zahl $\geq x$
$(a, b),]a, b[$	offenes Intervall, bestehend aus allen x mit $a < x < b$
$[a, b), [a, b[$	rechtsseitig halboffenes Intervall, bestehend aus allen x mit $a \leq x < b$
$(a, b],]a, b]$	linksseitig halboffenes Intervall, bestehend aus allen x mit $a < x \leq b$
$[a, b]$	geschlossenes Intervall, bestehend aus allen x mit $a \leq x \leq b$
$\mathbb{N}_0$	Menge aller nichtnegativen ganzen Zahlen
$\mathbb{N}^*, \mathbb{N}$	Menge aller positiven ganzen Zahlen
$\mathbb{Z}, \mathbb{Q}, \mathbb{R}, \mathbb{C}$	Menge aller ganzen, rationalen, reellen bzw. komplexen Zahlen
$[ABC]$	Flächeninhalt eines Dreiecks ABC
$\blacksquare, \square$	Beginn bzw. Ende eines Beweises

Die Erste

Cornelia Wissemann-Hartmann

1. Runde 1970/71, Aufgabe 1.

An einer Tafel stehen die Zahlen 1, 2, 3, ..., 1970. Man darf irgend zwei Zahlen wegwischen und dafür ihre Differenz anschreiben. Wiederholt man diesen Vorgang genügend oft, so bleibt an der Tafel schließlich nur noch eine Zahl stehen. Es ist nachzuweisen, dass diese Zahl ungerade ist.

Historisches zum Wettbewerb. Die erste Aufgabe, welche Bürde, welche Chance! Wie spricht man die Zielgruppe richtig an, motiviert zur Mitarbeit, zum Forschen und Grübeln?

Wie es dazu gekommen ist, 1970 einen solchen Wettbewerb ins Leben zu rufen, danach habe ich versucht zu forschen. Es war zunächst eine Reihe von Gymnasiallehrern, die den Wettbewerb ins Leben riefen. Es waren: StD a. D. Dr. HERMANN FRASCH aus Stuttgart als Vorsitzender, GymnProf. ARTHUR ENGEL, damals Stuttgart, dann StD KARL METZLER aus Bad Homburg, OStD Dr. JOSEF MÜLLER aus Frankfurt und GymnProf. ERICH TEUFFEL aus Korntal. Noch bis ins Jahr 2011 stellte Prof. ENGEL dem Aufgabenausschuss die Villa des Didaktischen Seminars in Frankfurt für Tagungen zur Verfügung und war mit Rat und Ideen dabei (s. S. 298).

Auch noch heute ist es immer noch das Credo des Bundeswettbewerbs, Aufgaben zu stellen, die den Schülern der Oberstufe, also 16- bis 19-jährigen jungen Menschen, Biss abverlangen. Sie sollen sich in eine Aufgabe vertiefen, die keine schnell und leicht zu habende Lösung hat, deren Beweis Kraft und Sorgfalt kostet, die Nachdenken und Nachforschen in verschiedenen Richtungen erfordert. In einer Berufsinformationszeitschrift las ich kürzlich eine kurze Abhandlung über das Mathematikstudium. „Vergesst, was Ihr über Mathe in der Schule gelernt habt, Mathe an der Uni ist etwas ganz Anderes!" Das hat mich zunächst erschreckt, aber ich wusste aus meiner eigenen Studienzeit: das stimmt! Wenn wir wirklich Mathematiker vorbereiten wollen, ist der Bundeswettbewerb der erste Test. Schüler, die darüber nicht nachdenken wollen, die sich dieser Herausforderung nicht stellen wollen oder können, sollten sehr vorsichtig auf ein Mathestudium schauen.

Diese erste Aufgabe im Jahr 1970 erscheint mir recht leicht verglichen mit denen, die in den letzten zehn Jahren gestellt wurden; in einer Zeit, in der das Wort *Beweis* noch Alltag im Schulleben war, war sie theoretisch noch einfacher für Schüler zu lösen als heute. Mir scheint also: Der Wettbewerb ist nicht leichter geworden.

Wir wollen nun auf diese allererste Aufgabe schauen und ein wenig ergründen, wie sie anzugehen ist. Wir folgen in dieser Darstellung zwei Wegen, auf eine Lösung der Aufgabe zu blicken. Zum Ersten versuchen wir ganz direkt, eine Lösung zu finden und deren Beweis aufzuschreiben. Zum Zweiten zeigen wir am Schluss, wie die Lösung 1970 aussah. Dieser Vergleich hat dann noch einmal die Funktion, den Unterschied aufzuzeigen zwischen fertigem Beweis und eigenem Weg.

Intuitive Näherung an eine Lösung. Wir finden in dieser Aufgabe eine Art Spiel. Das motiviert Schüler immer und spielt auch heute noch eine große Rolle bei der Suche nach Problemen. Man kann zu zweit anfangen, die Aufgabenstellung auszuprobieren. So entstehen erste Ansätze und Ideen zur Lösung. Versuchen wir das hier, so wird sehr schnell deutlich, dass intuitive Lösungsansätze erfordern, dass man das Problem variiert. Wer möchte es schon mit der Zahl 1970 wirklich testen? 1969 Schritte ausführen, das wäre zu anstrengend. Und schon wird deutlich, dass sich die Aufgabenmacher bereits in der allerersten Stunde des Wettbewerbs zwei Prinzipien verschrieben haben.

Das erste lautet: Finde eine Aufgabe mit der *Jahreszahl des Wettbewerbs*, das wird auch heute immer noch praktiziert. Das zweite ist ein bekanntes Vorgehen in der Mathematik: *be wise – generalize.*

Das Schöne ist, beide hängen hier zusammen. Die Aufgabenstellung entsteht aus einer allgemeinen Aufgabe, die auf die Jahreszahl heruntergebrochen wird, um ein motivierendes Thema zu finden. Damit der Schüler die Aufgabe nun lösen kann, muss er wieder verallgemeinern. Er muss einen allgemeinen Satz beweisen und den für den Spezialfall 1970 nur anwenden. Allein das zu begreifen, ist schon ein gewaltiger Schritt in einem Schülerkopf.

Be wise – generalize. Wir tun das hier einmal exemplarisch. Wir ersetzen 1970 durch n, nennen die übrig bleibende Zahl $f(n)$ und erstellen sukzessive eine Liste für wachsendes n.

$n = 1$: Eine Zahl liegt vor, es ist keine Differenzbildung nötig, das Ergebnis ist $f(1) = 1$, eine ungerade Zahl.

$n = 2$: Zwei Zahlen liegen vor, eine Differenz ist möglich, das Ergebnis ist $f(2) = 1$, eine ungerade Zahl.

$n = 3$: Hier wird die Sache komplexer, weil wir drei Möglichkeiten finden, Differenzen zu bilden. Wir wählen die Notation, die n Zahlen anfangs in einer Tabellenzeile aufzuschreiben und jeweils die beiden Zahlen, die subtrahiert werden, gelb zu kennzeichnen. Das Ergebnis der Subtraktion wird unter die jeweils größere Zahl in die nächste Zeile der Tabelle geschrieben.

1	2	3
	1	3
		2

1	2	3
1		1
		0

1	2	3
	2	2
		0

Wir stellen fest: Das Ergebnis ist nicht eindeutig, aber es ist in allen Fällen gerade. Spätestens jetzt stellt sich die wichtige Frage: Ist die Antwort auf die gestellte Frage abhängig von der Art der Vorgehensweise? Das darf es wohl nicht. Nur gerade oder ungerade darf hier eine Rolle spielen. Außerdem fällt auf: „Differenz" ist nicht genauer erläutert, welche Zahl soll von welcher abgezogen werden? Ist die anscheinende Ungenauigkeit in der Aufgabenformulierung unwichtig? Dürfte ich auch die größere von der kleineren subtrahieren? Wir probieren und schreiben das Ergebnis jetzt nach links unter die kleinere Zahl:

1	2	3
−1		3
−4		

Nun ja, auch gerade. Also sind beliebige Differenzen zulässig.

Wir beginnen mit der Liste für $f(n)$ und notieren im Hinblick auf die beobachtete Uneindeutigkeit des Ergebnisses nur die *Parität* von $f(n)$, wir setzen hierbei u für ungerade und g für gerade:

n	1	2	3	4	5	6
Parität von $f(n)$	u	u	g			

Jeden eingefleischten Mathematiker verlässt jetzt die Lust, alle Möglichkeiten auszuprobieren. Man weiß: Man muss beweisen, dass das Ergebnis unabhängig von der Art des Rechenweges ist, also *invariant in Bezug auf die Reihenfolge*. Dieses *Invarianzprinzip* ist eine Strategie, die in der Mathematik häufig wirkungsvoll ist, und ist auch hier der Gedanke, der diese Aufgabe im Kern lösbar macht. Dieses Prinzip ist nützlich, schön und vor allem elegant.

Bei der schulischen Information der Schüler für die Wahl eines Faches Mathematik/Physik in der Stufe 8 stelle ich jedes Jahr die

„Schachaufgabe". Die Frage, ob ein Springer von der linken oberen Ecke des 8×8-Schachbretts zur rechten unteren mit Springerzügen gelangen kann, ohne ein Feld auszulassen oder mehrfach zu besuchen, findet nicht in der Unzahl der Zugmöglichkeiten ihre Antwort, sondern in der Frage nach dem Wechsel zwischen schwarzen und weißen Feldern. Die Schüler, die am nächsten Tag mit einer selbst gefundenen richtigen Antwort kommen, um die versprochene Schokolade abzuholen, und die Antwort begründen können, sind Mathematiker.

Schwarz–weiß, gerade–ungerade; das Invarianzprinzip findet Anwendung in vielen Schattierungen. Gerade und ungerade reicht hier in unserer Aufgabenstellung aus, um unsere Ergebnisobjekte zu klassifizieren. Dann probiert man nur noch schöne Wege. Ich zeige zwei für $n = 4$.

Strategie 1: immer zwei Zahlen, die nebeneinanderstehen, subtrahieren (s. nachfolgende Tabelle links).

Strategie 2: alles von der größten Zahl abziehen (s. nachfolgende Tabelle rechts).

1	2	3	4
	1	3	4
	1		1
			0

1	2	3	4
	2	3	3
		3	1
			-2

Nun, auch gerade. Wir füllen die Übersichtstabelle weiter aus und erhalten mit einer der beiden Strategien:

n	1	2	3	4	5	6	7	8
Parität von $f(n)$	u	u	g	g	u	u	g	g

Nun ist klar, was bewiesen werden muss.

(A) Die Parität des Ergebnisses $f(n)$ ist unabhängig von der Vorgehensweise.

(B) Die Parität von $f(n)$ ist abhängig von der Teilbarkeit durch 4 nach folgendem Muster:

n	$4k$	$4k + 1$	$4k + 2$	$4k + 3$
Parität von $f(n)$	g	u	u	g

■ **Beweis von (A).** Nach unseren Experimenten ist das leicht zu zeigen. Wir versehen unsere Zahlen von $f(1)$ bis $f(n)$ mit ihrer Parität (vgl. vorletzte Tabelle). An einem Beispiel erläutere ich, wie es jetzt weitergeht.

i, j und k sind beliebige natürliche Zahlen zwischen 1 und n. Jetzt wird gerechnet: $i - j$ für irgendein i. Im nächsten Schritt, in dem dieses Ergebnis verwendet wird, folgt $k - (i - j) = k - i + j$. Es entstehen also bei jedem weiteren Rechenschritt eine Wechsel-Summe der betroffenen natürlichen Zahlen. Da die Addition kommutativ ist, können wir die Zahlen der Größe nach ordnen. Unser Spiel geht jetzt so weiter, dass wir abziehen, egal was, egal wovon, sodass am Schluss herauskommt: $\pm 1 \pm 2 \pm 3 \cdots \pm n$, wobei die Vorzeichen davon abhängen, in welcher Reihenfolge abgezogen wurde. Das Ergebnis ist also die Summe von diesen n Zahlen mit irgendwelchen Vorzeichen. Nun haben wir nebenstehende Rechenregel im Kopf.

$$\left\{ \begin{array}{l} g \pm g = g \\ g \pm u = u \\ u \pm u = g \end{array} \right\}$$

Rechenregeln für die Parität.

Da nun in Abhängigkeit von n, und nur davon, eine gewisse Anzahl von geraden und eine gewisse Anzahl von ungeraden Zahlen dort steht, ist die Parität des Ergebnisses unabhängig von der Art der Vorgehensweise.　□

■ **Beweis von (B).** Mit den Überlegungen aus dem Einstieg und dem Teil (A) unseres Satzes müssen wir nur noch eine unserer Spezialstrategien anwenden. Wir zeigen zwei Wege.

Strategie 1: immer zwei Zahlen, die nebeneinanderstehen, subtrahieren.

Das Ergebnis hängt nun von n ab. Das erfordert eine Fallunterscheidung in vier Fälle.

Fall 1. $n = 4k$:

1	2	3	4	...	$n-3$	$n-2$	$n-1$	$n=4k$
	1		1	...		1		1
			0	...				0
								0

Das Ergebnis ist 0, also gerade.

Fall 2. $n = 4k + 1$:

1	2	3	4	...	$n-2$	$n-1$	$n=4k+1$
	1		1	...		1	n
			0	...		0	n
							n

Das Ergebnis ist n, also ungerade, da n ungerade.

Fall 3. $n = 4k + 2$:

1	2	3	4	...	$n-2$	$n-1$	$n=4k+2$
	1		1	...	1		1
			0	...	0		1
							1

Das Ergebnis ist 1, also ungerade.

Fall 4. $n = 4k + 3$:

1	2	3	4	...	$n-2$	$n-1$	$n=4k+3$
	1		1	...		1	n
			0	...			$n-1$
							$n-1$

Das Ergebnis ist $n - 1$, also gerade, da n ungerade. Fasst man das nun in unserer Tabelle zusammen, so ist die Behauptung bewiesen.　□

Strategie 2: alles von der größten Zahl abziehen.

Nun, das fällt noch leichter. Mit der Formel von GAUSS ergibt sich:

$$\text{Ergebnis} = n - [1 + 2 + 3 + \cdots + (n-1)] = n - \frac{(n-1)n}{2} = \frac{n}{2}(3-n).$$

Mit dieser Formel ist schnell gesehen:

Fall 1. $n = 4k$: Wenn n durch vier teilbar ist, ist das Ergebnis gerade, da dann $\frac{n}{2}$ gerade ist.

Fall 2. $n = 4k + 2$: Wenn n nicht durch vier teilbar aber gerade ist, ist $\frac{n}{2}$ ungerade, also das Ergebnis auch, da $n - 3$ auch ungerade ist.

Fall 3. $n = 4k + 3$: Wenn n ungerade ist und $n - 3$ durch vier teilbar ist, ist das Ergebnis gerade, da $\frac{n-3}{2}$ gerade ist.

Fall 4. $n = 4k + 1$: Wenn n ungerade und $n - 3$ nicht durch vier teilbar ist, ist das Ergebnis ungerade, da auch $\frac{n-3}{2}$ ungerade ist.

Das führt auf dieselbe Tabelle wie oben. Nun gilt die einfache Folgerung:

Korollar 1. *Das Spiel aus der gestellten Aufgabe endet mit einer ungeraden Zahl.*

■ **Beweis.** Die Jahreszahl 1970 ist nicht durch 4 teilbar, aber gerade, also von der Form $4k + 2$ mit $k = 492$, also ist die Ergebniszahl des Spiels ungerade.   □

Wie hat mich in meiner Studienzeit immer geärgert, wie viel Arbeit nötig ist, um ein solches Korollar vorzubereiten; ein Korollar ist dann die mühelose Ernte nach harter Arbeit an anderer Stelle. Aber hier zieht die Strategie *be wise – generalize*, wie sonst hätten wir hier einen Beweis führen können und bekommen unendlich viele Antworten kostenlos dazu, für jedes n eine.

Variationen. Diese Aufgabe hätte auch so formuliert sein können:

An einer Tafel stehen die Zahlen $1, 2, 3, \ldots, 1970$. Man darf zwei Zahlen wegwischen und dafür ihre Summe anschreiben. Wiederholt man diesen Vorgang genügend oft, so bleibt an der Tafel schließlich nur noch eine Zahl stehen. Es ist nachzuweisen, dass diese Zahl ungerade ist.

Niemand hätte das als Herausforderung angesehen. Mit der Formel von GAUSS, auf die man unmittelbar gestoßen wäre, wäre das Ergebnis unmittelbar klar gewesen. Das heißt, eine kleine Irritation, die den Blick verstellt, erschwert eine Aufgabe ungemein.

Ein letzter Gedanke. Für Schüler ist es unendlich schwer, Beweise zu finden. Der Wunsch dieses Textes ist es, eine kleine Ahnung davon zu vermitteln, wie *Beweisen* geht. Betrachtet man die Lösung dieser Aufgabe, so starteten wir mit Versuchen, fanden eine Systematik, erkannten den springenden Punkt des Teilerrestes bei Division durch 4. Dann stellt man quasi auf den Kopf, was man gedacht hat. Aus den Splittern der Erkenntnis, gewonnen durch Versuche, Ahnungen, Systematisierungen, ergibt sich ein von hinten aufgeschriebenes Ergebnis. Ein Beweis kondensiert einen Denkprozess, der ganz anders abgelaufen ist. Das zu begreifen und zu akzeptieren ist ein Sinn des Bundeswettbewerbs. Das zu üben ein zweiter. Der dritte, Herausforderungen anzunehmen.

Die Lösung von 1970. Sehr elegant, aber ohne Hilfe, die Lösung zu finden, ist die Lösung, die 1970 für diese Aufgabe zur Verfügung gestellt wurde [1]. Sie enthält neben einer Tabelle nur wenige Textzeilen:

„Wegstreichen und Differenzbildung entspricht, wenn g gerade Zahl und u ungerade Zahl bedeutet, der Verknüpfungstafel

	g	u
g	g	u
u	u	g

Die Anzahl der ungeraden Zahlen nimmt also jeweils um 2 oder nicht ab. Da sie am Anfang 985, also ungerade ist, muss die als letzte verbleibende Zahl ungerade sein.“

Auch das lässt sich natürlich verallgemeinern und führt zur selben Erkenntnis wie oben. Es gibt jedoch keinerlei Hilfe zum Entdecken des Beweises. Natürlich würden wir alle sagen, ja, das ist elegant, und zwar deshalb, weil das Invarianzprinzip ohne Schnörkel und auf direktem Wege angewendet worden ist. Aber das ist ja oft so mit Beweisen, der erste ist nicht unbedingt der eleganteste, der eleganteste ergibt sich nach vielem Nachdenken und Betrachten unterschiedlicher Wege. Hier kann man sagen, dass in der Kürze der Lösung von 1970 wohl auch die Würze liegt.

Und alles in allem: eine großartige Erste!

Literatur

1. Stifterverband für die deutsche Wissenschaft (Hrsg.): *Bundeswettbewerb Mathematik – Aufgaben und Lösungen 1970–1975*, Ernst Klett Verlag, Stuttgart 1977.

BUNDESWETTBEWERB MATHEMATIK
DES STIFTERVERBANDES
FÜR DIE DEUTSCHE WISSENSCHAFT   November 1970

BUNDESWETTBEWERB MATHEMATIK 1970/71

Der STIFTERVERBAND FÜR DIE DEUTSCHE WISSENSCHAFT veranstaltet im Schuljahr 1970/71 an den Gymnasien der Bundesrepublik einen mathematischen Wettbewerb. Alle Schüler der Klassen 11 bis 13 sind eingeladen, daran teilzunehmen.

Es werden vier Aufgaben zur Bearbeitung gestellt. Die Teilnehmer geben die Lösungen aller vier Aufgaben (Arbeiten, die nicht alle vier Aufgaben enthalten, werden nicht berücksichtigt) bis spätestens 20. Januar 1971 bei der Schulleitung ab. Auf dem Umschlag (DIN A 5) und auf **jedem** Blatt der Arbeit müssen Name, Klasse und Schule vermerkt sein.

Für richtige Lösungen mit vollständiger Darstellung des Lösungsweges werden Buchpreise vergeben. Die Preisträger werden im Laufe des Schuljahres zu einer 2. Wettbewerbsrunde aufgefordert werden. Für die 1. Preisträger der 2. Runde besteht die Möglichkeit einer finanziellen Unterstützung beim späteren Studium. Daneben werden in der 2. Runde ebenfalls Buchpreise vergeben.

Folgende Aufgaben sind zu lösen:

1. An einer Tafel stehen die Zahlen 1, 2, 3, ..., 1970. Man darf irgend zwei Zahlen wegwischen und dafür ihre Differenz anschreiben. Wiederholt man diesen Vorgang genügend oft, so bleibt an der Tafel schließlich nur noch eine Zahl stehen. Es ist nachzuweisen, daß diese Zahl ungerade ist.

2. Gegeben ist ein Stück Papier. Es wird in acht oder zwölf beliebige Stücke zerschnitten. Jedes der entstandenen Stücke darf man wieder in acht oder zwölf Stücke zerschneiden oder unzerschnitten lassen, usw. Kann man auf diese Weise 60 Stücke bekommen? Zeige, daß man jede beliebige Anzahl, die größer als 60 ist, erhalten kann!

3. Von beliebigen fünf Strecken wird lediglich vorausgesetzt, daß man jeweils drei von ihnen zu Seiten eines Dreiecks machen kann. Es ist nachzuweisen, daß mindestens eines der Dreiecke spitzwinklig ist.

4. Es sei P das links liegende, Q das rechts liegende von zwei benachbarten Feldern eines Schachbrettes aus n mal n Feldern. Auf dem linken Feld P steht ein Spielstein. Er soll über das Schachbrett bewegt werden. Als Bewegungen sind zugelassen:

          1) Versetzung auf das oben liegende Nachbarfeld,
          2) Versetzung auf das rechts liegende Nachbarfeld,
          3) Versetzung auf das links unten anstoßende Feld.

   Auf dem üblichen Schachbrett wäre also von e 5 aus nur zulässig:

          1) Versetzung nach e 6,
          2) Versetzung nach f 5,
          3) Versetzung nach d 4.

   Beweise: Für keine Zahl n kann der Stein alle Felder je einmal besuchen und seine Wanderung in Q beenden.

Original-Aufgabenblatt aus dem Jahre 1970.

Plattenlegen I

Eckard Specht

2. Runde 1972/73, Aufgabe 3.

Zum Auslegen des Fußbodens eines rechteckigen Zimmers sind rechteckige Platten des Formats 2×2 und solche des Formats 4×1 verwendet worden. Man beweise, dass das Auslegen nicht möglich ist, wenn man von der einen Sorte eine Platte weniger und von der anderen Sorte eine Platte mehr verwenden will.

Um es gleich vornweg zu sagen: Der Beweis ist eigentlich ein Dreizeiler. In [1] schafft es ARTHUR ENGEL, ihn in 45 Worte und ein Bild zu kleiden. Doch ganz so schnell wollen wir diese Aufgabe nicht abtun. Sie ist eine typische Aufgabe, bei der wir mit der Methode „Ich versuche mal, eine Lösung zu finden (hier eine Parkettierung), und schaue dann, wie ich damit zu einer Beweisidee gelange" nicht weit kommen. Denn schnell finden wir eine Lösung wie z. B. die in Bild 1 gezeigte; nehmen wir daraus eine 2×2-Platte weg, gelangen wir zur Anordnung in Bild 2.

Bild 1.

So weit, so gut. Doch wie können wir die Platten so umsortieren, dass das quadratische „Loch" in ein flächengleiches rechteckiges 4×1-Loch umgewandelt wird? Es gibt schier unzählige Möglichkeiten, das Schiebepuzzle durchzuführen, was sowieso nicht zu einem erfolgreichen Ende führt, wenn die Behauptung wahr ist. Wie also weiter machen, wenn nicht mal ein systematisches Probieren erfolgversprechend erscheint?

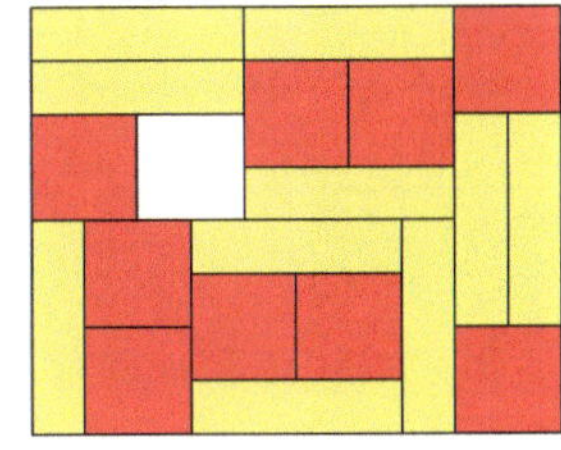

Bild 2.

Es muss selbstverständlich etwas mit der Form der Platten, also den Formaten 2×2 und 4×1, zu tun haben! Was haben jedoch beide Formate gemeinsam? Natürlich die Unterteilung in jeweils vier kleinere *Teilquadrate*. Also zeichnen wir diese Zerlegung mit ein (Bild 3).

Nun wird klar: Die Platten belegen also jeweils vier kleine zusammenhängende Quadrate in einem $n \times m$-Spielfeld (hier unser rechteckiges Zimmer), und es ist offenbar nicht egal, welches Format die Platten dabei haben dürfen. Doch wie können wir die Eigenheit beider Formate überhaupt zum Ausdruck bringen? Das ist der entscheidende Gedanke: Wir legen dazu ein *Muster* auf unser Spielfeld und versuchen, eine geeignete *Größe* zu finden, die die Lage der Platten auf dem Spielfeld beschreibt. Für das Wort

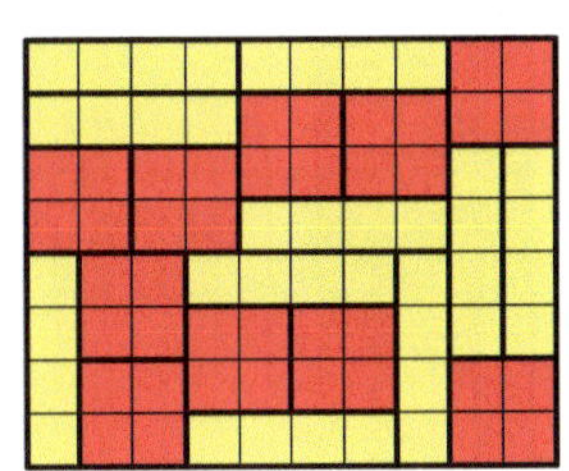

Bild 3.

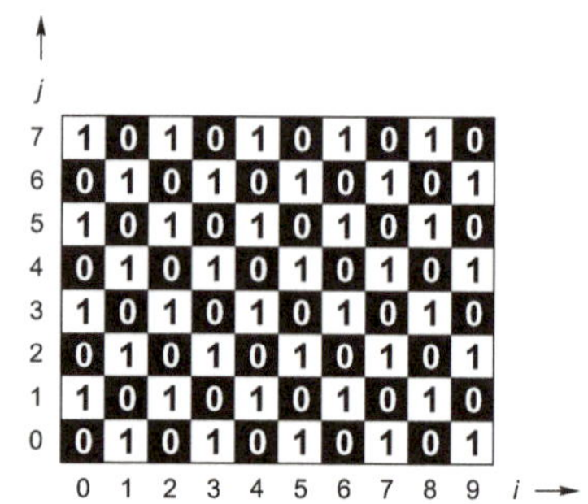

Bild 4.

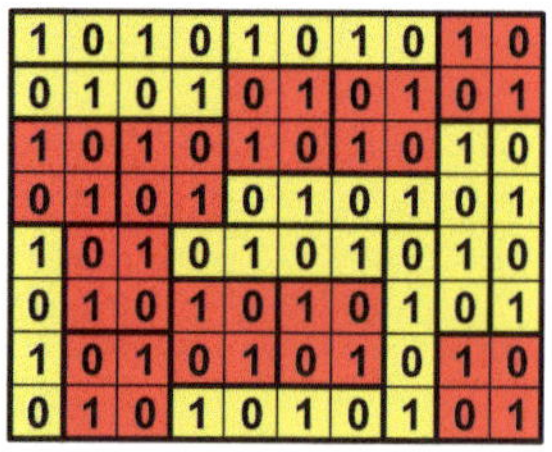

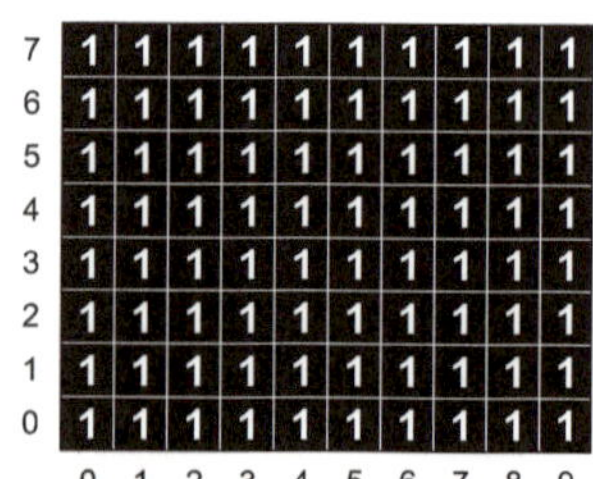

Bild 5.

„Muster" können wir auch das Wort *Färbung* oder *Charakteristik* o. ä. verwenden. Damit haben wir endlich eine Idee, mit der wir experimentieren können.

Schachbrettmuster. Das wohl einfachste Muster ist ein kariert gefärbtes Spielbrett, so wie wir es als Schachbrett kennen. Wie lässt sich dieses Muster am besten mathematisch beschreiben? Geben wir dem schwarzen Feld in der linken unteren Ecke in einem kartesischen Koordinatensystem die Koordinaten $(0, 0)$, so fällt sofort auf, dass sich die Koordinaten (i, j) (mit i, j als Spalten- bzw. Zeilenindex, Bild 4) aller schwarzen Felder dadurch auszeichnen, dass die Größe

$$C_{ij} := (i + j) \bmod 2 \qquad (1)$$

immer 0 ist, also geradzahlige *Parität* besitzt. Weiße Felder sind dagegen durch $C_{ij} = 1$ (ungeradzahlige Parität) gekennzeichnet.

Nun könnten wir auf die Idee kommen, von den Bildern 3 und 4 transparente Folien herzustellen und sie deckungsgleich übereinander zu legen, siehe Bild 5. Wir bemerken, dass für jede Platte

$$I := \sum_{(i,j)} C_{ij} \qquad (2)$$

eine charakteristische Größe ist, wobei die Laufindizes (i, j) in der Summe (2) über alle Teilquadrate der jeweiligen Platte gehen. Hier folgt offenbar $I_{2\times 2} = I_{4\times 1} = 2$, und dies unabhängig davon, wie die Platten im Koordinatensystem liegen. Dieses Ergebnis ist leider nicht zielführend, weil damit kein Unterschied zwischen beiden Plattenformaten zustande kommt. Das bedeutet jedoch nur, dass wir noch nicht das richtige Muster (1) bzw. die richtige Größe (2) gefunden haben.

Auszählmuster. Es gibt ein Muster, das eigentlich gar keines im strengen Sinne des Wortes ist:

$$C_{ij} := 1 = \text{const} \qquad (3)$$

(Bild 6). Wozu soll dieses gut sein? Wenn wir unsere Folie aus Bild 3 darüberlegen (Bild 7), ist klar, dass dieses „Muster" nur die Teilquadrate *zählt*. Es ist unmittelbar einsichtig, dass $I_{2\times 2} = I_{4\times 1} = 4$ gilt. Alles andere wäre auch schon sofort in der Aufgabenstellung „aufgeflogen", wäre dort von 2×2 und etwa 3×1-Platten die Rede gewesen. Die Erhaltung des Flächeninhalts beim Ersetzen einer Platte durch eine Platte der anderen Sorte ist trivialerweise notwendig.

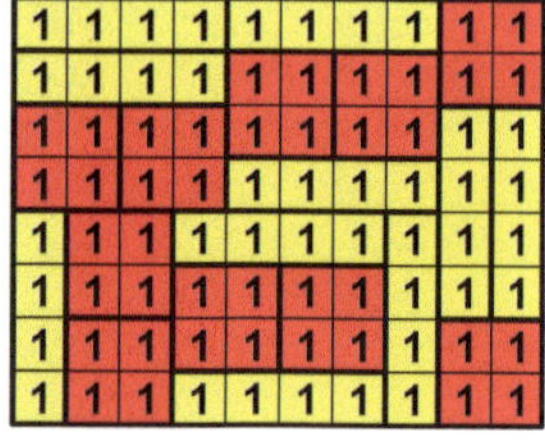

Ein unbrauchbares Muster. Um den Blick dafür zu schärfen, welche Muster überhaupt infrage kommen, soll jetzt ein – wie sich gleich herausstellen wird – unbrauchbares betrachtet werden, auf welches wir eventuell

Bild 6.

Bild 7.

bei der Mustersuche gestoßen wären[†]: Es besteht aus zwei L-förmigen Teilen der Art � und ▢xx, die zu einem 2×3-Rechteck zusammengesetzt werden. Dieses Muster ist in Bild 8 zu sehen. Für dessen mathematische Beschreibung gibt es mehrere Möglichkeiten, wir wählen die Folgende:

$$C_{ij} := \begin{cases} 0 & \text{für} \quad (i \bmod 2) + (j \bmod 3) \leq 1 \\ 1 & \text{sonst.} \end{cases} \qquad (4)$$

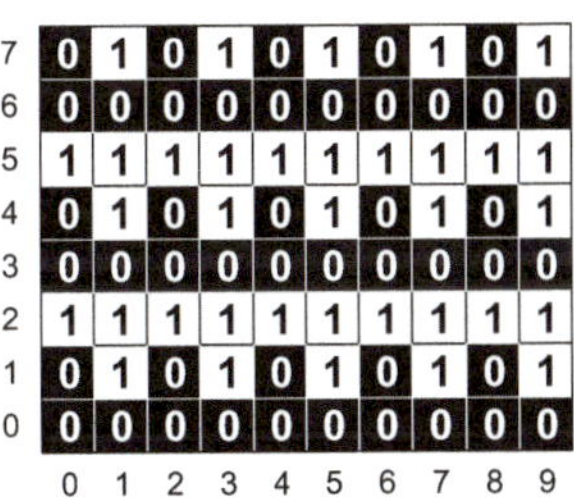

Bild 8.

Dieses Muster ist für die charakteristische Größe (2) ungeeignet, weil dabei für die Plattensorte 4×1 *alle* Werte von $I_{4\times1}$, nämlich 0 bis 4, infrage kommen (Bild 9). Diese Eigenschaft stellt sich für unseren Zweck als zu unspezifisch heraus.

Wir beginnen zu ahnen, worauf es hier ankommt: Hätten wir ein Muster, welches mit jeweils einer *Invariante* $I_{4\times1}$ bzw. $I_{2\times2}$ verknüpft ist und gilt darüber hinaus noch $I_{4\times1} \neq I_{2\times2}$, dann ist die Aufgabe gelöst. Invariant bedeutet in diesem Zusammenhang, dass die Größe (2) unabhängig von der konkreten Lage der Platte im Koordinatensystem stets denselben konstanten Wert annimmt.

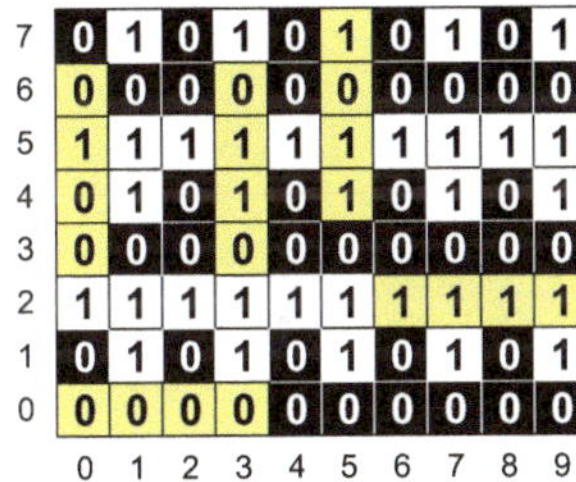

Bild 9.

Nun präsentieren wir endlich das erfolgreiche Muster. Es ist eine Zusammensetzung von ▪ und ▢▢ zu einem 2×2-Quadrat, nämlich ▪▢. Wird das Rechteck damit gepflastert, entsteht ein Muster

$$C_{ij} := \begin{cases} 1 & \text{für} \quad (i \bmod 2) + (j \bmod 2) = 0 \\ 0 & \text{sonst,} \end{cases} \qquad (5)$$

welches in Bild 10 zu sehen ist. Wir gelangen so zum

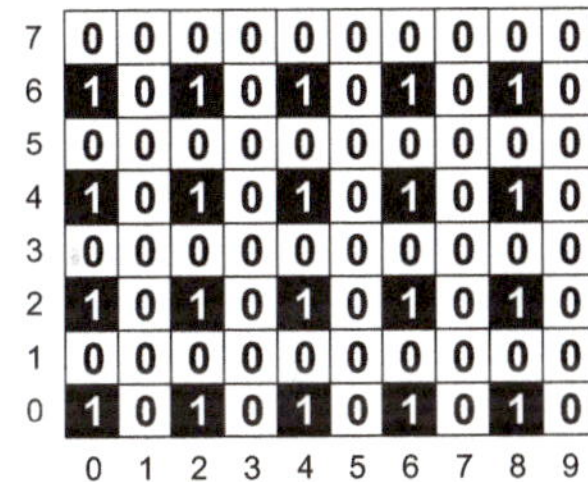

Bild 10.

■ **Beweis.** Jede 4×1-Platte liegt entweder horizontal oder vertikal im Rechteck. Ist sie horizontal angeordnet, überdeckt sie genau zwei schwarze Teilquadrate mit dem Wert „1", wenn der Zeilenindex $j \equiv 0 \bmod 2$ ist, anderenfalls kein schwarzes Teilquadrat. Dasselbe gilt für die vertikale Lage. Wir haben also $I_{4\times1} \equiv 0 \bmod 2$, d. h. geradzahlige Parität (Bild 11). Jede 2×2-Platte überdeckt dagegen genau ein schwarzes Teilquadrat mit dem Wert „1", und dies unabhängig davon, wo die Platte liegt[‡]. Somit erhalten wir $I_{2\times2} \equiv 1 \bmod 2$, also ungeradzahlige Parität.

Beim Austausch einer Platte durch eine der anderen Sorte würde demnach die Parität wechseln, was bedeutet, dass nun ein schwarzes Feld mehr oder ein schwarzes Feld weniger überdeckt werden würde. Da sich die Zimmergröße aber nicht ändert, ist ein lückenloses Auslegen nicht möglich. □

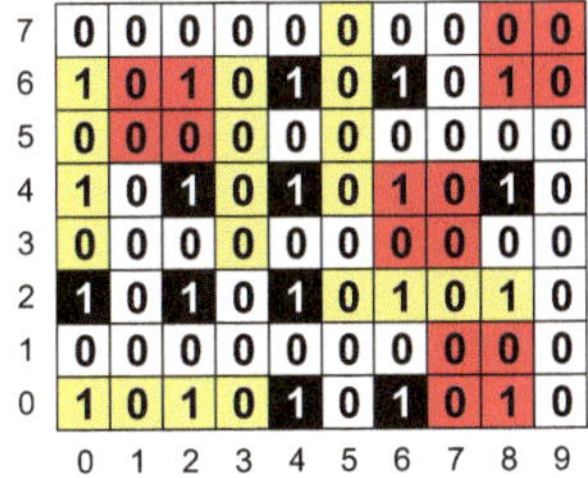

Bild 11.

[†] Es ist meistens lehrreicher, nicht nur die „Gewinner-Idee" zu präsentieren, sondern auch die erfolglosen Versuche darzustellen.

[‡] Das Muster hat eine Periodizität von 2 in beiden Richtungen. Streng genommen müssen zum Nachweis der Unabhängigkeit Fallunterscheidungen für alle möglichen Lagen modulo 2 durchgeführt werden – auch für die 4×1-Platten; wir verzichten hier darauf.

Eine physikalische Interpretation. Warum gelingt der Beweis mit (5), aber nicht mit (1), (3) oder (4)? In (3) sind die kleinsten Bausteine des Musters ▪, das Schachbrettmuster (1) ist aus den Bausteinen $\begin{smallmatrix}0&1\end{smallmatrix}$ und $\begin{smallmatrix}1&0\end{smallmatrix}$ aufgebaut, und (4) besteht aus den L-förmigen Bausteinen $\begin{smallmatrix}0&\\0&0\end{smallmatrix}$ und $\begin{smallmatrix}1&1\\&1\end{smallmatrix}$. Allen diesen Bausteinen ist gemeinsam, dass sie jeweils gleiche *Trägheitsmomente J* besitzen. Diese Größe beschreibt in der Physik den „Widerstand" eines Körpers bei einer Änderung der Winkelgeschwindigkeit während der Rotation um eine Achse. Insbesondere geht die „Massenverteilung" empfindlich in die Größe von J ein: Weiter von der Drehachse weg liegende Bestandteile des Körpers tragen weitaus mehr zum Trägheitsmoment bei als dichter an der Drehachse befindliche. Der Anteil am resultierenden Trägheitsmoment wächst nach außen quadratisch, weshalb man auch von einem *Moment 2. Ordnung* spricht.

Für unser Problem bedeutet das, dass die aus den Bausteinen ▪ und $\begin{smallmatrix}0&0\\&0\end{smallmatrix}$ zusammengesetzten Muster $\begin{smallmatrix}0&0\\1&0\end{smallmatrix}$, $\begin{smallmatrix}0&0\\0&1\end{smallmatrix}$, $\begin{smallmatrix}1&0\\0&0\end{smallmatrix}$ und $\begin{smallmatrix}0&1\\0&0\end{smallmatrix}$ das nötige unterschiedliche Moment höherer Ordnung aufweisen (auch Begriffe wie „Schiefe" oder „Asymmetrie" kennzeichnen diese Eigenschaft), dabei jedoch ein konstantes *Moment 0. Ordnung* besitzen, nämlich einen Flächeninhalt von 4. Dies war ja eine grundlegende Voraussetzung an den Austausch der Platten.

Zusatzaufgabe. *Man finde ein weiteres Muster zum Beweis der Aussage.*

Die Lösung findet sich im Anhang auf Seite 383.

Wer sich weitergehend mit „Kästchenmustern" beschäftigen möchte, dem sei das Büchlein *Polyominoes* [2] bzw. die Webseite *Polyomino* [3] empfohlen.

Literatur

1. A. ENGEL: *Problem-Solving Strategies*, Springer-Verlag, New York Berlin Heidelberg 1998, S. 28.
2. S. W. GOLOMB: *Polyominoes: Puzzles, Patterns, Problems, and Packings*, Princeton University Press 1994.
3. E. W. WEISSTEIN: *Polyomino*, From *Mathworld* – A Wolfram Web Resource, `http://mathworld.wolfram.com/Polyomino.html`

Einbahnwege im Vieleck

Robert Strich

> **1. Runde 1973/74, Aufgabe 4.**
>
> *In einem konvexen Vieleck sind alle Diagonalen gezogen. Man beweise: Jede Seite und jede Diagonale können so mit einem Pfeil versehen werden, dass in Pfeilrichtung kein geschlossener Weg aus Seiten und Diagonalen möglich ist.*

Diese vierte Aufgabe der 1. Runde aus einem der ersten Wettbewerbsdurchläufe lädt ein zum Ausprobieren. Ohne tiefere mathematische Zusammenhänge oder Hintergründe erkennen zu müssen, gelingt das Finden einer gesuchten Belegung aller Seiten und Diagonalen eines konvexen n-Ecks mit Pfeilen schnell und problemlos für die ersten Werte für n (Bild 1).

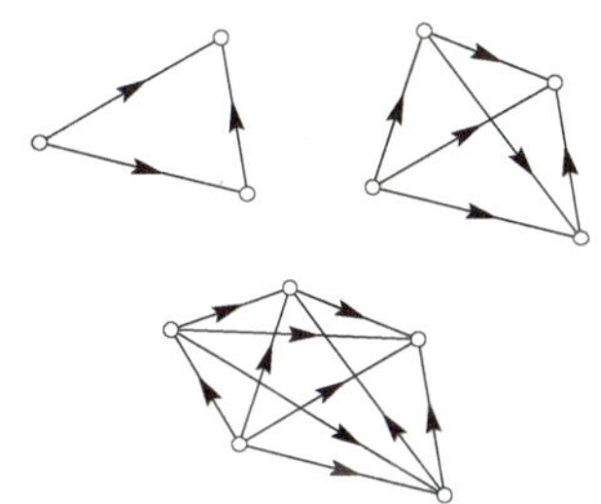

Bild 1. Erlaubte Belegungen mit Pfeilen für $n = 3$, 4 und 5.

Hierbei kann man verschiedene Beobachtungen machen: Beispielsweise fällt ins Auge, dass es bei einer erlaubten Belegung immer eine Ecke des n-Ecks zu geben scheint, in der kein Pfeil endet und ebenso stets eine, in der kein solcher Pfeil beginnt. Schaut man noch genauer hin, so erkennt man eventuell sogar, dass scheinbar bei jeder möglichen Pfeilbelegung der Seiten und Diagonalen eines n-Ecks für jede Anzahl k mit $0 \leq k \leq n - 1$ eine der Ecken des n-Ecks genau k dort beginnende (und demnach genau $n - 1 - k$ dort endende) Pfeile hat. Nummeriert man nun die Ecken mit diesen Werten k bzw., um die Nummerierung bei 1 beginnen zu lassen, mit jeweils $k + 1$, so ergibt sich nebenstehendes Bild 2.

Der Pfeil zwischen zwei Ecken ist dabei offenbar immer von der Ecke mit der kleineren zu der mit der größeren Nummer gezogen worden. Durch diese Feststellung ist eine allgemeine Konstruktion der zugehörigen Pfeilbelegung und damit eine Lösung der Aufgabe wie beispielsweise in der folgenden Form nicht mehr weit.

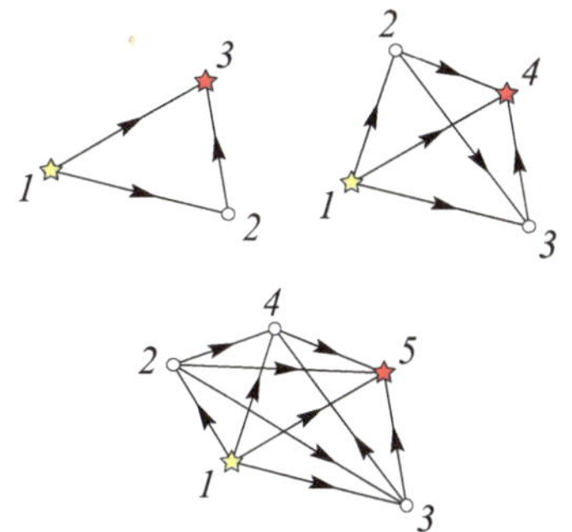

Bild 2. Nummerierung der Ecken.

■ **1. Beweis.** Die Eckpunkte des n-Ecks seien mit A_1, A_2, …, A_n bezeichnet. Jede Seite bzw. Diagonale $A_i A_k$ mit $1 \leq i < k \leq n$ wird nun mit einem Pfeil so versehen, dass dieser von der Ecke A_i mit dem kleineren Index i zur Ecke mit dem größeren Index k, also von A_i nach A_k zeigt. Der so entstandene Pfeil wird mit $\overrightarrow{A_i A_k}$ bezeichnet.

Gibt es nun einen Weg in Pfeilrichtung entlang der Eckpunkte A_{i_1}, A_{i_2}, ..., A_{i_m} in dieser Reihenfolge ($m \geq 3$, $1 \leq i_s \leq n$ für $1 \leq s \leq m$), dann sind die Pfeile

$$\overrightarrow{A_{i_1} A_{i_2}}, \overrightarrow{A_{i_2} A_{i_3}}, \ldots, \overrightarrow{A_{i_{m-1}} A_{i_m}}$$

gezeichnet. Daraus folgt $i_1 < i_2 < i_3 < \cdots < i_m$. Demnach gibt es aber den Pfeil $\overrightarrow{A_{i_m} A_{i_1}}$ nicht (sondern den Pfeil in der Gegenrichtung), womit der genannte Weg nicht geschlossen werden kann. Es existiert bei dieser Pfeilbelegung also kein geschlossener Weg in Pfeilrichtung. □

Dieser Beweis nutzt im Wesentlichen nicht mehr als die Tatsache, dass man die Ecken durchnummerieren kann. Damit wird eine Anordnung der Ecken möglich. Aus einem etwas anderen Blickwinkel lässt sich eine solche Anordnung auf geometrische Weise konstruieren, wie der folgende Beweis zeigt.

■ **2. Beweis.** Man wähle eine beliebige Gerade g in der Ebene des Vielecks $A_1 A_2 A_3 \ldots A_n$ und führe auf ihr durch Auszeichnung einer der beiden Richtungen als *positive* Richtung eine *Orientierung* ein. Da es nur endlich viele Geraden $A_i A_k$ ($i \neq k$) gibt, auf denen Seiten oder Diagonalen des n-Ecks liegen, kann man eine Parallelprojektion auf g so wählen, dass ihre Projektionsrichtung nicht parallel zu einer dieser Geraden und auch nicht parallel zu g ist. Der Bildpunkt von A_i unter dieser Projektion wird mit A_i' bezeichnet ($1 \leq i \leq n$). Aufgrund der Wahl der Projektion ist dabei dann $A_i' \neq A_k'$ für $1 \leq i < k \leq n$. Für jede Strecke $A_i A_k$ kann man demnach die Orientierung der Strecke $A_i' A_k'$ auf g als Pfeilrichtung auf $A_i A_k$ übernehmen. Man zeichnet also den Pfeil $\overrightarrow{A_i A_k}$ genau dann, wenn A_k' bezüglich die Orientierung auf g in positiver Richtung von A_i' aus liegt; ansonsten zeichnet man den Pfeil $\overrightarrow{A_k A_i}$ ($1 \leq i < k \leq n$) (Bild 3).

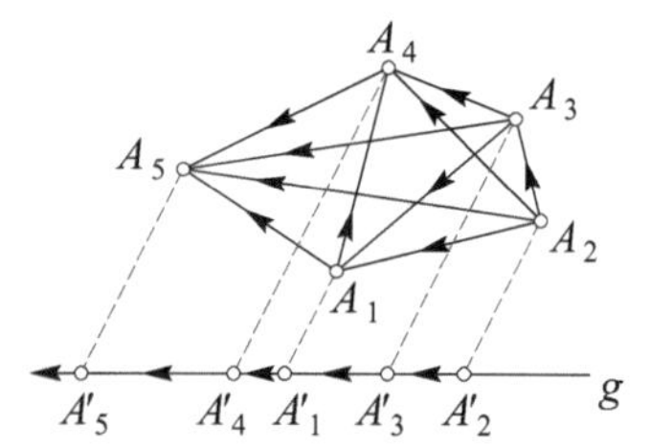

Bild 3. Projektion der Eckpunkte A_i auf die Gerade g.

Um einzusehen, dass dann kein geschlossener Weg aus Seiten und Diagonalen des n-Ecks in Pfeilrichtung möglich ist, kann man wie im 1. Beweis wieder von Eckpunkten A_{i_1}, A_{i_2}, ..., A_{i_m} ausgehen, die in dieser Reihenfolge in Pfeilrichtung durchlaufen werden können ($m \geq 3$, $1 \leq i_s \leq n$ für $1 \leq s \leq m$). Dann sind die Pfeile

$$\overrightarrow{A_{i_1} A_{i_2}}, \overrightarrow{A_{i_2} A_{i_3}}, \ldots, \overrightarrow{A_{i_{m-1}} A_{i_m}}$$

gezeichnet. Daraus folgt aber, dass die Punkte A_{i_1}', A_{i_2}', ..., A_{i_m}' in dieser Reihenfolge in positiver Richtung auf g liegen. Demnach liegt insbesondere A_{i_m}' von A_{i_1}' aus in positiver Richtung, weswegen der Pfeil $\overrightarrow{A_{i_m} A_{i_1}}$ nicht gezeichnet ist (sondern der Pfeil in der Gegenrichtung), womit der genannte Weg nicht geschlossen werden kann. Es existiert bei dieser Pfeilbelegung also kein geschlossener Weg in Pfeilrichtung. □

Die Idee der Einführung einer Ordnung auf der Menge der Eckpunkte kann auch als ein schrittweises Hinzunehmen der einzelnen Eckpunkte betrachtet werden. Dies legt eine Lösungsformulierung mithilfe der vollständigen Induktion nahe.

■ **3. Beweis.** Die Behauptung wird über vollständige Induktion nach der Eckenzahl n des Vielecks bewiesen. Für $n = 3$ gilt die Behauptung, weil man die Seiten eines Dreiecks, wie im nebenstehenden Bild 4, mit Pfeilen versehen kann. Nun setzen wir als Induktionsannahme voraus, dass für jedes n-Eck $A_1 A_2 \dots A_n$ alle Seiten und Diagonalen so mit Pfeilen versehen werden können, dass es keinen geschlossenen Weg in Pfeilrichtung gibt und behaupten, dass dies dann auch für jedes $(n+1)$-Eck gilt.

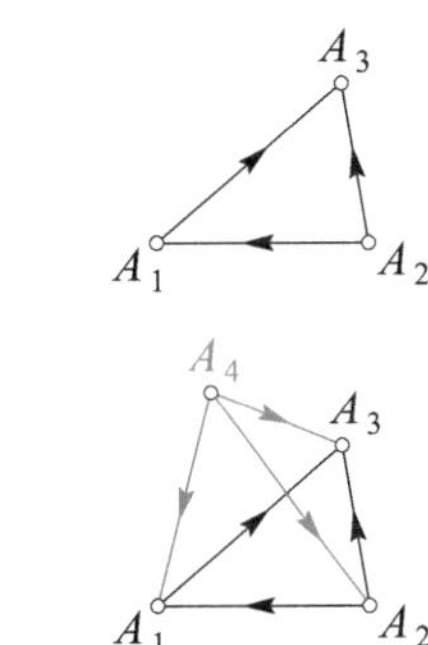

Bild 4. Einfügen einer Ecke.

Ist nun ein beliebiges konvexes $(n+1)$-Eck $A_1 A_2 \dots A_n A_{n+1}$ gegeben, dann kann man im n-Eck $A_1 A_2 \dots A_n$ alle Seiten und Diagonalen so mit Pfeilen versehen, dass es zwischen diesen Punkten keinen geschlossenen Weg in Pfeilrichtung gibt. Zeichnet man zusätzlich nun die Pfeile $\overrightarrow{A_{n+1} A_i}$ für $1 \leq i \leq n$, dann sind alle Seiten und Diagonalen des ursprünglichen $(n+1)$-Ecks mit Pfeilen versehen. Ein geschlossener Weg in Pfeilrichtung kann nicht allein die Punkte A_1 bis A_n nutzen, müsste also auch den Punkt A_{n+1} passieren, zu dem nach Konstruktion aber kein Pfeil führt. Es existiert also kein solcher geschlossener Weg und die Induktionsbehauptung ist gezeigt.

$\square$

Bemerkung. Von höherem Standpunkt aus können die Aufgabenstellung und auch die Lösungen mithilfe graphentheoretischer Überlegungen verstanden werden. Die Eckpunkte eines n-Ecks bilden zusammen mit den Seiten und allen Diagonalen einen *vollständigen Graphen* K_n mit n Knoten. Ein geschlossener Weg entlang der Kanten bildet einen so genannten *Kreis*. Die Aufgabenstellung verlangt also den Nachweis, dass man einen Graphen K_n für alle $n \geq 3$ so orientieren kann, also einen so genannten assoziierten *gerichteten Graphen* finden kann, der keine (gerichteten) Kreise enthält. Eine solche *azyklische Orientierung* eines vollständigen Graphen existiert, wie gezeigt, immer und ist äquivalent zu einer Totalordnung auf der Menge der Knoten, so wie sie in obigen Beweisen auch genutzt wurde. Weitere Informationen zur Graphentheorie im Allgemeinen und zu azyklischen Orientierungen von Graphen findet man in [1–3].

Literatur

1. R. DIESTEL: *Graphentheorie*, Springer 2006 (oder jedes andere Buch zur Graphentheorie).
2. B. D. MCKAY, F. E. OGGIER, G. F. ROYLE, N. J. A. SLOANE, I. M. WANLESS, H. S. WILF: *Acyclic Digraphs and Eigenvalues of (0,1)-Matrices*, Journal of Integer Sequences **7** (2004), Article 04.3.3.
3. R. P. STANLEY: *Acyclic orientation of graphs*, Discrete Mathematics **306** (2006), 905–909.

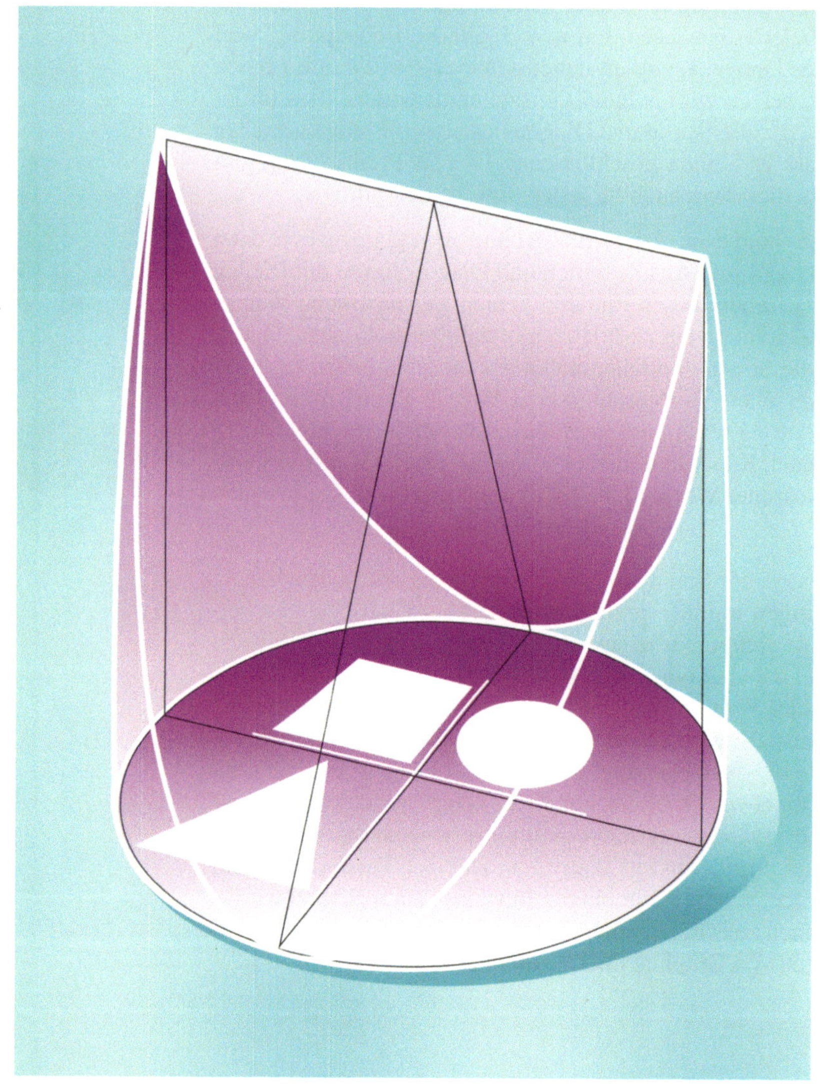

Poster zum *Bundeswettbewerb Mathematik 1995*.

Es ist ein dreidimensionaler Körper zu erkennen, dessen Umrisse bei senkrechter Parallelprojektion auf drei zueinander senkrechte Ebenen einen Kreis, ein Quadrat und ein gleichschenkliges Dreieck zeigen: die Bestandteile des früheren BWM-Logos. Siehe auch *„Eine Retrospektive"* im Anhang auf Seite 381f.

Fahrt mit strenger Abbiegeregel

Erhard Quaisser

1. Runde 1975, Aufgabe 4.

In Sikinien, wo es nur endlich viele Städte gibt, gehen von jeder Stadt drei Straßen aus, von denen jede wieder in eine sikinische Stadt führt; andere Straßen gibt es dort nicht. Ein Tourist startet in der Stadt A und fährt nach folgender Regel: Er wählt in der nächsten Stadt die linke Straße der Gabelung, in der übernächsten die rechte Straße, dann wieder die linke und so weiter, immer abwechselnd. Man zeige, dass er schließlich nach A zurückkommt.

Diese Aufgabe wurde zunächst mehrfach für eine 2. Runde vorgeschlagen und als schwer eingeschätzt. Schließlich kam sie in einer 1. Runde als vierte Aufgabe (als die meist anspruchsvollste jeder Runde) zum Einsatz.

Am Anfang steht hier für viele die Frage, wie man den Vorgang für eine Bearbeitung erfassen kann. Zum Glück wird als Behauptung schon einmal mitgeteilt, dass man nach einer solchen Fahrt stets zum Ausgangspunkt zurückkehren muss. Damit ist eine wesentliche Eigenschaft nicht als offene Frage gestellt. Dennoch bleibt der Reiz, nach geeigneten Ansätzen zu suchen. Und dazu kann man konkret experimentieren.

Einige Vorbetrachtungen. Hat Sikinien n Städte, dann gibt es nach Voraussetzung $\frac{3}{2}n$ Straßen. Demnach ist n gerade und $n \geq 4$. Von jedem Ort gehen genau drei Straßen aus. Mit der Wahl des Startorts A und des nächsten Ortes P_1, der durchfahren wird, ergibt sich auf Grund der Abbiegeregelung eine eindeutig bestimmte unendliche Folge $AP_1P_2\ldots$ von endlich vielen Orten von Sikinien, nämlich durch $A \to P_1 \overset{L}{\to} P_2 \overset{R}{\to} \ldots$ Formal kann diese Folge eindeutig rückwärts über A hinaus unendlich fortgesetzt werden. Denn mit $A \to P_1 \overset{L}{\to} P_2 \overset{R}{\to} \ldots$ sind in kanonischer Weise eindeutig bestimmte Punkte $P_{-1}, P_{-2}, \ldots$ durch $\ldots P_{-2} \overset{R}{\to} P_{-1} \overset{L}{\to} A \overset{R}{\to} P_1$ bestimmt.

Da von jeder Stadt drei Straßen ausgehen, gibt es zum Durchfahren einer Stadt P drei verschiedene Möglichkeiten der Zufahrt und unabhängig davon zwei Möglichkeiten, den Ort zu verlassen. Es gibt also sechs verschiedene Durchfahrmöglichkeiten (Bild 1). Je drei aufeinander folgende Punkte

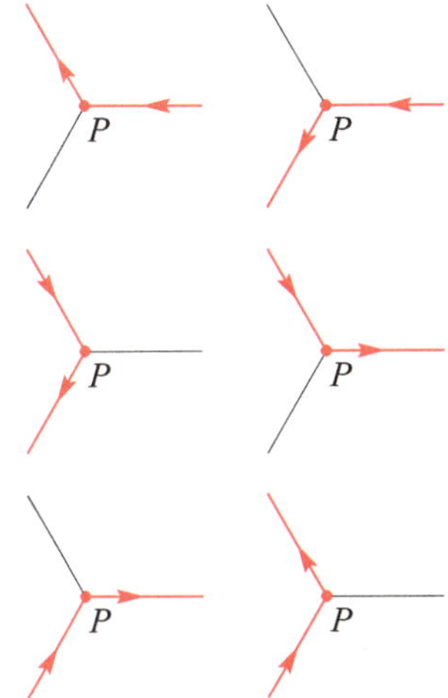

Bild 1. Sechs unterschiedliche Möglichkeiten, eine sikinische Stadt P zu durchfahren. Die Art der Durchfahrt wird durch ein Folgenglied „Straße–Stadt–Straße" (oder äquivalent: „Stadt–Stadt–Stadt") eindeutig festgelegt.

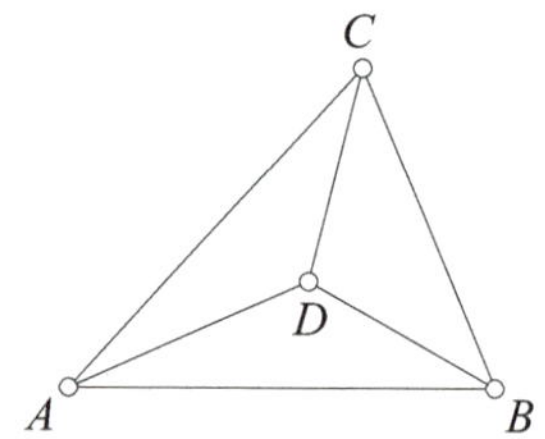

Bild 2. „Minimal"-Sikinien mit vier Städten und sechs Straßen.

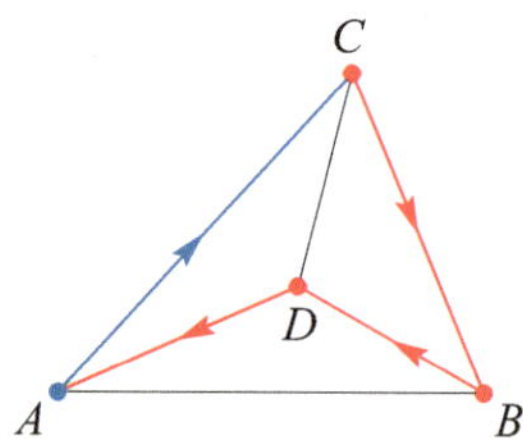

Bild 3. Fahrt beginnend mit AC ...

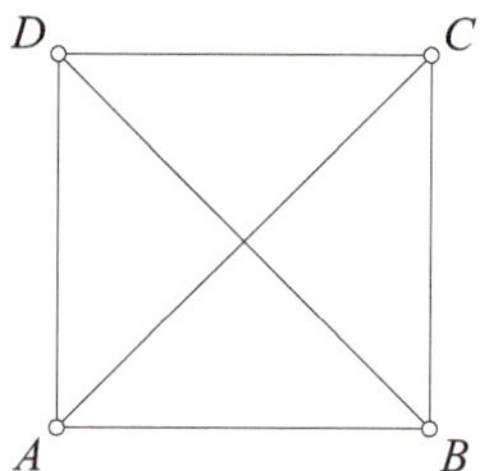

Bild 4. Anderes „Minimal"-Sikinien mit vier Städten und sechs Straßen.

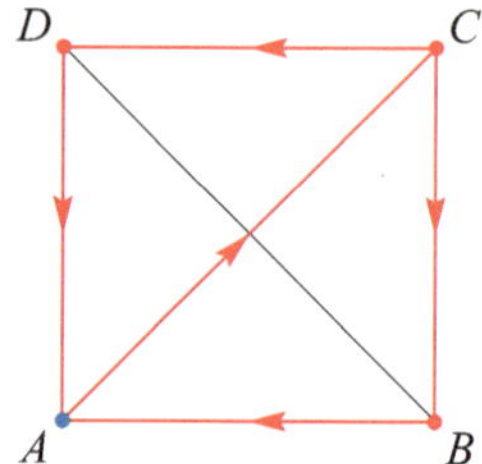

Bild 5. Fahrt beginnend mit AC ...

$P_{i-1}P_iP_{i+1}$ der Folge $AP_1P_2 \ldots P_i \ldots$ beschreiben genau eine der sechs möglichen Durchfahrten durch den Ort P_i; und diese bestimmt bereits eindeutig die gesamte Folge.

Erreicht demnach die Fahrt nach der Stadt P_m als nächsten Ort wieder den Ausgangspunkt A (dieser Umstand bleibt ja noch zu zeigen!) und wird dabei A in gleicher Weise durchfahren wie bei $P_{-1}AP_1$, dann ist die unendliche Folge $AP_1P_2 \ldots$ *periodisch*, nämlich mit der Periode $\underline{AP_1P_2 \ldots P_m}$.

Beispiele. Konkrete Beispiele können oft recht hilfreich sein. Wir veranschaulichen Fahrten in sikinischen Ländern mit einer möglichst kleinen Anzahl von Städten.

Beispiel 1. Es sei ABC ein Dreieck und D ein Punkt in seinem Innern. Dann bilden die Punkte A, B, C und D als Städte und sämtliche sechs mögliche Verbindungsstrecken als Straßen das von der Anzahl seiner Städte her gesehen kleinste Land Sikinien (Bild 2).

Wir starten in A und fahren nach C (Bild 3). Die Fahrt ergibt die periodische Folge $ACBDACBDA \ldots$ (mit der Periode $\underline{ACBD}$); sie kehrt immer wieder nach A zurück. Die Straßen CD und BA werden dabei nicht befahren.

Beispiel 2. Wählen wir ein konvexes Viereck $ABCD$. Dann bilden die Ecken als Städte und die vier Seiten und zwei Diagonalen als Straßen auch ein sikinisches Land, von der Anzahl der Städte her gesehen wieder das kleinste (Bild 4). Betrachten wir beide Länder als Graphen mit den Städten als Knoten und den Straßen als Kanten, dann sind beide Strukturen gleich, genauer *isomorph*, d. h., sie lassen sich eineindeutig aufeinander abbilden. Das ist hier offensichtlich schon durch die gleiche Bezeichnung der Knoten (Städte) gegeben.

Nun starten wir – wie im Beispiel *1* – in A und fahren nach C (Bild 5). Wir erhalten hier eine Folge $ACDACBACD \ldots$, und es fällt auf, dass A bereits innerhalb der Periode $\underline{ACDACB}$ einmal erreicht, aber dabei in anderer Straßenfolge durchfahren wird.

Ein Vergleich zum Beispiel *1* macht deutlich, dass die Graphenstruktur allein nicht die Folge der durchfahrenen Städte festlegt. An jeder Straßengabelung muss klar sein, welche von den beiden weiterführenden Straßen (Kanten) die *linke* und welche die *rechte* ist. Und das ist wie bei einer Straßenkarte durch ein *ebenes* Abbild fixiert. Wir greifen dann auf die übliche Orientierung in der Ebene zurück. Ohne einen solchen Hintergrund ist natürlich die Aufgabe nicht zu verstehen und die Behauptung nicht zu beweisen. Spätere Betrachtungen werden das noch relativieren.

Und noch etwas ist hier zu bemerken. Die Straßen AC und BD kreuzen sich nur scheinbar; auf dieser „Kreuzung" darf aber nicht von der einen auf die andere Straße gewechselt werden! Im realen Leben verlaufen beide Straßen einfach „kreuzungsfrei", etwa vermöge einer Brücke.

Beispiel 3. Der planare Graph eines Würfels $ABCDEFGH$ im Bild 6 ist ebenfalls ein sikinisches Land. Hier gibt es acht Städte und $\frac{3}{2} \cdot 8 = 12$ Straßen.

Wir starten in A und fahren nach B (Bild 7). Die Abbiegebedingung ergibt die Städtefolge $ABFGHDAB\ldots$ mit der Periode $\underline{ABFGHD}$. Auch hier wird wieder A erreicht, aber die Städte C und E nicht, und überdies werden sechs der zwölf Straßen nicht befahren. Das Beispiel mag vor falschen Vorstellungen warnen.

Diese Aufgabe hat auch für den Würfel selbst einen Sinn, wenn man sich an der Oberfläche des Würfels orientiert, also an einer Fläche, die zu einer Kugelfläche topologisch äquivalent ist. Dann kann man wieder bei der Weggabelung zwischen linker und rechter Straße unterscheiden. Man erhält bei gleichem Start von A nach B die (zyklische) Städtefolge $\underline{ABFGHD}$ (Bild 8), wie schon beim planaren Graph des Würfels (Bild 7).

Nun wenden wir uns *Beweisen* zu und zeigen, dass jede Fahrt wieder zum Ausgangspunkt A führen muss. Unsere Vorüberlegungen geben uns bereits eine tragfähige Einsicht: Bei einer Fahrt ist die Folge der durchfahrenen Städte beliebig lang, aber sowohl die Anzahl der Städte wie auch die Anzahl der Möglichkeiten, eine Stadt zu durchfahren, ist nur endlich.

■ **1. Beweis.** Demnach gibt es eine Stadt $B \neq A$, die nach hinreichend langer Fahrt wenigstens 7-mal durchfahren wird (Schubfachprinzip). Dabei muss sich wenigstens eine der sechs Arten der Durchfahrt durch B (Bild 1) wiederholen (wieder Schubfachprinzip). Und jede dieser beiden Durchfahrten bestimmt bereits gänzlich die gleiche Folge von Städten nach und vor der Durchfahrt durch B. Liegen zwischen diesen beiden Durchfahrten durch B in der Folge k Städte, dann wird nun auf der Fahrt vom Startort A aus nach k weiteren Städten spätestens wieder A erreicht.   □

Den Beweis der Behauptung haben wir oben auf der Grundlage der Stadtdurchfahrten erbracht. Es liegt nahe, stattdessen die Durchfahrten der Straßen zugrunde zu legen.

■ **2. Alternativer Beweis.** Jede Verbindungsstraße zweier Städte kann in zwei verschiedenen Richtungen durchfahren werden. Anschließend gibt es noch zwei verschiedene Möglichkeiten an der Gabelung für die Weiterfahrt (Bild 9). Sind hinsichtlich einer Straße beide Informationen gegeben, dann gibt es für die Weiterfahrt wie auch für die Fahrt davor genau einen Verlauf. Nun kann völlig analog zum obigen Beweis argumentiert werden. Es gibt eine Straße, die nach hinreichend langer Fahrt wenigstens 5-mal durchfahren wird. Dabei muss sich wenigstens eine der vier Arten der Durchfahrt wiederholen (wieder nach dem Schubfachprinzip). Der weitere Schluss verläuft wie oben.   □

Mit beiden Beweisen ist insbesondere gezeigt, dass jeder Weg in Sikinien zyklisch ist, wenn er der strengen Abbiegeregel genügt. Im Bilde einer

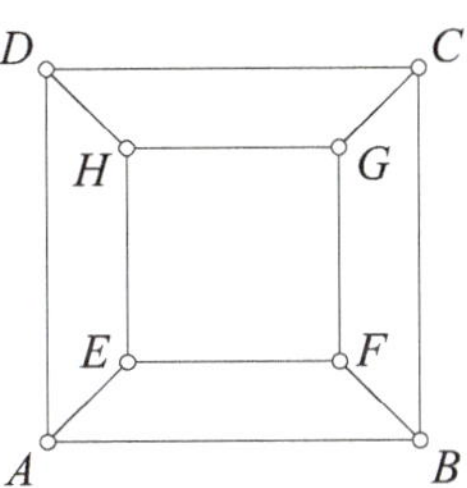

Bild 6. „Würfel"-Sikinien mit acht Städten und zwölf Straßen.

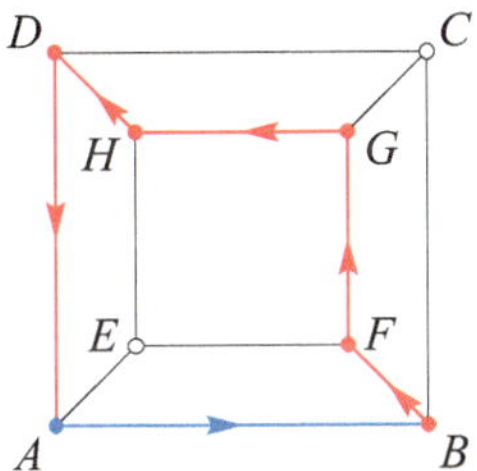

Bild 7. Fahrt beginnend mit $AB\ldots$

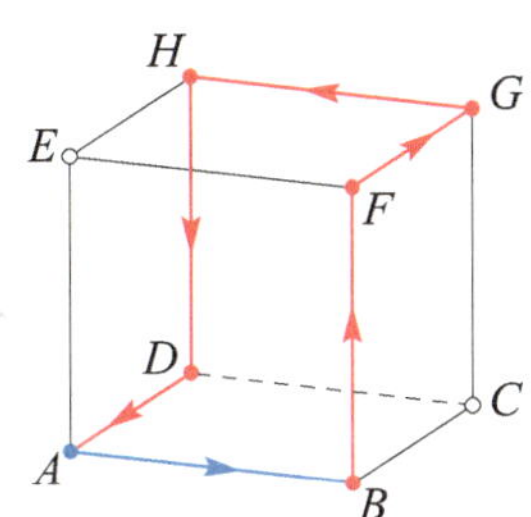

Bild 8. Fahrt auf dem Würfel beginnend mit $AB\ldots$

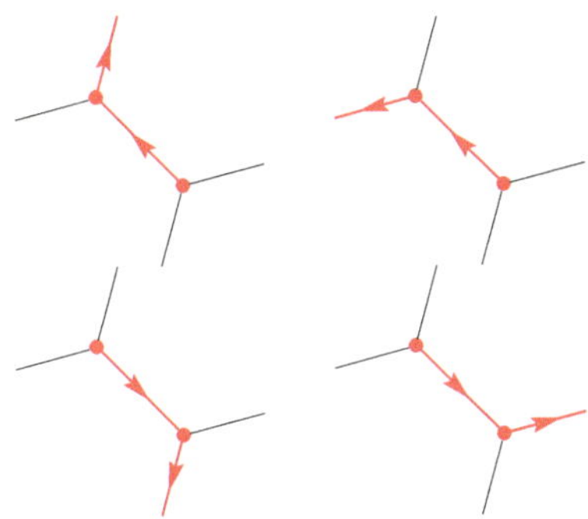

Bild 9. Vier unterschiedliche Möglichkeiten, eine sikinische Straße zu durchfahren. Auch hier wird die Art der Durchfahrt durch ein Folgenglied „Straße–Stadt–Straße" eindeutig festgelegt.

Sprache, in der die Buchstaben für die Städte stehen, haben wir ein endliches Alphabet mit wenigstens vier Buchstaben, und jedem zulässigen Weg entspricht ein unendliches Wort, das zyklisch ist.

■ 3. Beweis mithilfe von Permutationen. Bei jeder Straße gibt es – wie schon bemerkt (Bild 9) – genau vier Möglichkeiten, sie zu durchfahren. Sie ist durch die Richtung der Durchfahrt und die Richtung der Weiterfahrt bestimmt. Ist s die Anzahl der Straßen, dann gibt es in Sikinien genau $4s$ Durchfahrtsmöglichkeiten. Zu jeder von ihnen gibt es genau eine Fortsetzung der Fahrt, eine nachfolgende Durchfahrtsmöglichkeit. Ordnet man jeder Durchfahrtsmöglichkeit ihre nachfolgende zu, dann wird damit in der Menge F der Durchfahrtsmöglichkeiten eine eineindeutige Abbildung von F auf sich, also eine *Permutation* von F gestiftet.

Jede Permutation lässt sich als Nacheinanderausführung von zyklischen Permutationen, kurz von Zyklen darstellen, die elementfremd sind [1]. Die gewählte Durchfahrt von A aus liegt in genau einem der Zyklen, und die dadurch bestimmte Fahrt muss demnach durch A führen und überdies zyklisch sein.   □

Nachträge. Als zusätzliche Anregung für den jungen Leser bestimmen wir alle Fahrten (also alle „Wörter", die mit dem Alphabet gebildet werden können) im obigen Beispiel 2. Dazu gehen wir lexikographisch geordnet von den Startorten und dem dann folgenden Ort aus. Die Periode ist jeweils unterstrichen:

1. $A\,B\,D\,C\,B\,D\,A\,B\ldots$ (Bild 10 links);
2. $A\,C\,D\,A\,C\,B\,A\,C\ldots$ (Bild 11 links);
3. $A\,D\,C\,A\,B\,C\,A\,D\ldots$ (Bild 12 links);
4. $B\,A\,D\,B\,C\,D\,B\,A\ldots$ (Bild 13 links);
5. $B\,C\,A\,D\,C\,A\,B\,C\ldots$ (Bild 12 rechts);
6. $B\,D\,A\,B\,D\,C\,B\,D\ldots$ (Bild 10 Mitte);
7. $C\,A\,B\,C\,A\,D\,C\,A\ldots$ (Bild 12 Mitte);
8. $C\,B\,A\,C\,D\,A\,C\,B\ldots$ (Bild 11 rechts);
9. $C\,D\,B\,A\,D\,B\,C\,D\ldots$ (Bild 13 rechts);
10. $D\,A\,C\,B\,A\,C\,D\,A\ldots$ (Bild 11 Mitte);
11. $D\,B\,C\,D\,B\,A\,D\,B\ldots$ (Bild 13 Mitte);
12. $D\,C\,B\,D\,A\,B\,D\,C\ldots$ (Bild 10 rechts).

Es gibt also vier verschiedene (unendliche) Fahrten („Wörter"). Es gehen zwar von jeder der vier Städte genau drei Fahrten aus, aber von den formal 12 Fahrten haben jeweils drei die gleiche Periode, sind also gleich.

Die beim 3. Beweis benutzte Permutation, nach der jedem möglichen Straßendurchgang sein folgender zugeordnet wird, hat bei dem hier vorliegenden Beispiel mit 6 Straßen genau $4 \cdot 6 = 24$ Elemente. Diese Permutation

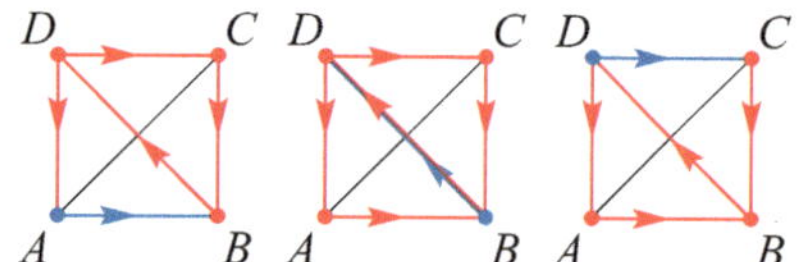

Bild 10. Gleiche Fahrten mit den Perioden $\underline{ABDCBD}$, $\underline{BDABDC}$, $\underline{DCBDAB}$.

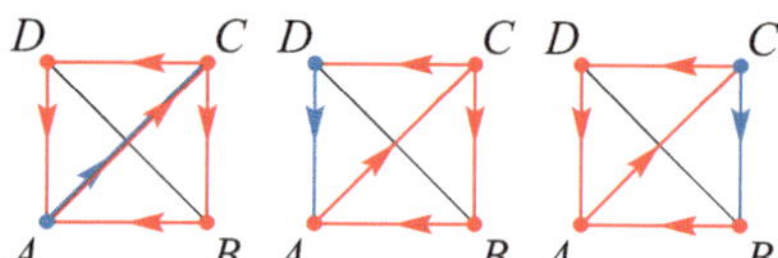

Bild 11. Gleiche Fahrten mit den Perioden $\underline{ACDACB}$, $\underline{DACBAC}$, $\underline{CBACDA}$.

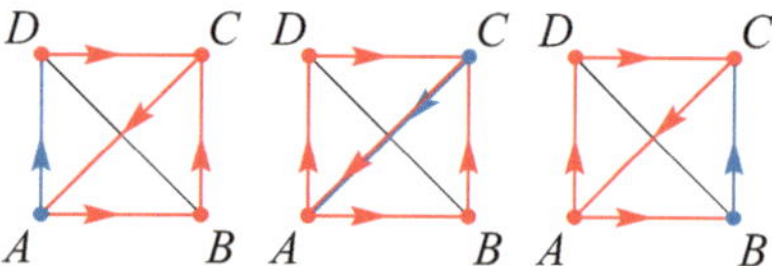

Bild 12. Gleiche Fahrten mit den Perioden $\underline{ADCABC}$, $\underline{CABCAD}$, $\underline{BCADCA}$.

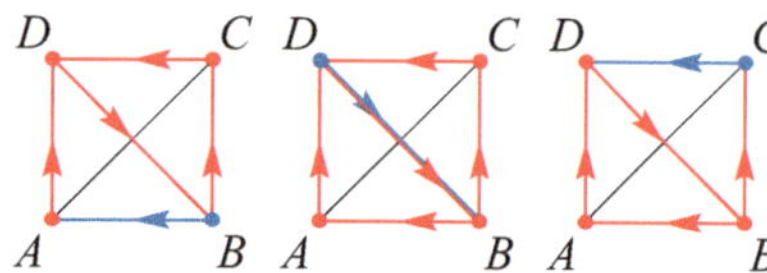

Bild 13. Gleiche Fahrten mit den Perioden $\underline{BADBCD}$, $\underline{DBCDBA}$, $\underline{CDBADB}$.

zerfällt in 4 Zyklen zu je 6 Elementen, in fälliger Übereinstimmung mit dem voranstehenden Ergebnis.

Abschließend noch ein anderes

Beispiel 4. Mit kongruenten regelmäßigen Sechsecken kann die Ebene vollständig und überlappungsfrei überdeckt werden (Bild 14a). Wir erhalten dabei ein hexagonales Gitter mit Ecken und Kanten, die der Struktur für ein sikinisches Land entsprechen, nur mit dem Unterschied zur Aufgabenstellung, dass dieses Land *unendlich* viele Städte besitzt. Wir wählen einen Startpunkt A und den folgenden Punkt P_1. Man erkennt, dass man sich mit jedem Weg zur nächsten Stadt um den gleichen Abstand von A entfernt; folglich kann der Startpunkt nicht wieder erreicht werden.

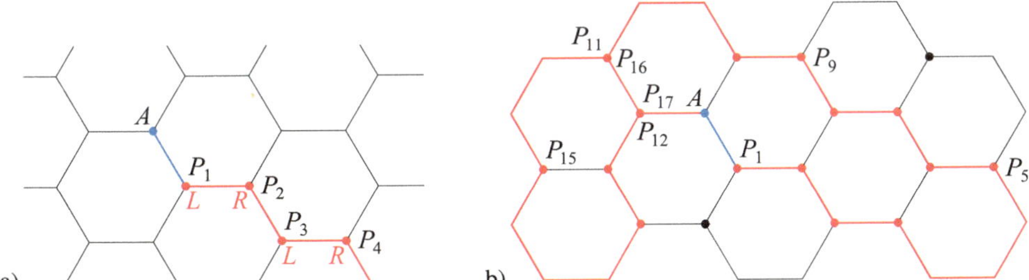

Bild 14. a) unendliches hexagonales Gitter; b) endliches Sikinien auf einem Ausschnitt des hexagonalen Gitters.

Nun wählen wir einen „Kartenausschnitt" und tilgen alle nicht mehr vollständigen Verbindungsstraßen samt der Orte selbst, von denen dann nur noch zwei Straßen ausgehen würden (Bild 14b). Übrig bleibt ein Sikinien mit 18 Städten. Der gewählte Anfang $A \rightarrow P_1$ der Reise führt über 16 Städte wieder zum Ausgangspunkt A zurück; dabei werden zwei Städte zweimal durchfahren, und zwei Städte werden nie erreicht.

Auf diese Weise wird nochmals deutlich, wie grundlegend die Voraussetzung ist, dass Sikinien nur *endlich* viele Städte besitzt.

Literatur

1. M. Bóna: *Combinatorics of permutations*, Chapman & Hall/CRC, Boca Raton 2004.

Poster zum *Bundeswettbewerb Mathematik 1996* (Aufgabe 1994-2-3).

Wie viele kongruente und ringförmig angeordnete Kugeln gibt es, die den veranschaulichten Berührungsbedingungen genügen? Nach recht eingehenden Darlegungen lässt sich beweisen: Die Anzahl *m* der Kugeln im geschlossenen Kugelring kann keine anderen als die Werte 7, 8 oder 9 annehmen.

Näheres siehe K.-R. LÖFFLER (Hrsg.): *Bundeswettbewerb Mathematik – Aufgaben und Lösungen 1993–1997*, Ernst Klett Verlag, Stuttgart Berlin Leipzig 1998, S. 94.22–94.30.

Springer – mal anders!

Cornelia Wissemann-Hartmann

1. Runde 1978, Aufgabe 1.

Die Gangart eines Springers beim Schachspiel wird so geändert, dass er statt der üblichen Bewegung um 1 und 2 Felder in zueinander senkrechten Richtungen eine solche um p und q Felder ausführt. Das Schachbrett sei dabei nach allen Seiten unbegrenzt. Nach n Zügen steht der Springer wieder auf dem Ausgangsfeld. Man beweise, dass n stets eine gerade Zahl ist.

Ein faszinierendes Motiv! Der Springer, der auf dem Schachbrett „einen Haken schlägt", eine Spielfigur, die nicht geradlinig wie ein Läufer oder Turm zieht, ein zumeist schön geformtes Pferdchen, welches oft fest auf einem mit Filz gepolsterten runden Sockel steht. Es zieht einen Schritt nach rechts, dann zwei nach unten oder dieselbe Kombination in andere Richtungen: eins, dann dazu senkrecht zwei oder umgekehrt. Nennen wir ihn den *(1,2)-Springer*.

Schachbretter sind Ästhetik pur, aus verschiedenfarbigem Holz gefertigt, aus geätztem Glas, aus Metall zuweilen mit gedrechselten Figuren (Bild 1). Wenn dann Mathematik dazukommt, ist das wunderbar.

Einführung. Zum Thema „Strategien und Problemlösen" mit Mittelstufenschülern und Mittelstufenschülerinnen starte ich oft mit der folgenden Schachaufgabe (siehe auch Seite 5 in diesem Buch):

Ein Springer steht in der rechten oberen Ecke eines gewöhnlichen Schachbretts. Er soll in die gegenüberliegende linke untere Ecke springen, aber so, dass er jedes Feld genau einmal berührt. – Ist das möglich?

Auch mit viel Zeit zum Nachdenken kommen die Schüler und Schülerinnen oft nicht zu einer Antwort. Sie probieren, sie finden keinen Weg, aber sie entwickeln ein „Gefühl". Bauchgefühl ist oft sehr wichtig, auch in der Mathematik, man kann es trainieren.

Das Gefühl sagt: Es geht wohl eher nicht.

Bild 1. Springer auf unendlichem Schachbrett.

Setzt man dann kurze Fragen als Impulse und klärt zwei wesentliche Randbedingungen, fällt es wie Schuppen von den Augen: es geht tatsächlich nicht.

Was wissen wir?

1. Schachbretter haben weiße und schwarze Felder (oder andersartig zweifarbig).
2. Der Springer startet auf Schwarz (Feld h8) und soll auf Schwarz (Feld a1) enden (die Diagonale ist einfarbig).
3. Bei jedem Zug des Springers wechselt die Farbe des Feldes, auf dem er steht.

Dann kommen die Schüler und Schülerinnen schnell drauf: Es sind 63 Züge, das ist eine ungerade Zahl, also ist das letzte Sprungfeld (sofern das überhaupt funktioniert) andersfarbig. Das kann der Springer niemals schaffen!

Hier haben wir es mit dem *Invarianzprinzip* zu tun. Großartig, dass ein so elegantes Argument das Problem lösen kann über schwarz-weiß, gerade-ungerade!

Fortsetzung. Die erste Aufgabe im 1978er Jahrgang des Bundeswettbewerbs zeigt uns einen anderen Springer, den (p, q)-*Springer* wollen wir ihn nennen, und ein anderes Schachbrett, ein in beide Richtungen unendlich ausgedehntes Schachbrett.

Na, das ist schon wieder reine Mathematik. Das Unendliche hier in der Aufgabe befreit uns von Rändern und Zäunen, Randbedingungen und Fallunterscheidungen. Das macht das Problem auf den zweiten Blick leichter. Der (p, q)-Springer bewegt sich wie der $(1, 2)$-Springer, nur mit anderen Sprunglängen (Bild 2).

Es ist schon fein, wie wenig man sich in dieser Aufgabe im Jahr 1978 um Präzision bemüht: kein Wort über p und q! Denkt man erst einmal darüber nach, wird schnell klar: $p, q \in \mathbb{N}$. Sollte eine Zahl von beiden oder gar beide Null sein, haben wir es nicht mehr mit einem „Springer" zu tun; die Figur zieht in diesem Fall überhaupt nicht oder nur wie ein Turm. Also gehen wir davon aus, dass beide Zahlen positiv sind. 1978 hatte man anscheinend viel Vertrauen in die Selbstverständlichkeit.

Jetzt kommt die Aufgabe.

Nach n Zügen steht der Springer wieder auf dem Ausgangsfeld. Man beweise, dass n stets eine gerade Zahl ist.

Methode wechseln. Es keimt der Gedanke auf, dass man vielleicht ein etwas eleganteres Beweisverfahren braucht als geradeaus drauflos, *brute force*, wie man sagt. Denken wir einmal umgekehrt und versuchen es indirekt!

Bild 2. Zugmöglichkeiten des $(1, 2)$-Springers.

Wenn der Springer nach einer ungeraden Sprunganzahl wieder auf seinem ursprünglichen Platz steht, dann müsste laut Aufgabenstellung irgendetwas schiefgegangen sein.

Bevor wir diesem Gedanken nachgehen, schauen wir uns jetzt noch einmal genau an, was passiert, wenn er springt. Wir nehmen als Beispiel den $(2, 3)$-Springer (Bild 3) und lassen ihn dreimal springen. Wir verwenden als Notation weiterhin für einen Sprung das Zahlenpaar, berücksichtigen jetzt aber auch die Zugrichtung mit einem Vorzeichen und legen fest, dass die erste Zahl die Verschiebung in horizontaler, die zweite in vertikaler Richtung angibt. So kann der $(2, 3)$-Springer folgende acht Züge machen: $(2, 3)$, $(2, -3)$, $(-2, 3)$, $(-2, -3)$, und außerdem umgekehrt: $(3, 2)$, $3, -2)$, $(-3, 2)$, $(-3, -2)$. Dasselbe kann man für jedes p und q hinschreiben, sofern $p \neq q$ ist. Für $p = q$ gibt es nur vier verschiedene Züge. Wir denken unten über solche Sonderfälle noch genauer nach.

Bild 3. Zugmöglichkeiten des $(2, 3)$-Springers.

Wir wählen die drei Sprünge $(2, 3)$, $(3, -2)$ und $(-3, -2)$. Wo landet er? Wir rechnen:

$$\text{horizontal:} \quad 2 + 3 - 3 = 1 \cdot 2 \quad + 0 \cdot 3;$$
$$\text{vertikal:} \quad 3 - 2 - 2 = (-2) \cdot 2 + 1 \cdot 3.$$

Wir beginnen dabei auf der rechten Seite immer mit den Vielfachen von p und schreiben dann das Vielfache von q.

Wir probieren weitere Beispiele und bleiben bei einer ungeraden Sprunganzahl. Die Koeffizientensumme bei 2 und bei 3 ergibt immer einen ungeraden Wert: $1 - 2 = -1$, $0 + 1 = 1$ etc. Und wir sehen noch mehr: Horizontal steht bei der 2 eine ungerade Zahl als Faktor und bei 3 eine gerade, vertikal umgekehrt bei der 2 eine gerade und bei der 3 eine ungerade Zahl. Das führt zu dem Ansatz

$$\begin{array}{ll} \text{horizontal:} & u_1 p + g_1 q \\ \text{vertikal:} & g_2 p + u_2 q \end{array} \quad \text{oder} \quad \begin{array}{ll} \text{horizontal:} & g_1 p + u_1 q \\ \text{vertikal:} & u_2 p + g_2 q \end{array} \quad (1)$$

mit zwei geraden Zahlen g_1 und g_2 und zwei ungeraden Zahlen u_1 und u_2, die aus der Menge $\mathbb{Z}$ der ganzen Zahlen stammen. Allerdings kann es auch umgekehrt sein, dass horizontal die ungeraden Zahlen bei q und die geraden bei p stehen. Wichtig ist nur, dass die Summe der jeweiligen Faktoren ungerade ist. u_1 aus der ersten Gleichung und u_2 aus der zweiten Gleichung korrespondieren dabei, weil, wenn in horizontaler Richtung eine ungerade Anzahl von p-Schritten gemacht wird, dann muss auch in vertikaler Richtung dazu simultan eine ungerade Anzahl von q-Schritten gemacht werden. u_1 und u_2 können unterschiedlich sein, weil sich Schritte gegenseitig kompensieren können, wenn es hin und zurück geht. Im Ergebnis bleibt es aber ungerade, da sich bei einem Hin und Her die Schrittanzahl um 2 verringert, also ungerade bleibt. Mit diesen Überlegungen zu den Zahlen starten wir jetzt einen indirekten Beweis.

■ **Indirekter Beweis.** *Annahme:* Der Springer steht nach einer ungeraden Anzahl von Sprüngen wieder an seinem Anfangsplatz. Dann gilt nach (1), links:

$$u_1 p + g_1 q = 0;$$
$$g_2 p + u_2 q = 0$$

mit ungeraden $u_1, u_2 \in \mathbb{Z}$ sowie geraden $g_1, g_2 \in \mathbb{Z}$. Jetzt kommt nur noch ein wenig Arithmetik aus der Klasse 8. Wir multiplizieren die erste Gleichung mit u_2 und die zweite mit g_1. Dann entsteht:

$$u_1 u_2 p + g_1 u_2 q = 0;$$
$$g_2 g_1 p + u_2 g_1 q = 0$$

Nun werden die beiden Gleichungen subtrahiert und es entsteht die Gleichung

$$(u_1 u_2 - g_1 g_2)p + 0 \cdot q = 0.$$

Wegen $p \neq 0$ folgt daraus: $u_1 u_2 = g_1 g_2$. Da liegt der Widerspruch auf der Hand: Das Produkt von Ungerade und Ungerade ist Ungerade, dagegen das von Gerade und Gerade ist Gerade, also niemals gleich. Dasselbe ergibt sich im Fall (1), rechts.

Folgerung: Die Anzahl n kann nicht ungerade sein, also ist n gerade. □

Sonderfälle. Bisher haben wir vorausgesetzt, dass p und q ungleich und größer als Null sind. Ein Blick auf drei Sonderfälle macht noch Spaß.

1. $p = q$. Das Pferd wird zum Läufer, es springt streng diagonal und hat vier Zugmöglichkeiten. Das sind die Bewegungen (p, p), $(p, -p)$, $(-p, p)$ und $(-p, -p)$. Der Beweis oben funktioniert immer noch, ist aber auch kürzer zu haben:

$$u_1 p + g_1 p = 0; \qquad g_2 p + u_2 p = 0.$$

Nun nur ausklammern: $(u_1 + g_1)p = 0$; $(g_2 + u_2)p = 0$, und feststellen, dass über

$$u_1 = -g_1; \qquad u_2 = -g_2$$

direkt Widersprüche zur Eigenschaft der benutzten Zahlen in Bezug auf gerade und ungerade entstehen. Also auch der Läufer ist nach einer ungeraden Anzahl von Sprüngen wieder am Ausgangsort.

2. $p = 0$; $q > 0$. Das Pferd wird zum Turm, es springt genau geradeaus längs oder quer und hat vier Zugmöglichkeiten. Das sind die Bewegungen $(0, q)$, $(q, 0)$, $(0, -q)$, $(-q, 0)$. Auch hier wird der Beweis schlichter. Wegen der Symmetrie bezüglich horizontal und vertikal betrachten wir nur noch die eine Gleichung

$$0 + k_1 q + 0 + k_2(-q) = 0,$$

wobei hier k_1 und k_2 beliebige Zahlen aus $\mathbb{Z}$ sind, die die Anzahl der Züge in hin bzw. her beschreiben. Das führt zu $(k_1 - k_2)q = 0$, und mit $k_1 = k_2$ ist die Gesamtsprunganzahl $k_1 + k_2$ nun gleich $2k_1$ und damit gerade.

3. $p = q = 0$. Das Pferd steht still und ist nach jeder Zuganzahl wieder am Ausgangsort. In diesem Fall ist die Behauptung nicht korrekt. Aber unter diesen Bedingungen überhaupt von „Zügen" zu sprechen, das kann nur Mathematikern einfallen. Diesen pathologischen Fall wollten die Aufgabensteller von 1978 sicher nicht betrachtet haben. Das Vertrauen in die Selbstverständlichkeit, von dem oben die Rede war, bezieht sich also auf einen echten Springer, der seinem Namen alle Ehre macht, also ein Springer ist und kein Turm oder Läufer oder gar unbeweglich.

Varianten. In den Lösungen von 1978 [1] gibt es zwei andere Lösungsbeschreibungen. Die eine arbeitet mit einem Koordinatensystem und nutzt den größten gemeinsamen Teiler von p und q und eine damit konstruierte Funktion auf den Feldern des Koordinatensystems. Deren rationale Werte werden von Zug zu Zug betrachtet. Auch da geht es dann darum, dass zu Beginn diese Funktion den Wert 0 hat und jeder Sprung diesen Wert um eine ungerade Zahl abändert. Damit folgt zum Erreichen der 0 für den Endzustand ebenfalls, dass n gerade sein muss.

Die andere benutzt in einem Koordinatensystem die zweidimensionale Vektorschreibweise für die Züge und untersucht die Zugergebnisse modulo 2. Auch hier sieht man die Idee des indirekten Beweises durchschimmern, es werden elegantere Terminologien benutzt – aber keine neue Strategie.

Quintessenz. Dies ist eine schöne Aufgabe, die mit dem Invarianzprinzip und dem indirekten Beweis schöne Mathematik vorstellt! Dabei zu sehen, wie sich der „mutierte" Springer über das Schachbrett bewegt, macht besonders viel Freude und gibt der Aufgabe einen hohen ästhetischen Reiz.

Beim Schach als dem Königsspiel hat eben die Mathematik auch einen besonderen Stellenwert. Und der Springer ist zwar nicht der König, aber doch die Figur mit der interessantesten Zugvariante.

Von solchen Aufgaben gibt es im Bundeswettbewerb und anderswo noch viele [2]. Im Sachwortverzeichnis findet der Leser Hinweise auf weitere Anwendungen des Invarianzprinzips in diesem Buch. Viel Freude beim Entdecken!

Literatur

1. Verein Bildung und Begabung (Hrsg.): *Bundeswettbewerb Mathematik – Aufgaben und Lösungen 1972–1982*, Bearb. K.-R. LÖFFLER, Ernst Klett Verlag, Stuttgart 1987.
2. D. GRIESER: *Mathematisches Problemlösen und Beweisen*, Springer Fachmedien, Wiesbaden 2013.

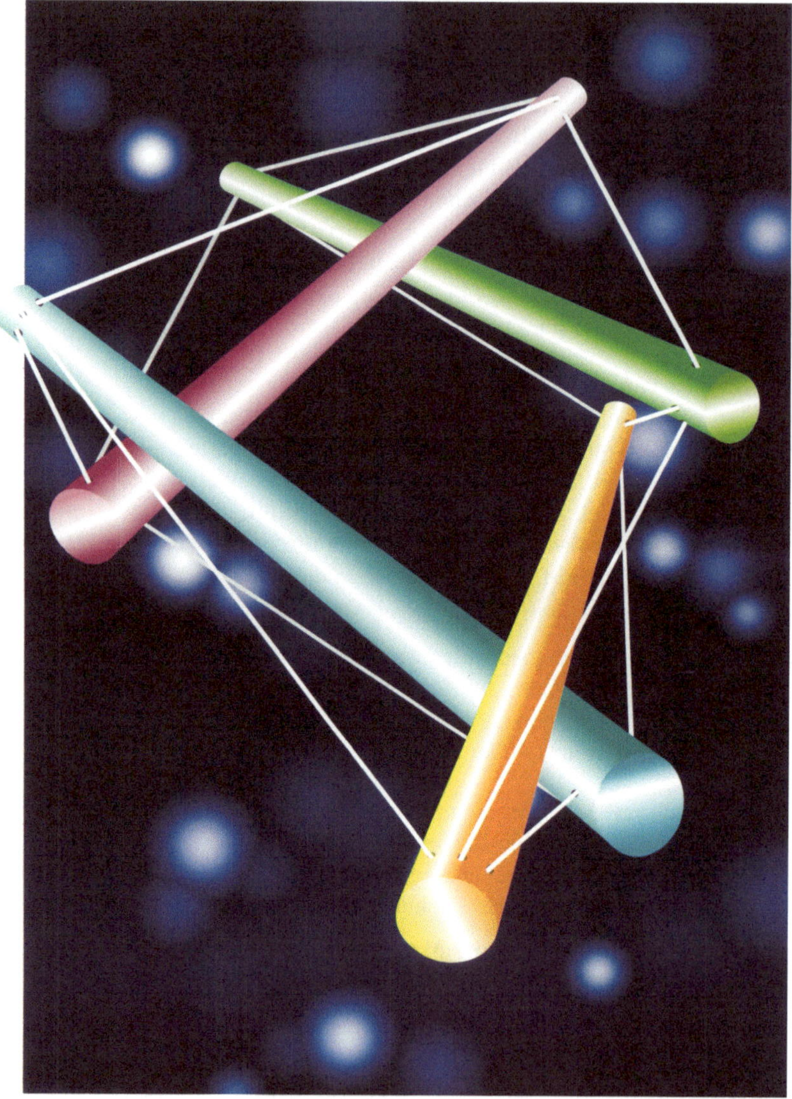

Poster zum *Bundeswettbewerb Mathematik 1997*.

Das Bild zeigt ein 4-Stab-Tensegrity. Der Begriff *Tensegrity* stammt von RICHARD BUCKMINSTER FULLER und bedeutet soviel wie tension (= Spannung) und integrity (= Zusammenhalt, Ganzheit). Viele Strukturen in der lebenden Welt, z. B. die Zellskelette, sind so aufgebaut. Dort werden Proteinstränge (Mikrotubuli) durch diverse Filamente so verbunden. Im Internet findet man viele Beispiele für Tensegrities.

Eine ursprüngliche Aufgabenstellung bezog sich auf eine solche Struktur mit 4 Stäben und 12 Fäden. Diese wurde auf Grund von eingehenden Ausführungen, die in der Literatur bereits vorlagen, verworfen. Es bot sich aber wenigstens eine ansprechende und anregende bildliche Reflexion an.

Eine Zahl beschreibt sich selbst

Horst Sewerin

2. Runde 1979, Aufgabe 3.

Zu einem Turnier treten n Teilnehmer an, durchnummeriert von 0 bis n − 1. Nach Abschluss des Wettkampfs stellt jeder Teilnehmer für seine Nummer s und seine Punktanzahl t fest: Genau t Teilnehmer haben je s Punkte erreicht. Man gebe zu allen möglichen Lösungen für jeden Teilnehmer die Anzahl der erzielten Punkte an.

Beim ersten Lesen gerät man leicht ein wenig durcheinander: Wie sind s und t miteinander verwoben? Ich habe als Teilnehmer eine Nummer und eine Punktzahl. Meine Punktzahl ist gleichzeitig die Anzahl aller Teilnehmer, deren Punktzahl gleich meiner Nummer ist. Uff. Wenn ich also Teilnehmer Nr. 5 bin und 7 Punkte habe, dann gibt es 7 Teilnehmer mit jeweils 5 Punkten. Aber deren 5 Punkte besagen wiederum, dass es jeweils 5 Teilnehmer mit so vielen Punkten gibt, wie deren Nummer lautet, und so weiter …

Das muss doch explodieren! Eine solche Bedingung kann doch gar nicht erfüllt sein – halt! Es gibt ja noch die Null.

Möglicherweise ist die Sache beherrschbar, wenn ziemlich viele Teilnehmer 0 Punkte erzielt haben, denn dadurch wird die Kettenreaktion gebremst. Dann muss aber Teilnehmer Nr. 0 eine ziemlich hohe Punktzahl haben. Der Teilnehmer, dessen Nummer gleich dieser Punktzahl ist, kann dann nicht 0 Punkte erzielt haben, sondern wahrscheinlich 1 Punkt. Damit hat auch Teilnehmer Nr. 1 mehr als 0 Punkte erzielt …

Jetzt wird es Zeit, die Überlegungen zu systematisieren. Wir ordnen die Teilnehmernummern und ihre erzielten Punkte in einer Tabelle an:

Nummer	0	1	2	…	i	…	$n-1$
Punktzahl	t_0	t_1	t_2	…	t_i	…	t_{n-1}

Einige Eigenschaften der Zahlen t_i können wir sofort notieren:

Eigenschaft 1. Offenbar gilt $0 \le t_i \le n$ für alle i mit $0 \le i \le n-1$.   (1)

Eigenschaft 2. Es gilt sogar $t_i \le n-1$ für alle i mit $0 \le i \le n-1$.   (2)

Gäbe es nämlich ein i mit $t_i = n$, dann hätten alle Teilnehmer i Punkte erreicht und es müsste $i = n$ sein, Widerspruch!

Eigenschaft 3. Es ist $\sum_{i=0}^{n-1} t_i = n$, denn jeder Teilnehmer trägt bei der Addition der t_i genau einmal bei. $\hspace{2cm}$ (3)

In der Vorüberlegung haben wir vermutet, dass viele Teilnehmer 0 Punkte erzielt haben müssen. Wir wollen nun untersuchen, welche Teilnehmer das sein können, und nennen Teilnehmer mit mehr als 0 Punkten *erfolgreich*. Sofort ergibt sich:

Eigenschaft 4. Teilnehmer Nr. 0 war erfolgreich. $\hspace{2cm}$ (4)

Wäre nämlich $t_0 = 0$, so hätte kein Teilnehmer 0 Punkte erzielt, Widerspruch!

Wegen (2) ist daher $1 \leq t_0 \leq n - 1$ und wir haben $n - t_0$ erfolgreiche Teilnehmer, von denen einer die Nummer 0 hat. Wegen (3) haben die anderen $n - t_0 - 1$ erfolgreichen Teilnehmer zusammen $n - t_0$ Punkte erzielt. Dies ist nur dann möglich, wenn einer von ihnen 2 Punkte und – falls vorhanden – die anderen je einen Punkt erzielt haben. Damit können überhaupt nur die Punktzahlen 0, 1, 2 und t_0 vorkommen, wobei t_0 auch gleich 1 oder 2 sein könnte. Für alle von 0, 1, 2 und t_0 verschiedenen Nummern i ist deshalb $t_i = 0$. Also suchen wir denjenigen unter den Teilnehmern von 1 bis $n - 1$, der 2 Punkte hat.

Eigenschaft 5. Wenn $t_0 = 2$ ist, gibt es damit außer dem gesuchten noch genau einen weiteren Teilnehmer mit 2 Punkten; also ist $t_2 = 2$. Entsprechend ist $t_2 = 1$, wenn $t_0 \neq 2$ ist. $\hspace{2cm}$ (5)

Deshalb gilt

$$t_0 + t_1 + t_2 = n \quad \text{für} \quad t_0 \leq 2 \quad \text{und}$$
$$t_0 + t_1 + t_2 + t_{t_0} = n \quad \text{für} \quad t_0 > 2.$$

Eigenschaft 6. Im zweiten Fall muss $t_{t_0} = 1$ sein, weil nur der Teilnehmer Nr. 0 mehr als 2 Punkte erzielt haben kann. $\hspace{2cm}$ (6)

Nun können wir eine Fallunterscheidung nach t_0 durchführen.

Fall 1. $t_0 = 1$.

Aus dem 2. Satz von (5) folgt sofort, dass $t_2 = 1$ ist. Weil genau ein Teilnehmer 2 Punkte erreicht hat und höhere Punktzahlen nicht möglich sind, gilt $t_1 = 2$. Alle anderen Teilnehmer haben 0 Punkte. Wir bilanzieren: $t_0 + t_1 + t_2 = 1 + 2 + 1 = 4$, also ist $n = 4$ und es ergibt sich folgende Verteilung:

Nummer	0	1	2	3
Punktzahl	1	2	1	0

Fall 2. $t_0 = 2$.

Aus dem 1. Satz von (5) folgt, dass $t_2 = 2$ ist. Damit ist die 2 bereits zweimal als Punktzahl vergeben, und für t_1 kommen nur noch die Werte 0 oder 1 infrage. Wir bilanzieren:

Fall 2a. $t_0 + t_1 + t_2 = 2 + 0 + 2 = 4$, also ist $n = 4$ und es ergibt sich folgende Verteilung:

Nummer	0	1	2	3
Punktzahl	2	0	2	0

Fall 2b. $t_0 + t_1 + t_2 = 2 + 1 + 2 = 5$, also ist $n = 5$ und es ergibt sich folgende Verteilung:

Nummer	0	1	2	3	4
Punktzahl	2	1	2	0	0

Fall 3. $t_0 \geq 3$.

Aus dem 2. Satz von (5) folgt wiederum, dass $t_2 = 1$ ist, also ist $n = t_0 + 4$. Zusammen mit der Fallbedingung folgt $n \geq 7$ und es ergibt sich folgende Verteilung:

Nummer	0	1	2	3	...	$n-4$	$n-3$	$n-2$	$n-1$
Punktzahl	$n-4$	2	1	0	...	1	0	0	0

Interessanterweise gibt es für $n \leq 3$ und für $n = 6$ keine Lösungen, wogegen für die anderen Fälle die gegebenen Bedingungen offensichtlich erfüllt sind.

Anmerkungen. Die möglichen Fälle bis $n = 10$ führen auf einstellige Punktzahlen. Daher kann man hier die Punktzahlen nebeneinander schreiben und als Ziffern einer ganzen Zahl deuten, deren erste Stelle von links die Anzahl ihrer Nullen, deren zweite Stelle die Anzahl ihrer Einsen usw. angibt. Eine solche Zahl wird als *selbstbeschreibend* bezeichnet, z. B. in [2]. Hier wird nur der Fall $n = 10$ genannt; die einzige selbstbeschreibende Zahl ist 6 210 001 000. Theoretisch sind die Lösungen sogar bis $n = 13$ selbstbeschreibend, weil die „Ziffern" (10), (11) und (12) ja nicht vorkommen.
Andererseits kann man n als Basis eines Stellenwertsystems ansehen und die selbstbeschreibenden Zahlen jeweils als n-stellig deuten, wobei die Beschränkung auf $n \leq 10$ wegfällt. Rechnet man diese Zahlen aus der Basis n jeweils in die Basis 10 um, erhält man eine Folge natürlicher Zahlen, die als Nr. A108551 in der OEIS (Online-Encyclopedia of Integer Sequences) genannt wird [1].

Die hier betrachtete Aufgabe ist in mathematischen Wettbewerben weit verbreitet. Nach Kenntnis des Autors tauchte sie zuerst in der 11. Niederländischen Mathematik-Olympiade 1972 in folgender Form auf:

> $a_0, a_1, a_2, a_3, a_4, a_5, a_6, a_7, a_8, a_9$ *ist eine Folge ganzer Zahlen, für die gilt:*
>
> *i)* $0 \leq a_m \leq 9 \quad (m = 0, 1, 2, \ldots, 9)$.
> *ii) Wenn* $a_m = k$, *dann kommt die Zahl* m *genau* k-*mal unter den Zahlen* a_0 *bis* a_9 *vor.*
>
> *Bestimme die Zahlen* a_0 *bis* a_9.

Die im Bundeswettbewerb Mathematik gestellte Aufgabe ist also eine Verallgemeinerung von 9 auf n. Im Jahr 1987 wurde diese Aufgabe dem Aufgabenausschuss des Bundeswettbewerbs in Unkenntnis der 1979 beim BWM erfolgten Veröffentlichung erneut vorgeschlagen, diesmal in der Form:

> *Für eine natürliche Zahl* n *sei* N *die Menge der ganzen Zahlen von 0 bis* $n - 1$. *Man gebe als Tupel* $(f(0), f(1), \ldots, f(n-1))$ *alle auf* N *definierten Funktionen* f *an, bei denen* $f(i) = \left| \{ f^{-1}(i) \} \right|$ *ist.*

Möglicherweise besteht ein Zusammenhang zu einer Fundstelle in dem Magazin „Penthouse", das nicht gerade als mathematische Fachzeitschrift bekannt ist. Dort fand sich im April 1987 auf S. 142 die Aufforderung:

> *Write a ten-digit "autobiographical number" in which the first digit tells you how many zeroes are in the number, the second how many 1's, the third how many 2's, and so on.*

Schließlich berichtet GÜNTER PICKERT in einem Aufsatz in der Zeitschrift „Praxis der Mathematik", Heft 1/2002, dass im September 1997 die „Problem Solving Competition" der Abteilung Mathematik an der University of Oklahoma diese Aufgabe enthielt, wobei er noch zwei Beiträge in der Zeitschrift „Mathematics Magazine" von 1975 und von 1993 erwähnt, in denen diese Aufgabe ebenfalls diskutiert wird.

Literatur

1. N. J. A. SLOANE: *Online-Encyclopedia of Integer Sequences*, http://oeis.org/A108551
2. E. W. WEISSTEIN: *Self-Descriptive Number*, From *Mathworld* – A Wolfram Web Resource, http://mathworld.wolfram.com/Self-DescriptiveNumber.html

Eine unscheinbare Bedingung

Erhard Quaisser

1. Runde 1981, Aufgabe 2.

Man beweise: Gilt für die Seitenlängen a, b und c eines nicht-gleichseitigen Dreiecks die Beziehung $a + b = 2c$, dann ist die Verbindungsstrecke von Schwerpunkt und Inkreismittelpunkt parallel zu einer Seite des Dreiecks.

Die Aufgabe überrascht durch eine sehr schlichte und einfache Bedingung an das Dreieck. Die Forderung $a + b = 2c$ hat eine nennenswerte Konsequenz für besonders markante Punkte des Dreiecks, für den *Schwerpunkt* und den *Inkreismittelpunkt*.

Die Aufgabenstellung ist bereits nach üblichen elementaren Unterweisungen aus dem Geometrieunterricht verständlich. Der Reiz und die Schönheit der Problemstellung erwachsen in dem Bemühen sie zu lösen. Es eröffnen sich zunehmend viele Möglichkeiten zum Beweis und interessante Einsichten.

Zunächst wollen wir einfachste Begriffserklärungen und Sachverhalte aus dem Schulunterricht zu diesen beiden besonderen Punkten eines Dreiecks nennen:

*Der **Schwerpunkt** S eines Dreiecks ist der Schnittpunkt der Seitenhalbierenden (Bild 1). Er teilt jede von ihnen im Verhältnis 2 : 1 – von der jeweiligen Dreiecksecke aus gesehen.*

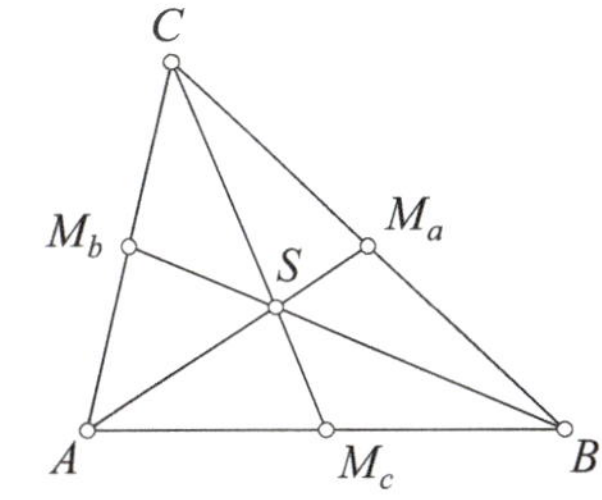

Bild 1.

*Der **Inkreismittelpunkt** I ist der Schnittpunkt der Winkelhalbierenden (Bild 2). Er ist derjenige Punkt im Innern des Dreiecks, der von allen Dreieckseiten den gleichen Abstand besitzt. Überdies bemerken wir noch, dass eine Winkelhalbierende die Dreieckseite, die sie schneidet, im Verhältnis der Längen der anliegenden Dreieckseiten teilt, d. h. z. B., dass die Winkelhalbierende w_c des Innenwinkels bei der Ecke C die Dreieckseite AB im Verhältnis b : a teilt.*

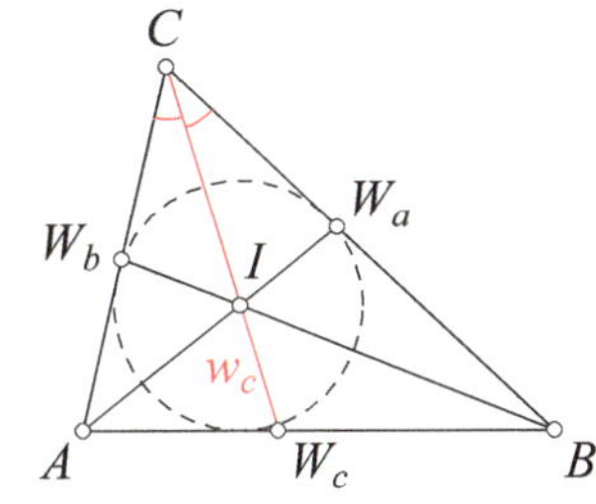

Bild 2.

Bevor wir mit Begründungen für die Behauptung beginnen, ist noch zu klären, dass tatsächlich die Punkte S und I verschieden sind. Denn im Aufgabentext wird von ihrer Verbindungsgeraden gesprochen, und das hat nur für voneinander verschiedene Punkte einen Sinn. Angenommen, es wäre $S = I$. Dann würden die Winkelhalbierenden mit den jeweiligen Seitenhalbierenden zusammenfallen. Folglich wären die Seitenverhältnisse $b : a$, $a : c$ und $c : b$ alle gleich 1 und das Dreieck damit *gleichseitig*. Das stünde im Widerspruch zur Voraussetzung in der Aufgabenstellung.

Es ist naheliegend, für einen Beweis die aufgezeigten Streckenverhältnisse zu nutzen, um über einen Strahlensatz (bzw. dessen Umkehrung) schließlich die Parallelität zu beweisen.

■ **1. Beweis.** Es seien W_c und M_c die Schnittpunkte der Winkelhalbierenden w_c mit der Dreieckseite AB bzw. der Mittelpunkt dieser Seite (Bild 3). Wegen $2c = a + b$ ist $AW_c + W_cB = c = \frac{a}{2} + \frac{b}{2}$. Außerdem gilt $AW_c : W_cB = b : a$. Folglich ist $AW_c = \frac{b}{2}$ und $W_cB = \frac{a}{2}$. Da AI eine Winkelhalbierende im Dreieck AW_cC ist, gilt nun $CI : IW_c = b : \frac{b}{2} = 2 : 1$. In demselben Verhältnis teilt auch S die Seitenhalbierende CM_c. Nach der Umkehrung des Strahlensatzes ist somit IS parallel zu AB. □

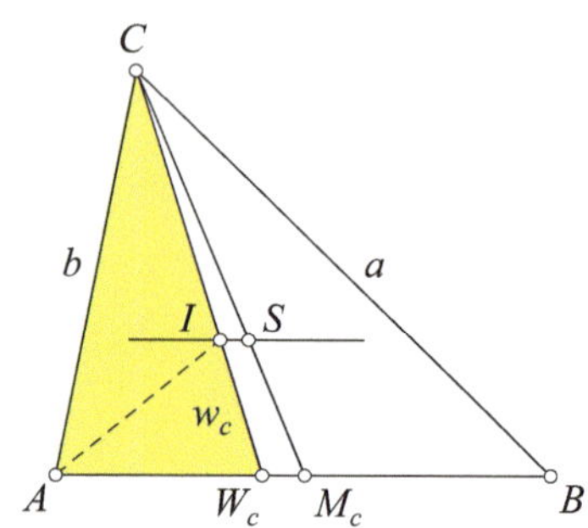

Bild 3.

■ **2. Beweis.** Zu der Winkelhalbierenden w_c, also zur Geraden CW_c, wird durch die Dreiecksecke A die Parallele gelegt. Diese schneidet die Gerade BC in einem Punkt D (Bild 4). Auf Grund der Winkelsätze an geschnittenen Parallelen ist $\sphericalangle CDA = \sphericalangle BCW_c = \frac{\gamma}{2}$ und $\sphericalangle DAC = \sphericalangle W_cCA = \frac{\gamma}{2}$. Das Dreieck ACD ist also gleichschenklig mit $CD = b$ und damit $BD = a + b$. Die Winkelhalbierende w_a des Dreiecks ABD schneidet demnach die Seite AD in einem Punkt E, für den $DE : EA = (a + b) : c$ und damit nach Voraussetzung $DE : EA = 2c : c = 2 : 1$ ist. Nach dem Strahlensatz gilt dann für I als Schnittpunkt von w_c und w_a ebenfalls $CI : IW_c = 2 : 1$. Die Behauptung ergibt sich nun daraus wie beim 1. Beweis. □

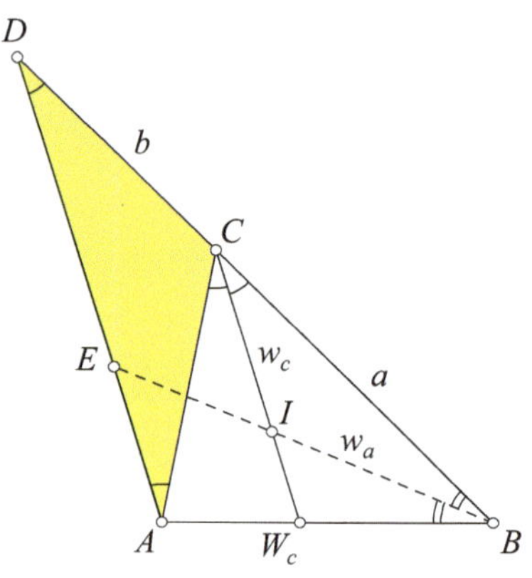

Bild 4.

Der nächste Beweis wird mit anderen aber ebenso ganz einfachen Sachverhalten aus der Elementargeometrie geführt.

■ **3. Beweis.** Durch die Verbindungsstrecken des Inkreismittelpunktes I mit den drei Ecken des Dreiecks wird dieses in drei Teildreiecke ABI, BCI und CAI zerlegt (Bild 5). Die Höhen dieser Teildreiecke sind gleich der Länge r des Inkreisradius. Also ist der Flächeninhalt des Dreiecks ABC gleich

$$[ABC] = \frac{r}{2}(a + b + c) = \frac{r}{2} \cdot 3c = \frac{1}{2}c \cdot 3r.$$

Der Flächeninhalt $[ABC]$ ist aber auch gleich $\frac{1}{2}ch_c$. Folglich ist die Höhe $h_c = 3r$. Damit ist dann nach dem Strahlensatz $CI : IW_c = 2 : 1$, und so ist schließlich wieder die Behauptung gezeigt. □

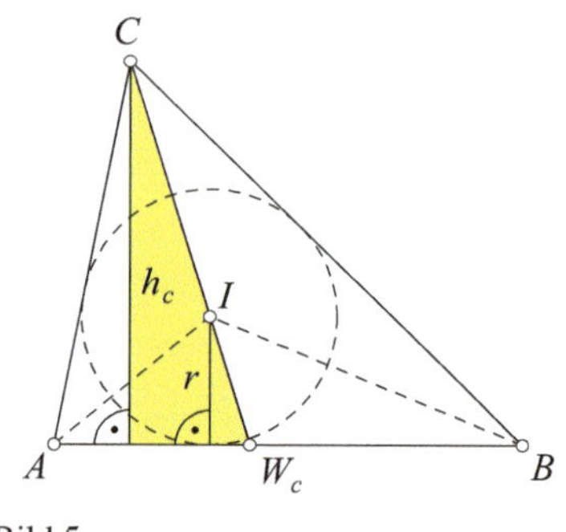

Bild 5.

Noch gefälliger ist folgende

■ **Variante zum 3. Beweis.** Verbindet man den Schwerpunkt S mit den Ecken A, B und C, dann wird das Dreieck ABC in drei flächengleiche Teile zerlegt. Es ist also

$$[ABS] = \frac{1}{3}[ABC].$$

Zerlegen wir die Dreiecksfläche entsprechend vom Inkreismittelpunkt I aus, dann erhalten wir über die Teildreiecke – wie beim 3. Beweis –

$$[ABC] = \frac{r}{2}(a + b + c) = \frac{r}{2}(2c + c).$$

Folglich ist $[ABI] = \frac{1}{2}cr = \frac{1}{3}[ABC]$. Bei gleicher Seite AB haben demnach die Dreiecke ABS und ABI die gleiche Höhe, d. h., die Punkte S und I liegen auf einer gemeinsamen Parallelen zu AB.   □

Bei dieser Überlegung ist $S = I$ mit einbezogen!

Umkehrung der Aussage. Bei dieser Betrachtung ist Folgendes leicht einsichtig: Liegen S und I auf einer gemeinsamen Parallelen zu AB, dann ist $[ABI] = [ABS]$. Wegen $[ABS] = \frac{1}{3}[ABC] = \frac{1}{3} \cdot \frac{r}{2}(a + b + c)$ und $[ABI] = \frac{1}{2}rc$ folgt daraus $\frac{1}{3}(a + b + c) = c$ und schließlich $a + b = 2c$.

Wir haben demnach

> **Satz 1.** *Es gilt $a + b = 2c$ genau dann, wenn S und I auf einer gemeinsamen Parallelen zu AB liegen.*

Die Aufgabenstellung lässt wohl bewusst offen, zu welcher der Dreiecksseiten die Gerade SI parallel ist. Und das macht die Problemstellung sicherlich interessanter.

Bevor wir uns weiteren Beweismöglichkeiten zuwenden, gehen wir noch einer naheliegenden Frage nach:

Kann man eine *Übersicht über alle diejenigen Dreiecke ABC* geben, die der Bedingung $a + b = 2c$ genügen? Damit im Zusammenhang steht die einfache praktische Frage, ob man bei der Skizzierung der Beweisfiguren eigentlich recht freizügig verfahren kann.

Es gibt ein Dreieck mit den Seitenlängen a, b und c genau dann, wenn diese die Dreiecksungleichungen $a + b > c$ und $b + c > a$ und $c + a > b$ erfüllen. Mit $a + b = 2c$ ist trivialerweise schon $a + b > c$ erfüllt. Für die restlichen beiden Ungleichungen ist dann notwendig und hinreichend, dass $|a - b| < c$ ist. Für a und b gilt somit $a, b \in (\frac{c}{2}, \frac{3c}{2})$.

Ausgehend von einer Strecke AB mit der Länge c kann man nun durch eine einfache Dreieckskonstruktion SSS, also durch eine bekannte Konstrukti-

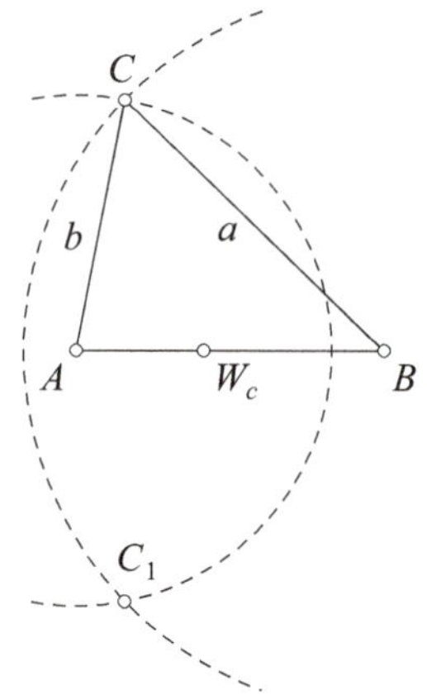

Bild 6.

on aus vorgegebenen Seitenlängen, zu einem Dreieck der gewünschten Art gelangen:

Wir wählen irgendeine Länge a mit $\frac{c}{2} < a < \frac{3c}{2}$ (Bild 6). Um den Punkt B wird der Kreis mit dem Radius a und um A der Kreis mit dem Radius $b = 2c - a$ gezeichnet. Diese Kreise schneiden sich in (genau) zwei Punkten C und C_1, die symmetrisch zu der Geraden AB liegen, denn die Längen a, b und c erfüllen offenbar die Dreiecksungleichungen. Überdies ist $a+b = 2c$.

Auf diese Weise haben wir konstruktiv eine Übersicht über alle diejenigen Dreiecke gewonnen, die der Bedingung $a + b = 2c$ genügen.

Speziell ist noch W_c derjenige Punkt im Innern der Seite AB, für den $BW_c = \frac{a}{2}$ ist.

Eine Charakterisierung derartiger Dreiecke kann noch einfacher gegeben werden. Bei vorgegebener Strecke AB der Länge c ist der Umfang dieser Dreiecke konstant, nämlich offensichtlich gleich $3c$ und die Summe der Abstände des Punktes C von der Punkten A und B ist ebenfalls konstant gleich $2c$. Letzteres ist gerade eine Kennzeichnung für die Punkte einer *Ellipse*. Bei der hier vorliegenden Ellipse – kurz mit ε bezeichnet – liegt die Hauptachse auf der Geraden AB und hat die Länge $2c$. Die Nebenachse liegt auf der Mittelsenkrechten von AB und hat die Länge $c\sqrt{3}$. (Im Falle $a = b$ ist das Dreieck ABC nämlich *gleichseitig* und die Höhe h_c ist gleich $\frac{\sqrt{3}}{2}c$.) Die Punkte A und B sind die *Brennpunkte* der Ellipse.

Wir haben damit eine weitere Kennzeichnung der Dreiecke:

Satz 2. *Es seien A und B zwei feste Punkte. Dann ist ABC ein Dreieck mit $a + b = 2c$ genau dann, wenn C ein Punkt der Ellipse ε und ungleich der beiden Hauptscheitelpunkte S_1 und S_2 ist.*

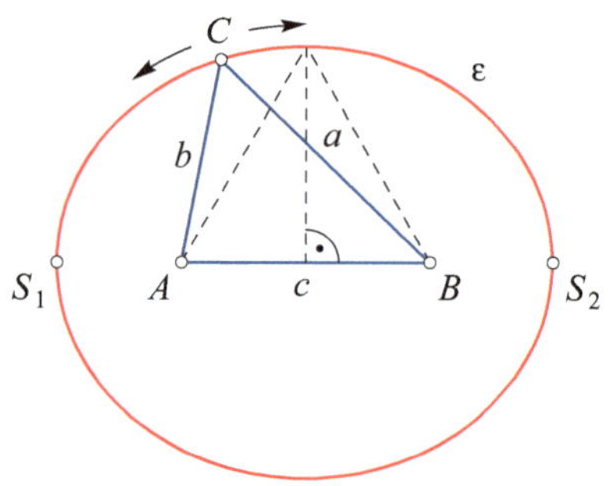

Bild 7. Gärtnerkonstruktion einer Ellipse: Eine um die Holzpflöcke A und B straff gespannte Seilschlinge (blau) wird bei C mit dem Stiel einer Harke herumgeführt; der Stiel beschreibt dabei eine Ellipse (rot).

Für die Ellipse ε gibt es eine sehr einfache und praktisch nutzbare Konstruktion. Um die beiden festen Punkte A und B legt man einen geschlossenen Faden der Länge $3c$, wobei c die Länge der Strecke AB ist. Mit einem Stift kann nun die Ellipse kontinuierlich gezogen werden. Dazu ist der Faden stets straff zu spannen, Die Konstruktion ist als *Gärtnerkonstruktion* (Bild 7) bekannt, eine sehr zutreffende Bezeichnung.

Wir wenden uns jetzt weiteren Beweisen zu.

Die Verwendung von Teilungsverhältnissen ist naheliegend. Wir setzen jetzt einfach einen fundamentalen Satz der Elementargeometrie über Teilungsverhältnisse am Dreieck ein:

Satz von MENELAOS.

Ist ABC ein Dreieck und sind A_1, B_1 und C_1 Punkte auf den Geraden BC, CA bzw. AB (Bild 8), dann gilt:

$$\frac{AC_1}{C_1B} \cdot \frac{BA_1}{A_1C} \cdot \frac{CB_1}{B_1A} = -1.$$

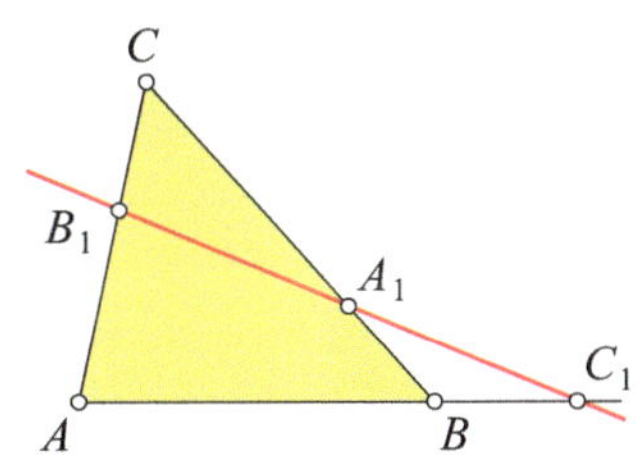

Bild 8. Zum Satz von MENELAOS.

Dabei handelt es sich um Teilungsverhältnisse von *gerichteten* Strecken. Unter dem Verhältnis $UV : XY$ ist diejenige reelle Zahl t zu verstehen, für die $t \cdot \overrightarrow{XY} = \overrightarrow{UV}$ ist. (Dabei wird natürlich $X \neq Y$ vorausgesetzt.)

■ **4. Beweis.** Es seien wieder W_a, W_b, W_c die Schnittpunkte der Winkelhalbierenden mit den zugehörigen Seiten des Dreiecks ABC. Es ist $AW_c : W_cB = b : a$ und damit $W_cA : AB = -b : (a+b)$. Wir wenden nun den Satz von MENELAOS auf das Dreieck W_cBC an (Bild 9). Die Punkte A, W_a und I liegen auf einer Geraden (nämlich auf der Winkelhalbierenden des Winkels bei A), und folglich ist

$$-1 = \frac{W_cA}{AB} \cdot \frac{BW_a}{W_aC} \cdot \frac{CI}{IW_c} = -\frac{b}{a+b} \cdot \frac{c}{b} \cdot \frac{CI}{IW_c},$$

also $CI : IW_c = (a+b) : c = 2c : c = 2 : 1$. Und die Umkehrung des Strahlensatzes liefert wiederum die Behauptung. □

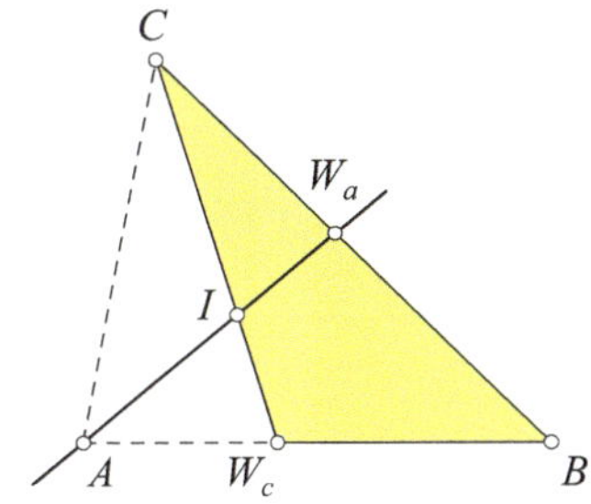

Bild 9.

Beim nächsten und letzten Beweis ist die Grundidee, den Punkt I als Schwerpunkt eines geeigneten Dreiecks auszuweisen. Wir benutzen hier Vektoren.

■ **5. Beweis.** Es seien $a = 0$ (Nullvektor), b und c die Ortsvektoren der Punkte A, B und C (Bild 10). Auf dem Strahl AB^+ gibt es genau einen Punkt D, für den CAD ein gleichschenkliges Dreieck mit dem Scheitel A ist. Folglich ist $AD = \frac{b}{c} \cdot AB$, also $d = \frac{b}{c} \cdot b$ der Ortsvektor des Punktes D. Da AW_c die Länge $\frac{b}{2}$ hat (siehe 1. Beweis), ist W_c der Mittelpunkt der Strecke AD und damit CW_c Seitenhalbierende im Dreieck ADC. Auf Grund der Gleichschenkligkeit gilt das auch für die Gerade AI. Also ist der Punkt I der Schwerpunkt des Dreiecks ADC und demzufolge

$$\frac{1}{3}\left(0 + \frac{b}{c}b + c\right)$$

sein Ortsvektor. Der Ortsvektor des Schwerpunkts S des Dreiecks ABC ist $\frac{1}{3}(0 + b + c)$. Der Vektor $\overrightarrow{SI}$ ist dann $\frac{1}{3}\left(\frac{b}{c}b + c\right) - \frac{1}{3}(b + c) = \frac{b-c}{3c}b$, d. h., ein Vielfaches des Vektors $\overrightarrow{AB}$. □

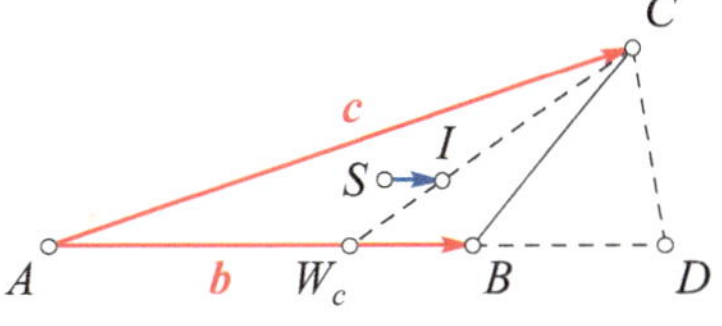

Bild 10.

Poster zum *Bundeswettbewerb Mathematik 1998* (Aufgabe 1992-1-3).

Drei Kugeln liegen so auf einer Ebene, dass sie sich untereinander berühren und ihre Berührungspunkte in der Ebene ein gegebenes Dreieck ABC bilden. Wie groß sind ihre Radien?

Plattenlegen II

Günter M. Ziegler

1. Runde 1981, Aufgabe 3.

Eine quadratische Fläche der Seitenlänge 2^n ist schachbrettartig in Einheitsquadrate unterteilt. Eines dieser Einheitsquadrate wird entfernt. Man zeige, dass die verbleibende Fläche stets durch Platten der Form ⌐, bestehend aus drei Einheitsquadraten, lückenlos und überschneidungsfrei bedeckt werden kann.

Ich habe fünfmal am Bundeswettbewerb Mathematik teilgenommen, das erste Mal 1977 in der 9. Klasse, das letzte Mal 1981, auf dem Weg zum Abitur. Ich habe mir da monatelang die Zähne an kniffligen Problemen ausgebissen, dabei viel gelernt (vollständige Induktion zum Beispiel, aber auch Sekundärtugenden wie Hartnäckigkeit, Durchhaltevermögen, Immer-wieder-einen-neuen-Anlauf-nehmen, etc.) – und bin damit jedes Jahr etwas weiter gekommen, bis zum Bundessieg 1980 und 1981, dann eben auch der Internationalen Mathematik-Olympiade 1981, *und so weiter*.

Ich weiß nicht, warum mir vom Bundeswettbewerb die vergleichsweise „harmlose" Aufgabe mit den Drei-Eck-Platten auf dem Schachbrett in Erinnerung geblieben ist. War die damals schwierig für mich? Das kann ich mir im Nachhinein eigentlich nicht mehr vorstellen. Aber man hat ja manchmal ein Brett vor dem Kopf, und das ist dann eben kein Schachbrett.

Aber als erfahrener Wettbewerbsteilnehmer sieht man, dass da eine Aussage für alle $n \geq 1$ gelten soll (oder für die Puristen: für alle $n \geq 0$). Da liegt es natürlich nahe, als Beweismethode das Prinzip der *vollständigen Induktion* zu verwenden:

Vollständige Induktion.

- *Die Aussage ist für $n = 1$ offensichtlich richtig.*
- *Wenn aus der Gültigkeit der Aussage für ein bestimmtes $n \geq 1$ die Gültigkeit für den nachfolgenden Wert $n + 1$ folgt, dann gilt die Aussage für* alle $n \geq 1$.

Wir müssen die Aussage also für ein Schachbrett der Seitenlänge 2^{n+1} zeigen – dürfen dabei aber jetzt die Gültigkeit der Aussage für das Schachbrett der Seitenlänge 2^n voraussetzen, und *verwenden*! Und ein Schachbrett der Seitenlänge 2^{n+1} zerlegt sich fast ganz von selbst in vier Schachbretter der Seitenlänge 2^n.

■ **Beweis.** Zunächst dürfen wir annehmen (*ohne Einschränkung der Allgemeinheit* – weil wir die Symmetrie des Quadrats ausnutzen können, weil sich also an dem Problem und seiner Aussage nichts ändert, wenn wir an der horizontalen oder der vertikalen Symmetrieachse des Quadrats spiegeln), dass das fehlende Einheitsquadrat im rechten oberen Quadranten liegt (Bild 1). Und nun können wir „unser Problem" für Seitenlänge 2^{n+1} aufteilen in „dasselbe Problem" für Seitenlänge 2^n und eine L-Form, die uns bekannt vorkommen könnte.

Jetzt kommt es nur noch auf die Reihenfolge der Argumente an: Wir zeigen *zuerst* mit vollständiger Induktion, dass sich die L-Form aus drei Schachbrettern der Kantenlänge 2^n für jedes $n \geq 0$ pflastern lässt (Bild 2 zeigt den Induktionsschritt), und *dann* dasselbe auch für das Schachbrett der Kantenlänge 2^n mit einem fehlendem Einheitsquadrat. Fertig! □

Kanonen auf Spatzen. Irgendwann im Studium merkt man dann, dass die Wettbewerbsaufgaben eine „heile Welt" vorspiegeln: Sie kommen alle mit der Garantie, dass sie lösbar sind, dass sie eine *kurze* Lösung haben, also einen Beweis, der auf eine Seite passt (oder zur Not auch auf zwei), und dass sie eine *elementare* Lösung haben, also eine, die mit Hilfsmitteln wie vollständiger Induktion, Fallunterscheidung, Beweis auf Widerspruch usw. auskommen, und mit Konzepten der Schulmathematik, also ohne höhere Algebra, ohne Analysis, und ohne die Höhepunkte der Mathematik des 20. Jahrhunderts …

Und im Gegensatz dazu stößt man dann im Studium auf Aussagen, die genauso harmlos klingen wie die Wettbewerbsaufgaben, aber ohne die Garantien eines Schülerwettbewerbs. Plötzlich sitze ich vor ganz neuen Herausforderungen:

- es ist nicht klar, ob es eine einfache Lösung gibt,
- es ist nicht klar, ob es eine (für mich) erreichbare Lösung gibt, und
- es ist nicht klar, ob es überhaupt eine Lösung gibt.

Wobei an dem „für mich erreichbar" zu arbeiten ist. Wer mehr Mathematik kennt, mehr Mathematik kann, ist klar im Vorteil. Die vollständige Induktion ist ein sehr kleines praktisches Werkzeug, aber wir brauchen das volle „Waffenarsenal der Mathematik" – und das wächst, Rüstungskontrolle nicht in Sicht.

Beispiele gefällig?

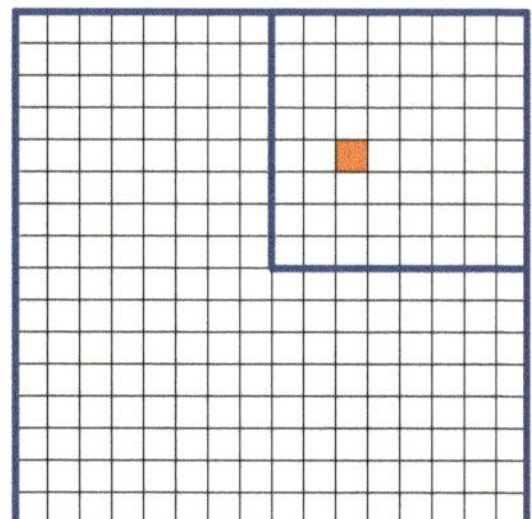

Bild 1. Schachbrett für $n = 4$ mit fehlendem Einheitsquadrat (orange) im ersten Quadranten.

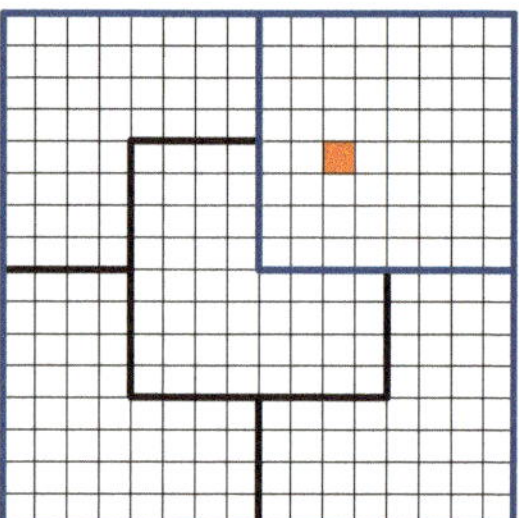

Bild 2. Die L-Form des zweiten, dritten und vierten Quadranten lässt sich stets in vier ähnliche L-Formen mit halber Kantenlänge zerlegen.

Aufgabe. *Man beweise: Ein Schachbrett, von dem zwei gegenüberliegende Ecken entfernt worden sind, kann man nicht mit Dominos pflastern (Bild 3).*

■ **Beweis.** Das ist ein Klassiker, und das Stichwort „Schachbrett" verrät auch schon fast die Lösung: Das verstümmelte Schachbrett hat in der üblichen Schachbrettfärbung 32 weiße und 30 schwarze Felder, jeder Dominostein überdeckt aber gleich viele weiße wie schwarze Felder (Bild 4).   □

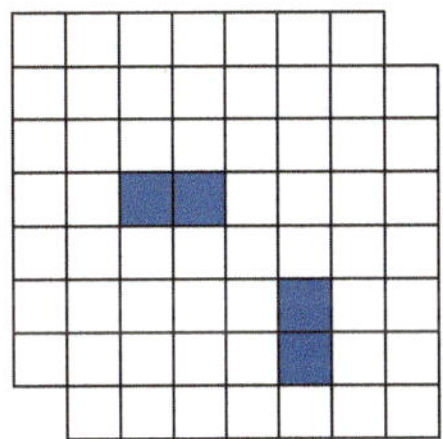

Bild 3.

Aufgabe. *Man beweise: Ein Schachbrett der Kantenlänge n kann man nur dann mit Viererstreifen pflastern, wenn n durch 4 teilbar ist.*

Bild 4.

■ **Beweis.** Der Beweis (mit einer geeigneten Färbung des Schachbretts) soll hier nicht verraten werden – auch deshalb, weil ECKARD SPECHT das hier im Buch im Abschnitt „Plattenlegen I" tut (s. Seite 11ff.). Siehe auch ARDILA & STANLEY [2].   □

Das folgende Problem klingt ähnlich harmlos:

Aufgabe. *Man beweise: Das nebenstehende „Hex-Brett" (Bild 5) kann man nicht mit Dreierstreifen pflastern.*

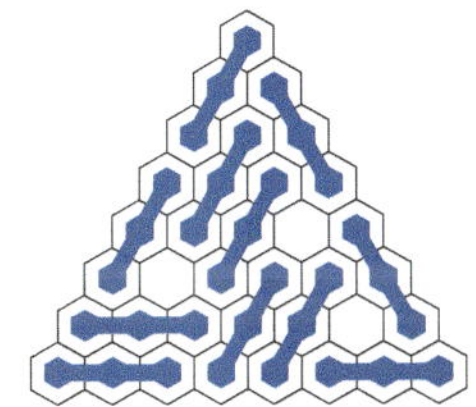

Bild 5. Unvollständige Pflasterung eines Hex-Bretts mit Dreierstreifen für $n = 8$.

Viel allgemeiner: Das dreieckige Brett mit n Feldern auf der Grundlinie (und $\frac{1}{2}n(n+1)$ Feldern insgesamt) kann man für überhaupt kein n mit Dreierstreifen pflastern. Für kleine n, wie etwa $n = 1, 2, 3$ überlegt man sich das leicht. Für $n = 3k + 1$ kann es keine solche Pflasterung geben, weil dann die Anzahl der Felder nicht durch 3 teilbar ist; das „greift" etwa für $n = 4$ und für $n = 7$. Aber warum gibt es auch für die anderen n keine Pflasterung, also insbesondere nicht für $n = 8$? CONWAY & LAGARIAS [3] haben das 1990 mithilfe einer gruppentheoretischen Methode bewiesen, nämlich mit der von JOHN CONWAY eingeführten „Pflasterungsgruppe".

Aber geht das nicht auch einfacher? Gibt es dafür nicht auch ein elementares Färbungsargument? Nein, das gibt es nicht – und das haben CONWAY & LAGARIAS auch bewiesen. Ein Färbungsbeweis würde nämlich „mitbeweisen", dass es auch keine *Plusminus-Pflasterung* geben kann, mit positiven wie negativen Pflastersteinen, sodass jedes Feld insgesamt genau einmal überdeckt ist, und eine solche Plusminus-Pflasterung gibt es tatsächlich für $n = 8$, siehe Bild 6.

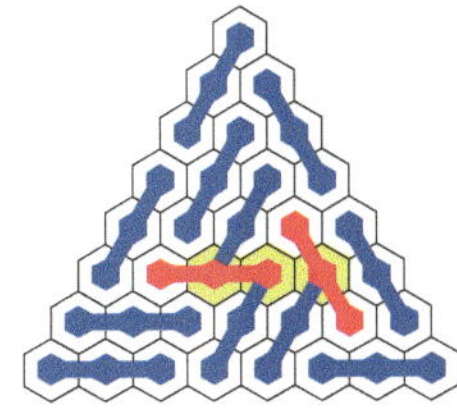

Bild 6. Vollständige Plusminus-Pflasterung des Hex-Bretts aus Bild 5: Die drei Lücken dort werden mithilfe von zwei zusätzlichen Streifen (rot) gefüllt. Dann sind drei Felder (gelb markiert) aber doppelt überdeckt: Ein Minus-Dreierstreifen hebt das wieder auf.

Und trotzdem – mit Färbungen geht das nicht, mit vollständiger Induktion aber doch. Das hat DONALD WEST 1991 gezeigt, siehe [6]. Sein Beweis ist elementar, aber länger und mühsamer, als das für eine Wettbewerbsaufgabe akzeptabel wäre.

Aufgabe. *Man beweise: Das Einheitsquadrat kann man nur dann mit n Dreiecken der Fläche $\frac{1}{n}$ pflastern, wenn n gerade ist.*

Dass man ein Quadrat nicht in ungerade viele Dreiecke gleicher Fläche zerschneiden kann, klingt überraschend. Aber wenn das so ist, sollte es auch einen einfachen Beweis dafür geben? Den gibt es nicht, bisher! Der einzige Beweis, den wir dafür haben (von JOHN THOMAS 1968 für den Fall von rationalen Eckenkoordinaten, und dann von PAUL MONSKY 1970 vollständig [5]), verwendet

- das *spernersche Lemma* aus der kombinatorischen Topologie,
- die *2-adische Bewertung* der Brüche aus der Zahlentheorie, sowie
- den *Wohlordnungssatz* aus der Mengenlehre/Logik, um die Bewertung auf die reellen Zahlen fortzusetzen,

und dann eine überraschende und ausgesprochen trickreiche Färbung der reellen Ebene mit drei Farben, bei der auf jeder Geraden genau zwei Farben auftauchen.

Geht das nicht auch einfacher? Das weiß ich nicht. Wünschenswert wäre das!

Wir haben uns alle Mühe gegeben, den Beweis so einfach zu verstehen und so schön wie möglich aufzuschreiben, siehe AIGNER & ZIEGLER [1, Kap. 22]. Trotzdem bleiben viele Fragen offen, nicht nur die, ob das auch einfacher zu beweisen geht, sondern auch die Frage, wie gut man ein Quadrat in ungerade viele Dreiecke von *ungefähr* gleicher Fläche zerschneiden kann. Das ist ein ungelöstes Problem [7]! Die obere Schranke für die Flächenunterschiede ist polynomial, die untere Schranke ist doppelt-exponenziell. Den aktuellen Stand stellen LABBÉ et al. [4] dar. Da bleibt noch viel zu tun – vielleicht auch für ambitionierte Wettbewerbsteilnehmer.

Ich muss niemandem mehr irgendetwas beweisen. Schaut man sich die Aufgaben der ersten Runde 1981 nochmal an (siehe Seite 228), dann fällt einem doch ein gewisses Muster auf. So heißt es

- in Aufgabe 1: „Man beweise: …“
- in Aufgabe 2: „Man beweise: …“
- in Aufgabe 3: „Man zeige, dass …“
- in Aufgabe 4: „Man beweise: …“

Ich hab' mich in solche Aufgaben verbissen. Für mich war der Bundeswettbewerb auch Ort, wo ich meinem Ehrgeiz freien Lauf lassen konnte. Die

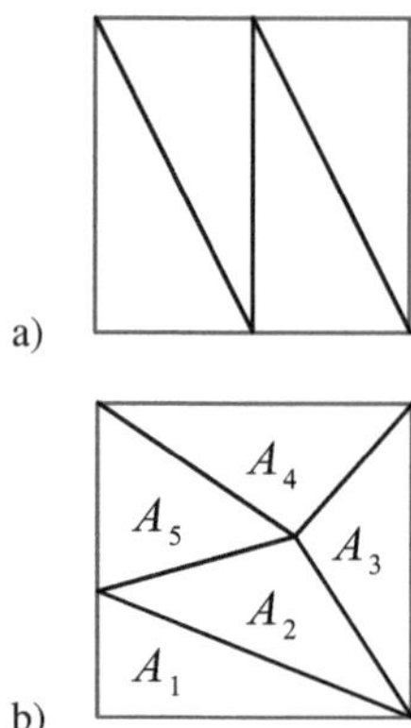

Bild 7. Eine Zerlegung des Quadrates in eine geradzahlige Anzahl von Dreiecken gelingt sehr einfach (hier für $n = 4$ in a); dagegen zeigt b) die vermutlich beste Zerlegung für $n = 5$ mit einem größten Flächenunterschied von $|A_5 - A_2| = 0{,}02254$.

Wettbewerbe, besonders der Bundeswettbewerb, haben mich in die Wissenschaft „reingezogen".

Insofern führt für mich der Bundeswettbewerb zum Leibnizpreis ... und schließlich zu einem Zitat, das CHRISTOPH DRÖSSER 2007 in der *ZEIT* über mich gebracht hat:

> „Das war der Punkt, an dem ich gemerkt habe: Ich muss niemandem mehr irgendetwas beweisen", sagt ZIEGLER.

Ja, das habe ich gesagt, aber dabei nicht gemerkt, dass das für einen Mathematiker eine sehr merkwürdige Aussage ist. Wir müssen immer wieder beweisen!

Literatur

1. M. AIGNER, G. M. ZIEGLER: *Das BUCH der Beweise*, 5. Aufl., Springer, Berlin 2018.
2. F. ARDILA, R. P. STANLEY: *Pflasterungen*, Math. Semesterber. **53** (2006), 17–43.
3. J. H. CONWAY, J. C. LAGARIAS: *Tiling with polyominoes and combinatorial group theory*, J. Combinat. Theory A **53** (1990), 183–208.
4. J.-P. LABBÉ, G. ROTE, G. M. ZIEGLER: *Area Difference Bounds for dissections of a square into an odd number of triangles*, Experimental Mathematics, online erschienen 2018, 23 Seiten, DOI:10.1080/10586458.2018.1459961.
5. P. MONSKY: *On dividing a square into triangles*, Amer. Math. Monthly **77** (1970), 161–164.
6. D. C. WEST: *An elementary proof of two triangle-tiling theorems of Conway and Lagarias*, Web page, 2002, `http://faculty.plattsburgh.edu/don.west/tiling/`.
7. G. M. ZIEGLER: *Problem 10*, In: *„Open Problems in Discrete Differential Geometry"* (collected by GÜNTER ROTE), Oberwolfach Reports **3** (2006), 692–695.

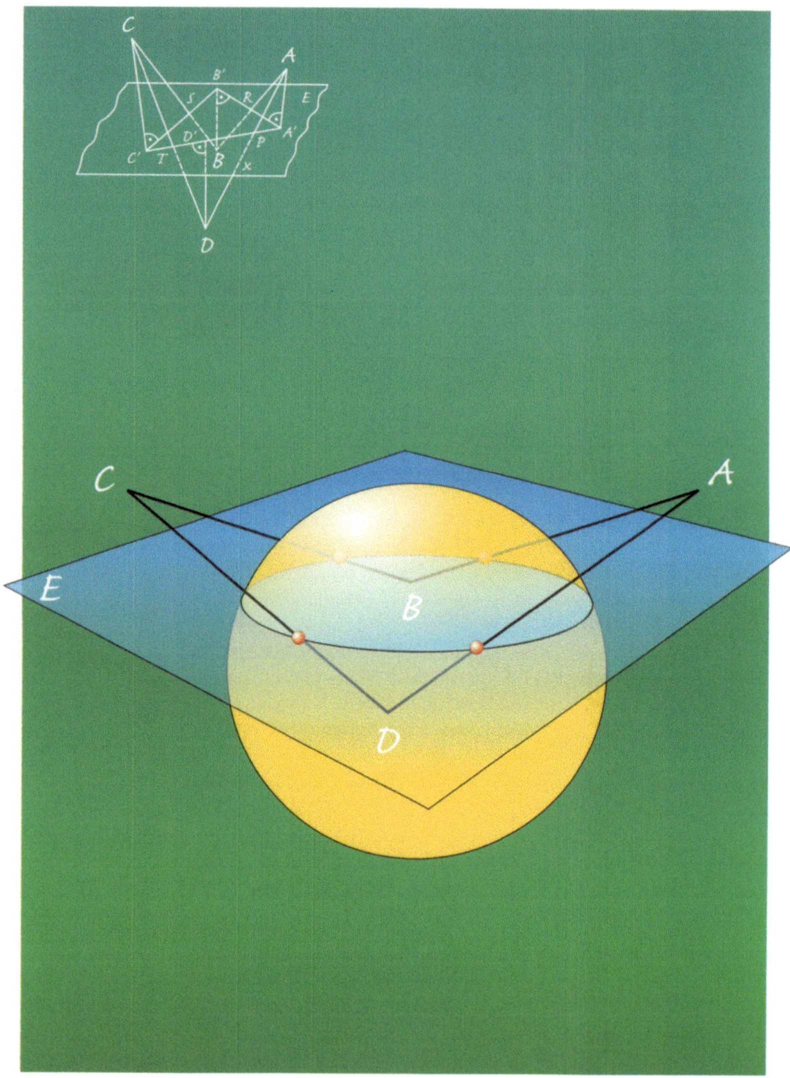

Poster zum *Bundeswettbewerb Mathematik 1999* (Aufgabe 1984-1-4).

Es veranschaulicht, dass die Berührungspunkte eines räumlichen Vierecks
$ABCD$ mit einer Kugel in ein und derselben Ebene liegen.
Siehe auch E. SPECHT, R. STRICH: *geometria – scientiae atlantis 1*, Otto-
von-Guericke-Universität Magdeburg 2009, Aufgabe R.64.

Kreise dominieren Geraden

Eric Müller

2. Runde 1981, Aufgabe 2.

Durch eine bijektive Abbildung der Ebene auf sich werde jeder Kreis in einen Kreis überführt. Man beweise, dass eine solche Abbildung jede Gerade in eine Gerade überführt.

Geraden und Kreise scheinen auf den ersten Blick wenig miteinander zu tun zu haben: Geraden sind unbeschränkt, Kreise sind beschränkt und haben einen Mittelpunkt. Hat man schon einmal von *Inversion am Kreis* gehört (siehe z. B. [1, 4, 5]), überrascht ein Zusammenhang nicht mehr völlig, da die Inversion jeden Kreis (ebenso jede Gerade) auf eine Gerade oder einen Kreis abbildet. Es ist faszinierend, auf Grund sehr elementarer Eigenschaften von Gerade und Kreis einer Abbildung, die zunächst völlig wirr sein kann, irgendwelche bemerkenswerte Eigenschaften abzuringen.

Hat man schließlich die Aufgabe gelöst, stellt sich sofort die Frage, welche Abbildungen denn nun diese Eigenschaft haben können – und dabei stellt sich die Eigenschaft als überraschend stark heraus: Man kann alle Abbildungen klassifizieren (und diese Abbildungen stellen sich als alte Bekannte heraus – welche es sind, wird aber noch nicht verraten), und der zu erbringende Beweis stellt sogar einen wichtigen ersten Schritt zu dieser Klassifikation dar. Damit wird die vorliegende Aufgabe, die zunächst sehr theoretisch klingt, letztlich nochmals interessanter.

Bemerkenswert ist an dieser Aufgabe auch, dass sie nicht umgekehrt gilt:

> *Die Abbildung, die jeden Punkt mit den Koordinaten (x, y) auf den mit den Koordinaten $(2x, y)$ abbildet (Bild 1), ist eine bijektive Abbildung der Ebene[†] auf sich, die zwar jede Gerade in eine Gerade überführt, jedoch keinen Kreis in einen Kreis (siehe auch Bemerkung 1 am Schluss).*

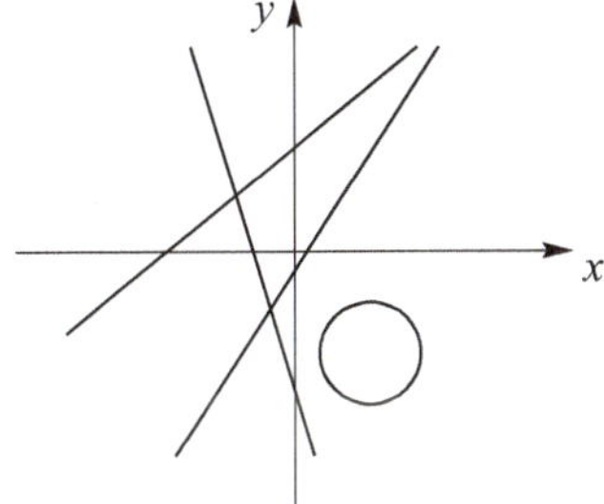

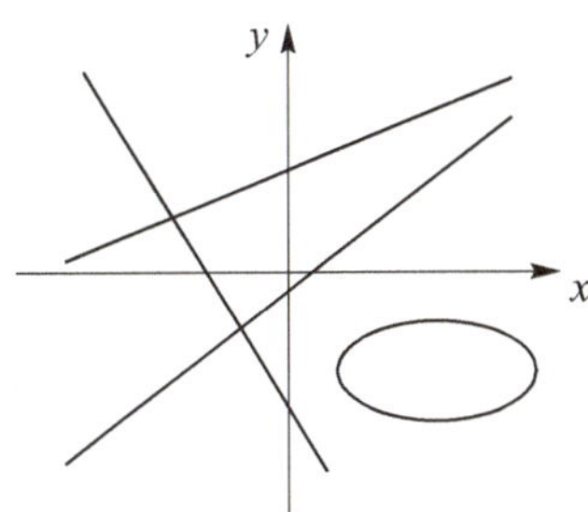

Bild 1. Abbildung von Punkten $P(x, y)$ (oben) auf Punkte $P(2x, y)$ (unten).

[†] Mit „Ebene" sei im Kontext dieser bijektiven (eineindeutigen) Abbildung stets die Punktmenge der Ebene gemeint.

Es wird nachfolgend eine verschärfte Aussage bewiesen (vgl. [3]):

> **Satz 1.** *Durch eine bijektive Abbildung der Ebene auf sich werde jeder Kreis in eine (nicht notwendigerweise echte) Teilmenge eines Kreises überführt. Man beweise, dass eine solche Abbildung jede Gerade in eine Gerade überführt.*

■ **Beweis.** Für einen Punkt P sei der Bildpunkt mit P' bezeichnet. Da die Abbildung bijektiv ist, kann man jeden Punkt P' der Ebene als Bildpunkt eines Punktes P ansehen.

Es sei AB eine beliebige Gerade der Ebene. Es wird gezeigt:

(A) Für jeden Punkt P' auf $A'B'$ liegt P auf AB.

> ■ **Beweis von (A).** Angenommen, P läge nicht auf AB. Dann lägen A, B, P auf einem Kreis, also auch A', B', P'. Letztere könnten somit nicht kollinear sein – ein Kreis hat mit jeder Geraden ja höchstens zwei Punkte gemeinsam.   □

(B) Für jeden Punkt P auf AB liegt P' auf $A'B'$.

> ■ **Beweis von (B).** Angenommen, P' läge nicht auf $A'B'$ (Bild 2). Es wird gezeigt, dass dann die Gerade AB auf die gesamte Ebene abgebildet wird im Widerspruch zur Bijektivität der Abbildung. Es sei R' ein beliebiger Punkt der Ebene. Liegt er auf $A'B'$ oder $A'P'$, so liegt nach (A) R auf AB oder auf Gerade $AP = AB$. Nun liege R' weder auf $A'B'$ noch auf $A'P'$. Eine weder zu $A'B'$ noch $A'P'$ parallele Gerade durch R' schneide $A'B'$ in $C' \neq A'$ und $A'P'$ in D'. Die Punkte C' und D' sind voneinander verschieden, da C' nicht auf $A'P'$ liegt. Nach (A) liegt C auf AB, D auf AP (gleiche Gerade wie AB) und R auf CD. Da C und D zwei verschiedene Punkte von AB sind, fallen die Geraden AB und CD zusammen, also liegt R auf AB.   □

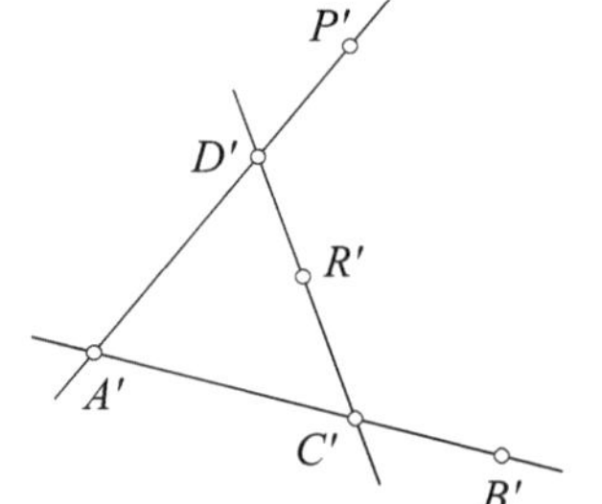

Bild 2.

Damit ist die Aussage von Satz 1 gezeigt und die Aufgabe gelöst.   □

Es ist nicht allzu schwer, alle diese Abbildungen zu klassifizieren, und dazu leistet die gerade gezeigte Aussage einen wesentlichen Schritt.

> **Satz 2.** *Alle bijektiven Abbildungen der (Punktmenge einer) Ebene auf sich, die jeden Kreis auf eine (nicht notwendigerweise echte) Teilmenge eines Kreises abbilden, sind Ähnlichkeitsabbildungen, d. h. es gibt eine feste reelle Zahl $\lambda > 0$ mit $A'B' = \lambda \cdot AB$ für alle Punkte A, B der Ebene.*

Man kann bereits die bijektiven Abbildungen der Ebene klassifizieren, die nur die in der Aufgabe gezeigte Eigenschaft haben. Folgende Proposition ist ein Spezialfall des Fundamentalsatzes der reellen affinen Geometrie [2]:

Proposition 3. *Alle bijektiven Abbildungen der (Punktmenge einer) Ebene auf sich, die jede Gerade auf eine Gerade abbilden, sind affin, d. h. es gibt reelle Zahlen $a_{11}, a_{12}, a_{21}, a_{22}, c_1, c_2$, so dass (in einem Koordinatensystem) jeder Punkt (x, y) auf*

$$(c_1 + a_{11}x + a_{12}y, c_2 + a_{21}x + a_{22}y)$$

abgebildet wird.

Der Beweis der Proposition benötigt folgendes

Lemma 4. *Eine bijektive Abbildung der Ebene, die jede Gerade auf eine Gerade abbildet, bildet parallele Geraden auf parallele Geraden ab, insbesondere werden die Ecken eines Parallelogramms auf Ecken eines Parallelogramms abgebildet.*

■ **Beweis des Lemmas.** Wären die Bildgeraden nicht parallel, hätten sie einen Schnittpunkt P'. Dann läge P auf den beiden Geraden, die somit zusammenfallen müssten. Es sei $ABCD$ ein Parallelogramm. Dann sind $A'B'$ und $C'D'$ sowie $B'C'$ und $D'A'$ parallel, also $A'B'C'D'$ ein Parallelogramm.   □

■ **Beweis der Proposition.** Klarerweise bildet jede bijektive affine Abbildung eine Gerade auf eine Gerade ab. Es genügt also, die umgekehrte Richtung zu beweisen.

Es sei AB eine beliebige Gerade. Für jede reelle Zahl t gibt es einen eindeutig bestimmten Punkt C_t auf AB mit $\overrightarrow{AC_t} = t \cdot \overrightarrow{AB}$ (Bild 3). Da die Abbildung jede Gerade auf eine Gerade abbildet, gibt es eine eindeutig bestimmte reelle Zahl $f(t)$ mit $\overrightarrow{A'C_t'} = f(t) \cdot \overrightarrow{A'B'}$. Es wird nun die Funktion f bestimmt. Wegen $C_0 = A$ und $C_1 = B$ ist nach Definition sofort

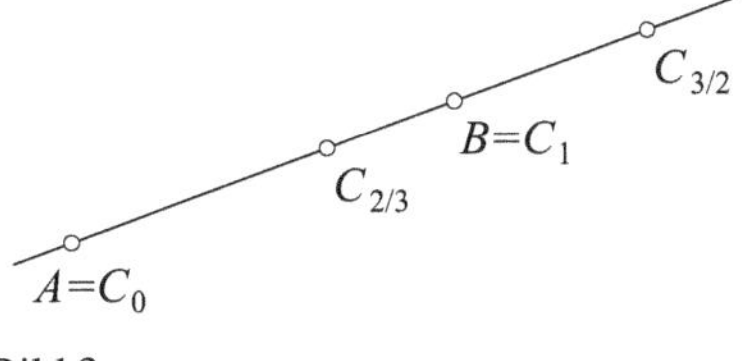

Bild 3.

$$f(0) = 0, \quad f(1) = 1. \tag{1}$$

Es gilt nun für alle $s, t \in \mathbb{R}$:

$$f(s) + f(t) = f(s + t). \tag{2}$$

■ **Beweis von (2).** Wegen (1) ist die Aussage für $s = 0$ oder $t = 0$ trivial, es sei also $s \neq 0$ und $t \neq 0$. Es seien D, E Punkte, sodass AC_tDE ein Parallelogramm ist (Bild 4). Wegen $\overrightarrow{C_tC_{s+t}} = \overrightarrow{AC_t} = t \cdot \overrightarrow{AB}$ ist auch $C_sC_{s+t}DE$ ein Parallelogramm. Damit sind nach Lemma 4 auch $A'C_t'D'E'$

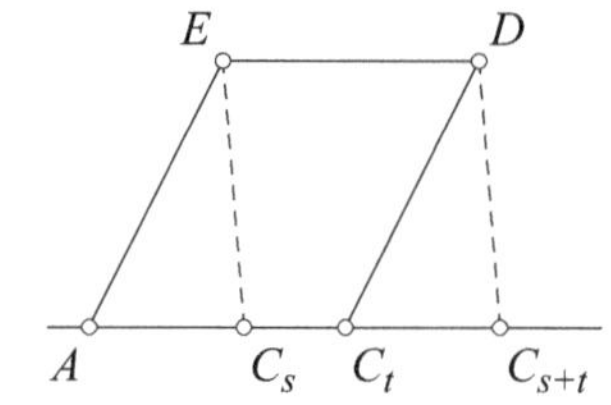

Bild 4.

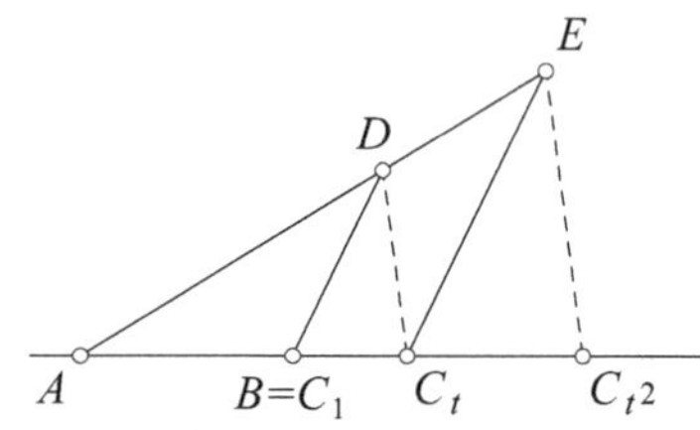

Bild 5.

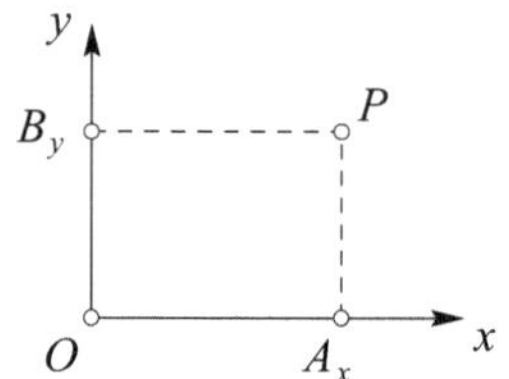

Bild 6.

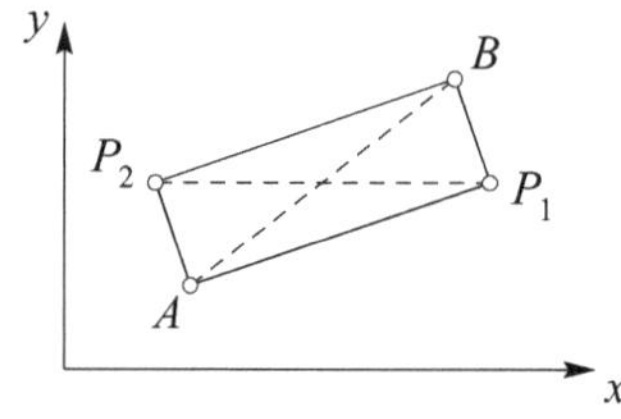

Bild 7.

und $C'_s C'_{s+t} D' E'$ Parallelogramme, also $\overrightarrow{C'_s C'_{s+t}} = \overrightarrow{A' C'_t} = f(t) \cdot \overrightarrow{AB}$, und damit

$$f(s + t) \cdot \overrightarrow{AB} = \overrightarrow{A' C'_{s+t}} = \overrightarrow{A' C'_s} + \overrightarrow{C'_s C'_{s+t}} = (f(s) + f(t)) \cdot \overrightarrow{AB}. \quad \square$$

Weiter ist für $t > 0$:

$$f(t^2) = (f(t))^2. \tag{3}$$

■ **Beweis von (3).** Es sei D ein nicht auf AB liegender Punkt. Bei zentrischer Streckung um A mit dem Streckfaktor t gehe D in E über und nach Definition $B = C_1$ in C_t sowie C_t in C_{t^2} (Bild 5). Insbesondere ist $BD \parallel C_t E$ und $C_t D \parallel C_{t^2} E$. Dann ist nach Lemma 4 auch $B'D' \parallel C'_t E'$ und $C'_t D' \parallel C'_{t^2} E'$, also nach Strahlensatz $A' C'_{t^2} : A' C'_t = A' E' : A' D' = A' C'_t : A' B'$ und damit $f(t^2) : f(t) = f(t) : f(1)$, woraus mit (1) die Behauptung folgt. $\quad \square$

Wegen (2) und (3) ist für $t > 0$:

$$f(s + t) = f(s) + f(t) = f(s) + (f(\sqrt{t}))^2 \geq f(s),$$

also f monoton wachsend. Aus (2) folgt $f(nt) + f(t) = f((n + 1)t)$ für $n \in \mathbb{Z}$ und alle t. Mit $f(0) = 0$ nach (1) folgt daraus mit Induktion nach n bzw. $-n$ die Gleichung $f(nt) = nf(t)$ für alle $n \in \mathbb{Z}$. Mit (1) ergibt sich daraus $1 = f(1) = mf(1/m)$ für alle ganzzahligen $m > 0$ und $f(n/m) = n/m$ für alle $n \in \mathbb{Z}$. Damit ist $f(r) = r$ für alle rationalen Zahlen r und wegen der Monotonie auch für alle reellen Zahlen r.

Für beliebige $x, y \in \mathbb{R}$ sei im Koordinatensystem A_x der Punkt $(x, 0)$ und B_y der Punkt $(0, y)$ (Bild 6). Für einen beliebigen Punkt P mit den Koordinaten (x, y) sind der Ursprung O, A_x, P und B_y Ecken eines Parallelogramms, daher nach Lemma 4 auch die Bildpunkte. Es ist also $\overrightarrow{O'P'} = \overrightarrow{O'A'_x} + \overrightarrow{O'B'_y} = x \cdot \overrightarrow{O'A'_1} + y \cdot \overrightarrow{O'B'_1}$. Haben O', A'_1, B'_1 die Koordinaten (c_1, c_2), $(c_1 + a_{11}, c_2 + a_{21})$ und $(c_1 + a_{12}, c_2 + a_{22})$, folgt die Behauptung der Proposition. $\quad \square$

Aus der Proposition 3 folgt die Behauptung des obigen Satzes 2: Da jede Ähnlichkeitsabbildung einen Kreis auf einen Kreis abbildet, ist nur die umgekehrte Richtung zu zeigen. Es seien A, B zwei beliebige Punkte. Es seien nun $c_1, c_2, a_{11}, a_{21}, a_{12}, a_{22}$ wie in der Proposition; setze $\lambda := \sqrt{a_{11}^2 + a_{21}^2}$. Zunächst sei AB nicht parallel zur x-Achse. Dann seien P_1, P_2 Punkte mit Koordinaten (x_1, y) und (x_2, y) mit gleicher Ordinate, sodass AP_1BP_2 Rechteck ist (Bild 7), insbesondere $AB = P_1 P_2$. Dann ist $A'P'_1 B'P'_2$ nach Lemma 4 (oder Einsetzen in die Koordinatendarstellung der Abbildung) ein Parallelogramm und nach Eigenschaft der Abbildung Sehnenviereck, also ein Rechteck, insbesondere ist $A'B' = P'_1 P'_2$.

Weiter gilt

$$P_1'P_2' = \sqrt{a_{11}^2(x_1-x_2)^2 + a_{21}^2(x_1-x_2)^2} = \sqrt{a_{11}^2 + a_{21}^2}\,|x_1-x_2|$$
$$= \lambda \cdot P_1P_2, \tag{4}$$

also auch $A'B' = \lambda \cdot AB$. Ist AB parallel zur x-Achse, setze $P_1 = A$, $P_2 = B$; die Behauptung folgt dann direkt aus (4). $\square$

Bemerkungen.

1. Man kann auch direkt zeigen, dass die Abbildung jeden Kreis auf einen Kreis abbildet (nicht nur auf eine Teilmenge).

   ■ **Indirekter Beweis.** Es sei k ein beliebiger Kreis und k' der Kreis, der das Bild von k enthält (Bild 8). Weiter sei D ein Punkt, der nicht auf k liegt, aber D' liege auf k'. Es sei $P \neq D$ ein beliebiger Punkt, der nicht auf k liegt. Ist Z ein weiterer Punkt, der nicht auf PD und nicht auf k liegt, derart, dass Z, P, D nicht alle innerhalb oder alle außerhalb von k liegen, schneidet der Kreis durch Z, P, D den Kreis k in zwei Punkten A und B. Damit liegt P' auf dem Kreis durch A', B', D', das ist k'. Damit wird die ganze Ebene auf k' abgebildet im Widerspruch zur Bijektivität der Abbildung. $\square$

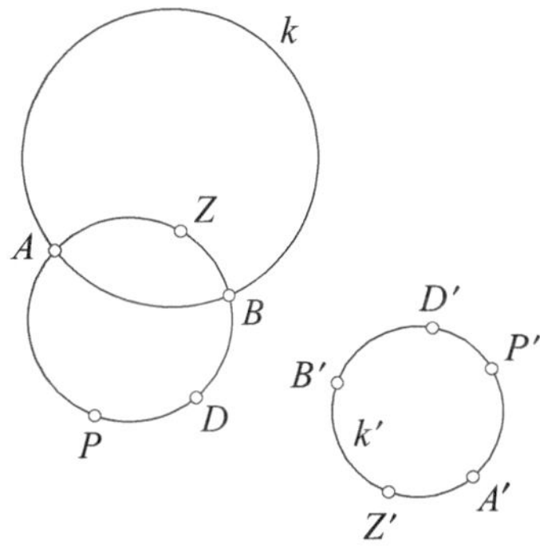
Bild 8.

2. Der Zusammenhang $\lambda := \sqrt{a_{11}^2 + a_{21}^2}$ beim Beweis des Satzes aus der Proposition wirkt willkürlich. Man kann in diesem Kontext jedoch leicht zeigen $a_{11}^2 + a_{21}^2 = a_{12}^2 + a_{22}^2$ und $a_{11}a_{12} + a_{21}a_{22} = 0$. Anders ausgedrückt: Die Matrix

$$\begin{pmatrix} \frac{a_{11}}{\lambda} & \frac{a_{21}}{\lambda} \\ \frac{a_{12}}{\lambda} & \frac{a_{22}}{\lambda} \end{pmatrix}$$

   ist orthogonal.

3. Die Aufgabe lässt sich in offensichtlicher Weise auf den Raum verallgemeinern (mit Kugeloberflächen und Ebenen statt Kreisen und Geraden).

Literatur

1. R. A. JOHNSON: *Advanced Euclidean Geometry*, Dover Publications, Inc., Mineola, New York 2007.
2. W. KLINGENBERG: *Lineare Algebra und Geometrie*, Springer-Verlag, Berlin Heidelberg 1992, Abschnitt 7.2.
3. Verein Bildung und Begabung (Hrsg.): *Bundeswettbewerb Mathematik – Aufgaben und Lösungen 1972–1982*, Bearb. K.-R. LÖFFLER, Ernst Klett Verlage, Stuttgart 1987.
4. H. SCHEID, W. SCHWARZ: *Elemente der Geometrie*, 4. Aufl., Spektrum Akademischer Verlag, Heidelberg 2009.
5. E. SPECHT, R. STRICH: *geometria – scientiae atlantis 1*, Otto-von-Guericke-Universität Magdeburg 2009, Abschnitt K.2.

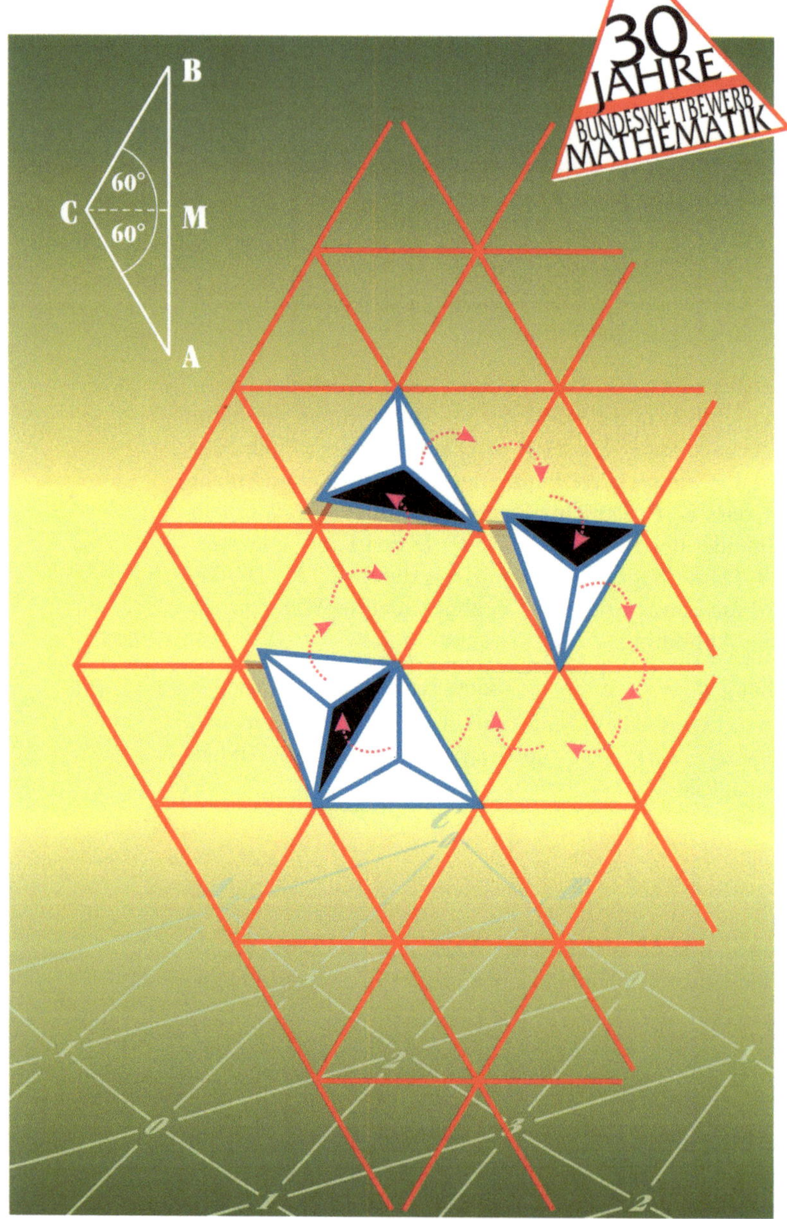

Poster zum *Bundeswettbewerb Mathematik 2000* (Aufgabe 1997-2-1).

Hier geht es um die Frage, ob ein regelmäßiges Tetraeder mit einer schwarzen und drei weißen Seitenflächen, das mit einer schwarzen Seitenfläche auf einer Ebene steht, nach jeder Abfolge von Kippungen, die es auf seinen ursprünglichen Platz zurückführt, wieder mit einer schwarzen Seitenfläche auf der Ebene zu stehen kommt.

Dieser Problemstellung wird hier im Buch (siehe Beitrag *„Kippspuren"*, Seite 87ff.) ausführlich nachgegangen.

Schattenspiele

Eckard Specht

2. Runde 1982, Aufgabe 2.

Kann man jedes beliebige Dreieck ABC durch senkrechte Projektion auf eine Ebene in ein gleichseitiges Dreieck $A'B'C'$ überführen?

Diese Aufgabe hat es schon aufgrund der Kürze ihrer Aufgabenstellung verdient, in die Reihe der „Schönsten" aufgenommen zu werden: Ein Satz – dazu noch als knappe Frage formuliert – genügt, um das Interesse an Projektionen im $\mathbb{R}^3$ zu wecken. Auch bei diesem Problem findet sich ein eher experimenteller Zugang zur Lösung. Wir nehmen uns irgendein Dreieck, zeichnen es hinreichend groß auf Sperrholz, sägen es aus und halten es in den Sonnenschein. Der Schatten des Dreiecks in einer Ebene ε , die senkrecht zu den Sonnenstrahlen steht, liefert uns diejenigen Dreiecke $A'B'C'$, deren Eigenschaften wir untersuchen wollen.

Probieren wir das eine Weile aus, indem wir viele dieser Sperrholz-Dreiecke beliebig im Raum orientieren, scheint sich die ausgesprochene Vermutung zu bestätigen. Diese Situation ist in Bild 1 räumlich dargestellt. In Richtung der Lichtstrahlen betrachtet, d. h. in senkrechter Projektion, stellt sich die Szene wie in Bild 2 gezeigt dar.

Vergrößern wir einmal den Ausschnitt um das grüne Dreieck ABC mit den gegebenen Seitenlängen a, b und c (Bild 3). Seine Projektion $A'B'C'$ in der Ebene ε soll gerade ein gleichseitiges Dreieck mit der Kantenlänge e ergeben. Wir sehen, dass beide Dreiecke ABC und $A'B'C'$ Deck- bzw. Grundfläche eines geraden dreiseitigen Prismas bilden. Die vertikalen Kantenlängen dieses Prismas bezeichnen wir mit $x = AA'$, $y = BB'$ und $z = CC'$. Die Frage lässt sich somit auch in umgekehrter Richtung stellen:

Kann man ein gerades dreiseitiges Prisma mit einem gleichseitigen Dreieck als Grundfläche stets so mit einer Ebene „abschneiden", dass die Schnittfläche die Form jedes beliebigen Dreiecks (bis auf Ähnlichkeit) annimmt?

Die Antwort lautet: *ja*, man kann.

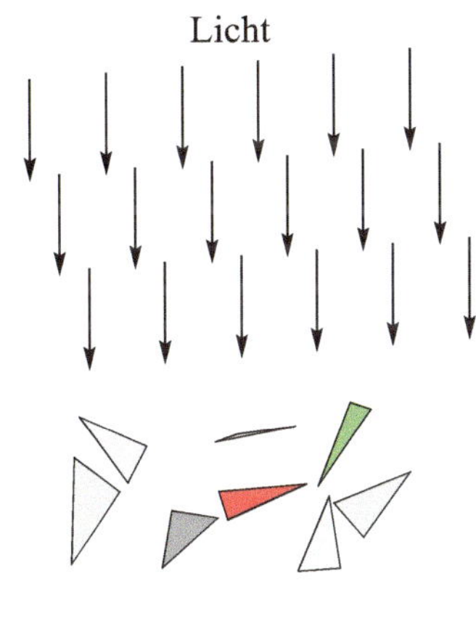

Bild 1. Das rote Dreieck liegt parallel zu seinem Schatten in der Projektionsebene ε; das grüne Dreieck ist gerade so orientiert, dass sein Schattenbild ein gleichseitiges Dreieck ist.

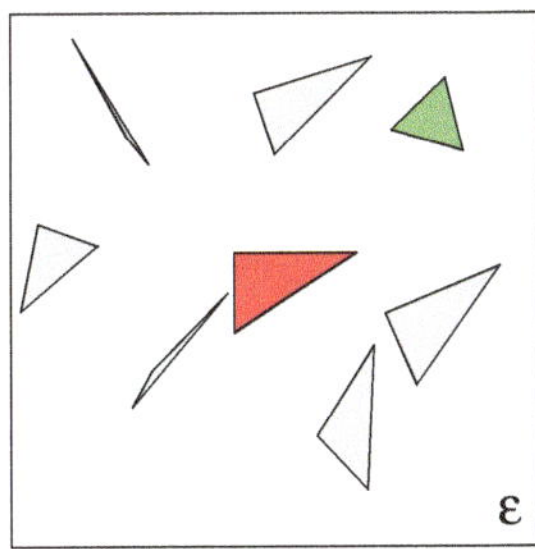

Bild 2. Blick senkrecht von oben auf die Projektionsebene ε.

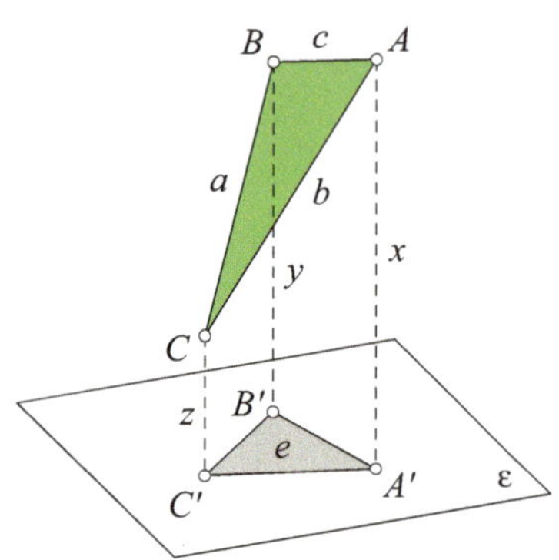

Bild 3.

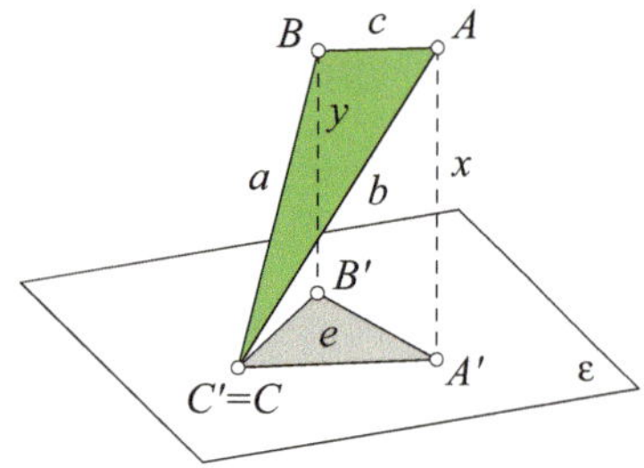

Bild 4.

■ **Beweis.** In Bild 3 ist zu erkennen, dass die drei Mantelflächen des Prismas, nämlich $ABB'A'$, $BCC'B'$ und $CAA'C'$, rechtwinklige Trapeze sind, deren parallele Seiten paarweise die Längen x, y und z haben. Diese Längen aus den gegebenen Größen a, b, c zu bestimmen, also Existenz und evtl. Eindeutigkeit der Lösung festzustellen, ist Ziel der Aufgabe.

Nach geeignetem Vertauschen der Ecken A, B, C (und A', B', C') können wir $x \geq y \geq z$ wie in Bild 3 annehmen. Damit wird zwangsläufig b längste Dreiecksseite. Ist nicht, wie in Bild 3, c kürzeste Dreiecksseite, spiegele Dreieck ABC an der Senkrechten zur Ebene ACC' durch die Mitte von AC und vertausche dann A mit C. Damit ist $b \geq a \geq c$. Weiter ist es gleichgültig, in welcher Höhe über der Projektionsebene ε wir das Prisma bei fester Orientierung der Schnittebene abschneiden; das Schattendreieck $A'B'C'$ bleibt stets dasselbe. Das bedeutet, dass die Abstände x, y und z bis auf eine gemeinsame additive Konstante bestimmt werden können. Diesen Umstand nutzen wir aus, indem wir o. B. d. A. $z = 0$ festlegen, also C mit C' zusammenfallen lassen (Bild 4). Somit verbleiben noch drei Unbekannte: x, y und e mit $x \geq y \geq 0$.

Die vorherigen drei Manteltrapeze gehen dadurch in ein rechtwinkliges Trapez $AA'B'B$ sowie zwei rechtwinklige Dreiecke $AA'C$ und $BB'C$ über. In diesen drei Figuren können wir nun den Satz des PYTHAGORAS aufschreiben:

$$x^2 = b^2 - e^2 \tag{1}$$

$$y^2 = a^2 - e^2 \tag{2}$$

$$(x - y)^2 = c^2 - e^2 \quad \text{bzw.} \quad x - y = \sqrt{c^2 - e^2}. \tag{3}$$

Gleichung (2) von (1) subtrahiert, liefert

$$x^2 - y^2 = b^2 - a^2. \tag{4}$$

Der Spezialfall eines gleichschenkligen Dreiecks mit $a = b$ ist wegen (4) und $x \geq y \geq 0$ äquivalent zu $x = y$, womit nach (3) $e = c$ die Lösung des Problems ist. – Nun sei $x \neq y$, insbesondere ABC nicht gleichseitig. Aus (4) und (3) folgt:

$$x + y = \frac{x^2 - y^2}{x - y} = \frac{b^2 - a^2}{\sqrt{c^2 - e^2}} \tag{5}$$

und weiter nach Addition von (3), $x - y = \sqrt{c^2 - e^2} \neq 0$:

$$2x = \frac{b^2 - a^2}{\sqrt{c^2 - e^2}} + \sqrt{c^2 - e^2} = \frac{2bc \cos\alpha - e^2}{\sqrt{c^2 - e^2}}, \tag{6}$$

wenn wir den Kosinussatz $b^2 + c^2 - a^2 = 2bc \cos\alpha$ berücksichtigen. Der Wert von x aus (6) genügt (1) genau dann, wenn e (nach ein paar Vereinfachungen[†]) folgende *biquadratische* Gleichung in e erfüllt:

[†] Dabei wird u. a. der „trigonometrische PYTHAGORAS" $1 - \cos^2 x = \sin^2 x$ benutzt.

$$\frac{3}{4} e^4 - (b^2 + c^2 - bc \cos \alpha)\, e^2 + b^2 c^2 \sin^2 \alpha = 0. \qquad (7)$$

Analog ergibt sich aus (5) und (3) durch Subtraktion

$$2y = \frac{e^2 - 2ca \cos \beta}{\sqrt{c^2 - e^2}}. \qquad (8)$$

Diese Gleichung für y erfüllt (2) genau dann, wenn e der Gleichung

$$\frac{3}{4} e^4 - (c^2 + a^2 - ca \cos \beta)\, e^2 + c^2 a^2 \sin^2 \beta = 0$$

genügt. Letztere ist aber identisch zu (7), da nach dem Sinussatz $b \sin \alpha = a \sin \beta$ und nach dem Kosinussatz

$$b^2 + c^2 - bc \cos \alpha = c^2 + a^2 - ca \cos \beta = \frac{a^2 + b^2 + c^2}{2} \qquad (9)$$

gilt. Die gesuchten Lösungen der Aufgabe ergeben sich also genau aus den reellen Lösungen e von (7) mit $0 < e \le c$ und den daraus folgenden reellen Werten von x und y aus (6) bzw. (8). Die Gleichung (7) hat Lösungen der Form

$$e^2_{1/2} = \frac{2}{3}\left(b^2 + c^2 - bc \cos \alpha \pm \sqrt{D}\right) \qquad (10)$$

mit

$$D := (b^2 + c^2 - bc \cos \alpha)^2 - (\sqrt{3}\, bc \sin \alpha)^2. \qquad (11)$$

Wir wollen $0 < e_2^2 \le c^2$ zeigen (das Minuszeichen in (10) gehört zu e_2^2), was eine Lösung der Aufgabe liefert. Zunächst ist

$$D - \left(b^2 - \frac{c^2}{2} - bc \cos \alpha\right)^2 = 3c^2 \left(b^2 + \frac{c^2}{4} - bc \cos \alpha\right) - (\sqrt{3}\, bc \sin \alpha)^2$$

$$= 3c^2 \left(b^2 + \frac{c^2}{4} - bc \cos \alpha - b^2 \sin^2 \alpha\right)$$

$$= 3c^2 \left(b^2 \cos^2 \alpha - bc \cos \alpha + \frac{c^2}{4}\right) = 3c^2 \left(b \cos \alpha - \frac{c}{2}\right)^2 \ge 0.$$

Daher ist insbesondere $D \ge 0$, also e_2^2 nach (10) reell, und weiter

$$c^2 - e_2^2 \ge \frac{2}{3}\left(\frac{c^2}{2} - b^2 + bc \cos \alpha + \left|\frac{c^2}{2} - b^2 + bc \cos \alpha\right|\right) \ge 0.$$

Es bleibt noch $e_2^2 > 0$ zu zeigen. Dies ist jedoch unmittelbar einsichtig aus (10) wegen

$$b^2 + c^2 - bc \cos \alpha > \sqrt{(b^2 + c^2 - bc \cos \alpha)^2 - (\sqrt{3}\, bc \sin \alpha)^2} = \sqrt{D}.$$

Übrigens liefert e_1^2 (mit dem Pluszeichen in (10)) keine Lösung der Aufgabe, da im nicht-gleichseitigen Dreieck ABC mit kürzester Seite c wegen (9) gilt:

$$e_1^2 \geq \frac{2}{3}(b^2 + c^2 - bc \cos\alpha) = \frac{a^2 + b^2 + c^2}{3} > c^2.$$

Damit ist die Behauptung bewiesen.   □

Aus den vorangehenden Untersuchungen folgt:

> *Das Originaldreieck ABC und das projizierte Dreieck $A'B'C'$ sind genau dann kongruent, wenn das Dreieck ABC gleichseitig ist.*

Wer Interesse hat, den hier untersuchten Sachverhalt – neben vielen anderen spannenden Exponaten – einmal experimentell auszuprobieren, dem sei *„Das Mathematikum"* in Gießen empfohlen. Einen unterhaltsamen Überblick der dort erlebbaren „Mathematik zum Anfassen" gibt das Buch von ALBRECHT BEUTELSPACHER [1].

Foto Mathematikum Gießen (Fotograf ROLF K. WEGST)

Literatur

1. A. BEUTELSPACHER: *Wie man in eine Seifenblase schlüpft – Die Welt der Mathematik in 100 Experimenten*, Verlag C. H. Beck, München 2015.

Eine echte Rarität

Eckard Specht

2. Runde 1982, Aufgabe 3.

Für die nicht-negativen Zahlen $a_1, a_2, a_3, \ldots, a_n$ gelte

$$a_1 + a_2 + a_3 + \cdots + a_n = 1.$$

Man beweise, dass dann der Term

$$\frac{a_1}{1 + a_2 + a_3 + \cdots + a_n} + \frac{a_2}{1 + a_1 + a_3 + \cdots + a_n} + \cdots$$
$$+ \frac{a_n}{1 + a_1 + a_2 + \cdots + a_{n-1}}$$

ein Minimum besitzt, und berechne es.

Wir müssen schon sehr weit im Archiv der Aufgaben des Bundeswettbewerbs Mathematik zurückblättern (hier im Buch von Seite 376 an), um
auf eine, dieser hier ausgewählten ähnliche Aufgabe zu stoßen[†]. Dabei ist
der Aufgabentyp, nämlich der Beweis einer vorgelegten *algebraischen Ungleichung* in mindestens zwei reellwertigen Variablen, schon seit Jahren
in mathematischen Zeitschriften wie der $\sqrt{\text{WURZEL}}$ [1], Crux Mathematicorum [2], Mathematical Reflections [3] sowie in zahlreichen nationa-
len Mathematik-Olympiaden allgegenwärtig und auch bei der Internationalen Mathematik-Olympiade (IMO) außerordentlich beliebt. Selbst in der
Mathematik-Olympiade in Deutschland, in welcher die Schülerinnen und
Schüler unter Zeitdruck drei Aufgaben in viereinhalb Stunden lösen müssen
(im Gegensatz zu drei Monaten „Bedenkzeit" für vier – sicherlich oft an-
spruchsvollere – Aufgaben im BWM), sind Ungleichungen relativ häufig
vertreten. Grund genug also, das Thema etwas eingehender zu beleuchten.

Die „Mutter" aller Ungleichungen. Selten lässt sich der Ursprung eines
der Gebiete, aus denen Schülerwettbewerbsaufgaben üblicherweise stammen, an einer Gleichung, einer geometrischen Figur oder einem kombinatorischen Prinzip festmachen. Hier ist es jedoch der bekannte Fakt, dass *das
Quadrat jeder reellen Zahl nicht-negativ ist*, oder unter Verwendung zweier beliebiger reeller Zahlen a, b ausgedrückt: $(a - b)^2 \geq 0$. Beschränken

---

[†] Die lange Durststrecke wurde auf Betreiben des Autors mit der 2. Aufgabe der 2. Runde
2019, einer Ungleichung in drei Variablen a, b, c (s. Seite 377), beendet.

wir uns auf nicht-negative oder *positive* Zahlen $a, b > 0$ (wie dies oft geschieht), können wir die *Mutter aller Ungleichungen* auch als

$$\left(\sqrt{a} - \sqrt{b}\right)^2 \geq 0 \tag{1}$$

schreiben. Hiermit lässt sich schon ein wenig „herumrechnen" (ausmultiplizieren, Umordnung der entstehenden Terme; den jüngeren, unerfahrenen Lesern sei dies an dieser Stelle dringend empfohlen), und wir gelangen bereits zu einigen der Standard-„Werkzeuge", wenn es um das Beweisen von Ungleichungen geht (s. nebenstehenden Kasten und Bild 1).

Diese einfachen Ungleichungen lassen sich verallgemeinern, etwa auf beliebig viele positive Variablen $x_1, x_2, \ldots, x_n$. Es sei hierfür – im Hinblick auf unsere zu beweisende Ungleichung – nur ein Beispiel genannt, nämlich die zwischen dem *arithmetischen und harmonischen Mittel* (oft auch als *AHM-Ungleichung* abgekürzt):

$$\frac{x_1 + x_2 + \cdots + x_n}{n} \geq \frac{n}{\frac{1}{x_1} + \frac{1}{x_2} + \cdots + \frac{1}{x_n}}. \tag{2}$$

Die Ungleichung wird nur dann zur Gleichung, wenn alle Variablen untereinander gleich sind, also $x_1 = x_2 = \cdots = x_n$ gilt.

Vorüberlegungen zur Lösung. Der Leser mag einwenden, dass in der Aufgabenstellung überhaupt keine Ungleichung zu erkennen ist. Die Formulierung jedoch, dass von einem Term $T(a_1, a_2, \ldots, a_n)$ ein *minimaler* Wert postuliert wird, den wir im Folgenden M nennen, ist einer Ungleichung äquivalent: $T(a_1, a_2, \ldots, a_n) \geq M$. Es bleibt also zu zeigen, dass bei beliebiger Wahl der n Variablen $a_1, a_2, \ldots, a_n$, allesamt nicht-negativ, und unter Beachtung der *Nebenbedingung*, dass ihre Summe gleich 1 ist, diese Ungleichung stets erfüllt wird, wobei das Minimum M noch nicht bekannt ist. Außerdem dürfen wir nicht vergessen, die Bedingungen zu klären, unter denen dieses Minimum auch tatsächlich angenommen wird.

Bisher habe ich es vermieden, $T(a_1, a_2, \ldots, a_n)$ explizit hinzuschreiben, denn augenscheinlich lässt sich unser Term kürzer fassen, wenn wir die Nebenbedingung ausnutzen: $1 + a_2 + a_3 + \cdots + a_n = 2 - a_1$ usw., also

$$T(a_1, a_2, \ldots, a_n) = \frac{a_1}{2 - a_1} + \frac{a_2}{2 - a_2} + \cdots + \frac{a_n}{2 - a_n}. \tag{3}$$

Motiviert durch den Umstand, dass die Variable a_i hier zweimal (und zwar im Zähler und Nenner) eines jeden Summengliedes auftritt, ergibt sich eine weitere Vereinfachung durch Polynomdivision:

$$\frac{a_i}{2 - a_i} = \frac{2}{2 - a_i} - 1. \tag{4}$$

Jetzt taucht a_i nur noch einmal auf der rechten Seite auf, was für den nachfolgenden Beweis entscheidend ist. Damit lässt sich die Behauptung wie

---

Einfache Mittel-Ungleichungen.

Es seien a und b zwei positive reelle Zahlen. Folgende Mittelwerte werden definiert:

arithmetisches Mittel $\mathcal{A}(a, b) = \frac{a+b}{2}$,

geometrisches Mittel $\mathcal{G}(a, b) = \sqrt{ab}$,

harmonisches Mittel $\mathcal{H}(a, b) = \frac{2}{\frac{1}{a} + \frac{1}{b}}$,

quadratisches Mittel $\mathcal{Q}(a, b) = \sqrt{\frac{a^2+b^2}{2}}$.

Dann gilt die Ungleichungskette

$$\mathcal{Q}(a, b) \geq \mathcal{A}(a, b) \geq \mathcal{G}(a, b) \geq \mathcal{H}(a, b)$$

oder

$$\sqrt{\frac{a^2+b^2}{2}} \geq \frac{a+b}{2} \geq \sqrt{ab} \geq \frac{2}{\frac{1}{a} + \frac{1}{b}}$$

mit Gleichheit nur für $a = b$.

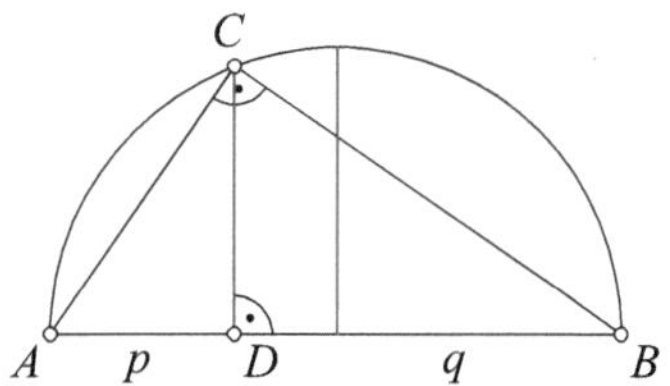

Bild 1. Geometrischer Beweis der „Mutter" aller Ungleichungen: Im Halbkreis mit dem Durchmesser AB ist das rechtwinklige Dreieck ABC einbeschrieben. Die Höhe $CD = \sqrt{pq}$ (Höhensatz, blaue Strecke) ist offensichtlich stets kleiner oder gleich dem Radius $\frac{p+q}{2}$ des Halbkreises (rote Strecke).

folgt formulieren:

$$\left(\sum_{i=1}^{n} \frac{2}{2-a_i} \right) - n \geq M. \tag{5}$$

Schließlich ist aufgrund der Nebenbedingung klar, dass alle Variablen a_i im Intervall $[0, 1]$ liegen.

■ **1. Beweis.**   Wir substituieren in der AHM-Ungleichung (2) $x_i := \frac{2}{2-a_i}$, womit alle x_i positiv werden, und erhalten

$$\frac{1}{n} \sum_{i=1}^{n} x_i = \frac{1}{n} \sum_{i=1}^{n} \frac{2}{2-a_i} \geq \frac{n}{\sum_{i=1}^{n} \frac{1}{x_i}} = \frac{n}{\sum_{i=1}^{n} \frac{2-a_i}{2}} = \frac{n}{n - \sum_{i=1}^{n} \frac{a_i}{2}} = \frac{n}{n - \frac{1}{2}}$$

oder

$$\sum_{i=1}^{n} \frac{2}{2-a_i} \geq \frac{n^2}{n - \frac{1}{2}} = \frac{2n^2}{2n-1}. \tag{6}$$

Wenn wir auf beiden Seiten von (6) die Zahl n subtrahieren, entsteht auf der linken Seite der Ungleichung derselbe Term wie in (5), und auf der rechten Seite können wir nun das gesuchte Minimum M ablesen:

$$M = \frac{2n^2}{2n-1} - n = \frac{n}{2n-1}. \tag{7}$$

Gleichheit gilt in (5) wegen der Anwendung der AHM-Ungleichung nur für $x_1 = x_2 = \cdots = x_n$, welches aufgrund der eindeutigen obigen Substitution genau für $a_1 = a_2 = \cdots = a_n = \frac{1}{n}$ der Fall ist. $\square$

Ein Universalwerkzeug. Es gibt eine überaus große Vielzahl weiterer Standardungleichungen, die als mächtiges Repertoire zum Lösen derartiger Aufgaben dienen. Ihre schiere namentliche Erwähnung – ohne Beweis, denn der ist anderenorts nachzulesen – genügt in der Formulierung der Lösung einer Aufgabe. Eine der bekanntesten ist die

Ungleichung von Cauchy-Bunjakowski-Schwarz.

Es seien $u_1, u_2, \ldots, u_n$ und $v_1, v_2, \ldots, v_n$ reelle Zahlen. Dann gilt:

$$\left(\sum_{i=1}^{n} u_i^2 \right) \cdot \left(\sum_{i=1}^{n} v_i^2 \right) \geq \left(\sum_{i=1}^{n} u_i v_i \right)^2. \tag{8}$$

Gleichheit tritt nur dann ein, wenn beide Folgen $(u_1, u_2, \ldots, u_n)$ und $(v_1, v_2, \ldots, v_n)$ zueinander proportional sind, d. h. $\frac{u_1}{v_1} = \frac{u_2}{v_2} = \cdots = \frac{u_n}{v_n}$ gilt.

Diese berühmte Ungleichung taucht sogar im Titel von Büchern auf [4].

Sie erweist sich als sehr universell einsetzbar, da die Variablen auch keinen Beschränkungen (wie etwa positiv sein zu müssen) unterliegen. Die Kunst der Anwendung beruht allein darauf, die passenden Folgen $(u_1, u_2, \ldots, u_n)$ und $(v_1, v_2, \ldots, v_n)$ zu finden. So lässt sich z. B. die AHM-Ungleichung (2) mit einer Zeile aus (8) beweisen.

Worauf kommt es hierbei an? Wir haben es in (8) mit drei Summen zu tun, zwei davon werden auf der linken Seite (der „Größer-gleich-Seite") miteinander multipliziert (wobei die beiden Folgen der u_i und v_i völlig symmetrisch auftreten), die dritte wird auf der rechten Seite quadriert. In der Behauptung (5) gibt es aber nur eine ersichtliche Summe auf der linken Seite. Somit können wir es mit der Wahl $u_i = \sqrt{\frac{2}{2-a_i}}$ probieren. Die v_i müssen nun so gewählt werden, dass sowohl $\sum v_i^2$ als auch $\sum u_i v_i$ zu Konstanten werden, d. h., die a_i nicht mehr enthalten. Und dazu passt nur $v_i = \sqrt{2 - a_i}$. Tatsächlich erweist sich in diesem Fall die CAUCHY-BUNJAKOWSKI-SCHWARZ-Ungleichung als sehr elegant, denn es folgt der

■ **2. Beweis.**

$$\left(\sum_{i=1}^{n} \sqrt{\frac{2}{2-a_i}}^{\,2} \right) \cdot \left(\sum_{i=1}^{n} \sqrt{2-a_i}^{\,2} \right) \geq \left(\sum_{i=1}^{n} \sqrt{\frac{2}{2-a_i}} \cdot \sqrt{2-a_i} \right)^2$$

$$\Rightarrow \left(\sum_{i=1}^{n} \frac{2}{2-a_i} \right) \cdot \left(\sum_{i=1}^{n} (2-a_i) \right) \geq \left(\sum_{i=1}^{n} \sqrt{2} \right)^2 = \left(\sqrt{2}\, n \right)^2 = 2n^2$$

$$\Rightarrow \left(\sum_{i=1}^{n} \frac{2}{2-a_i} \right) \cdot (2n - 1) \geq 2n^2$$

$$\Rightarrow \sum_{i=1}^{n} \frac{2}{2-a_i} \geq \frac{2n^2}{2n-1}.$$

Die weitere Argumentation ist wie im obigen 1. Beweis. Die Behauptung wird zur Gleichung, falls für beliebige $i, j \in \{1, 2, \ldots, n\}$ die Proportion $\frac{u_i}{v_i} = \frac{u_j}{v_j} = \frac{\sqrt{2}}{2-a_i} = \frac{\sqrt{2}}{2-a_j}$, gleichbedeutend mit $a_i = a_j$, also $a_1 = a_2 = \cdots = a_n = \frac{1}{n}$ erfüllt ist. $\qquad\square$

Zielführend hierbei war, dass in $\sum v_i^2$ die Nebenbedingung $\sum a_i = 1$ einfließen konnte und diese Summe zu einer Konstanten machte. Nicht immer gelingt – wie hier – ein solcher Beweis in einem Zug. Manchmal muss eine der Standardungleichungen ein zweites oder sogar drittes Mal angewendet werden.

Konvexität und Konkavität von Funktionen. Eine weitere Methode, Ungleichungen zu beweisen, basiert auf der Eigenschaft von Funktionen, in bestimmten Intervallen *konvex* oder *konkav* zu sein (s. nebenstehenden Kasten). Die Art, wie ein Graph einer Funktion gekrümmt ist, führt von selbst zu Vergleichen wie „größer-gleich" oder „kleiner-gleich". Wählt man z. B.

Konvexe und konkave Funktionen.

Eine reellwertige Funktion heißt *konvex*, wenn ihr Graph unterhalb jeder Sehne liegt, die zwischen zweien seiner Punkte gezogen wird. Liegt ihr Graph oberhalb jeder Sehne, heißt sie *konkav* (Bild 2).

Eine alternative Formulierung lautet: Eine Funktion f heißt *konvex* auf $I = [a, b]$ genau dann, wenn

$$\lambda f(s) + (1-\lambda) f(t) \geq f(\lambda s + (1-\lambda)t)$$

für alle $s, t \in I$ und $0 \leq \lambda \leq 1$.

Dagegen heißt eine Funktion f *streng konvex*, wenn

$$\lambda f(s) + (1-\lambda) f(t) > f(\lambda s + (1-\lambda)t)$$

für alle $s \neq t \in I$ und $0 < \lambda < 1$ ist. Bei konkaven Funktionen sind die Relationszeichen umzukehren.

Anschaulich kann man sich Folgendes merken: Stellt man sich vor, dass ein Auto in Richtung wachsender x-Werte auf der Kurve entlangfährt und es dabei seine Vorderräder nach links einschlagen muss, um auf der Kurve zu bleiben, so nennt man die Kurve *konvex* (auch *positiv gekrümmt*), beim Rechtseinschlagen dagegen *konkav (negativ gekrümmt)* [2].

$\lambda = \frac{1}{2}$ und ist ST im Bild 2 eine beliebige Sehne der Normalparabel, so ist anschaulich klar, dass deren Mittelpunkt M (die linke Seite $\frac{f(s)+f(t)}{2}$, also der Mittelwert der Ordinatenwerte der Punkte S und T) stets oberhalb des Punktes R (entsprechend der rechten Seite $f(\frac{s+t}{2})$, somit der Ordinatenwert beim Mittelwert der Abszissenwerte von S und T) liegen muss.

Diese Beobachtungen führen zu einer zweiten wichtigen Standardungleichung, die bei Beweisen herangezogen werden kann, die

JENSENsche Ungleichung.

Es sei $f(x)$ eine konvexe Funktion im Intervall (a, b) und $x_1, x_2, \ldots, x_n$ beliebige Punkte darin. Weiterhin seien $c_1, c_2, \ldots, c_n$ nicht-negative Konstanten mit $c_1 + c_2 + \cdots + c_n = 1$. Dann gilt:

$$\sum_{i=1}^{n} c_i f(x_i) \geq f\left(\sum_{i=1}^{n} c_i x_i\right). \qquad (9)$$

Ist f streng konvex und außerdem jedes $c_i > 0$, dann liegt Gleichheit genau für $x_1 = x_2 = \cdots = x_n$ vor.
Ist $f(x)$ konkav, so kehrt sich das Relationszeichen in (9) um.

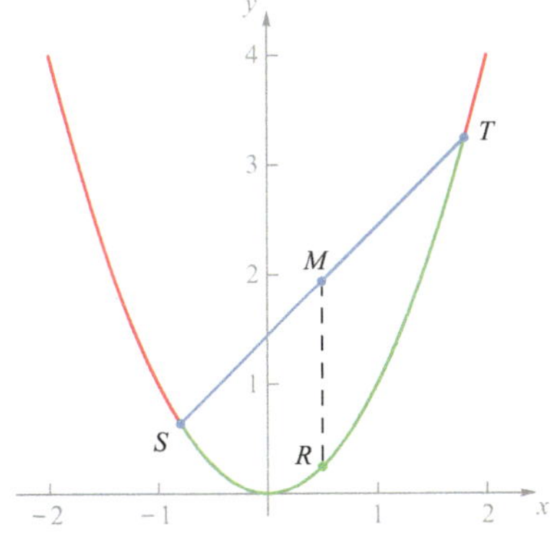

Bild 2. Die Normalparabel $y = x^2$ als Beispiel für eine auf ganz $\mathbb{R}$ *konvexe* Funktion. Die blau eingezeichnete Sehne liegt (bis auf ihre Endpunkte) über dem grün gefärbten Teil der Parabel.

Die Konstanten c_i fungieren dabei als *Gewichte*, mit denen die Funktionswerte $f(x_i)$ auf der linken Seite bzw. deren Argumente x_i auf der rechten Seite von (9) *gemittelt* werden. Treffen wir z. B. die spezielle Wahl $c_1 = c_2 = \cdots = c_n = \frac{1}{n}$, so steht links das arithmetische Mittel der n Funktionswerte und auf der rechten Seite der Funktionswert vom arithmetischen Mittelwert der n Abszissenwerte.

Wie lässt sich nun die JENSENsche Ungleichung erfolgreich für unsere Behauptung (5) anwenden? Da auf der „Größer-gleich-Seite" eine Summe auftritt, können wir es mit Blick auf (9) versuchen, $f(x) = \frac{2}{2-x}$ anzunehmen und darauf zu hoffen, dass diese Funktion konvex ist, damit das Relationszeichen die gewünschte Richtung bekommt. In der Tat lässt sich durch eine kurze elementare Rechnung (s. Seite 64f. am Ende des Artikels) zeigen, dass die Bedingung für die strenge Konvexität von f,

$$\lambda \frac{2}{2-x} + (1-\lambda)\frac{2}{2-y} > \frac{2}{2-(\lambda x + (1-\lambda)y)},$$

äquivalent in eine „Cousine der Mutter" aller Ungleichungen, nämlich $\lambda(1-\lambda)(x-y)^2 > 0$ (mit $x \neq y$ und $0 < \lambda < 1$), umgeformt werden kann[‡]. Somit gelangen wir zum

■ **3. Beweis.** Die Funktion $f(x) = \frac{2}{2-x}$ ist auf $[0, 1]$ streng konvex (s. Bild 3), sodass nach (9) für die nicht-negativen Zahlen a_i und mit den Gewichten $c_i = \frac{1}{n}$, $1 \leq i \leq n$, gilt:

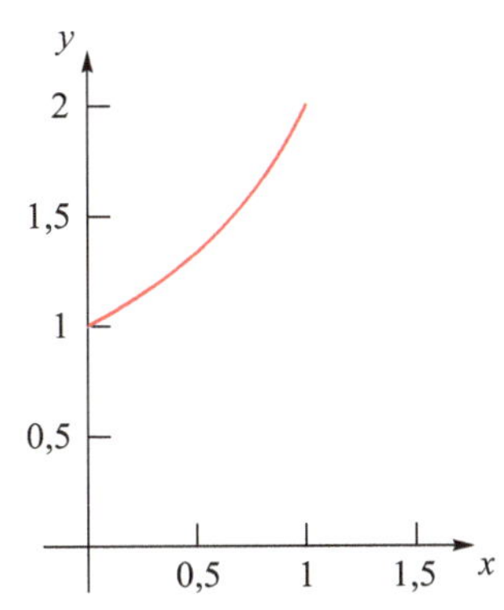

Bild 3. Die Funktion $f(x) = \frac{2}{2-x}$ ist im Intervall $[0, 1]$ streng konvex.

[‡] Mit höherer Mathematik geht es einfacher: Weil f hier zweimal differenzierbar ist, folgt aus $f''(x) = \frac{4}{(2-x)^3} > 0$ ebenso strenge Konvexität.

$$\frac{1}{n} \sum_{i=1}^{n} \frac{2}{2 - a_i} \geq \frac{2}{2 - \frac{1}{n} \sum_{i=1}^{n} a_i} = \frac{2}{2 - \frac{1}{n}} = \frac{2n}{2n - 1}.$$

Multiplikation mit n und anschließende Subtraktion von n auf beiden Seiten führt auf (5). Wegen der strengen Konvexität liegt Gleichheit nur für $a_1 = a_2 = \cdots = a_n = \frac{1}{n}$ vor. $\qquad\qquad\square$

Beispiel zur *Umordnungs-Ungleichung*: Es seien $u = (1, 3, 7)$ und $v = (2, 2, 4)$ zwei 3-Tupel oder Vektoren, deren Elemente aufsteigend sortiert sind. Dann ist $u \cdot v = 1{\cdot}2 + 3{\cdot}2 + 7{\cdot}4 = 36$. Vertauschen wir zwei Elemente von u, etwa mit $u' = (1, 7, 3)$, erhalten wir einen kleineren Wert $u' \cdot v = 1{\cdot}2 + 7{\cdot}2 + 3{\cdot}4 = 28$, und bei vollständiger Umkehrung der Elemente von u, also mit $u'' = (7, 3, 1)$, das Minimum $u'' \cdot v = 24$.

Ordnung herstellen ist hilfreich. Die Werkzeugkiste, derer wir uns bedienen, um die vorliegende BWM-Aufgabe zu lösen, enthält noch weitere nützliche Instrumente. Eines beruht auf geordneten n-Tupeln, also Folgen von n reellen Zahlen, deren Elemente entweder aufsteigend oder absteigend sortiert sind. Wenn wir nun zwei solcher n-Tupel als *Vektoren* auffassen, deren Komponenten gleichsinnig geordnet sind (also beide aufsteigend oder beide absteigend), nimmt das *Skalarprodukt* beider Vektoren stets ein Maximum an (s. Beispiel im nebenstehenden Kasten). Wird bei einem der Vektoren die Reihenfolge der Komponenten umgekehrt, wird das Skalarprodukt minimal. Diese Beobachtung lässt sich allgemein formulieren als

Umordnungs-Ungleichung.

Es seien $(u_1, u_2, \ldots, u_n)$ und $(v_1, v_2, \ldots, v_n)$ zwei Folgen reeller Zahlen, für die entweder $u_1 \leq u_2 \leq \cdots \leq u_n$, $v_1 \leq v_2 \leq \cdots \leq v_n$ oder $u_1 \geq u_2 \geq \cdots \geq u_n$, $v_1 \geq v_2 \geq \cdots \geq v_n$ gilt. Dann ist:

$$u_1 v_1 + \cdots + u_n v_n \geq u_{\sigma(1)} v_1 + \cdots + u_{\sigma(n)} v_n$$

$$\geq u_n v_1 + \cdots + u_1 v_n, \qquad (10)$$

wobei das Tupel $u_\sigma = (u_{\sigma(1)}, \ldots, u_{\sigma(n)})$ eine Permutation des Tupels u ist.

Mit der Umordnungs-Ungleichung (10) lässt sich eine weitere, recht nützliche Ungleichung beweisen [7], die

Ungleichung von TSCHEBYSCHEFF.

Wenn $u_1 \leq u_2 \leq \cdots \leq u_n$ und $v_1 \leq v_2 \leq \cdots \leq v_n$ zwei Folgen reeller Zahlen sind, die monoton steigend sind, dann gilt:

$$\frac{1}{n} \sum_{i=1}^{n} u_i v_i \geq \left(\frac{1}{n} \sum_{i=1}^{n} u_i \right) \cdot \left(\frac{1}{n} \sum_{i=1}^{n} v_i \right) \geq \frac{1}{n} \sum_{i=1}^{n} u_i v_{n+1-i}, \quad (11)$$

sind hingegen die Folgen entgegengesetzt geordnet, also z. B. $u_1 \leq u_2 \leq \cdots \leq u_n$ und $v_1 \geq v_2 \geq \cdots \geq v_n$, kehren sich die Relationszeichen in (11) um. Gleichheit gilt nur, wenn eine der Folgen eine konstante Folge ist.

Wie lässt sich nun diese Ungleichung auf unser Problem anwenden? Unser abzuschätzender Term $T(a_1, a_2, \ldots, a_n)$, s. Gleichung (3), taucht in (11) als Skalarprodukt $\sum u_i v_i$ ganz links auf. Dazu passt die Wahl von $u_i := a_i$ und $v_i := \frac{1}{2-a_i}$, oder umgekehrt. Wir müssen nur noch überprüfen, ob diese beide Folgen gleichsinnig geordnet sind.

Hierzu treffen wir deshalb eine Annahme, die bei Ungleichungen häufig strapaziert wird, wenn T *symmetrisch* in seinen Variablen ist (d. h. eine Vertauschung zweier beliebiger Variablen den Ausdruck T unverändert lässt), nämlich:

$$\text{„O. B. d. A. sei } a_1 \leq a_2 \leq \cdots \leq a_n\text{“}$$

(s. nebenstehenden Kasten). Dann folgt z. B. aus $a_i \leq a_j$ für jedes Paar i, j mit $i < j$ der Reihe nach:

$$-a_i \geq -a_j \;\Longrightarrow\; 2 - a_i \geq 2 - a_j \;\Longrightarrow\; \frac{1}{2-a_i} \leq \frac{1}{2-a_j}. \tag{12}$$

Somit sind beide Folgen u_i und v_i gleichsinnig geordnet. Es ergibt sich ein

■ **4. Beweis.** Die Folgen $a_1 \leq a_2 \leq \cdots \leq a_n$ und $\frac{1}{2-a_1} \leq \frac{1}{2-a_2} \leq \cdots \leq \frac{1}{2-a_n}$ sind gleichsinnig geordnet. Somit gilt nach (11):

$$\frac{1}{n} \sum_{i=1}^{n} \frac{a_i}{2-a_i} \geq \left(\frac{1}{n} \sum_{i=1}^{n} a_i \right) \cdot \left(\frac{1}{n} \sum_{i=1}^{n} \frac{1}{2-a_i} \right) = \frac{1}{n^2} \sum_{i=1}^{n} \frac{1}{2-a_i}. \tag{13}$$

Den Rest erledigt die AHM-Ungleichung (6) wie im 1. Beweis.   □

Im Unterschied zum 1. Beweis ist hier die Umformung (4) nicht nötig.

Somit fehlt nur noch ein direkter Beweis mittels der (meist unterschätzten) Umordnungs-Ungleichung (10).

■ **5. Beweis.** Sei $(a_k, a_{k+1}, \ldots, a_n, a_1, \ldots, a_{k-1})$ eine (zyklische) Permutation der Ausgangsfolge $(a_1, a_2, \ldots, a_n)$. Dann gilt nach (10) und (12):

$$\frac{a_1}{2-a_1} + \frac{a_2}{2-a_2} + \cdots + \frac{a_n}{2-a_n} \geq \frac{a_k}{2-a_1} + \frac{a_{k+1}}{2-a_2} + \cdots + \frac{a_n}{2-a_{n-k+1}} + \frac{a_1}{2-a_{n-k+2}} + \cdots + \frac{a_{k-1}}{2-a_n},$$

und dies für alle k. Summiert man nun alle $(n - 1)$ Ungleichungen für $2 \leq k \leq n$, ergibt sich

$$(n-1) \sum_{i=1}^{n} \frac{a_i}{2-a_i} \geq \sum_{j=1}^{n} \frac{\sum_{l \neq j}^{n} a_l}{2-a_j} = \sum_{j=1}^{n} \frac{1-a_j}{2-a_j} = \sum_{i=1}^{n} \frac{1}{2-a_i} - \sum_{i=1}^{n} \frac{a_i}{2-a_i},$$

welches identisch mit (13) ist. Für den Rest wird wieder (6) bemüht.   □

Zur Geschichte dieser Aufgabe. Das Motiv für diese BWM-Aufgabe von 1982 war damals keineswegs neu. Sie wurde bereits 1967 in der 4. Stufe der 6. DDR-Mathematik-Olympiade für die Klassenstufe 11/12 in leicht abgewandelter Form gestellt.

O. B. d. A. & Co.

Da die Relation $\leq$ auf $\mathbb{R}$ eine *Totalordnung* ist, müssen z. B. drei reelle Zahlen a, b, c *irgendwie* geordnet sein. Das bedeutet, dass wenigstens eine der Relationen

$$a \leq b \leq c$$
$$a \leq c \leq b$$
$$b \leq a \leq c$$
$$b \leq c \leq a$$
$$c \leq a \leq b$$
$$c \leq b \leq a$$

zutrifft. Wenn nun ein Ausdruck vollständig *symmetrisch* in a, b, c ist, dann ist jeder der obigen Fälle nur eine andere Version eines jeweils anderen Falles, die entsteht, wenn die Variablen umbenannt werden. Somit genügt es, z. B. den allerersten Fall $a \leq b \leq c$ zu betrachten.

> *Man beweise folgenden Satz:*
> *Ist $n \geq 2$ eine natürliche Zahl, sind $a_1, \ldots, a_n$ positive reelle Zahlen und wird $\sum_{i=1}^{n} a_i = s$ gesetzt, so gilt*
>
> $$\sum_{i=1}^{n} \frac{a_i}{s - a_i} \geq \frac{n}{n-1}.$$

In [7, S. 203], wo eine Lösung von MURRAY KLAMKIN abgedruckt ist, die dem obigen 2. Beweis identisch ist, ist zu erfahren, dass sie (mit Angabe von $M = \frac{n}{2n-1}$) bei der „First Mathematical Balkaniad" 1984 in Athen den Oberstufenschülern gestellt wurde [8]. Darüber hinaus hat sie Einzug in viele der heutigen problemorientierten Standardwerke zu Ungleichungen gehalten [4, S. 131, 258], [9, S. 169, 182] u. a. Ähnliche Ungleichungen finden sich in [10, S. 109], [11], [12] und [13].

Wir sehen also, dass sie zur damaligen Zeit sehr populär war und einige Verbreitung fand.

Eine andere Aufgabe, um das Demonstrierte zu üben. Der interessierte Leser mag sich an folgender Aufgabe versuchen, die der hier vorgestellten sehr ähnlich ist:

> *Sei $n \geq 2$ eine natürliche Zahl und $x_1, x_2, \ldots, x_n$ positive reelle Zahlen mit $x_1^2 + x_2^2 + \cdots + x_n^2 = 1$. Bestimme den kleinstmöglichen Wert von*
>
> $$\frac{x_1^5}{x_2 + x_3 + \cdots + x_n} + \frac{x_2^5}{x_3 + \cdots + x_n + x_1} + .. + \frac{x_n^5}{x_1 + x_2 + \cdots + x_{n-1}}.$$

Die Lösung findet sich in [10, S. 349] oder [14].

Beweis, dass die Funktion $f(x) = \frac{2}{2-x}$ auf [0, 1] streng konvex ist.
Eine Funktion f heißt *streng konvex* auf $I = [a, b]$ genau dann, wenn

$$\lambda f(x) + (1 - \lambda) f(y) > f(\lambda x + (1 - \lambda) y) \tag{14}$$

für alle $x, y \in I$, $x \neq y$ und $0 < \lambda < 1$ gilt (s. Kasten auf Seite 60).

Die Behauptung lautet also

$$\lambda \frac{2}{2 - x} + (1 - \lambda) \frac{2}{2 - y} > \frac{2}{2 - (\lambda x + (1 - \lambda) y)}. \tag{15}$$

Alle auftretenden Nenner sind positiv, sodass man (15) wie folgt äquivalent umformen kann:

$$\frac{\lambda}{2-x} + \frac{1-\lambda}{2-y} > \frac{1}{2-\lambda x - y + \lambda y}$$

$$\Longleftrightarrow \frac{2\lambda - \lambda y + 2 - 2\lambda - x + \lambda x}{4 - 2x - 2y + xy} > \frac{1}{2 - \lambda x - y + \lambda y}$$

$$\Longleftrightarrow (-\lambda y + 2 - x + \lambda x)(2 - \lambda x - y + \lambda y) > 4 - 2x - 2y + xy$$

$$\Longleftrightarrow -2\lambda y + \lambda^2 xy + \lambda y^2 - \lambda^2 y^2$$

$$+4 - 2\lambda x - 2y + 2\lambda y$$

$$-2x + \lambda x^2 + xy - \lambda xy$$

$$+2\lambda x - \lambda^2 x^2 - \lambda xy + \lambda^2 xy > 4 - 2x - 2y + xy$$

$$\Longleftrightarrow 2\lambda^2 xy + \lambda y^2 - \lambda^2 y^2 + \lambda x^2 - 2\lambda xy - \lambda^2 x^2 > 0$$

$$\Longleftrightarrow \lambda(1-\lambda)(x-y)^2 > 0. \tag{16}$$

Hierbei ist zielführend, dass sich die vorletzte Summe auf der linken Seite der Ungleichung *faktorisieren* lässt. In (16) sind alle drei Faktoren auf der linken Seite positiv, sodass (16) und damit auch (15) wahr sind. □

Literatur

1. Die $\sqrt{\text{WURZEL}}$, `www.wurzel.org`.
2. Crux Mathematicorum, `cms.math.ca/crux/`.
3. Mathematical Reflections, `www.awesomemath.org/mathematical-reflections/`.
4. J. M. Steele: *The Cauchy-Schwarz Master Class – An Introduction to the Art of Mathematical Inequalities*, Cambridge University Press & The Mathematical Association of America, Cambridge 2004.
5. S. Gottwald, H. Kästner, H. Rudolph (Hrsg.): *Meyers Kleine Enzyklopädie Mathematik*, 14. Aufl., Meyers Lexikonverlag, Mannheim 1995, Abschnitt 12.
6. `https://de.wikipedia.org/Tschebyscheff-Ungleichung_(Arithmetik)`.
7. R. Honsberger: *More Mathematical Morsels*, The Mathematical Association of America, Dolciani Mathematical Expositions #10, 1991.
8. Murray Klamkin: `https://cms.math.ca/crux/backfile/Crux_v10n10_Dec.pdf`
9. A. Engel: *Problem-Solving Strategies*, Springer-Verlag, New York Berlin Heidelberg 1998.
10. Z. Cvetkovski: *Inequalities – Theorems, Techniques and Selected Problems*, Springer-Verlag, Berlin Heidelberg 2012.
11. R. B. Manfrino, J. A. G. Ortega, R. V. Delgado: *Inequalities – A Mathematical Approach*, Birkhäuser, Basel Boston Berlin 2009.
12. T. Andreescu, V. Cîrtoaje, G. Dospinescu, M. Lascu: *Old and New Inequalities*, GIL Publishing House, Zalau, Romania 2004.
13. B. J. Venkatachala: *Inequalities – An Approach Through Problems*, 2nd ed., Hindustan Book Agency (India), New Delhi 2018.
14. T. Mildorf: `https://artofproblemsolving.com/articles/files/MildorfInequalities.pdf`

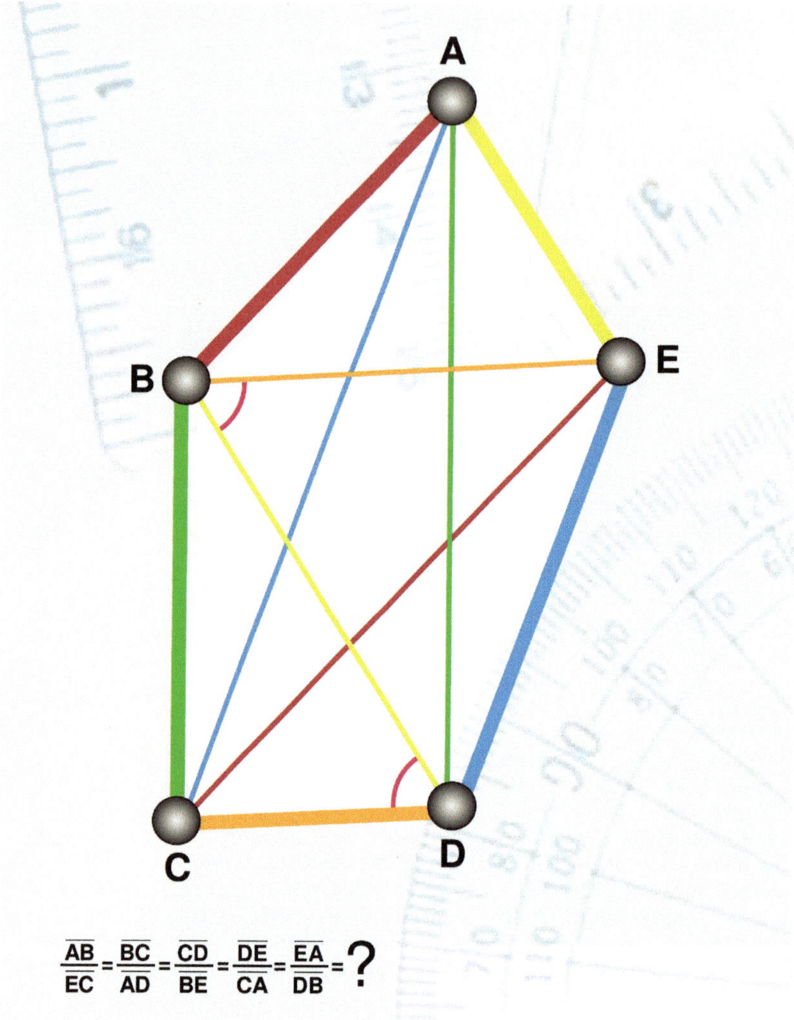

$$\frac{\overline{AB}}{\overline{EC}} = \frac{\overline{BC}}{\overline{AD}} = \frac{\overline{CD}}{\overline{BE}} = \frac{\overline{DE}}{\overline{CA}} = \frac{\overline{EA}}{\overline{DB}} = ?$$

Poster zum *Bundeswettbewerb Mathematik 2002* (Aufgabe 1995-2-3).

Die Diagonalen eines Fünfecks sind parallel zu einer Seite. Welches Verhältnis besteht zwischen den Seiten- und Diagonalenlängen? Das Verhältnis ist die Goldene Schnittzahl $\frac{1}{2}(-1 + \sqrt{5}) \approx 0{,}618$.

Fußbälle als Polyeder

Eckard Specht

1. Runde 1983, Aufgabe 1.

Die Oberfläche eines Fußballs setzt sich aus schwarzen Fünfecken und weißen Sechsecken zusammen. An die Seiten eines jeden Fünfecks grenzen lauter Sechsecke, während an die Seiten eines jeden Sechsecks abwechselnd Fünfecke und Sechsecke grenzen. Man bestimme aus diesen Angaben über den Fußball die Anzahl seiner Fünfecke und seiner Sechsecke.

Es ist nicht viel, was aus dieser Aufgabenstellung über den Fußball zu erfahren ist: Die Oberfläche besteht aus zwei Sorten von Vielecken, nämlich Fünf- und Sechsecken, und wie viele Vielecke der einen Sorte an die andere Sorte grenzen. Gesucht ist die Anzahl f_5 der Fünfecke und die Anzahl f_6 der Sechsecke. Wie soll das gehen?

Nur mit diesen beiden Anzahlen zu operieren, ist offensichtlich zu wenig. Wir müssen auf andere charakteristische Größen zurückgreifen. Da es sich um einen *Polyeder* handelt, spielen auch die Anzahl der Kanten k und die Anzahl der Ecken e eine Rolle. Zwischen diesen vier unbekannten Anzahlen f_5, f_6, k und e bestehen Zusammenhänge, die wir finden müssen.

■ **1. Lösung.** Fangen wir mit dem an, was über die jeweilige Anzahl der angrenzenden Vielecke ausgesagt wird: (a) Jedes Fünfeck hat fünf Sechsecke als angrenzende Nachbarn, und (b) jedes Sechseck stößt entlang einer Kante an drei Fünfecke und an drei Sechsecke. Beides ist miteinander verwoben und ruft das heuristische Prinzip *„doppeltes Abzählen"* auf den Plan, und zwar für alle Kanten zwischen den Fünf- und Sechsecken. Es sind dies $5f_5$ Kanten aus der Sicht der Fünfecke als auch $3f_6$ Kanten aus Sicht der Sechsecke. Damit ergibt sich als erste Gleichung

$$5f_5 = 3f_6. \tag{1}$$

Als Nächstes zählen wir *alle* Kanten. Jedes Fünfeck hat fünf Kanten, jedes Sechseck sechs; wir kommen also auf insgesamt $5f_5 + 6f_6$ Kanten. Dabei wird jedoch jede Kante doppelt gezählt (Bild 1). Somit ist

$$2k = 5f_5 + 6f_6. \tag{2}$$

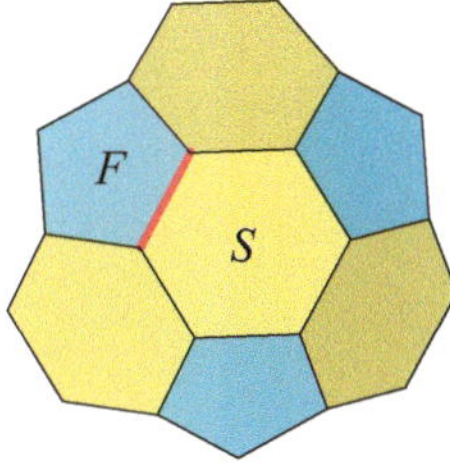

Bild 1. Die rot eingezeichnete Kante gehört sowohl zum Fünfeck F als auch zum Sechseck S, wird also – so wie die anderen Kanten – beim Zählen der Kanten aller Vielecke doppelt gezählt.

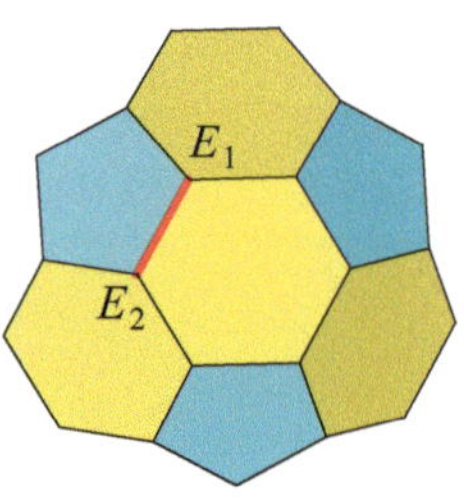

Bild 2. Die rot eingezeichnete Kante gehört sowohl zum Eckpunkt E_1 als auch zum Eckpunkt E_2, wird also – so wie die anderen Kanten – beim Zählen der Kanten, die von allen Eckpunkten ausgehen, doppelt gezählt.

Nun haben wir zwei Gleichungen mit drei Unbekannten. Weiter hilft eine Betrachtung der Ecken: In jeder Ecke stoßen *mindestens* drei Kanten zusammen. Zählen wir wieder alle Kanten aus Sicht der Ecken, kommen wir auf mindestens $3e$ Kanten, wobei wiederum jede Kante doppelt gezählt wird (Bild 2). Das führt auf die Ungleichung

$$2k \geq 3e, \tag{3}$$

womit wir bei drei Relationen mit unseren vier oben genannten Unbekannten angelangt sind. Die letzte, noch fehlende Gleichung ist der EULERSCHE Polyedersatz [5, 6]

$$k + 2 = e + (f_5 + f_6). \tag{4}$$

Die Gleichungen (1) bis (4) stellen damit ein lineares (Un)gleichungssystem dar, das sukzessive durch Elimination von Unbekannten reduziert werden kann. Dazu ersetzen wir nach (1) $f_5 = \frac{3}{5} f_6$ in (2) und (4):

$$2k = 9 f_6, \tag{5}$$

$$k + 2 = e + \frac{8}{5} f_6, \tag{6}$$

und schließlich nach (5) $f_6 = \frac{2}{9}k$ in (6):

$$29k = 45(e - 2). \tag{7}$$

Die Zahlen k und e (mit $k, e \in \mathbb{N}$) müssen die DIOPHANTISCHE Gleichung (7) erfüllen, was $45 \mid k$, oder $k = 45 \cdot i$, $(i = 1, 2, \dots)$ zur Folge hat. Eliminieren wir e mittels $e = \frac{29}{45}k + 2$ in der Ungleichung (3), so bleibt als Einschränkung $k \geq 90$. Der obige Fall $k = 45$ entfällt somit. Die nachfolgende Tabelle zeigt die ersten drei Lösungsmöglichkeiten:

i	k	e	f_5	f_6
2	90	60	12	20
3	135	89	18	30
4	180	118	24	40

Als Lösung mit den kleinsten Anzahlen von Kanten, Ecken und Seiten finden wir die Werte in der ersten Zeile, also $f_5 = 12$ Fünfecke und $f_6 = 20$ Sechsecke. Weitere Polyeder kommen offenbar ebenso infrage, siehe Nachtrag. Damit ist die Frage der Aufgabenstellung beantwortet.   □

Mehr war als erste Aufgabe einer 1. Runde – einer vermeintlich leichten Einstiegsaufgabe in den Wettbewerb 1983 – auch nicht gefordert.

Morphologie. Diese Lösung, die [4] folgt, wurde auf rein algebraischem Wege gefunden; der Körper ist hier ein rein *kombinatorisch-topologisches* Objekt, kein geometrisches. Es bleibt zunächst im Dunkeln, wie er nun tatsächlich aussieht. Jeder Fußball spielende Junge – vorausgesetzt er interessiert sich auch noch für Mathematik – hätte vielleicht damit begon-

Bild 3. Netz eines halben Fußballs mit 6 Fünfecken und 10 Sechsecken.

nen, den Körper zu *konstruieren*. Mit Papier, Zirkel, Lineal, Schere und etwas geometrischen Konstruktionskenntnissen sind schnell einige Fünfecke und Sechsecke hergestellt und aneinandergelegt. Der Einfachheit halber beschränken wir uns hier auf regelmäßige Polygone.

Wählen wir als Ausgangsfigur im Zentrum ein Sechseck, so erhalten wir nach einigen Schritten das in Bild 3 dargestellte Netz. Heben wir dieses aus der Ebene heraus und kleben es im Raum Kante an Kante zusammen, entsteht zunächst ein halber Fußball. Eine zweite Hälfte passend darüber gesetzt, lässt tatsächlich den *Standard-Fußballkörper* oder *Ikosaederstumpf* entstehen (Bild 4 und Bild 5h).

Er ist einer der ARCHIMEDISCHEN Körper, die JOHANNES KEPLER erstmals vollzählig in seinem Werk „*Harmonice Mundi*" (1619) beschrieb. Es gibt einen trefflichen Disput darüber, ob es 13 oder gar 14 dieser halbregulären Polyeder gibt. Ich folge hier BRANKO GRÜNBAUM [3] und habe den 14. Körper, das Pseudo-Rhombenkuboktaeder (Bild 5f), in meine Übersicht aufgenommen. Zu seinem weitaus bekannteren Cousin (Bild 5e) ist mehr bei GÜNTER M. ZIEGLER [11, S. 22ff.] zu lesen.

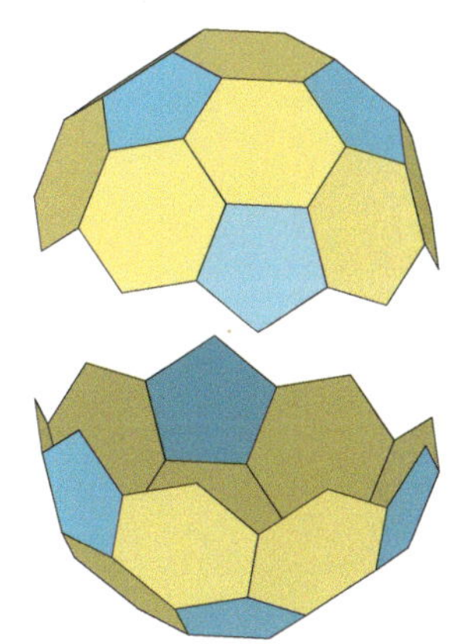

Bild 4.

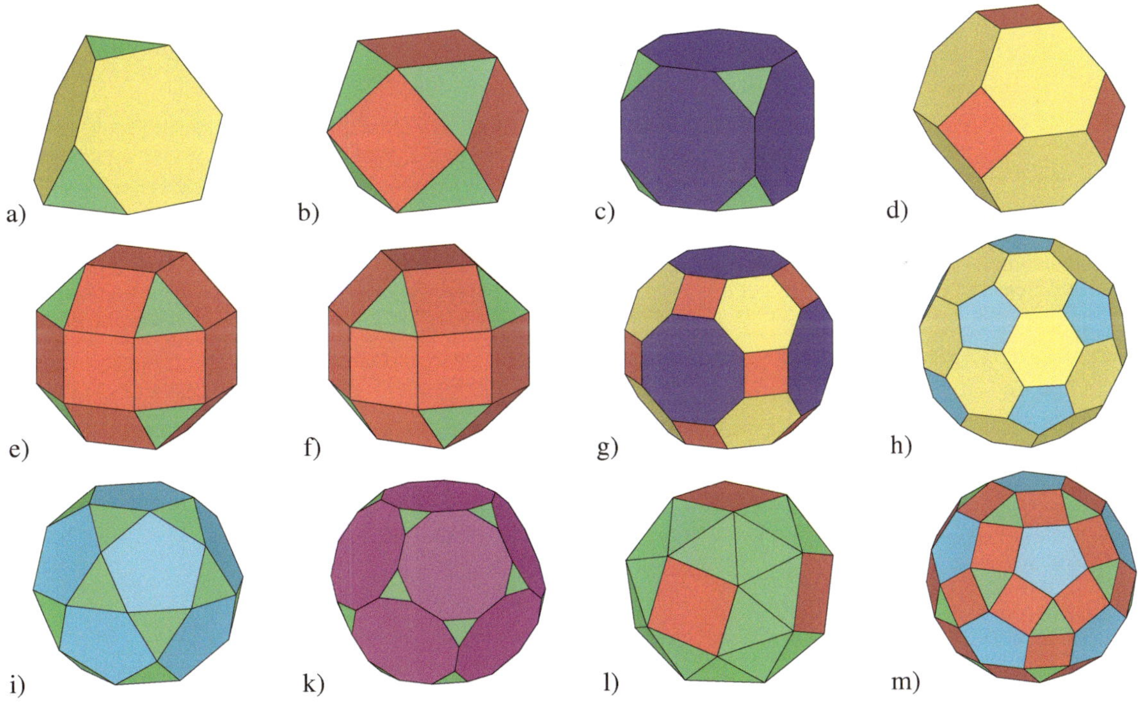

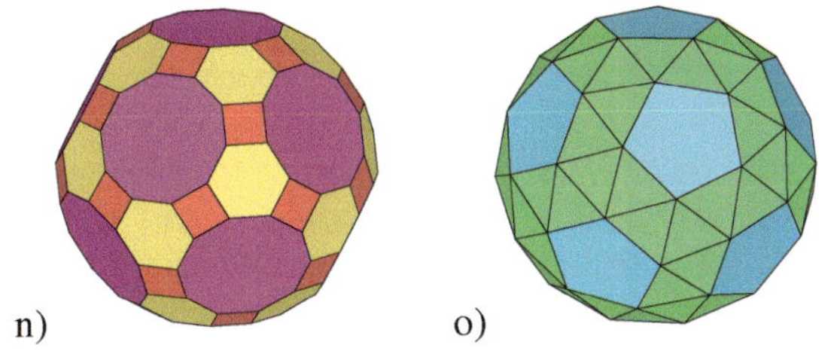

a)   b)   c)   d)

e)   f)   g)   h)

i)   k)   l)   m)

n)   o)

Bild 5. Die 14 ARCHIMEDISCHEN Körper: a) Tetraederstumpf, b) Kuboktaeder, c) Hexaederstumpf, d) Oktaederstumpf, e) (Kleines) Rhombenkuboktaeder, f) Pseudo-Rhombenkuboktaeder, g) Großes Rhombenkuboktaeder, h) Ikosaederstumpf (Standard-Fußballkörper), i) Ikosidodekaeder, k) Dodekaederstumpf, l) Abgeschrägtes Hexaeder (*Cubus simus*), m) (Kleines) Rhombenikosidodekaeder, n) Großes Rhombenikosidodekaeder, o) Abgeschrägtes Dodekaeder.

Allgemeine Betrachtungen zu f, k und e. Im Folgenden wenden wir uns vom speziellen Polyeder Fußballkörper ab und wollen die Beziehungen zwischen den Anzahlen der Flächen f, der Kanten k und der Ecken e allgemein untersuchen. Eine Ungleichung, die zwischen k und e besteht, nämlich (3), $2k \geq 3e$, haben wir bereits oben gewonnen. Durch Abzählen aller Kanten aus Sicht der Flächen kommen wir auf mindestens $3f$ Kanten, da jede Seitenfläche eines Polyeders von mindestens drei Kanten umrandet wird. Dabei wird wiederum jede Kante doppelt gezählt, so dass die Ungleichung

$$2k \geq 3f \tag{8}$$

hinzukommt. Darüber hinaus gelten offensichtlich die Ungleichungen

$$e \geq 4, \quad f \geq 4, \quad k \geq 6, \tag{9}$$

die genau für ein Tetraeder, das *Simplex* im $\mathbb{R}^3$, zu Gleichungen werden. Bereits hieraus ergeben sich interessante Folgerungen, die seit EULERS Zeiten bekannt und hier als Fragen formuliert sind:

Gibt es ein konvexes Polyeder mit genau sieben Kanten?

Antwort: *nein.* ■ **Indirekter Beweis.** Setzen wir $k = 7$ in (3) und (8) ein, folgt $14 \geq 3e$ sowie $14 \geq 3f$ und weiter unter Beachtung von (9): $e = f = 4$. Dies widerspricht jedoch dem EULERSCHEN Polyedersatz, da $k = e + f - 2 = 4 + 4 - 2 = 6 \neq 7$. □

Gibt es konvexe Polyeder mit ausschließlich Sechsecken als Seitenflächen?

Antwort: *nein.* ■ **Indirekter Beweis.** Aus (8) wird hier $2k = 6f$ oder $3f = k$. Nach dem EULERSCHEN Polyedersatz ist dann $3e = 3k - 3f + 6 = 3k - k + 6 = 2k + 6 > 2k$, im Widerspruch zu (3): $3e \leq 2k$. □

Schließlich können wir die Ungleichungen (3) und (8) mittels $k = e + f - 2$ so umrechnen, dass die Ungleichungsketten

$$f + 4 \leq 2e \leq 4f - 8, \qquad e + 4 \leq 2f \leq 4e - 8, \tag{10}$$

$$k + 6 \leq 3e \leq 2k, \qquad k + 6 \leq 3f \leq 2k \tag{11}$$

entstehen. Diese bemerkenswert symmetrischen Ungleichungen lassen sich in einem Diagramm darstellen, siehe Bild 6. Sie bedeuten zunächst jedoch nicht, dass ein diesen Relationen genügendes Polyeder tatsächlich existiert. ERNST STEINITZ bewies 1906, dass die Bedingungen (10) und (11) auch hinreichend für die Existenz sind [7, 8]. Dazu werden zwei naheliegende Prozesse, nämlich das „Wegschneiden einer dreikantigen Ecke" und das „Aufsetzen einer Pyramide auf eine dreiseitige Seitenfläche" auf einfache dreiseitige Pyramiden angewandt. Auf diese Weise können tatsächlich alle Polyeder im gelb markierten Bereich des Bildes 6 erzeugt werden.

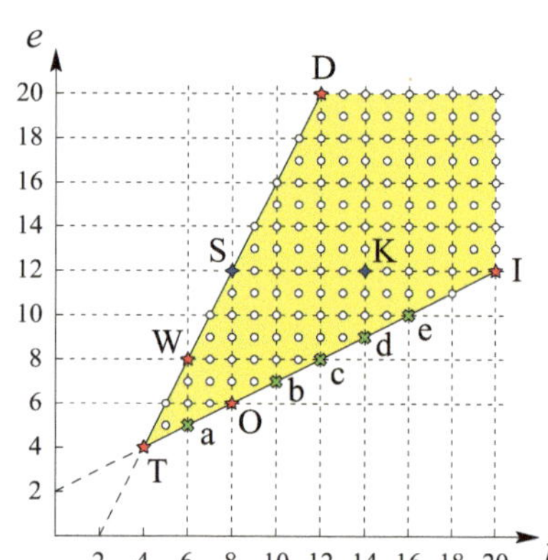

Bild 6. Die „Isotopenkarte" der Polyeder: Es gibt Polyeder mit der Eckenanzahl e und der Flächenanzahl f nur in dem gelb gekennzeichneten Bereich.

Rot gekennzeichnet sind die PLATONISCHEN Körper Tetraeder (T), Würfel (W), Oktaeder (O), Dodekaeder (D) und Ikosaeder (I); blau die beiden ARCHIMEDISCHEN Körper Tetraederstumpf (S), Bild 5a, und Kleines sowie Pseudo-Rhombenkuboktaeder (K), Bild 5e bzw. 5f.

Auf der unteren Randgeraden liegen die grün markierten *Deltaeder* (a–e, siehe Beitrag „*Mehr Seitenflächen als Ecken*", Bild 2 auf Seite 102); sie heißen auch *simplizial* [9], weil ihre Seitenflächen ausschließlich Dreiecke sind (das Simplex im $\mathbb{R}^2$, Ungleichung (8) wird hier zur Gleichung).

Auf der oberen Randgeraden liegen die *einfachen* Polyeder, bei denen jede Ecke genau drei Seitenflächen (und drei Kanten) angehört (Ungleichung (3) wird dabei zur Gleichung).

Ein weiterer Zugang. In jeder Ecke eines konvexen Polyeders treffen drei oder mehr Kanten zusammen, die eine dreiseitige bzw. *n*-seitige *körperliche Ecke* bilden (Bild 7). Die Kanten schließen untereinander die *Kantenwinkel* ein; es sind dies gleichzeitig die Innenwinkel der das Polyeder begrenzenden Polygonflächen (Bild 7a). Offensichtlich ist die Summe der Kantenwinkel in jedem Eckpunkt kleiner als 360°, da ansonsten die Punkte O, A, B und C sämtlich in einer Ebene zu liegen kämen und die Ecke damit keine körperliche wäre. Diese Beobachtung (s. Bild 8) führt zur Definition des *Winkeldefekts* δ: Er ist die Differenz aus dem (ebenen) Vollwinkel 360° und der Summe aller Kantenwinkel, die in einem Polyedereckpunkt zusammentreffen. Da bei unserem Standard-Fußball ein regelmäßiges Fünfeck und zwei regelmäßige Sechsecke aneinandergrenzen, beträgt der Winkeldefekt hier $\delta = 360° - (108° + 2 \cdot 120°) = 12°$. Für die ARCHIMEDISCHEN Körper in Bild 5 erhalten wir folgende Übersicht:

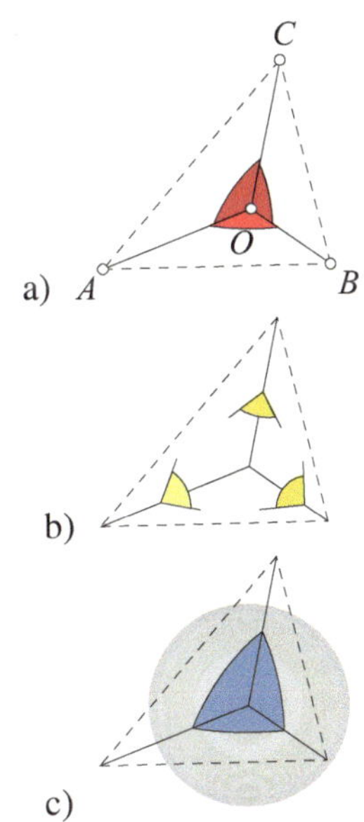

Bild 7. Dreiseitige körperliche Ecke mit Scheitel O und den Kanten OA, OB, OC; a) Kantenwinkel $\sphericalangle AOB$, $\sphericalangle BOC$, $\sphericalangle COA$; b) Flächenwinkel und c) Raumwinkel. Letzterer ist definiert als Quotient des Flächeninhalts des von der Ecke aus einer Kugeloberfläche (grau) herausgeschnittenen Kugeldreiecks (blau) und des Quadrats des Kugelradius.

Name	e	k	f	Flächenfolge an den Ecken	δ
Tetraederstumpf	12	18	8	*3-6-6*	60°
Kuboktaeder	12	24	14	*3-4-3-4*	60°
Hexaederstumpf	24	36	14	*3-8-8*	30°
Oktaederstumpf	24	36	14	*4-6-6*	30°
(Kleines) Rhombenkuboktaeder	24	48	26	*3-4-4-4*	30°
Pseudo-Rhombenkuboktaeder	24	48	26	*3-4-4-4*	30°
Großes Rhombenkuboktaeder	48	72	26	*4-6-8*	15°
Ikosaederstumpf	60	90	32	*5-6-6*	12°
Ikosidodekaeder	30	60	32	*3-5-3-5*	24°
Dodekaederstumpf	60	90	32	*3-10-10*	12°
Abgeschrägtes Hexaeder	24	60	38	*3-3-3-3-4*	30°
(Kl.) Rhombenikosidodekaeder	60	120	62	*3-4-5-4*	12°
Gr. Rhombenikosidodekaeder	120	180	62	*4-6-10*	6°
Abgeschrägtes Dodekaeder	60	150	92	*3-3-3-3-5*	12°

Die Gesetzmäßigkeit $e \cdot \delta = 720°$, die hier offenbar wird, ist der

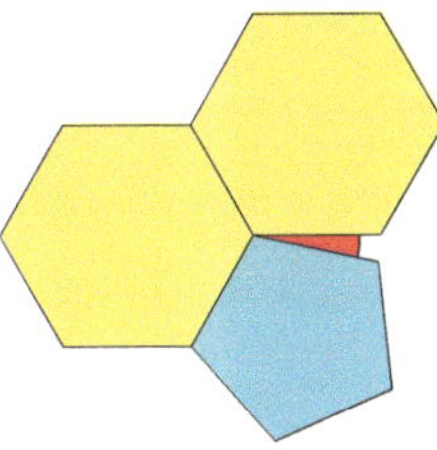

Bild 8. Der Winkeldefekt (rot markiert) beträgt an jeder Ecke des Standard-Fußballs $\delta = 12°$.

Satz von DESCARTES.

In jedem konvexen Polyeder ist die Summe der Winkeldefekte aller Eckpunkte gleich 720°.

Ein Beweis dieses Satzes ist z. B. in [2, Kapitel 5] zu finden. Es stellt sich heraus, dass er ein Vorläufer des EULERSCHEN Polyedersatzes ist [10]. Damit liegt eine weitere Lösung der Aufgabe auf der Hand.

■ **2. Lösung.** Da der Winkeldefekt – wie oben berechnet – für jede Ecke 12° beträgt (dabei wird ein *einfaches* Polyeder vorausgesetzt, s. Bildunter-

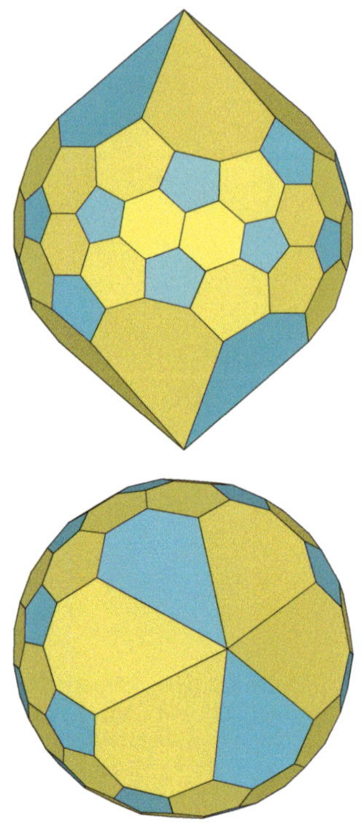

Bild 9. „Mega-Fußball" mit 118 Ecken, 180 Kanten, 24 Fünfecken und 40 Sechsecken aus zwei unterschiedlichen Richtungen betrachtet.

schrift zu Bild 6), folgt aus dem DESCARTESSCHEN Satz, dass die Eckenanzahl $e = 720°/12° = 60$ sein muss. Summieren wir nun die Anzahlen der anstoßenden Fünf- und Sechsecke an jeder Polyederecke, erhalten wir 60 Fünfecke und 120 Sechsecke. Jedes Fünfeck wird dabei jedoch fünfmal, jedes Sechseck sechsmal gezählt. Damit ergeben sich 12 Fünfecke und 20 Sechsecke.   □

Nachtrag. Wie wir in der 1. Lösung gesehen haben, führt die DIOPHANTISCHE Gleichung (7) zu einer unendlichen Lösungsmenge der Aufgabe, für die wir bisher nur den Fall $k = 90$ betrachtet haben, der das einzige *einfache* Polyeder liefert (mit $2k = 3e$). Bei allen weiteren Lösungen mit $k \geq 135$ muss es mindestens eine Ecke geben, in der mehr als drei Seitenflächen (und Kanten) zusammentreffen; für $k = 135$ ist es z. B. genau eine Ecke mit der Flächenfolge *5-6-6-5-6-6*. Das Polyeder für den Fall $k = 180$ ist in Bild 9 gezeigt. Es ist zu erkennen, wie die insgesamt 24 Fünfecke vollständig von Sechsecken umgeben sind, während an die insgesamt 40 Sechsecke abwechselnd Fünf- und Sechsecke grenzen. Dem interessierten Leser sei hierzu [1] als weiterführende Literatur empfohlen.

Danksagung. Ich danke STEFAN SECHELMANN und MICHAEL JOSWIG (TU Berlin) vom Sonderforschungsbereich Transregio 109 *„Discretization in Geometry and Dynamics"* (www.discretization.de) für die Berechnung des „Mega-Fußballs" in Bild 9.

Literatur

1. V. BRAUNGARDT, D. KOTSCHICK: *Die Klassifikation von Fußballmustern*, Math. Semesterber. **54** (2007), 53–68.
2. P. R. CROMWELL: *Polyhedra*, Cambridge University Press, Cambridge 1997.
3. B. GRÜNBAUM: *An enduring error*, Elem. Math. **64** (2009), 89–101.
4. Verein Bildung und Begabung (Hrsg.): *Bundeswettbewerb Mathematik – Aufgaben und Lösungen 1983–1987*, Bearb. K.-R. LÖFFLER, Ernst Klett Verlage, Stuttgart 1988.
5. E. MÜLLER: *Polyederformel von Euler in der Schule*, Mathematikinformation **63** (2015), 11–55, Webseite www.mathematikinformation.info.
6. D. S. RICHESON: *Euler's Gem: The Polyhedron Formula and the Birth of Topology*, Princeton University Press, Princeton N. J. 2008.
7. E. STEINITZ: *Über die Eulerschen Polyederrelationen*, Archiv für Mathematik und Physik **11** (1906), 86–88.
8. E. STEINITZ, H. RADEMACHER (HRSG.): *Vorlesungen über die Theorie der Polyeder unter Einschluss der Elemente der Topologie*, Verlag von Julius Springer, Berlin 1934.
9. G. M. ZIEGLER: *Lectures on Polytopes*, Springer-Verlag, New York 1995.
10. G. M. ZIEGLER, C. BLATTER: *Euler's polyhedron formula – a starting point of today's polytope theory*, Elem. Math. **62** (2007), 184–192.
11. G. M. ZIEGLER: *Mathematik – Das ist doch keine Kunst!*, Albrecht Knaus Verlag, München 2013.

Napoleonische Rechtecke

Emese-Tünde Vargyas

2. Runde 1989, Aufgabe 3.

Auf jeder Seite eines Sehnenvierecks S wird nach außen ein Rechteck errichtet, wobei die eine Rechteckseite mit der Seite von S übereinstimmt und die andere Rechteckseite genau so lang wie die jeweilige Gegenseite im Sehnenviereck S ist. Man zeige, dass die Mittelpunkte dieser vier Rechtecke stets die Eckpunkte eines weiteren Rechtecks sind.

Die vorliegende Aufgabe aus dem Jahre 1989 hängt – wie die meisten dritten Aufgaben – mit Elementargeometrie zusammen. Wenn man sich ein Bild von den Vorgaben macht – selbst wenn auch nur skizzenhaft – dann überrascht die Figur und die Behauptung (Bild 1). Das Errichten von Rechtecken auf den Seiten eines Vierecks erinnert an einen berühmten geometrischen Satz, den Satz von NAPOLEON für Dreiecke: Errichtet man auf den Seiten eines beliebigen Dreiecks gleichseitige Dreiecke, dann bilden die Mittelpunkte der gleichseitigen Dreiecke auch die Ecken eines gleichseitigen Dreiecks. Siehe dazu auch den Beitrag *„Überraschende Ähnlichkeit"* auf Seite 215ff.

Eine entsprechende Abbildung zu dieser Aufgabenstellung bildete, wie der Seite 76 des vorliegenden Buches zu entnehmen ist, sogar die Vorlage des alljährlichen Posters zum *Bundeswettbewerb Mathematik* – hier des Jahres 2003. Die geometrische Konfiguration einschließlich der eingezeichneten Rechteckmitten bietet ein breites Spektrum an Zugängen und Lösungsmöglichkeiten; eine Auswahl davon ist in [5] zu finden.

Das Ziel der vorliegenden Arbeit ist es, einen Beweis vorzustellen, der von einem Spezialfall ausgeht und, eine Leitidee verfolgend, schrittweise zum allgemeinen Fall kommt. Die leitende Idee entsteht durch die Untersuchung der aufeinander folgenden Fälle auf Unterschiede und Gemeinsamkeiten. Dabei spielt die statische Sichtweise, wo wir uns auf Objekte und deren Eigenschaften konzentrieren, eine Rolle. Dieser Beweis ist für diejenigen Schüler und Schülerinnen gedacht, die weniger Erfahrung mit Geometrieaufgaben haben.

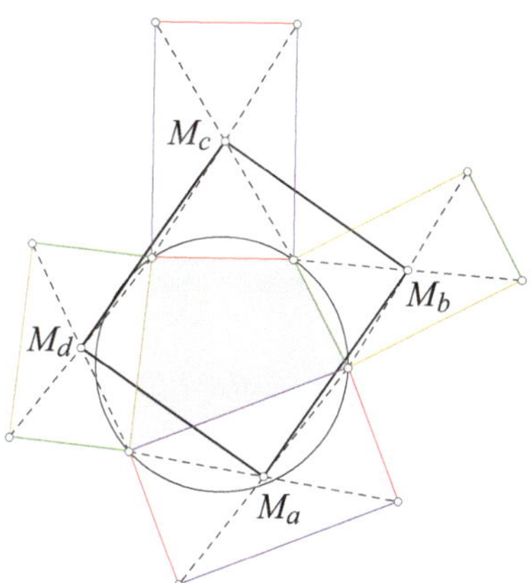

Bild 1. $M_a M_b M_c M_d$ ist stets ein Rechteck.

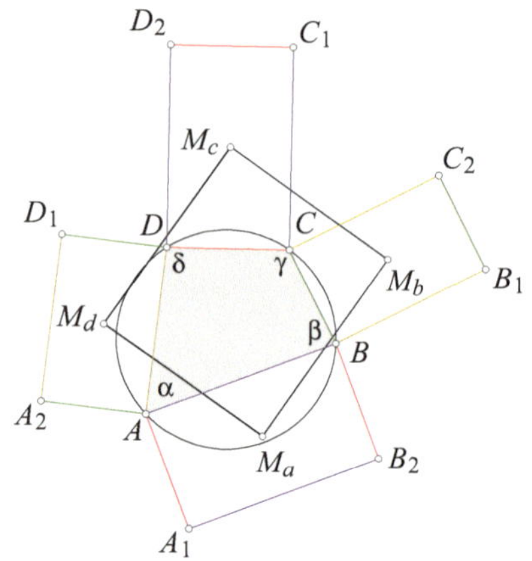

Bild 2. Da die Summe gegenüberliegender Winkel im Sehnenviereck 180° ist, folgt: $\sphericalangle C_2 C C_1 = 360° - 2 \cdot 90° - \gamma = 180° - \gamma = \alpha$. Analog gilt: $\sphericalangle D_2 D D_1 = \beta$, $\sphericalangle A_2 A A_1 = \gamma$ und $\sphericalangle B_2 B B_1 = \delta$.

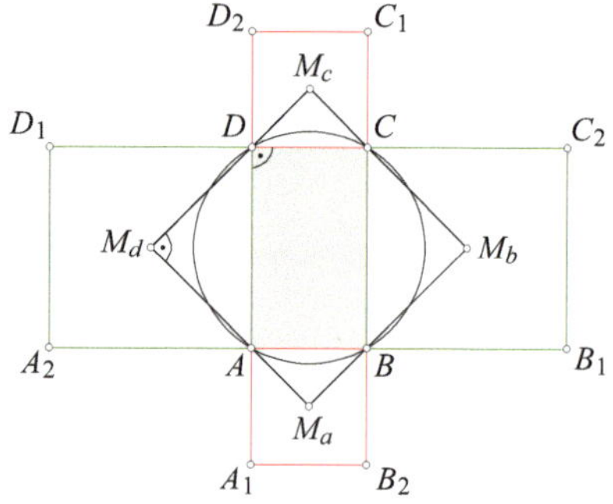

Bild 3.

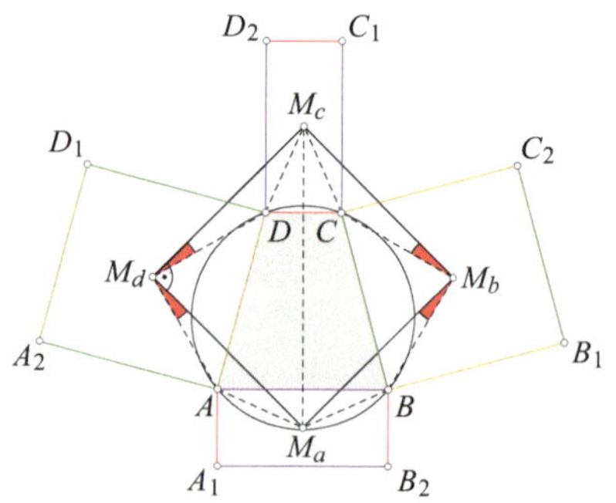

Bild 4.

Bevor wir uns aber mit dem Beweis beschäftigen, ist der Aufgabentext zu präzisieren. Ist $ABCD$ ein *konvexes* Sehnenviereck, dann ist $ABDC$ ein *überschlagenes* Sehnenviereck. Und derartige nicht konvexe Sehnenvierecke sollen selbstverständlich nicht einbezogen sein, denn mit dem Errichten von Rechtecken auf seinen Seiten gäbe es aus anordnungsgeometrischer Sicht erhebliche Probleme. Nach welcher Seite hin sollte das geschehen? Also verstand und versteht sich der Text der Aufgabe für konvexe Sehnenvierecke.

Zunächst erstellen wir ein Bild mit Bezeichnungen, welche uns im Folgenden begleiten werden. Dabei seien die Ecken des Sehnenvierecks mit A, B, C, D, seine Winkel mit α, β, γ, δ und die Mittelpunkte der auf den Seiten errichteten Rechtecke AA_1B_2B, BB_1C_2C, CC_1D_2D und DD_1A_2A mit M_a, M_b, M_c bzw. M_d bezeichnet (Bild 2).

■ **Beweis.** Als Erstes betrachten wir den Spezialfall, in dem das Sehnenviereck $ABCD$ ein Rechteck ist (der Fall eines Quadrats $ABCD$ ist trivial). Dann verallgemeinern wir das Viereck zum gleichschenkligen Trapez und schließlich zum allgemeinen Sehnenviereck. Bei diesem Beweis werden wir uns in jedem Schritt auf die vorher gewonnenen Erkenntnisse konzentrieren und prüfen, inwiefern diese im aktuellen Fall immer noch gültig sind. Dafür werden wir unsere Aufmerksamkeit auf bestimmte Objekte und deren Eigenschaften richten.

Im Falle des Rechtecks $ABCD$ sind die vier aufgesetzten Rechtecke gleichzeitig Quadrate (Bild 3). Daraus folgt, dass die Punkte M_c, D, M_d usw. jeweils auf einer Geraden liegen und die Winkel bei M_a, M_b, M_c und M_d alle gleich 90° sind. Im Viereck $M_a M_b M_c M_d$ sind aber nicht nur die Winkel, sondern auch die Seiten alle gleich groß. Somit ist dieses Viereck sogar ein Quadrat.

Im Falle des gleichschenkligen Trapezes $ABCD$ (Bild 4) liegen die Punkte M_c, D, M_d usw. nicht mehr auf einer Geraden, sie bilden aber die zueinander kongruenten Dreiecke $M_d A M_a$, $M_b B M_a$, $M_b C M_c$ und $M_d D M_c$ (SWS). Somit sind die Seiten im Viereck $M_a M_b M_c M_d$ gleich lang. Sind die Winkel auch gleich groß? Nach Kongruenzsatz SSS gilt

$$\sphericalangle A M_d M_a = \sphericalangle M_a M_b B = \sphericalangle M_c M_b C = \sphericalangle D M_d M_c =: \vartheta,$$

und wegen $AD = BC$ sind die Rechtecke ADD_1A_2 und BB_1C_2C sogar Quadrate, also $\sphericalangle A M_d D = \sphericalangle C M_b B = 90°$. Daraus folgt

$$\sphericalangle M_a M_d M_c = \sphericalangle M_a M_d D + \sphericalangle D M_d M_c = (90° - \vartheta) + \vartheta = 90°.$$

Analog zeigt man, dass $\sphericalangle M_c M_b M_a = 90°$ ist. Die Dreiecke $M_c M_d M_a$ und $M_a M_b M_c$ sind somit rechtwinklig und gleichschenklig, deswegen wird $\sphericalangle M_d M_c M_b = \sphericalangle M_b M_a M_d = 2 \cdot 45° = 90°$.

Bei dem allgemeinen Sehnenviereck kann man ähnlich wie oben argumentieren (Bild 5). Jetzt sind aber nur noch die gegenüberliegenden Dreiecke $M_c D M_d \cong M_a B M_b$ sowie $M_c C M_b \cong M_a A M_d$ kongruent (SWS). Damit sind nicht mehr alle, sondern nur die gegenüberliegenden Seiten gleich lang: $M_a M_b = M_c M_d$ und $M_b M_c = M_d M_a$. Ähnliches passiert auch bei den Winkeln: $\sphericalangle A M_d M_a = \sphericalangle M_c M_b C =: \vartheta$ und $\sphericalangle D M_d M_c = \sphericalangle M_a M_b B =: \eta$. Die Gleichheit der gegenüberliegenden Seiten im Viereck $M_a M_b M_c M_d$ führt, dank der Dreieckskongruenz $M_a M_c M_d \cong M_c M_a M_b$ (SSS), zur Gleichheit der gegenüberliegenden Winkel, also

$$\sphericalangle M_a M_d M_c = \sphericalangle M_c M_b M_a = \frac{1}{2}(\sphericalangle M_a M_d M_c + \sphericalangle M_c M_b M_a)$$

$$= \frac{1}{2}\left[(\sphericalangle A M_d D - \vartheta) + \eta\right] + \frac{1}{2}\left[\vartheta + (\sphericalangle C M_b B - \eta)\right]$$

$$= \frac{1}{2}(\sphericalangle A M_d D + \sphericalangle C M_b B) = \frac{1}{2}(\sphericalangle A M_d D + \sphericalangle A_2 M_d A)$$

$$= \frac{1}{2} \cdot 180° = 90°$$

(Letzteres wegen $B B_1 C_2 C \cong A D D_1 A_2$).

Da $M_a M_b M_c M_d$ ein Viereck mit paarweise kongruenten gegenüberliegenden Seiten und zwei gegenüberliegenden rechten Winkeln ist, folgt, dass es ein Rechteck ist. $\square$

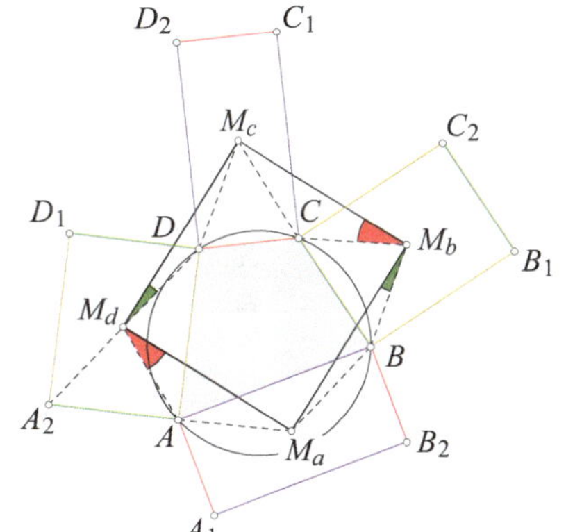

Bild 5.

Somit haben wir bewiesen, dass die ursprüngliche Aussage für ein beliebiges Sehnenviereck gilt. Im Rahmen der beiden Verallgemeinerungsschritte konnten wir feststellen, dass gewisse Eigenschaften – die Kongruenz der gegenüberliegenden Seiten sowie die Rechtwinkligkeit der Innenwinkel des Vierecks $M_a M_b M_c M_d$ – in allen drei Fällen erhalten bleiben. Die dabei untersuchten Objekte waren die „Dreiecke" $D M_c M_d$, $A M_a M_d$, $B M_b M_a$ und $C M_b M_c$ bzw. die Winkel $M_a M_d M_c$ und $M_c M_b M_a$. Man hätte die Aufgabe selbstverständlich auch direkt lösen können, indem man die Zusammenhänge im allgemeinen Fall (Bild 5) auf Anhieb erkennt.

Danksagung. Ich bedanke mich ganz herzlich bei Herrn ERHARD QUAISSER für die hilfreichen Bemerkungen bei dem Erstellen dieses Beitrags.

Literatur

1. K.-R. LÖFFLER (Hrsg.): *Bundeswettbewerb Mathematik – Aufgaben und Lösungen 1988–1992*, Ernst Klett Schulbuchverlag, Stuttgart, Düsseldorf, Berlin, Leipzig 1992.

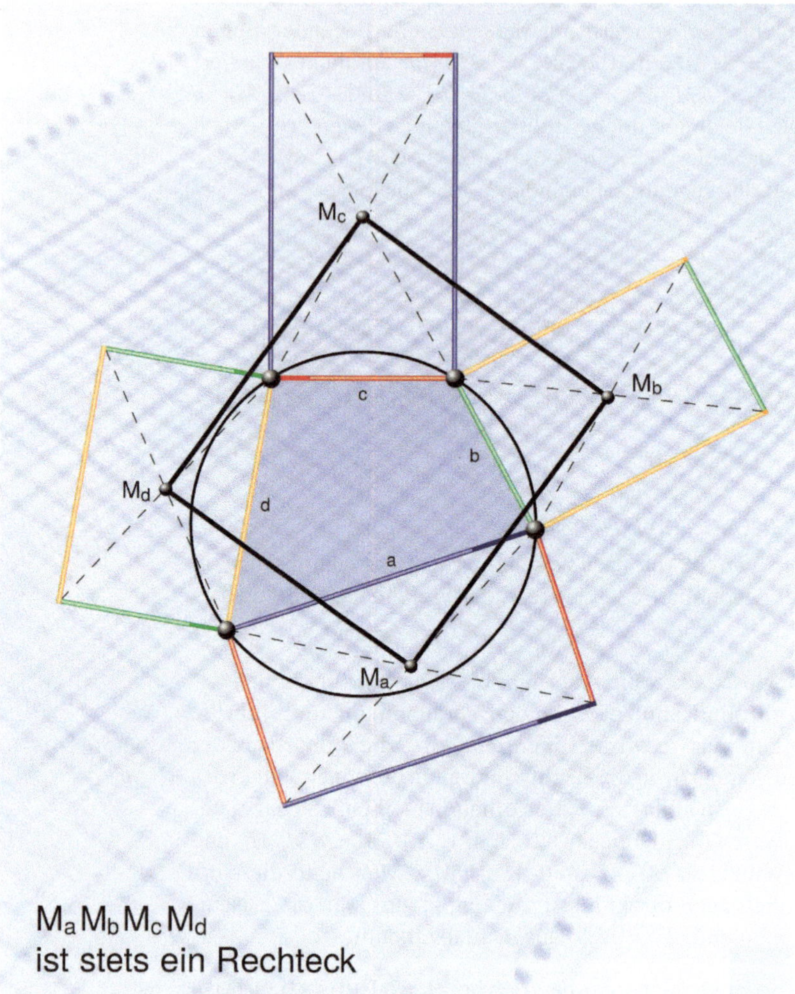

Poster zum *Bundeswettbewerb Mathematik 2003* (Aufgabe 1989-2-3).

Das Bild veranschaulicht unmittelbar eine geometrische Aufgabenstellung. Von welchen Voraussetzungen soll ausgegangen werden und wie kann der Beweis möglichst einfach geführt werden? Diesen Fragen wird im Beitrag „*Napoleonische Rechtecke*" ab Seite 73 nachgegangen.

Der Wurm und die Halbkreisscheibe

Eric Müller

2. Runde 1990, Aufgabe 4.

In der Ebene liegt ein Wurm der Länge 1. Man beweise, dass man ihn stets mit einer Halbkreisscheibe vom Durchmesser 1 zudecken kann.

Die Aussage ist sehr anschaulich und leicht verständlich, etwas überraschend wegen der Halbkreisscheibe und passt in kein übliches Schema. Im einfachsten Fall (Wurm ist Strecke) ist auch unmittelbar klar, dass die Aussage richtig ist und die Halbkreisscheibe keinen kleineren Durchmesser haben kann. Es ist jedoch nicht offensichtlich, wie man von den dürftigen und ungewöhnlichen Informationen über den Wurm auf die Behauptung kommt – und unweigerlich kommt man ins Überlegen. Daher verwundert es nicht, dass diese Aufgabe von den meisten Befragten als *Schönheitskönigin* ausgewählt wurde.

■ **Beweis.** Es seien A und E der Anfangs- bzw. Endpunkt des Wurms (evtl. können A und E zusammenfallen). Der Beweis lässt sich recht einfach in einem rechtwinkligen Koordinatensystem führen. Ohne Beschränkung der Allgemeinheit liege der Ursprung in A, und E liege auf der x-Achse und habe die Koordinaten $(e, 0)$ mit $0 \leq e \leq 1$ (Bild 1). Da kein Punkt des Wurms einen größeren Abstand als 1 von A und E haben darf (da die Strecke die kürzeste Verbindung zweier Punkte ist), sind die möglichen Werte der Koordinaten der Wurmpunkte beschränkt. Weiter gibt es Punkte $L(l_1, l_2)$ und $R(r_1, r_2)$ mit kleinster bzw. größter Abszisse und Punkte $U(u_1, u_2)$ und $O(o_1, o_2)$ mit kleinster bzw. größter Ordinate (da man den Wurm als abgeschlossen betrachten kann). Insbesondere ist $e \leq r_1$ und $0 \geq l_1$, also

$$e \leq r_1 - l_1. \tag{1}$$

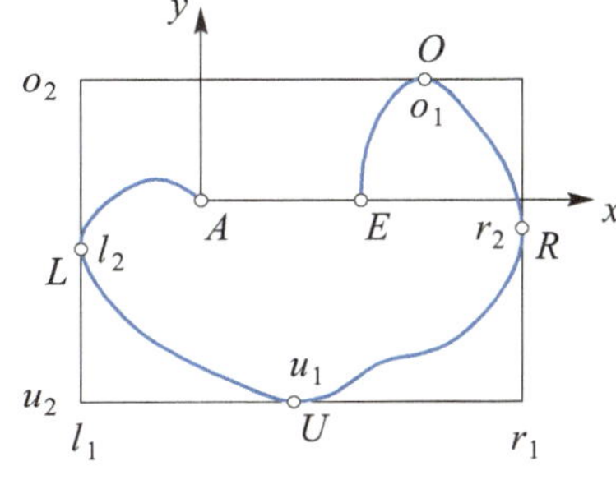

Bild 1.

Der Wurm liegt somit im Inneren und auf dem Rand eines Rechtecks mit achsenparallelen Seiten und den gegenüberliegenden Ecken (l_1, u_2) und (r_1, o_2) und den Seitenlängen $a = r_1 - l_1$ und $b = o_2 - u_2$.

Die Punkte L, U, R, O liegen in irgendeiner Reihenfolge auf dem Wurm. In der Reihenfolge dieser Punkte (mit dem längs des Wurms von A aus

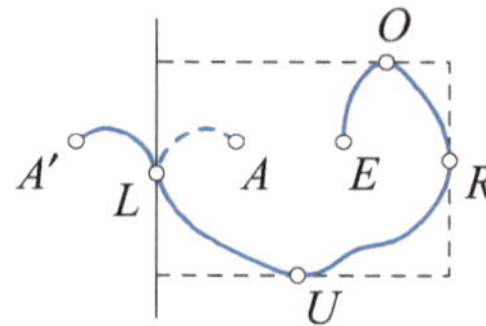

Bild 2. Spiegelung des Wurmteils AL nach $A'L$.

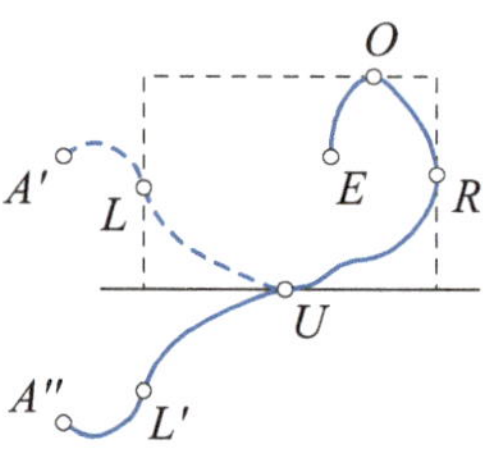

Bild 3. Spiegelung des Wurmteils $A'LU$ nach $A''L'U$.

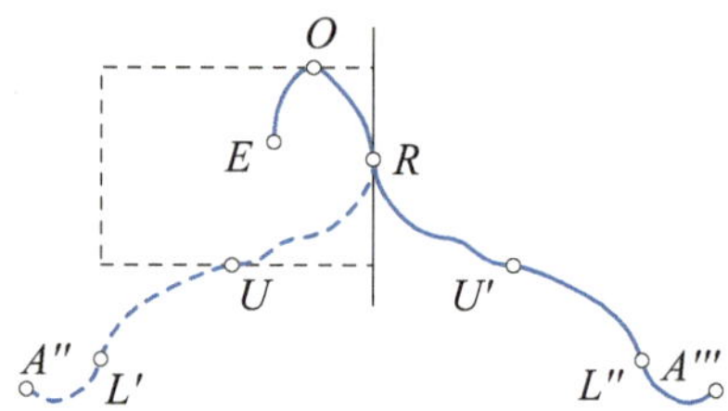

Bild 4. Spiegelung des Wurmteils $A''L'UR$ nach $A'''L''U'R$.

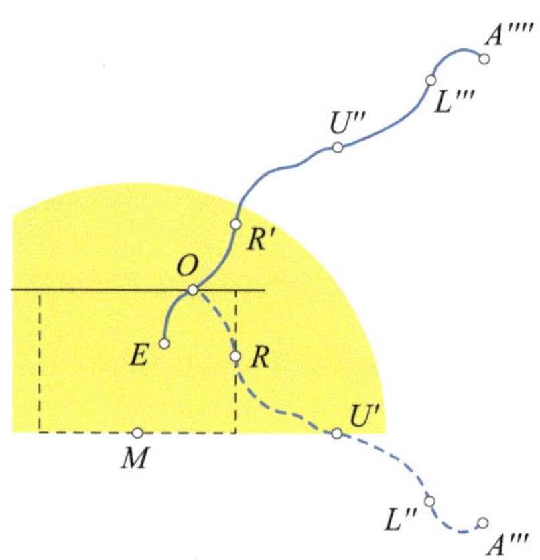

Bild 5. Möglichst geradlinige Ausrichtung des Wurms zu $A''''L'''U''R'OE$ mit Halbkreisscheibe.

nächstgelegenen Punkt beginnend) wird der Wurmteil, der A enthält, an denjenigen Parallelen zur x-Achse bzw. zur y-Achse, die den Wurm im Punkt U und O bzw. L und R schneiden, gespiegelt. Im Bild 1 sind das die Geraden $y = u_2$ und $y = o_2$ bzw. $x = l_1$ und $x = r_1$.

Eine Spiegelung an der Geraden $x = t$ ändert nicht die Ordinaten der Punkte; aus der Abszisse x wird $x \mapsto 2t - x$. Entsprechend ändert die Spiegelung an der Geraden $y = s$ nicht die Abszissen der Punkte; aus der Ordinate y wird $y \mapsto 2s - y$.

Die Abszisse 0 von A wird durch die Spiegelungen an den Geraden $x = l_1$ und $x = r_1$ entweder auf $2r_1 - 2l_1 = 2a$ oder auf $2l_1 - 2r_1 = -2a$ abgebildet, je nachdem ob zuerst an $x = l_1$ oder an $x = r_1$ gespiegelt wird. Durch die beiden anderen Spiegelungen an $y = u_2$ bzw. $y = o_2$ bleiben die Abszissen der Bilder von A jeweils unverändert.

Völlig analog wird die Ordinate 0 von A durch die Spiegelungen an den Geraden $y = u_2$ und $y = o_2$ entweder auf $2o_2 - 2u_2 = 2b$ oder auf $2u_2 - 2o_2 = -2b$ abgebildet, je nachdem, ob zuerst an $y = u_2$ oder an $y = o_2$ gespiegelt wird. Die Ordinaten der Bildpunkte bleiben bei den anderen Spiegelungen wiederum unverändert.

Die Bilder 2–5 zeigen aufeinander folgende Spiegelungen an den Geraden durch die Punkte L, U, R und O. Demnach hat das Bild A'''' von A (Bild 5) also die Koordinaten $(2\varepsilon_1 a, 2\varepsilon_2 b)$ mit den Vorzeichen $\varepsilon_1, \varepsilon_2 \in \{-1, 1\}$. Wegen (1) ist

$$|2\varepsilon_1 a - e| \geq 2a - e = a + r_1 - l_1 - e \geq a \geq 0.$$

Da der Wurm durch die Spiegelungen seine Länge nicht verändert hat und die Gerade die kürzeste Verbindung zweier Punkte ist, ist die Länge der Strecke $A''''E$ höchstens 1, es gilt also

$$(2\varepsilon_1 a - e)^2 + (2\varepsilon_2 b)^2 \leq 1$$

oder

$$\frac{1}{4} \geq \frac{1}{4}\left[(2\varepsilon_1 a - e)^2 + |2\varepsilon_2 b|^2\right] \geq \left(\frac{a}{2}\right)^2 + b^2.$$

Es hat also keine Ecke des Rechtecks (und damit auch kein Punkt auf dem Rand oder dem Inneren des Rechtecks) mehr als einen Abstand $\frac{1}{2}$ vom Mittelpunkt M der unteren Seite des Rechtecks mit den Koordinaten $(\frac{1}{2}(l_1 + r_1), u_2)$; daher liegt das Rechteck im Kreis um diesen Punkt mit Durchmesser 1, zudem vollständig auf einer Seite der Geraden $y = u_2$, die Durchmesser im Kreis ist. $\square$

Anmerkungen. *1.* Die Idee mit den Spiegelungen und der Gerade als kürzester Verbindung zweier Punkte kommt auch bei einer Lösung des Problems von FAGNANO vor, nämlich einem spitzwinkligen Dreieck ein Dreieck möglichst kleinen Umfangs einzubeschreiben [2, 6].

2. Diese Aufgabe hat einen prominenten „Vorfahren": Sie wurde 1969 anlässlich eines alljährlichen studentischen Mathematikwettbewerbs in den USA und Kanada, der *William Lowell Putnam Mathematical Competition,* in etwas abgewandelter Form als Problem B-4 gestellt [5]:

> *Show that any curve of unit length can be covered by a closed rectangle of area $\frac{1}{4}$.*

Verallgemeinerung. Diese Aufgabe lässt sich auf den Raum verallgemeinern:

> *Im Raum befindet sich ein Wurm der Länge 1. Man beweise, dass man ihn stets mit einer Viertelkugel vom Durchmesser 1 zudecken kann. Hierbei sei eine Viertelkugel einer der vier kongruenten Teile, in die eine Vollkugel durch zwei zueinander senkrechte Ebenen durch ihren Mittelpunkt zerteilt wird.*

Ein ungelöstes Problem. Das bislang ungelöste so genannte „Wurmproblem" von LEO MOSER [4] lautet, ein Flächenstück mit kleinstmöglicher Fläche zu finden, das jeden Wurm der Länge 1 bedecken kann. Das „kleinste" bisher gefundene Flächenstück hat Flächeninhalt $0,260437$ [5] (zum Vergleich: Die Halbkreisscheibe hat Flächeninhalt $\frac{\pi}{8} = 0,392699\ldots$). Es gibt auch hierfür Verallgemeinerungen im höherdimensionalen Raum. Eine gute Übersicht und viele Resultate finden sich in [3].

Literatur

1. G. L. ALEXANDERSON, L. F. KLOSINSKI, L. C. LARSON (Eds.): *The William Lowell Putnam Mathematical Competition – Problems and Solutions: 1965–1984,* The Mathematical Association of America, Washington, D. C. 1985.
2. H. S. M. COXETER, S. L. GREITZER: *Geometry revisited,* The Mathematical Association of America, Washington, D. C. 1967, S. 88f.
3. J. HÅSTAD, S. LINUSSON, J. WÄSTLUND: *A Smaller Sleeping Bag for a Baby Snake,* Discrete Comput. Geom. **26** (2001), 173–181.
4. R. NORWOOD, G. POOLE, M. LAIDACKER: *The Worm Problem of Leo Moser,* Discrete Comput. Geom. **7** (1992), 153–162.
5. R. NORWOOD, G. POOLE: *An Improved Upper Bound for Leo Moser's Worm Problem,* Discrete Comput. Geom. **29** (2003), 409–417.
6. E. SPECHT, R. STRICH: *geometria – scientiae atlantis 1,* Otto-von-Guericke-Universität Magdeburg 2009, Aufgabe D.56.

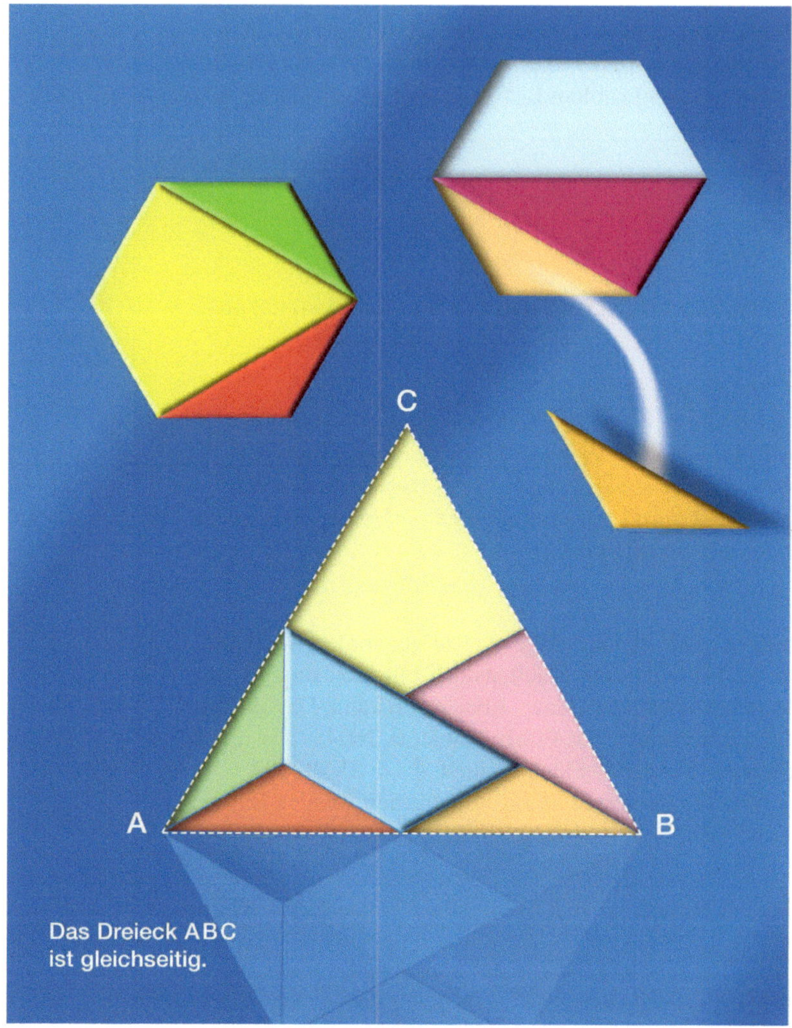

Poster zum *Bundeswettbewerb Mathematik 2005* (Aufgabe 2004-1-3).

Das Zerlegen und anschließende Zusammenfügen der Teile zweier Sechsecke zu einem gleichseitigen Dreieck war für die Wettbewerbsteilnehmer
sehr ansprechend, und die Aufgabenstellung (siehe den Beitrag *„Spiele mit
Parkettierungen"* ab Seite 135ff.) lässt vielfältige Lösungen zu.

Ich weiß, dass ich nichts weiß

Horst Sewerin

1. Runde 1994, Aufgabe 2.

Anna und Bernd spielen nach folgender Regel: Beide schreiben auf je einen Zettel eine natürliche Zahl und geben ihren Zettel gefaltet dem Schiedsrichter. Dieser schreibt auf eine für Anna und Bernd sichtbare Tafel zwei natürliche Zahlen, von denen die eine beliebig, die andere aber die Summe der Zahlen auf den Zetteln ist. Danach fragt der Schiedsrichter Anna, ob sie die Zahl von Bernd nennen kann. Wenn Anna verneint, richtet er an Bernd die entsprechende Frage. Wenn Bernd verneint, geht die Frage wieder an Anna, usw. Es wird vorausgesetzt, dass Anna und Bernd beide intelligent und ehrlich sind. Man beweise, dass nach endlich vielen Fragen die Antwort JA gegeben wird.

Die erste, natürliche Reaktion nach dem Lesen dieser Aufgabe ist Kopfschütteln. Wieso sollen Anna oder Bernd beim zweiten Mal etwas wissen, was sie vorher nicht gewusst haben? Müssten sie nicht immerfort verneinen? Und was soll überhaupt diese beliebige Zahl an der Tafel? Es fehlt noch, dass nach dem Alter des Schiedsrichters gefragt wird!

In [1] schrieb der Herausgeber KLAUS-R. LÖFFLER: „...(Diese) Aufgabe hat in besonderem Maße bei den Teilnehmern wie auch bei vielen Lehrern Interesse, aber auch Irritation ausgelöst." Diese Einschätzung gilt unverändert fort und hat sich bis auf das Original des vorliegenden Beitrags in der 1. Auflage dieses Buches erstreckt. Daher wurden in dieser Fassung einige Überarbeitungen und Ergänzungen vorgenommen, die für tieferes Verständnis des Problems, Klarheit bei den verwendeten Begriffen und präzise Beschreibung der vielschichtigen Situation sorgen können. Nicht zuletzt soll die Neufassung dem ersten Eindruck entgegenwirken, bei dieser Aufgabe handele es sich eigentlich überhaupt nicht um ein mathematisches Problem. Diese Auffassung ist vor dem Hintergrund verständlich, dass ein solches Motiv beim Bundeswettbewerb, aber auch bei anderen mathematischen Schülerwettbewerben wie ein Solitär allein auf weiter Flur steht. – Wie also nähert man sich hier einer Lösung?

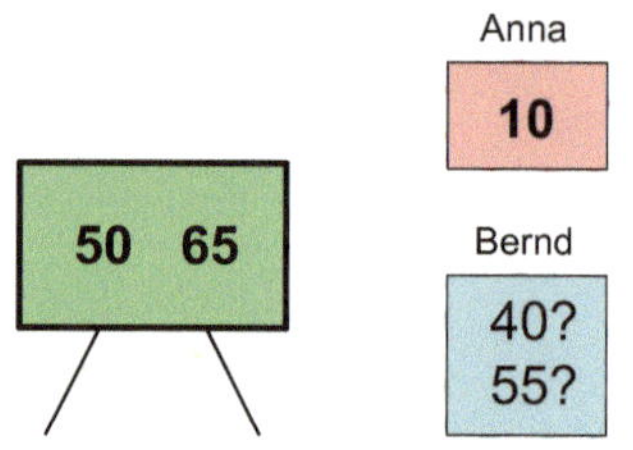

Bild 1. Anna ist am Zug und sagt NEIN.

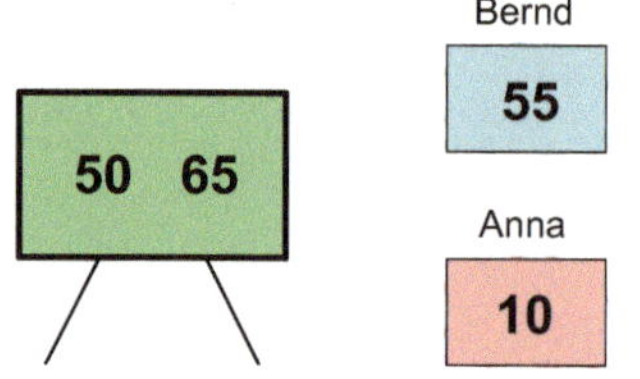

Bild 2a. Bernd ist am Zug und sagt JA.

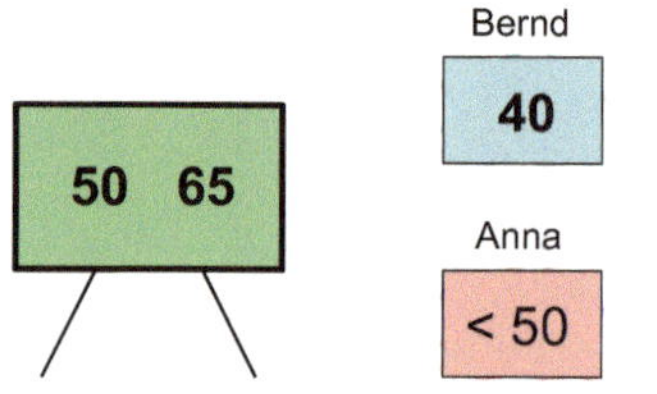

Bild 2b. Bernd ist am Zug und sagt NEIN,
woraufhin Anna JA sagt.

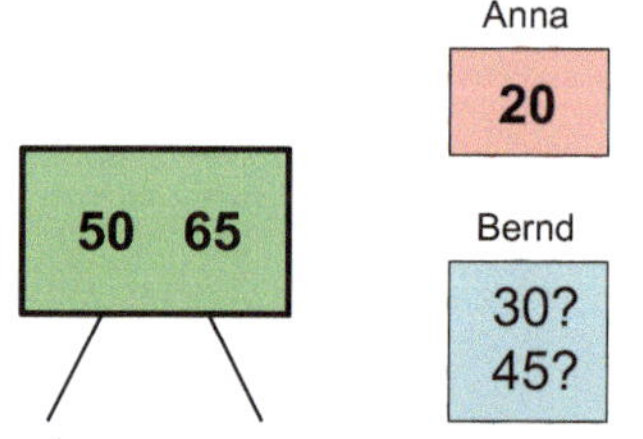

Bild 3. Anna ist am Zug und sagt NEIN.

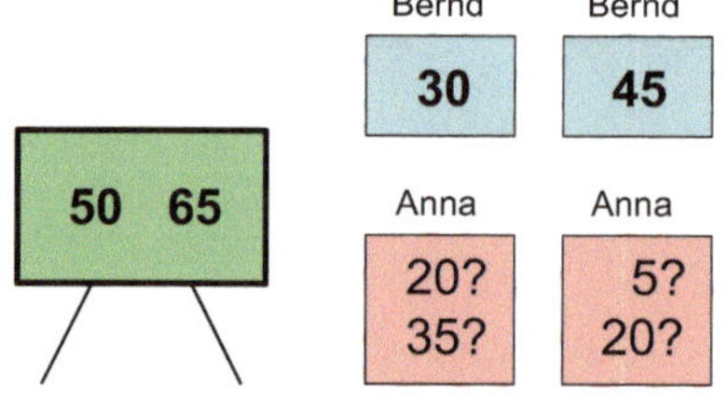

Bild 4. Bernd ist am Zug und sagt NEIN.

Ein Beispiel. Am besten spielen wir die Situation einmal durch, indem wir uns in die Rollen von Anna und Bernd versetzen (Bild 1). Wir nehmen dazu an, dass Anna sich die Zahl 10 gedacht hat. An der Tafel liest Anna die Zahlen 50 und 65. Beide Zahlen sind größer als ihre Zahl. Wäre dagegen eine der Zahlen kleiner, könnte Anna aus der anderen sofort die von Bernd gedachte Zahl ermitteln. Das geht hier aber nicht, immerhin weiß Anna aber, dass Bernd sich die Zahl 40 oder die Zahl 55 gedacht haben muss. Jedenfalls verneint sie die Frage des Schiedsrichters.

Nun ist Bernd an der Reihe. Er weiß, dass die Zahl von Anna kleiner als 50 sein muss. Das nützt ihm aber hier nichts. Er kennt allerdings seine eigene Zahl, die – wie wir wissen – 40 oder 55 sein muss. Ist sie 55 (Bild 2a), kann er JA sagen, weil eine der Zahlen an der Tafel kleiner als seine Zahl ist und daher nicht als Summe infrage kommt. Sagt er aber NEIN (Bild 2b), weiß Anna, dass Bernd sich 40 gedacht haben muss, und kann nun ihrerseits die Frage des Schiedsrichters bejahen.

Was ist hier passiert? Wodurch kam, scheinbar aus dem Nichts, die zusätzliche Information, die Anna erlaubt hat, beim zweiten Mal JA zu sagen? Wir finden den Grund darin, dass eine der Zahlen, die Anna für Bernd als möglich erkennt, zwischen den beiden Zahlen an der Tafel liegt. Die Entscheidung zwischen diesen Zahlen fällt Anna durch die Antwort von Bernd. Wie sieht es aber aus, wenn dieser Fall nicht eintritt?

Ein zweites Beispiel. Dazu nehmen wir jetzt einmal an, dass Anna sich die Zahl 20 gedacht hat und an der Tafel wieder die Zahlen 50 und 65 stehen (Bild 3). Sie muss also zunächst wieder NEIN sagen, sodass Bernd weiß, dass Annas Zahl kleiner als 50 ist. Bernds Zahl kann nun 30 oder 45 sein (Bild 4). Wäre sie 30, so wüsste er, dass Annas Zahl 20 oder 35 beträgt; wäre sie 45, so könnte er 5 oder 20 vermuten. Er sagt auf jeden Fall NEIN.

Wäre seine Vermutung richtig, dass Anna sich die Zahl 5 gedacht hätte, so müsste sein NEIN sofort zu einem JA als zweiter Antwort von Anna führen, weil sie nun die Möglichkeit 60 für Bernds Zahl ausschließen kann. Kommt also von Anna ein NEIN, so weiß Bernd anschließend, dass Annas Zahl 20 oder 35 beträgt. Aber was weiß Anna, bevor sie ihre zweite Antwort gibt?

Sie weiß zwar nichts, was ein JA rechtfertigt, aber sie weiß, dass ihr NEIN für Bernd nur die Vermutung 20 oder 35 übrig lässt. Sie weiß also genauso viel über die Vermutung von Bernd wie er selbst.

Nach dem NEIN von Anna ist also Bernd wieder an der Reihe. Er weiß, dass Anna sich 20 oder 35 gedacht hat. Ist seine Zahl 45, so muss die von Anna 20 sein und er kann mit JA antworten. Ist seine Zahl aber 30, so existieren beide Möglichkeiten für Annas Zahl und er antwortet mit NEIN. Damit weiß Anna anschließend über beide Zahlen Bescheid und kann mit JA antworten.

Ein systematischer Zugang. Durch die beiden konkreten Spielverläufe haben wir erkannt, dass nicht nur das Wissen um die eigene Zahl und die

Zahlen an der Tafel wichtig ist, sondern dass hier auch das Wissen über das Wissen des anderen Spielers eine Rolle spielt. Dieses *Metawissen* erstreckt sich leider nicht auf die vom anderen Spieler gedachte Zahl, aber es wird durch die jeweiligen NEIN-Antworten allmählich vergrößert. Daher ist es nun an der Zeit, eine systematische Analyse der Kenntnisse der beiden Spieler durchzuführen. Dazu bezeichnen wir die von Anna und Bernd gedachten Zahlen mit a bzw. b und die beiden an der Tafel stehenden Zahlen mit p und q, wobei $p < q$ angenommen werden kann.

Zu Beginn wissen beide Spieler, dass

$$0 < a < q \quad \text{und} \quad 0 < b < q \tag{1}$$

ist. Außerdem weiß Anna, dass nur entweder $b = p - a$ oder $b = q - a$ gelten kann; analog weiß Bernd, dass nur entweder $a = p - b$ oder $a = q - b$ gelten kann.

Die 1. Frage geht an Anna. Wenn $a \geq p$ ist, sagt sie JA, denn dann muss $b = q - a$ sein. Ansonsten sagt sie NEIN, und durch ihr NEIN wissen beide Spieler, dass $0 < a < p$ ist.

Nach dem NEIN geht die 2. Frage an Bernd. Wenn $b \leq q - p$ ist, sagt er JA, denn dann ist $a + b < q$, also $a + b = p$ und daher $a = p - b$. Aber wenn $b \geq p$ ist, sagt Bernd auch JA, denn dann ist $a + b > p$, also $a + b = q$ und daher $a = q - b$.

Ansonsten sagt er NEIN, und durch sein NEIN wissen beide Spieler, dass

$$q - p < b < p \tag{2}$$

ist.

Nach dem NEIN geht die 3. Frage an Anna. Wenn $a \leq q - p$ ist, sagt sie JA, denn dann ist $a + b < q$, also $a + b = p$ und daher $b = p - a$. Aber wenn $a \geq p - (q - p)$ ist, sagt Anna auch JA, denn dann ist $a + b > p$, also $a + b = q$ und daher $b = q - a$.

Ansonsten sagt sie NEIN, und dadurch wissen beide Spieler, dass

$$q - p < a < p - (q - p) \tag{3}$$

ist.

Nach dem NEIN geht die 4. Frage an Bernd. Wenn $b \leq 2(q - p)$ ist, sagt er JA, denn dann ist $a + b < q$, also $a + b = p$ und daher $a = p - b$. Aber wenn $b \geq p - (q - p)$ ist, sagt Bernd auch JA, denn dann ist $a + b > p$, also $a + b = q$ und daher $a = q - b$.

Ansonsten sagt er NEIN, und dadurch wissen beide Spieler, dass

$$2(q - p) < b < p - (q - p) \tag{4}$$

ist.

Nach diesen ersten vier Spielzügen lässt sich bereits eine Regel erkennen, nach der die bei NEIN noch möglichen Intervalle für a und b schrumpfen. Wir formulieren den Schritt von NEIN zu NEIN für Anna und Bernd getrennt als Lemma 1 bzw. Lemma 2:

Lemma 1. *Wenn Anna und Bernd voneinander wissen, dass beide wissen, dass für zwei ganze Zahlen v und w die Ungleichungskette $v < b < w$ gilt, und wenn Anna dann mit NEIN antwortet, so wissen beide voneinander, dass sie wissen, dass auch die Ungleichungskette*

$$q - w < a < p - v \tag{5}$$

gilt.

Lemma 2. *Wenn Anna und Bernd voneinander wissen, dass beide wissen, dass für zwei ganze Zahlen v und w die Ungleichungskette $v < a < w$ gilt, und wenn Bernd dann mit NEIN antwortet, so wissen beide voneinander, dass sie wissen, dass auch die Ungleichungskette*

$$q - w < b < p - v \tag{6}$$

gilt.

Offensichtlich reicht es, Lemma 1 zu beweisen, da die beiden Lemmata formal völlig identisch sind.

■ **Indirekter Beweis von Lemma 1.** Würde Anna als intelligente und ehrliche Spielerin auf Grund ihrer Schlussfolgerungen mit NEIN antworten und wäre gleichzeitig die Ungleichungskette $q - w < a < p - v$ nicht erfüllt, so müsste $a \leq q - w$ oder $a \geq p - v$ gelten. Aber aus $a \leq q - w$ und $b < w$ folgt $a + b < q$, also $a + b = p$ und daher $b = p - a$; Anna müsste also JA sagen. Entsprechend folgt aus $a \geq p - v$ und $b > v$, dass $a + b > p$ ist, also $a + b = q$ und daher $b = q - a$; Anna müsste also auch hier JA sagen. $\qquad\square$

Mithilfe der beiden Lemmata und mit den Anfangswerten aus dem systematischen Zugang können wir nun v und w passend konstruieren. Dazu definieren wir die beiden Folgen

$$v_n := n(q - p) \quad \text{und} \quad w_n := q - v_n \quad \text{für } n = 0, 1, 2, 3, \dots \tag{7}$$

Wegen $q - p \geq 1$ steigt (v_n) streng monoton und daher fällt (w_n) streng monoton. Weil diese Folgen nur ganzzahlige Werte annehmen können, gilt deshalb für alle bis auf endlich viele natürliche Zahlen n, dass

$$v_n > w_n. \tag{8}$$

Für $n = 0$ gilt jedoch $v_0 = 0 < b < q = w_0$. Hier folgt also nach dem NEIN von Anna aus (5), dass $q - w_n < a < p - v_n$ gilt. Und nach dem NEIN von Bernd folgt aus (6), dass $q - (p - v_n) < b < p - (q - w_n)$ gilt. Setzen wir daher gemäß der Definition (7) der Folgen $v_{n+1} = v_n + (q - p) = q - (p - v_n)$ sowie $w_{n+1} = q - v_{n+1} = q - (v_n + q - p) = w_n - q + p = p - (q - w_n)$, so erhalten wir $v_{n+1} < b < w_{n+1}$. Nach dem Prinzip der vollständigen Induktion folgt daher $v_n < w_n$ für alle natürlichen Zahlen, im Widerspruch zu (8). Daher ist es nicht möglich, dass Anna und Bernd stets mit NEIN antworten, wenn sie intelligent und ehrlich sind.

Damit ist auch der zunächst denkbare Fall ausgeschlossen, dass Anna und Bernd irgendwann in eine unendliche Schleife ohne zusätzlichen Informationsgewinn laufen. Ausgehend von der Endlichkeit des Spiels stellt sich daher die Frage, ob eine Abschätzung für die maximale Anzahl der erforderlichen Schritte bis zum ersten JA möglich ist.

Eine Abschätzung für die Länge des Spiels.   Hierfür schauen wir uns die Ungleichungen (2) bis (4) noch einmal an. Wenn sie (und die entsprechend für weitere Spielzüge folgenden Bedingungen) nicht erfüllt sind, bricht das Spiel jeweils mit einem JA ab. Also dauert das Spiel – unter Beachtung der Ganzzahligkeit aller Terme in (2) bis (4) –

2 Fragen lang, wenn $q - p + 1 \geq p$ (folgt aus (2)),

3 Fragen lang, wenn $q - p + 1 \geq p - (q - p)$ (folgt aus (3)),

4 Fragen lang, wenn $2(q - p) + 1 \geq p - (q - p)$ (folgt aus (4)),

usw.

Offensichtlich wird abwechselnd – der Entwicklung der Folgenglieder aus (7) entsprechend – die Differenz $q - p$ auf der linken Seite addiert bzw. auf der rechten Seite subtrahiert. Wenn wir also die kleinste natürliche Zahl n finden, für welche

$$(n - 1)(q - p) + 1 \geq p \tag{9}$$

gilt, wissen wir, dass das Spiel höchstens n Fragen lang dauert.

Einfaches Umformen von (9) liefert $np \leq (n - 1)q + 1$, woraus die Beziehung $n \geq \frac{q-1}{q-p}$ folgt, aus der sich

$$n = \left\lceil \frac{q - 1}{q - p} \right\rceil \tag{10}$$

ergibt.

Es fällt auf, dass (10) unabhängig von den beiden gedachten Zahlen a und b ist.

Die Schranke (10) ist in bestimmten Fällen tatsächlich scharf, wie wir an dem Beispiel $a = b$, $p = a + b$, $q = p + 1$ erkennen können. Hier ist

$q - p = 1$ und daher $n = q - 1$. In der Tat wird mit jeder Frage das mögliche Intervall für a bzw. b jeweils um 1 verringert. Weil diese Intervalle zu Beginn wegen (1) die Länge $q - 1$ haben, ist erst nach $q - 1$ Fragen in einem der Intervalle keine ganze Zahl mehr enthalten. Die Wahl von $a = b$ sorgt hier zusätzlich für die größtmögliche Spieldauer; relativ weit auseinanderliegende Werte für a und b werden diese in der Regel verkürzen.

Was macht diese Aufgabe so attraktiv? Ein Fazit am Ende dieser Darstellung könnte lauten:

- Sie enthält eine zunächst völlig paradoxe Behauptung.
- Sie ist einfach zu verstehen und vom mathematischen Anspruch her völlig elementar.
- Sie ist in keinem mathematischen Teilgebiet zu Hause, aus dem man Strategien, Sätze oder Eigenschaften verwenden kann.
- Sie ist widerborstig in dem Sinn, dass man keinen unmittelbaren Einstieg für einen Beweis sieht.
- Sie lässt sich vor Publikum vorführen und regt zu lebhaften Diskussionen an.

Literatur

1. K.-R. LÖFFLER (Hrsg.): *Bundeswettbewerb Mathematik – Aufgaben und Lösungen 1993–1997*, Ernst Klett Verlag, Stuttgart 1998.

Kippspuren

Erhard Quaisser

2. Runde 1997, Aufgabe 1.

Ein regelmäßiges Tetraeder mit einer schwarzen und drei weißen Flächen steht mit seiner schwarzen Fläche auf einer Ebene. Es wird mehrmals über je eine seiner Kanten gekippt. Schließlich nimmt es wieder den ursprünglichen Platz in der Ebene ein. Kann es dann auf einer seiner weißen Flächen stehen?

Die Antwort ist *nein*.

Vorbetrachtungen. Ein *regelmäßiges Tetraeder* ist eine spezielle dreiseitige Pyramide. Es hat vier Eckpunkte sowie vier Seitenflächen, die kongruente gleichseitige Dreiecke sind, und es zählt zu den fünf *platonischen* (oder regelmäßigen) ebenflächig begrenzten Körpern.

Kippen um eine Kante. Wird ein (beliebiges!) Tetraeder, das mit einer seiner dreieckigen Seitenflächen F_1 auf der Ebene steht, um eine der drei Kanten von F_1 *gekippt*, so kommt es mit genau derjenigen Seitenfläche in die Ebene zu liegen, die bezüglich dieser „Kipp-Kante" die benachbarte Seitenfläche zu F_1 ist. Diese Seitenfläche sowie ihr „Abdruck" in der Ebene sei mit F_2 bezeichnet (Bild 1). Damit haben wir in der Ebene zwei Dreiecke F_1 und F_2 mit gemeinsamer Kante. Nun kann man das Tetraeder auch um eine der zwei weiteren Kanten von F_1 kippen. Dann kommen jeweils die zwei weiteren zu F_1 benachbarten Seitenflächen des Tetraeders in die Ebene zu liegen. Auf diese Weise ergeben sich in der Ebene neben dem Dreieck F_1 drei weitere Dreiecke F_2, F_3 und F_4, die an je einer der drei Kanten von F_1 anliegen (Bild 2). Diese geometrische Figur ist – nebenbei bemerkt – einfach ein *Netz* des Tetraeders.

Kippspur der Seitenflächen. Nun sind aber nach Voraussetzung diese vier Dreiecke regelmäßig und zueinander kongruent. Das hat für die „Abdrücke", für die *Spur*, die bei einer beliebigen Folge von Kippungen des Tetraeders entstehen, wesentliche Konsequenzen.

Es ist unmittelbar einsichtig, dass man die Ebene so mit kongruenten und regelmäßigen Dreiecken lückenlos und überlappungsfrei überdecken kann,

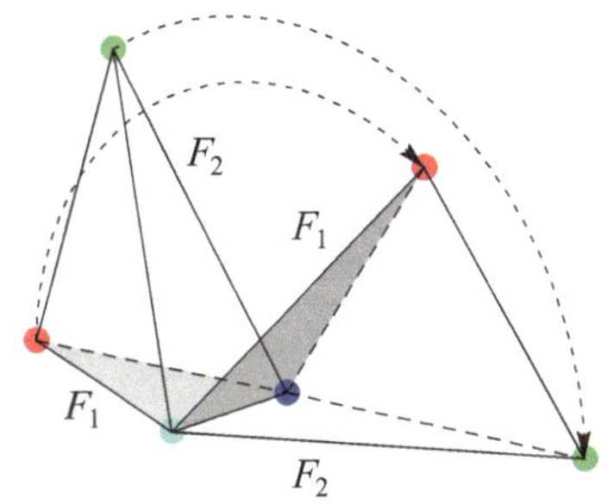

Bild 1. Kippung eines Tetraeders um eine Kante.

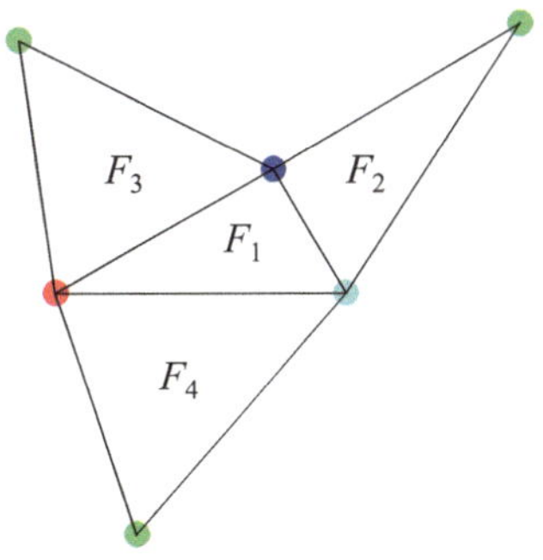

Bild 2. Netz eines Tetraeders als Ergebnis dreier Kippungen.

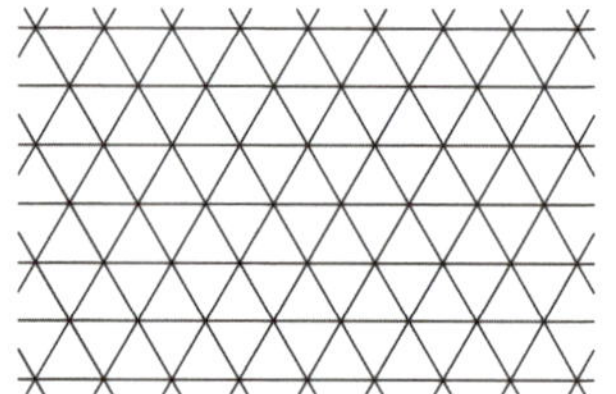

Bild 3. Regelmäßige Überdeckung Z der Ebene mit Dreiecken.

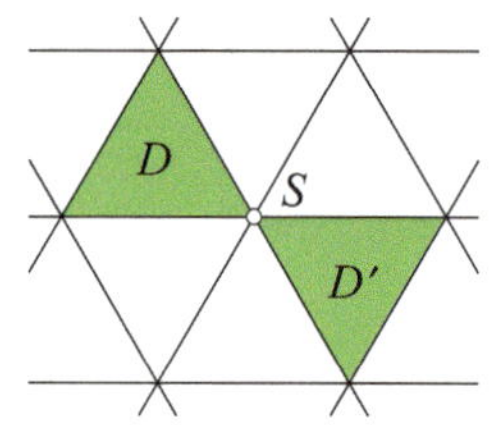

Bild 4.

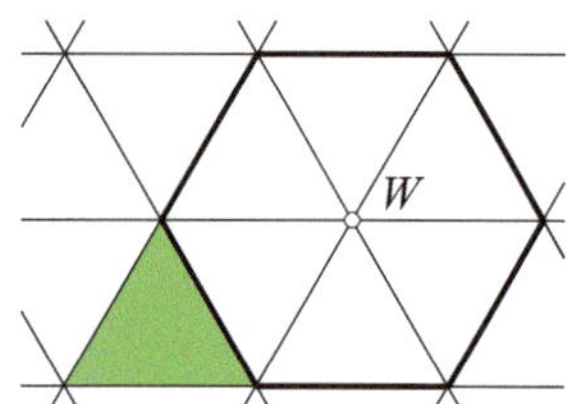

Bild 5.

Bild 6.
ARCHIMEDISCHE Zerlegung (3,6,3,6). Die Zahlenfolge gibt an, welche regelmäßigen n-Ecke um jeden Vertex angeordnet sind.

dass jede Dreieckskante zu genau zweien der Dreiecke gehört. (Man kann diese Überdeckung der Ebene auch als eine regelmäßige *Zerlegung* der Ebene in Dreiecke verstehen. Es gibt bis auf Ähnlichkeit genau drei regelmäßige Zerlegungen der Ebene, nämlich in Dreiecke, Vierecke bzw. Sechsecke.) Unter der *Kippspur der Seitenflächen* wollen wir die Menge aller Abdrücke der Seitenflächen verstehen, die durch irgendeine Folge von Kippungen des Tetraeders entstehen. Diese ist also hier gleich derjenigen regelmäßigen Überdeckung der Ebene mit dem ursprünglich das regelmäßige Tetraeder auf der Ebene steht (Bild 3). Diese Überdeckung sei im Folgenden mit Z bezeichnet.

Mitunter wird aber auch der *Kippspur* einer speziellen Seitenfläche oder einer speziellen Ecke nachgegangen. Das ist jeweils im Zusammenhang mit den Darlegungen unmissverständlich.

Kippspuren um eine feste Ecke. Nach Voraussetzung sind eine Seitenfläche des Tetraeders schwarz und die anderen drei weiß gefärbt. Wie überträgt sich diese Schwarz-Weiß-Färbung auf die Kippspur des Tetraeders, wenn das Tetraeder zu Beginn mit der schwarzen Seitenfläche D auf der Ebene steht? Dazu betrachten wir folgende spezielle Kippungen.

Wir wählen eine Ecke S des schwarzen Dreiecks D aus und führen nun nacheinander alle Kippungen um diejenigen Kanten des Tetraeders aus, die zu der Ecke S gehören. Dann besteht diese Kippspur aus sechs gleichseitigen Dreiecken, die gerade ein regelmäßiges Sechseck ausfüllen. Vier von ihnen gehören zu weißen Seitenflächen. Neben D gibt es ein weiteres schwarzes Dreieck D'. Dies liegt – im Rahmen des regelmäßigen Sechsecks gesehen – diametral gegenüber zu D (Bild 4).

Eine völlig entsprechende Kippfolge führen wir um eine Ecke W eines weißen Dreiecks aus, die durch eine Kippung um eine Kante des Dreiecks D von der Spitze des Tetraeders entstanden ist. Die Spitze gehört nur den drei weißen Seitenflächen an. Folglich ergibt die Kippfolge um W sechs Dreiecke, die ausschließlich weiß sind und zusammen ein regelmäßiges Sechseck bilden (Bild 5).

Betrachtet man die *archimedische Zerlegung* (3,6,3,6) der Ebene in regelmäßige Dreiecke und Sechsecke [1, S. 59ff.], bei der in jeder Ecke mit der Abfolge (3,6,3,6) zwei 3-Ecke und zwei 6-Ecke zusammenstoßen, so erkennt man, dass mit Kippungen in der obigen Weise eine Schwarz-Weiß-Färbung der Überdeckung Z wie in Bild 6 erzielt werden kann. Sie bildet eine ARCHIMEDISCHE Zerlegung (3,6,3,6), bei der die Dreiecke schwarz sind und die Sechsecke aus sechs weißen Dreiecken bestehen.

Da wir nicht alle Kippfolgen in Betracht gezogen haben, bleibt aber offen, ob auf einem Dreieck von Z das Tetraeder nach Kippfolgen sowohl mit der schwarzen als auch mit einer weißen Seitenfläche stehen kann. Das Bild 6 gibt nur eine Vermutung wieder. Ein Beweis der Antwort auf die eingangs gestellte Frage steht also noch aus.

■ **1. Beweis.** Unsere obigen Vorüberlegungen sind für die folgende Begründung hilfreich.

Zunächst färben wir die Ecken des regelmäßigen Tetraeders – wie im Bild 1 – mit vier Farben 1, 2, 3 und 4[†]. In der Ausgangsposition steht also das Tetraeder mit dem (schwarzen) Dreieck 2 3 4 auf der Ebene. Nach den Vorüberlegungen gibt es in der Ebene zu diesem Dreieck genau eine regelmäßige Dreiecksüberdeckung Z (Bild 3).

Eine Färbung der Ecken von Z. In Z erhält zunächst noch derjenige Eckpunkt die Farbe 1, der mit den Punkten 2 und 3 ein Dreieck bildet, das am Dreieck 2 3 4 anliegt. Dieser Punkt ist offenbar das Bild der Tetraederspitze bei der Kippung um die Kante 2 3.

Wir erhalten den Rhombus 1 3 4 2. Wir betrachten nun zwei Verschiebungen τ_1 und τ_2, die das Doppelte der Verschiebungen vom Punkt 2 zum Punkt 1 bzw. vom Punkt 2 zum Punkt 4 sind. Die von ihnen erzeugte Menge von Verschiebungen, also aller Verschiebungen $t_1\tau_1 + t_2\tau_2$ mit ganzzahligen t_1 und t_2, bilden die vier Ecken des Rhombus 1 3 4 2 lückenlos und überlappungsfrei auf die Ecken von Z ab. Jede Ecke von Z erhält auf diese Weise genau eine der Farben 1, 2, 3 oder 4 zugeordnet (Bild 7).

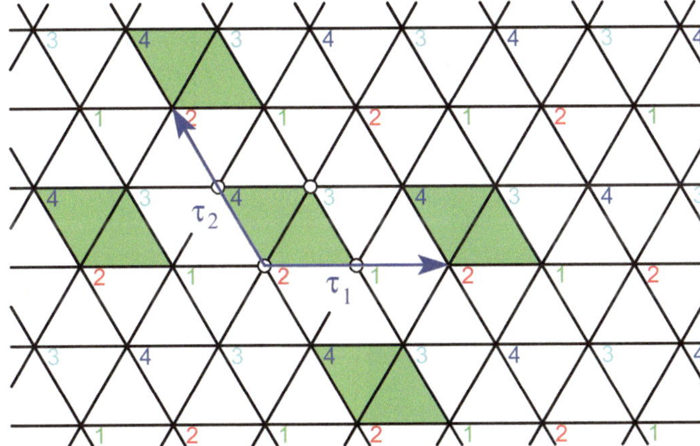

Bild 7. Dreiecksgitter mit den Verschiebungen τ_1, τ_2.

Diese Färbung lässt sich anhand ihrer Entstehung einfach im Rahmen eines schiefwinkligen Koordinatensystems beschreiben. Wir wählen dazu – bezogen auf den Rhombus 1 3 4 2, von dem wir ausgegangen sind – den Punkt 2 als Koordinatenursprung und die Punkte 1 und 4 als Einheitspunkte der x-Achse bzw. y-Achse. Nun besteht für einen Eckpunkt von Z, der dann durch ganzzahlige Koordinaten x und y beschrieben ist, folgende Charakterisierung seiner Farbe:

[†] Wir sagen auch kurz „Punkt 1", wenn es um einen Punkt geht, der mit der Farbe 1 eingefärbt ist.

Farbe des Eckpunktes	Parität seiner Koordinaten x und y
1	x ungerade, y gerade
2	x gerade, y gerade
3	x ungerade, y ungerade
4	x gerade, y ungerade

Die Färbung in Bild 7 hat einige auffallend schöne und nennenswerte Eigenschaften, die aus den Symmetrieeigenschaften der Dreiecksüberdeckung und der dazu angepassten Überdeckung zur Färbung der Ecken erwachsen, so u. a.:

- Auf jeder Geraden, die durch eine Ecke geht und parallel zu einer der Seiten des (schwarzen) Dreiecks 2 3 4 ist, kommen bei der Eckenfärbung jeweils nur zwei Farben vor, und diese treten abwechselnd auf.

  Bezüglich der Parallelen zu den Seiten 2 1 und 2 4 ist dies aufgrund des Färbungsvorganges sofort klar. Die gleiche Eigenschaft auf anderen Geraden, auf denen Ecken liegen, bestätigt man leicht über Geradengleichungen.

- Bei der Spiegelung an irgendeinem Eckpunkt von Z geht die gesamte Eckenfärbung in sich über.

  Wird nämlich die Ecke (x, y) an der Ecke (m, n) gespiegelt, dann gelten für den Bildpunkt (x', y') die Gleichungen $m - x = x' - m$ und $n - y = y' - n$ und damit weiter $x' = 2m - x$ und $y' = 2n - y$. Damit ist offensichtlich $x' \equiv x$ mod 2 *und* $y' \equiv y$ mod 2.

Abschluss des Beweises. Wir haben nur noch zu zeigen:

- Jede Kippung ist konform mit der Eckenfärbung, d. h., steht das Tetraeder so auf einem Dreieck D von Z, dass jeweils Farbengleichheit zwischen den Tetraederecken und den Ecken von D besteht, dann haben die dritten Ecken der drei anliegenden Dreiecke von D die gleiche (vierte) Farbe wie die Spitze des Tetraeders.

Zum Nachweis kann man sich auf die 8 Dreiecke aus Z beschränken, die im Rhombus liegen, der von der Ecke 2 und den Vektoren τ_1 und τ_2 aufgespannt wird. Durch die Verschiebungen überträgt sich dann diese Eigenschaft auf alle Dreiecke von Z. Dieser letzte Nachweis ergibt sich leicht durch Nachprüfung.

Damit haben wir eine weit *schärfere Aussage* bewiesen, als dies für den Beweis unserer Antwort erforderlich gewesen wäre:

Kehrt das Tetraeder nach irgendeiner Folge von Kippungen auf seine ursprüngliche Standfläche in der Ebene zurück, dann steht es darauf nicht nur mit seiner schwarzen Seitenfläche, sondern auch seine Ecken nehmen die ursprüngliche Lage in der Ebene ein.

Auch die Vermutung über die bemerkenswerte Kippspur der schwarzen Seitenfläche (Bild 6) ist damit vollständig begründet.   □

■ **2. Beweis mithilfe des Invarianzprinzips.** Angeregt durch die obige analytische Beschreibung, sei $ABCD$ ein reguläres Tetraeder, das mit seiner Seitenfläche ABC auf einer Ebene steht. Wir wählen ein schiefwinkliges Koordinatensystem, bei dem A die Koordinaten $(0, 0)$, B die Koordinaten $(3, 0)$ und C die Koordinaten $(0, 3)$ hat. Das Bild D' von D bei orthogonaler Parallelprojektion auf die Ebene hat dann die Koordinaten $(1, 1)$ (Bild 8). Bei der Kippung um die Kante BC ergeben sich für den Punkt D, der in die Ebene zu liegen kommt, die Koordinaten $(3, 3)$ und für A' die Koordinaten $(2, 2)$. Nach der Kippung um die Kante CA ist $D = (-3, 3)$ und $B' = (-1, 2)$; nach der Kippung um die Kante AB ist $D = (3, -3)$ und $C' = (2, -1)$.

Man erkennt: Bei allen möglichen Kippungen von der Ausgangslage aus bleibt die Parität der Koordinaten, d. h., die Eigenschaft, eine gerade oder ungerade Zahl zu sein, invariant. Käme nun das Tetraeder nach irgendeiner Kippfolge mit einer weißen Seitenfläche auf der ursprünglichen Standfläche zu liegen, dann müsste entweder die Ecke A oder B oder C des Tetraeders die Spitze bilden und damit in jedem Falle die Projektion der Spitze die Koordinaten $(1, 1)$ haben, also ihre beiden Koordinaten ungeradzahlig sein. Das steht im Widerspruch zur Parität der Koordinaten A, B und C in der Ausgangslage.   □

Das ist eine kurze und geschickte Beweisführung [2, S. 9713–9718]. Die mögliche schärfere Aussage ergibt sich dabei auch gleich mit, da die Koordinaten von A, B, C unterschiedliche Parität haben.

Exkurse. Die Schönheit der Aufgabe besteht insbesondere auch darin, dass sie zu einer Fülle weiterer Fragestellungen anregt, die im unmittelbaren Zusammenhang mit ihr stehen. Wir gehen hier einigen Anregungen nach.

Exkurs 1. *Die Kippspur der Seitenflächen eines regelmäßigen Tetraeders ist eine vollständige und überlappungsfreie Überdeckung der Ebene mit Dreiecken, bei der jede Kante zwei Dreiecken angehört.*

Ist dafür die Regelmäßigkeit eines Tetraeders notwendig?

Die Antwort ist *nein*.

■ **Beweis.** Zum Beweis genügt ein Beispiel. Es ist bekannt, dass es zu jedem spitzwinkligen Dreieck ein *gleichschenkliges* Tetraeder gibt, dessen vier Seitenflächen zu diesem Dreieck kongruent sind. (Übrigens ist dafür

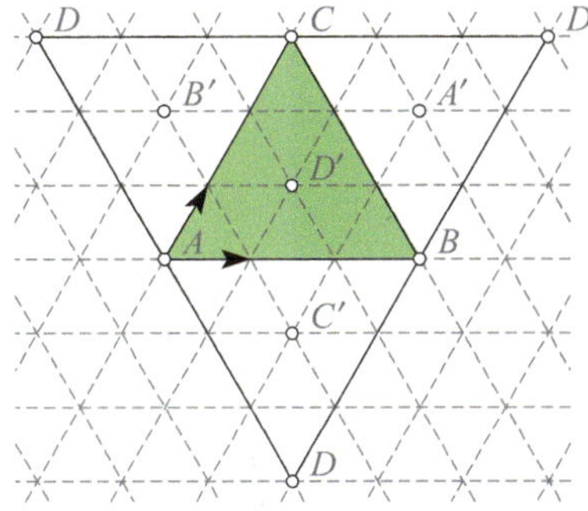

Bild 8. Schiefwinkliges Koordinatensystem: die von A ausgehenden Basisvektoren sind gleich lang und schließen einen Winkel von 60° ein.

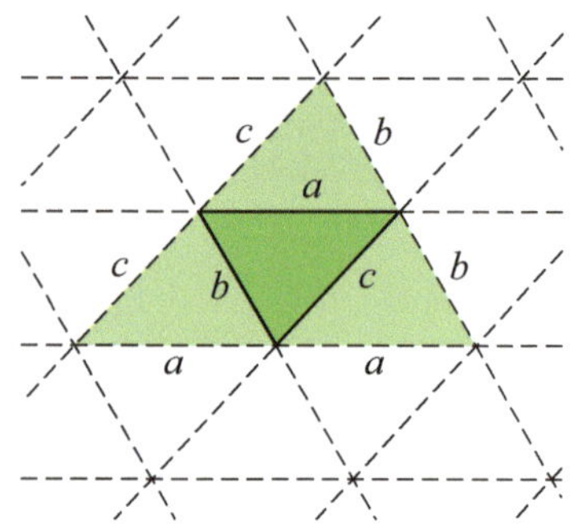

Bild 9.

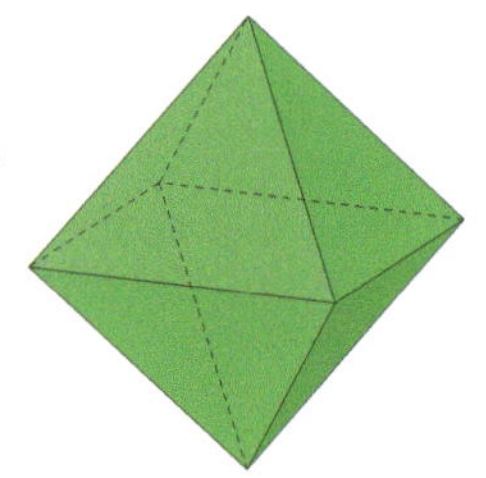

Bild 10. Oktaeder.

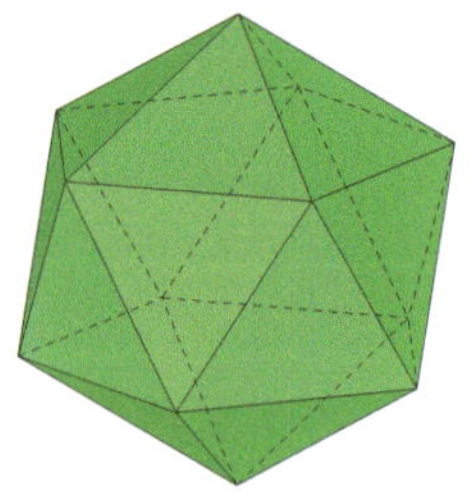

Bild 11. Ikosaeder.

die Spitzwinkligkeit notwendig, s. [5, S. 93ff.] oder [4, Abschnitt R.2.1].)
Die Gegenkanten haben dann zwangsläufig die gleiche Länge.

Führen wir nun mit einem derartigen Tetraeder Kippungen um die Kanten des Dreiecks aus, mit dem es auf der Ebene steht, dann ergibt sich ein Netz wie in Bild 9. Und schließlich ist die Kippspur der Seitenfläche eine vollständige und überlappungsfreie Überdeckung der Ebene. Man erkennt, dass man die ursprüngliche Aufgabenstellung auch *allgemeiner* für Tetraeder mit kongruenten Seitenflächen hätte stellen können und dass sich dabei Beweisüberlegungen und Ergebnisse völlig analog nachvollziehen lassen.

□

Exkurs 2. *Gibt es neben dem regelmäßigen Tetraeder noch andere (konvexe) Polyeder, die eine Kippspur der Seitenflächen wie in Bild 3 besitzen?*

Die Antwort ist *ja*.

Zunächst sei bemerkt, dass die Konvexität natürlich für ein uneingeschränktes Kippen über die Kanten erforderlich ist. Und damit eine solche Kippspur wie in Bild 3 entstehen kann, müssen die Seitenflächen des Polyeders kongruente regelmäßige Dreiecke sein. Unter den fünf regelmäßigen Polyedern haben noch das Oktaeder (mit 8 Seitenflächen, 6 Ecken und 4 Seitenflächen an jeder Ecke; Bild 10) und das Ikosaeder (mit 20 Seitenflächen, 12 Ecken und 5 Seitenflächen an jeder Ecke; Bild 11) diese Eigenschaft. Welche Besonderheiten hier hinsichtlich der Kippspuren einer schwarzen Seitenfläche bzw. bezüglich der Ecke bestehen, werden wir noch in einem gesonderten Exkurs erklären. Es ist hier noch hervorhebenswert, dass es bis auf Ähnlichkeit neben dem regelmäßigen Tetraeder, Oktaeder und Ikosaeder genau fünf weitere konvexe Polyeder mit kongruenten gleichseitigen Dreiecken als Seitenflächen gibt, so genannte *Deltaeder*, nämlich noch ein 6-, 10-, 12-, 14- und 16-Flächner. (Einen Einblick vermittelt [6,7]; vgl. auch *„Mehr Seitenflächen als Ecken"*, Seite 101ff.).

Exkurs 3. *Welche Eigenschaften haben bei einem Würfel die Kippspur der Seitenfläche, die Kippspur einer schwarzen Seitenfläche und die Kippspuren einzelner Ecken?*

Die regelmäßige Zerlegung der Ebene in Quadrate und diesbezüglich das quadratische Gitter ihrer Ecken sind gut bekannt (siehe auch den Beitrag *„Spiele mit Parkettierungen"*, Seite 135ff.). Diese Zerlegung ist die Kippspur der Seitenflächen. Vollführt man eine Kippfolge um eine feste Ecke eines Quadrats in der Ebene, dann kommen die drei Seitenflächen des Würfels mit dieser Ecke nacheinander auf vier Quadrate der Zerlegung mit gemeinsamer Ecke zu liegen. Damit kann ein Würfel, der mit einer schwarzen Seitenfläche auf der Ebene steht, stets so gekippt werden, dass er danach mit einer weißen Seitenfläche den gleichen Platz in der Ebene einnimmt.

Mit den Kippungen um eine feste Ecke ist einsichtig:

- Die Kippspur einer schwarzen Seitenfläche ist die gesamte Ebene.
- Die Kippspur irgendeiner ausgewählten Ecke des Würfels ist das volle quadratische Gitter.

In diesem Sinne sind die Würfelecken *kippäquivalent*.

Bezüglich ein und derselben Standfläche in der Ebene kann ein Würfel $6 \cdot 4 = 24$ verschiedene Lagen einnehmen. Und diese können nach den obigen Einsichten aus einer Ausgangslage allein durch Kippfolgen erreicht werden!

Exkurs 4. *Wie sieht die Kippspur einer ausgezeichneten (schwarzen) Seitenfläche bzw. einer ausgewählten Ecke eines regelmäßigen Oktaeders oder eines regelmäßigen Ikosaeders aus?*

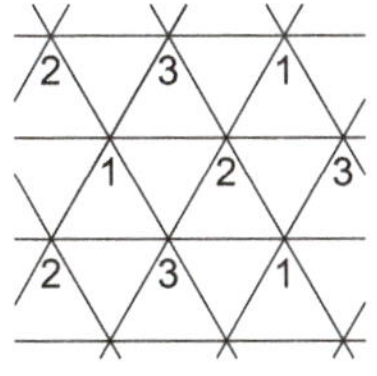

Bild 12.

Das regelmäßige Oktaeder ist ein ebenflächig begrenzter Körper mit 8 kongruenten gleichseitigen Dreiecken als Seitenflächen und 6 Ecken (Bild 10). Hier haben zwei Ecken des Körpers die gleiche Kippspur (sind also kippäquivalent) genau dann, wenn sie räumlich Gegenecken sind. Es entstehen demnach 3 verschiedene Kippspuren der Ecken (Bild 12). Die Kippspur der schwarzen Seitenfläche zeigt Bild 13. Hier ist die Ausgangsfrage entsprechend der ursprünglichen Aufgabenstellung mit *ja* zu beantworten. Diese Eigenschaften sind wieder über Kippungen um eine Ecke einsichtig. Das regelmäßige Ikosaeder hat 20 kongruente gleichseitige Dreiecke als Seitenflächen, 12 Ecken und jeder Ecke gehören 5 Seitenflächen an (Bild 11). Hier sind alle Ecken kippäquivalent; und die Kippspur der schwarzen Seitenfläche füllt die gesamte Dreieckszerlegung aus.

Bild 13.

Zur Abrundung betrachten wir noch die letzte Art von regelmäßigen Polyedern.

Exkurs 5. *Welche Kippspur besitzen die Ecken eines regelmäßigen Dodekaeders?*

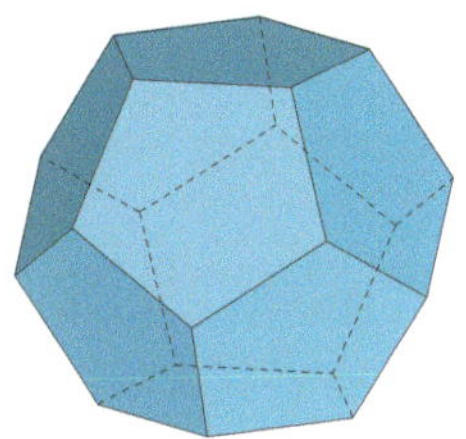

Bild 14. Dodekaeder.

Das regelmäßige Dodekaeder besitzt 12 regelmäßige Fünfecke als Seitenflächen, 20 Ecken und jeder Ecke gehören 3 Seitenflächen an (Bild 14).

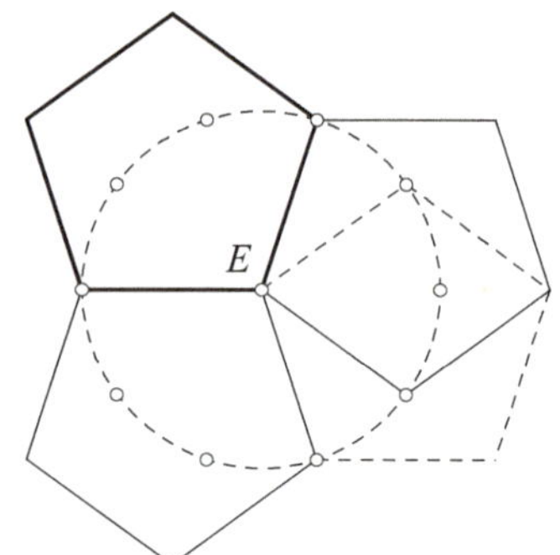

Bild 15. Kippung eines Dodekaeders.

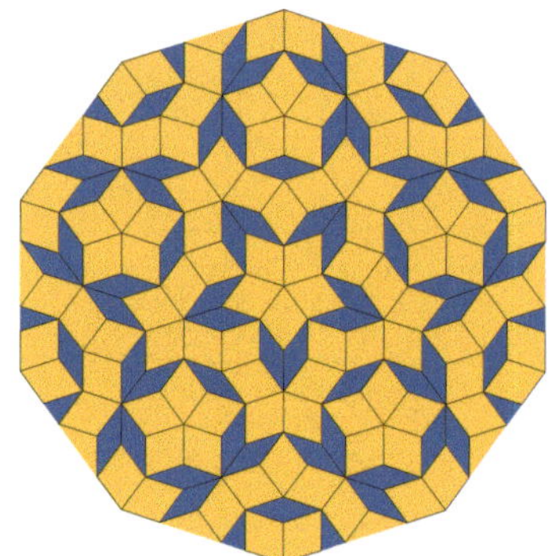

Bild 16. PENROSE-Muster. Die gelben Rhomben haben Innenwinkel von 72° und 108°, die blauen Rhomben Innenwinkel von 36° und 144°.

Bezüglich der Kippungen fällt dieser PLATONISCHE Körper völlig aus dem Rahmen. Wir kippen dazu um eine feste Ecke E und betrachten die Abbilder der zu E benachbarten Körperecken. Diese liegen auf dem Kreis um E, dessen Radius gleich der Kantenlänge des Körpers ist, und sie bilden die Ecken eines regelmäßigen 10-Ecks. Folglich sind alle drei zu E benachbarten Ecken kippäquivalent und damit dann auch alle Ecken des Dodekaeders (Bild 15).

Aber der Umstand, dass sich die Ebene nicht in kongruente regelmäßige 5-Ecke zerlegen lässt, hat letztendlich zur Folge:

> *Die Kippspur der Ecken ist eine in der Ebene dichte Punktmenge, d. h., in jeder noch so kleinen Kreisscheibe um einen Punkt der Spur liegen weitere Punkte der Spur.*

Zum Beweis siehe [3]. Aber nicht alle Punkte der Ebene gehören dieser Spur an!

Interessant ist ein Zusammenhang zu einem bekannten PENROSE-Muster [1, S. 531ff.], das eine aperiodische Pflasterung der Ebene mit zwei Sorten von Rhomben gleicher Kantenlänge unter einer wohl bestimmten Anlegeregelung ist, s. Bild 16. Aufgrund der Winkelgrößen der Rhomben sind die Ecken dieser Pflasterung einbettbar in die Kippspur eines regelmäßigen Dodekaeders.

Literatur

1. B. GRÜNBAUM, G. C. SHEPHARD: *Tilings and patterns*, W. H. Freemann and Company, New York 1987.
2. K.-R. LÖFFLER (Hrsg.): *Bundeswettbewerb Mathematik – Aufgaben und Lösungen 1993–1997*, Ernst Klett Verlag, Stuttgart Berlin Leipzig 1998.
3. E. QUAISSER: *Kippfolgen und Kippspuren*, In: FLACHSMEYER, FRITSCH, REICHEL (Hrsg.), *Mathematik-Interdisziplinär*, Shaker Verlag, Aachen 2000, 271–280.
4. E. SPECHT, R. STRICH: *geometria – scientiae atlantis 1*, Otto-von-Guericke-Universität Magdeburg 2009.
5. H. STEINHAUS: *100 Aufgaben*, Urania-Verlag, Leipzig Jena Berlin 1968.
6. E. W. WEISSTEIN: *Deltahedron*, From *Mathworld* – A Wolfram Web Resource, `http://mathworld.wolfram.com/Deltahedron.html`
7. Webseite `www.wikipedia.org/wiki/Deltaeder`

Vielfältige Wege

Erhard Quaisser

1. Runde 1998, Aufgabe 3.

Über den Seiten BC und CA eines beliebigen Dreiecks ABC werden nach außen Quadrate errichtet. Der Mittelpunkt der Seite AB sei M, die Mittelpunkte der beiden Quadrate seien P und Q. Man beweise, dass das Dreieck MPQ gleichschenklig-rechtwinklig ist.

Der besondere Reiz dieser Aufgabe besteht darin, dass man die unterschiedlichsten Sachverhalte sowie Mittel und Methoden – insbesondere aus der Elementargeometrie – zum Beweisen nutzen kann. Im Folgenden möchten wir einen solchen Spielraum aufzeigen. Dabei stehen Bereitstellungen aus der Schulgeometrie im Vordergrund.

■ **1. Beweis mit Dreieckskongruenz.** Die Mittelpunkte der Seiten BC und CA werden mit A' und B' bezeichnet (Bild 1). Das Dreieck $MA'P$ und damit auch das Dreieck $MB'Q$ können ausgeartet sein, d. h. die Punkte liegen jeweils auf einer Geraden. Dieser Umstand tritt genau dann ein, wenn der Winkel γ des Dreiecks ABC ein rechter ist. Das werden wir anschließend gesondert behandeln. Wir setzen jetzt also noch $\gamma \neq 90°$ voraus. Im Weiteren sei zunächst $\gamma < 90°$.

Es ist $MB' = \frac{a}{2} = A'P$ und $MA' = \frac{b}{2} = B'Q$. Überdies ist $\sphericalangle MA'P = \gamma + 90°$ und $\sphericalangle MB'Q = \gamma + 90°$. Damit sind die Dreiecke $MA'P$ und $QB'M$ nach dem Kongruenzsatz SWS kongruent. Demnach haben die Strecken MP und MQ die gleiche Länge, und überdies sind noch $\sphericalangle B'QM = \sphericalangle A'MP(=: \delta)$ und $\sphericalangle QMB' = \sphericalangle MPA'$.

Aus dieser Winkelgleichheit folgt schließlich $\sphericalangle PMQ = \delta + \gamma + (180° - (90° + \gamma + \delta)) = 90°$, denn die Strahlen MA' und MB' liegen im Winkelraum des Winkels PMQ.

Nun sei $\gamma > 90°$ (Bild 2). An der Struktur des Beweisganges muss sich nichts ändern. Hier ist $\sphericalangle MA'P = \sphericalangle MB'Q = 90° + (180° - \gamma) = 270° - \gamma$, und über den Kongruenzsatz ist wieder $\sphericalangle B'QM = \sphericalangle A'MP(=: \delta)$ und $\sphericalangle QMB' = \sphericalangle MPA'$. Da jetzt die Strahlen MA' und MB' außerhalb des Winkelraums von $\sphericalangle PMQ$ liegen, gilt, $\sphericalangle PMQ = \gamma - \delta - (180° - (270° - \gamma + \delta)) = 90°$. □

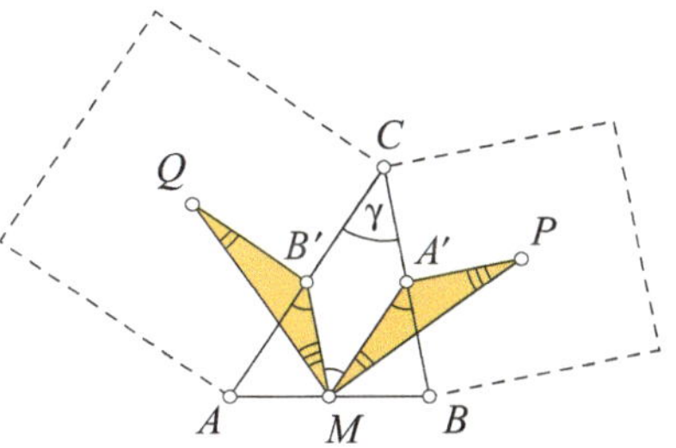

Bild 1. Spitzwinkliges Dreieck ABC mit $\gamma < 90°$.

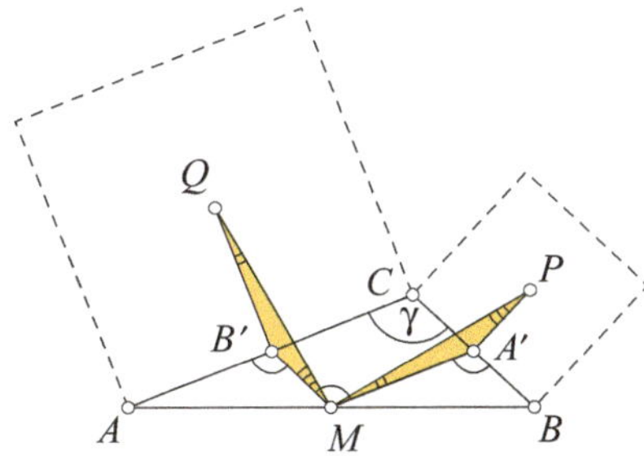

Bild 2. Stumpfwinkliges Dreieck ABC mit $\gamma > 90°$.

Beim letzten Beweisschritt benutzen wir in beiden Fällen einen anordnungsgeometrischen Sachverhalt über die Strahlen MA' und MB' bezüglich des Winkelraums des Winkels PMQ, was anschaulich selbstverständlich erscheint, aber die Addition bzw. Subtraktion der Winkelgrößen erst rechtfertigt.

Streng genommen wären diese Anordnungen näher zu begründen. Das kann man vermeiden, wenn man *orientierte Winkel* verwendet.

Nun haben wir noch den Sonderfall nachzutragen:

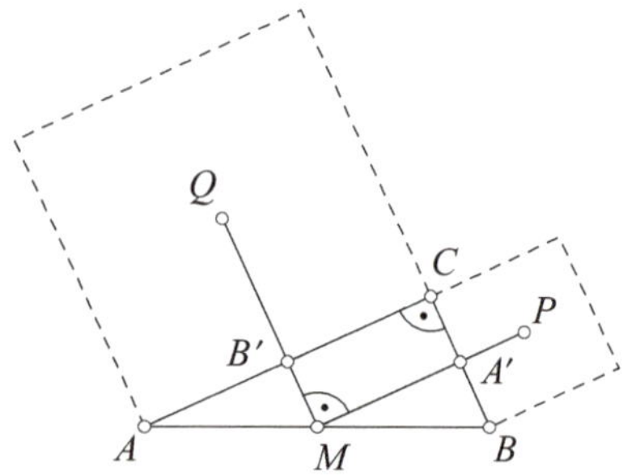

Bild 3. Rechtwinkliges Dreieck mit $\gamma = 90°$.

■ **2. Der Sonderfall $\gamma = 90°$.** (Bild 3) Hier ist offensichtlich $MP = MA' + A'P = \frac{b}{2} + \frac{a}{2} = MQ$ und $\sphericalangle PMQ$ ein rechter Winkel. □

■ **3. Beweis mit Trigonometrie.** Es ist $MB' = \frac{a}{2} = A'P$, $MA' = \frac{b}{2} = B'Q$ sowie $CP = \frac{\sqrt{2}}{2}a$ und $CQ = \frac{\sqrt{2}}{2}b$ (Bild 4). Der eingeschlossene Winkel PCQ ist $90° + \gamma$ bzw. $270° - \gamma$, je nachdem, ob $\gamma \leq 90°$ oder $\gamma > 90°$. Der Kosinus beider Winkel ist aber gleich, nämlich gleich $-\sin\gamma$. Nach dem Kosinussatz für die Dreiecke $MA'P$ und $MB'Q$ erhalten wir dann einheitlich

$$4 \cdot MP^2 = b^2 + a^2 + 2ab \cdot \sin\gamma \quad \text{und} \quad 4 \cdot MQ^2 = a^2 + b^2 + 2ab \cdot \sin\gamma.$$

Damit folgt $MP = MQ$. Der Kosinussatz für das Dreieck PCQ ergibt

$$4 \cdot PQ^2 = (a\sqrt{2})^2 + (b\sqrt{2})^2 + 2(a\sqrt{2})(b\sqrt{2}) \cdot \sin\gamma.$$

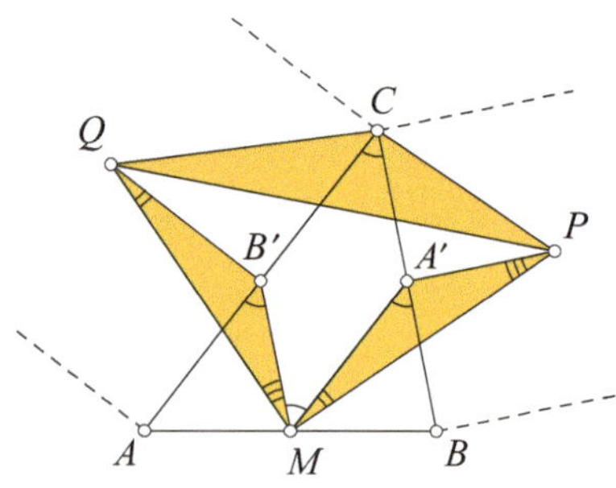

Bild 4.

Also ist $PQ^2 = MP^2 + MQ^2$ und nach dem PYTHAGOREISCHEN Satz dann $\sphericalangle PMQ = 90°$. □

Die Glattheit des Beweises ist objektiv dadurch gegeben, dass der Kosinussatz auch im ausgearteten Falle noch gilt und die cos-Funktion im Intervall $(90°, 270°)$ keine Fallunterscheidung bedingt.

■ **4. Beweis mit einer Drehung.** In den aufgesetzten Quadraten seien D und E die Gegenecken zu A bzw. B. Bei der Drehung um den Punkt C mit dem Drehwinkel $90°$, bei der der Punkt B in den Punkt E übergeht, wird D auf A abgebildet (Bild 5). Dabei geht also die Strecke BD in die Strecke EA über. Demnach sind sie gleich lang und orthogonal zueinander (∗).

Da M und Q die Mittelpunkte der Strecken AB und AD sind, ist $MQ \parallel BD$ und $MQ = \frac{1}{2}BD$. Aus völlig analogen Gründen ist $MP \parallel AE$ und $MP = \frac{1}{2}AE$. Damit folgt aus (∗) die Behauptung. □

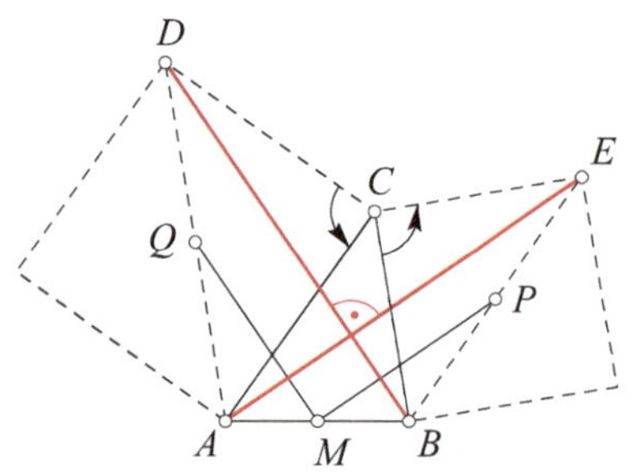

Bild 5.

Dies ist ein schönes und überzeugendes Beispiel dafür, dass man mit Bewegungen einfache und kurze Beweise führen kann. Eine sehr eingehende und umfassende Darstellung dafür findet der Leser in [3].

■ 5. Beweis mit zwei Drehungen. Wir führen nochmals einen Beweis mit
Drehungen aus. Mit den aufgesetzten Quadraten bietet sich die Nacheinanderausführung von Drehungen um die Punkte Q und P an. Dazu benutzen
wir folgenden Satz aus der ebenen Geometrie:

Satz 1. *Die Nacheinanderausführung (Verkettung) zweier Drehungen mit den Drehwinkeln φ_1 und φ_2 ist eine nichtidentische Drehung
um den Drehwinkel $(\varphi_1 + \varphi_2)$, falls die Summe $(\varphi_1 + \varphi_2)$ ungleich
$0°$ modulo $360°$ ist.*

Im Folgenden werden Drehwinkel im mathematisch positiven Drehsinn angegeben. Bei der ersten Drehung um den Punkt Q mit dem Drehwinkel
$\varphi_1 = 90°$ geht der Punkt A in den Punkt C über; die zweite Drehung um
den Punkt P mit dem (gleichen) Drehwinkel $\varphi_2 = 90°$ bildet C auf den
Punkt B ab (Bild 6). Nach dem obigen Satz ist die Nacheinanderausführung
dieser beiden Drehungen eine Drehung um $180°$, also eine *Punktspiegelung*. Da diese Bewegung den Punkt A in den Punkt B überführt, muss sie
die Spiegelung am Mittelpunkt von AB, also am Punkt M sein.

Bei der zweiten Drehung wird der Punkt Q auf einen Punkt R abgebildet,
und dabei ist das Dreieck QPR gleichschenklig-rechtwinklig. Da bei der
ersten Drehung der Punkt Q fest bleibt und die Nacheinanderausführung
beider Drehungen die Spiegelung am Punkt M ist, muss M der Mittelpunkt von QR sein. Folglich ist auch das Dreieck QMP gleichschenklig-
rechtwinklig. □

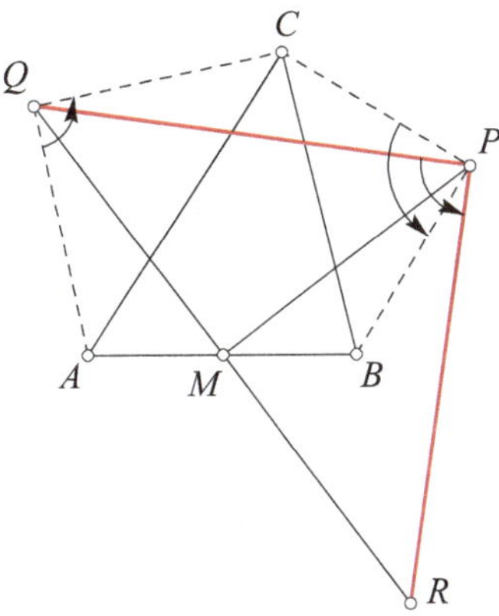

Bild 6.

Dieser bewegungsgeometrische Beweis entspricht in natürlicher Weise der
geometrischen Struktur der Aufgabenstellung, und er ist einfach und kurz
wie der vorangegangene.

■ 6. Beweis mit Vektorrechnung. (Bild 7) Wieder seien A', B' die Mitten von BC, AC, also ist $MA'CB'$ ein Parallelogramm. Wir bezeichnen
den Vektor $\overrightarrow{A'B}$ mit $\boldsymbol{a}$ und den Vektor $\overrightarrow{B'C}$ mit $\boldsymbol{b}$. Überdies bezeichne $\boldsymbol{v}^\perp$
denjenigen Vektor, der aus dem Vektor $\boldsymbol{v}$ durch Drehung um $90°$ im ma-
thematisch positiven Drehsinn (also entgegengesetzt zum Uhrzeigersinn)
entsteht. Die Vektoren $\overrightarrow{MP}$ und $\overrightarrow{MQ}$ sind gleich den Summen $\boldsymbol{b} + \boldsymbol{a}^\perp$ bzw.
$-\boldsymbol{a} + \boldsymbol{b}^\perp$.

Die Behauptung ist nun einfach äquivalent mit der Gleichung

$$(\boldsymbol{b} + \boldsymbol{a}^\perp)^\perp = -\boldsymbol{a} + \boldsymbol{b}^\perp.$$

Zum Beweis benutzen wir folgende Eigenschaften, die man leicht bestäti-
gen kann: Für beliebige Vektoren $\boldsymbol{u}$ und $\boldsymbol{v}$ gilt: $(\boldsymbol{u} + \boldsymbol{v})^\perp = \boldsymbol{u}^\perp + \boldsymbol{v}^\perp$ und
$(\boldsymbol{u}^\perp)^\perp = -\boldsymbol{u}$. In der Tat ist nun

$$(\boldsymbol{b} + \boldsymbol{a}^\perp)^\perp = \boldsymbol{b}^\perp + (\boldsymbol{a}^\perp)^\perp = \boldsymbol{b}^\perp - \boldsymbol{a}. \qquad □$$

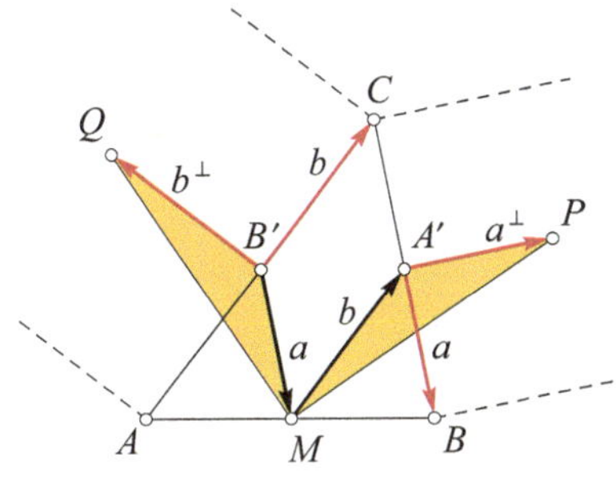

Bild 7.

■ 7. Variation des vektoriellen Beweises mithilfe von Koordinaten.
Koordinaten sind oft geläufiger. Und damit vollziehen wir die Beweisüberlegungen unter 6. nach. Wir können ein kartesisches Koordinatensystem so einführen, dass $A(-2, 0)$, $B(2, 0)$, $M(0, 0)$ und $C(2c, 2d)$ mit $d > 0$ ist (Bild 8). Es ist

$$\overrightarrow{MA'} = \frac{1}{2}\left(\overrightarrow{MB} + \overrightarrow{MC}\right) = \frac{1}{2}\left((2, 0) + (2c, 2d)\right) = (c + 1, d)$$

$$\overrightarrow{MB'} = \frac{1}{2}\left(\overrightarrow{MA} + \overrightarrow{MC}\right) = \frac{1}{2}\left((-2, 0) + (2c, 2d)\right) = (c - 1, d).$$

Mit $\perp$ bezeichnen wir wieder den obigen Drehoperator für Vektoren. Der Vektor (x, y) geht dabei in den Vektor $(-y, x)$ über. Es ist

$$\overrightarrow{A'P} = \overrightarrow{CA'}^{\perp} = -\overrightarrow{MB'}^{\perp} = (1 - c, -d)^{\perp} = (d, 1 - c),$$

$$\overrightarrow{B'Q} = \overrightarrow{AB'}^{\perp} = \overrightarrow{MA'}^{\perp} = (1 + c, d)^{\perp} = (-d, 1 + c)$$

und damit

$$\overrightarrow{MP} = \overrightarrow{MA'} + \overrightarrow{A'P} = (c + 1, d) + (d, 1 - c) = (c + d + 1, d - c + 1),$$

$$\overrightarrow{MQ} = \overrightarrow{MB'} + \overrightarrow{B'Q} = (c - 1, d) + (-d, 1 + c) = (c - d - 1, c + d + 1).$$

Folglich ist $\overrightarrow{MP}^{\perp} = \overrightarrow{MQ}$.   □

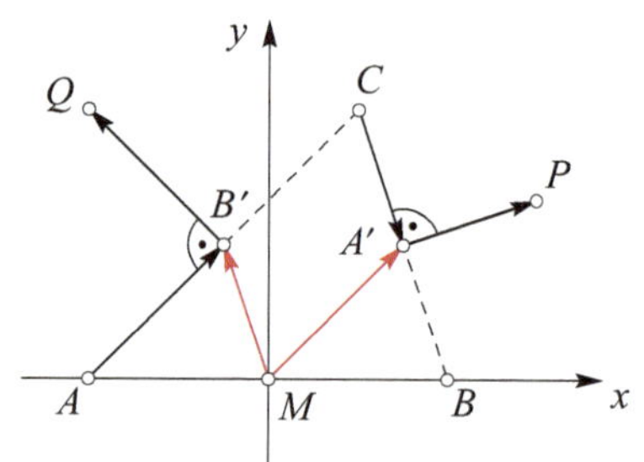

Bild 8.

■ 8. Beweis mit komplexen Zahlen. Ähnlich wie unter 6. und 7. können wir geometrische Sachverhalte durch rein algebraische Umformungen zeigen, wenn wir den Punkten A, B, C, D, E, P und Q die Zahlen a, b, c, d, e, p bzw. q in der komplexen Zahlenebene zuordnen (Bild 9). Mathematisch positive 90°-Drehungen werden hier einfach durch Multiplikation mit $i = \sqrt{-1}$ dargestellt (Beispiel: aus 1 wird i, aus i wird $i^2 = -1$ usw.). Sind also P und Q die Mittelpunkte der Aufsatzquadrate über BC bzw. CA sowie E und D die in diesen Quadraten B bzw. A gegenüberliegenden Punkte, so folgen aus $e - c = i(b - c)$ und $d - c = -i(a - c)$ die Gleichungen $e = ib + (1 - i)c$ bzw. $d = -ia + (1 + i)c$. Da P und Q die Mittelpunkte der Diagonalen BE bzw. AD sind, gilt:

$$p = \frac{1}{2}(b + e) = \frac{1}{2}[(1 + i)b + (1 - i)c],$$

$$q = \frac{1}{2}(a + d) = \frac{1}{2}[(1 - i)a + (1 + i)c].$$

Die Behauptung lautet nun $q - m = i(p - m)$. Mit $m = \frac{1}{2}(a + b)$ folgt schließlich:

$$p - m = \frac{1}{2}[-a + ib + (1 - i)c],$$

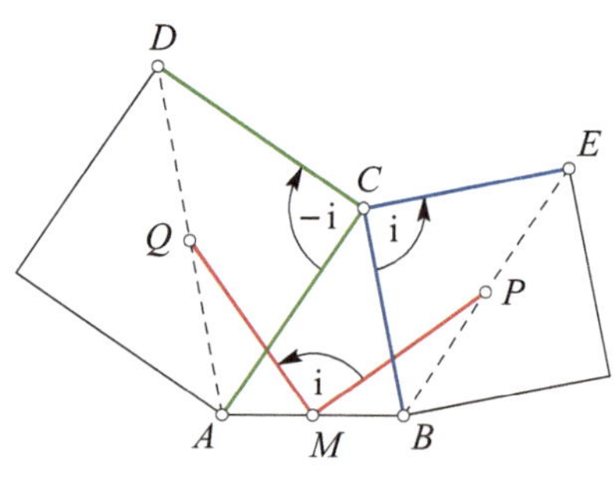

Bild 9.

$$i(p-m) = \frac{1}{2}[-ia-b+(1+i)c] = q-m. \qquad \square$$

In [2] und [4, Abschnitt M.5] findet der Leser die Geometrie der komplexen Zahlen etwas ausführlicher erläutert.

■ 9. Beweis mithilfe eines allgemeineren Satzes.

In der Literatur ist folgender Satz bekannt [4, Aufgabe M.38], der auch als *Satz I von Thébault* bezeichnet wird:

Satz I von THÉBAULT.

Werden über den Seiten eines Parallelogramms (nach außen) Quadrate errichtet, dann bilden ihre Mittelpunkte die Ecken eines Quadrats. Der Mittelpunkt dieses Quadrats ist gleich dem Mittelpunkt des Parallelogramms.

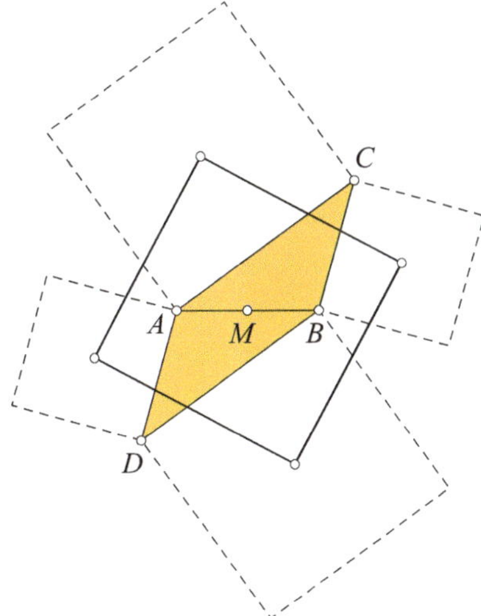

Bild 10.

Wir spiegeln das Dreieck ABC mit den Quadraten, die auf den Seiten BC und CA aufgesetzt sind, an dem Mittelpunkt M der Seite AB (Bild 10). Das Bild von C sei der Punkt D. Dann erhalten wir ein Parallelogramm $ADBC$ mit Quadraten, die auf den vier Seiten aufgesetzt sind. Mit dem Satz I von THÉBAULT ergibt sich sofort die Behauptung. $\qquad \square$

Umgekehrt folgt aber aus der Aussage in unserer Aufgabenstellung offensichtlich der Satz I von THÉBAULT.

■ 10. Ein weiterer Beweis mithilfe einer allgemeinen Aussage.

Es gilt folgender Satz (siehe „*Überraschende Ähnlichkeit*", Seite 215ff.):

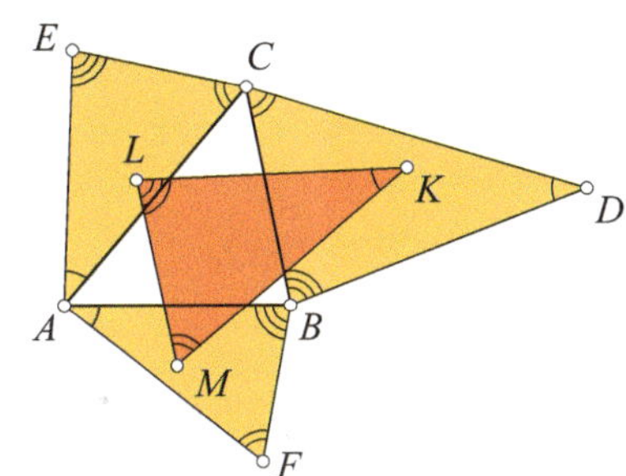

Bild 11.

Satz 2. *Über den Seiten eines Dreiecks ABC sind nach außen hin zueinander ähnliche Dreiecke DCB, ACE und AFB aufgesetzt; ihre Umkreismittelpunkte seien K, L bzw. M (Bild 11). Dabei seien*

$$\sphericalangle CDB = \sphericalangle CAE = \sphericalangle FAB \quad und \quad \sphericalangle BCD = \sphericalangle ECA = \sphericalangle BFA.$$

Dann ist das Dreieck KLM zu den aufgesetzten Dreiecken ähnlich.

Man erkennt nun leicht, dass mit den auf den Seiten BC und CA aufgesetzten Quadraten hier auch aufgesetzte gleichschenklig-rechtwinklige Dreiecke mit den rechten Winkeln bei C bestehen (Bild 12), die gleichsinnig ähnlich sind und bei denen K und L die Mittelpunkte ihrer Umkreise sind. Zusammen mit dem rechtwinklig-gleichschenkligen Dreieck ABF, bei dem AB Hypotenuse ist, sind nun die Voraussetzungen für den Satz 2 erfüllt, und danach ist KLM gleichschenklig und rechtwinklig mit KL als Hypotenuse. $\qquad \square$

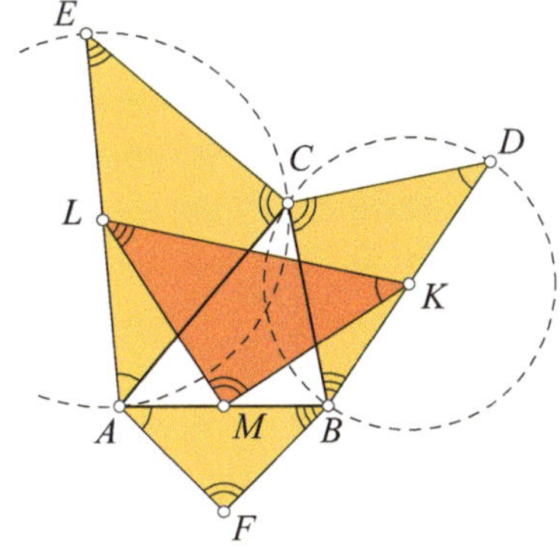

Bild 12.

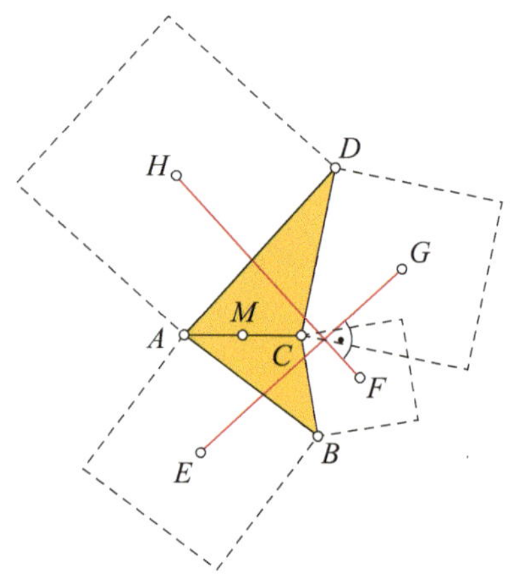

Bild 13.

Ein Zugang zum Satz von VAN AUBEL. Mit der Eigenschaft, die bei der vorliegenden Aufgabe zu beweisen war, lässt sich neben dem Satz I von THÉBAULT noch folgender allgemeinerer *Satz von van Aubel* (1878) beweisen:

> **Satz von VAN AUBEL.**
>
> *Über den Seiten eines* beliebigen *Vierecks sind Quadrate (nach außen) errichtet. Dann sind die Verbindungsstrecken der Mittelpunkte gegenüberliegender Quadrate gleich lang und orthogonal zueinander (Bild 13).*

■ **Beweis.** Die Mittelpunkte der Quadrate über den Seiten AB, BC, CD und DA seien E, F, G bzw. H. Ferner sei M der Mittelpunkt von AC. Dann sind – wie hier mehrfach gezeigt – die Dreiecke EMF und GMH gleichschenklig-rechtwinklig mit dem Scheitel M. Durch eine Drehung um M mit dem Drehwinkel $90°$ wird daher E in F und gleichzeitig G in H überführt. Folglich ist die Verbindungsstrecke FH das Bild der Verbindungsstrecke EG bei dieser Drehung; und damit gilt die Behauptung. □

Verlockung zu weiteren Erkundungen. Die vorgegebene geometrische Struktur, ein beliebiges Dreieck mit zwei aufgesetzten Seitenquadraten, auch als VECTEN-Konfiguration bekannt [1, 4], reizt zur Erkundung weiterer Eigenschaften. Zum Beispiel kann man zeigen oder untersuchen:

- Die Punkte P, M, Q und der Mittelpunkt R von DE bilden die Ecken eines (weiteren) Quadrats (Bild 14).
- Das Lot von C auf die Seite AB geht durch den Mittelpunkt von DE.
- Die Umkreise der beiden Quadrate und der Kreis mit dem Durchmesser AB haben einen gemeinsamen Punkt.
- Gilt die gleiche Behauptung, wenn in der Aufgabenstellung die Quadrate nach innen aufgesetzt werden?

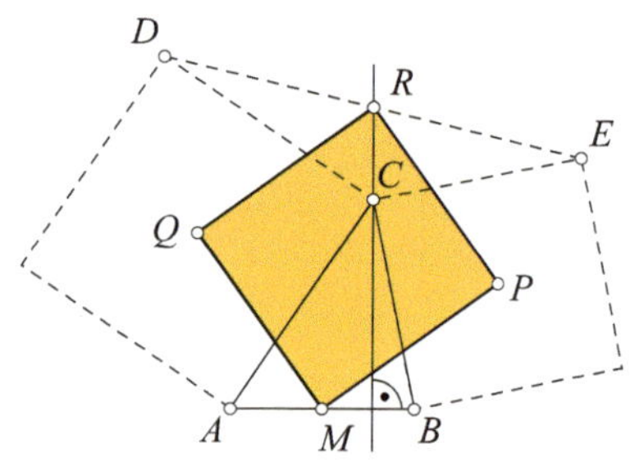

Bild 14.

Literatur

1. C. ALSINA, R. B. NELSEN: *Perlen der Mathematik – 20 geometrische Figuren als Ausgangspunkte für mathematische Erkundungsreisen*, Springer Spektrum, Berlin Heidelberg 2015.
2. L. MUNSER: *Geometrie in den komplexen Zahlen – Lösen von Geometrieaufgaben in Wettbewerben mittels der komplexen Zahlen*, Besondere Lernleistung, Werner-von-Siemens-Gymnasium Magdeburg 2014.
3. E. QUAISSER, H.-J. SPRENGEL: *Geometrie in Ebene und Raum*, Deutsch-Verlag, Thun-Frankfurt am Main 1989.
4. E. SPECHT, R. STRICH: *geometria – scientiae atlantis 1*, Otto-von-Guericke-Universität Magdeburg 2009.

Mehr Seitenflächen als Ecken

Horst Sewerin

1. Runde 1999, Aufgabe 4.

Es gibt konvexe Polyeder mit mehr Seitenflächen als Ecken. Was ist die kleinste Anzahl von dreieckigen Seitenflächen, die ein solches Polyeder haben kann?

Der erste Satz der Aufgabe provoziert zum Kennenlernen solcher Polyeder. Klar, dass wir uns zunächst einmal die bekannten Polyeder, vielleicht sogar die regulären Polyeder anschauen. Hier ist eine erste Bilanz, wie sie jede gute Formelsammlung [2] liefert (Bild 1):

Name	Ecken	Kanten	Seiten- flächen	dreieckige Seitenflächen
Tetraeder	4	6	4	4
Hexaeder (Würfel)	8	12	6	–
Oktaeder	6	12	8	8
Dodekaeder	20	30	12	–
Ikosaeder	12	30	20	20

Die Ausbeute ist nicht gewaltig, denn nur das Oktaeder und das Ikosaeder haben in dieser Aufstellung mehr Seitenflächen als Ecken. Das Oktaeder liefert immerhin die Anzahl 8 als vorläufig kleinste gesuchte Zahl. Außerdem haben die regulären Polyeder nur Seitenflächen einer Sorte, was eine starke Einschränkung darstellt.

Als diese Aufgabe beim Bundeswettbewerb gestellt wurde, war die Suchmaschine „Google" erst ein knappes halbes Jahr im Internet, sodass damals die meisten Informationen noch aus Büchern entnommen werden mussten. Unter dem Stichwort „Polyeder" liefert jedes mathematische Nachschlagewerk jedoch unweigerlich einen Hinweis auf den *eulerschen Polyedersatz*. Dieser verknüpft die Anzahl e der Ecken, die Anzahl k der Kanten und die Anzahl f der Seitenflächen für jedes konvexe Polyeder durch die Beziehung

$$e + f = k + 2. \tag{1}$$

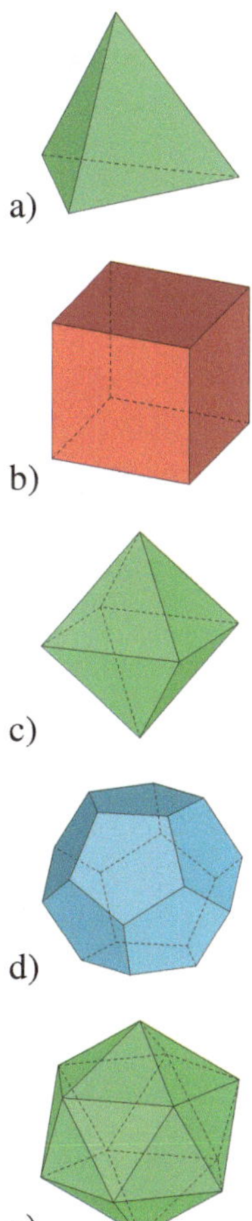

Bild 1. PLATONISCHE Körper (von oben nach unten): a) Tetraeder; b) Würfel; c) Oktaeder; d) Dodekaeder; e) Ikosaeder.

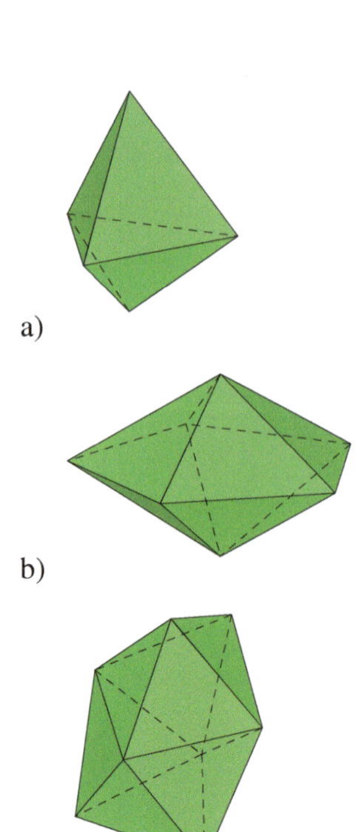

a)

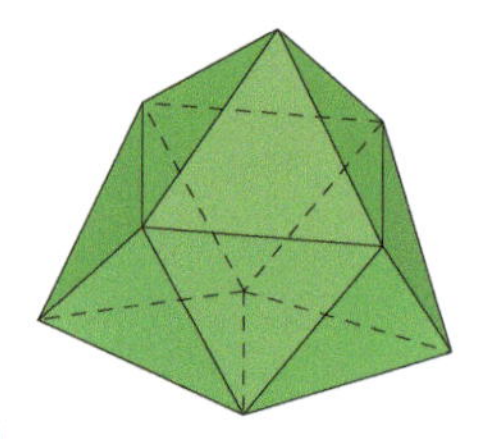

b)

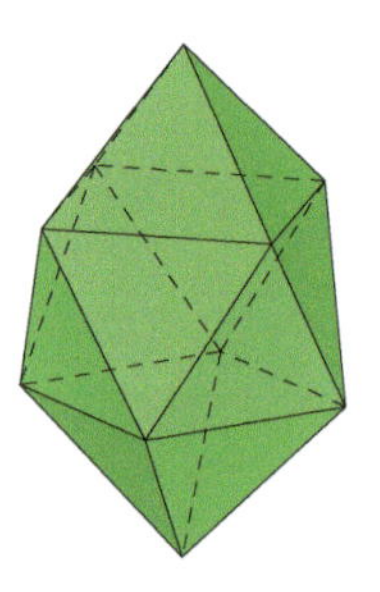

c)

d)

e)

Bild 2. Konvexe Deltaeder, die keine PLA-TONISCHEN Körper sind: a) triangulare Bipyramide; b) pentagonale Bipyramide; c) Trigondodekaeder; d) dreifach erweitertes Dreiecksprisma und e) zweifach erweitertes Antiprisma.

Die Forderung der Aufgabenstellung lautet unter Beachtung der Ganzzahligkeit

$$f \geq e + 1. \tag{2}$$

Außerdem ist es sinnvoll, die Anzahl d der dreieckigen Seitenflächen und die Anzahl v der mindestens viereckigen Seitenflächen einzuführen. Dies liefert

$$f = d + v. \tag{3}$$

Durchläuft man jede Seitenfläche des Polyeders, so zählt man bei den Dreiecken genau drei Kanten, bei den anderen Flächen mindestens vier Kanten. Allerdings ist damit jede Kante doppelt gezählt worden, weil sie zu genau zwei Seitenflächen gehört. Also gilt:

$$2k \geq 3d + 4v. \tag{4}$$

Mit (4) lässt sich k aus (1) eliminieren und wir erhalten

$$2e + 2f = 2k + 4 \geq 3d + 4v + 4. \tag{5}$$

Mit (3) lässt sich v aus (5) eliminieren und wir erhalten

$$2e + 2f - 4 \geq 3d + 4f - 4d = 4f - d. \tag{6}$$

Durch Umformung und Anwendung von (2) erhalten wir schließlich eine Abschätzung (untere Schranke) für d:

$$d \geq 2f - 2e + 4 \geq 2e + 2 - 2e + 4 = 6. \tag{7}$$

Ein solches Polyeder muss also wenigstens sechs Dreiecke enthalten. Der Blick auf das Oktaeder mit acht Dreiecken zeigt, dass wir noch nicht fertig sind. Wir müssen ein Beispiel für einen Polyeder mit sechs Dreiecken finden, der mehr Flächen als Ecken besitzt. Und hier helfen uns zwei kongruente Tetraeder. Setzt man sie nämlich an einer Seitenfläche zu einem neuen Polyeder, der *triangularen Bipyramide*, zusammen, so hat dieser Körper sechs dreieckige Seitenflächen und nur fünf Ecken (Bild 2a).

Damit ist der Beweis dafür abgeschlossen, dass 6 die kleinste gesuchte Anzahl ist. Es bleibt aber ein kleines Unbehagen: Unser Beispiel hat – wie die regulären Polyeder mit mehr Flächen als Ecken – nur dreieckige Seitenflächen. Ist dies etwa eine zusätzliche Eigenschaft solcher Körper? Sucht man nämlich heutzutage im Internet in der Umgebung von Polyedern, so findet man unter anderem die acht konvexen *Deltaeder* [1, 3], deren Seitenflächen ausschließlich gleichseitige Dreiecke sind (auf Tetraeder, Oktaeder und Ikosaeder sind wir bereits oben bei den regulären Polyedern gestoßen, vgl. Bild 1; siehe auch *„Fußbälle als Polyeder"*, S. 67ff.). Von diesen erfüllen ebenfalls alle außer dem Tetraeder die Bedingung der Aufgabe.

Oder gibt es auch andere konvexe Polyeder mit mehr Seitenflächen als Ecken, die nicht nur aus Dreiecken bestehen?

Auch hier hilft ein wenig Herumspielen. Ziehen wir die beiden Tetraeder aus dem Beispiel so auseinander, dass zwischen den gemeinsamen Seitenflächen ein dreieckiges Prisma entsteht, so hat die neue Figur acht Ecken und neun Seitenflächen, von denen drei – nämlich die Seiten des Prismas – Rechtecke sind (Bild 3). Oder führen wir einen ebenen Schnitt durch drei Würfelecken A, B und C (Bild 4 links) und ersetzen die Pyramide $ABCD$ mit der Würfelecke D als Spitze durch eine Pyramide $ABCS$ mit gleicher Grundfläche ABC, aber kleinerer Höhe, so erhalten wir ebenfalls einen Körper mit acht Ecken und neun Seitenflächen, von denen drei Quadrate sind (Bild 4 rechts).

Diese Beispiele illustrieren nachdrücklich, warum die Aufgabe so schön ist. Sie lädt ein, aus der Anschauung heraus zu nicht unbedingt naheliegenden Ergebnissen zu kommen. Die meisten Teilnehmer werden die Lösungszahl 6 durch Probieren längst gefunden haben, bevor sie sich an den Beweis ihrer Minimalität herantasten mussten.

Außerdem liegt die Aufgabe haarscharf neben der Schulmathematik: Der EULERSCHE Polyedersatz taucht nicht mehr in allen Lehrplänen auf, ist aber noch zur Elementarmathematik zu rechnen. Die Schülerinnen und Schüler verstehen ihn, wenn sie ihn kennen lernen, und können ihn als einfache Gleichung benutzen.

Schließlich erlaubt die Aufgabe eine Beschäftigung mit räumlicher Geometrie. Dieses Gebiet verschwindet bis auf die in den Oberstufenkursen zur Linearen Algebra verbliebenen Reste mehr und mehr aus der Schule. Umso wertvoller sind einfache und reizvolle Angebote, sich in räumliche Fragestellungen hineinzudenken.

Literatur

1. P. R. CROMWELL: *Polyhedra*, Cambridge University Press, Cambridge 1997.
2. E. W. WEISSTEIN: *Platonic Solid*, From *Mathworld* – A Wolfram Web Resource,
   `http://mathworld.wolfram.com/PlatonicSolid.html`
3. E. W. WEISSTEIN: *Deltahedron*, From *Mathworld* – A Wolfram Web Resource,
   `http://mathworld.wolfram.com/Deltahedron.html`

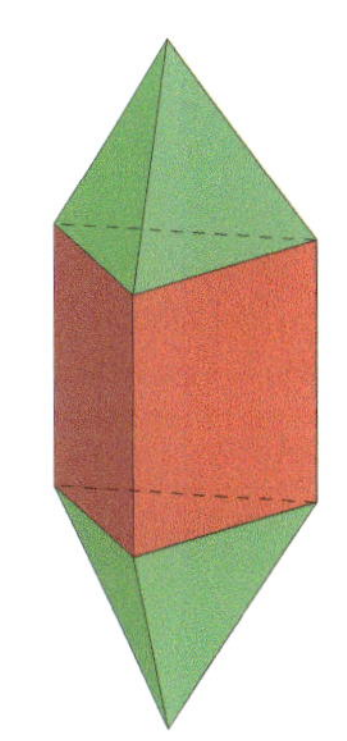

Bild 3. Verlängerte Dreieckspyramide.

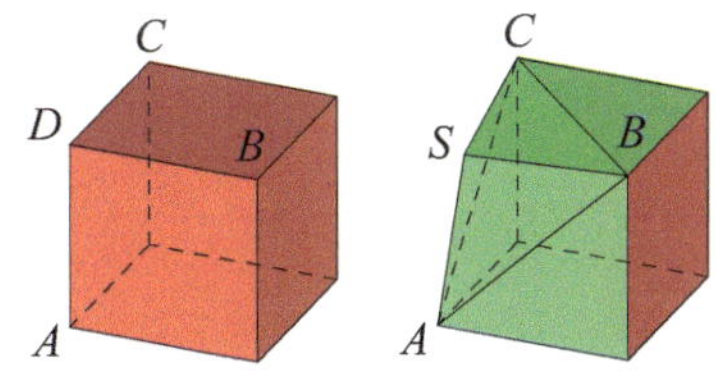

Bild 4. Würfel (links) und deformierter Würfel mit „eingedrückter" Ecke S (rechts).

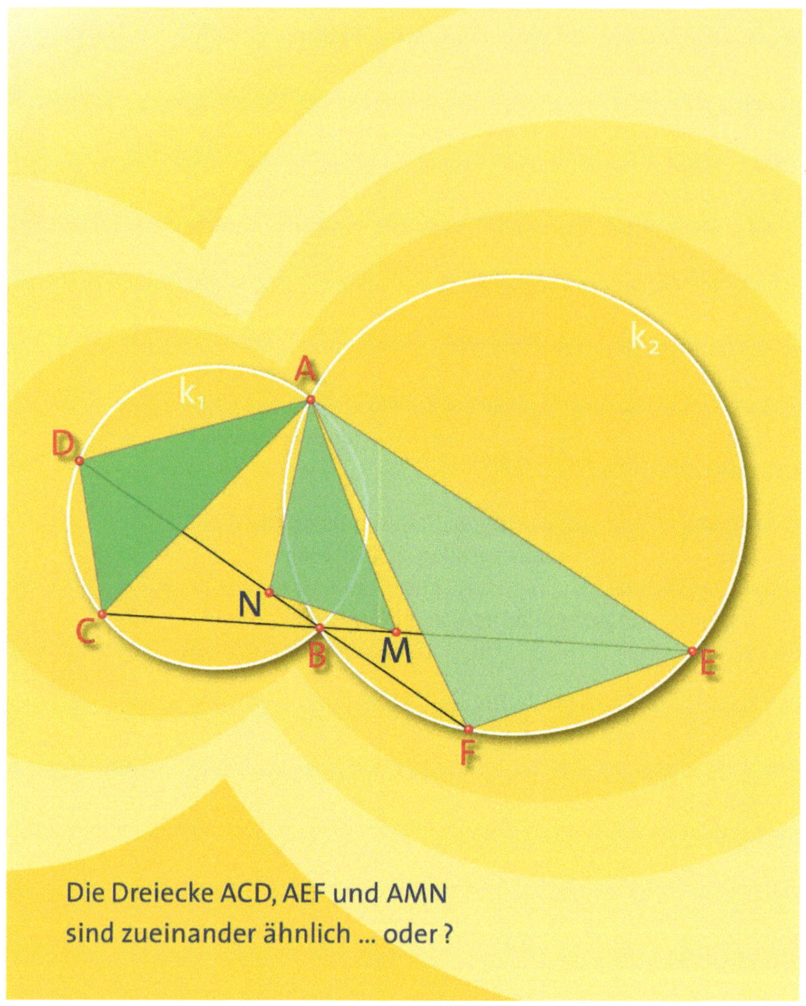

Poster zum *Bundeswettbewerb Mathematik 2006* (Aufgabe 2005-2-3).

Geometrische Problemstellungen bieten sich als Postermotive geradezu an, so auch im Jahr 2006, als die Geometrieaufgabe (üblicherweise immer die 3. Aufgabe) aus der vorangegangenen Runde die Vorlage war.

Ein besonderes Spielbrett

Robert Strich

1. Runde 2000, Aufgabe 4.

Ein kreisförmiges Spielbrett sei in n Sektoren ($n \geq 3$) eingeteilt, von denen jeder entweder leer oder mit einem Spielstein besetzt ist. Die Verteilung der Spielsteine wird schrittweise verändert: Ein Schritt besteht daraus, dass man einen besetzten Sektor auswählt, seinen Spielstein entfernt und die beiden Nachbarsektoren „umpolt", d. h. einen besetzten Sektor leert und einen leeren Sektor mit einem Spielstein besetzt. Für welche Werte von n kann man in endlich vielen Schritten lauter leere Sektoren erzielen, wenn anfangs ein einziger Sektor besetzt ist?

Die Aufgabe ist für eine erste Wettbewerbsrunde anspruchsvoll, denn ihre Lösung besteht aus zwei Schritten: Erstens muss für diejenigen n, für die das Spielbrett durch erlaubte Züge geleert werden kann, eine Folge erlaubter Züge gefunden werden, die dies leistet. Zweitens muss für diejenigen n, für die dies (scheinbar) nicht möglich ist, ein Beweis dafür gefunden werden, dass keine denkbare Folge erlaubter Züge das Spielbrett leert.

Ein Aspekt der Schönheit dieser Aufgabe liegt aber sicher in ihrem hohen Aufforderungscharakter: *Probiere es aus!*

Und genau dieses Probieren für kleine Zahlen n liefert Ideen für beide oben erwähnte Teile der Lösung der Aufgabe. Für $n = 3$ und eventuell auch für $n = 4$ ist es nicht schwer, alle möglichen Zugvarianten durchzuspielen. Während man dabei für $n = 3$ feststellt, dass eine Leerung des Spielfeldes nicht möglich ist (Bild 1), gelangt man bei $n = 4$, eventuell auch durch zufälliges Probieren, schnell zu einem leeren Spielbrett (Bild 2). Spätestens ab $n = 5$ wird die Situation durch die vielen verschiedenen Zugmöglichkeiten schnell unübersichtlich und man wird versuchen, systematisch vorzugehen. Eine mögliche Systematik wird im unten folgenden Beweis dargestellt.

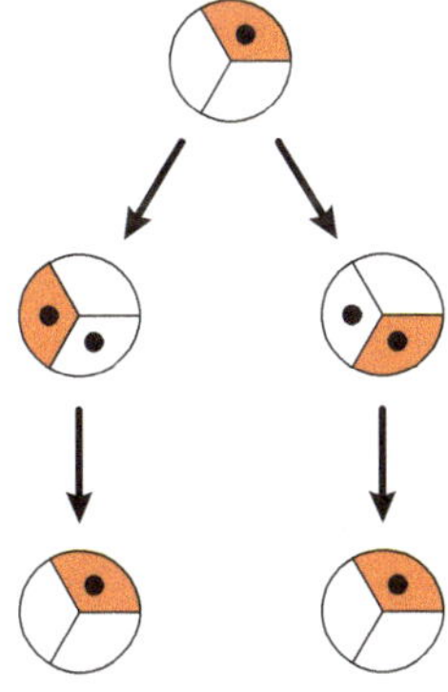

Bild 1. Fall $n = 3$; die jeweils zum Umpolen ausgewählten Sektoren sind farbig markiert.

Dass sowohl bei $n = 3$ als auch bei $n = 6$ (scheinbar) keine Leerung des Brettes möglich ist, deutet auf einen Zusammenhang zur Teilbarkeit durch 3 hin. Tatsächlich sieht man leicht, dass der im Beweis vorgestellte Algorithmus zur Brettleerung eben bei den durch 3 teilbaren n nicht funktioniert.

Aber dass muss ja nicht bedeuten, dass es keine *andere* Vorgehensweise in diesen Fällen gibt!

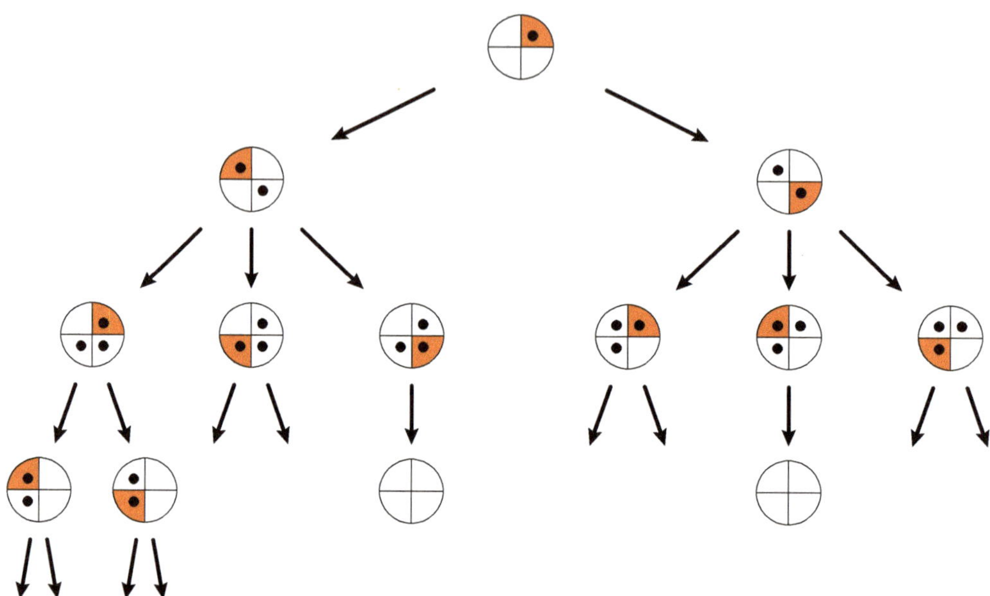

Bild 2. Fall $n = 4$; Pfeile ohne Ziel führen auf gleichwertige Spielsituationen, die an anderer Stelle im Bild gezeigt werden.

Dies zu begründen, ist der trickreichere Teil der Lösung der Aufgabe. Wie häufig bei Aufgaben, bei denen Spielsituationen durch Züge schrittweise verändert werden, hilft hier die Suche nach einer *Invarianten*, also einer Größe, die sich bei Ausführung eines erlaubten Zuges nicht ändert. Mehr zum so genannten *Invarianzprinzip* zusammen mit vielen weiteren Beispielaufgaben ist in [1] oder [2] gern nachlesbar. Findet man eine solche Größe und ist der Wert dieser Größe zu Beginn des Spiels ungleich dem Wert der Größe am angestrebten Endzustand, dann kann dieser Endzustand nicht erreicht werden.

Eine solche Invariante wird im Beweis benutzt, in dem folgende Antwort auf die Frage der Aufgabe gezeigt wird:

Antwort. *Man kann lauter leere Sektoren genau dann erzielen, wenn n bei Division durch 3 den Rest 1 oder den Rest 2 lässt, d. h. wenn $n \equiv 1 \bmod 3$ oder $n \equiv 2 \bmod 3$ ist.*

■ Beweis.

(A) Wenn $n \equiv 1 \bmod 3$ oder $n \equiv 2 \bmod 3$ ist, dann kann man lauter leere Sektoren erzielen.

Um dies zu zeigen, nummerieren wir die Sektoren der Reihe nach entgegen dem Uhrzeigersinn mit $1, 2, 3, \ldots, n$. Zu Beginn liege ein Spielstein auf dem Sektor mit der Nummer 2 (Bild 3a).

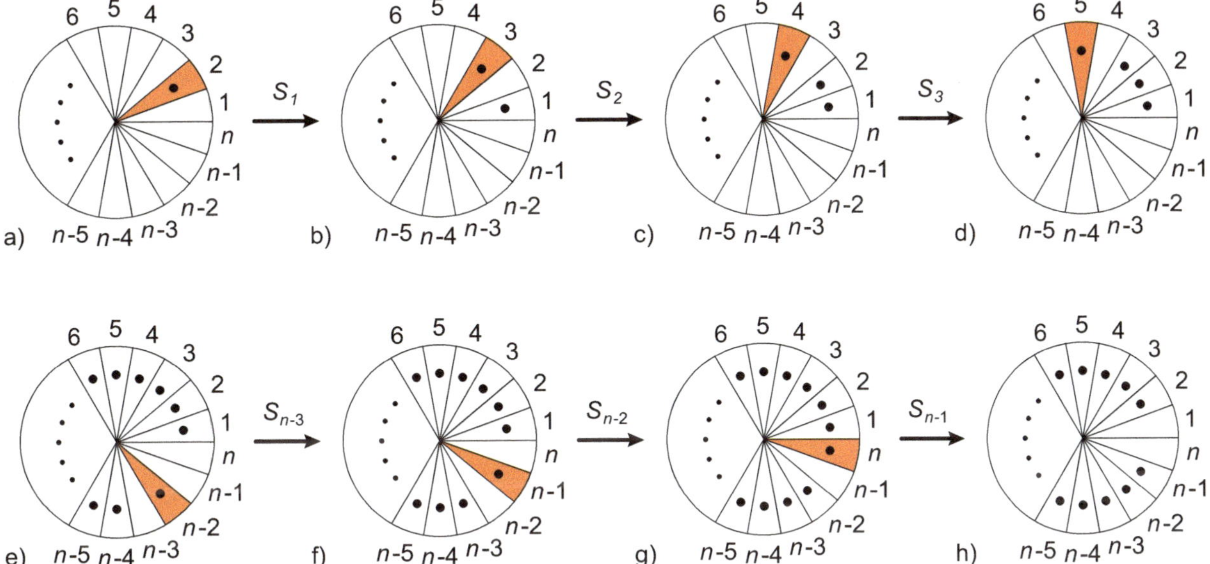

Bild 3. Schritte zum Leeren des Spielfeldes.

Nun führt man $n - 2$ Spielschritte S_i ($i = 1, 2, \ldots, n - 2$) wie folgt durch: Im Schritt S_i wird der Stein im Sektor $i + 1$ ausgewählt, entfernt und die beiden leeren Sektoren i und $i + 2$ mit Spielsteinen besetzt. Dass diese Schritte so tatsächlich möglich sind, sieht man wie folgt: Im Schritt S_1 wird der zu Beginn einzig nichtleere Sektor 2 geleert und die beiden Sektoren 1 und 3 besetzt (Bild 3b). Danach wird in jedem Schritt S_i mit $i \geq 2$ der gerade im vorherigen Schritt S_{i-1} besetzte Sektor $i + 1$ geleert und die Sektoren i, der im vorigen Schritt S_{i-1} gefüllt wurde, und $i + 2$ ($\leq n$), der bisher noch von keinem Schritt betroffen war, neu gefüllt (Bild 3c–f). Nach diesen $n - 2$ Schritten sind somit genau die $n - 1$ in einer Reihe liegenden Sektoren mit den Nummern $1, 2, 3, \ldots, n - 2$ und n besetzt (Bild 3g).

Im Fall $n \equiv 1 \bmod 3$ ist $n - 1$ durch 3 teilbar, weswegen man die $n - 1$ Sektoren in Dreiergruppen jeweils dreier nebeneinanderliegender Sektoren einteilen kann. Wählt man nun noch nacheinander jeweils den mittleren Sektor einer solchen Dreiergruppe, also die Sektoren mit den Nummern $1, 4, 7, \ldots, n - 3$ (Bild 4a), und führt mit diesen nacheinander einen Spielzug aus, so erhält man ein leeres Spielfeld (Bild 4b).

Im Fall $n \equiv 2 \bmod 3$ kann man stattdessen nach den $n - 2$ ersten Spielzügen noch den Spielzug S_{n-1} ausführen, bei dem der Stein auf dem Sektor n ausgewählt und entfernt wird; gleichzeitig wird der Stein auf dem Sektor 1 entfernt und der Sektor $n - 1$ gefüllt (Bild 3h). Danach sind die $n - 2$ in einer Reihe liegenden Sektoren mit den Nummern $2, 3, \ldots, n - 2, n - 1$ besetzt (Bild 5a). Wie im vorherigen Fall ist es nun, weil $n - 2$ durch 3 teilbar ist, problemlos möglich, das Spielfeld durch Einteilung der Sektoren in Dreiergruppen (Auswahl der Sektoren $3, 6, \ldots, n - 5, n - 2$) zu leeren (Bild 5b).

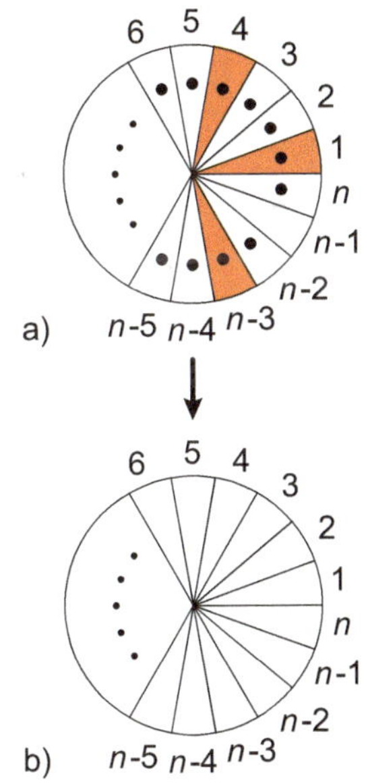

Bild 4. Letzte Schritte zum Leeren des Spielfeldes im Fall $n \equiv 1 \bmod 3$.

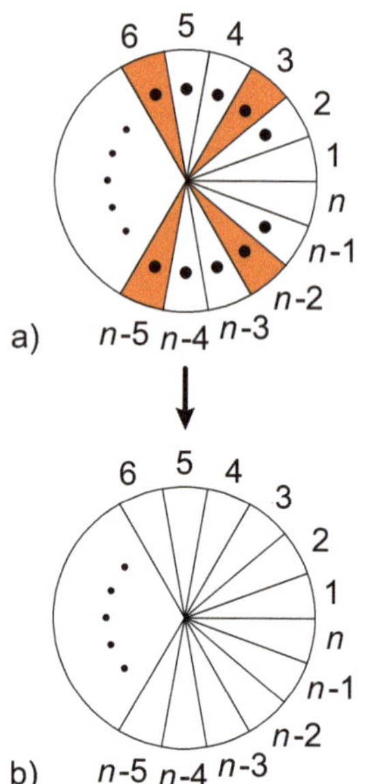

a)

↓

b)

Bild 5. Letzte Schritte zum Leeren des Spielfeldes im Fall $n \equiv 2 \bmod 3$.

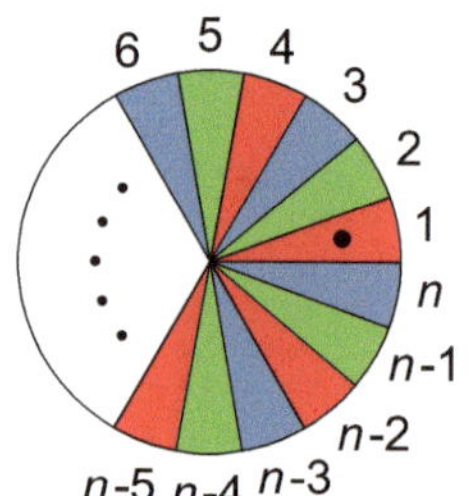

Bild 6. Färbung des Spielbretts im Fall $n \equiv 0 \bmod 3$.

(B) Wenn n durch 3 teilbar ist, dann kann man das Spielfeld durch keine endliche Folge erlaubter Schritte leeren.

In diesem Fall kann man die Sektoren, beginnend bei dem anfangs besetzten Sektor, der Reihe nach rot, grün, blau, rot, grün, blau usw. färben (Bild 6). Die Anzahl der Steine auf roten Feldern zu einem bestimmten Zeitpunkt sei r, die Anzahl der Steine auf blauen Feldern sei b. Zu Beginn ist also $r = 1$ und $b = 0$ und damit $r + b = 1$. Wir untersuchen, wie sich der Wert $r + b$ durch einen erlaubten Schritt ändert. Da unter beliebigen drei nebeneinanderliegenden Sektoren ein roter, ein blauer und ein grüner ist, wird durch einen Schritt sowohl r als auch b entweder um 1 erhöht oder erniedrigt. Daher wird $r + b$ durch einen Schritt entweder um 2 erhöht, um 2 erniedrigt oder bleibt gleich. In jedem Fall ändert sich die Parität von $r + b$ durch einen erlaubten Zug nicht; die Parität von $r + b$ ist also eine Invariante während des Spiels und bleibt immer ungerade, da dies zu Beginn der Fall ist.

Das bedeutet aber, dass der Zustand eines leeren Feldes, bei dem $r + b = 0$ gerade wäre, nicht erreicht werden kann.

Damit ist der Beweis abgeschlossen.   □

Literatur

1. A. Engel: *Problem-Solving Strategies*, Springer-Verlag, New York Berlin Heidelberg 1998, Kapitel 1.
2. E. Specht, R. Strich: *geometria – scientiae atlantis 1*, Otto-von-Guericke-Universität Magdeburg 2009, Abschnitt C.4.

Wie beliebt sind Endziffern bei Teilern?

Eric Müller

1. Runde 2001, Aufgabe 4.

Man beweise: Bei jeder positiven ganzen Zahl ist die Anzahl der Teiler, deren Dezimaldarstellung auf 1 oder 9 endet, nicht kleiner als die Anzahl der Teiler, deren Dezimaldarstellung auf 3 oder 7 endet.

Liest man diese Aufgabenstellung zum ersten Mal, fragt man sich, ob das wirklich sein kann, denn worin unterscheiden sich Teiler mit Endziffer 3 und 7 von solchen mit Endziffer 1 und 9? Wegen dieses Verblüffungseffekts gehört diese Aufgabe zu den schönsten Aufgaben. Man wird dann die Aufgabenstellung an Primzahlpotenzen p^k überprüfen — bei solchen Zahlen sind die Teiler ja einfach auch Potenzen von p: Für $p = 2$ gibt es genau einen ungeraden Teiler (die Eins) und ansonsten lauter gerade Teiler, für $p = 3$ gibt es unter den möglichen Teilern $1, 3, 9, 27, 81, 243, \ldots$ stets entweder gleich viele mit Endziffer 1 und 9 wie solche mit Endziffer 3 und 7 oder einen mehr. Die Aufgabenstellung ergibt also doch (wie zu erwarten) Sinn, und es bietet sich auch ein Beweis durch Induktion nach der Anzahl r der Primzahlen an, die die gegebene Zahl teilen. Zuvor wird noch eine abkürzende Schreibweise eingeführt:

Definition 1. *Sind a, b, c, d Ziffern in $\{0, 1, \ldots, 9\}$, so sei ein **a-Teiler** einer Zahl ein Teiler mit Endziffer a, ein **a-b-Teiler** ein Teiler mit Endziffer a oder b und ein **a-b-c-d-Teiler** ein Teiler mit Endziffer a, b, c oder d, jeweils in der Dezimaldarstellung.*

Hiermit lautet die Aufgabenstellung kürzer: Jede positive ganze Zahl hat mindestens so viele 1-9-Teiler wie 3-7-Teiler.

■ **Beweis.** *Induktionsanfang*: $r = 0$: Die gegebene Zahl hat keinen Primteiler, ist also 1. Damit hat sie genau einen 1-9-Teiler mehr als 3-7-Teiler.

Induktionsschritt: Die Behauptung sei schon für Zahlen mit r Primteilern bewiesen. Nun enthalte die gegebene Zahl $r + 1$ Primteiler, lässt sich also schreiben als mp^k mit $k > 0$, einer Primzahl p und einer zu p teilerfremden Zahl m mit genau r Primteilern. Jeder Teiler von mp^k ist also von der Form tp^s, wobei t Teiler von m ist, und $0 \leq s \leq k$. Jedem Teiler t von m entsprechen also genau $k + 1$ Teiler von mp^k.

1. Fall: $p = 2$ und $p = 5$: Hier sind die Teiler der Form tp^s mit $s > 0$ gerade oder haben Endziffer 5, sind also weder 1-9-Teiler noch 3-7-Teiler. Damit hat mp^k so viele 1-9-Teiler und 3-7-Teiler wie m, und die Behauptung ist erfüllt.

2. Fall: p hat Endziffer 1 oder 9: Für eine Zahl x mit Endziffer z hat xp dieselbe Endziffer wie x oder Endziffer $10 - z$. Damit ist tp^s genau dann 1-9-Teiler bzw. 3-7-Teiler, wenn auch t dies ist. Somit hat mp^k jeweils genau $(k + 1)$-mal so viele 1-9-Teiler und 3-7-Teiler wie m, und die Behauptung ist erfüllt.

3. Fall: p hat Endziffer 3 oder 7: Man sieht leicht, dass eine Zahl x genau dann Endziffer 1 oder 9 (bzw. 3 oder 7) hat, wenn xp Endziffer 3 oder 7 (bzw. 1 oder 9) hat. Damit sind für jeden 1-9-Teiler (bzw. 3-7-Teiler) t von m die Zahlen tp^s mit geradem s auch 1-9-Teiler (bzw. 3-7-Teiler) und für ungerades s 3-7-Teiler (bzw. 1-9-Teiler), und es gibt keine weiteren. Damit hat mp^k für ungerades k genauso viele 1-9-Teiler wie 3-7-Teiler, und für gerades k hat mp^k zusätzlich zu den Teilern von m genauso viele 1-9-Teiler wie 3-7-Teiler, und die Behauptung ist erfüllt. $\qquad\square$

Damit ist die Aufgabe gelöst — gibt es aber noch weitere derartige Zusammenhänge?

Es gilt keine Aussage der Art „Jede positive ganze Zahl enthält mindestens genauso viele a-Teiler wie b-Teiler", denn für die Zahlen $a_0 = 2^2 \cdot 5$, $a_1 = 1$, $a_2 = 2^5$, $a_3 = 3 \cdot 13$, $a_4 = 2^5 \cdot 7 \cdot 17$, $a_5 = 5^2$, $a_6 = 2^5 \cdot 3 \cdot 13$, $a_7 = 7 \cdot 17$, $a_8 = 2^5 \cdot 3 \cdot 13 \cdot 23 \cdot 43$, $a_9 = 3 \cdot 13 \cdot 23 \cdot 43$ gilt, dass für alle Ziffern $k, k' \in \{0, \ldots, 9\}$ mit $k' \neq k$ die Zahl a_k jeweils mehr k-Teiler als k'-Teiler hat.

Satz 2. *Jede positive ganze Zahl enthält mindestens so viele 2-8-Teiler wie 4-6-Teiler.*

■ **Beweis.** Schreibe die Zahl n in der Form $n = u \cdot 2^k$ mit ungeradem u. Für einen 1-9-Teiler (bzw. 3-7-Teiler) t von u ist $t \cdot 2^s$ für gerades $s > 0$ mit $s \leq k$ ein 4-6-Teiler (bzw. 2-8-Teiler) und für ungerades $s \leq k$ ein 2-8-Teiler (bzw. 4-6-Teiler) von n, und es gibt keine weiteren 2-4-6-8-Teiler. Damit hat n für gerades k genau so viele 2-8-Teiler wie 4-6-Teiler, und für ungerades k so viele 2-8-Teiler mehr als 4-6-Teiler, wie u 1-9-Teiler mehr als 3-7-Teiler hat. Da u mindestens so viele 1-9-Teiler wie 3-7-Teiler hat, ist die Behauptung bewiesen. $\qquad\square$

Aus obigem Beweis ergibt sich sofort, dass eine Zahl genau dann genauso viele 1-9-Teiler wie 3-7-Teiler hat, wenn sie mindestens eine Primzahl mit Endziffer 3 oder 7 mit ungerader Potenz in ihrer Primfaktorzerlegung enthält. Unter folgender Voraussetzung gibt es genauso viele 1-Teiler wie 3-, 7- und 9-Teiler sowie genauso viele 2-Teiler wie 4-, 6- und 8-Teiler:

> **Lemma 3.** *Lässt sich eine Zahl n als Produkt zweier teilerfremder Zahlen u, v schreiben, wobei u ungerade ist und genauso viele 1-Teiler wie 3-, 7- und 9-Teiler hat, so hat n genauso viele 1-Teiler wie 3-, 7- und 9-Teiler sowie genauso viele 2-Teiler wie 4-, 6- und 8-Teiler.*

■ **Beweis.** Jedem Teiler t von v entsprechen Teiler $t't$ von n, wobei t' Teiler von u ist, da u und v teilerfremd sind. Ist t ein 1-3-7-9-Teiler, entsprechen ihm jeweils gleiche Anzahlen von 1-, 3-, 7- und 9-Teilern $t't$ von n und kein 2-4-6-8-Teiler. Ist t ein 2-4-6-8-Teiler, entsprechen ihm jeweils gleiche Anzahlen von 2-, 4-, 6- und 8-Teilern $t't$ von n und kein 1-3-7-9-Teiler. Daraus folgt die Behauptung.   □

Die Behauptung des Lemmas 3 gilt für unendlich viele Zahlen, z. B. für $u = 3^3$ und alle nicht durch drei teilbaren Zahlen v. (Im Beweis von Satz 15 wird sich übrigens herausstellen, dass die „meisten" positiven ganzen Zahlen die Voraussetzung von Lemma 3 erfüllen). Insbesondere gilt:

> **Korollar 4.** *Eine Zahl enthält genauso viele 1-Teiler wie 3-, 7- und 9-Teiler sowie genauso viele 2-Teiler wie 4-, 6- und 8-Teiler, wenn sie mindestens einen Primfaktor mit Endziffer 3 und einen mit Endziffer 9 jeweils genau einmal in ihrer Primfaktorzerlegung enthält.*

■ **Beweis.** Dies folgt aus Lemma 3, wenn u das Produkt dieser beiden Primfaktoren ist.   □

Bemerkung: Wenn die Zahl n nicht nur die Voraussetzung von Lemma 3 erfüllt, sondern darüber hinaus den Primfaktor 2 genau einmal enthält, sieht man leicht, dass die Anzahlen der 1-, 3-, 7-, 9-, 2-, 4-, 6-, 8-Teiler gleich sind. Jedoch können sie nicht alle gleich den Anzahlen der 0- und 5-Teiler sein, denn wenn n nicht durch 5 teilbar ist, gibt es keine solchen Teiler, ansonsten gibt es mindestens so viele 5-Teiler wie 1-3-7-9-Teiler, also mindestens viermal so viele wie 1-Teiler.

Wie „beliebt" sind nun Teiler mit gewisser Endziffer a durchschnittlich? Diese Frage kann auf zwei Weisen beantwortet werden:

- Anteil von a-Teilern: Welchen Anteil haben die a-Teiler an der Gesamtanzahl aller Teiler der Zahlen von 1 bis N?

- Mittelwert von a-Teilern: Für jede Zahl k von 1 bis N wird jeweils der Anteil von Teilern mit gewisser Endziffer an der Gesamtanzahl aller Teiler von k berechnet und hierüber gemittelt.

In beiden Fällen ist zu untersuchen, wie sich die Werte für $N \to \infty$ verhalten.

Wie kann man diese Werte für alle Zahlen von 1 bis N (mit dem Computer) bestimmen?

Ein naiver Ansatz ist, jede zu untersuchende Zahl n durch die ganzen Zahlen t im Intervall $[1, \sqrt{n}]$ zu dividieren; wenn diese Division ohne Rest aufgeht, hat man zwei Teiler t und n/t für $n \neq t^2$ bzw. einen Teiler t für $n = t^2$.

Viel effizienter ist aber eine Art *Siebmethode*: Hierbei wird der Reihe nach für $k = 0, 1, \ldots$ jeweils in einem Schritt die Anzahl der a-Teiler (für alle Ziffern $a \in \{0, \ldots, 9\}$) für die Zahlen von $k^2 + 1$ bis $(k + 1)^2$ bestimmt. Im Folgenden bezeichne $L(n)$ die letzte Ziffer einer Zahl n.

Siebmethode. Am Anfang eines Schritts für ein gewisses k seien die Zahlen $m_1, \ldots, m_k$ und $z_1, \ldots, z_k$ bekannt, wobei für $t = 1, \ldots, k$ jeweils m_t die kleinste positive Zahl ist, sodass $k^2 + m_t$ durch t teilbar ist, und $z_t = L((k^2 + m_t)/t)$. Für $k = 0$ braucht hier nichts bekannt zu sein, für $k > 0$ ergeben sich die Werte aus dem jeweils vorangegangenen Schritt.

Nun zähle $a_k(u, v)$ die zu bestimmende Anzahl von Teilern von $k^2 + u$ mit Endziffer v. Hierbei ist $1 \leq u \leq 2k + 1$. Anfangs ist der Wert $a_k(u, v) = 0$. Nun wird für jede Zahl $t = 1, \ldots, k$ Folgendes ausgeführt, um alle durch t teilbaren Zahlen zu behandeln: Solange m_t höchstens $2k + 1$ ist, werden jeweils die Zahlen $a_k(m_t, L(t))$ und $a_k(m_t, z_t)$ um 1 erhöht (das entspricht den Teilern t und $(k^2 + m_t)/t$ von $k^2 + m_t$), danach m_t um t erhöht und z_t auf die nächste Ziffer gesetzt (d. h. um 1 erhöht, wenn $z_t < 9$, ansonsten auf 0 gesetzt). Ist dann $m_t > 2k + 1$, wird m_t um $2k + 1$ verringert und ist dann die kleinste positive Zahl, sodass $(k + 1)^2 + m_t$ durch t teilbar ist. Dies funktioniert, weil die durch t teilbaren Zahlen jeweils Abstand t haben und ihre Quotienten bei Division durch t aufeinander folgende ganze Zahlen sind.

Es fehlt noch der Teiler $k + 1$ von $(k+1)^2$: Hierzu wird $a_k(2k + 1, L(k+1))$ um 1 erhöht. Nun enthält $a_k(u, v)$ die Anzahl der Teiler von $k^2 + u$ mit Endziffer v.

Für den nächsten Schritt (für $k + 1$) fehlen noch die Werte von m_{k+1} und z_{k+1}. Da $(k+1)^2 + (k+1) = (k+1)(k+2)$ die kleinste durch $k+1$ teilbare Zahl größer als $(k + 1)^2$ ist, setze $m_{k+1} = k + 1$ und $z_{k+1} = L(k+2)$.

Man braucht $L(t)$, $L(k+1)$ und $L(k+2)$ nicht jedes Mal neu zu berechnen: Da t und k im Algorithmus jeweils aufeinander folgende Zahlen durchlaufen, kann man, anfangend bei $L(1) = 1$, die Endziffer der jeweils nächsten

Zahl aus der Endziffer der vorangegangenen ermitteln: Endziffern kleiner als 9 werden um 1 erhöht, aus Endziffer 9 wird Endziffer 0.

Hiermit erhält man für den Anteil von a-Teilern an allen Teilern der Zahlen von 1 bis N (gerundet):

N	Endziffer 0	1	2	3	4	5	6	7	8	9
500^2	0,0817094	0,1599288	0,1191377	0,1049439	0,0974698	0,0927223	0,0893620	0,0868149	0,0847889	0,0831223
2000^2	0,0850073	0,1491225	0,1156876	0,1040550	0,0979265	0,0940334	0,0912799	0,0891921	0,0875318	0,0861639
4000^2	0,0862477	0,1450571	0,1143895	0,1037192	0,0980983	0,0945273	0,0920015	0,0900868	0,0885637	0,0873089
10000^2	0,0876041	0,1406128	0,1129701	0,1033524	0,0982858	0,0950672	0,0927905	0,0910646	0,0896917	0,0885608
20000^2	0,0884649	0,1377925	0,1120694	0,1031196	0,0984048	0,0954097	0,0932912	0,0916851	0,0904076	0,0893551
50000^2	0,0894348	0,1346148	0,1110546	0,1028573	0,0985390	0,0957957	0,0938553	0,0923843	0,0912141	0,0902502
100000^2	0,0900666	0,1325447	0,1103935	0,1026864	0,0986264	0,0960471	0,0942228	0,0928397	0,0917396	0,0908333

Man kann vermuten, dass der Anteil der 1-Teiler am größten ist, gefolgt von 2-, 3-, ..., 9-, 0-Teilern, und dass alle Werte gegen $\frac{1}{10}$ streben, also gleich „beliebt" sind. Dies wird unten bewiesen werden. Für die Mittelwerte von Teilern mit Endziffern 0, 1, ..., 9 für die Mengen der Zahlen von 1 bis N ergibt sich:

N	Endziffer 0	1	2	3	4	5	6	7	8	9
500^2	0,0329633	0,2647185	0,0960093	0,1341747	0,0663621	0,0744618	0,0573855	0,1131739	0,0541308	0,1066200
1000^2	0,0329638	0,2588106	0,0944462	0,1351847	0,0664563	0,0744619	0,0580159	0,1154232	0,0549704	0,1092672
2000^2	0,0329639	0,2537573	0,0931195	0,1360622	0,0665401	0,0744619	0,0585521	0,1173380	0,0556772	0,1115278
4000^2	0,0329639	0,2493756	0,0919796	0,1368328	0,0666143	0,0744619	0,0590126	0,1189964	0,0562824	0,1134805
10000^2	0,0329639	0,2443859	0,0906892	0,1377189	0,0667016	0,0744619	0,0595331	0,1208852	0,0569650	0,1156954
20000^2	0,0329639	0,2410950	0,0898431	0,1383089	0,0667600	0,0744619	0,0598745	0,1221293	0,0574113	0,1171521
50000^2	0,0329639	0,2372534	0,0888601	0,1390026	0,0668293	0,0744619	0,0602709	0,1235809	0,0579286	0,1188484
100000^2	0,0329639	0,2346657	0,0882005	0,1394727	0,0668766	0,0744619	0,0605369	0,1245583	0,0582749	0,1199886

Man sieht sofort, dass sich die Mittelwerte von 0-Teilern und 5-Teilern kaum verändern. Außerdem bewegen sich die Mittelwerte der 1-, 3-, 7- und 9-Teiler (ebenso der 2-, 4-, 6-, 8-Teiler) aufeinander zu, die Summe ihrer Mittelwerte verändert sich auch kaum (0,6187 bzw. 0,2740). Das führt zur überraschenden Vermutung, dass 1-, 3-, 7- und 9-Teiler gleiche Wahrscheinlichkeit haben und 2-, 4-, 6- und 8-Teiler ebenso gleiche Wahrscheinlichkeit. Unten wird nachgewiesen werden, dass für $N \to \infty$ die Mittelwerte für 0-Teiler gegen $(1 - \ln 2)(1 - 4 \ln \frac{5}{4})$, für 1-, 3-, 7- und 9-Teiler jeweils gegen $\ln 2 \cdot \ln \frac{5}{4}$, für 2-, 4-, 6- und 8-Teiler jeweils gegen $(1 - \ln 2) \cdot \ln \frac{5}{4}$ und für 5-Teiler gegen $\ln 2 \cdot (1 - 4 \ln \frac{5}{4})$ streben. Mit dieser Berechnungsweise sind 1, 3, 7, 9 die „beliebtesten" Endziffern von Teilern, gefolgt von 2, 4, 6, 8, dann 5 und zuletzt 0.

Im Folgenden werden Logarithmen als bekannt vorausgesetzt und etwas Integralrechnung, insbesondere, dass der natürliche Logarithmus die Stammfunktion der Kehrwertfunktion ist.

Lemma 5. *Für jede positive ganze Zahl s gilt:*

$$\frac{1}{s} + \ln(s) \leq \sum_{k=1}^{s} \frac{1}{k} \leq 1 + \ln(s).$$

■ **Beweis.** Für beliebige Zahlen $k > 0$ gilt, da die Kehrwertfunktion streng monoton fällt: $\frac{1}{k} > \int_k^{k+1} \frac{\mathrm{d}x}{x} > \frac{1}{k+1}$, woraus mit $\int_k^{k+1} \frac{\mathrm{d}x}{x} = \ln(k+1) - \ln(k)$ und Multiplikation mit -1 und Addieren von $\ln(k+1) - \ln(k) + \frac{1}{k+1}$ folgt:

$$\frac{1}{k+1} - \frac{1}{k} + \ln(k+1) - \ln(k) < \frac{1}{k+1} < \ln(k+1) - \ln(k).$$

Addiert man diese Ungleichungen für $k = 1, \ldots, s - 1$ auf und addiert 1 auf allen Seiten, folgt die Behauptung. □

Hiermit kann man ermitteln, welchen Anteil alle Teiler mit gewisser Endziffer an allen Teilern der Zahlen von 1 bis N haben. Durch eine feste Zahl t sind $\lfloor \frac{N}{t} \rfloor$ Zahlen teilbar. Es gibt also für jede Endziffer $z > 0$

$$\sum_{k=0}^{1+\lfloor \frac{N}{10} \rfloor} \left\lfloor \frac{N}{10k + z} \right\rfloor$$

z-Teiler, und für $z = 0$

$$\sum_{k=1}^{1+\lfloor \frac{N}{10} \rfloor} \left\lfloor \frac{N}{10k} \right\rfloor$$

0-Teiler. Damit gibt es am meisten 1-Teiler, dann 2-, 3-, …, 9-, 0-Teiler. Ihre Summe $\sum_{k=1}^{N} \lfloor \frac{N}{k} \rfloor$ lässt sich mit Lemma 5 abschätzen:

$$N(\ln(N) + 1) \geq \sum_{k=1}^{N} \frac{N}{k} \geq \sum_{k=1}^{N} \left\lfloor \frac{N}{k} \right\rfloor > \sum_{k=1}^{N} \left(\frac{N}{k} - 1 \right) > N(\ln(N) - 1) + 1.$$

Die Anzahlen der Teiler unterscheiden sich maximal um die Differenz von 1- und 0-Teilern (die Summe unten hat maximal $\frac{N}{10} + 1$ Summanden):

$$\left(\left\lfloor \frac{N}{1} \right\rfloor - \left\lfloor \frac{N}{10} \right\rfloor \right) + \left(\left\lfloor \frac{N}{11} \right\rfloor - \left\lfloor \frac{N}{20} \right\rfloor \right) + \ldots$$
$$< \left(\frac{N}{1} - \frac{N}{10} + 1 \right) + \left(\frac{N}{11} - \frac{N}{20} + 1 \right) + \ldots < N + \left(\frac{N}{10} + 1 \right).$$

Die Anteile von z-Teilern für unterschiedliche Ziffern z unterscheiden sich also untereinander um höchstens $\varepsilon_N := \frac{N + N/10 + 1}{N(\ln(N) - 1) + 1}$. Wäre für eine Ziffer

z der Anteil an z-Teilern größer als $\frac{1}{10} + \varepsilon_N$ bzw. kleiner als $\frac{1}{10} - \varepsilon_N$, dann wäre die Summe aller Anteile größer als $1 + \varepsilon_N$ bzw. kleiner als $1 - \varepsilon_N$. Da ε_N für $N \to \infty$ gegen 0 strebt, gehen also alle Anteile gegen den gleichen Wert $\frac{1}{10}$, sind also „gleich beliebt".

Die andere Berechnungsweise ist deutlich aufwendiger:

Definition 6. *Für eine gewisse Eigenschaft E (z. B. bestimmte Endziffer) und eine positive ganze Zahl n sei $w_E(n)$ der Quotient aus der Anzahl der Teiler von n, die die Eigenschaft E erfüllen, und der Gesamtanzahl der Teiler von n. Für eine endliche Menge $M = \{n_1, \ldots, n_K\}$ von positiven ganzen Zahlen sei $w_E(M) = \frac{1}{K} \sum_{k=1}^{K} w_E(n_k)$ der **Mittelwert** von Teilern mit Eigenschaft E auf der Menge M. Konvergiert der Mittelwert $w_E(M)$ auf der Menge $M = \{1, \ldots, K\}$ für $K \to \infty$ gegen einen Grenzwert w, so heißt w die **Wahrscheinlichkeit** von Teilern mit Eigenschaft E. Lautet die Eigenschaft E speziell, dass für gewisse Ziffern a, b, c, d der Teiler ein a-Teiler oder ein a-b-c-d-Teiler ist, sprechen wir auch kurz von Mittelwert bzw. Wahrscheinlichkeit für a-Teiler bzw. a-b-c-d-Teiler.*

Beispiel. Die Eigenschaft E für einen Teiler t einer Zahl n sei, dass $t^2 = n$ ist. Dann ist $w_E(1) = 1$, $w_E(4) = \frac{1}{3}$, für Nicht-Quadratzahlen n gilt offenbar $w_E(n) = 0$. Für die Menge $\{1, \ldots, K\}$ gilt dann

$$0 < \frac{1}{K} \sum_{k=1}^{K} w_E(k) = \frac{1}{K} \sum_{1 \leq m \leq \sqrt{K}} w_E(m^2) \leq \frac{\sqrt{K}}{K} = \frac{1}{\sqrt{K}}.$$

Da $1/\sqrt{K}$ für $K \to \infty$ gegen 0 konvergiert, ist die Wahrscheinlichkeit 0.

Zur Berechnung dieser Wahrscheinlichkeiten sind noch weitere Vorbereitungen nötig:

Lemma 7.

a) Für alle positiven reellen Zahlen y gilt: $\ln(y) \leq y - 1$.
b) Für alle positiven reellen Zahlen h gilt:

$$\lim_{N \to \infty} \frac{\ln(\ln N)}{N^h} = 0.$$

■ **Beweis.**

a) Für $0 < y \leq 1$ ist $\frac{1}{y} \geq 1$, also $-\ln(y) = \ln(1) - \ln(y) = \int_y^1 \frac{dx}{x} \geq \int_y^1 dx = 1 - y$; für $1 \leq y$ ist $\ln(y) = \ln(y) - \ln(1) = \int_1^y \frac{dx}{x} \leq \int_1^y dx = y - 1$.

b) Setze $z = \sqrt{N^h}$, also $N = z^{\frac{2}{h}}$. Für $N \to \infty$ geht auch $z \to \infty$. Man kann also statt obigem Grenzwert den Limes $\lim_{z \to \infty} \ln(\ln(z^{\frac{2}{h}}))/z^2$ ermitteln. Für die Grenzwertberechnung kann man $N = z^{\frac{2}{h}} \geq 3$ voraussetzen. Dann ist mit Teil a): $0 < \ln(\ln N) = \ln(\frac{2}{h}\ln(z)) = \ln(\frac{2}{h}) + \ln(\ln z) \leq \ln(\frac{2}{h}) + \ln(z) - 1 \leq \ln(\frac{2}{h}) + z - 2$. Damit folgt $0 < \ln(\ln N)/N^h \leq (\ln(\frac{2}{h}) + z - 2)/z^2$. Die rechte Seite geht gegen 0 für $z \to \infty$. Daraus folgt die Behauptung. $\qquad\square$

Für die folgenden Überlegungen benötigen wir noch:

Satz 8. *Für $|x| < 1$ gibt es folgende Darstellung des natürlichen Logarithmus als unendliche Reihe:*

$$- \ln(1 - x) = x + \frac{x^2}{2} + \frac{x^3}{3} + \frac{x^4}{4} + \ldots = \sum_{k=1}^{\infty} \frac{x^k}{k}.$$

Zum Beweis siehe [2, Abschnitt 112].

Lemma 9. *Für $0 < x < 1$ und positive ganze Zahlen s gilt folgende Abschätzung:*

$$- \ln(1 - x) - \frac{x^{s+1}}{(s+1)(1-x)} < \sum_{k=1}^{s} \frac{x^k}{k} < - \ln(1 - x).$$

■ **Beweis.** Die rechte Ungleichung folgt sofort aus Satz 8:

$$\sum_{k=1}^{s} \frac{x^k}{k} < \sum_{k=1}^{\infty} \frac{x^k}{k} = - \ln(1 - x).$$

Die linke Ungleichung folgt mittels der Summenformel für die unendliche geometrische Reihe:

$$- \ln(1 - x) - \sum_{k=1}^{s} \frac{x^k}{k} = \sum_{k=s+1}^{\infty} \frac{x^k}{k} < \frac{x^{s+1}}{s+1} \sum_{k=0}^{\infty} x^k = \frac{x^{s+1}}{(s+1)(1-x)}.$$

$\square$

Wir berechnen nun die Mittelwerte für die Eigenschaft, dass Teiler von Zahlen teilerfremd zu einer gegebenen Primzahl sind.

Lemma 10. *Es sei p eine Primzahl. Weiter sei M eine Menge mit K Elementen. Das größte Element der Menge sei X. Die Eigenschaft E sei, dass der Teiler einer Zahl teilerfremd zu p ist. Dann gilt:*

   a) Für die größte Zahl T mit der Eigenschaft, dass $p^T \leq X$ ist, gilt die Abschätzung

$$\ln(T+1) \leq \ln(\ln(Xp)) - \ln(\ln p).$$

   b) Bezeichnet für $k = 0, \ldots, T$ die Zahl e_k die Anzahl der Elemente von M, die p genau k-fach als Faktor enthalten, gilt

$$w_E(M) = \frac{1}{K} \sum_{k=0}^{T} \frac{e_k}{k+1}.$$

■ **Beweis.**

a) Aus $p^T \leq X$ folgt $T \leq \log_p(X) = \ln(X)/\ln(p)$. Damit ist

$$\ln(T+1) \leq \ln\left(\frac{\ln(X)}{\ln(p)} + 1\right) = \ln\left(\frac{\ln(X) + \ln(p)}{\ln(p)}\right) = \ln\left(\frac{\ln(Xp)}{\ln(p)}\right) = \ln(\ln(Xp)) - \ln(\ln p).$$

b) Offenbar ist $e_k = 0$ für $k > T$, da für $k > T$ auch $p^k > X$ und damit größer als alle Elemente von M ist. Enthält eine der Zahlen aus M den Primteiler p genau k-mal, lässt sie sich in der Form mp^k schreiben mit m teilerfremd zu p, und jeder Teiler von mp^k hat die Form tp^s, wobei t Teiler von m ist und $0 \leq s \leq k$. Unter diesen Teilern ist genau einer nicht durch p teilbar, damit ist der Anteil der nicht durch p teilbaren Teiler $w_E(mp^k) = \frac{1}{k+1}$. Daraus folgt die Behauptung.   □

Lemma 11. *Sind E und G gegenteilige Eigenschaften von Teilern von Zahlen, d. h. G ist genau dann erfüllt, wenn E nicht erfüllt ist, gilt für jede Zahl n und jede endliche Menge M:*

$$w_G(n) = 1 - w_E(n), \qquad w_G(M) = 1 - w_E(M).$$

■ **Beweis.** Jeder Teiler einer Zahl n erfüllt entweder Eigenschaft E oder G. Damit ist $w_G(n) + w_E(n) = 1$. Für eine Menge mit K Elementen gilt
$w_G(M) = \frac{1}{K} \sum_{n \in M} w_G(n) = \frac{1}{K} \sum_{n \in M} (1 - w_E(n)) = 1 - w_E(M).$ □

Satz 12. *Es sei p eine Primzahl und K, n, l Zahlen mit $0 \le l < n$ und n teilerfremd zu p. Es sei $M = \{n - l, 2n - l, \ldots, Kn - l\}$ und E die Eigenschaft, dass ein Teiler einer Zahl kein Vielfaches von p ist. Dann gilt*

$$\left| w_M(E) - (p - 1) \ln \frac{p}{p - 1} \right| < \frac{F_p(Kn - l)}{K},$$

wobei wir für alle positiven Zahlen r definieren:

$$F_p(r) := 2 \left(\frac{5}{4} + \ln(\ln(rp)) - \ln(\ln p) \right).$$

■ **Beweis.** Wir benutzen die Bezeichnungen vom Lemma 10. Das größte Element der Menge M ist hier $X = Kn - l$. Weiter ist T die größte ganze Zahl mit $p^T < X = Kn - l$, und für $0 \le k \le T$ sei e_k die Anzahl der Zahlen von M, die genau k-fach durch p teilbar sind.

Für jedes k sei nun m_k die kleinste positive Zahl, für die $m_k n - l$ *mindestens* k-fach durch p teilbar ist. Offenbar ist $m_0 = 1$. Da n teilerfremd zu p ist, ist $1 \le m_k \le p^k$. Die Anzahl der mindestens k-fach durch p teilbaren Zahlen aus M ist dann $\lfloor \frac{K - m_k}{p^k} + 1 \rfloor$. Damit ist $e_k = \lfloor \frac{K - m_k}{p^k} + 1 \rfloor - \lfloor \frac{K - m_{k+1}}{p^{k+1}} + 1 \rfloor$. Wegen $x - 1 < \lfloor x \rfloor \le x$ und $0 < m_s/p^s \le 1$ für alle x und s lässt sich abschätzen:

$$e_k > \left(\frac{K - m_k}{p^k} + 1 \right) - 1 - \left(\frac{K - m_{k+1}}{p^{k+1}} + 1 \right) > \frac{K}{p^k} - \frac{K}{p^{k+1}} - 2 = \frac{K(p - 1)}{p^{k+1}} - 2.$$

Analog erhält man $e_k < \frac{K(p-1)}{p^{k+1}} + 2$. Damit folgt aus Lemma 10b:

$$\sum_{k=0}^{T} \frac{p - 1}{(k + 1)p^{k+1}} - \frac{2}{K} \sum_{k=0}^{T} \frac{1}{k + 1} < w_E(M) < \sum_{k=0}^{T} \frac{p - 1}{(k + 1)p^{k+1}} + \frac{2}{K} \sum_{k=0}^{T} \frac{1}{k + 1}. \tag{1}$$

Die Summen lassen sich mittels Lemma 5 und 9 für $x = \frac{1}{p}$ und $s = T + 1$ wegen

$$-\ln \left(1 - \frac{1}{p} \right) = -\ln \frac{p - 1}{p} = \ln \frac{p}{p - 1}$$

wie folgt abschätzen:

$$\frac{-1}{p^{T+1}(T + 2)} - \frac{2}{K} (\ln(T + 1) + 1) < w_M(E) - (p - 1) \ln \frac{p}{p - 1} < \frac{2}{K} (\ln(T + 1) + 1).$$

Nach Wahl von T ist noch $p^{T+1}(T + 2) > (Kn - l)(T + 2) \ge 2K$. Mit Lemma 10a folgt

$$-\frac{1}{2K} - \frac{2}{K}\left(1 + \ln(\ln(Xp)) - \ln(\ln p)\right) < w_M(E) - (p-1)\ln\frac{p}{p-1},$$

$$w_M(E) - (p-1)\ln\frac{p}{p-1} < \frac{2}{K}\left(1 + \ln(\ln(Xp)) - \ln(\ln p)\right)$$

und damit die Behauptung für $w_M(E)$. $\square$

Damit gilt sofort:

Korollar 13. *Die Wahrscheinlichkeit dafür, dass ein Teiler einer Zahl zu p teilerfremd ist bzw. durch p teilbar ist, lautet*

$$(p-1)\ln\frac{p}{p-1} \quad bzw. \quad 1 - (p-1)\ln\frac{p}{p-1}.$$

■ **Beweis.** Dies folgt aus Satz 12 für $n = 1$ und $l = 0$ und Lemma 11, da $F_p(K)/K$ nach Lemma 7b für $K \to \infty$ gegen 0 konvergiert. $\square$

Satz 12 und obige Argumente lassen sich nochmals anwenden, um zu zeigen:

Satz 14. *Die Wahrscheinlichkeit*

a) für 1-3-7-9-Teiler ist $\ln 2 \cdot 4\ln\frac{5}{4} = 0,61868\ldots;$

b) für 2-4-6-8-Teiler ist $(1 - \ln 2) \cdot 4\ln\frac{5}{4} = 0,27388\ldots;$

c) für 5-Teiler ist $\ln 2 \cdot (1 - 4\ln\frac{5}{4}) = 0,07446\ldots;$

d) für 0-Teiler ist $(1 - \ln 2)(1 - 4\ln\frac{5}{4}) = 0,03296\ldots$

■ **Beweis.** Es sei M die Menge der Zahlen von 1 bis K. Weiter sei T die größte ganze Zahl mit $2^T \le K$. Für $k = 0, \ldots, T$ sei M_k die Menge der Zahlen aus M, die den Primfaktor 2 genau k-fach enthalten, und e_k sei die Anzahl der Elemente von M_k.

Es seien E, F bzw. Z die Eigenschaften, dass ein Teiler einer Zahl n nicht durch 2, 5 bzw. weder durch 2 noch 5 teilbar ist. Die Wahrscheinlichkeit für Z ist dann die Wahrscheinlichkeit für 1-3-7-9-Teiler. Für eine Zahl n, die die Primfaktoren 2 und 5 genau r_2- bzw. r_5-fach enthält, ist

$$w_Z(n) = \frac{1}{(r_2 + 1)(r_5 + 1)} = w_E(n) \cdot w_F(n).$$

Es ist $w_E(n) = \frac{1}{k+1}$ für $n \in M_k$, also

$$\sum_{n=1}^{K} w_Z(n) = \sum_{k=0}^{T} \sum_{n \in M_k} w_E(n)w_F(n) = \sum_{k=0}^{T} \frac{1}{k+1} \sum_{n \in M_k} w_F(n) = \sum_{k=0}^{T} \frac{e_k w_F(M_k)}{k+1}. \tag{2}$$

Da alle Elemente der Mengen M_k kleiner oder gleich K sind und die Funktion $F_5(r)$ monoton wächst, gilt für alle k nach Satz 12 für $p = 5$

$$\left| w_F(M_k) - 4\ln\frac{5}{4} \right| < \frac{F_5(K)}{e_k}.$$

Damit lassen sich die Summanden der rechten Seite von (2) nach unten abschätzen:

$$\frac{e_k w_F(M_k)}{k+1} > \frac{e_k}{k+1}\left(4\ln\frac{5}{4} - \frac{F_5(K)}{e_k}\right) = 4\ln\frac{5}{4}\cdot\frac{e_k}{k+1} - \frac{F_5(K)}{k+1}.$$

Nach Lemma 10b und Satz 12 ist

$$\sum_{k=0}^{T} \frac{e_k}{k+1} = K w_E(M) > K\ln 2 - F_2(K).$$

Nach Lemma 5 und Lemma 10a gilt

$$\sum_{k=0}^{T} \frac{1}{k+1} \le \ln(T+1) + 1 \le 1 + \ln(\ln(2K)) - \ln(\ln 2) < F_2(K).$$

Insgesamt folgt

$$\frac{1}{K}\sum_{n=1}^{K} w_Z(n) > 4\ln\frac{5}{4}\cdot\left(\ln 2 - \frac{F_2(K)}{K}\right) - \frac{F_5(K)F_2(K)}{K}.$$

Analog ergibt sich eine entsprechende Abschätzung nach oben:

$$\frac{1}{K}\sum_{n=1}^{K} w_Z(n) < 4\ln\frac{5}{4}\cdot\left(\ln 2 + \frac{F_2(K)}{K}\right) + \frac{F_5(K)F_2(K)}{K}.$$

Nach Lemma 7b ist daher der Grenzwert für $K \to \infty$ gleich $4\ln\frac{5}{4}\cdot\ln 2$. Die anderen Abschätzungen gelten analog, wenn man die zu E und/oder F gegenteiligen Eigenschaften betrachtet und Lemma 11 verwendet. $\qquad\square$

Schließlich kann man hieraus unter Anwendung des DIRICHLETSCHEN Primzahlsatzes noch die Wahrscheinlichkeiten für die 1-Teiler, 2-Teiler usw. berechnen:

DIRICHLETSCHER Primzahlsatz.

Sind a und b teilerfremd, divergiert die Summe der Kehrwerte aller Primzahlen p mit $p \equiv a \bmod b$. Es gibt also für jede reelle Zahl R endlich viele Primzahlen p mit $p \equiv a \bmod b$, sodass die Summe ihrer Kehrwerte größer als R ist.

Zum Beweis siehe [1, Abschnitt 1.6].

Satz 15. *Die Wahrscheinlichkeiten für 1-, 3-, 7- und 9-Teiler sind jeweils* $\ln 2 \cdot \ln \frac{5}{4}$, *und die Wahrscheinlichkeiten für 2-, 4-, 6- und 8-Teiler sind jeweils* $(1 - \ln 2) \cdot \ln \frac{5}{4}$.

■ **Beweis.** Ist a eine Ziffer, die teilerfremd zu 10 ist, heißt im Rahmen dieses Beweises eine Zahl a-*schlecht*, wenn sie keinen Primfaktor mit Endziffer a genau einmal als Faktor enthält. Es sei $\varepsilon > 0$. Nach dem DIRICH-LETSCHEN Primzahlsatz gibt es Primzahlen $p_1 < \ldots < p_n$ mit Endziffer 3 und

$$\sum_{k=1}^{n} \frac{1}{p_k} > \frac{1}{2} - \ln \frac{\varepsilon}{4}. \tag{3}$$

Setze $N_3 = p_1^2 \cdot p_2^2 \cdots p_n^2$. Zunächst wird die Anzahl der 3-schlechten Zahlen unter N_3 aufeinander folgenden Zahlen abgeschätzt. Jede 3-schlechte Zahl kann keinen der $(p_k - 1)$ Reste $p_k, 2p_k, \ldots, (p_k - 1)p_k$ modulo p_k^2 haben, da sie sonst genau einmal durch p_k teilbar wäre. Da es unter N_3 aufeinander folgenden Zahlen keine zwei gibt, die gleiche Reste modulo p_k^2 für alle $k = 1, \ldots n$ haben, sind also höchstens $(p_1^2 - p_1 + 1) \cdots (p_n^2 - p_n + 1)$ Zahlen 3-schlecht. Mit Lemma 7a folgt

$$\ln \left(\frac{(p_1^2 - p_1 + 1) \cdots (p_n^2 - p_n + 1)}{N_3} \right) = \sum_{k=1}^{n} \ln \left(1 - \frac{p_k - 1}{p_k^2} \right)$$

$$\leq - \sum_{k=1}^{n} \frac{p_k - 1}{p_k^2} = \sum_{k=1}^{n} \frac{1}{p_k^2} - \sum_{k=1}^{n} \frac{1}{p_k}.$$

Die erste Summe lässt sich abschätzen durch

$$\sum_{k=1}^{n} \frac{1}{p_k^2} \leq \sum_{k=3}^{p_n} \frac{1}{k^2} < \sum_{k=3}^{p_n} \frac{1}{k(k-1)} = \sum_{k=3}^{p_n} \left(\frac{1}{k-1} - \frac{1}{k} \right) = \frac{1}{2} - \frac{1}{p_n} < \frac{1}{2}.$$

Damit ist nach (3):

$$\ln \left(\frac{(p_1^2 - p_1 + 1) \cdots (p_n^2 - p_n + 1)}{N_3} \right) < \ln \frac{\varepsilon}{4}$$

bzw. $(p_1^2 - p_1 + 1) \cdots (p_n^2 - p_n + 1) < \frac{\varepsilon N_3}{4}$, d. h. es sind weniger als $\frac{\varepsilon N_3}{4}$ Zahlen 3-schlecht. Nach dem DIRICHLETSCHEN Primzahlsatz gibt es auch endlich viele Primzahlen mit Endziffer 9, die entsprechend Ungleichung (3) erfüllen, und analog zu oben hat N_9, das Quadrat des Produkts dieser Primzahlen, die Eigenschaft, dass unter N_9 aufeinander folgenden Zahlen höchstens $\frac{\varepsilon N_9}{4}$ Zahlen 9-schlecht sind. Wähle nun M_ε größer als $\frac{4N_3}{\varepsilon}$ und

$\frac{4N_9}{\varepsilon}$ und so groß, dass sich die Mittelwerte für 1-3-7-9-Teiler und 2-4-6-8-Teiler auf $\{1, \ldots, M\}$ für alle $M \geq M_\varepsilon$ um weniger als ε von ihren Grenzwerten, den Wahrscheinlichkeiten $\ln 2 \cdot 4 \ln \frac{5}{4}$ bzw. $(1 - \ln 2) \cdot 4 \ln \frac{5}{4}$ (nach Satz 14) unterscheiden. Dann lassen sich für alle $M \geq M_\varepsilon$ die Zahlen von 1 bis M in $\lfloor M/N_3 \rfloor$ Blöcke von je N_3 aufeinander folgenden Zahlen sowie höchstens N_3 weiteren Zahlen aufteilen. In jedem Block sind höchstens $\frac{\varepsilon N_3}{4}$ 3-schlechte Zahlen, unter den weiteren Zahlen können höchstens N_3 3-schlecht sein, insgesamt höchstens

$$\left\lfloor \frac{M}{N_3} \right\rfloor \frac{\varepsilon N_3}{4} + N_3 \leq \frac{\varepsilon M}{4} + N_3 = M \left(\frac{\varepsilon}{4} + \frac{N_3}{M} \right) < M \left(\frac{\varepsilon}{4} + \frac{\varepsilon}{4} \right) = \frac{\varepsilon M}{2}$$

3-schlechte Zahlen. Analog ergibt sich, dass weniger als $\frac{\varepsilon M}{2}$ Zahlen 9-schlecht sein können. Es sind also weniger als εM Zahlen 3-schlecht oder 9-schlecht. Alle übrigen enthalten jeweils mindestens eine Primzahl mit Endziffer 3 und eine mit Endziffer 9 genau einmal als Faktor und haben damit nach Korollar 4 gleich viele 1-, 3-, 7- und 9-Teiler und gleich viele 2-, 4-, 6- und 8-Teiler.

Daher können sich die Mittelwerte von 1-, 3-, 7- und 9-Teilern um höchstens ε unterscheiden. Wäre nun der Mittelwert für 1-Teiler größer oder gleich $\ln \frac{5}{4} \cdot \ln 2 + \varepsilon$, so müssten auch die Mittelwerte für 3-, 7- und 9-Teiler mindestens $\ln \frac{5}{4} \cdot \ln 2$ sein, und damit der Mittelwert für die 1-3-7-9-Teiler mindestens $4 \ln \frac{5}{4} \cdot \ln 2 + \varepsilon$ im Widerspruch zur Wahl von M_ε. Daher unterscheidet sich der Mittelwert für 1-Teiler um weniger als ε von $\ln \frac{5}{4} \cdot \ln 2$.

Da ε beliebig positiv gewählt war, ist die Wahrscheinlichkeit für 1-Teiler genau $\ln \frac{5}{4} \cdot \ln 2$. Analoges gilt für 3-, 7-, 9-, 2-, 4-, 6- und 8-Teiler. $\qquad \square$

Danksagung. Ich danke THORSTEN KLEINJUNG für wichtige Ideen und Hinweise.

Literatur

1. J. BRÜDERN, *Einführung in die analytische Zahlentheorie*, Springer-Verlag, Berlin Heidelberg 1995.
2. K. STRUBECKER, *Einführung in die höhere Mathematik*, Band II, R. Oldenbourg, München Wien 1967.

Taubenschläge und andere Kisten

Cornelia Wissemann-Hartmann

2. Runde 2001, Aufgabe 1.

Zehn Ecken eines regelmäßigen 100-Ecks seien rot und zehn andere blau gefärbt. Man beweise: Unter den Verbindungsstrecken zweier roter Punkte gibt es mindestens eine, die genauso lang ist wie eine der Verbindungsstrecken zweier blauer Punkte.

Uns begegnet in der zweiten Runde des Jahres 2001 eine Aufgabe, deren Lösung ein wichtiges kombinatorisches Grundprinzip zugrunde liegt. Als besondere Aufgabe wurde diese schon 2010 in den Mitteilungen der Deutschen Mathematikervereinigung (DMV) hervorgehoben, als ein besonderes „Häppchen Mathematik" [1].

Vorüberlegungen. Wir probieren die Situation an einem Kreis, auf dem wir die Punkte des regelmäßigen 100-Ecks auftragen. Mit einem Geometriewerkzeug lässt sich das leicht und sauber konstruieren. Wir zeigen in Bild 1 die Situation mit drei roten und drei blauen Verbindungsstrecken, die wir ab jetzt *Diagonalen* nennen. Das Beispiel ist so gemacht, dass man leicht erkennt, dass im Fall von drei Ecken viele Situationen möglich sind, in denen die analoge Aussage nicht stimmt. Hier sind alle Diagonalen unterschiedlich lang.

Wenn also die Aussage stimmt, hängt es an der Zahl der gefärbten Punkte. Und das ist auch intuitiv klar, je mehr Punkte, desto weniger Spielraum für die Längen der vorhandenen Diagonalen. Die Ecken des 100-Ecks legen wir so auf den Umkreis, dass wir im mathematisch positiven Drehsinn zählen und z. B. rechts im Osten mit $0 = 100$ beginnen.

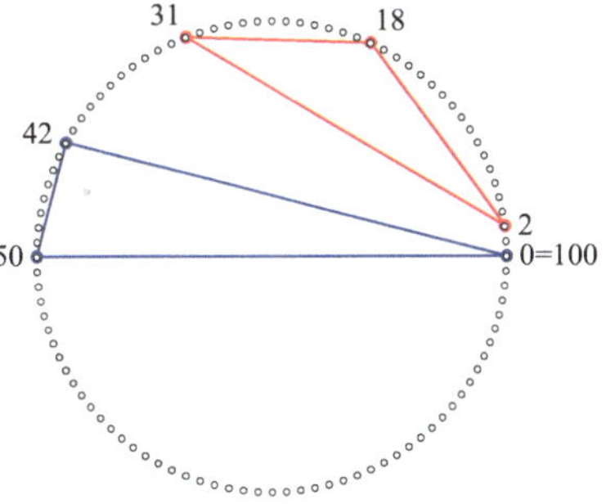

Bild 1. Drei rote und drei blaue Diagonalen, die paarweise verschieden lang sind.

Wir wollen die rot gefärbten Punkte mit $R_1, R_2, R_3, \ldots$ und die blau gefärbten mit $B_1, B_2, B_3, \ldots$ bezeichnen und die Länge der Diagonalen entsprechend mit $r_{12}, b_{13}, \ldots$, allgemein r_{ij}, b_{ij} für $i, j \in \{1, \ldots, 100\}$. Als *Abstand* zweier Punkte können wir hier kurzerhand zählen, um wie viele Schritte die Punkte auseinanderliegen. Die tatsächliche Länge ist irrelevant. Statt „rot gefärbt" sagen wir auch kurz „*roter Punkt*".

Wenn man ein wenig herumgespielt hat mit der Freiheit der Punkte auf dem Kreis, kommt man auf folgende Grenzsituation.

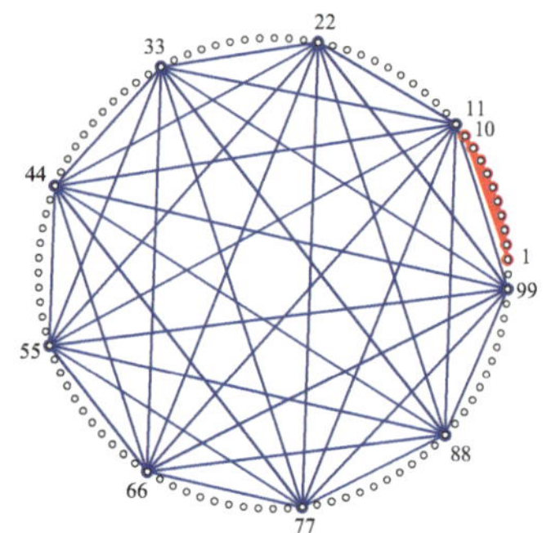

Bild 2. Es sind hier nur neun blaue Punkte vorhanden: 11, 22, 33, 44, 55, 66, 77, 88 und 99.

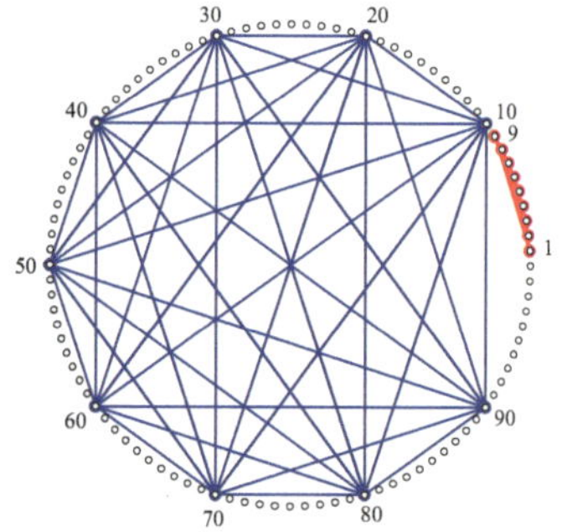

Bild 3. Ebenfalls nur neun blaue Punkte: 10, 20, 30, 40, 50, 60, 70, 80 und 90.

Eine Idee. Wir wollen zunächst Lagen von Punkten konstruieren, sodass keine gleichen Diagonallängen auftreten. Ziel ist, die roten Punkte ganz dicht zusammenzulegen, sodass hier nur kleine Diagonallängen auftreten und die blauen so weit auseinander, dass die Längen alle größer sind.

Legen wir also R_1 auf 1, R_2 auf 2, …, R_{10} auf 10. Dann nehmen die r_{ij} die Werte von 1 bis 9 an (Bild 2). Um nun keine Dopplungen zu erzeugen, müssen nur die blauen Punkte alle mindestens 11 Ecken voneinander entfernt liegen, da dann alle Diagonalen mindestens die Länge 10 haben. Leicht sehen wir, dass 10-mal 11 Punkte mehr als ein Hunderteck erfordern. Für ein Hunderteck darf der Abstand höchstens 10 sein, dann doppelt sich aber die Diagonallänge mit der der roten Punkte.

Man sieht, dass diese Idee bis zur Anzahl von neun Punkten funktionieren würde, wir legen sie im Kreis mit der vorne angegebenen Nummerierung so: 1, 2, 3, 4, 5, 6, 7, 8, 9 und 10, 20, 30, 40, 50, 60, 70, 80, 90 (Bild 3).

Vielleicht haben wir es nur nicht richtig angefangen? Unser Gefühl sagt ganz klar: Die Aussage der Aufgabe muss stimmen.

Wir merken also: Eine schlaue Aufgabe! Sie erfasst gerade die Grenzsituation, ab der eine Verteilung der Farbe für zweimal 10 Punkte so nicht mehr möglich ist, ohne Diagonallängen zu doppeln. Eine Schönste, weil sie uns jetzt herausfordert, zu beweisen, dass es ab dieser Zahl nicht mehr geht.

Zum Beweis benötigt man jetzt ein Werkzeug, das in der Kombinatorik und der diskreten Mathematik häufig benutzt wird. Es ist das *Schubfach-* oder *Taubenschlagprinzip* und so selbstverständlich, dass man sich fragt, wieso es überhaupt als Satz formuliert werden muss.

Das Schubfachprinzip. In der Mathematik ist das *Schubfachprinzip* (engl. *pigeonhole principle*, daher auch *Taubenschlagprinzip*) eine einfache und effiziente Methode, um gewisse Aussagen über eine endliche Menge zu machen. Das Prinzip wird oft in der diskreten Mathematik benutzt. Es beschreibt eigentlich eine Selbstverständlichkeit. Das Prinzip kann folgendermaßen formuliert werden:

Schubfachprinzip.

Falls man n Objekte auf m Mengen (n, m > 0) verteilt, und n größer als m ist, dann gibt es mindestens eine Menge, in der sich mehr als ein Objekt befindet.

Der Name kommt von einer bildhaften Vorstellung dieses Vorgangs: Falls man eine bestimmte Anzahl von Schubfächern hat, und man mehr Objekte in die Fächer legt als Fächer vorhanden sind, dann landen in irgendeinem Schubfach mindestens zwei dieser Objekte.

Es geht wahrscheinlich auf PETER GUSTAV LEJEUNE DIRICHLET (1805–1895) zurück, der es 1834 erstmals angewandt hat. Im Russischen wird es daher *Dirichlet-Prinzip* genannt. Der Beweis dieses Prinzips ist beinahe trivial und kann zum Beispiel indirekt geführt werden: Falls das Prinzip nicht stimmt, dann landet in jedem Schubfach höchstens ein Objekt. Damit gibt es höchstens so viele Objekte wie Schubfächer. Das steht aber im Widerspruch zur Voraussetzung, dass es mehr Objekte als Schubfächer gibt.

Beispiel. Trotz seiner Einfachheit kann man mit dem Schubfachprinzip interessante Aussagen treffen, zum Beispiel die, dass es in München mindestens zwei Personen gibt, die exakt dieselbe Anzahl von Haaren auf dem Kopf haben. Beweis: Man teilt alle Bewohner Münchens nach der Anzahl ihrer Haare in „Schubfächer" ein. Typischerweise hat der Mensch etwa 100 000 bis 200 000, jedoch sicher weniger als 1 Million Haare, damit gibt es maximal eine Million Schubfächer (von 0 bis 999 999). Da es aber etwa 1, 3 Millionen Einwohner in München gibt, hat man mehr Einwohner als Schubfächer, damit landen in mindestens einem Schubfach zwei oder mehr Personen. Diese haben nach Definition der Schubfächer dieselbe Anzahl Haare auf dem Kopf.

Dieses Prinzip wird nun verwendet, um zu zeigen, dass unser Hunderteck eine solche Punktverteilung wie gefordert mit zweimal zehn Punkten nicht zulässt, weil es einfach ein Punkt zu viel ist. In [2, Aufgabe 2001-2-1] sind drei verschiedene Beweise enthalten, einer davon ist indirekt geführt, alle benutzen im Grundsatz das Schubfachprinzip. Ich stelle den Beweis 3 vor, der mir am eingängigsten erscheint.

■ **Beweis.** Wir legen über unser 100-Eck mit den eingefärbten Punkten eine transparente Folie und markieren auf ihr die rot gefärbten Punkte. Die Folie wird mit einer Musterklammer in der Mitte des 100-Ecks fixiert.

Wir drehen nun die Folie. Wir machen so viele Schritte, dass nacheinander jede der 10 roten Markierungen je einmal auf jede der 10 blauen Ecken fällt. Immer kommt bei einer Drehung die Folie wieder in eine Lage, die das 100-Eck Ecke auf Ecke überdeckt. Dabei ergeben sich formal 101 unterschiedliche Positionen der Folie, nämlich neben der Ausgangslage noch 10-mal 10 Lagen.

Da aber das 100-Eck nur 100 Ecken hat, kann die Folie nicht in 101 verschiedene Lagen kommen. Also müssen zwei Lagen gleich sein. Also gibt es eine Lage, bei der zwei verschiedene blaue Ecken von roten Markierungen der Folie überdeckt werden. Das heißt, dass die beiden zugehörigen Diagonalen gleich lang sind, das ist die behauptete Aussage.   □

Bemerkung. Der Beweis 1 aus [2, Aufgabe 2001-2-1] arbeitet mit Mittelpunktswinkeln nach dem Schubfachprinzip, im Beweis 2 werden zusätzliche Diagonalen von jedem roten Punkt aus angetragen und über die entstandenen Dreiecke mit Kongruenz zwei gleiche Diagonalen gefunden.

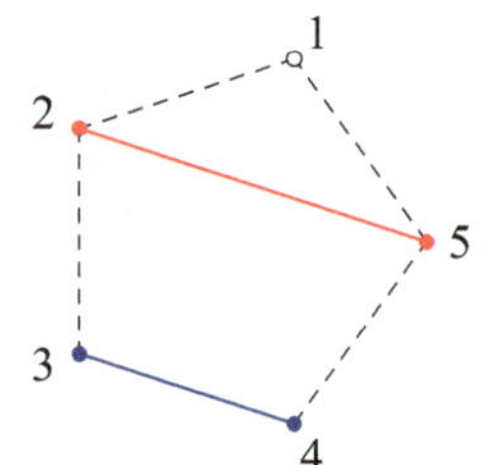

Bild 4.

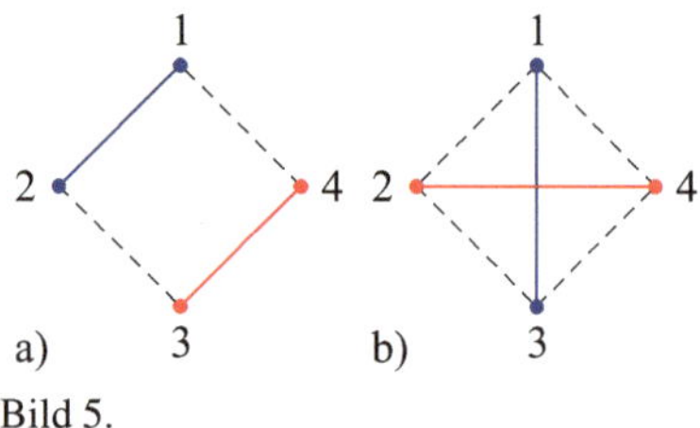

a) b)

Bild 5.

Variationen. Die Aufgabe konfrontiert uns mit einem 100-Eck und zweimal 10 Punkten. Wir haben zudem gesehen, dass die Zahl 100 genau die war, bei der die Anforderung der Aufgabe bei zweimal 10 Punkten gerade nicht mehr passte.

Wie lautet die analoge Formulierung bei einem n-Eck und zweimal k gefärbten Punkten? Nun, wir waren auf $10 \cdot 10 + 1$ gekommen, als wir die Folie betrachtet haben. So kommen wir auf $k \cdot k + 1$ in der allgemeinen Situation. Zum Beispiel ergibt sich für zwei Punkte, dass ein Viereck gerade nicht ausreicht, wir also mindestens ein Fünfeck haben müssen, um keine gleich langen Diagonalen zu haben. Bild 4 zeigt, dass eine solche Konstruktion wirklich klappt.

Versucht man es dagegen mit einem Viereck, sieht man direkt, dass die Punktepaare entweder beide benachbart liegen, also durch eine gleiche Kante verbunden sind (Bild 5a), oder aber nicht benachbart sind, dann liegen sie über Diagonalen verbunden einander gegenüber (Bild 5b), eine andere Wahl hat man nicht.

Wir erhalten den

> **Satz.**
>
> a) k Ecken eines regelmäßigen $k \cdot k$-Ecks seien rot und k andere blau gefärbt. Dann gilt: Unter den Verbindungsstrecken zweier roter Punkte gibt es mindestens eine, die genauso lang ist wie eine der Verbindungsstrecken zweier blauer Punkte.
>
> b) Ein n-Eck mit $n > k^2$ erlaubt eine Verteilung von k roten und k blauen Punkten ohne gleich lange Verbindungsstrecken.

Ein echtes Häppchen Mathematik!

Literatur

1. H.-H. LANGMANN: *Der Bundeswettbewerb Mathematik*, Mitt. d. DMV **18** (2010), 206–208.
2. http://www.bundeswettbewerb-mathematik.de, *Bundeswettbewerb Mathematik – Aufgaben (ab 1999) und Lösungen (ab 2000)*, Bearb. K. FEGERT.

Ein besonderer Zusammenhang

Erhard Quaisser

2. Runde 2002, Aufgabe 4.

In einem spitzwinkligen Dreieck ABC seien H_a und H_b die Fußpunkte der von A bzw. B ausgehenden Höhen; W_a und W_b seien die Schnittpunkte der Winkelhalbierenden durch A bzw. durch B mit den gegenüberliegenden Seiten. Man beweise: Im Dreieck ABC liegt der Inkreismittelpunkt I genau dann auf der Strecke $H_a H_b$, wenn der Umkreismittelpunkt U auf der Strecke $W_a W_b$ liegt.

Über eine Kette von äquivalenten Aussagen zum Beweis. Im Folgenden werden wir einen Beweis der Behauptung anstreben, bei dem zunächst beide Lageeigenschaften im Rahmen der Trigonometrie charakterisiert werden, also jeweils dazu äquivalente Eigenschaften des Dreiecks aufgefunden werden, die sich auf möglichst einfache Größen wie Seitenlängen und Winkelgrößen beziehen. Dabei ergeben sich markante und bemerkenswerte Sätze, die auch für sich Interesse beanspruchen können. Aber erst einmal

Einige Bereitstellungen. Zunächst geben wir einige Aussagen im spitzwinkligen Dreieck an, die bei den folgenden Beweisüberlegungen benutzt werden und die weitgehend bekannt oder leicht zu zeigen oder einfach leicht in Tafelwerken oder im Internet aufzufinden sind. Dabei seien r bzw. R die Länge des Inkreis- bzw. Umkreisradius. Überdies bezeichne $[ABC]$ den Flächeninhalt des Dreiecks ABC.

(W1) Es ist $AW_c : W_c B = \frac{b}{a}$ und damit $AW_c : AB = \frac{b}{a+b}$ sowie $AW_c = \frac{bc}{a+b}$.

(W2) Es ist $AI : IW_a = \frac{b+c}{a}$ und damit $AI : AW_a = \frac{b+c}{a+b+c}$ sowie $IW_a : AW_a = \frac{a}{a+b+c}$.

(I1) Es ist $[AIB] = \frac{1}{2} rc$ und damit $[ABC] = \frac{1}{2} r(a+b+c)$.

(H1) Es ist $AH_c = b \cos \alpha$ und damit $c = a \cos \beta + b \cos \alpha$.

(H2) Es ist $\sphericalangle CH_a H_b = \alpha$ und damit das Dreieck $CH_a H_b$ ähnlich zum Dreieck CAB.

(U1) Es ist $[AUB] = \frac{1}{2} Rc \cos \gamma$ und damit $[ABC] = \frac{1}{2} R(a \cos \alpha + b \cos \beta + c \cos \gamma)$.

Charakterisierungen. Wir stellen nun wie angekündigt Charakterisierungen für die beiden Eigenschaften $I \in H_a H_b$ und $U \in W_a W_b$ bereit, von denen in der Aufgabe die Rede ist.

Satz 1. $\qquad I \in H_a H_b \quad \Longleftrightarrow \quad \cos \gamma = \dfrac{a+b}{a+b+c}.$ $\qquad$ (1)

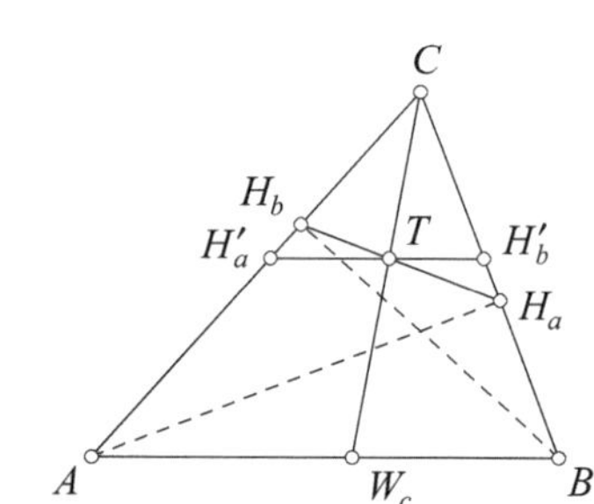

Bild 1.

■ **1. Beweis über Strahlensatz bzw. zentrische Streckung.** Wir spiegeln H_a und H_b an der Winkelhalbierenden CW_c. Die Bilder H'_a und H'_b liegen auf der Seite CA bzw. CB. Die Winkelhalbierende schneidet $H_a H_b$ und $H'_a H'_b$ in ein und demselben Punkt T. Nach (H2) ist $H'_a H'_b$ parallel zu AB. Überdies bemerken wir noch für eine mögliche Beweisvariante, dass H'_a und H'_b wegen (H1) die Bilder von A bzw. B bei der zentrischen Streckung $\delta(C, \cos \gamma)$ sind. (Dabei ist C das Zentrum und $\cos \gamma$ der Streckungsfaktor.)

Nun sind folgende Äquivalenzen leicht einsichtig:

$$I \in H_a H_b \quad \Longleftrightarrow \quad I = T \quad \Longleftrightarrow \quad H'_a I \parallel AB$$

$$\Longleftrightarrow \quad CH'_a : CA = CI : CW_c \quad \Longleftrightarrow \quad \cos \gamma = \frac{a+b}{a+b+c}$$

wegen (H1) und (W2). $\qquad\qquad\qquad\qquad\qquad\qquad\qquad\qquad\qquad\qquad\qquad$ □

Variante: $\quad \dots I = T \quad \Longleftrightarrow \quad I$ ist Bild von W_c bei $\delta(C, \cos \gamma)$

$$\Longleftrightarrow \quad \cos \gamma = \frac{a+b}{a+b+c} \quad \text{wegen (W2).}$$

■ **2. Beweis über Flächeninhaltsvergleiche.** Im Folgenden sei der Flächeninhalt $[ABC]$ kurz mit F bezeichnet. Zunächst ist

$$[H_a C H_b] = \frac{a \cos \gamma}{b} \cdot \frac{b \cos \gamma \cdot F}{a} = \cos^2 \gamma \cdot F$$

nach (H1). Weiterhin ist nach (H1) und (I1)

$$[C H_a I] = \frac{r b \cos \gamma}{2} \quad \text{und} \quad [C H_b I] = \frac{r a \cos \gamma}{2}$$

und weiter

$$\frac{[C H_a I] + [C H_b I]}{F} = \frac{a \cos \gamma + b \cos \gamma}{a+b+c}$$

nach (H1) und (I1). Nun sind folgende Aussagen äquivalent:

$$I \in H_a H_b \quad \Longleftrightarrow \quad [H_a C H_b] = [C H_a I] + [C H_b I]$$

$$\Longleftrightarrow \quad \cos^2 \gamma = \frac{a \cos \gamma + b \cos \gamma}{a+b+c} \quad \Longleftrightarrow \quad (1).$$

Damit ist der Satz 1 erneut bewiesen. $\qquad\qquad\qquad\qquad\qquad\qquad\qquad\qquad\qquad$ □

Satz 2. $U \in W_a W_b \iff \cos\alpha + \cos\beta = \cos\gamma.$ (2)

■ **Beweis von (2) über Flächeninhaltsvergleiche.** Es ist

$$[W_a C W_b] = \frac{b}{b+c} \cdot \frac{a}{a+c} F = \frac{ab}{(a+c)(b+c)} F$$

nach (W1). Außerdem sind

$$2[W_b C U] = \frac{a}{a+c} b R \cos\beta \quad \text{und} \quad 2[W_a C U] = \frac{b}{b+c} a R \cos\alpha$$

nach (U1) und (W1). Damit ist

$$2[W_a C U] + 2[W_b C U] = \frac{Rab\,[(b+c)\cos\beta + (a+c)\cos\alpha]}{(a+c)(b+c)}$$

und weiter

$$\frac{[W_a C U] + [W_b C U]}{F} = \frac{ab\,[(b+c)\cos\beta + (a+c)\cos\alpha]}{(a+c)(b+c)(a\cos\alpha + b\cos\beta + c\cos\gamma)}$$

wegen (U1). Nun sind folgende Äquivalenzen leicht einsichtig:

$$U \in W_a W_b \iff [W_a C W_b] = [W_a C U] + [W_b C U]$$

$$\iff [(b+c)\cos\beta + (a+c)\cos\alpha] = (a\cos\alpha + b\cos\beta + c\cos\gamma)$$

$$\iff c\cos\beta + c\cos\alpha = c\cos\gamma.$$

Damit ist der Satz 2 bewiesen.   □

Zum Abschluss bleibt nur noch die Äquivalenz von (1) und (2) zu zeigen. In der Tat gilt wegen (H1)

$$(1) \iff (a+b+c)\cos\gamma = a+b$$

$$\iff (a+b+c)\cos\gamma = (c\cos\alpha + b\cos\gamma) + (c\cos\beta + a\cos\gamma) \iff (2).$$

Damit ist schließlich gezeigt, dass I genau dann auf $H_a H_b$ liegt, wenn U ein Punkt von $W_a W_b$ ist.   □

Bemerkung. Einige der bereitgestellten Aussagen gelten auch für ein beliebiges Dreieck. Bei einem spitzwinkligen Dreieck sind die Höhenfußpunkte innere Punkte der jeweiligen Dreiecksseiten und die Punkte I und U sind innere Punkte des Dreiecks. Dadurch bestehen einfache anordnungsgeometrische Sachverhalte, die bei den Beweisen jeweils stillschweigend genutzt werden können.

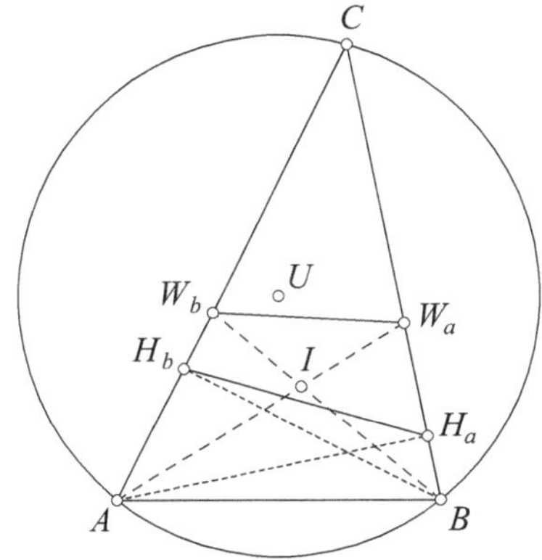

Bild 2.

Eine Charakterisierung mit den Abständen zu den Dreieckseiten. Die folgenden Überlegungen benutzen Abstandsgrößen. Damit gelingt eine bemerkenswerte Charakterisierung der Punkte auf der Verbindungsstrecke $W_a W_b$.

Der Abstand eines Punktes P im Inneren oder auf dem Rand eines spitzwinkligen Dreiecks ABC von der Seite BC sei mit $d_a(P)$ bezeichnet. Entsprechend seien $d_b(P)$ und $d_c(P)$ erklärt. Von Interesse ist nun folgender

Satz 3. $\quad P \in W_a W_b \quad \Longleftrightarrow \quad d_a(P) + d_b(P) = d_c(P).$ $\qquad$ (3)

■ **Beweis über lineare Gleichungen.** Trivialerweise sind $d_b(W_a) = d_c(W_a)$, $d_a(W_b) = d_c(W_b)$ sowie $d_a(W_a) = 0$ und $d_b(W_b) = 0$. Die Gleichung (3) gilt also für

$$P = W_a \quad \text{und} \quad P = W_b. \qquad (4)$$

Nun sei P irgendein Punkt der Strecke $W_a W_b$ und $x := W_a P$. Die Abstände $d_a(P)$, $d_b(P)$ und $d_c(P)$ sind lineare Funktionen von x (Gerade als Graph einer linearen Funktion!). Aus (4) folgt damit leicht (3) für alle P.

Der umgekehrte Schluss ergibt sich indirekt. Ist P ein Punkt der Dreiecksfläche, dann ergibt die Projektion von P senkrecht zu AB auf dem Streckenzug $A W_b W_a B$ einen wohl bestimmten Bildpunkt P'. Ist P kein Punkt der Strecke $W_a W_b$, so ist nun leicht einsichtig, dass (3) für P nicht gilt. Eine andere Begründungsmöglichkeit erwächst aus folgender Einsicht durch den ersten Beweisteil: Gilt (3) für zwei Punkte E und $F (\neq E)$, dann auch für alle Punkte P der Strecke EF. Aus der Annahme, dass es einen Punkt außerhalb $W_a W_b$ gibt, für den (3) gilt, ergäbe sich dann leicht ein Widerspruch. $\qquad\qquad\qquad\qquad\qquad\qquad\qquad\qquad\qquad\qquad\qquad$ □

Anmerkung. Hinsichtlich des Satzes 3 sind offensichtlich Beschränkungen auf spitzwinklige Dreiecke und Strecken nicht immer notwendig. Für die Lösung der Aufgabe ist dies aber nicht weiter vorteilhaft.

Mit der Abstandsgleichung (3) ist eine *weitere Charakterisierung* derjenigen Dreiecke gegeben, die die Eigenschaften in der Aufgabenstellung besitzen: Für den Mittelpunkt U des Umkreises gilt bekanntlich

$$d_a(U) = R \cos\alpha, \qquad d_b(U) = R \cos\beta, \qquad d_c(U) = R \cos\gamma.$$

Damit ist die Gleichung (3) äquivalent mit der Gleichung (2), $\cos\alpha + \cos\beta = \cos\gamma$, und der Satz 3 liefert so einen *weiteren Beweis* für den Satz 2.

Ein schöner Beweis mit trilinearen Koordinaten. Ein außergewöhnlicher Beweis der behaupteten Äquivalenz gelingt mit so genannten *trilinearen Koordinaten*. Dabei greifen wir eingehender als im obigen Teil die Abstände eines Punktes zu den Dreieckseiten auf. Wir stellen diese Koordinaten zunächst vor; Weiterführendes ist in [2] zu finden.

Es sei ABC ein Dreieck, und für einen beliebigen Punkt P (in der Dreiecksebene) seien x, y und z die *orientierten Abstände* von P zu den Seiten (Geraden) BC, CA bzw. AB (Bild 3). (So sei $x > 0$, wenn P zusammen mit A auf der gleichen Seite der Geraden BC liegt.) Auf diese Weise besteht eine eindeutige Zuordnung zwischen den Punkten der Ebene und den geordneten Paaren (x, y) reeller Zahlen; x und y können als *affine Koordinaten* verstanden werden. Analog können y, z bzw. z, x als affine Koordinaten der Ebenenpunkte aufgefasst werden. Jede der Zahlen x, y und z ist von den übrigen beiden linear abhängig. Denn es besteht die Gleichung

$$ax + by + cz = 2\,[ABC].$$

Diese ist im dreidimensionalen Raum eine Ebenengleichung. Jedem Punkt der Dreiecksebene entspricht umkehrbar eindeutig ein Punkt $(x, y, z) \neq (0, 0, 0)$ auf dieser Ebene im Raum. Für die Mittel und Methoden der analytischen Geometrie ist es nun zweckmäßig, alle Tripel $(x, y, z) \neq (0, 0, 0)$ einzubeziehen und ihnen ein und denselben Punkt der Ebene genau dann zuzuordnen, wenn sie sich nur um einen gemeinsamen Faktor unterscheiden. Dies sind nun die trilinearen Koordinaten der Punkte in der Dreiecksebene. Die Dreiecksecken A, B und C werden dann durch die Tripel $t(1, 0, 0)$, $t(0, 1, 0)$ bzw. $t(0, 0, 1)$ mit $t \neq 0$ beschrieben.

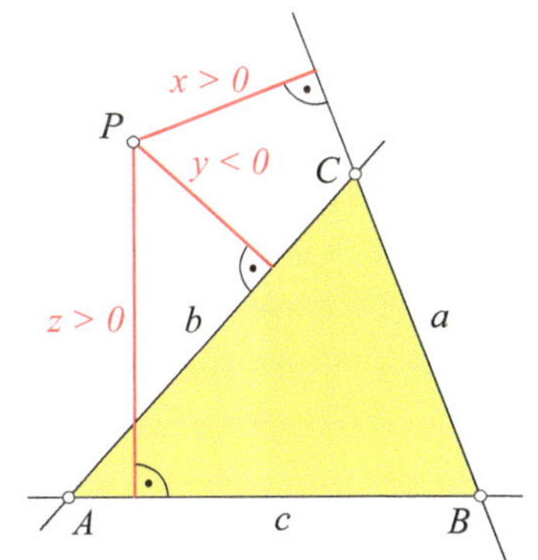

Bild 3.

Für die Kollinearität der Punkte (x_i, y_i, z_i), $i = 1, 2, 3$, ist hinreichend und notwendig, dass die Determinante

$$\det \begin{pmatrix} x_1 & x_2 & x_3 \\ y_1 & y_2 & y_3 \\ z_1 & z_2 & z_3 \end{pmatrix} = 0$$

ist. Diese Charakterisierung ist leicht verständlich, wenn man an eine bekannte Berechnung des Flächeninhalts eines Dreiecks aus den (affinen) Koordinaten seiner drei Eckpunkte anknüpft. Danach gilt:

Sind $A_i(x_i, y_i)$, $i = 1, 2, 3$, die Ecken eines Dreiecks, dann ist der Flächeninhalt des Dreiecks bis auf das Vorzeichen der Wert der Determinanten

$$\det \begin{pmatrix} x_1 & x_2 & x_3 \\ y_1 & y_2 & y_3 \\ 1 & 1 & 1 \end{pmatrix}.$$

Eine andere Einsicht der Gültigkeit des Kollinearitätskriteriums ergibt sich aus der Eigenschaft, dass die Determinante genau dann gleich Null ist, wenn die drei Zeilenvektoren ein linear abhängiges System bilden, wenn also einer der Vektoren sich als Linearkombination der anderen darstellen

lässt. Und dies bedeutet ja gerade, dass der entsprechende Punkt auf einer
Geraden durch die beiden anderen Punkte liegt.

Mit diesem Kollinearitätskriterium haben wir die Möglichkeit, die zu beweisende Äquivalenz

$$I \in H_a H_b \iff U \in W_a W_b$$

unmittelbar zu zeigen.

■ **Beweis der Aufgabenstellung mit trilinearen Koordinaten.** Den Punk-
ten I, W_a und W_b entsprechen die Tripel $(1, 1, 1)$, $(0, 1, 1)$ bzw. $(1, 0, 1)$.
Die Punkte H_a und H_b bestimmen trilineare Koordinaten $(0, 1, s)$ bzw.
$(1, 0, r)$ mit $s, r > 0$, denn H_a ist Punkt der Seite BC und H_b Punkt der
Seite AC. Damit entspricht dem Umkreismittelpunkt U das Tripel $(r, s, 1)$.
Der gewünschte Beweis ergibt sich dann bereits durch die offensichtliche
Äquivalenz

$$I \in H_a H_b \iff \det \begin{pmatrix} 1 & 0 & 1 \\ 1 & 1 & 0 \\ 1 & s & r \end{pmatrix} = 0$$

$$\iff \det \begin{pmatrix} r & 0 & 1 \\ s & 1 & 0 \\ 1 & 1 & 1 \end{pmatrix} = 0 \iff U \in W_a W_b. \qquad \square$$

Welch eine Kürze und Schönheit!

Noch ein wichtiger Aspekt. Abschließend noch eine Bemerkung aus lo-
gischer Sicht. Für den Beweis der Aussage spielt es keine Rolle, ob es überhaupt ein Dreieck mit der genannten Eigenschaft gibt. Denn hier geht es ja
nur um die Äquivalenz zweier Eigenschaften.

Aus mathematischer Sicht ist es natürlich unbefriedigend, wenn diese Frage
offen bleibt. Die Frage nach der Existenz lässt sich aber bereits mit (2) und
dem Winkelsummensatz eingehend behandeln:

- Wegen $\cos\alpha < \cos\gamma$, $\cos\beta < \cos\gamma$ muss notwendigerweise $\alpha > \gamma$,
  $\beta > \gamma$ und damit $\gamma < 60°$ sein.
- Ein gleichschenkliges Dreieck mit der gewünschten Eigenschaft liegt
  genau dann vor, wenn $\alpha = \beta$ und $2\cos\alpha = -\cos 2\alpha$, also $\cos\alpha = \frac{1}{2}(\sqrt{3} - 1)$ und damit $\alpha = \beta \approx 68,53°$ und $\gamma \approx 42,94°$ ist. Damit ist
  wenigstens ein Dreieck mit der Eigenschaft nachgewiesen.

Diese Aufgabe regt zu einer Reihe von Erkundungen an, die zu bemerkens-
werten und interessanten Einsichten führen, einschließlich der Verwendung
von Mitteln und Methoden, die heute weit weniger im Mathematikunterricht erörtert werden. Und so ist diese Aufgabe in dem Beitrag [1] wohl mit
Recht als eine der besonderen Problemstellungen im Bundeswettbewerb
Mathematik hervorgehoben worden.

Weitere Erkundungen. In unmittelbarem Zusammenhang mit der Aufgabenstellung kann gezeigt werden:

$$I \in H_a H_b \iff A H_b + B H_a = H_a H_b; \tag{5}$$

$$U \in W_a W_b \iff U M_a + U M_b = U M_c. \tag{6}$$

Dabei seien M_a, M_b und M_c die Mittelpunkte der Seiten BC, CA bzw. AB des Dreiecks. Auf diese Weise kann ein eigenständiger Beweis bei der gestellten Aufgabe geführt werden. Natürlich sind unmittelbare Berührungen zu den obigen Überlegungen zu erwarten. Wir überlassen das dem Leser.

Man könnte auch der Frage nachgehen, für welche Winkelgrößen γ es Dreiecke mit der Eigenschaft $I \in H_a H_b$ gibt?

Literatur

1. H.-H. LANGMANN: *Der Bundeswettbewerb Mathematik*, Mitt. d. DMV **18** (2010), 206–208.
2. E. W. WEISSTEIN: *Trilinear Coordinates*, From *Mathworld* – A Wolfram Web Resource, `http://mathworld.wolfram.com/TrilinearCoordinates.html`

Poster zum *Bundeswettbewerb Mathematik 2007*.

Ab dem Jahr 2007 sind konkrete Wettbewerbsaufgaben nicht mehr die Vorlage der Poster. Der Blick richtet sich auf die vielfältige und grundlegende Bedeutung der Mathematik; hier bei der Beschreibung einer biologischen Struktur, in der FIBONACCI-Zahlen eine Rolle spielen.

Spiele mit Parkettierungen

Cornelia Wissemann-Hartmann

1. Runde 2004, Aufgabe 3.

Man beweise, dass die beiden abgebildeten kongruenten regelmäßigen Sechsecke so in insgesamt sechs Teile zerschnitten werden können, dass diese Teile sich lückenlos und überschneidungsfrei zu einem gleichseitigen Dreieck zusammensetzen lassen.

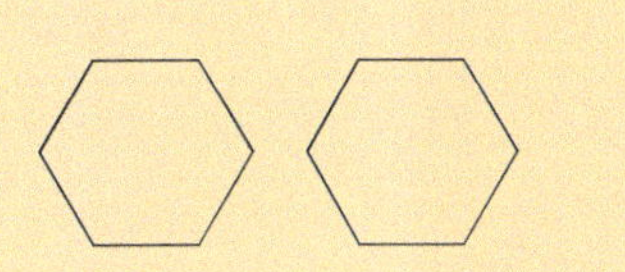

Eine Aufgabe, in der Sechsecke und Dreiecke auftreten, gibt Anlass, ein wenig über die Schönheit der regelmäßigen Polygone zu sprechen.

Vielecke können gleichseitig oder gleichwinklig sein. Hat ein Vieleck gleiche Seiten und gleiche Innenwinkel, dann wird es als *reguläres* oder *regelmäßiges* Vieleck bezeichnet. Reguläre Vielecke sind *isogonal*, d. h. die Ecken liegen *gleichabständig*, also unter gleichem Zentriwinkel, auf einem Kreis.

Unsere Aufgabe konfrontiert uns gleich mit zweien von diesen regelmäßigen Vielecken: dem regelmäßigen Sechseck und dem gleichseitigen Dreieck. Das Dreieck ist auch Schülern vollständig bekannt, Generationen von ihnen haben Formeln daran ausprobiert, die Höhe berechnet, den Um- und Inkreis betrachtet. Das Dreieck ist natürlich auch geeignet, eine PLATONISCHE Parkettierung der Ebene zu leisten. Diese Parkettierung ist wegen der gleichen Winkel und Kantenlängen einfach und klar. Parkettierungen spielen in vielen Bereichen der Mathematik und der Kunst eine Rolle, wir werden sehen, dass sie uns helfen, mögliche Lösungen unserer Aufgabe besonders eingängig darzustellen.

Eine PLATONISCHE Parkettierung bezeichnet eine lückenlose und überlappungsfreie Überdeckung der Ebene mit lauter kongruenten regelmäßigen Vielecken, bei denen eine Vieleckssseite genau zwei Vielecken angehört. Es gibt bis auf Ähnlichkeit genau drei PLATONISCHE Parkettierungen, nämlich mit Dreiecken, Vierecken und Sechsecken, wie im Bild 1 gezeigt.

Das Hexagon, also das regelmäßige Sechseck, entspricht den Symmetrieanforderungen einer interessanten Figur in besonderer Weise. Besonders illustriert wird die PLATONISCHE Sechseckparkettierung durch das Foto, in dem ihre prominenteste Anwendung festgehalten ist (Bild 2). Sie ist die Parkettierung mit Waben.

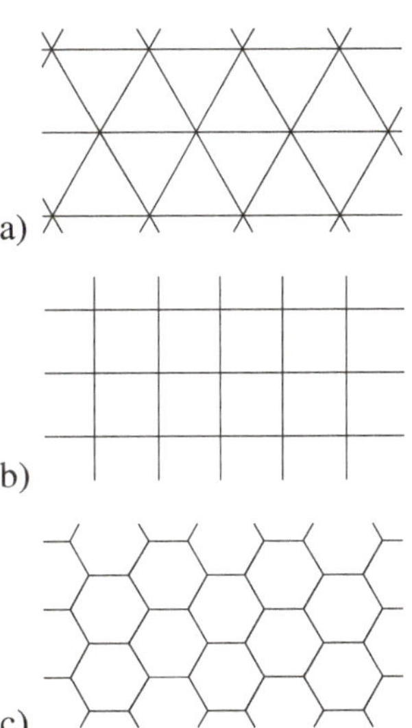

Bild 1. PLATONISCHE Parkettierung der Ebene mit kongruenten a) gleichseitigen Dreiecken; b) Quadraten und c) regelmäßigen Sechsecken.

Foto: BJÖRN WOLTERING

Bild 2.

Bild 3. M. C. ESCHER'S
„Metamorphosis II", ©2020
The M. C. Escher Company-
The Netherlands. All rights reserved.
www.mcescher.com.

Ich war schon immer ein Fan der ESCHER-Bilder, die Parkettierungen mit
Teufeln, Engeln, Vögeln, Fischen oder Metamorphosen solcher Figuren
darstellen. Das ist die künstlerische Abwandlung unserer PLATONISCHEN
Parkettierungen. Oben das berühmte Bild *Metamorphosis II* von MAURITS
CORNELIS ESCHER. Beim genauen Betrachten entdeckt man, dass auch in
diesem Bild die Wabe eine prominente Rolle spielt. Unsere Aufgabe aus
der 1. Runde des Jahres 2004 verknüpft nun das regelmäßige Dreieck mit
Sechsecken und gibt noch einen Schuss Schwierigkeiten dazu. Der Schuss
Schwierigkeit ist die Stückzahl 6, die hier vorgegeben wird. Leicht findet
man ansonsten eine Lösung in den folgenden zwei Schritten.

■ **Beweis – Teil 1.** Da es darum geht, ein Dreieck und zwei Sechsecke mit
gleichen Flächeninhalten herzustellen, lässt sich die Kantenlänge des Dreiecks unmittelbar berechnen. Man muss dazu nur den Satz des PYTHAGO-
RAS und die Flächenformel für das Dreieck kennen. Die Kantenlänge des
Sechsecks sei eins – dies ist übrigens eine beliebte Setzung, die Generali-
sierung leicht erlaubt und keine Wege verstellt, wenn mehr Informationen
nicht verfügbar sind – dann besteht es aus sechs gleichseitigen Dreiecken
der Kantenlänge 1, jedes von ihnen hat den Flächeninhalt

$$S = \frac{1}{2} \cdot 1 \cdot \frac{\sqrt{3}}{2} = \frac{\sqrt{3}}{4}.$$

Das macht bei sechs Dreiecken pro Sechseck und zwei Sechsecken eine Ge-
samtfläche von $3\sqrt{3}$. Ein gleichseitiges Dreieck mit beliebiger Kantenlänge
g hat den Flächeninhalt $D = \frac{\sqrt{3}}{4} g^2$. Setzt man beides gleich und löst nach
g auf, so erhält man: $g = 2\sqrt{3}$. Damit liegt die Größe unseres Dreiecks fest
und nun geht es darum, eine passende Zerschneidung zu finden.   □

■ **Beweis – Teil 2.** Wenn man die Teile genau anschaut, erkennt man, dass die Diagonale im Sechseck, die zwei Ecken verbindet, die nur durch einen Punkt getrennt sind, also die so genannte *kurze* Diagonale, die Länge $\sqrt{3}$ hat. Das bringt einen leicht auf die Idee, dass man entlang einer solchen Diagonalen schneiden kann und eine halbe Dreieckseite gewonnen hat. Eine Zerschneidung entlang dieser Diagonalen erzeugt ein Dreieck mit den Winkeln 120° und zweimal 30°. Dies muss man wissen, um die Korrektheit der Auslegung zeigen zu können. Ein Sechseck kann man in genau sechs solche Dreiecke zerteilen, dann fällt auch die Parkettierung des Dreiecks nicht schwer (Bild 4). Man legt diese sechs Teile hübsch um das unzerschnittene zweite Sechseck herum (Bild 5). Das liefert wegen der passenden Winkel und richtigen Längen der Strecken das gesuchte große gleichseitige Dreieck.

Die ganze Lösung hat jetzt nur einen Schönheitsfehler: Es sind sieben Teile, nicht sechs. Um dies jetzt noch zu korrigieren, lassen wir zwei der inneren Dreiecke aneinander und zerschneiden sie nicht und legen das hübsche Viereck in V-Form an eine Ecke des Dreiecks. Schon sind es sechs Teile (Bild 6). □

Wir könnten uns nun zufrieden geben. Doch dies ist jetzt noch nicht alles. Wenn man eine Lösung gefunden hat, fragt man nach der Eindeutigkeit. Gibt es andere?

Und hier findet man in der Lösung dieser Aufgabe aus dem Jahr 2004 eine ganze Fülle von verschiedenen Zerschneidungen [3, Aufgabe 2004-1-3]. Die erste (Bild 7) zeigt sehr deutlich, dass die kleine Diagonale der Sechsecke die halbe Kantenlänge des Dreiecks ist. Die Teile in dieser Lösung sind nummeriert, es gibt Dubletten mit einem Strich oben, wenn das Teil verschoben wurde. Sehr schön sieht man hier, wie die Sechsecke analog zerteilt werden und die abgeschnittenen Dreiecke in die Spitze des Dreiecks wandern oder je nach Blickwinkel auch anders herum, wenn man Dreiecke zerteilt, um zwei Sechsecke zu erhalten, darauf gehen wir später noch ein.

Die zweite Bilderstaffel hat einen hohen Reiz, weil sie mit den PLATONISCHEN Parkettierungen arbeitet. In allen drei Bildern 8a, 8b und 8c sehen wir als Grundform die Parkettierung mit Waben. Das Dreieck wird aber dreimal unterschiedlich hineingelegt. Im Bild 8a geht es von der Mitte eines Sechsecks bis zu den Mitten der darunterliegenden passenden Sechsecke. Sehr schön kann man hier wieder die Kantenlänge überprüfen. Die Zerschneidung arbeitet mit drei Vierecken und drei Fünfecken, dabei entstehen die Vierecke, indem man ein viertes kongruentes Fünfeck in drei deckungsgleiche Teile zerschneidet.

Im Bild 8b liegt das Dreieck mit den Ecken an den Eckpunkten der Parkettierung, es enthält mittig ein komplettes Sechseck unzerschnitten. Hier findet man nach einigem Hinsehen die Lösung, die ich oben aufgeschrieben habe, weil ich sie intuitiv als erste fand. Man erkennt auch hier, dass die Schwierigkeit, nur sechs Teile zu verwenden augenscheinlich im Nachhin-

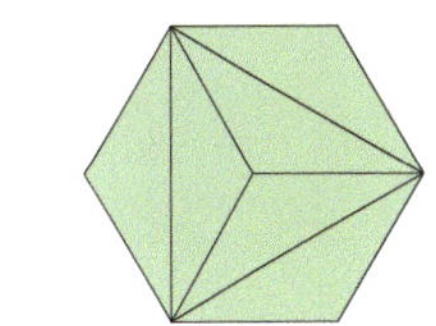

Bild 4.

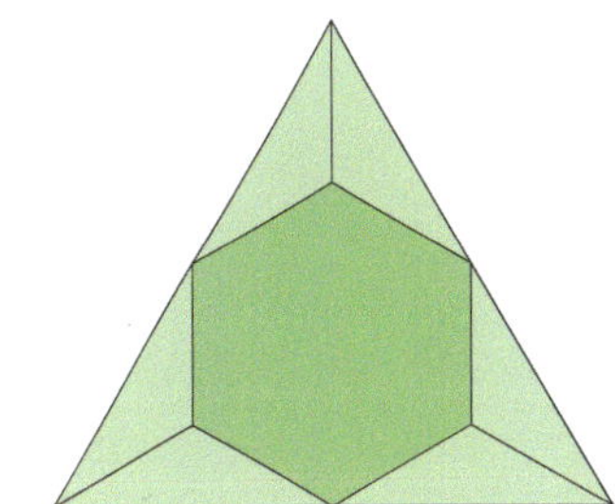

Bild 5.

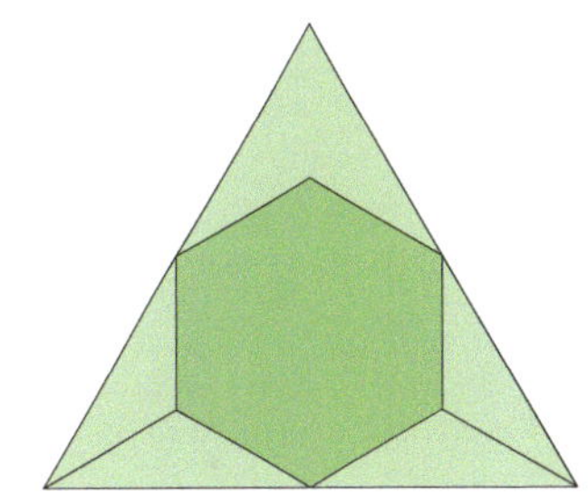

Bild 6.

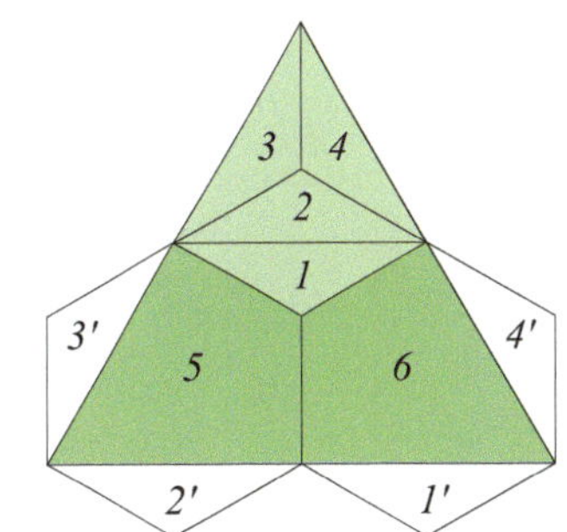

Bild 7.

ein gelöst wurde, durch Zusammenlegen zweier Dreiecke zu einem Viereck.

Die Lösung im Bild 8c erscheint auf den ersten Blick unübersichtlich. Auch auf den zweiten Blick bleibt dieser Eindruck, denn eins der Teile muss nicht nur gedreht oder verschoben werden, sondern geklappt, um die Überdeckung zu schaffen.

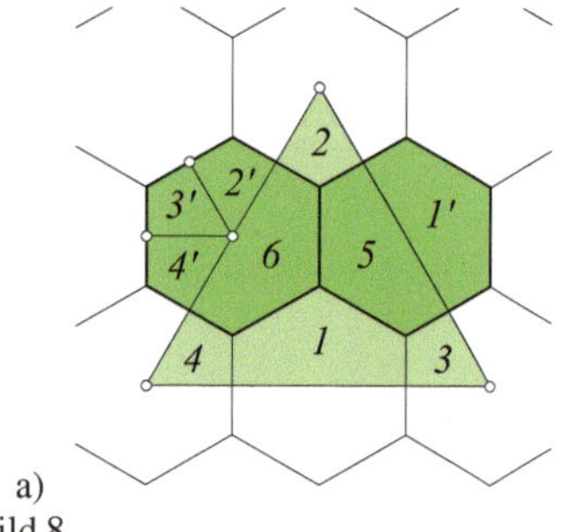 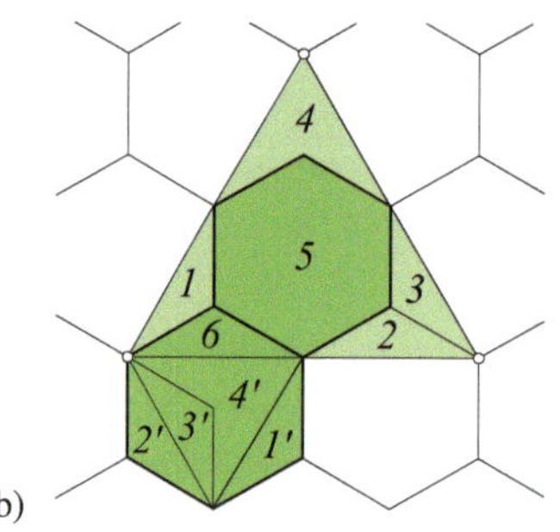 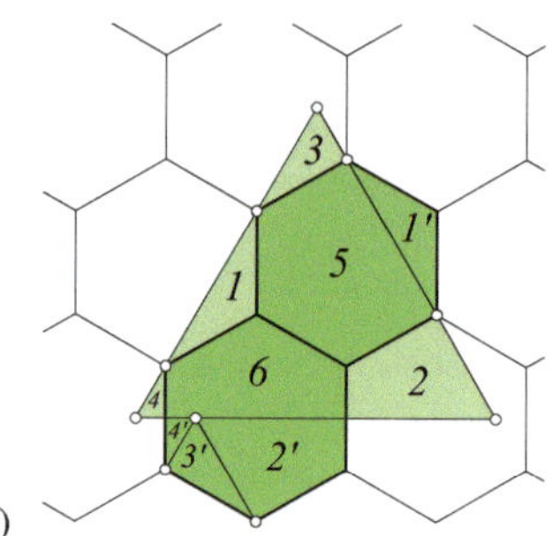

a)   b)   c)

Bild 8.

Eine weitere Lösung geht von der Parkettierung weg und benutzt auch ein Trapez und ein größeres Dreieck als die bereits bekannten, um das Dreieck zu überdecken (Bild 9, s. auch das Poster auf Seite 80). Bei dieser Lösung fällt jedem das hübsche Tangram-Spiel ein, das aus 10 Teilen neben einer Vielzahl an Figuren, besonders auch Tiersymbolen, auch schöne rein mathematische Figuren herstellen lässt. Dass ein Mathematikerherz hier nicht kalt bleibt, ist offensichtlich.

Nun haben wir viele Lösungen gesehen. Ob es weitere gibt, die mit anderen Zerschneidungen arbeiten als den vorgestellten, ist unbekannt.

FRANK GÖRING von der Technischen Universität Chemnitz hatte nach Erscheinen der Erstauflage dieses Buches eine sehr eingehende und bemerkenswerte Ausarbeitung mit dem Titel *„Eschertricks für simultane Zerlegungen"* vorgelegt, die die Möglichkeiten solcher Zerschneidung auf der Grundlage von ESCHER-Tricks erörtert. Dieser Beitrag wurde von der Geschäftsstelle des BWM auf ihrer Homepage [5] veröffentlicht.

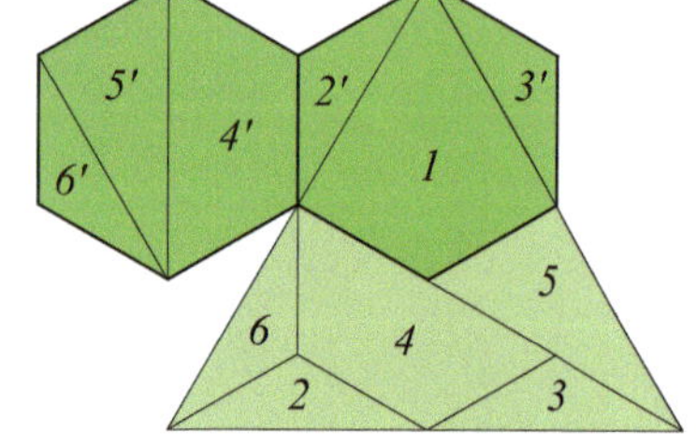

Bild 9.

Duale Fragestellung. Die gestellte Wettbewerbsaufgabe lässt sich auch in umgekehrter Weise stellen:

> *Ein gleichseitiges Dreieck ist so in sechs Teile zu zerschneiden, dass man mit diesen Teilen lückenlos und überlappungsfrei zwei kongruente regelmäßige Sechsecke zusammensetzen kann, wie es oben schon angesprochen wurde.*

Offenbar ist mit der Lösung der einen auch eine Lösung der anderen Aufgabenstellung gegeben. Der Wert eines solchen Übergangs in der Problemstellung könnte darin bestehen, leichter eine Lösung zu finden.

Eine nächstliegende Modifizierung der Aufgabe wäre, Sechseck und Dreieck zu vertauschen:

> *Zwei kongruente gleichseitige Dreiecke sind so in sechs Teile zu zerlegen, dass man mit ihnen lückenlos und überlappungsfrei ein regelmäßiges Sechseck zusammensetzen kann.*

Eine Antwort ist aus Bild 4 ersichtlich.

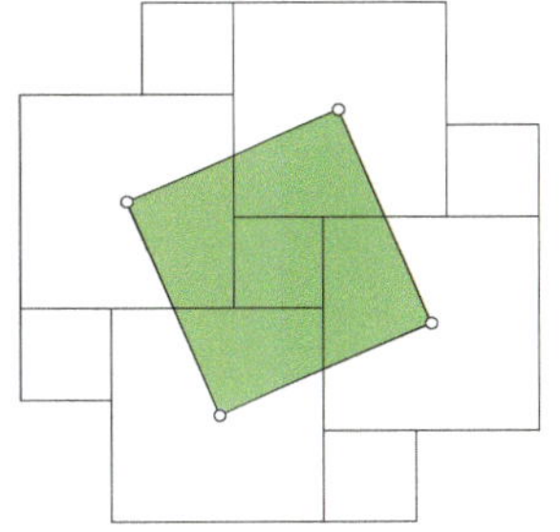

Bild 10.

Ergänzend sei noch an einem Beispiel mit anderen Vielecken gezeigt, wie nützlich Parkette als Mittel und Methode zum Lösen von Aufgaben sind, bei denen es um Zerlegen und anschließendes Zusammenlegen geht. Im Sonderwettbewerb *„Aufgaben von Schülern für Schüler"* wurde ein Problem gestellt, bei dem im Wesentlichen zwei Quadrate mit den Kantenlängen a und b so in endlich viele Teile zu zerlegen sind, dass damit wieder ein Quadrat zusammengesetzt werden kann [2, Aufgabe 7.13]. Man kann die Ebene lückenlos und überlappungsfrei mit Quadraten der Kantenlängen a und b wie in Bild 10 überdecken. Die Mitten der Quadrate der einen Sorte sind die Ecken eines regulären Parketts mit Quadraten und damit haben wir bereits eine einfache konstruktive Lösung gefunden.

Nun kann man sich allgemeiner fragen: Gegeben sind zwei beliebige Vielecke A und B gleichen Flächeninhalts. Kann man dann stets Vieleck A in endlich viele (nicht mehr unbedingt genau sechs) Vielecke zerlegen, sodass man aus diesen Vielecken das Vieleck B zusammensetzen kann? Dies ist tatsächlich möglich (Satz von BOLYAI-GERWIEN, vgl. [4]). Im Raum ist übrigens ein entsprechendes Problem nicht lösbar. Das ist das dritte der berühmten 23 Probleme, die DAVID HILBERT im Jahr 1900 gestellt hat. Siehe dazu [1, Kap. 9].

Bei der Aufgabe wird eine riesige Menge an Geometrie angesprochen. Sie weckt und befriedigt unsere Neugier und unseren Spieltrieb und deshalb wurde sie zu Recht unter die Schönsten gewählt.

Literatur

1. M. AIGNER, G. M. ZIEGLER: *Das BUCH der Beweise*, 4. Aufl., Springer Spektrum, Heidelberg Berlin 2015.
2. Aufgabenausschuss des Bundeswettbewerbs Mathematik (Hrsg.): *Aufgaben von Schülern für Schüler*, Bildung & Begabung gemeinnützige GmbH, Bonn 2010.
3. http://www.bundeswettbewerb-mathematik.de, *Bundeswettbewerb Mathematik – Aufgaben (ab 1999) und Lösungen (ab 2000)*, Bearb. K. FEGERT.
4. http://www.cut-the-knot.org/do_you_know/Bolyai.shtml.
5. F. GÖRING: *Eschertricks für simultane Zerlegungen*, 2016, https://www.mathe-wettbewerbe.de/downlaod/bwm-buch-ergaenzung.

Poster zum *Bundeswettbewerb Mathematik 2010*.

Die strenge sechseckige Struktur der Schneeflocken zieht schon lange viele Menschen, insbesondere Naturwissenschaftler wie auch Künstler, in ihren Bann. Ähnliche Strukturen sind die so genannten *kochschen Schneeflocken*; sie sind eine Folge von rekursiv definierten ebenen Figuren, die mit einem gleichseitigen Dreieck beginnen, und bei der jede weitere Figur aus der vorhergehenden durch eine elementargeometrische Manipulation ihrer Begrenzungskanten entsteht.

Im Poster wird darauf hingewiesen, dass die Flächeninhalte dieser Figuren eine geometrische Folge bilden. Das Poster unterstreicht den künstlerischen Reiz.

Verfolgungsjagd

Eric Müller

2. Runde 2005, Aufgabe 1.

Zwei Spieler A und B haben auf einem 100×100-Schachbrett je einen Stein. Sie ziehen abwechselnd ihren Stein, wobei jeder Zug aus einem Schritt senkrecht oder waagerecht auf ein Nachbarfeld besteht und A den ersten Zug ausführt. Zu Beginn liegt der Stein von A in der linken unteren Ecke und der Stein von B in der rechten unteren Ecke. Man beweise: Der Spieler A kann unabhängig von den Spielzügen des Spielers B stets nach endlich vielen Zügen das Feld erreichen, auf dem gerade der Stein von B steht.

Bei dieser Aufgabe denkt man vielleicht im ersten Moment „das stimmt doch nicht", weil sich A und B gleich schnell bewegen. Tatsächlich stimmt es, weil das Schachbrett begrenzt ist und keine Löcher hat – und dies geschickt zu nutzen, ist der Reiz der Aufgabe. Bevor dies allgemeiner untersucht wird, folgen wir den Lösungshinweisen [1, Aufgabe 2005-2-1].

Die Felder des Schachbrettes seien in üblicher Weise abwechselnd schwarz und weiß gefärbt. Die Zugregel bewirkt dann, dass bei jedem Zug der Stein auf ein Feld der anderen Farbe gezogen wird[†]. Da zu Beginn die beiden Steine auf Feldern verschiedener Farbe stehen (Bild 1) und A mit dem Ziehen anfängt, stehen die Steine vor jedem Zug von B und nach jedem Zug von A auf Feldern gleicher Farbe. Hieraus folgt übrigens, dass der Spieler B niemals seinen Stein auf das Feld setzen kann, auf dem gerade der Stein von A steht.

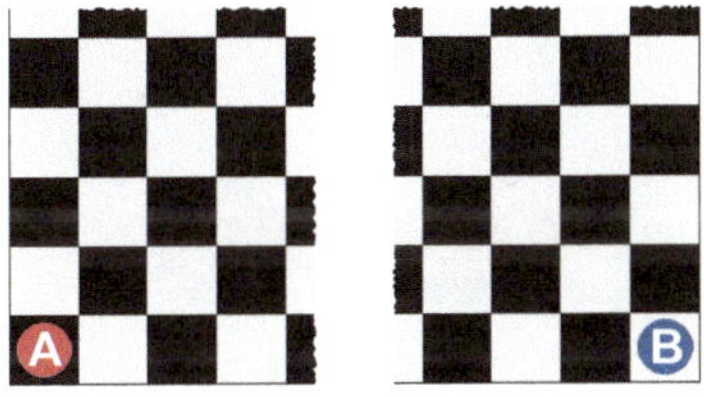

Bild 1. Ausgangsposition auf dem Schachbrett.

Definition 1. *Mit **Spaltenabstand beider Steine** und **Zeilenabstand beider Steine** sei die Mindestzahl von Zügen bezeichnet, die ein Stein benötigt, um (bei feststehendem anderen Stein) in die gleiche Spalte bzw. die gleiche Zeile wie der andere Stein zu kommen. Mit **Abstand** bezeichnen wir die Summe aus Spalten- und Zeilenabstand (Bild 2).*

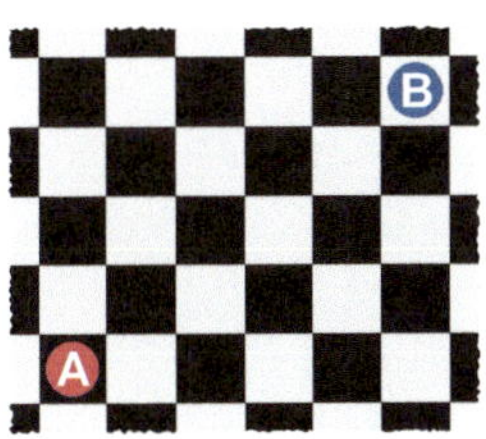

Bild 2. A und B im Spaltenabstand 5, Zeilenabstand 4 und Abstand 9.

[†] Anstatt „Der Stein des Spielers A steht/wird gezogen …" sagen wir häufig in kürzerer Form „A steht/zieht …"

Bei jedem Zug wird genau eine der ersten beiden Größen um 1 kleiner oder größer, ebenso der Abstand. Hieraus folgt, dass der Abstand vor jedem Zug von A eine ungerade Zahl, vor jedem Zug von B eine gerade Zahl ist.

Wir sagen „Stein X bewegt sich zu Stein Y hin" bzw. „…von Stein Y weg", wenn der Spalten- oder Zeilenabstand kleiner bzw. größer wird.

■ **1. Beweis mit konkreter Angabe einer Strategie.** Eine mögliche Strategie für A ist nun die folgende

> **Strategie 1.** *Betrachte vor deinem Zug das Rechteck aus Schachfeldern, das durch die Zeilen und Spalten bestimmt wird, auf denen die beiden Steine stehen. Ziehe nun so, dass die längere Seite dieses Rechtecks kürzer wird.*

Um zu zeigen, dass A mit dieser Strategie das Ziel des Spieles erreicht, weisen wir Folgendes nach:

- Die geforderten Züge sind eindeutig beschrieben: Die Summe der um 1 verminderten Seitenlängen des Rechtecks ist der Abstand der beiden Steine (Bild 3); wären die Seitenlängen des Rechtecks vor dem Zug von A gleich, so wäre der Abstand eine gerade Zahl. Dies ist aber nie der Fall, wenn A am Zug ist. Also ist immer eine Seite länger als die andere und jeder Zug eindeutig beschrieben.

- Die geforderten Züge sind immer möglich: Die längere Seite des Rechtecks besteht aus mindestens zwei Feldern, sodass A seinen Zug immer innerhalb des Rechtecks durchführt (Bild 4). Da das angegebene Rechteck immer vollständig innerhalb des Schachbretts liegt, sind die Züge tatsächlich möglich.

- Die Strategie führt zum Ziel: A zieht immer innerhalb des bestehenden Rechtecks, jeder Zug innerhalb des Rechtecks verkürzt den Abstand der Steine um 1. Wenn nach dem Zug von A der Abstand den Wert 0 hat, dann steht der Stein von A auf dem Feld, auf dem gerade der Stein von B steht, und A hat das Ziel erreicht (Bild 4a). Um dies zu verhindern, muss also B irgendwann eine Folge von Zügen finden, bei der er bei jedem einzelnen Zug den Abstand um 1 vergrößert, d. h. jeder Zug von B muss aus dem Rechteck hinaus führen. Dies ist jedoch nicht möglich, wie folgende Argumentation zeigt:

O. B. d. A. sei das Rechteck weniger Felder hoch als Felder breit, ferner stehe der Stein von A in einer Spalte, die weiter links von der Spalte von B liegt (andernfalls dreht man das Schachbrett um 90° und/oder spiegelt es an einer Zeile oder Spalte.)

Wenn das Rechteck nur ein Feld hoch, also Teil von nur einer Zeile ist, ist es – der Abstand der Steine ist vor dem Zug von B geradzahlig – mindestens drei Felder breit. Ein Zug außerhalb des Rechtecks für B

Bild 3. 6 × 5-Rechteck mit Abstand (6 − 1) + (5 − 1) = 9 beider Steine.

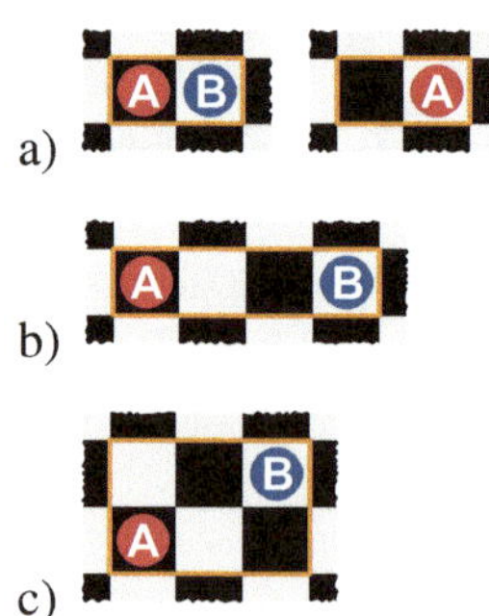

Bild 4. Mögliche Positionen beider Steine (mit sehr kleinem Abstand) vor dem Zug von A.

ist entweder ein Zug nach oben (oder unten), dann ist der Abstand nach dem folgenden Zug von A gleich geblieben und das Rechteck hat eine Höhe von zwei Feldern und eine Breite von mindestens drei Feldern (Bild 5a). Oder B zieht nach rechts, dann bleibt die Form des Rechtecks nach dem folgenden Zug von A unverändert und es wird lediglich um eine Spalte nach rechts verschoben (Bild 5b). Einen Zug nach rechts kann B aber wegen der Begrenzung des Schachbretts nur endlich oft durchführen. Nach endlich vielen Zügen muss B also nach oben (oder unten) ziehen, d. h. die beiden Seiten des Rechtecks haben dann eine Länge von mindestens zwei bzw. drei Feldern und der Abstand der Steine ist gleich geblieben.

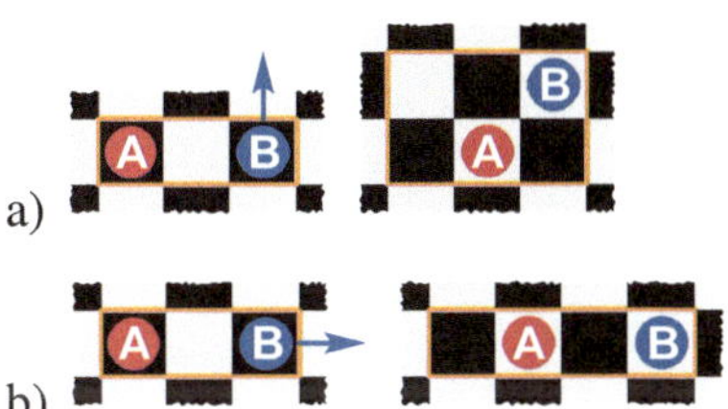

Bild 5. Mögliche Fluchtrichtungen von B und Verfolgung von A.

Wenn das Rechteck nun mindestens zwei Felder hoch und mindestens drei Felder breit ist, steht B in der oberen rechten Ecke. B kann also aus dem Rechteck hinaus nur nach rechts oder nach oben ziehen; in beiden Fällen behält das Rechteck nach dem Zug von A seine Form und wird nur um eine Spalte nach rechts oder eine Zeile nach oben verschoben. Wegen der Begrenztheit des Schachbrettes sind diese beiden Züge nur endlich oft möglich.

Nach endlich vielen Zügen ist B also gezwungen, innerhalb des Rechtecks zu ziehen. □

Bemerkung. Mit diesem Beweis ist gezeigt, dass A das Ziel des Spieles immer dann erreichen kann, wenn vor einem Zug von A die beiden Steine auf Feldern verschiedener Farbe liegen.

■ **2. Beweis.** (Eigentlich nur eine andere Beschreibung der obigen Strategie 1.) Mit dem Begriff *Diagonale des Steines X* bezeichnen wir die Reihe von Feldern, die sich untereinander an der linken unteren bzw. rechten oberen Ecke berühren und die dasjenige Feld enthält, auf dem der Stein X gerade steht (Bild 6).

Bild 6. Diagonale von Stein A (rot) und von Stein B (blau).

Bei dieser Definition hat das 100×100-Schachbrett 199 disjunkte Diagonalen, jedes Feld gehört zu genau einer Diagonalen. Je nach Lage besteht eine Diagonale aus höchstens 100 Feldern und mindestens einem Feld, alle Felder einer Diagonalen haben die gleiche Farbe. Bei jedem Zug wird ein Stein auf die benachbarte Diagonale gesetzt.

Eine weitere mögliche Strategie für A, um das Ziel des Spieles zu erreichen, ist die folgende

Strategie 2. *Zu Beginn zieht A auf der untersten Zeile stets nach rechts, bis er auf der Diagonalen des Steins von B steht. Danach antwortet A auf jeden Zug von B wie folgt:*

1. Zieht B nach rechts oder unten, so zieht A nach rechts.
2. Zieht B nach links oder oben, so zieht A nach oben.

Um zu zeigen, dass diese Strategie zum Ziel führt, weisen wir Folgendes nach:

- Nach endlich vielen Zügen steht A tatsächlich auf der Diagonalen des Steines B: Jede Diagonale trennt auf dem Schachbrett zwei disjunkte Bereiche: einen Bereich links von dieser Diagonalen und einen Bereich rechts von dieser Diagonalen (wobei z. B. der rechte Bereich leer sein kann, nämlich wenn B auf dem Feld rechts unten steht). Zu Beginn steht A links von der Diagonalen von B, wenn er immer nach rechts zieht, steht er nach 100 Zügen auf dem Feld rechts unten; da dann der Bereich rechts von der Diagonalen leer ist und die Diagonale von A aus nur einem Feld besteht, verläuft die Diagonale von B links von A. Damit hat entweder A sich bei irgendeinem Zug auf die Diagonale von B gestellt oder B hat so gezogen, dass seine Diagonale durch das Feld von A geht. Da alle Felder einer Diagonalen gleiche Farbe haben, tritt dieser Fall nach dem Zug von A auf.

- Die angegebenen Züge sind eindeutig definiert: Zu jeder der vier Zugmöglichkeiten von B ist eine eindeutige Zuganweisung gegeben.

- Die angegebenen Züge sind immer möglich: Da A seine ersten Züge auf der untersten Zeile durchführt, gibt es bei Erreichen der Diagonalen von B zwei Möglichkeiten: Entweder steht er auf dem gleichen Feld wie B, dann ist das Ziel erreicht. Oder er steht links und damit auch unterhalb von B; dann sind Züge nach rechts und nach oben immer möglich. Nach jedem Zug von A stehen beide Steine wieder auf der gleichen Diagonalen, damit sind die angegebenen Züge wieder möglich.

- Die Strategie führt zum Ziel: Wenn A zum ersten Mal die Diagonale von B erreicht hat, stehen die beiden Steine nach jedem Zug von A wieder auf der gleichen Diagonalen. Wenn B nach unten oder nach links zieht, verkleinert sich der Abstand zu A um 1, der darauf folgende Zug von A verkleinert den Abstand erneut um 1; nach einem solchen Doppelzug hat sich also der Abstand um zwei Felder verringert. Wenn B nach oben oder nach rechts zieht, vergrößert sich der Abstand um 1 und der anschließende Zug von A verkleinert ihn wieder um 1; nach einem solchen Doppelzug bleibt also der Abstand gleich. Da das Schachbrett aber begrenzt ist, kann B nach jedem Zug nach links oder unten nur endlich oft nach oben oder nach rechts ziehen. Nach endlich vielen Zügen hat damit der Abstand der Steine den Wert 0 erreicht; da 0 eine gerade Zahl ist, ist dies nach dem Zug von A der Fall und A hat das Ziel des Spieles erreicht.   □

Bemerkung. Diese Strategie bezieht sich auf die spezielle Ausgangsstellung. Sie kann allerdings leicht auf rechteckige Schachbretter beliebiger Größe verallgemeinert werden, wenn nur verlangt wird, dass zu Beginn A und B auf Feldern verschiedener Farbe stehen.

Allgemeinere Untersuchung. Wäre das Schachbrett ausgedehnt auf die ganze Ebene, könnte B durch Nachahmen der Züge von A immer gleichen

Abstand zu A halten. Der Spielausgang hängt also von der Form des Spielbretts ab. Im Folgenden werden aus quadratischen Feldern zusammengesetzte Spielbretter beliebiger Form und Größe betrachtet, die außerdem im
Inneren Löcher enthalten können. Genauer formuliert:

Definition 2. *Betrachte die Menge der Einheitsquadrate, die die
Ebene parkettieren und die schachbrettartig gefärbt sind. Diese
Quadrate heißen im Folgenden* **Felder***. Ein* **Spielbrett** *sei eine Teilmenge mit mindestens zwei Feldern, in der jedes Feld von jedem
anderen aus durch endlich viele Züge zu benachbarten Feldern erreichbar ist.*

Das verallgemeinerte Spiel der Spieler A und B lautet folgendermaßen:

Verallgemeinertes Spiel.

*A wählt ein Feld des Spielbretts und stellt darauf seinen Stein. Dann
wählt B ein andersfarbiges Feld des Spielbretts und stellt darauf
seinen Stein. Danach ziehen A und B abwechselnd ihre Steine auf
ein benachbartes Feld, wobei A beginnt. Wenn A nach endlich vielen
Zügen das Feld erreicht, auf dem gerade der Stein von B steht, hat
A gewonnen.*

Im Gegensatz zu oben können die Strategien im Folgenden gelegentlich
auch mehrere gleich gute Zugmöglichkeiten zulassen, von denen dann eine
beliebige gewählt werden kann. Zunächst einige Bezeichnungen:

Definition 3. *Zwei Felder des Spielbretts heißen* **benachbart** *bzw.*
diagonal benachbart*, wenn sie genau eine Kante bzw. eine Ecke
gemeinsam haben. Ein* **Weg** *sei eine endliche oder unendliche Folge von Feldern $F_0, F_1, \ldots$, wobei aufeinander folgende Felder F_k
und F_{k+1} für $k \geq 0$ benachbart sind. Befinden sich alle Feldmittelpunkte auf einer Geraden, heißt der Weg* **gerade***. Ist die Folge
$F_0, F_1, \ldots, F_n$ endlich, sagen wir, dass der Weg* **von F_0 nach F_n**
geht und die **Länge** *n hat. Ist zusätzlich $F_0 = F_n$, heißt der Weg* **geschlossen***. Ein Spielbrett heißt* **einfach zusammenhängend***, wenn
die von einem geschlossenen Weg umgrenzte Fläche vollständig zum
Spielfeld gehört, also keine „Löcher" enthält (Bild 7).*

Bild 7. Einfach zusammenhängendes
Spielbrett.

Hiermit kann man allgemein angeben, wann A beim verallgemeinerten
Spiel den Gewinn erzwingen kann:

> **Satz 4.** *Spieler A kann den Gewinn genau dann erzwingen, wenn das Spielbrett einfach zusammenhängend ist und nur endlich viele Felder hat.*

In der ursprünglichen Aufgabenstellung ist das Spielfeld einfach zusammenhängend und hat 10 000 Felder. Daher kann A dort stets den Gewinn erzwingen. Im Folgenden wird Satz 4 bewiesen.

> **Definition 5.** *Die Begriffe **Zeilenabstand** und **Spaltenabstand** seien wie in der Lösung der ursprünglichen Aufgabe definiert, so als ob das Spielfeld die gesamte Ebene wäre. Ein Weg von X nach Y heißt **kürzester Weg**, wenn es keinen Weg von X nach Y kleinerer Länge gibt. Der **Abstand** von X und Y sei die Länge eines kürzesten Weges von X nach Y[‡](Bild 8). Offenbar ist der Abstand zwischen zwei verschiedenfarbigen Feldern des Spielbretts stets ungerade.*

Bild 8. Zeilenabstand 2 von X und Y, Spaltenabstand 1 und Abstand 5 (und nicht 3 wie in Definition 1).

■ **Beweis von Satz 4 für unendliche Spielbretter.** Wir nehmen an, dass das Spielbrett unendlich viele Felder enthält, und wollen zeigen, dass A den Gewinn nicht erzwingen kann. Anfangs stehe A auf Feld F_0. Wir werden zeigen, dass folgende Strategie möglich ist:

> **Strategie 3.** *Steht anfangs A auf F_0 und gibt es einen unendlich langen Weg $F_0, F_1, \ldots$ derart, dass für alle $n > 0$ das Feld F_n Abstand n von F_0 hat, dann stelle sich B anfangs auf F_3 und ziehe jeweils von F_k nach F_{k+1} (mit $k \geq 3$).*

Diese Strategie führt zum Ziel: Vor dem l-ten Zug von A steht B auf F_{l+2}. Könnte A im l-ten Zug nach F_{l+2} ziehen, hätte F_{l+2} von F_0 höchstens Abstand l im Gegensatz zur Forderung an den Weg $F_0, F_1, \ldots$ Wir müssen aber noch zeigen, dass es solch einen Weg gibt.

Bemerkung. Ist das Spielbrett die gesamte Ebene, kann man einfach einen geraden Weg $F_0, F_1, \ldots$ wählen.

Konstruktion des Wegs $F_0, F_1, \ldots$ Für jedes k sei Q_k die Menge der Felder, deren Zeilen- und Spaltenabstand zu F_0 höchstens k beträgt. Da das Spielbrett unendlich viele Felder hat, gibt es für jedes k ein Feld C_k, das nicht in Q_k liegt. Es sei w_k ein kürzester Weg von F_0 nach C_k.

---

‡ Dieser Abstand kann größer sein als der in der ursprünglichen Aufgabenstellung definierte Abstand, siehe Bild 8.

Für jeden Weg w_k betrachte seine in Q_1 liegenden Felder. Da Q_1 endlich viele Felder enthält, gibt es eine unendliche Teilfolge $(w_{f_1(k)})$ der Folge (w_k), deren Glieder alle dieselben in Q_1 liegenden Felder haben. Von jedem Weg dieser Teilfolge betrachte alle Felder, die in Q_2 liegen; da Q_2 endlich ist, gibt es wieder eine unendliche Teilfolge von Wegen, die dieselben in Q_2 liegenden Felder haben. Da Q_n für alle n endlich ist, kann man dieses Verfahren fortsetzen und erhält für alle n eine unendliche Folge $(w_{f_n(k)})$ von Wegen, die dieselben in Q_n liegenden Felder haben. Die Menge dieser Felder sei M_n.

Die ersten $n+1$ Felder jedes Wegs $w_{f_n(k)}$ haben einen Zeilen- und Spaltenabstand kleiner oder gleich n von F_0, liegen daher alle in M_n und bilden einen kürzesten Weg. Da nach Konstruktion M_n Teilmenge von M_{n+1} ist, sind dies die ersten Felder eines kürzesten Weges mit mindestens $n+2$ Feldern mit Zeilen- und Spaltenabstand von F_0 kleiner oder gleich $n+1$, ermittelt aus den ersten Feldern eines Weges $w_{f_{n+1}(k)}$ usw. Die Vereinigung dieser Anfänge liefert einen unendlich langen Weg $F_0, F_1, \ldots$ Dieser ist nach Konstruktion ein kürzester Weg von F_0 nach F_n für alle n (Bild 9). $\square$

■ Beweis von Satz 4 für einfach zusammenhängende endliche Spielbretter. Das Spielbrett habe $N > 0$ Felder und sei einfach zusammenhängend. Wir wollen zeigen, dass A nach weniger als $\frac{N^2}{2}$ Zügen den Gewinn erzwingen kann. Es sei $F_1, F_2, \ldots$ die Folge der Felder, die B betritt. Wir benötigen wieder ein paar Bezeichnungen:

> **Definition 6.** *Wir sagen, dass sich A **bei F_r** befindet, wenn A auf einem Feld ist, das benachbart zu F_r und diagonal benachbart zu F_{r+1} ist. Befindet sich A auf bzw. bei Feld F_r und B auf Feld F_s, definiere den **Aufholabstand** von A auf B als $s - r$ bzw. $s - r + 1$.*

A zieht zunächst auf kürzestem Wege zum Feld F_1. Steht A anfangs bereits auf Nachbarfeld von F_1, hat A damit gewonnen, ansonsten kennt A vor dem nächsten Zug bereits F_2, F_3, F_4. A bewegt sich nach folgender

> **Strategie 4.**
> *1. Fall: A befinde sich auf Feld F_k und kenne die Felder F_{k+1}, F_{k+2}, F_{k+3}.*
>
> *$\mathcal{A}1$. Ist F_{k+3} benachbart zu F_k, ziehe A dorthin (Bild 10).*
>
> *$\mathcal{A}2$. Kann A nicht gemäß $\mathcal{A}1$ ziehen, aber zu einem Feld bei F_{k+2} ziehen (das kann auch F_{k+1} sein), mache A dies (Bild 11).*
>
> *$\mathcal{A}3$. Kann A nicht gemäß $\mathcal{A}1$ und $\mathcal{A}2$ ziehen, ziehe A nach F_{k+1} (Bild 12).*

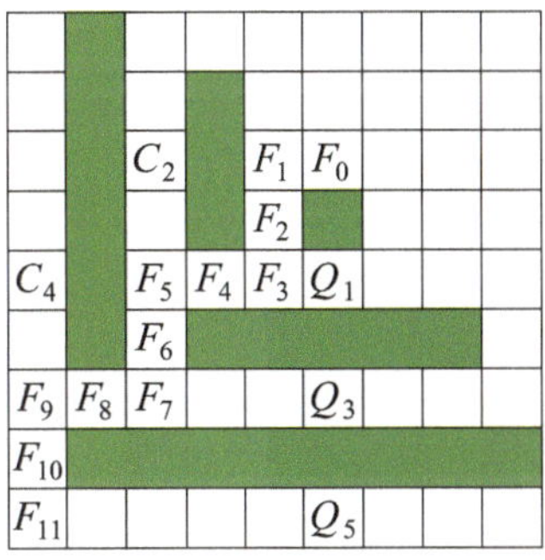

Bild 9. Beispiel für Konstruktion von F_0, $F_1, \ldots$ Die grün gefärbten Spielfelder gehören nicht zum Spielbrett. Die Felder C_k haben Zeilen- oder Spaltenabstand von F_0 größer als k.

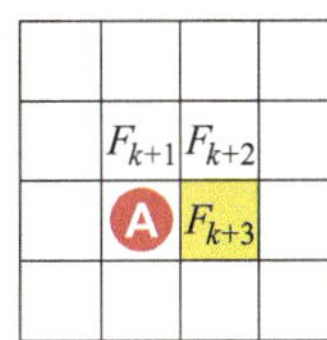

Bild 10. Zug $\mathcal{A}1$: A zieht ins gelbe Feld F_{k+3}.

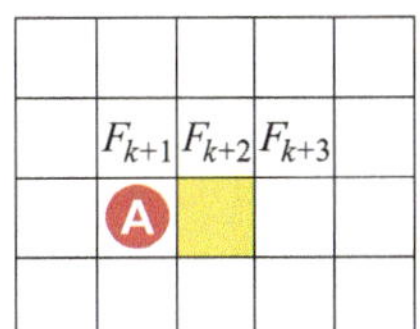

Bild 11. Zug $\mathcal{A}2$: A zieht ins gelbe Feld.

Bild 12. Zug $\mathcal{A}3$: A zieht ins gelbe Feld F_{k+1}.

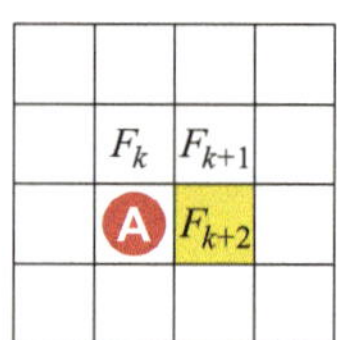

Bild 13. Zug $\mathcal{B}1$: A zieht ins gelbe Feld F_{k+2}.

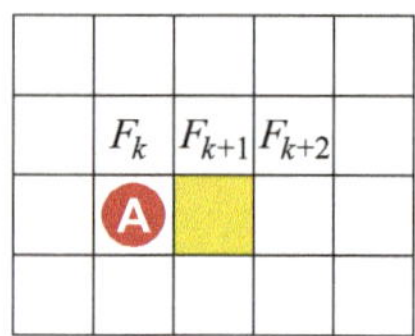

Bild 14. Zug $\mathcal{B}2$: A zieht ins gelbe Feld.

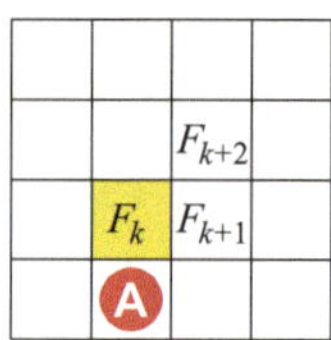

Bild 15. Zug $\mathcal{B}2$: A zieht ins gelbe Feld.

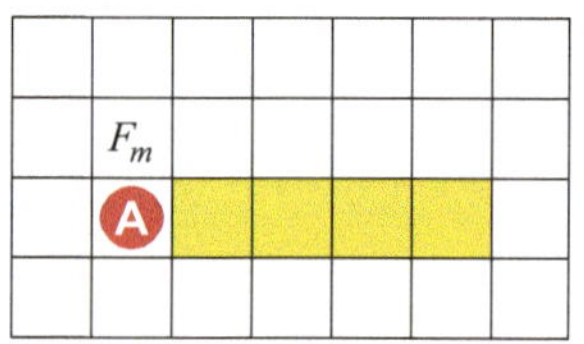

Bild 16. A zieht auf gelbem Weg.

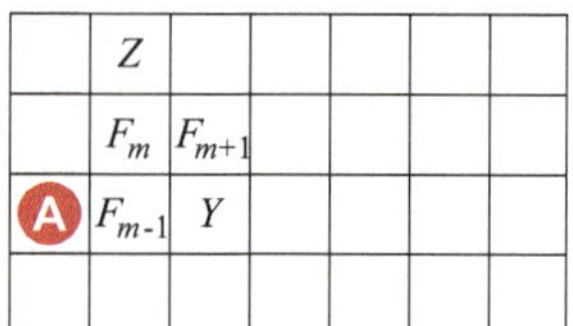

Bild 17. A kann auf Feld X (hier der Fall), Y oder Z stehen.

2. Fall: A befinde sich bei Feld F_k und kenne die Felder F_{k+1} und F_{k+2}.

> *$\mathcal{B}1$. Ist F_{k+2} benachbart zu Feld von A, ziehe A dorthin (Bild 13).*
>
> *$\mathcal{B}2$. Kann A nicht gemäß $\mathcal{B}1$ ziehen, aber zu einem Feld bei F_{k+1} ziehen, mache A dies (Bild 14 und 15).*
>
> *$\mathcal{B}3$. Kann A nicht gemäß $\mathcal{B}1$ und $\mathcal{B}2$ ziehen, ziehe A nach F_k.*

Diese Strategie führt zum Ziel: A benötigt $s_0 \le N - 1$ Züge, um nach F_1 zu gelangen. Nach dem letzten dieser Züge zieht offenbar B nach F_{s_0+1} und der Aufholabstand ist s_0 (ungerade). Mit jedem Zug von B vergrößert sich der Aufholabstand um 1, mit jedem Zug von A gemäß $\mathcal{A}1$ oder $\mathcal{B}1$ verringert er sich um 3, mit den anderen Zügen um 1; nach beiden Zügen verringert sich also der Aufholabstand um 2, wenn A gemäß $\mathcal{A}1$ oder $\mathcal{B}1$ ziehen kann, ansonsten bleibt er gleich. Daher holt A den Spieler B nach $\frac{s_0-1}{2}$ Zügen gemäß $\mathcal{A}1$ und $\mathcal{B}1$ ein. Es wird nun gezeigt, dass innerhalb von N aufeinander folgenden Zügen von A mindestens ein Zug gemäß $\mathcal{A}1$ oder $\mathcal{B}1$ vorkommen muss, sodass A nach höchstens $s_0 + (s_0 - 1) \cdot \frac{N}{2} \le N - 1 + \frac{(N-2)N}{2} = \frac{N^2}{2} - 1$ Zügen den Sieg erzwingen kann.

Nach $t \ge s_0$ Zügen befinde sich A auf Feld F_l. Nach dem Schubfachprinzip gibt es unter den Feldern $F_l, F_{l+1}, \ldots F_{l+N}$ Felder F_s und F_t mit $l \le s < t \le l + N$ und $F_s = F_t$. Die Felder $F_s, \ldots, F_t$ sind nicht alle gleich und liegen daher o. B. d. A. nicht in derselben Reihe. O. B. d. A. gibt es Felder, die in einer Zeile oberhalb von F_s liegen (ansonsten spiegele Konstellation an waagerechter Gerade), also auch aufeinander folgende Felder $F_m, \ldots, F_n$ mit $s < m \le n < t$, die unter den Feldern $F_s, \ldots, F_t$ in der obersten Zeile und insbesondere weiter oben als F_{m-1} und F_{n+1} liegen. O. B. d. A. befinde sich F_m nicht rechts von F_n.

Gemäß Strategie 4 befindet sich A (wenn A bis dahin noch nicht gewonnen hat) irgendwann entweder auf oder bei F_{m-1} oder bei F_m. Befindet sich A auf F_{m-1}, zieht A im Fall $n \le m + 1$ gleich gemäß $\mathcal{A}1$ nach F_{n+2}. Anderenfalls zieht er gemäß $\mathcal{A}2$ nach rechts und dann $(n - m - 2)$-mal gemäß $\mathcal{B}2$ rechts und schließlich gemäß $\mathcal{B}1$ nach F_{n+1}. Dies ist möglich, da die genannten Felder, auf denen sich A bewegt, als Felder innerhalb oder auf dem Rand des vom geschlossenen Weg $F_s, \ldots, F_t$ umgrenzten Gebiets zum Spielbrett gehören (Bild 16).

Befindet sich A bei Feld F_{m-1}, kann sich A entweder auf dem Feld Y rechts von F_{m-1} befinden – dann zieht A gleich gemäß $\mathcal{B}1$ nach F_{m+1} – oder auf dem Feld X links von F_{m-1} befinden, für $m \ne n$ zieht A gemäß $\mathcal{B}2$ nach F_{m-1} und dann weiter wie im vorigen Absatz, für $m = n$ zieht A gemäß $\mathcal{B}1$ gleich auf $F_{m+1} = F_{m-1}$ (Bild 17). Analog: A bei F_m.

Schließlich könnte A noch gemäß $\mathcal{A}2$ für $m > 2$ von Feld F_{m-2} auf Feld neben F_m gezogen sein. Dies ist aber unmöglich: Im Fall $m = n$ wäre nämlich A gleich gemäß $\mathcal{A}1$ von F_{m-2} auf $F_{m+1} = F_{m-1}$ gezogen. Im Fall $m \neq n$ könnte das Feld neben F_m nur das Feld Z oberhalb von F_m sein, da das Feld unterhalb ja F_{m-1} ist. Da das einzige Feld, das sowohl zu Z als auch F_{m-1} benachbart ist, das Feld F_m ist, wäre $F_{m-2} = F_m$, und A wäre gemäß $\mathcal{A}1$ gleich nach F_{m+1} gezogen.   □

Der Fall nicht einfach zusammenhängender Spielbretter. Es bleibt zu zeigen, dass A den Spieler B nicht einholen kann, wenn das Spielbrett nicht einfach zusammenhängend ist. Auf einem solchen Spielbrett gibt es einen geschlossenen Weg W_0, der im Inneren nicht nur Felder des Spielbretts enthält. Die nicht zum Spielbrett gehörende Fläche im Inneren eines geschlossenen Wegs werde umschlossenes „Loch" genannt.

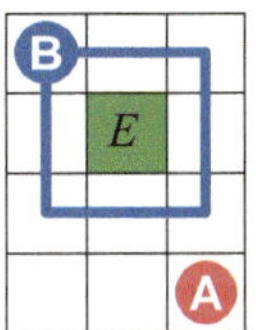

Bild 18.

Vorgedanken zum Beweis.   Obwohl es anschaulich „klar" ist, dass B um das Loch herum A stets irgendwie ausweichen kann, ist ein exakter Beweis nicht leicht. Ein naheliegender Ansatz ist, dass sich B auf einem festen geschlossenen Weg bewegt, der das Loch umschließt. Ist das Loch rechteckig, kann sich dazu B jeweils auf das Feld des kürzesten, das Loch umschließenden Weges stellen, das größten Abstand zu A hat (vgl. Bild 18, wenn das Loch nur aus Feld E besteht). Generell sollte der das Loch umschließende Weg minimale Länge haben, damit B nicht von A „überholt" werden kann. Jedoch könnten auch dann Situationen auftreten, wo – wie in der anfänglichen Aufgabenstellung – B von A „in eine Ecke" gedrängt werden kann (Bild 19, 20). In der ersten Auflage dieses Buches wurde beschrieben, wie B dennoch stets ausweichen kann. Der Beweis vereinfacht sich stark, wenn als Ziel der Züge von B jeweils Felder eines von A abhängigen geschlossenen Weges zulässig sind. Dieser Weg sollte eine möglichst große Fläche umschließen, damit B nicht wie in Bild 19 in eine Ecke gedrängt werden kann. Bewegt sich A recht nahe beim Loch, sollte dieser Weg hingegen zu A hin „eingedellt" sein (Beispiel siehe Bild 21), um eine Situation wie in Bild 20 zu vermeiden. Wie das im Detail funktioniert, wird nun dargelegt.

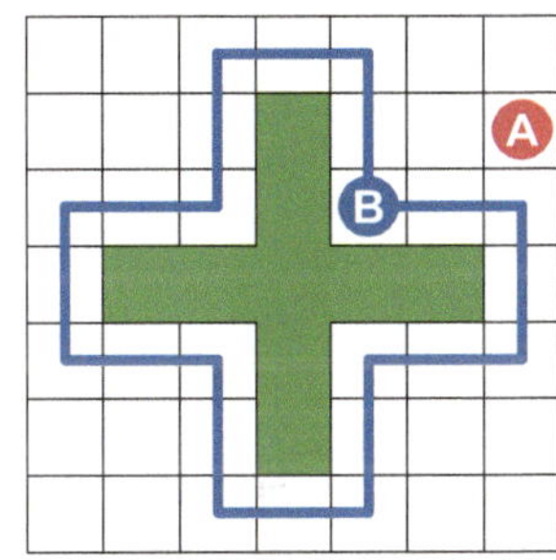

Bild 19. A ist am Zug und kann B schlagen.

Wir können für obigen geschlossenen Weg W_0, der ein Loch umschließt, annehmen:

Minimalität des Lochs: Kein geschlossener Weg umschließt eine echte nichtleere Teilmenge des von W_0 umschlossenes Lochs.

Auch können wir annehmen, dass kein Weg, der dasselbe Loch wie W_0 umschließt, kürzer als W_0 ist. Um die Bezeichnung zu vereinfachen, schauen wir senkrecht auf die Spielbrettebene und können sagen, dass ein Feld links, rechts, oben, unten von seinem benachbarten Feld ist.

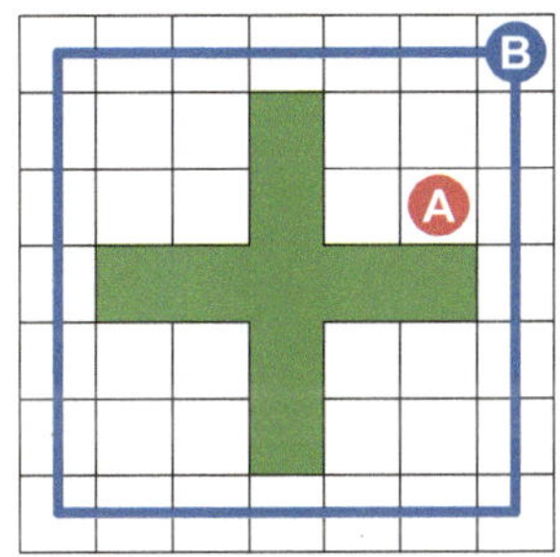

Bild 20. A ist am Zug und kann B schlagen.

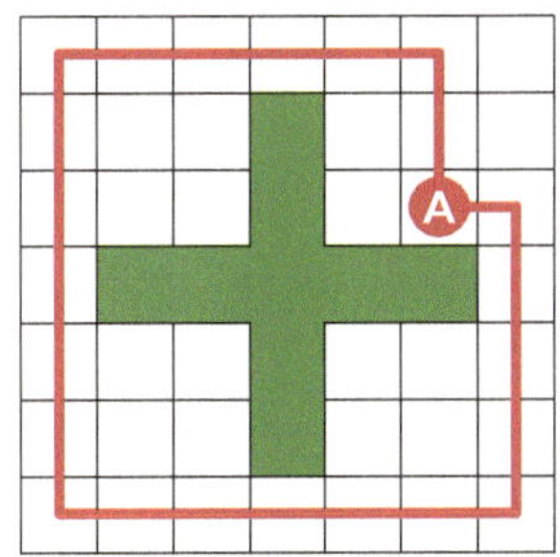

Bild 21.

Lemma 7.

   a) *Jeder Weg aus M enthält mindestens 8 Felder.*

   b) *Die von einem geschlossenen Weg der Länge l umschlossene Fläche ist kleiner als $\frac{l^2}{16}$.*

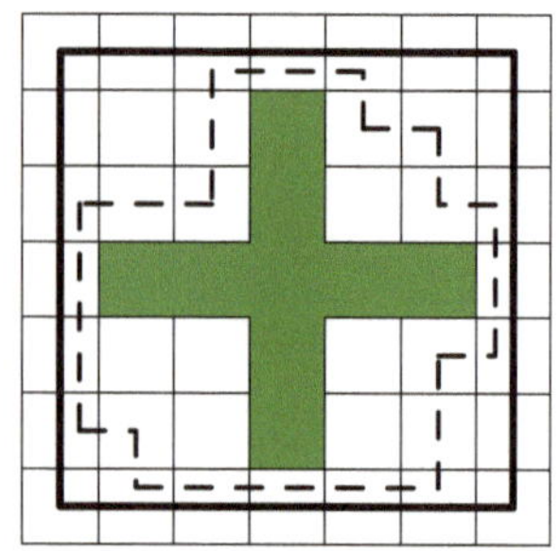

Bild 22. Zwei Rundwege minimaler Länge, darunter der mit maximaler eingeschlossener Fläche.

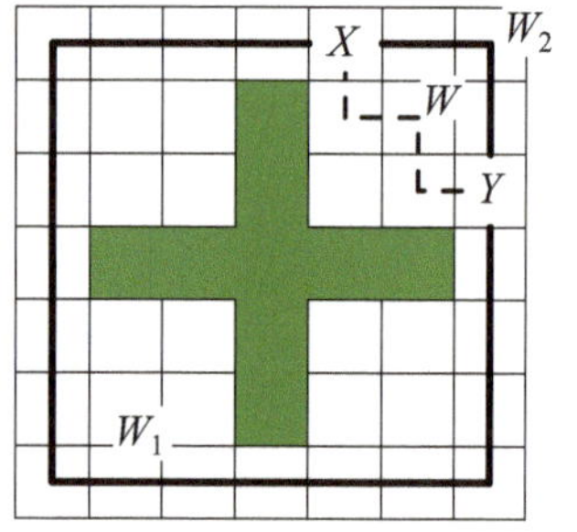

Bild 23. Zu W abgewandter Weg W_1 und zugewandter Weg W_2.

■ **Beweis.** Es seien a der größte horizontale Abstand und b der größte vertikale Abstand zweier Felder des Weges. Um den horizontalen (bzw. vertikalen) Abstand zu überwinden, sind mindestens a (bzw. b) Schritte nach links und nach rechts (bzw. nach oben und nach unten) nötig, damit ist die Weglänge $l \geq 2a + 2b$.

a) Es sei das Einheitsquadrat E nicht im Spielbrett (Bild 18). Dann sind $a \geq 2$ und $b \geq 2$, also Länge mindestens 8.

b) Die eingeschlossene Fläche ist auf höchstens $a - 1$ Spalten und $b - 1$ Zeilen verteilt, also höchstens

$$(a - 1)(b - 1) < ab = \frac{(a + b)^2}{4} - \frac{(a - b)^2}{4} \leq \frac{l^2}{16}. \qquad \Box$$

Nun sei M die Menge aller Wege gleicher minimaler Länge wie W_0, die dasselbe Loch wie W_0 umschließen. Bild 22 zeigt eine Situation, wo M mehr als ein Element enthält.

Wegen Lemma 7b gibt es in M einen Weg mit maximaler von ihm eingeschlossener Fläche, d. h. kein Weg umschließt mehr Felder. Dieser sei Z_0.

Die Strategie für B wird sein, sich auf einem von A abhängigen Weg zu bewegen. Verlässt B durch den Zug von A den Weg, kann B durch einen Zug in dieselbe Richtung wie A wieder auf den Weg kommen; bleibt B auf dem Weg, ist mindestens ein Nachbarfeld von B nicht benachbart zu A.

Es sei W ein Weg von einem Feld X auf Z_0 zu einem Feld Y auf Z_0; alle Felder von W außer X und Y sollen im Inneren von Z_0 liegen. Von Y nach X gibt es auf Z_0 zwei Wege W_1 und W_2. Von den aus W und W_1 bzw. W und W_2 gebildeten geschlossenen Wegen enthält nach Wahl von Z_0 genau einer das Loch, o. B. d. A. der mit W_1. Dann heißt W_1 zu W *abgewandter Weg* und W_2 zu W *zugewandter Weg* und der aus W_1 und W gebildete Weg der *Rundweg* zu W (Bild 23).

Nun sei F Feld im Inneren von Z_0. Gibt es einen geraden Weg von F in eine Richtung (z. B. oben) zu einem Feld von Z_0, heißt F in diese Richtung *offen* (z. B. nach oben offen). Dieser gerade Weg heißt dann *Stichweg*. Ein nach oben oder unten (bzw. links oder rechts) offenes Feld heißt *vertikal* (bzw. *horizontal*) *offen*. Ist F in zwei zueinander senkrechte Richtungen offen, sei $Z(F)$ der Rundweg zu den beiden Stichwegen (die Stichwege und damit $Z(F)$ sind eindeutig bestimmt, siehe Lemma 9a unten; das entspricht dem in den Vorgedanken zum Beweis erwähnten „eingedellten" Weg). Liegt F auf Z_0, sei $Z(F) = Z_0$ (Bild 21, wenn A auf Feld F steht).

Ein paar einfache Eigenschaften enthält

Lemma 8. *Folgende Aussagen sind jeweils für konkrete Richtungen formuliert, gelten aber auch für alle durch Drehung und Spiegelung daraus hervorgehenden Richtungen.*

a) *Ein Feld F kann nicht gleichzeitig nach oben und unten offen sein.*

b) *Es sei F nach oben offen und F' links oder rechts benachbart zu F. Dann kann F' nicht nach unten offen sein.*

c) *Es sei F' benachbart zu F und oberhalb oder unterhalb von F. Dann ist F genau dann nach oben offen, wenn F' nach oben offen ist.*

d) *Ist F nach oben und rechts offen, ist auch das rechts benachbarte Feld F' nach oben und rechts offen.*

■ Beweis. a) Wäre F nach oben und unten offen, wäre der aus den beiden Stichwegen gebildete gerade Weg kürzer als der dazu zugewandte Weg, d. h. der Rundweg zu den Stichwegen kürzer als Z_0 im Widerspruch zur minimalen Länge von Z_0. b) Ist F nach oben offen und F' nach unten offen, gibt es nach a) ein Lochfeld L unterhalb von F und ein Lochfeld L' oberhalb von F'. Der Rundweg zum Weg über F und F' und die beiden Stichwege enthält daher entweder nur L oder L' in seinem Inneren im Widerspruch zur Minimalität des Lochs (Bild 24). c) Ist F nach oben offen und F' oberhalb von F, ist der Stichweg von F' in dem von F enthalten, also F' nach oben offen. Ist F' nach oben offen, ergibt der Stichweg von F' zusammen mit F einen Stichweg von F, also ist F nach oben offen (Bild 25). d) Nach c) ist F' nach rechts offen. Wäre F' nicht nach oben offen, folgte wie im Beweis von b) ein Widerspruch, da F nach a) nicht nach unten offen ist. □

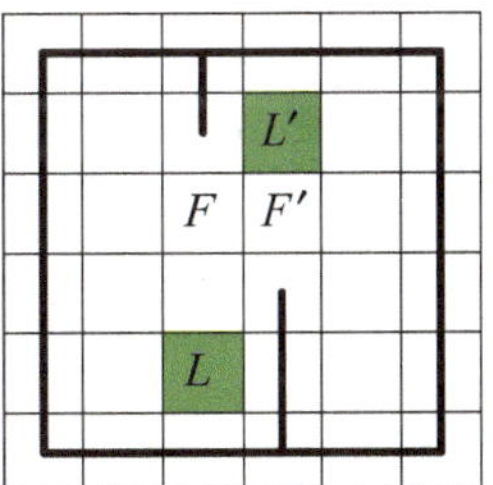

Bild 24.

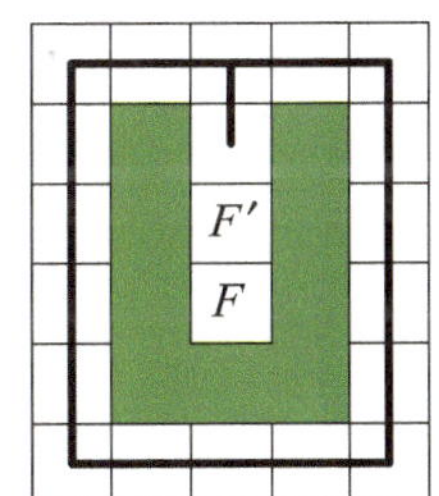

Bild 25.

Korollar 9.

a) *Ist F in zwei Richtungen offen, sind diese eindeutig bestimmt, d. h., $Z(F)$ oben ist eindeutig bestimmt.*

b) *Ist F' rechts benachbart zu F und sind F und F' nach zwei Richtungen offen, geht $Z(F)$ in $Z(F')$ über durch Verschieben der Felder eines Stichwegs nach rechts.*

c) *Ist F nur nach oben offen, können alle benachbarten Felder außer dem Feld oberhalb von F nur nach oben und in keine sonstige Richtung offen sein.*

■ Beweis. a) Ansonsten wäre F nach oben und unten bzw. nach links und rechts offen entgegen Lemma 8a. b) Aus Lemma 8b und 8c folgt, dass F und F' in dieselben Richtungen offen sind. Die Aussage folgt dann nach Definition von $Z(F)$ und $Z(F')$. c) Wäre ein solches Feld nach unten offen, widerspräche das Lemma 8c/8b. Wäre ein Feld nach links oder rechts offen, wäre auch F nach links oder rechts offen wegen Lemma 8d/8c. □

Ist F nur in eine Richtung offen, sei $N(F)$ das nächstgelegene Feld auf dem Stichweg, das in zwei Richtungen offen ist oder auf Z_0 liegt. Ist F in zwei Richtungen offen, sei $N(F) = F$.

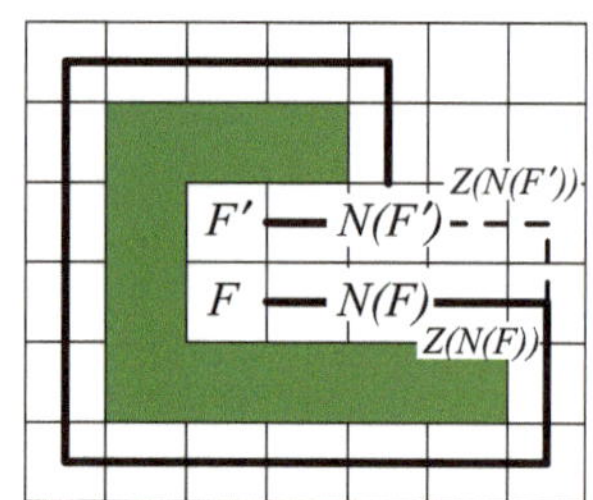

Bild 26.

Lemma 10. *Ist F nur in eine Richtung offen und F' oberhalb von und benachbart zu F und in mindestens eine Richtung offen, so sind $N(F)$ und $N(F')$ gleich oder $N(F')$ ist oberhalb von und benachbart zu $N(F)$.*

■ **Beweis.** Ist F nach oben bzw. unten offen, gilt dies nach Lemma 9c auch für F', und $N(F) = N(F')$. Ist F nach links bzw. rechts offen, gilt dies nach Lemma 9c auch für F'. Nach Lemma 8c ist ein Feld des Stichwegs von F genau dann nach oben (oder unten) offen, wenn das für das oberhalb benachbarte Feld gilt; dieses liegt aber auf dem Stichweg von F'. Damit ist $N(F')$ oberhalb von $N(F)$ und benachbart (Bild 26). □

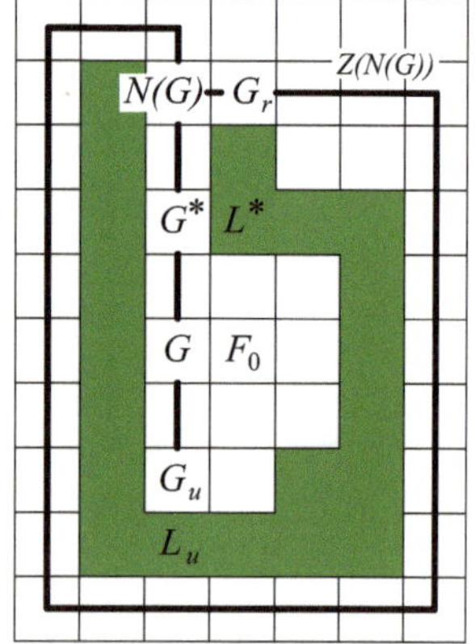

Bild 27.

Lemma 11. *Es sei F in keine Richtung offen, und es seien W bzw. W' Wege von F zu Feldern G bzw. G', die in mindestens eine Richtung offen sind; alle Felder auf W bzw. W' zwischen F und G bzw. G' seien in keine Richtung offen. Dann ist $N(G) = N(G')$. So können wir setzen: $N(F) := N(G)$, und für alle Felder $\tilde{F}$ auf W und W' ist $N(\tilde{F}) = N(F) = N(G) = N(G')$.*

■ **Beweis.** G und G' können in höchstens eine Richtung offen sein, sonst wären nach Lemma 8c auch die zu G bzw G' benachbarten Felder F_0 und F_0' auf W und W' in mindestens eine Richtung offen. O. B. d. A. sind G nach oben offen und $N(G)$ nach oben und rechts offen. Es seien L_u und L_l die am nächsten bei $N(G)$ gelegenen Lochfelder unten und links von $N(G)$, und G_u und G_l seien oben bzw. rechts benachbart zu L_u und L_l. Schließlich sei G_r rechts benachbart zu $N(G)$. Da F_0 in keine Richtung offen ist, kann F_0 nach Lemma 8c nur links oder rechts zu G benachbart sein.

1. Fall (Bild 27): F_0 ist rechts benachbart von G. Da F_0 nicht nach oben offen ist, gibt es ein Lochfeld L^* oben von F_0, das nach Lemma 9d unterhalb von G_r liegen muss. Es sei G^* links benachbart zu L^*. Gäbe es einen Weg W_0 von F_0 nach Z_0, der nicht über den geraden Weg W^* von G_u nach G^* führt, könnte der Rundweg über W_0 und G und $N(G)$ nur eines der Lochfelder L_u und L^* umschließen im Gegensatz zur Minimalität des Lochs. Daher liegt G' auf dem Weg W^*, und $N(G') = N(G)$.

2. Fall (Bild 28): F_0 ist links benachbart von G. Gäbe es einen Weg W_0 von F_0 nach Z_0, der über keine der geraden Wege W_u bzw. W_r von $N(G)$ nach G_u bzw. G_l führt, könnte der Rundweg über W_0 und G und $N(G)$ und

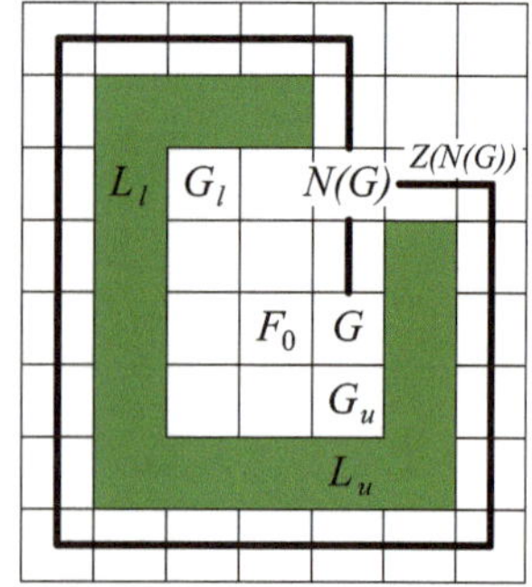

Bild 28.

einen Stichweg von $N(G)$ nur eines der Lochfelder L_u und L_l umschließen entgegen der Minimalität des Lochs. Daher liegt G' auf W_u oder W_r, also $N(G') = N(G)$. $\qquad\square$

Definition 12. *A stehe auf Feld F. Der Weg $W(A)$ aus M sei definiert als $Z(N(F))$, falls F innerhalb von Z_0 liegt, ansonsten sei er Z_0.*

Strategie 5. *B kann sich anfangs auf ein Feld von $W(A)$ mit Mindestabstand 3 von A stellen. B kann nach jedem Zug von A auf ein Feld von $W(A)$ ziehen, das mindestens Abstand 3 von A hat.*

■ **Beweis.** Da $W(A)$ nach Lemma 8a mindestens 8 Felder hat und nur 4 Felder zu A benachbart sein können, kann sich B anfangs auf ein Feld mit Mindestabstand 3 von A stellen.

1. Fall: B ist nach dem Zug von A nicht mehr auf $W(A)$. Das kann nach Lemma 11, 10 und 9b nur sein, wenn A von einem in mindestens eine Richtung offenen Feld senkrecht zu dieser Richtung zu einem in selber Richtung offenen Feld zieht. Dann kann B nach Lemma 9b bzw. 10 durch Zug in gleiche Richtung wie der Zug von A wieder auf $W(A)$ kommen und kann danach nicht benachbart zu A sein.

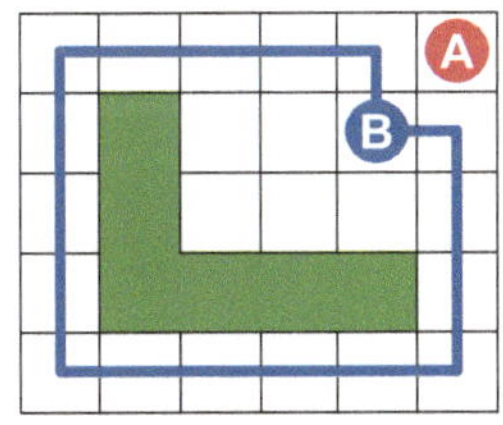

Bild 29. B ist am Zug.

2. Fall: B ist nach dem Zug von A auf $W(A)$. Liegt A auf $W(A)$, sind nicht beide Nachbarfelder von B auf $W(A)$ benachbart zu A, da $W(A)$ Mindestlänge 8 Felder hat nach Lemma 7a. – Nun sei A nicht auf $W(A)$ und es seien beide Nachbarfelder von B auf $W(A)$ benachbart zu A.

Fall 2.1: A liegt außerhalb von Z_0. Dann könnte man die von Z_0 umschlossene Fläche vergrößern, indem das Feld, auf dem B steht, durch das Feld von A ersetzt würde (Bild 29): Widerspruch.

Fall 2.2: A steht auf Feld F innerhalb von Z_0. Wäre F in zwei Richtungen offen, läge F nach Definition auf $W(A) = Z(F)$. Daher ist F in höchstens eine Richtung offen und kann daher nur zu höchstens einem Feld von $W(A)$ benachbart sein: Widerspruch. $\qquad\square$

Danksagung. Ich danke Felix Günther für die Idee zum Beweis des Falles, wenn das Spielbrett nicht einfach zusammenhängend ist.

Literatur

1. http://www.bundeswettbewerb-mathematik.de, *Bundeswettbewerb Mathematik – Aufgaben (ab 1999) und Lösungen (ab 2000)*, Bearb. K. Fegert.

Poster zum *Bundeswettbewerb Mathematik 2011*.

Mathematik auf der Achterbahn – quadratische Funktionen für eine näherungs- und abschnittsweise Beschreibung von Bahnkurven.

Pythagorasverdächtig

Karl Fegert

1. Runde 2006, Aufgabe 3.

Für die Seitenlängen a, b und c eines Dreiecks gelte die Beziehung $a^2 + b^2 > 5c^2$. Man beweise, dass dann c die Länge der kürzesten Seite ist.

■ **1. Beweis.** Da, a, b und c die Längen der Seiten eines Dreiecks sind, gilt die Dreiecksungleichung, also insbesondere $b + c > a$. Hieraus folgt durch Quadrieren beider (positiven) Seiten $b^2 + 2bc + c^2 > a^2$. Addition von b^2 auf beiden Seiten ergibt dann zusammen mit der Voraussetzung

$$2b^2 + 2bc + c^2 > a^2 + b^2 > 5c^2;$$

hieraus folgt

$$b^2 + bc - 2c^2 > 0 \quad \text{oder} \quad (b - c) \cdot (b + 2c) > 0.$$

Links steht also ein positives Produkt, dessen zweiter Faktor stets positiv ist, also muss auch der erste Faktor positiv sein. Hieraus folgt $b > c$.

Analog (man vertausche die Variablen a und b) ergibt sich $a > c$. $\qquad\square$

■ **2. Beweis (indirekt).** Wir nehmen an, dass c nicht die Länge der kürzesten Seite wäre, also dass o. B. d. A. $b \leq c$ (falls $a \leq c$, vertauschen wir im folgenden Beweis die Bezeichnungen a und b). Dann wäre nach Dreiecksungleichung $a < b + c \leq 2c$, somit $a^2 + b^2 \leq 4c^2 + c^2 = 5c^2$ im Widerspruch zur Voraussetzung.

Ebenso führen wir $c \geq a$ zum Widerspruch. $\qquad\square$

Variante. Wir nehmen an, dass c nicht die Länge der kürzesten Seite wäre, sondern o. B. d. A. die Länge a (falls dies b wäre, vertauschen wir im folgenden Beweis die Bezeichnungen a und b). Es genügt nun zu zeigen, dass die Annahmen $a \leq b \leq c$ und $a \leq c \leq b$ beide zum Widerspruch führen.

Die Annahme $a \leq b \leq c$ führt nach Quadrieren – alle beteiligten Variablen sind positiv belegt – zu $a^2 \leq b^2 \leq c^2$. Aus dem rechten Teil dieser Ungleichung folgt nach Addition von a^2 die Ungleichung $b^2 + a^2 \le c^2 + a^2$. Dies führt mit der Voraussetzung auf $5c^2 \le c^2 + a^2$ oder äquivalent $4c^2 \le a^2$, also $2c \le a$; insbesondere ist dann $c < a$ im Widerspruch zur Voraussetzung.

Die Annahme $a \le c \le b$ führt nach Quadrieren zu $a^2 \le c^2 \le b^2$; hieraus folgt nach Addition von b^2 die Ungleichung $a^2 + b^2 \le c^2 + b^2$, also $5c^2 < c^2 + b^2$, hieraus $4c^2 < b^2$ und schließlich $2c < b$. Zusammen mit $a \le c$ erhalten wir über $a + c \le 2c < b$ einen Widerspruch zur Dreiecksungleichung. $\qquad\square$

■ **3. Beweis (indirekt).** Die Aufgabenstellung ist symmetrisch bezüglich a und b, also können wir o. B. d. A. annehmen, dass $a \le b$. Es genügt dann zu zeigen, dass die Fälle $a \le b \le c$ und $a \le c \le b$ beide zu einem Widerspruch führen.

Aus der Voraussetzung $a^2 + b^2 > 5c^2$ folgt durch einfaches Umformen zusammen mit dem Kosinussatz

$$a^2 + b^2 - 4c^2 > c^2 = a^2 + b^2 - 2ab\cos\gamma,$$

also $4c^2 < 2ab\cos\gamma$ oder $\cos\gamma > \frac{2c^2}{ab}$.

Die Annahme $a \le b \le c$ führt wegen $\cos\gamma > \frac{2c^2}{ab} \ge \frac{2c^2}{c\cdot c} = 2$ sofort zum Widerspruch zu $\cos\gamma \le 1$ für alle Winkel γ.

Die Annahme $a \le c \le b$ führt über $1 \ge \cos\gamma > \frac{2c^2}{ab} \ge \frac{2c^2}{cb} = \frac{2c}{b}$ zur Ungleichung $2c < b$. Diese ergibt zusammen mit der Voraussetzung $a \le c$ die Ungleichung $a + c \le 2c < b$ und damit ebenfalls einen Widerspruch, hier zur Dreiecksungleichung. $\qquad\square$

■ **4. Beweis.** Wir betrachten ein Dreieck ABC mit den üblichen Bezeichnungen; die Länge der von A ausgehenden Seitenhalbierenden bezeichnen wir mit s_a. Schließlich ergänzen wir das Dreieck ABC durch einen Punkt D zum Parallelogramm $ABDC$ (Bild 1); dessen Seiten haben dann die Längen c bzw. b, die Diagonalen die Längen $2s_a$ bzw. a.

Nach dem Diagonalensatz im Parallelogramm [2, Aufgabe V.12] gilt

$$(2s_a)^2 + a^2 = 2b^2 + 2c^2;$$

Addition von $(b^2 - 5c^2)$ auf beiden Seiten führt zu

$$(2s_a)^2 + a^2 + b^2 - 5c^2 = 3b^2 - 3c^2.$$

Gilt nun die Voraussetzung, also $a^2 + b^2 - 5c^2 > 0$, so folgt

$$0 < (2s_a)^2 < 3(b^2 - c^2)$$

und hieraus unmittelbar $b > c$. Analog zeigt man $a > c$. $\qquad\square$

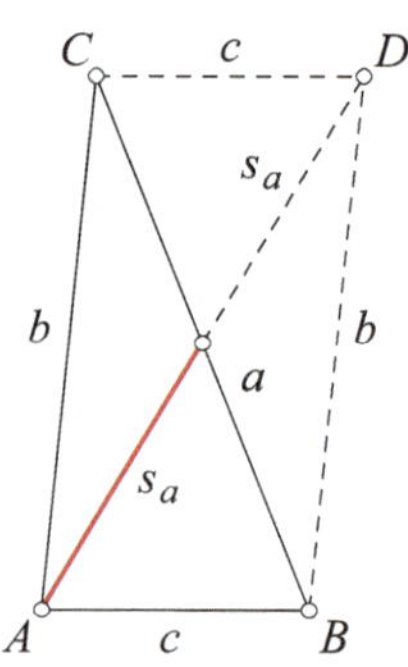

Bild 1.

Der nächste Beweis stützt sich auf einen bekannten Satz der Dreiecksgeometrie:

Satz von STEWART.

In einem Dreieck ABC teile die Ecktransversale CZ die gegenüberliegende Seite AB der Länge c in die Abschnitte AZ und ZB mit den Längen m bzw. n (Bild 2). Dann gilt für die Länge t der Ecktransversale CZ:

$$t = \sqrt{\frac{ma^2 + nb^2}{c} - mn}. \qquad (1)$$

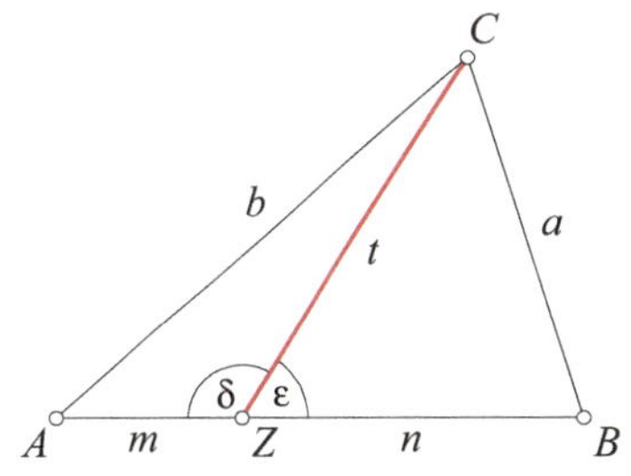

Bild 2. Zum Satz von STEWART.

Zum Beweis dieses Satzes genügt es, für die beiden im Bild 2 eingezeichneten supplementären Winkel δ und $\varepsilon = \pi - \delta$, für die somit

$$\cos\delta + \cos\varepsilon = 0 \qquad (2)$$

gilt, jeweils den Kosinussatz in den Dreiecken AZC und BZC aufzuschreiben, dies in (2) einzusetzen und nach t aufzulösen.

■ **5. Beweis.** Wir brauchen hier den Spezialfall $Z = M$ als Mittelpunkt der Seite AB mit $m = n = \frac{c}{2}$, für den (1) die Länge der Seitenhalbierenden

$$CM = t = \sqrt{\frac{a^2 + b^2}{2} - \frac{c^2}{4}} \qquad (3)$$

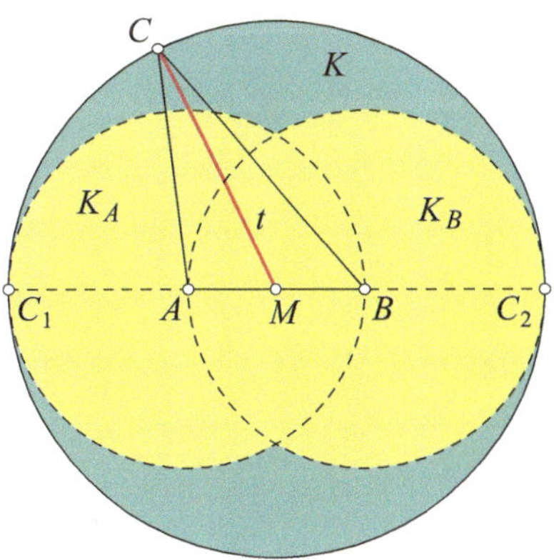

Bild 3. Die gelb gezeichnete Vereinigung beider Kreisscheiben $K_A \cup K_B$ markiert denjenigen Bereich aller Punkte, deren Abstand zu A bzw. B kleiner als die Entfernung $c = AB$ ist. Alle Punkte innerhalb der blau gefärbten abgeschlossenen Kreisscheibe K haben einen Abstand $\leq \frac{3}{2}c$ von M.

liefert. Setzen wir nun in (3) die Voraussetzung ein, erhalten wir $CM > \frac{3}{2}c$. Der Eckpunkt C muss also *außerhalb* einer abgeschlossenen Kreisscheibe K (d. i. das Innere des Kreises plus dessen Peripherie) mit Mittelpunkt M und Radius $\frac{3}{2}c$ liegen (in Bild 3 blau markiert). Die Menge aller Punkte, die einen Abstand kleiner als c von A und B haben, ist dagegen die Vereinigung der offenen Kreisscheiben K_A und K_B, jeweils mit den Radien c (in Bild 3 gelb gefärbt). Da offenbar $(K_A \cup K_B) \subset K$ gilt, hat Eckpunkt C einen größeren Abstand von A und B als die Länge c, was gleichbedeutend mit $b > c$ und $a > c$ ist. □

Gleichzeitig wird hiermit klar, welche Folge die Gleichheit in der Voraussetzung, also $a^2 + b^2 = 5c^2$, hätte: c wäre die Länge der (aber nicht alleinig) kürzesten Seite in den gleichschenkligen ausgearteten Dreiecken ABC_1 bzw. ABC_2.

■ **6. Beweis.** Da a, b und c die Seitenlängen eines Dreiecks sind, gilt die Dreiecksungleichung ebenso in der Form

$$|a - b| < c < a + b.$$

Unter Verwendung der Voraussetzung folgt daraus

$$5c^2 < a^2 + b^2 < a^2 + 2ab + b^2 = (a + b)^2,$$

also $c\sqrt{5} < a + b$. Wegen $1 < \sqrt{5}$ können wir dies zusammensetzen zu $|a - b| < c < c\sqrt{5} < a + b$. Dies bedeutet aber, dass auch die Werte a, b und $c\sqrt{5}$ die Dreiecksungleichung erfüllen, d. h., es existiert ein Dreieck mit diesen Seitenlängen.

Wir betrachten ein solches Dreieck und bezeichnen dessen Ecken mit A, B und T, sodass AB die Länge $c\sqrt{5}$, AT die Länge b und BT die Länge a hat (Bild 4). Zusätzlich betrachten wir die folgenden drei Kreise: Kreis k_A um A mit Radius $2c$, Kreis k_B um B mit Radius c und den THALES-Kreis k über AB; die zugehörigen abgeschlossenen Kreisscheiben bezeichnen wir mit K_A, K_B bzw. K, die Schnittpunkte der Ränder von K_A und K_B mit T_1 und T_2. (T_1 und T_2 existieren, weil die Radien der Kreise K_A und K_B jeweils kleiner als der Durchmesser von K, aber ihre Summe größer als der Durchmesser von K ist.)

Es ist $(2c)^2 + c^2 = (c\sqrt{5})^2$, also erfüllen die Seitenlängen der Dreiecke ABT_1 und ABT_2 die PYTHAGORAS-Gleichung, somit liegen T_1 und T_2 auch auf dem THALES-Kreis über AB.

Es folgt (ein ausführlicher Beweis hierfür folgt im Anschluss):

$$K_A \cap K_B \subset K; \qquad (4)$$

insbesondere gilt

$$T \notin K \wedge T \in K_B \implies T \notin K_A. \qquad (5)$$

Die Annahme $c \geq a$ führt dann zu folgendem Widerspruch: Mit dem Satz des PYTHAGORAS ist die Voraussetzung $a^2 + b^2 > 5c^2 = (c\sqrt{5})^2$ äquivalent zu $T \notin K$; aus $c \geq a$ folgt $T \in K_B$. Nach (5) ist also $T \notin K_A$, also $b > 2c$. Dann ist aber $b - c \geq 2c - c = c$ im Widerspruch zur Dreiecksungleichung.

Analog führt man $c \geq b$ zum Widerspruch. $\qquad\qquad\square$

■ **Beweis für (4).** Die Strecke $T_1 T_2$ ist Sehne in allen drei Kreisen, alle ihre inneren Punkte sind also sämtlich auch innere Punkte von jeder der drei Kreisscheiben. Insbesondere liegt $T_1 T_2$ vollständig in $K_A \cap K_B$, d. h. es gibt somit im Innern von K gemeinsame innere Punkte von K_A und K_B; einen beliebigen davon nennen wir P_i.

Gäbe es nun auch einen Punkt P_a im Innern von $K_A \cap K_B$, der aber nicht in K liegt, dann müsste $P_i P_a$ die Kreislinie von K schneiden, d. h. Teile der Kreislinie von K müssten im Inneren von $K_A \cap K_B$ liegen.

Dies ist jedoch nicht der Fall: Die Punkte $T_1 T_2$ zerlegen die Kreislinie von K in zwei Bögen. Der eine von den beiden enthält den Punkt B; da $AB = c\sqrt{5} > 2c$, liegt B nicht in K_A und damit auch (mit Ausnahme der Endpunkte) der ganze Bogen nicht. Der andere Bogen enthält den Punkt A; da $AB = c\sqrt{5} > c$, liegt A nicht in K_B und damit auch (mit Ausnahme der Endpunkte) der ganze Bogen. $\qquad\square$

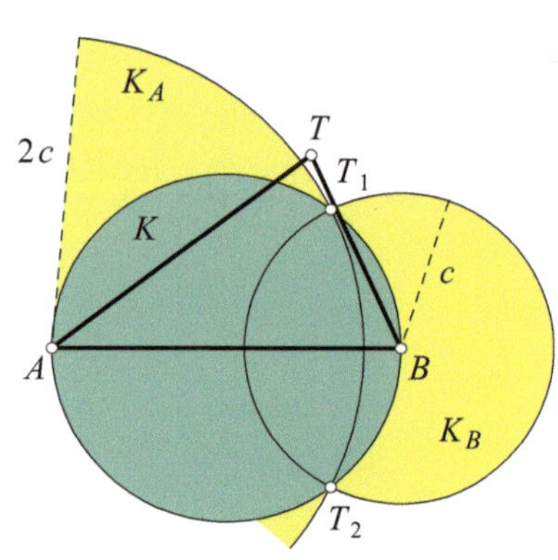

Bild 4.

■ **7. Beweis.** Wir betrachten ein Dreieck ABC, in dem – mit den üblichen Bezeichnungen – die Ungleichung $a^2 + b^2 > 5c^2$ gilt. Bekanntlich teilen die Berührungspunkte seines Inkreises die Seiten in Abschnitte auf, von denen je zwei gleich lang sind; wir können deren Längen so mit x, y, z bezeichnen, dass $a = y + z$, $b = z + x$ und $c = x + y$ gilt (Bild 5). Diese Substitution ist auch als RAVI-Transformation [1] (vorwiegend in englischsprachigen Ländern) bekannt. Die Voraussetzungen können wir damit äquivalent umformen zu

$$
\begin{aligned}
& a^2 + b^2 > 5c^2 \\
\Longleftrightarrow \quad & (y + z)^2 + (z + x)^2 > 5(x + y)^2 \\
\Longleftrightarrow \quad & 2z^2 > 4x^2 + 4y^2 + 10xy - 2xz - 2yz \\
\Longleftrightarrow \quad & 3z^2 > x^2 + y^2 + z^2 + 2xy - 2xz - 2yz \\
& \qquad\quad + 3x^2 + 3y^2 + 6xy + 2xy \\
\Longleftrightarrow \quad & 3z^2 > (x + y - z)^2 + 3(x + y)^2 + 2xy.
\end{aligned}
$$

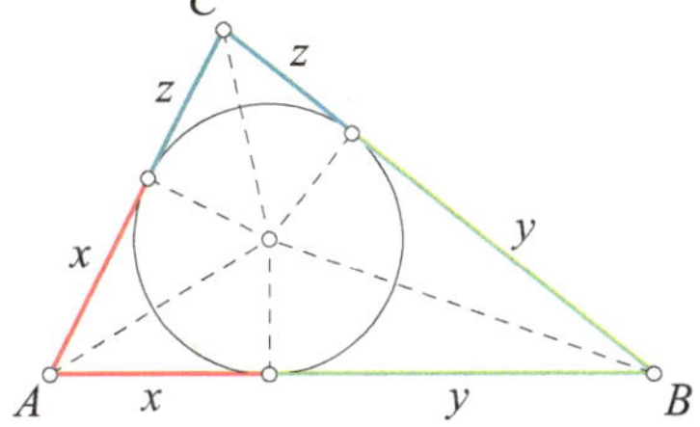

Bild 5.

Weil alle Variablen positiv sind, ist $(x + y - z)^2 \geq 0$ und $2xy > 0$, hieraus folgt $3z^2 > 3(x + y)^2$, also $z > x$ und $z > y$. Addition von y bzw. x auf beiden Seiten führt über $z + y > x + y$ zu $a > c$ und über $z + x > y + x$ zu $b > c$; dies war zu zeigen. □

Bemerkungen.

1. Wie das Beispiel des Dreiecks ABT_1 aus dem 6. Beweis zeigt, wird die Aussage falsch, wenn man in der Voraussetzung den Faktor 5 durch eine kleinere Zahl ersetzt.

2. Die Aussage ist nicht umkehrbar: Es gibt Dreiecke, in denen c die kürzeste Seite ist und gleichzeitig $a^2 + b^2 \leq 5c^2$. Dies ist veranschaulicht in Bild 3 zum 5. Beweis: „*c ist kürzeste Seite*" ist gleichbedeutend mit „*C liegt außerhalb der beiden kleinen Kreise*"; und „$a^2 + b^2 > 5c^2$" ist gleichbedeutend mit „*C liegt außerhalb des großen Kreises*". Wenn C also in der „Sichel" liegt, erfüllt das Dreieck die erste, aber nicht die zweite Bedingung.

Literatur

1. C. ALSINA, R. B. NELSEN: *When Less is More: Visualizing Basic Inequalities*, The Mathematical Association of America, Dolciani Mathematical Expositions #36, 2009, Abschnitt 1.6.
2. E. SPECHT, R. STRICH: *geometria – scientiae atlantis 1*, Otto-von-Guericke-Universität Magdeburg 2009.

Poster zum *Bundeswettbewerb Mathematik 2012*.

Das Poster aus dem Jahr 2012 zeigt die berühmte Gleichung von FREDE-
RICK SODDY (1936, Gedicht *„The Kiss Precise"*), die bereits auf RENÉ
DESCARTES zurückgeht und die die Krümmung eines Kreises angibt, der
drei andere Kreise von innen oder außen berührt.

Schwarz-weißes Roulette

Lisa Sauermann und Eric Müller

> **2. Runde 2006, Aufgabe 1.**
>
> *Ein Kreis sei in 2n kongruente Sektoren eingeteilt, von denen n schwarz und die übrigen n weiß gefärbt sind. Die weißen Sektoren werden, irgendwo beginnend, im Uhrzeigersinn mit $1, 2, 3, \ldots, n$ nummeriert. Danach werden die schwarzen Sektoren, irgendwo beginnend, gegen den Uhrzeigersinn mit $1, 2, 3, \ldots, n$ nummeriert. Man beweise, dass es n aufeinander folgende Sektoren gibt, in denen die Zahlen 1 bis n stehen.*

Auf den ersten Blick ist diese Aussage verblüffend, schließlich kann mit der Nummerierung in weiß und schwarz jeweils irgendwo begonnen werden.

■ **Beweis.** Zum Beweis der Aussage betrachten wir für jede Zahl $i = 1, \ldots, n$ die beiden Sektoren mit der Nummer i. Wir betrachten nun diejenige Zahl i, für die der Abstand dieser beiden Sektoren minimal ist, der *Abstand* zweier Sektoren auf dem Kreis sei dabei die Länge des minimalen Kreisbogens zwischen den beiden (falls die beiden Sektoren einander diametral gegenüberliegen, so sind beide Kreisbögen zwischen den beiden minimal und zu ihnen gehören $n - 1$ Sektoren; im anderen Extremfall sind die beiden Sektoren benachbart und der minimale Kreisbogen zwischen ihnen hat die Länge 0).

Nun stoßen wir auf folgende Beobachtung: Alle Sektoren entlang des minimalen Kreisbogens zwischen den beiden Sektoren mit Nummer i haben die gleiche Farbe (Bild 1). Andernfalls würden zu diesem Bogen nämlich der auf den weißen Sektor i im oder gegen den Uhrzeigersinn folgende weiße Sektor und der auf den schwarzen Sektor i gegen bzw. im Uhrzeigersinn folgende schwarze Sektor gehören. Diese beiden Sektoren haben die gleiche Nummer (nämlich $i + 1$ bzw. $i - 1$ modulo n) und ein minimaler Kreisbogen zwischen ihnen ist ein echter Teil des minimalen Kreisbogens zwischen den beiden Sektoren mit Nummer i. Dies ist aber ein Widerspruch zur Minimalitätsbedingung, die wir bei der Wahl von i aufgestellt haben. Also haben in der Tat alle Sektoren entlang des minimalen Kreisbogens zwischen den beiden Sektoren mit Nummer i die gleiche Farbe.

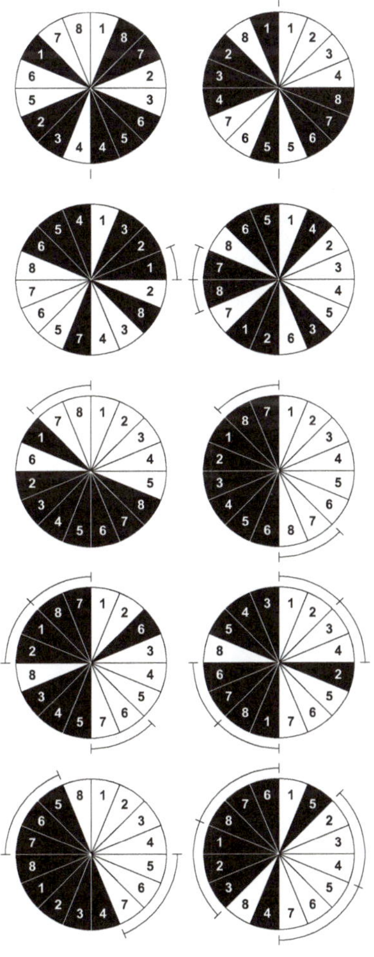

Bild 1. Einige Beispiele mit minimalem Abstand 0, 1, 2 und 3.

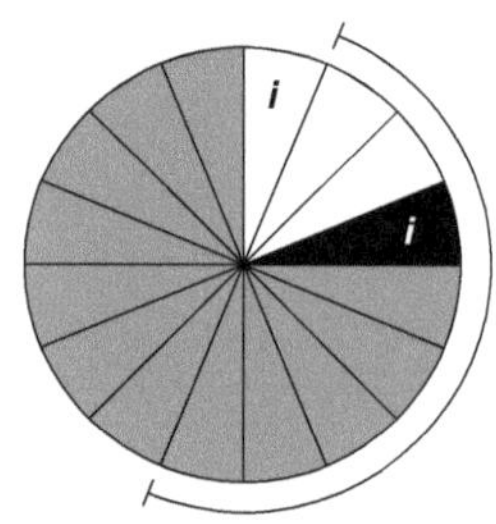

Bild 2. Die n Sektoren, die auf den weißen Sektor i folgen.

Wir können ohne Einschränkung annehmen, dass die Sektoren entlang dieses minimalen Kreisbogens allesamt weiß sind (schließlich ist die Aufgabe in „weiß" und „schwarz" völlig symmetrisch).

Wir betrachten nun die n Sektoren, die auf den weißen Sektor i in Richtung des minimalen Kreisbogens zwischen den beiden Sektoren mit Nummer i folgen (Bild 2).

Unter diesen n Sektoren seien k weiße und $n-k$ schwarze. Die k weißen Sektoren haben damit die Nummern $i+1, i+2, \ldots, i+k$ modulo n (falls die n Sektoren im Uhrzeigersinn auf den weißen Sektor i folgen), bzw. die Nummern $i-1, i-2, \ldots, i-k$ modulo n (falls die n Sektoren gegen den Uhrzeigersinn auf den weißen Sektor i folgen). Der erste schwarze Sektor unter den betrachteten n Sektoren ist der schwarze Sektor i. Damit haben die $n-k$ schwarzen Sektoren im ersten Fall die Nummern $i, i-1, i-2, \ldots, i-(n-k-1) = i+k+1$ modulo n und im zweiten Fall die Nummern $i, i+1, i+2, \ldots, i+(n-k-1) = i-k-1$ modulo n. In beiden Fällen kommt damit jede Nummer von 1 bis n bei genau einem der betrachteten n Sektoren vor und wir sind fertig.   □

Weitere Fragestellungen. Jetzt haben wir also einen Beweis gefunden und die Aussage verblüfft uns nicht mehr ganz so sehr. Im Nachhinein betrachtet scheint es sogar halbwegs natürlich zu sein, dass die Aussage stimmt. Interessant bleibt sie aber trotzdem und so suchen wir nach neuen Fragestellungen, die sich aus der alten ergeben.

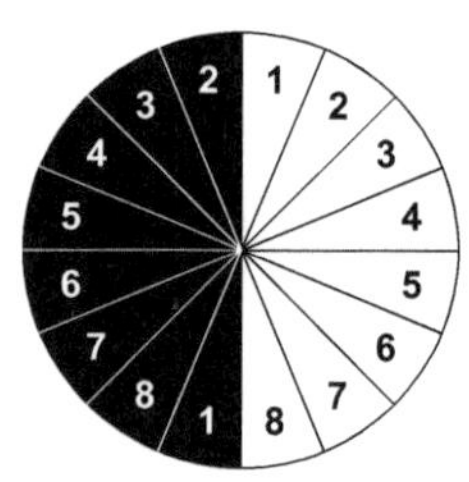

Bild 3.

Zuerst einmal kann man sich fragen, ob die Wahl der n aufeinander folgenden Sektoren mit den Zahlen von 1 bis n eindeutig ist. Leicht findet man jedoch ein Beispiel, bei dem das nicht der Fall ist (Bild 3).

Machen wir uns nun also über mögliche Verallgemeinerungen Gedanken. Als Erstes stellen wir fest, dass es keine Rolle spielt, ob die Sektoren allesamt gleich groß sind. Auch ist es gleichgültig, ob die Sektoren tatsächlich den gesamten Kreis ausfüllen. Es geht eigentlich nur darum, dass die Sektoren Objekte sind, die sich in einer bestimmten Reihenfolge entlang des Kreises befinden. Man kann sich also die Situation auch wie folgt vorstellen:

Umformulierung. *Auf einem Kreis (d.h. auf der Kreislinie) befinden sich $2n$ paarweise verschiedene Punkte, von denen n schwarz und die übrigen n weiß gefärbt sind. Die weißen Punkte werden, irgendwo beginnend, im Uhrzeigersinn mit $1, 2, 3, \ldots, n$ nummeriert. Danach werden die schwarzen Punkte, irgendwo beginnend, gegen den Uhrzeigersinn mit $1, 2, 3, \ldots, n$ nummeriert.*
Man beweise, dass es einen Kreisbogen gibt, auf dem genau n Punkte liegen und sodass an diesen Punkten die Zahlen 1 bis n stehen.

Dies entspricht genau der ursprünglichen Aufgabe. Denn n aufeinander folgende Sektoren, in denen die Zahlen 1 bis n stehen, entsprechen genau n aufeinander folgenden Punkten, an diesen Punkten stehen die Zahlen 1 bis n. Und n aufeinander folgende Punkte liegen auf einem Kreisbogen (und wir können diesen Kreisbogen so wählen, dass er keine weiteren Punkte enthält).

Wir stellen uns dabei die Frage, ob die Aussage auch noch stimmt, wenn wir nicht nur endlich viele, sondern unendlich viele Sektoren bzw. Punkte betrachten. Dann ist das „Nummerieren" natürlich ein wenig schwierig. Dies müssen wir also anders formulieren. Nehmen wir als „Nummern" dabei die rationalen Zahlen von Null bis Eins, also

$$[0,1] \cap \mathbb{Q} = \{x \in \mathbb{Q} \mid 0 \leq x \leq 1\}.$$

Es würde genauso mit den reellen Zahlen im Intervall $[0,1]$ funktionieren, aber vielleicht sind rationale Zahlen noch ein wenig besser vorstellbar.

Nun ordnen wir jeder Zahl $x \in [0,1] \cap \mathbb{Q}$ einen „weißen" Punkt und einen „schwarzen" Punkt auf der Kreislinie zu. Das heißt: Wir definieren zwei Funktionen $w(x)$ und $s(x)$, deren Definitionsbereich jeweils $[0,1] \cap \mathbb{Q}$ ist und deren Funktionswerte Punkte auf der Kreislinie sind.

Diese beiden Funktionen haben folgende Eigenschaften:

- Die Funktionen sollen *injektiv* sein, das heißt, keinen zwei Zahlen wird der gleiche „weiße" oder der gleiche „schwarze" Punkt zugeordnet. Für $x, y \in [0,1] \cap \mathbb{Q}$ mit $x \neq y$ gilt also $w(x) \neq w(y)$ und $s(x) \neq s(y)$.
- Außerdem sollen alle „weißen" Punkte von allen „schwarzen" Punkten verschieden sein, d.h. die Mengen $\{w(x) \mid x \in [0,1] \cap \mathbb{Q}\}$ und $\{s(x) \mid x \in [0,1] \cap \mathbb{Q}\}$ sind *disjunkt*.
- Schließlich seien die Funktionen w und s derart beschaffen, dass für alle $x, y, z \in [0,1] \cap \mathbb{Q}$ mit $x < y < z$ gilt: Die Punkte $w(x)$, $w(y)$ und $w(z)$ sind im Uhrzeigersinn in dieser Reihenfolge angeordnet und die Punkte $s(x)$, $s(y)$ und $s(z)$ sind gegen den Uhrzeigersinn in dieser Reihenfolge angeordnet.

Diese Situation entspricht der ursprünglichen Aufgabe, außer dass wir jetzt unendlich viele Nummern verteilen. Die ersten beiden Forderungen entsprechen der Bedingung in der obigen Umformulierung, dass die $2n$ Punkte paarweise verschieden sein sollen. Die dritte Forderung beschreibt das „Nummerieren" im bzw. gegen den Uhrzeigersinn. Wir wollen auch hier zeigen, dass es einen Kreisbogen gibt (zu dem jeder der beiden Endpunkte jeweils dazugehören kann oder nicht), der für jedes $x \in [0,1] \cap \mathbb{Q}$ genau einen der beiden Punkte $w(x)$ und $s(x)$ enthält (das heißt, jede „Nummer" kommt genau einmal vor). Wir fassen diese verallgemeinerte Aussage mit allen Voraussetzungen im folgenden Satz zusammen:

Satz 1. *Auf einer Kreislinie seien für jedes $x \in [0, 1] \cap \mathbb{Q}$ Punkte $s(x)$ und $w(x)$ gegeben mit $s(x) \neq w(x)$, sodass*

a) für alle $x, y \in [0, 1] \cap \mathbb{Q}$ mit $x \neq y$ gilt:

$$s(x) \neq s(y), \quad w(x) \neq w(y) \quad und \quad s(x) \neq w(y);$$

b) für alle $x, y, z \in [0, 1] \cap \mathbb{Q}$ mit $x < y < z$ gilt:
Die Punkte $w(x)$, $w(y)$ und $w(z)$ sind im Uhrzeigersinn in dieser Reihenfolge angeordnet und die Punkte $s(x)$, $s(y)$ und $s(z)$ sind gegen den Uhrzeigersinn in dieser Reihenfolge angeordnet.

Dann gibt es auf der Kreislinie einen Kreisbogen (zu dem jeder der beiden Endpunkte jeweils dazugehören kann oder nicht), der für jedes $x \in [0, 1] \cap \mathbb{Q}$ genau einen der Punkte $w(x)$ und $s(x)$ enthält.

Wir wollen diesen Satz nun beweisen. Zunächst legen wir ein paar allgemeine Bezeichnungen zu Kreisbögen fest:

Definition 2. *Im Folgenden sei für beliebige Punkte A und B der Kreislinie mit $\widehat{AB}$ der Kreisbogen bezeichnet, der A, B und für $A \neq B$ alle Punkte P enthält, für die A, P, B im Gegenuhrzeigersinn auf der Kreislinie liegen. Für $A = B$ besteht $\widehat{AB}$ nur aus dem Punkt A, für $A \neq B$ enthalten $\widehat{AB}$ und $\widehat{BA}$ zusammen alle Punkte der Kreislinie. Mit $l(\widehat{AB})$ sei die Länge des Kreisbogens $\widehat{AB}$ bezeichnet.*

Weiter seien $W(\widehat{AB})$ und $S(\widehat{AB})$ die Mengen der Zahlen der weißen bzw. schwarzen Punkte auf $\widehat{AB}$, also

$$W(\widehat{AB}) = \{x \in [0, 1] \cap \mathbb{Q} \mid w(x) \in \widehat{AB}\},$$
$$S(\widehat{AB}) = \{x \in [0, 1] \cap \mathbb{Q} \mid s(x) \in \widehat{AB}\}.$$

Außerdem sei $S_0 = s(0)$, $W_0 = w(0)$. Für jeden Punkt P auf $\widehat{S_0 W_0}$ sagen wir, dass P *hell* bzw. *dunkel* bzw. *ausgeglichen* ist, wenn $S(\widehat{S_0 P})$ eine echte Teilmenge von $W(\widehat{P W_0})$ ist bzw. $W(\widehat{P W_0})$ eine echte Teilmenge von $S(\widehat{S_0 P})$ ist bzw. $S(\widehat{S_0 P}) = W(\widehat{P W_0})$ ist.

Lemma 3. *Jeder Punkt P auf $\widehat{S_0 W_0}$ ist hell oder dunkel oder ausgeglichen.*

■ Beweis. Gibt es eine Zahl $a \in S(\widehat{S_0 P})$ mit $a \notin W(\widehat{P W_0})$ und ist $b \in W(\widehat{P W_0})$ beliebig, insbesondere $a \neq b$ und $a \neq 0$, muss $b < a$ gelten, da für $b > a$ die Punkte $W_0, w(a), w(b)$ im Uhrzeigersinn auf der Kreislinie lägen und daher $w(a)$ auf dem Kreisbogen $\widehat{w(b) W_0}$, also auch auf $\widehat{P W_0}$ läge im Widerspruch zu $a \notin W(\widehat{P W_0})$. Dann liegen aber $S_0, s(b), s(a)$ im Gegenuhrzeigersinn auf dem Kreis, also gehört $s(b)$ zum Bogen $\widehat{S_0 s(a)}$, also $b \in S(\widehat{S_0 P})$. Daher ist P in diesem Fall dunkel. Entsprechend folgt, dass P hell ist, wenn es eine Zahl c mit $c \in W(\widehat{P W_0})$ und $c \notin S(\widehat{S_0 P})$ gibt. Gibt es keine solche Zahl a bzw. c, ist $S(\widehat{S_0 P}) = W(\widehat{P W_0})$ und somit P ausgeglichen.   □

Lemma 4. *Auf $\widehat{S_0 W_0}$ gibt es einen Punkt G, der eine der folgenden Eigenschaften erfüllt:*

> *a) Es ist $S(\widehat{S_0 G}) = W(\widehat{G W_0})$ (d. h., G ist ausgeglichen),*
> *b) es ist $G = s(a)$ für eine Zahl a und $S(\widehat{S_0 G}) = W(\widehat{G W_0}) \cup \{a\}$,*
> *c) es ist $G = w(b)$ für eine Zahl b und $W(\widehat{G W_0}) = S(\widehat{S_0 G}) \cup \{b\}$.*

■ Beweis. Nach Lemma 3 ist jeder Punkt auf $\widehat{S_0 W_0}$ hell oder dunkel oder ausgeglichen. Sind W_0 oder S_0 ausgeglichen, bleibt nichts zu beweisen. Ansonsten muss W_0 dunkel und S_0 hell sein (da $S(\widehat{S_0 S_0}) = W(\widehat{W_0 W_0}) = \{0\}$). Setze $A_0 = S_0$ und $B_0 = W_0$. Die Mittelsenkrechte der Strecke mit Endpunkten A_0 und B_0 schneidet den Kreis in zwei Punkten, von denen einer auf $A_0 B_0$ liegt; dieser heiße M_0. Ist M_0 ausgeglichen, sind wir fertig. Ist M_0 hell, setze $A_1 = M_0$, $B_1 = B_0$, ansonsten $A_1 = A_0$ und $B_1 = M_0$. Damit ist A_1 hell und B_1 dunkel und $\widehat{A_1 B_1}$ Teilmenge von $\widehat{A_0 B_0}$. Aus Symmetriegründen ist $l(\widehat{A_1 B_1}) = \frac{1}{2} l(\widehat{A_0 B_0})$. Entsprechend konstruiere Punkte M_k, A_{k+1}, B_{k+1} für $k = 1, 2, \ldots$ Tritt ein ausgeglichener Punkt M_k auf, sind wir fertig, ansonsten erhalten wir unendlich viele helle Punkte A_k und dunkle Punkte B_k, sodass $l(\widehat{A_k B_k}) = 2^{-k} l(\widehat{A_0 B_0})$ für alle k gilt.

Für beliebige zwei Punkte $X \neq Y$ ist die Bogenlänge $l(\widehat{XY})$ positiv, also können sowohl X als auch Y nur auf Bögen $\widehat{A_k B_k}$ für $l(\widehat{XY}) \leq l(\widehat{A_k B_k})$, also für $2^k \leq l(\widehat{A_0 B_0}) / l(\widehat{XY})$ liegen. Daher kann höchstens ein Punkt im Schnitt der unendlich vielen Bögen $\widehat{A_k B_k}$ liegen. Dieser Schnitt ist aber auch nicht leer, besteht also aus genau einem Punkt G (denn für jedes k ist die Menge aller Bogenlängen $l(\widehat{A_0 P})$ mit P auf $\widehat{A_k B_k}$ ein abgeschlossenes Intervall reeller Zahlen, und diese Intervalle bilden eine *Intervallschachtelung*, die eine reelle Zahl r festlegt. Dann ist G der durch die Bogenlänge $l(\widehat{A_0 G}) = r$ eindeutig bestimmte Punkt. Wer mehr über die Intervallschachtelungen lernen möchte, dem sei die Lektüre eines einführenden Analysis-Lehrbuches empfohlen, beispielsweise [1]).

Ist G dunkel, sei a eine beliebige Zahl mit $a \in S(\widehat{S_0 G})$ und $a \notin W(\widehat{G W_0})$. Für alle k gilt, da A_k hell ist: $a \notin S(\widehat{S_0 A_k})$ oder $a \in W(\widehat{A_k W_0})$. Im Falle $a \in W(\widehat{A_k W_0})$ liegt $w(a)$ wegen $a \notin W(\widehat{G W_0})$ auf dem Bogen

$\widehat{A_k G}$ ohne den Punkt G, das kann aber nur für $l(\widehat{w(a)G}) \le l(\widehat{A_k G})$, also $2^k \le l(\widehat{A_0 B_0})/l(\widehat{w(a)G})$, somit nur für endlich viele k gelten. Für alle anderen Werte von k gilt also $a \notin S(\widehat{S_0 A_k})$, und $s(a)$ liegt wegen $a \in S(\widehat{S_0 G})$ auf dem Bogen $\widehat{A_k G}$ – dies kann für $s(a) \ne G$ analog auch nur für endlich viele Werte von k gelten. Somit ist $s(a) = G$. Da s injektiv ist, gibt es genau eine Zahl, die in $S(\widehat{S_0 G})$, aber nicht in $W(\widehat{G W_0})$ enthalten ist, und Aussage b) ist bewiesen. Analog folgt die Aussage c), wenn G hell ist. Ist G weder dunkel noch hell, ist G ausgeglichen, und es gilt a).   □

Analoge Überlegungen kann man auf $\widehat{W_0 S_0}$ anstellen: Zunächst zeigen wir analog zu Lemma 3 folgende Aussage:

Lemma 5. *Jeder Punkt Q auf $\widehat{W_0 S_0}$ erfüllt $S(\widehat{Q S_0}) \subsetneq W(\widehat{W_0 Q})$ oder $W(\widehat{W_0 Q}) \subsetneq S(\widehat{Q S_0})$ oder $S(\widehat{Q S_0}) = W(\widehat{W_0 Q})$.*

■ **Beweis.** Gibt es eine Zahl $a \in S(\widehat{Q S_0})$ mit $a \notin W(\widehat{W_0 Q})$ und ist $b \in W(\widehat{W_0 Q})$ beliebig, insbesondere $a \ne b$, muss $b > a$ gelten, da für $b < a$ die Punkte $w(b)$, $w(a)$, W_0 im Uhrzeigersinn auf der Kreislinie lägen und daher $w(a)$ auf dem Kreisbogen $\widehat{W_0 w(b)}$, also auch auf $\widehat{W_0 Q}$ läge im Widerspruch zu $a \notin W(\widehat{W_0 Q})$. Dann liegen aber $s(a), s(b), S_0$ im Gegenuhrzeigersinn auf dem Kreis, also gehört $s(b)$ zum Bogen $\widehat{s(a) S_0}$, also $b \in S(\widehat{Q S_0})$. Damit gilt in diesem Fall $W(\widehat{W_0 Q}) \subsetneq S(\widehat{Q S_0})$. Entsprechend folgt $S(\widehat{Q S_0}) \subsetneq W(\widehat{W_0 Q})$, wenn es eine Zahl c mit $c \in W(\widehat{W_0 Q})$ und $c \notin S(\widehat{Q S_0})$ gibt. Gibt es keine solche Zahl a bzw. c, ist offensichtlich $S(\widehat{Q S_0}) = W(\widehat{W_0 Q})$.   □

Die Eigenschaften $S(\widehat{Q S_0}) \subsetneq W(\widehat{W_0 Q})$ sowie $W(\widehat{W_0 Q}) \subsetneq S(\widehat{Q S_0})$ und $S(\widehat{Q S_0}) = W(\widehat{W_0 Q})$ für einen Punkt Q auf $\widehat{W_0 S_0}$ entsprechen den Eigenschaften „hell", „dunkel" bzw. „ausgeglichen" für einen Punkt auf $\widehat{S_0 W_0}$.

Mit Hilfe von Lemma 5 können wir nun das nächste Lemma zeigen:

Lemma 6. *Auf $\widehat{W_0 S_0}$ gibt es einen Punkt H, der eine der folgenden Eigenschaften erfüllt:*

a) Es ist $W(\widehat{W_0 H}) = S(\widehat{H S_0})$,
b) es ist $H = w(c)$ für eine Zahl c und $W(\widehat{W_0 H}) = S(\widehat{H S_0}) \cup \{c\}$,
c) es ist $G = s(d)$ für eine Zahl d und $S(\widehat{H S_0}) = W(\widehat{W_0 H}) \cup \{d\}$.

Der Beweis verläuft analog zu dem von Lemma 4 und soll deshalb nicht noch einmal im Detail ausgeführt werden. An Stelle der Eigenschaften „hell", „dunkel" und „ausgeglichen" betrachten wir hier die Eigenschaften aus Lemma 5. Dann können wir den gewünschten Punkt H genauso wie im Beweis von Lemma 4 mittels einer Intervallschachtelung konstruieren.

Wenden wir uns nun endlich dem Beweis von Satz 1 zu.

■ **Beweis von Satz 1.** Nach Lemma 4 enthält $W(\widehat{GW_0})$ alle Elemente von $S(\widehat{S_0 G})$ außer ggfs. einer Zahl a mit $s(a) = G$ – dann ist aber $a \in S(\widehat{GW_0})$. In allen Fällen gilt

$$W(\widehat{GW_0}) \cup S(\widehat{GW_0}) \supseteq S(\widehat{S_0 G}) \cup S(\widehat{GW_0}).$$

Analog gilt nach Lemma 6

$$W(\widehat{W_0 H}) \cup S(\widehat{W_0 H}) \supseteq S(\widehat{H S_0}) \cup S(\widehat{W_0 H}).$$

Also folgt

$$W(\widehat{GH}) \cup S(\widehat{GH}) = W(\widehat{GW_0}) \cup S(\widehat{GW_0}) \cup W(\widehat{W_0 H}) \cup S(\widehat{W_0 H})$$
$$\supseteq S(\widehat{S_0 G}) \cup S(\widehat{GW_0}) \cup S(\widehat{H S_0}) \cup S(\widehat{W_0 H}).$$

Da die vier Bögen $\widehat{S_0 G}$, $\widehat{GW_0}$, $\widehat{H S_0}$, $\widehat{W_0 H}$ die gesamte Kreislinie überdecken, liegen alle Zahlen mindestens einmal auf dem Bogen $\widehat{GH}$. Analog kann man zeigen, dass alle Zahlen mindestens einmal auf dem Bogen $\widehat{HG}$ liegen.

Es können auf $\widehat{GH}$ noch Zahlen doppelt vorkommen. Da jede Zahl genau zweimal vorkommt und die Bögen $\widehat{GH}$ und $\widehat{HG}$ nur die Punkte G und H gemeinsam haben, erhält man ggfs. durch Entfernen von G und/oder H vom Bogen $\widehat{GH}$ einen Kreisbogen, der jede Zahl genau einmal enthält. Das war zu zeigen und Satz 1 ist bewiesen. □

Eine ähnliche Idee kann man auch nutzen, um die ursprüngliche Aufgabe direkt zu lösen, die formalen Details sind in diesem Fall einfacher und man benötigt keine Intervallschachtelung. Eine entsprechende Lösung findet sich in [1, Aufgabe 2006-2-1].

In Satz 1 kann der Kreisbogen, der für jedes $x \in [0, 1] \cap \mathbb{Q}$ genau einen der Punkte $w(x)$ und $s(x)$ enthält, seine beiden Endpunkte jeweils enthalten oder nicht enthalten. Das Komplement dieses Kreisbogens ist wieder ein Kreisbogen mit der gewünschten Eigenschaft. Wenn der erste Kreisbogen seine beiden Endpunkte enthält, dann enthält der andere Kreisbogen keinen der beiden Endpunkte und umgekehrt. Wenn der erste Kreisbogen genau einen Endpunkt enthält, dann enthält auch der andere Kreisbogen genau einen Endpunkt (nämlich den anderen Endpunkt). Sind z. B. die Randpunkte des gesuchten Kreisbogens nicht im Wertebereich von w und s, führen alle Möglichkeiten (mit/ohne Randpunkten) zu Lösungen. Es gibt aber auch Situationen, wo dies nicht egal ist:

Beispiel. Es seien A und B zwei voneinander verschiedene Punkte auf der Kreislinie (man kann es sich so vorstellen, dass A und B einander diametral gegenüberliegen, aber eigentlich spielt das keine Rolle). Wir verwenden die Notation aus Definition 2, es ist also $\widehat{AB}$ der Kreisbogen entgegen des Uhrzeigersinns von A zu B und $\widehat{BA}$ der Kreisbogen entgegen des Uhrzeigersinns von B zu A. Wir konstruieren nun Funktionen w und s unter Berücksichtigung der Bedingungen aus Satz 1 wie folgt: Wir verteilen die Punkte $w(x)$ für $x \in (\frac{1}{3}, \frac{2}{3}) \cap \mathbb{Q}$ auf dem Bogen $\widehat{BA}$ so, dass, wenn sich x

an $\frac{2}{3}$ annähert, die Punkte $w(x)$ sich B annähern. Für $x \in [0, \frac{1}{3}) \cap \mathbb{Q}$ und $x \in (\frac{2}{3}, 1] \cap \mathbb{Q}$ verteilen wir die Punkte $w(x)$ auf dem Bogen $\widehat{AB}$ so, dass, wenn sich x an $\frac{1}{3}$ annähert, die Punkte $w(x)$ sich A annähern.

Für die schwarzen Punkte soll es genau umgekehrt sein: Die Punkte $s(x)$ für $x \in (\frac{1}{3}, \frac{2}{3}) \cap \mathbb{Q}$ liegen auf dem Bogen $\widehat{AB}$ so, dass, wenn sich x an $\frac{2}{3}$ annähert, die Punkte $s(x)$ sich B annähern. Für $x \in [0, \frac{1}{3}) \cap \mathbb{Q}$ und $x \in (\frac{2}{3}, 1] \cap \mathbb{Q}$ verteilen wir die Punkte $s(x)$ auf dem Bogen $\widehat{BA}$ so, dass, wenn sich x an $\frac{1}{3}$ annähert, die Punkte $s(x)$ sich A annähern.

Wir können nun außerdem noch $w(\frac{1}{3}) = A$ definieren und fordern, dass $s(\frac{1}{3})$ im Innern von $\widehat{AB}$ liegt. Dies alles lässt sich z. B. mittels der Festlegungen

$$l(\widehat{Aw(x)}) = \frac{1}{2}l(\widehat{AB})\left(\frac{1}{3} - x\right) \quad \text{für } x \in [0, \tfrac{1}{3}] \cap \mathbb{Q},$$

$$l(\widehat{s(x)A}) = \frac{1}{2}l(\widehat{BA})\left(\frac{1}{3} - x\right) \quad \text{für } x \in [0, \tfrac{1}{3}) \cap \mathbb{Q},$$

$$l(\widehat{Bw(x)}) = \frac{1}{2}l(\widehat{BA})\left(\frac{2}{3} - x\right) \quad \text{für } x \in (\tfrac{1}{3}, \tfrac{2}{3}) \cap \mathbb{Q},$$

$$l(\widehat{s(x)B}) = \frac{1}{2}l(\widehat{AB})\left(\frac{2}{3} - x\right) \quad \text{für } x \in [\tfrac{1}{3}, \tfrac{2}{3}) \cap \mathbb{Q},$$

$$l(\widehat{w(x)B}) = \frac{1}{2}l(\widehat{AB})x \quad \text{für } x \in (\tfrac{2}{3}, 1] \cap \mathbb{Q},$$

$$l(\widehat{Bs(x)}) = \frac{1}{2}l(\widehat{BA})x \quad \text{für } x \in (\tfrac{2}{3}, 1] \cap \mathbb{Q}$$

erreichen. Bild 4 veranschaulicht diese Festlegungen für s und w. Nun müssen wir noch entscheiden, wo $w(\frac{2}{3})$ und $s(\frac{2}{3})$ liegen sollen.

(A) Eine Möglichkeit ist, $w(\frac{2}{3}) = B$ zu definieren und die Verteilung der schwarzen Punkte so durchzuführen, dass $s(\frac{2}{3})$ im Innern von $\widehat{BA}$ ist (z. B. bei obigen Festlegungen mit $l(\widehat{Bs(\frac{2}{3})}) = \frac{1}{3}l(\widehat{BA})$, siehe Bild 5). Der gesuchte Kreisbogen in Satz 1 muss Endpunkte A und B haben, weil für $x \in (\frac{1}{3}, \frac{2}{3}) \cap \mathbb{Q}$ die Punkte $s(x)$ und $w(x)$ auf verschiedenen Seiten von B liegen, aber für x nahe an $\frac{2}{3}$ sich beide dem Punkt B annähern. Weil genau einer der beiden Punkte $s(x)$ und $w(x)$ auf dem gesuchten Kreisbogen liegt, muss B ein Endpunkt des Kreisbogens sein. Analog muss A ein Endpunkt des Kreisbogens sein. Damit ist der gesuchte Kreisbogen $\widehat{AB}$, wir müssen aber noch herausfinden, ob die Endpunkte jeweils dazugehören. Weil $s(\frac{1}{3})$ im Innern von $\widehat{AB}$, aber $s(\frac{2}{3})$ im Innern von $\widehat{BA}$ ist, muss $B = w(\frac{2}{3})$ zum gesuchten Kreisbogen $\widehat{AB}$ dazugehören, $A = w(\frac{1}{3})$ jedoch nicht. Wir haben also ein Beispiel konstruiert, in dem der Kreisbogen aus Satz 1 genau einen seiner Endpunkte enthalten muss.

(B) Eine zweite Möglichkeit ist, $s(\frac{2}{3}) = B$ zu definieren und die Verteilung der schwarzen Punkte so durchzuführen, dass $w(\frac{2}{3})$ im Innern von $\widehat{AB}$ ist

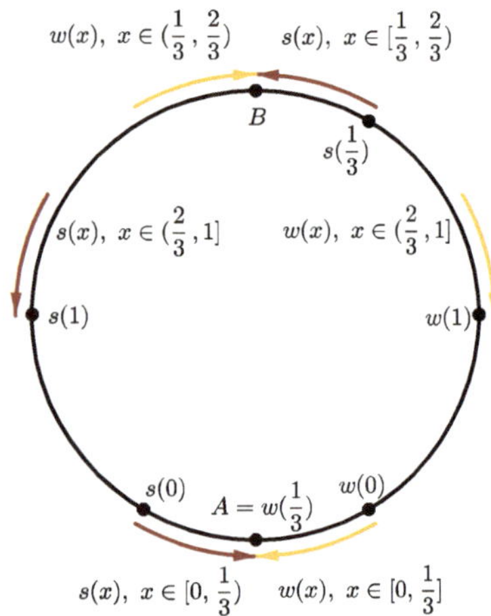

Bild 4: Verteilungen von weißen Punkten (gelbe Pfeile) und schwarzen Punkten (rote Pfeile) gemäß der Festlegungen im Beispiel. In Pfeilrichtung nehmen jeweils die Zahlen zu.

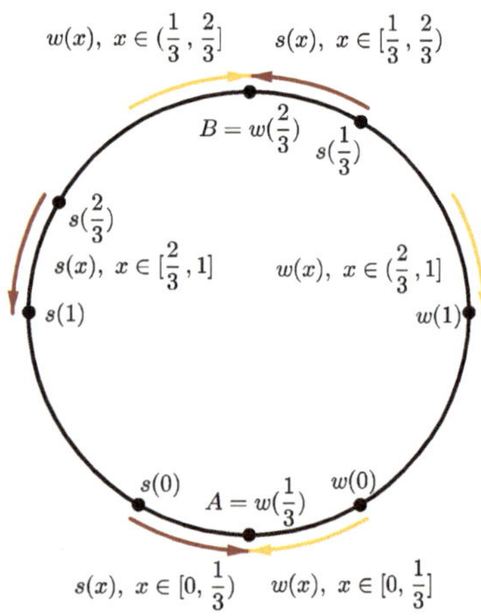

Bild 5. Fall (A) mit den Festlegungen im Beispiel.

(z. B. bei obigen Festlegungen mit $l(\widehat{w(\tfrac{2}{3})B}) = \tfrac{1}{3}l(\widehat{AB})$, siehe Bild 6). Wieder ist (aus dem gleichen Grund wie oben) der gesuchte Kreisbogen $\widehat{AB}$. Diesmal sind aber sowohl $s(\tfrac{1}{3})$ als auch $w(\tfrac{2}{3})$ im Innern von $\widehat{AB}$, deshalb gehört keiner der beiden Endpunkte $A = w(\tfrac{1}{3})$ und $B = s(\tfrac{2}{3})$ zum gesuchten Kreisbogen $\widehat{AB}$ dazu. Sein Komplement, der Kreisbogen $\widehat{BA}$ mit beiden Endpunkten, erfüllt, wie oben erläutert, auch die Bedingungen aus Satz 1.

Wir sehen also, dass die beiden oben beschriebenen Fälle in Bezug auf die Endpunkte tatsächlich beide auftreten können.

Bemerkung. Satz 1 lässt sich noch etwas allgemeiner formulieren, indem die Menge $[0, 1] \cap \mathbb{Q}$ durch eine beliebige nichtleere Menge reeller Zahlen ersetzt wird:

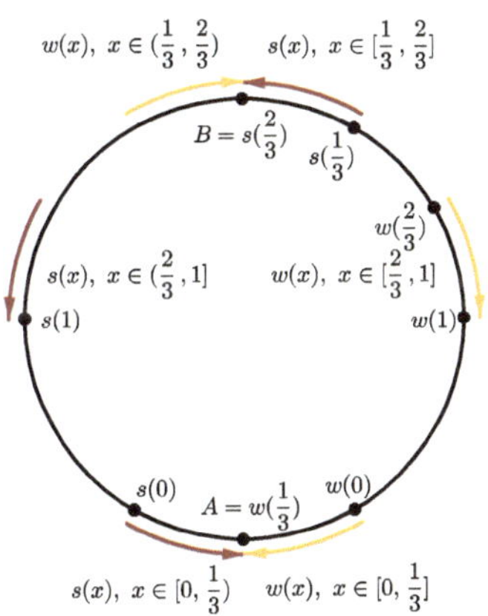

Bild 6. Fall (B) mit den Festlegungen im Beispiel.

> **Verallgemeinerung von Satz 1.** *Es sei M eine beliebige nichtleere Menge reeller Zahlen. Auf einer Kreislinie seien für jedes $x \in M$ Punkte $s(x)$ und $w(x)$ gegeben mit $s(x) \neq w(x)$, sodass*
>
> 1. *für alle $x, y \in M$ mit $x \neq y$ gilt: $s(x) \neq s(y)$, $w(x) \neq w(y)$ und $s(x) \neq w(y)$, sowie*
> 2. *für alle $x, y, z \in M$ mit $x < y < z$ gilt: Die Punkte $w(x)$, $w(y)$ und $w(z)$ sind im Uhrzeigersinn in dieser Reihenfolge angeordnet und die Punkte $s(x)$, $s(y)$ und $s(z)$ sind gegen den Uhrzeigersinn in dieser Reihenfolge angeordnet.*
>
> *Dann gibt es auf der Kreislinie einen Kreisbogen (zu dem jeder der beiden Endpunkte jeweils dazugehören kann oder nicht), der für jedes $x \in M$ genau einen der Punkte $w(x)$ und $s(x)$ enthält.*

Dies lässt sich ähnlich wie Satz 1 beweisen; da M jedoch kein kleinstes und größtes Element enthalten muss, kann man nicht mehr S_0 und W_0 wie oben setzen, sondern wählt ein beliebiges Element $m \in M$ aus und setzt $S_0 = s(m)$ und $W_0 = w(m)$. Da m nicht mehr kleinstes Element der Menge ist, muss man beim Beweis von Lemma 3 und Lemma 5 etwas mehr aufpassen.

Literatur

1. K. Königsberger: *Analysis 1*, Springer-Verlag, Berlin Heidelberg 2004.
2. http://www.bundeswettbewerb-mathematik.de, *Bundeswettbewerb Mathematik – Aufgaben (ab 1999) und Lösungen (ab 2000)*, Bearb. K. Fegert.

Poster zum *Bundeswettbewerb Mathematik 2013*.

Das Poster aus dem Jahr 2013 zeigt eine Differenzialgleichung für die Sinkgeschwindigkeit von Körpern in Luft.

Ziffernreduzierte Zahlen

Robert Strich und Eric Müller

2. Runde 2006, Aufgabe 4.

Eine positive ganze Zahl heiße ziffernreduziert, *wenn in ihrer Dezimalschreibweise höchstens neun verschiedene Ziffern vorkommen. (Dabei werden führende Nullen nicht berücksichtigt.) Es sei M eine endliche Menge ziffernreduzierter Zahlen. Man beweise, dass die Summe der Kehrwerte der Zahlen aus M kleiner als 180 ist.*

Einleitende Bemerkung. Bekanntlich divergiert die *harmonische Reihe* $\sum_{k=1}^{\infty} \frac{1}{k}$, das heißt, die Summe der Kehrwerte *aller* natürlicher Zahlen überschreitet jeden vorgegebenen Wert. Der Beweis hierzu gelingt schnell mit folgender Abschätzung:

$$\frac{1}{1} + \frac{1}{2} + \left(\frac{1}{3} + \frac{1}{4}\right) + \left(\frac{1}{5} + \ldots + \frac{1}{8}\right) + \ldots + \left(\frac{1}{2^{n-1}+1} + \ldots + \frac{1}{2^n}\right)$$

$$\geq 1 + \frac{1}{2} + 2 \cdot \frac{1}{4} + 4 \cdot \frac{1}{8} + \ldots + 2^{n-1} \cdot \frac{1}{2^n}$$

$$= 1 + \underbrace{\frac{1}{2} + \frac{1}{2} + \frac{1}{2} + \ldots + \frac{1}{2}}_{n\text{-mal}} = 1 + \frac{n}{2}.$$

Für immer größere n wächst $1 + \frac{n}{2}$ und damit auch die Summe der Kehrwerte aller natürlicher Zahlen bis einschließlich 2^n über alle Schranken.

Aufgrund dieses Ergebnisses ist die Aussage der Aufgabe um so überraschender. Wenn nämlich die Summe der Kehrwerte jeder endlichen Menge ziffernreduzierter Zahlen kleiner als 180 ist, dann konvergiert auch die Reihe über *alle* diese Kehrwerte. Die harmonische Reihe wird hierbei aber „nur" um diejenigen Summanden verringert, deren Nenner in Dezimaldarstellung alle zehn Ziffern enthalten. Der erste solche fehlende Summand in der Reihe ist „erst" $\frac{1}{1\,023\,456\,789}$. Dass dieses doch scheinbar spärliche Ausdünnen der harmonischen Reihe trotz allem zu einer konvergenten Reihe führt, ist Inhalt der Aufgabe.

■ **1. Beweis.** Hier und im Folgenden bezeichne $\mathcal{S}(A)$ für jede Menge A natürlicher Zahlen die Summe der Kehrwerte der Zahlen in A. Für endliche Mengen A ist die Existenz dieser Summe klar, sobald A eine unendliche Menge ist, wird die Existenz der Summe in den folgenden Rechnungen stets aus den getroffenen Abschätzungen folgen.

> **Definition 1.** *Wir bezeichnen mit $A(z)$ für $z \in \{0, 1, 2, \ldots, 9\}$ die Menge derjenigen positiven ganzen Zahlen, in denen die Ziffer z nicht vorkommt. Außerdem sei mit $A(z, n)$ die Menge derjenigen Zahlen aus $A(z)$ bezeichnet, die genau n Stellen in ihrer Dezimaldarstellung haben ($n \geq 1$). Für jede natürliche Zahl n sei Z_n die Menge der n-stelligen Zahlen.*

Jede Zahl a aus $A(z, n + 1)$ entsteht durch Anhängen einer von z verschiedenen Ziffer an eine Zahl a' aus $A(z, n)$. Es gilt also $a = 10a' + y$ mit einer Ziffer $y \neq z$.

Deswegen können wir folgendermaßen abschätzen:

$$\mathcal{S}(A(z, n + 1)) = \sum_{a \in A(z,n+1)} \frac{1}{a} = \sum_{a' \in A(z,n)} \sum_{\substack{y=0 \\ y \neq z}}^{9} \frac{1}{10a' + y}$$

$$\leq \sum_{a' \in A(z,n)} \sum_{\substack{y=0 \\ y \neq z}}^{9} \frac{1}{10a'} = \frac{9}{10} \cdot \sum_{a' \in A(z,n)} \frac{1}{a'}$$

$$= 0,9 \cdot \mathcal{S}(A(z, n)).$$

Eine einfache vollständige Induktion zeigt dann sogar

$$\mathcal{S}(A(z, n)) \leq 0,9^{n-1} \cdot \mathcal{S}(A(z, 1)).$$

Mit der Formel für die geometrische Reihe $1 + 0,9 + 0,9^2 + \ldots = \frac{1}{1-0,9} = 10$ ergibt sich daraus auch für die unendlichen Mengen $A(z)$ ein endlicher Wert für $\mathcal{S}(A(z))$:

$$\mathcal{S}(A(z)) = \sum_{n=1}^{\infty} \mathcal{S}(A(z, n))$$

$$\leq \sum_{n=1}^{\infty} 0,9^{n-1} \cdot \mathcal{S}(A(z, 1)) = 10 \cdot \mathcal{S}(A(z, 1)). \tag{1}$$

Die zu $\mathcal{S}(A(z))$ gehörigen Reihen sind bekannt als *Kempner-Reihen* [3]. Ihre Konvergenz haben wir mit obiger Rechnung nachgewiesen.

Als letzte Vorbereitung wollen wir die Werte der Summen $\mathcal{S}(A(z, 1))$ für alle Ziffern z berechnen und angeben:

$$S_0 := \mathcal{S}(A(0, 1)) = 1 + \frac{1}{2} + \frac{1}{3} + \cdots + \frac{1}{9} = \frac{7129}{2520},$$

und somit

$$\mathcal{S}(A(z, 1)) = S_0 - \frac{1}{z}, \qquad z \in \{1, 2, \ldots, 9\}. \tag{2}$$

Nun können wir für eine beliebig vorgegebene endliche Menge M ziffernreduzierter Zahlen $\mathcal{S}(M)$ wie folgt abschätzen:

Zunächst ist $M \subset [A(0) \cup A(1) \cup \ldots \cup A(9)]$ und deswegen

$$\mathcal{S}(M) \le \mathcal{S}(A(0)) + \mathcal{S}(A(1)) + \ldots + \mathcal{S}(A(9)).$$

In der letzten Summe kommt jeder Summand aus $\mathcal{S}(Z_1)$ genau neunmal vor, obwohl er in $\mathcal{S}(M)$ nur einmal auftritt, er wurde also achtmal zu viel gezählt. Jeder Summand aus $\mathcal{S}(Z_2)$ kommt mindestens achtmal vor, wurde also mindestens siebenmal zu viel gezählt usw.

Somit kann man schärfer abschätzen:

$$\mathcal{S}(M) \le \sum_{z=0}^{9} \mathcal{S}(A(z)) - \sum_{n=1}^{8} (9 - n) \cdot \mathcal{S}(Z_n). \tag{3}$$

Hierin ist nun $\mathcal{S}(Z_1) = S_0$ und für $n \ge 2$ erhält man durch Zusammenfassen von jeweils 10^{n-1} Summanden folgende grobe Abschätzung:

$$\begin{aligned}
\mathcal{S}(Z_n) &= \frac{1}{10^{n-1}} + \left(\frac{1}{10^{n-1} + 1} + \ldots + \frac{1}{2 \cdot 10^{n-1}} \right) \\
&\quad + \left(\frac{1}{2 \cdot 10^{n-1} + 1} + \ldots + \frac{1}{3 \cdot 10^{n-1}} \right) + \ldots \\
&\quad + \left(\frac{1}{8 \cdot 10^{n-1} + 1} + \ldots + \frac{1}{9 \cdot 10^{n-1}} \right) \\
&\quad + \left(\frac{1}{9 \cdot 10^{n-1} + 1} + \ldots + \frac{1}{10^n - 1} \right) \\
&> \frac{1}{10^{n-1}} + \frac{10^{n-1}}{2 \cdot 10^{n-1}} + \frac{10^{n-1}}{3 \cdot 10^{n-1}} + \ldots + \frac{10^{n-1}}{9 \cdot 10^{n-1}} + 0 \\
&= \frac{1}{10^{n-1}} + \frac{1}{2} + \frac{1}{3} + \ldots + \frac{1}{9} = S_0 - 1 + \frac{1}{10^{n-1}}. \tag{4}
\end{aligned}$$

Betrachtet man nun (3) zusammen mit (1), (2) und (4), so erhält man schließlich für jede beliebige, endliche Menge M ziffernreduzierter Zahlen:

$$\mathcal{S}(M) \le \sum_{z=0}^{9} \mathcal{S}(A(z)) - \sum_{n=1}^{8} (9-n) \cdot \mathcal{S}(Z_n)$$

$$\le \sum_{z=0}^{9} 10 \cdot \mathcal{S}(A(z,1)) - \sum_{n=1}^{8} (9-n) \cdot \mathcal{S}(Z_n)$$

$$< 10 \cdot \left[S_0 + (S_0 - 1) + \left(S_0 - \frac{1}{2} \right) + \ldots + \left(S_0 - \frac{1}{9} \right) \right]$$

$$- 8 \cdot S_0 - 7 \cdot \left(S_0 - 1 + \frac{1}{10} \right) - 6 \cdot \left(S_0 - 1 + \frac{1}{10^2} \right) - \ldots$$

$$- 1 \cdot \left(S_0 - 1 + \frac{1}{10^7} \right)$$

$$= 100 \cdot S_0 - 10 \cdot \left(1 + \frac{1}{2} + \ldots + \frac{1}{9} \right) - (8 + 7 + \ldots + 1) \cdot S_0$$

$$+ (7 + 6 + \ldots + 1) - 0{,}7654321$$

$$= 100 \cdot S_0 - 10 \cdot S_0 - 36 \cdot S_0 + 28 - 0{,}7654321$$

$$= 54 \cdot \frac{7129}{2520} + 28 - 0{,}7654321$$

$$= 152 \frac{107}{140} + 28 - 0{,}7654321$$

$$= 180{,}76\overline{428571} - 0{,}7654321$$

$$< 180.$$

Damit ist der geforderte Beweis erbracht.   □

Mit Methoden wie am Ende des Beitrags kann man zeigen:
$212 < \sum_{z=0}^{9} \mathcal{S}(A(z)) < 213$, eine Abschätzung der Summe gegen 180 ist also unmöglich.

Bemerkung. Der wahre Wert der Reihe ist viel kleiner als 180 und wird am Ende des Beitrags ermittelt.

Verbesserung der Methode. Dass mit einer geschickteren Methode auch von Hand bessere Abschätzungen erreicht werden können, zeigt der folgende zweite Beweis der Aussage der Aufgabe. Hier werden zwei verschiedene Abschätzungen benutzt; einmal für die Kehrwerte ziffernreduzierter Zahlen mit wenigen Ziffern und eine andere, die gute Ergebnisse erst bei Summen von Kehrwerten ziffernreduzierter Zahlen mit vielen Stellen liefert. Die geschickte Kombination beider Methoden führt dann zum Ziel.

■ **2. Beweis.** Wir übernehmen hier die Bezeichnungen aus dem obigen Beweis, also insbesondere sei Z_n die Menge aller n-stelligen Zahlen.

Definition 2. *Wir bezeichnen mit*

$$R_n := \bigcup_{z=1}^{9} A(z, n) \ (\subset Z_n)$$

die Menge der ziffernreduzierten n-stelligen Zahlen.

Dann ist zunächst wieder (da $R_1 = Z_1$):

$$S(R_1) = S(Z_1) = \frac{7129}{2520} < \frac{7560}{2520} = 3.$$

Für $n \geq 2$ schätzen wir mit $R_n \subset Z_n$ den Wert von $S(R_n)$ folgendermaßen nach oben ab:

$$S(R_n) \leq S(Z_n) = \frac{1}{10^{n-1}} + \ldots + \frac{1}{2 \cdot 10^{n-1}} + \ldots + \frac{1}{3 \cdot 10^{n-1}} + \ldots + \frac{1}{9 \cdot 10^{n-1}} \ldots + \frac{1}{10 \cdot 10^{n-1} - 1}$$

$$\leq \frac{10^{n-1}}{10^{n-1}} + \frac{10^{n-1}}{2 \cdot 10^{n-1}} + \frac{10^{n-1}}{3 \cdot 10^{n-1}} + \ldots + \frac{10^{n-1}}{9 \cdot 10^{n-1}}$$

$$= \left(1 + \frac{1}{2} + \frac{1}{3} + \ldots + \frac{1}{9}\right) = S(Z_1) = S_0 < 3.$$

Somit gilt für alle $n \geq 1$ die Abschätzung

$$S(R_n) < 3. \tag{5}$$

Weiter gilt: Zu gegebenen neun verschiedenen Ziffern gibt es, wenn die Ziffer 0 unter ihnen ist, genau $8 \cdot 9^{n-1}$ n-stellige ziffernreduzierte Zahlen, die nur die gegebenen Ziffern enthalten. Wenn die Ziffer 0 nicht unter ihnen ist, sind es hingegen 9^n Stück. Jede n-stellige ziffernreduzierte Zahl wird hierbei wenigstens einmal gezählt.

Es gibt genau neun verschiedene Wahlmöglichkeiten für die neun verschiedenen Ziffern, wenn unter ihnen die 0 vorkommen soll, denn man kann jede andere Ziffer genau einmal weglassen. Deswegen gilt für die Kardinalität der Menge R_n (vgl. auch Korollar 4a unten):

$$|R_n| \leq 9 \cdot 8 \cdot 9^{n-1} + 9^n = 9^{n+1}.$$

Weil der Kehrwert einer n-stelligen Zahl höchstens den Wert $\frac{1}{10^{n-1}}$ hat, ist somit in grober Abschätzung

$$S(R_n) \leq 9^{n+1} \cdot \frac{1}{10^{n-1}} = 90 \cdot 0{,}9^n. \tag{6}$$

Die Abschätzungen (5) und (6) kann man nun kombinieren, indem man erstere für alle höchstens N-stelligen ziffernreduzierten Zahlen nutzt und letztere für diejenigen mit mehr als N Ziffern.

Es ergibt sich dann für jede (endliche) Menge M ziffernreduzierter Zahlen

$$\mathcal{S}(M) < \sum_{n=1}^{\infty} \mathcal{S}(R_n) = \sum_{n=1}^{N} \mathcal{S}(R_n) + \sum_{n=N+1}^{\infty} \mathcal{S}(R_n)$$

$$< 3N + \sum_{n=N+1}^{\infty} 90 \cdot 0{,}9^n$$

$$= 3N + 90 \cdot 0{,}9^{N+1} \cdot (1 + 0{,}9 + 0{,}9^2 + \ldots)$$

$$= 3N + 900 \cdot 0{,}9^{N+1}.$$

Im letzten Schritt haben wir dabei wieder die Formel für die geometrische Reihe $1 + 0{,}9 + 0{,}9^2 + \ldots = \frac{1}{1-0{,}9} = 10$ benutzt. Wählt man nun zum Beispiel $N = 31$, so erhält man die Abschätzung

$$\mathcal{S}(M) \leq 93 + 900 \cdot 0{,}9^{32} = 93 + 900 \cdot 0{,}81^{16} = 93 + 900 \cdot 0{,}6561^8$$

$$< 93 + 900 \cdot 0{,}7^8 = 93 + 900 \cdot 0{,}49^4 < 93 + 900 \cdot 0{,}5^4$$

$$= 93 + 56{,}25 = 149{,}25 < 180. \qquad \qquad \square$$

Bemerkung. Auch bei diesem 2. Beweis gibt es noch einige „Reserven", die bei genauerer Untersuchung noch bessere Abschätzungen erlauben. So ist die obere Schranke 3 in (5) nur der einfachen Rechnung wegen verwendet worden. Exakter kann man hier auch mit $\mathcal{S}(R_n) \leq 2{,}83$ für alle n arbeiten. In (6) wurde zum Beispiel ignoriert, dass viele ziffernreduzierte Zahlen bzw. ihre Kehrwerte mehrfach gezählt wurden.

Bestimmung der kleinsten oberen Schranke für die Summen. Die kleinste Zahl, durch die man 180 in der Aufgabe ersetzen kann, ist offenbar die unendliche Summe der Kehrwerte *aller* ziffernreduzierten Zahlen. Diese schätzen wir nach unten und oben ab, indem wir für eine gegebene ziffernreduzierte Zahl die durch Anhängen weiterer Ziffern erzeugten ziffernreduzierten Zahlen untersuchen:

Satz 3. *Es sei a eine ziffernreduzierte Zahl, deren Dezimaldarstellung genau s Ziffern* nicht *enthält.*

 a) Die Anzahl der durch Anhängen von $k \geq 0$ Ziffern an a erzeugbaren ziffernreduzierten Zahlen ist

$$f_k(s) := \sum_{j=1}^{s} \binom{s}{j} (-1)^{j+1} (10 - j)^k.$$

> b) *Die Summe der Kehrwerte aller ziffernreduzierten Zahlen, deren Dezimaldarstellung mit der von a anfängt, liegt im Intervall*
> $\left[\frac{f(s)}{a+1}, \frac{f(s)}{a}\right]$, *wobei*
> $$f(s) := \sum_{j=1}^{s} \binom{s}{j}(-1)^{j+1}\frac{10}{j}.$$

■ Beweis.

a) Es sei $A_r^{(k)}$ die Menge der aus k Ziffern gebildeten „Worte", bei denen die Ziffer r nicht vorkommt. Hier sind für $r > 0$ im Gegensatz zu $A(r, k)$ aus Definition 1 führende Nullen ausdrücklich erlaubt, z. B. für $k = 3$ sind in $A_2^{(k)}$ auch 019 und 000.

Sind $z_1, \ldots, z_s \in \{0; \ldots; 9\}$ die Ziffern, die *nicht* in der Dezimaldarstellung von a vorkommen (mindestens eine gibt es, da a ziffernreduziert ist), ergibt sich die Dezimaldarstellung einer ziffernreduzierten Zahl durch Anhängen eines Elements aus $A_{z_1}^{(k)} \cup \ldots \cup A_{z_s}^{(k)}$ an die Dezimaldarstellung von a, denn so ist gewährleistet, dass mindestens eine der Ziffern $z_1, \ldots, z_s$ weiterhin fehlt. Die Kardinalität der Menge dieser Zahlen ist also $|A_{z_1}^{(k)} \cup \ldots \cup A_{z_s}^{(k)}|$. Dies lässt sich mit der *Siebregel* (oder „*Prinzip von Inklusion und Exklusion*", vgl. [1, Kapitel 5, E21]) ermitteln:

Sind allgemein $B_1, \ldots, B_n$ endliche Mengen, gilt

$$|B_1 \cup \ldots \cup B_n| = |B_1| + \cdots + |B_n| - |B_1 \cap B_2| - |B_1 \cap B_3| - \ldots$$
$$- |B_{n-1} \cap B_n| + \ldots - (-1)^n |B_1 \cap \ldots \cap B_n|.$$

Der Schnitt von j der Mengen $A_r^{(k)}$ hat $(10 - j)^k$ Elemente, da es für jede der k Ziffern genau $10 - j$ Möglichkeiten gibt. Damit ist

$$\left|A_{z_1}^{(k)} \cup \ldots \cup A_{z_s}^{(k)}\right| = s \cdot 9^k - \binom{s}{2}8^k + \binom{s}{3}7^k - \ldots = \sum_{j=1}^{s}\binom{s}{j}(-1)^{j+1}(10-j)^k = f_k(s).$$

b) Die Zahlen, die sich durch Anhängen von genau k Ziffern an a bilden lassen, liegen zwischen $10^k a$ und $10^k(a + 1)$, die Summe der Kehrwerte dieser Zahlen liegt also zwischen $f_k(s)/(10^k(a + 1))$ und $f_k(s)/(10^k a)$. Nun ist

$$\sum_{k=0}^{\infty}\frac{f_k(s)}{10^k} = \sum_{k=0}^{\infty}\sum_{j=1}^{s}\binom{s}{j}(-1)^{j+1}\left(\frac{10-j}{10}\right)^k$$
$$= \sum_{j=1}^{s}\binom{s}{j}(-1)^{j+1}\sum_{k=0}^{\infty}\left(\frac{10-j}{10}\right)^k = \sum_{j=1}^{s}\binom{s}{j}(-1)^{j+1}\frac{10}{j} = f(s).$$

Damit liegt die Kehrwertsumme aller solcher Zahlen zwischen $f(s)/(a+1)$ und $f(s)/a$. $\qquad\square$

Wendet man Satz 3 auf $a = 1, 2, \ldots, 9$ an, ergibt sich sofort

Korollar 4.

a) *Die Anzahl der ziffernreduzierten Zahlen mit genau $n > 0$ Stellen ist $|R_n| = 9 \cdot f_{n-1}(9)$.*

b) *Die Summe der Kehrwerte aller ziffernreduzierten Zahlen liegt zwischen $(\frac{1}{2} + \frac{1}{3} + \ldots + \frac{1}{10})f(9)$ und $(\frac{1}{1} + \frac{1}{2} + \ldots + \frac{1}{9})f(9)$, also zwischen $54,5$ und $80,1$.*

Die Abschätzung aus Korollar 4b lässt sich noch verbessern: Durch Anwenden von Satz 3b auf alle 9-stelligen Zahlen a (diese sind alle ziffernreduziert) lässt sich mit Computer berechnen, dass die Summe der Kehrwerte der ziffernreduzierten Zahlen mit mindestens 9 Stellen zwischen $46,745414601$ und $46,745414785$ liegt. Nun fehlen noch die Kehrwerte der Zahlen kleiner als 10^8, die alle ziffernreduziert sind. Man kann die Summe dieser Kehrwerte direkt berechnen oder sie folgendermaßen abschätzen: Schätzt man die Werte der Funktion $g(x) = \frac{1}{x}$ nach unten bzw. oben ab, indem für positive ganze Zahlen j im Intervall $[j - \frac{1}{2}, j + \frac{1}{2}[$ der Graph durch die Tangente an g in $(j, g(j))$ ersetzt wird bzw. im Intervall $[j, j+1]$ durch die Sehne zwischen $(j, g(j))$ und $(j+1, g(j+1))$ ersetzt wird, erhält man für die Fläche unter dem Graphen von g im Intervall $[m, n]$ mit $m, n \in N$, die sich exakt zu $\int_m^n g(x)\,\mathrm{d}x = \ln(n) - \ln(m)$ berechnet, die Abschätzung

$$\sum_{j=m}^{n} \frac{1}{j} - \frac{1}{2m} - \frac{1}{2n} - \frac{1}{8m^2} + \frac{1}{8n^2} \leq \int_m^n g(x)\,\mathrm{d}x \leq \sum_{j=m}^{n} \frac{1}{j} - \frac{1}{2m} - \frac{1}{2n}.$$

(Dies ist eine Anwendung der Sehnen- und Tangententrapezformeln, siehe [5, Abschnitt 111 und 114]). Nun ist

$$\lim_{n \to \infty} \left(\sum_{j=1}^{n} \frac{1}{j} - \ln(n) \right) = C = 0,57721566490153286\ldots$$

die EULER-MASCHERONI-Konstante. Damit erhält man für $n \to \infty$:

$$-\frac{1}{8m^2} \leq \sum_{j=1}^{m-1} \frac{1}{j} - \left(C + \ln(m) - \frac{1}{2m} \right) \leq 0.$$

Weitere Abschätzungen und mehr zur EULER-MASCHERONI-Konstante siehe [5, Abschnitt 128]. Damit liegt die Summe der Kehrwerte aller höchstens 8-stelligen (ziffernreduzierten) Zahlen zwischen $18,997896403$ und $18,997896404$ und schließlich die Kehrwertsumme *aller* ziffernreduzierten Zahlen zwischen $65,74331104$ und $65,74331119$. Somit ist

$$65,74331119$$

eine obere Abschätzung für die Kehrwertsumme jeder Menge endlich vieler ziffernreduzierter Zahlen, die sich um höchstens $0,00000015$ verbessern lassen kann.

Effizientere beliebig genaue Berechnung. Abschließend ein noch geschickteres Verfahren in Anlehnung an [4], das die binomische Reihe [5, Abschnitt 116, Beispiel 1] benutzt: Für reelle Zahlen x mit $|x| < 1$ und alle $k > 0$ gilt

$$(1 + x)^{-k} = \sum_{w=0}^{\infty} (-1)^w \binom{w + k - 1}{w} x^w. \tag{7}$$

Aufgabe ist, eine Zahl zu bestimmen, die für gegebenes $\varepsilon > 0$ um höchstens ε von der Summe der Kehrwerte aller ziffernreduzierten Zahlen abweicht.

Von einer ziffernreduzierten Zahl ist die Menge ihrer Ziffern $\{a_1, \ldots, a_r\}$ eine echte, nicht leere Teilmenge von $\{0, 1, \ldots, 9\}$ ungleich $\{0\}$, die im Folgenden mit M_j für $j = \sum_{v=1}^{r} 2^{a_v}$ bezeichnet wird. Somit gilt stets $2 \le j \le 1022$. Für alle $n > 0$ und $j \in \{2, \ldots, 1022\}$ sei $\mathcal{S}_{j,n}$ die Menge der n-stelligen Zahlen mit Ziffernmenge M_j, z. B. ist für $M_5 = \{0; 2\}$ die Menge $\mathcal{S}_{5,3} = \{200, 202, 220\}$. Für $k > 0$ und eine Ziffer m sei $\Psi_{j,n,k} = \sum_{z \in \mathcal{S}_{j,n}} z^{-k}$. Gesucht ist also die Summe $\sum_{n=1}^{\infty} \sum_j \Psi_{j,n,1}$.

Für festes $h \in \{2, \ldots, 1022\}$ und $n \ge 1$ kann eine Zahl $t \in \mathcal{S}_{h,n+1}$ durch Anhängen einer beliebigen Ziffer $m \in M_h$ an eine Zahl aus $\mathcal{S}_{h,n}$ oder aus $\mathcal{S}_{j,n}$ mit $M_j = M_h \setminus \{m\}$ entstehen, sofern es solch ein M_j gibt. Die Menge all dieser Paare (j, m) sei I_h. Daher ist

$$\Psi_{h,n+1,k} = \sum_{(j,m) \in I_h} \sum_{z \in \mathcal{S}_{j,n}} (10z + m)^{-k}. \tag{8}$$

Mittels der binomischen Reihe (7) ergibt sich wegen $|\frac{m}{10z}| < 1$:

$$(10z + m)^{-k} = (10z)^{-k} \left(1 + \frac{m}{10z}\right)^{-k}$$

$$= (10z)^{-k} \sum_{w=0}^{\infty} (-1)^w \binom{w + k - 1}{w} \left(\frac{m}{10z}\right)^w.$$

Eingesetzt in (8), folgt nach Vertauschen der Summation über w und $\mathcal{S}_{jn}$:

$$\Psi_{h,n+1,k} = 10^{-k} \sum_{(j,m) \in I_h} \sum_{w=0}^{\infty} (-1)^w \binom{w + k - 1}{w} \left(\frac{m}{10}\right)^w \Psi_{j,n,k+w}. \tag{9}$$

Nun sei φ beliebig gewählt mit $\frac{90}{91} < \varphi < 1$. Definiere $a(r)$ für $r \in \{1, 2, \ldots, 9\}$ durch $a(9) := 1$, $a(r - 1) := a(r) \cdot (\frac{91\varphi}{10r} - 1)$ für $1 < r \le 9$. Setze $A := \sum_{j=2}^{1022} a(|M_j|)$ und definiere $f(0) := 0$ und $f(r) := \frac{10(1-\varphi)}{A} a(r)$ für $1 \le r \le 9$.

Dann gilt

$$r(f(r) + f(r-1)) = \frac{91\varphi}{10} f(r). \tag{10}$$

Schließlich sei $f_m := \min_{1 \le r \le 9} f(r)$ und $F_{n,k} := \varphi^n \frac{\varepsilon}{10^k}$ für $n \ge 0, k \ge 1$. Für beliebige Näherungen $\tilde{\Psi}_{j,n,k}$ von $\Psi_{j,n,k}$ mit

$$|\tilde{\Psi}_{j,n,k} - \Psi_{j,n,k}| < f(|M_j|) F_{n,k} \tag{11}$$

für alle j,n,k gilt wie gewünscht

$$\left| \sum_{j,n} \tilde{\Psi}_{j,n,1} - \sum_{j,n} \Psi_{j,n,1} \right| \le \sum_{j,n} f(|M_j|) F_{n,1}$$

$$\le \sum_{j=2}^{1022} \frac{10(1-\varphi)}{A} a(|M_j|) \frac{\varepsilon}{10} \sum_{n=1}^{\infty} \varphi^n < \varepsilon.$$

Gilt die Abschätzung (11) für ein festes n und berechnet man $\tilde{\Psi}_{h,n+1,k}$ aus den $\tilde{\Psi}_{j,n,k}$ mittels der Rekursion (9), gilt auch

$$|\tilde{\Psi}_{h,n+1,k} - \Psi_{h,n+1,k}| \le 10^{-k} \sum_{(j,m) \in I_h} \sum_{w=0}^{\infty} \binom{w+k-1}{w} \left(\frac{m}{10}\right)^w f(|M_j|) F_{n,k+w}$$

$$= 10^{-k} \sum_{(j,m) \in I_h} f(|M_j|) F_{n,k} \sum_{w=0}^{\infty} \binom{w+k-1}{w} \left(\frac{m}{100}\right)^w$$

$$\underset{(7)}{\le} 10^{-k} |M_h| (f(|M_h|) + f(|M_h| - 1)) F_{n,k} \left(\frac{100-m}{100}\right)^{-k}$$

$$\underset{(10)}{\le} \frac{91\varphi}{10} f(|M_h|) F_{n,k} \cdot \frac{10}{91} = f(|M_h|) F_{n+1,k}.$$

Der Trick ist nun: Man kann die Näherungen $\tilde{\Psi}_{j,n,k}$ gleich 0 setzen, wenn $|\Psi_{j,n,k}| < f(|M_j|) F_{n,k}$. Da die Summe $\Psi_{j,n,k}$ nicht mehr als $|M_j|^n \le 9^n$ Summanden haben kann, die jeweils höchstens $10^{(1-n)k}$ betragen, ist das der Fall für $9^n 10^{(1-n)k} < \min_{1 \le r \le 9} f(r) F_{n,k} = f_m F_{n,k}$ bzw.

$$k > K(n) := \frac{-\ln(\varepsilon f_m) - n \ln(\frac{\varphi}{9})}{(n-2)\ln(10)}.$$

Damit kann man in (9) für die Näherungen alle $\tilde{\Psi}_{j,n,k}$ mit $k > K(n)$ ignorieren.

Daraus ergibt sich als konkrete Vorgehensweise zur Summenberechnung:

1. Wähle $N_0 \ge 3$.
2. Berechne direkt die Summen $\Psi_{j,n,1}$ für $n < N_0$ sowie die Summen $\Psi_{j,N_0,k}$ mit $k \le K(n)$ und setze $\tilde{\Psi}_{j,N_0,k} = \Psi_{j,N_0,k}$ für $k < K(N_0)$.

3. Berechne nacheinander für $n = N_0, N_0 + 1, \ldots$ für alle $1 \le k < K(n+1)$:

$$\tilde{\Psi}_{h,n+1,k} = 10^{-k} \sum_{(j,m)\in I_h} \sum_{w=0}^{\lfloor K(n)\rfloor - k} (-1)^w \binom{w+k-1}{w} \left(\frac{m}{10}\right)^w \tilde{\Psi}_{j,n,k+w}.$$

Das ist möglich, da $K(n+1) \le K(n)$. Für $n > \dfrac{-\ln(\varepsilon f_m)+2\ln(10)}{\ln(\frac{10\varphi}{9})}$ ist $K(n) < 1$, d. h. $\tilde{\Psi}_{j,n,k}$ ist 0, damit verbleiben endlich viele Summanden.

Konkret folgt für $\varepsilon = 10^{-201}$ und $\varphi = \frac{186}{187}$: $A = 10,471\ldots$, $f_m > 4,6227 \cdot 10^{-7}$, die im nebenstehenden Kasten angegebene Summe.

> 65,74331 11018 53281 96734 58316
> 76808 68411 68534 41066 35398
> 16105 04392 63461 38738 73718
> 52680 34782 56543 11835 66572
> 61078 18908 68460 00568 78964
> 98125 68985 02680 03308 24988
> 11704 20567 83960 87643 49797
> 37244 45830 59076 07802 16445…
>
> $S(M)$ auf 200 Dezimalstellen nach dem Komma.

Literatur

1. A. ENGEL: *Problem-Solving Strategies*, Springer-Verlag, New York Berlin Heidelberg 1998.
2. R. HONSBERGER: *Mathematical Gems II*, Mathematical Association of America, 98–103, 1976.
3. A. J. KEMPNER: *A Curious Convergent Series*, Amer. Math. Monthly **21** (1914), 48–50.
4. T. SCHMELZER, R. BAILLIE: *Summing Curious, Slowly Convergent, Harmonic Subseries*, Amer. Math. Monthly **115** (2008), 525–540.
5. K. STRUBECKER, *Einführung in die höhere Mathematik*, Band III, R. Oldenbourg, München Wien 1980.

Poster zum *Bundeswettbewerb Mathematik 2014*.

Im Bild ist die *logistische Differenzialgleichung* zu erkennen, die das begrenzte Wachstum $N(t)$ einer Population beschreibt.

Zahlenverteilung gesucht

Karl Fegert

1. Runde 2007, Aufgabe 1.

Gegeben sei ein regelmäßiges 2007-Eck. Man verteile auf seine Eckpunkte und auf seine Seitenmittelpunkte in beliebiger Weise die natürlichen Zahlen 1, 2, …, 4014 und bilde zu jeder Seite die Summe der Zahlen auf den beiden Eckpunkten und der Zahl auf dem Mittelpunkt. Man gebe eine Verteilung der Zahlen an, bei der diese Summen gleich sind.

Mitunter kann man bei einer Verteilungsaufgabe wie der vorliegenden zu einer Lösung kommen, wenn man naheliegende Ideen einfach testet, und das aus Gründen der Übersichtlichkeit bei einer weit kleineren Eckenzahl als 2007, etwa bei fünf Ecken. Dabei ist zu hoffen, dass Eigenschaften sichtbar werden, die sich auf die ursprüngliche Problemstellung übertragen lassen.

Wir belegen einfach einmal die Ecken des regelmäßigen Fünfecks mit den Zahlen 1 bis 5, aber nicht ganz willkürlich, sondern dann doch aufeinander folgend, etwa gegen den Uhrzeigersinn (Bild 1). Es ist damit bereits die einheitliche Summe s bestimmt, die nach Voraussetzung je zwei Eckenzahlen einer Seite zusammen mit der Zahl an ihrem Mittelpunkt bilden. Denn dann ist die Summe $5s$ gerade gleich der Summe der doppelten Eckenzahlen und der Mittelpunktzahlen, wobei hier die Mittelpunkte mit den restlichen Zahlen, mit den Zahlen 6 bis 10 zu belegen sind. Also ist

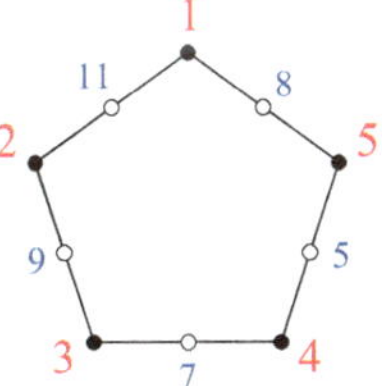

Bild 1. Fehlerhaftes Beispiel für $n = 5$: Die Seitenmittenzahlen müssen 6 bis 10 lauten und nicht 5, 7, 8, 9 und 11.

$$5s = 2 \cdot (1 + \cdots + 5) + (6 + \cdots + 10) = 70$$

und damit $s = 14$. Mit s und den Zahlen an den Seitenecken sind aber auch die Zahlen an den Seitenmittelpunkten eindeutig bestimmt: Die Mittelpunkte der Seiten 1–2, 2–3, 3–4, 4–5 und 5–1 müssten dann die Zahlen $14 - 3 = 11$, $14 - 5 = 9$, $14 - 7 = 7$, $14 - 9 = 5$ bzw. $14 - 6 = 8$ tragen. Aber das ist gegen die Vorgabe für die Zahlenverteilung. So einfach geht es also nicht. Aber lassen wir uns nicht entmutigen, denn wir haben erkannt, dass mit einer Belegung der Ecken alle weiteren Zuordnungen bestimmt sind.

In einem zweiten Versuch belegen wir die Ecken mit den ungeraden Zahlen $1, \ldots, 9$ und gehen dabei fortlaufend von einer Ecke zu ihrer übernächsten aus. Auf diese Weise erhält jede Ecke genau eine der fünf ungeraden Zahlen, und diese Belegung geht nur deshalb auf, weil die Eckenanzahl *ungerade* ist. Die Ecken des Fünfecks haben dann aufeinander folgend die Belegung 1, 7, 3, 9, 5 (Bild 2). Hier ist s gleich 16, und den Mittelpunkten der Seiten 1–7, 7–3, 3–9, 9–5, 5–1 müssten dann die Zahlen $16 - 8 = 8$, $16 - 10 = 6$, $16 - 12 = 4$, $16 - 14 = 2$ und $16 - 6 = 10$ zugeordnet werden. *Heureka!* Das sind genau die infrage kommenden fünf geraden Zahlen.

Da auch 2007 eine ungerade Zahl ist, wird ersichtlich, dass sich eine derartige Belegung wie beim Fünfeck wohl auch auf ein 2007-Eck übertragen lässt.

Die Ecken des 2007-Ecks seien fortlaufend gegen den Uhrzeigersinn mit $E_1, E_2, \ldots, E_{2007}$ bezeichnet; die Mittelpunkte der Seiten beginnend bei $E_1 E_2$ fortlaufend der Reihe nach gegen den Uhrzeigersinn mit $M_1, M_2, \ldots, M_{2007}$. Mit s_i bezeichnen wir die Summe der Zahlen, die an den Eckpunkten E_i, M_i und E_{i+1} (bzw. E_1 im Falle $i = 2007$) stehen.

■ **1. Lösung durch konkrete Angabe einer solchen Verteilung.** Zuerst stellen wir fest, dass 2007 gerade und 2007 ungerade Zahlen zu verteilen sind.

Wir verteilen zuerst die 2007 ungeraden Zahlen $1, 3, \ldots, 4013$ nach folgendem Schema auf die Ecken des 2007-Ecks (Bild 3): Wir beginnen bei der Ecke E_1, sie erhält die Zahl 1. Dann gehen wir zwei Ecken weiter, also zur Ecke E_3, sie erhält die nächste ungerade Zahl, also 3. Dies führen wir fort, bis wir zweimal das 2007-Eck umrundet haben. Weil 2007 eine ungerade Zahl ist, hat dann jede Ecke genau eine Zahl erhalten: Am Ende der ersten Umrundung hat jede Ecke mit ungerader Nummer eine Zahl erhalten, als letztes die Ecke E_{2007} die Zahl 2007. Im zweiten Umlauf erhält die Ecke E_2 die Zahl 2009, die Ecke E_4 die Zahl 2011 usw. bis zur Ecke E_{2006}, die die Zahl 4013 erhält, damit haben auch alle Ecken mit gerader Nummer eine Zahl erhalten.

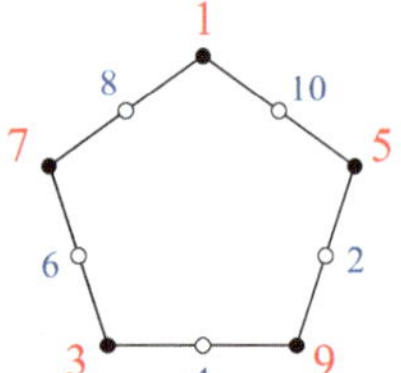

Bild 2. Korrektes Beispiel für $n = 5$ mit der Summe $s = 16$.

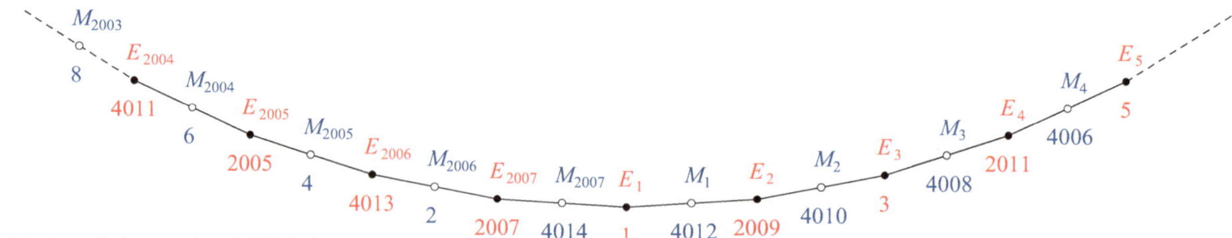

Bild 3. Ausschnitt aus dem 2007-Eck.

Nun verteilen wir noch die 2007 geraden Zahlen auf die 2007 Seitenmittelpunkte: Wir beginnen bei M_1, er erhält die Zahl 4012 (nicht die 4014!), danach erhält M_2 die Zahl 4010, dann M_3 die 4008 usw. bis zu M_{2006}, der die Zahl 2 erhält; zum Schluss bleibt für M_{2007} noch die Zahl 4014.

Damit sind alle Zahlen verteilt und es muss noch untersucht werden, ob die Summe der drei Zahlen an einer Seite für jede Seite gleich ist. Es ist

$$
\begin{aligned}
s_1 &= 1 + 4012 + 2009 = 6022,\\
s_2 &= 2009 + 4010 + 3 = 6022,\\
s_3 &= 3 + 4008 + 2011 = 6022,\\
s_4 &= 2011 + 4006 + 5 = 6022,\\
s_5 &= 5 + 4004 + 2013 = 6022,\\
&\ \vdots\\
s_{2005} &= 2005 + 4 + 4013 = 6022,\\
s_{2006} &= 4013 + 2 + 2007 = 6022,\\
s_{2007} &= 2007 + 4014 + 1 = 6022.
\end{aligned}
$$

Wir vergleichen die Summanden in s_i und in s_{i+1} zunächst nur für $i = 1, 2, \ldots, 2005$: Ein ungerader Summand kommt in beiden Summen vor (nämlich die Zahl an der gemeinsamen Ecke), der andere ungerade Summand in s_{i+1} ist um 2 größer als in s_i und der gerade Summand (d. h. die Zahl an der Seitenmitte) ist in s_{i+1} um 2 kleiner als in s_i. Insgesamt bleibt die Gesamtsumme gleich, damit ist $s_1 = s_2 = \cdots = s_{2006}$. Auch die Summen s_{2006} und s_{2007} sind gleich: Der ungerade Summand an der gemeinsamen Ecke ist in beiden Summen gleich, der andere ungerade Summand ist in s_{2007} um 4012 kleiner als der in s_{2006}, dafür ist der gerade Summand in s_{2007} um 4012 größer als der in s_{2006}. $\qquad\square$

■ **Abstrakte Formulierung der 1. Lösung.** Für $i \in \{1, 2, \ldots, 2007\}$ bezeichnen wir mit $e(i)$ und $m(i)$ die Zahl, die der Ecke E_i bzw. der Seitenmitte M_i zugeteilt wird, und setzen

$$
e(i) = \begin{cases} i, & \text{falls } i \text{ ungerade}\\ 2007 + i, & \text{falls } i \text{ gerade,} \end{cases}
$$

$$
m(i) = \begin{cases} 4014 - 2i, & \text{falls } i < 2007\\ 4014, & \text{falls } i = 2007. \end{cases}
$$

Damit sind alle ganzen Zahlen aus dem Intervall $[1, 4014]$ an genau eine Ecke oder Seitenmitte verteilt: An die 2007 Ecken die 2007 ungeraden Zahlen und an die 2007 Seitenmitten die 2007 geraden Zahlen.

Für die Summen $s(i)$ an den einzelnen Seiten gilt dann

- für $i = 2007$:

$$
\begin{aligned}
s(i) = s(2007) &= e(2007) + m(2007) + e(1)\\
&= 2007 + 4014 + 1\\
&= 6022;
\end{aligned}
$$

- für ungerade $i < 2007$ (dann ist $i + 1$ gerade und $i + 1 \leq 2007$):

$$
\begin{aligned}
s(i) &= e(i) + m(i) + e(i + 1) \\
&= i + (4014 - 2i) + (2007 + (i + 1)) \\
&= 6022;
\end{aligned}
$$

- für gerade i (dann ist $i < 2007$ und $i + 1$ ungerade und $i + 1 \leq 2007$):

$$
\begin{aligned}
s(i) &= e(i) + m(i) + e(i + 1) \\
&= (2007 + i) + (4014 - 2i) + (i + 1) \\
&= 6022;
\end{aligned}
$$

man erhält also wie gefordert für alle i den gleichen Wert. $\qquad\square$

Bemerkungen. Dass der Wert jeder Seitensumme jeweils 6022 beträgt, ist für die Beweisführung unwichtig.

Man kann in jeder zulässigen Verteilung von Zahlen die Zahl i durch die Zahl $4015 - i$ ersetzen, ohne dass die Verteilung die Eigenschaft der Zulässigkeit verliert.

In obiger Verteilung kann man jede gerade Zahl $2i$ durch die ungerade Zahl $2i - 1$ ersetzen und umgekehrt, dabei bleibt die Verteilung der Zahlen zulässig. Wesentliche Voraussetzung dabei ist, dass in jeder Seitensumme die gleiche Anzahl von ungeraden Summanden (und damit auch die gleiche Anzahl von geraden Summanden) vorkommt.

Das verwendete Nummerierungsprinzip ist auf alle Vielecke mit ungerader Eckenzahl übertragbar.

■ **2. Lösung mit Verallgemeinerung für ungerade $n \geq 3$.** Sei ein regelmäßiges n-Eck gegeben (n ungerade), bei dem die Zahlen $1, 2, \ldots, 2n$ gemäß der Aufgabenstellung auf die Ecken und Seitenmitten verteilt seien. Für eine solche Verteilung leiten wir zunächst *notwendige* Bedingungen her:

Wir betrachten zwei aufeinander folgende Seiten. Bei einer korrekten Verteilung gilt für die Summen der an ihr stehenden Zahlen

$$
\begin{aligned}
s(i) &= e(i) + m(i) + e(i + 1) = \\
s(i + 1) &= e(i + 1) + m(i + 1) + e(i + 2), \quad i = 1, 2, \ldots, n - 2;
\end{aligned}
$$

hieraus folgt sofort eine notwendige Bedingung für eine zulässige Verteilung der Zahlen:

$$
e(i) - e(i + 2) = m(i + 1) - m(i), \quad i = 1, 2, \ldots, n - 2.
$$

Wir setzen (unter erheblicher Einschränkung der Suche nach möglichen Verteilungen!) $m(i + 1) - m(i) = 1$ für alle i und setzen z. B. $m(1) := 1$, also $m(i) := i$ für alle $i \in \{1, 2, \ldots, n\}$.

Dann ist $e(i+2) = e(i) - 1$, $i = 1, 2, \ldots, n - 2$. Für die Werte an der „Nahtstelle" gilt:

$$s(n-1) = e(n-1) + (n-1) + e(n) =$$
$$s(n) = e(n) + n + e(1),$$

also $\qquad e(1) = e(n-1) - 1,$

sowie $\qquad s(n) = e(n) + n + e(1) = s(1) = e(1) + 1 + e(2),$

also $\quad e(2) - e(n) = n - 1.$

In der Menge $\{n+1, n+2, \ldots, 2n\}$ bilden die beiden Zahlen $2n$ und $n+1$ das einzige Paar, dessen Differenz den Wert $n-1$ hat. Da die $e(i)$ aus dieser Menge genommen werden müssen, folgt aus der letzten Gleichung sofort $e(2) = 2n$ und $e(n) = n + 1$. Damit hat die Verteilung nach Vorgabe der $m(i)$ notwendigerweise die Form

$$e(i) = \begin{cases} 2n + 1 - \frac{i}{2}, & \text{falls } i \text{ gerade} \\ \frac{3n+2-i}{2}, & \text{falls } i \text{ ungerade,} \end{cases}$$

$$m(i) = i$$

für alle $i = 1, 2, \ldots, n$. Anschaulich formuliert: Nummeriere die Seitenmitten gegen den Uhrzeigersinn der Reihe nach mit $1, 2, \ldots, n$ durch, danach – beginnend bei der Ecke zwischen den mit n und $n-1$ nummerierten Seitenmitten – im Uhrzeigersinn jede 2. Ecke mit $n+1, n+2, \ldots, 2n$.

Es bleibt noch zu zeigen, dass diese – nach Vorgabe der $m(i)$ – notwendige Bedingung auch *hinreichend* ist, d. h. dass die $s(i)$ tatsächlich alle den gleichen Wert annehmen. Es ergibt sich

- für gerade $i < n$ (d. h. $i + 1$ ist ungerade und $i + 1 \le n$)

$$s(i) = e(i) + m(i) + e(i+1)$$
$$= 2n + 1 - \frac{i}{2} + i + \frac{3n + 2 - (i+1)}{2} = \frac{7n+3}{2};$$

- für ungerade $i < n$ (d. h. $i + 1$ ist gerade und $i + 1 \le n$)

$$s(i) = e(i) + m(i) + e(i+1)$$
$$= \frac{3n + 2 - i}{2} + i + 2n + 1 - \frac{i+1}{2} = \frac{7n+3}{2};$$

- für $i = n$ (d. h. i ungerade)

$$s(n) = e(n) + m(n) + e(1)$$
$$= \frac{3n + 2 - n}{2} + n + \frac{3n + 2 - 1}{2} = \frac{7n+3}{2};$$

also immer der gleiche Wert. $\hfill \square$

Variante. Der Ansatz $m(i + 1) - m(i) = -2$ führt ebenfalls zum Ziel, nämlich zur Nummerierung in der 1. Lösung.

Bemerkungen. Aus einer Verteilung nach der 1. und 2. Lösung kann man weitere erhalten, indem man ausgehend von E_1 immer k Ecken zu einer Gruppe zusammenfasst (k muss dabei ein Teiler der Gesamtzahl der Ecken sein) und dann die Nummerierungen an der mittleren Ecke spiegelt. Das geht, weil mit n auch k ungerade ist. Innerhalb jeder Gruppe ändert sich die Summe nicht; an den Rändern heben sich die Änderungen jeweils auf.

Zahlenverteilungen bei gerader Eckenzahl. Nun lag und liegt nichts näher, als der völlig analogen Aufgabenstellung für eine gerade Eckenzahl n mit $n \geq 4$ nachzugehen. Bei einigen Überlegungen wurde bereits darauf hingewiesen, dass sie auch für ein geradzahliges n genauso gelten.

Die ursprüngliche Problemstellung sah zunächst keine derartige Unterscheidung vor. Doch bei der Beratung zur Auswahl der Aufgaben für die 1. Runde im BWM 2007 zeigte sich, dass die Eigenschaften bei einem ungeraden n nicht einfach für ein gerades n übernommen werden konnten; es wurden nur Lösungen für spezielle $n = 4, 6, 8, \ldots$ angezeigt. Also entschied man sich für ungerade Eckenanzahlen und dann – einer Tradition folgend – für die *aktuelle* ungerade Jahreszahl 2007.

In der Schülerzeitschrift „Monoid" für Mathematik [1] wurden bei der Vorstellung von Lösungen der Aufgaben zur 1. Runde des BWM 2007 die Leser explizit zu Untersuchungen für den Fall einer geraden Eckenzahl ermuntert. Und es ist bemerkenswert, dass von Schülern weitergehende Ergebnisse und sogar eine generelle Antwort vorgelegt wurden:

> *Zu jedem geraden $n \geq 4$ gibt es für das regelmäßige n-Eck eine zulässige Belegung.*

Diese zusätzliche Aktivität unterstreicht in besonderer Weise die „Schönheit" der vorliegenden Aufgabe. Eine Zusammenfassung der Untersuchungen der Schüler haben STEFAN KERMER und VOLKER PRIEBE in [2] vorgelegt. Als einfache Illustration zeigt das Bild 4a eine zulässige Belegung für $n = 6$ mit der Seitensumme $s = 19$. Wird die Belegungszahl i durch $(2 \cdot 6 + 1) - i$ ersetzt, dann entsteht die zulässige Belegung in Bild 4b mit der Seitensumme $s = 20$. Weitere Beispiele zeigen die Bilder 5 und 6.

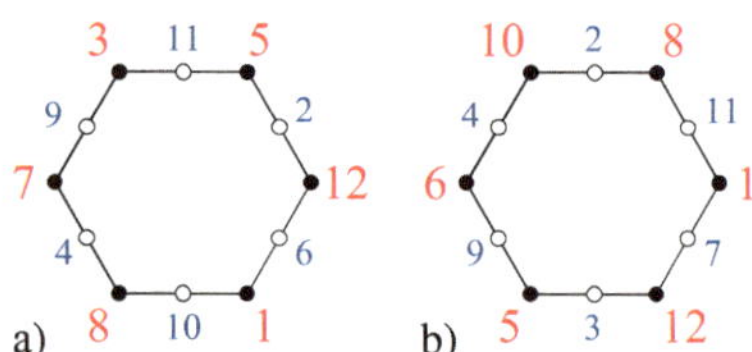

Bild 4. Sechseck ($n = 6$): Verteilungen mit a) $s = 19$; b) $s = 20$.

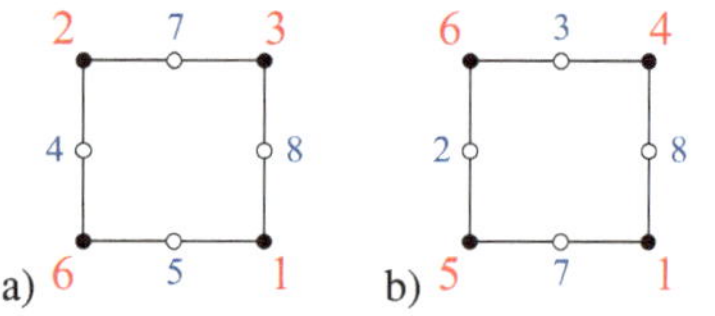

Bild 5. Viereck ($n = 4$): Verteilungen mit a) $s = 12$; b) $s = 13$.

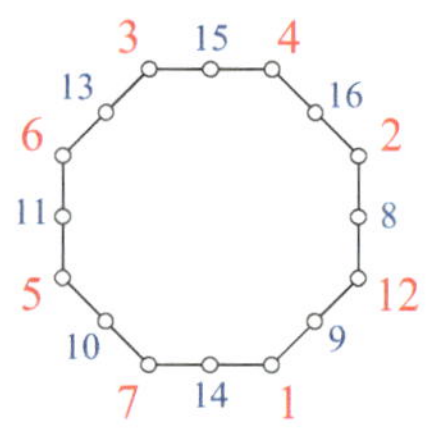

Bild 6. Achteck ($n = 8$): Verteilung mit $s = 22$.

Literatur

1. S. KERMER, V. PRIEBE: *Bundeswettbewerb Mathematik 2007, Runde 1*, Schülerzeitschrift Monoid **27** (2007), Heft 90, 28–32.
2. S. KERMER, V. PRIEBE: *Lösung zur BWM-Aufgabe aus Heft 90*, Schülerzeitschrift Monoid **28** (2008), Heft 93, 31–34.

Uhrige Dreiecke

Lisa Sauermann

2. Runde 2007, Aufgabe 4.

Es seien 54 kongruente gleichseitige Dreiecke zu einem regelmäßigen Sechseck zusammengelegt. In der entstehenden Figur gibt es dann genau 37 Punkte, die Ecken wenigstens eines der Dreiecke sind. Diese Punkte werden irgendwie von 1 bis 37 nummeriert. Ein Dreieck heißt uhrig, *wenn man in Uhrzeigerrichtung laufend von der Ecke mit der kleinsten Zahl über die Ecke mit der mittleren Zahl zu der Ecke mit der höchsten Zahl gelangt. Man beweise, dass mindestens 19 der 54 Dreiecke uhrig sind!*

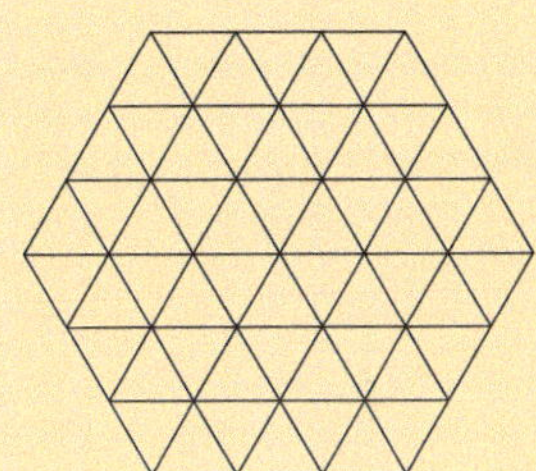

Zu beweisen ist eine Abschätzung für die Anzahl der uhrigen Dreiecke. Wir wollen dazu eine stärkere Aussage zeigen, nämlich eine Gleichung, die die Anzahl der uhrigen Dreiecke und einige andere Größen miteinander in Verbindung setzt. Daraus werden wir dann die geforderte Ungleichung ableiten.

Paare von Dreiecken mit zugehöriger Kante. Wir betrachten dazu alle Paare aus einem der 54 Dreiecke und einer der drei Kanten dieses Dreiecks (es gibt insgesamt 162 solcher Paare). Für jedes solche *DK-Paar* stellen wir uns vor, den Umfang des Dreiecks im Uhrzeigersinn zu durchlaufen, dabei durchlaufen wir auch die entsprechende Kante in einer bestimmten Richtung.

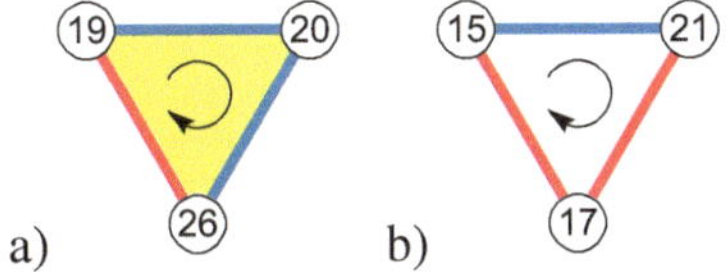

Bild 1. a) Uhriges Dreieck (gelb gefärbt): zwei DK-Paare mit steigender Kante (Wert $+1$, blau gefärbt) und ein DK-Paar mit sinkender Kante (Wert -1, rot gefärbt); b) nicht-uhriges Dreieck: ein DK-Paar mit steigender Kante und zwei DK-Paare mit sinkender Kante.

Definition. *Wird eine Kante von einer kleineren zu einer größeren Eckennummer durchlaufen, so heißt sie* **steigende Kante**, *im umgekehrten Fall* **sinkende Kante**.

Falls wir eine steigende Kante durchlaufen, so ordnen wir dem betrachteten DK-Paar den Wert $+1$ zu. Im umgekehrten Fall einer durchlaufenen sinkenden Kante ordnen wir dem DK-Paar den Wert -1 zu (vgl. Bild 1).

Unser Ziel ist es, die Summe dieser Werte über alle 162 DK-Paare aus einem festgehaltenen Dreieck und einer seiner Kanten zu bestimmen.

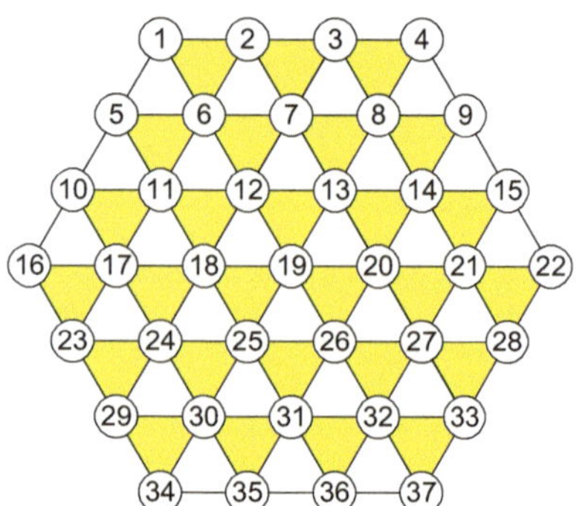

Bild 2. Durch zeilenweise Nummerierung der Ecken (von links nach rechts und oben nach unten) entstehen 27 uhrige Dreiecke. Die Summe der Werte ist hier $27 \cdot (+1) + (54 - 27) \cdot (-1) = 0$.

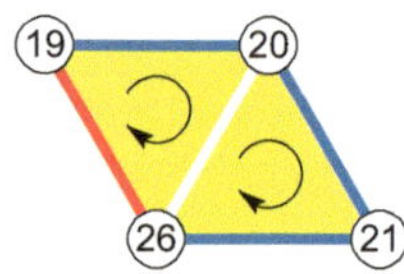

Bild 3. Bei zwei gegenüberliegenden Dreiecken löschen sich die Werte der beiden DK-Paare gegenseitig aus.

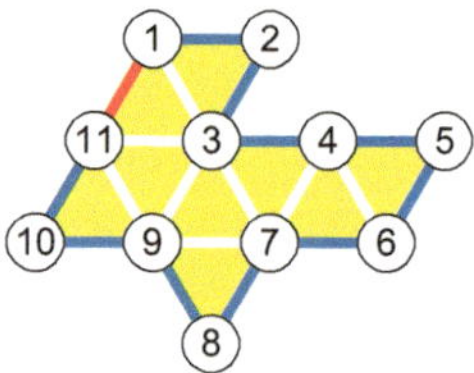

Bild 4. Diese Figur besteht aus 9 uhrigen Dreiecken und 11 Ecken. Bei der gewählten Nummerierung ist $u = 9$, $v = 0$, $s = 10$ und $t = 1$.

Um diese Summe zu ermitteln, können wir zunächst alle Summanden betrachten, in denen ein konkretes Dreieck vorkommt. Jedes Dreieck hat drei Kanten, ist also in genau drei DK-Paaren enthalten. Ist es uhrig, so sind beim Durchlaufen seines Umfangs im Uhrzeigersinn zwei seiner Kanten steigend (jeweils Wert $+1$) und die dritte Kante sinkend (Wert -1). Damit ist die Summe der Werte der drei DK-Paare eines uhrigen Dreiecks $+1$. Ist das Dreieck nicht uhrig, so haben zwei der DK-Paare den Wert -1 und eines den Wert $+1$, ihre Summe ist somit -1. Diese Zahlen müssen nun für alle Dreiecke in der Figur addiert werden. Bild 2 zeigt dies für eine spezielle Nummerierung der Ecken.

Bezeichnen wir die Anzahl der uhrigen Dreiecke mit u und die Anzahl der nicht uhrigen Dreiecke mit v, so ist die Gesamtsumme der Werte für alle 162 DK-Paare also

$$u - v.$$

Paare von Kanten und anliegendem Dreieck. Umgekehrt können wir, anstatt ein Dreieck festzuhalten und die zugehörigen DK-Paare zu betrachten, aber auch eine Kante festhalten. Jede innere Kante der Figur ist Kante genau zweier Dreiecke und kommt damit in genau zwei DK-Paaren vor. Durchlaufen wir die Dreiecksumfänge jeweils im Uhrzeigersinn, so wird die betrachtete Kante in zwei entgegengesetzten Richtungen durchlaufen. Sie wird also einmal als steigende Kante und das andere Mal als sinkende Kante passiert. Die beiden DK-Paare haben also die Werte $+1$ und -1 und in der Summe damit den Wert 0 (s. Bild 3). Summieren wir also über alle Kanten in der Figur jeweils die Summen der Werte beider DK-Paare, die diese Kante enthalten, so steuern alle inneren Kanten den Wert 0 bei.

Es genügt zur Ermittlung der Gesamtsumme damit, die äußeren Kanten, das heißt die Kanten auf dem Rand des Sechsecks, zu betrachten. Jede dieser Kanten gehört zu genau einem DK-Paar, weil sie Kante genau eines Dreiecks ist. Durchlaufen wir den Umfang dieses Dreiecks im Uhrzeigersinn, so passieren wir die Kante in der gleichen Richtung, wie beim Durchlaufen des Umfangs des gesamten Sechsecks im Uhrzeigersinn. Wir ermitteln die gesuchte Gesamtsumme also einfach, indem wir den Umfang des Sechsecks im Uhrzeigersinn entlanggehen und für jede steigende Kante den Wert $+1$ sowie für jede sinkende Kante den Wert -1 addieren. Es sei s die Anzahl der steigenden Kanten und t die Anzahl der übrigen, also der sinkenden Kanten. Dann ist die Gesamtsumme der Werte für alle 162 DK-Paare

$$s - t.$$

Insgesamt haben wir damit die Summe der Werte für alle DK-Paare auf zwei verschiedene Weisen berechnet. Weil dabei das gleiche Ergebnis herauskommen muss, erhalten wir die Gleichung

$$u - v = s - t. \tag{1}$$

Diese Gleichung gilt ganz analog natürlich auch für andere Figuren als das in der Aufgabenstellung vorgegebene Sechseck (s. Bild 4). Wir können die

Argumentation direkt auf jede andere aus Teildreiecken in einem entsprechenden Gittermuster bestehende Fläche, die zusammenhängend ist und keine Löcher hat, anwenden.

Ein alternativer Beweis von Gleichung (1) für allgemeine Figuren kann per Induktion nach der Anzahl der Dreiecke in der Figur geführt werden. Dazu teilen wir eine vorliegende Figur in zwei Stücke (beispielsweise durch Abtrennen eines einzelnen Dreiecks, es können aber auch zwei beliebig geformte zusammenhängende Stücke sein). Die Kanten auf der Grenzlinie werden dann in Bezug auf beide Stücke in unterschiedlichen Richtungen durchlaufen. Summieren wir die linke Seite für beide Stücke auf, heben sich die Beiträge dieser Kanten damit genau auf. Die weiteren Details dazu werden jedoch dem Leser überlassen.

Weitere Gleichungen. Versuchen wir nun weitere Zusammenhänge der Größen aus Gleichung (1) zu finden. Wenn wir die Gesamtanzahl der Dreiecke in der Figur mit d bezeichnen, in unserem Beispiel des Sechsecks haben wir demnach $d = 54$, so gilt

$$u + v = d. \tag{2}$$

Weiter sei r die Anzahl der Kanten auf dem Rand der Figur, in unserem Beispiel gilt $r = 18$. Somit ergibt sich

$$s + t = r. \tag{3}$$

Durch Einsetzen von (2) und (3) in (1) erhalten wir

$$2u - d = 2s - r,$$

also

$$u = s + \frac{1}{2}(d - r). \tag{4}$$

Nun wollen wir die in der Aufgabenstellung geforderte Ungleichung über die Mindestanzahl der uhrigen Dreiecke ableiten.

■ **Beweis.** Es gilt in diesem Beispiel $d = 54$ und $r = 18$, also $\frac{1}{2}(d - r) = 18$. Was wissen wir über s, also die Anzahl der steigenden Kanten die wir beim Durchlaufen des Umfangs des Sechsecks passieren? Diese Anzahl kann fast beliebig sein. Wir können uns aber überlegen, dass $s \geq 1$ (und $s \leq r - 1$) gelten muss. Denn diejenige Kante, die im Uhrzeigersinn auf die „Rand-Ecke" mit der kleinsten Nummer folgt, muss zwangsläufig von der kleineren zur größeren Nummer durchlaufen werden.

Damit ergibt sich im Beispiel aus der Aufgabenstellung nach (4)

$$u = s + 18 \geq 19$$

und die Behauptung ist gezeigt.   □

Polyedrische Sicht. Was können wir noch über die Größen in den bisherigen Gleichungen herausfinden? Für neue Identitäten bringen wir die so genannte EULERSCHE Polyederformel ins Spiel. Diese besagt, dass bei einem Polyeder (dreidimensionaler Vielflächner wie beispielsweise Quader, Tetraeder oder Prisma) für die Anzahlen von Ecken (E), Flächen (F) und Kanten (K) gilt:

$$E + F - K = 2. \tag{5}$$

Diese Formel gilt auch für *ebene* Gitter aus Vielecken. Schließlich können auch Polyeder durch Projektion auf die Ebene auf ein solches Muster gebracht werden. Bei einer Figur aus ebenen Vielecken muss allerdings auch die „Außenfläche", also der Rest der Ebene, als Fläche mitgezählt werden.

Im Fall einer Anordnung aus Dreiecken in Gitterform gilt also $F = d + 1$ (d Dreiecke und die Außenfläche). Bezeichnen wir mit p die Anzahl der Gitterpunkte im Inneren der Figur, so gilt $E = p + r$ (es gibt ebenso r Ecken wie Kanten auf dem Rand). Nun müssen noch die Kanten gezählt werden. Zu jedem der d Dreiecke gehören drei Kanten, dabei wird aber jede Kante außer den r Kanten auf dem Rand doppelt gezählt. Insgesamt gibt es damit $K = \frac{3d+r}{2}$ Kanten. Bild 5 zeigt ein Beispiel hierfür. Nach der EULERSCHEN Polyederformel (5) ergibt sich also

$$(d + 1) + (p + r) - \frac{3d + r}{2} = 2,$$

das heißt

$$p + \frac{1}{2}r - \frac{1}{2}d = 1. \tag{6}$$

Durch Addieren von (4) erhalten wir

$$p + \frac{1}{2}r - \frac{1}{2}d + s + \frac{1}{2}(d - r) = 1 + u,$$

also

$$u = p + s - 1. \tag{7}$$

Die neue Gleichung (7) lässt sich nun ebenfalls per Induktion nach der Anzahl der Dreiecke einer Figur beweisen (wieder durch Aufteilen in zwei Stücke). Auf diese Weise kann diese Identität ganz unabhängig von (1) erhalten werden, wobei sich natürlich umgekehrt wieder (1) mittels der EULERSCHEN Polyederformel ableiten lässt.

Auch aus der Identität (7) lässt sich mittels $s \geq 1$ in unserem Beispiel leicht die Behauptung gewinnen: Es gilt im betrachteten Sechseck nämlich $p = 19$. Auch im allgemeinen Fall liefert Gleichung (7) zusammen mit $s \geq 1$ (auch dies gilt allgemein) die Abschätzung

$$u \geq p.$$

Aus Gleichung (4) kann ebenfalls mittels $s \geq 1$ eine allgemein gültige Abschätzung gewonnen werden:

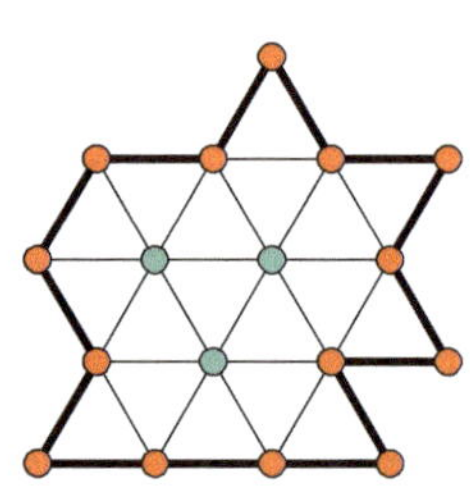

Bild 5. Ein Beispiel für die EULERSCHE Polyederformel: $d = 18 \Rightarrow F = 19$, $p = 3$, $r = 14 \Rightarrow E = 17$ und somit $K = E + F - 2 = 34$.

$$u \geq 1 + \frac{1}{2}(d - r).$$

Nun können wir noch die Frage stellen, ob die Abschätzung der Aufgabenstellung und obige Abschätzungen für den allgemeinen Fall eigentlich scharf sind. Aus den Gleichungen (4) und (7) folgt jeweils, dass bei $s = 1$ tatsächlich Gleichheit gilt. Der Fall $s = 1$ ist stets möglich, dazu müssen lediglich die Nummern auf dem Rand im Uhrzeigersinn absteigend geordnet sein. Ein entsprechendes Beispiel für das Sechseck aus der Aufgabenstellung lässt sich leicht aufmalen (Bild 6).

Eine andere mögliche Frage ist die nach einer oberen Abschätzung für die Anzahl der uhrigen Dreiecke. Aber ganz analog zu $s \geq 1$ ergibt sich $t \geq 1$, also $s \leq r - 1$. Damit gilt nach (4)

$$u \leq r - 1 + \frac{1}{2}(d - r) = \frac{1}{2}(d + r) - 1$$

und nach (7)

$$u \leq p + r - 2.$$

Alle anderen Werte zwischen der unteren und der oberen Schranke für u können ebenfalls angenommen werden. Zu einer Lösung der Aufgabe mithilfe polyedrischer Orientierungsfiguren sei auch auf den Artikel [1] von ERHARD QUAISSER verwiesen. Insgesamt haben wir mittels eines geschickten Abzählargumentes die Aufgabe gelöst und uns auch noch weiterführende Gedanken gemacht. Dabei sind wir auch auf alternative Lösungswege gestoßen und haben zahlreiche Identitäten zwischen den vorkommenden Größen gezeigt.

Bild 7 zeigt eine mögliche Nummerierung der 37 Ecken, bei der sich die maximale Anzahl $35 \, (= 54 - 19)$ von uhrigen Dreiecken ergibt. Hier ist auch eine einfache technische Realisierung aufgezeigt: An einer Schnur (blau) werden aufeinander folgend 37 Kügelchen (mit den Zahlen 1 bis 37) äquidistant angebracht; und auf eine Ebene gelegt, werden nach der gleichen Seite hin zwischen je zwei Kügelchen Fähnchen angebracht, die kongruente Dreiecke sind. Dieser Fahnenwimpel lässt sich dann zu einem regelmäßigen Sechseck wie im Bild legen.

Ein Zusammenhang mit dem Satz von PICK. Der *Satz von Pick* beschreibt in bemerkenswert einfacher Weise den Flächeninhalt F eines einfachen Polygons, dessen Ecken sämtlich ganzzahlige Koordinaten haben. Es ist

$$F = I + \frac{R}{2} - 1, \tag{8}$$

wobei I die Anzahl der Gitterpunkte im Innern und R die Anzahl der Gitterpunkte auf dem Rand des Polygons sind (Bild 8). F ist hier die Maßzahl des Flächeninhalts bezogen auf den Inhalt des Gitterquadrats (Einheitsquadrat). Zur Begründung kann man die Polygonfläche in Dreiecke zerlegen, wobei die Dreiecksecken Gitterpunkte sind.

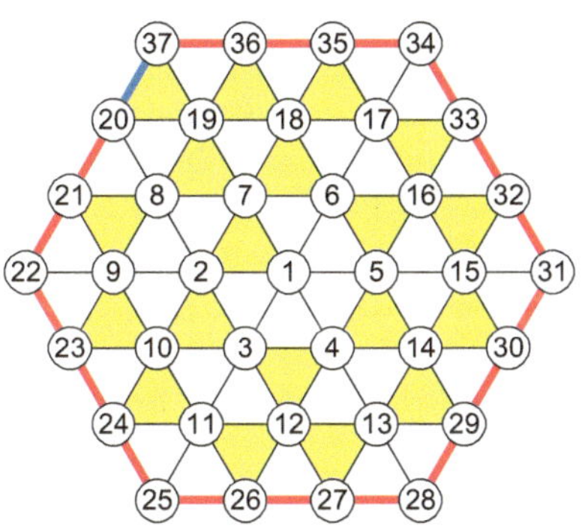

Bild 6. Der Fall $s = 1$ mit der minimalen Anzahl 19 von uhrigen Dreiecken.

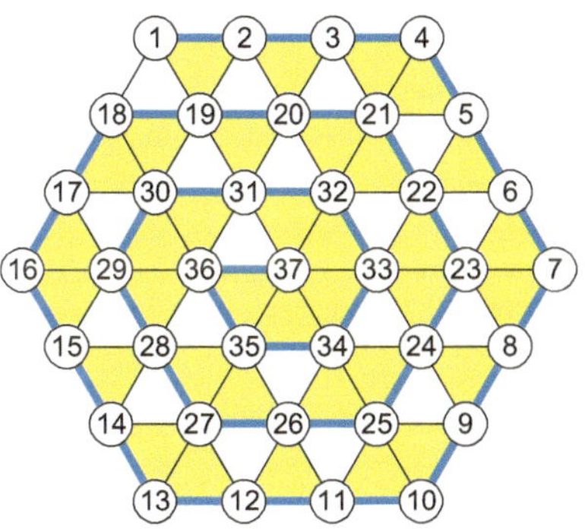

Bild 7. Der Fall $s = r - 1$ mit der maximalen Anzahl 35 von uhrigen Dreiecken.

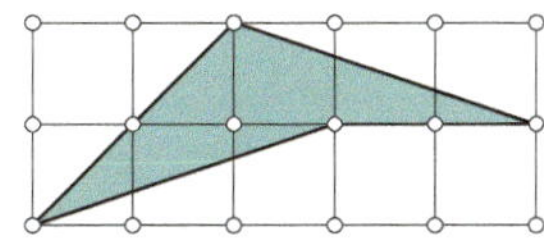

Bild 8. Bei dem vorliegenden einfachen Polygon ist $I = 1$ und $R = 4 + 2 = 6$, und damit gilt $F = 1 + 3 - 1 = 3$.

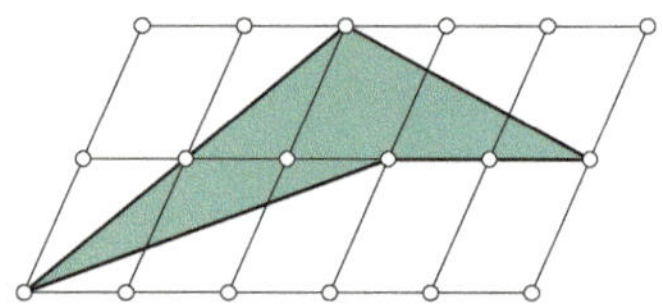

Bild 9. Bezogen auf den Inhalt eines Gitterparallelogramms ändert sich die Formel (8) nicht, wenn ein schiefwinkliges Gitter zugrunde gelegt wird.

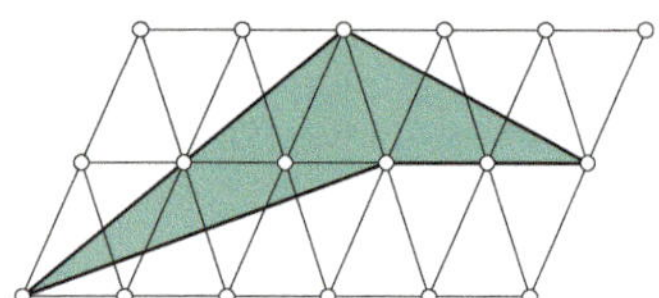

Bild 10. Dreiecksgitter.

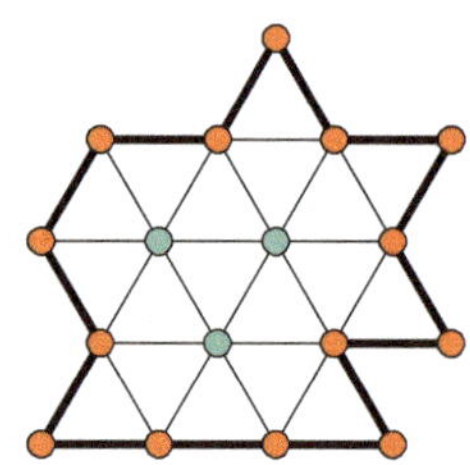

Bild 11. Nach dem Satz von PICK (10) berechnet sich der Flächeninhalt d aus $p = 3$ und $r = 14$ zu $d = 2\,(3 + 7 - 1) = 18$.

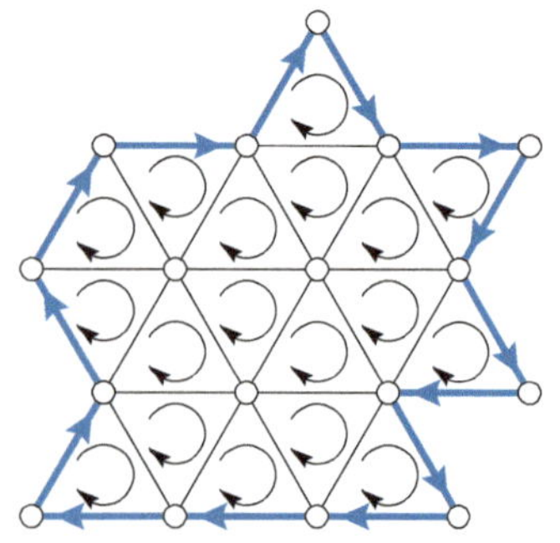

Bild 12. Zerlegung einer abgeschlossenen ebenen Fläche und Summation über alle inneren Wirbel liefert die Zirkulation um den Rand (blau).

Diese Formel gilt auch, wenn ein „schiefwinkliges" Gitter zugrunde gelegt wird, d. h. ein Gitter, das von zwei linear unabhängigen Vektoren aufgespannt wird (Bild 9). Die Zahl F ist dabei auf den Inhalt eines Gitterparallelogramms statt des Einheitsquadrats zu beziehen. Das ist leicht einsichtig, denn ein solches Gitter lässt sich ja durch eine affine Transformation auf das Einheitsgitter abbilden.

Allgemeiner kann man sich nun auf eine Gitterstruktur beziehen, die – wie bei der vorliegenden Aufgabe – durch ein Dreieck bestimmt ist (Bild 10). Ein Dreieck kann durch Spiegelung am Mittelpunkt einer Seite zu einem Parallelogramm ergänzt werden. Im vorliegenden Falle erhält man speziell – ausgehend von einem gleichseitigen Dreieck – ein gleichseitiges Parallelogramm als Basis eines Gitters. Mit (8) ist dann

$$F = 2 \cdot \left(I + \frac{R}{2} - 1 \right); \tag{9}$$

dabei ist F auf den Inhalt eines Dreiecks bezogen. Bezeichnen wir wieder – wie in den bisherigen obigen Darlegungen – mit p die Anzahl der Gitterpunkte im Innern, mit r die Anzahl der Gitterpunkte auf dem Rande eines einfachen Polygons, dessen Ecken Gitterpunkte sind, sowie mit d die Anzahl der kongruenten Dreiecke, in die das Polygon zerlegt ist, dann folgt aus (9), aus dem Satz von PICK die Formel

$$d = 2 \cdot \left(p + \frac{r}{2} - 1 \right). \tag{10}$$

Und das ist rückblickend die Gleichung (6). Bild 11 zeigt dies für das Beispiel aus Bild 5. Eine unmittelbar zugängliche Darlegung hierzu ist [2].

Ausblick. Die Idee der obigen DK-Paare, dass sich bei einer orientierten Zerlegung eines ebenen Gebietes mit kleinen (hier dreieckigen) „Pflastersteinen" innere Wege paarweise aufheben und damit nur der Beitrag durch die Randkurve übrig bleibt, findet sich im STOKESSCHEN Integralsatz der Vektoranalysis wieder. Stark vereinfacht formuliert besagt er, dass die Summe über alle Wirbel in einer *Fläche* gleich der Zirkulation um den *Flächenrand* ist. Bild 12 zeigt die Zerlegung anschaulich an dem Beispiel aus Bild 5. Anwendungen findet dieser Satz vor allem in der Beschreibung von Wirbelfeldern in der Physik, z. B. bei Magnetfeldern.

Literatur

1. E. QUAISSER: *Polyedergeometrische Sicht zur Lösung einer Aufgabe in der Ebene*, Die $\sqrt{\text{Wurzel}}$ **42** (2008), 56–57.
2. http://www.zhb-flensburg.de/dissert/schmitz/

Harmonische Partitionen

Eric Müller

1. Runde 2008, Aufgabe 2.

Man stelle die Zahl 2008 so als Summe natürlicher Zahlen dar, dass die Addition der Kehrwerte der Summanden die Zahl 1 ergibt.

Den Ungeübten mag diese Aufgabenstellung zunächst überraschen: Gibt es denn eine solche Darstellung überhaupt? Schnell hat man Darstellungen anderer Zahlen zur Hand, z. B. für die Zahl 16 mittels $16 = 4 + 4 + 4 + 4$ wegen $\frac{1}{4} + \frac{1}{4} + \frac{1}{4} + \frac{1}{4} = 1$. Man probiert, etwa mit Bezug zu Vielfachen von 2, eine geeignete Darstellung von 2008 zu finden, etwa durch die Zerlegung

$$2008 = 1600 + 400 + 8 = 80 \cdot 20 + 40 \cdot 10 + 4 \cdot 2$$

$$= \underbrace{80 + 80 + \ldots + 80}_{20\text{-mal}} + \underbrace{40 + 40 + \ldots + 40}_{10\text{-mal}} + 4 + 4,$$

also ist 2008 die Summe von 20 Summanden mit dem Wert 80, 10 Summanden mit dem Wert 40 und 2 Summanden mit dem Wert 4. Die Addition der Kehrwerte dieser Zahlen ergibt tatsächlich

$$\frac{1}{80} \cdot 20 + \frac{1}{40} \cdot 10 + \frac{1}{4} \cdot 2 = \frac{1}{4} + \frac{1}{4} + \frac{1}{2} = 1.$$

Das ist bereits eine vollständige Lösung der Aufgabe.

Man kann auch versuchen, die Zahl in Zweierpotenzen zu zerlegen. Nach etwas Probieren erhält man

$$2008 = 2^{10} + (2^9 + 2^8) + (2^7 + 2^6) + 2^4 + 2^3$$

$$= 8 \cdot 128 + 12 \cdot 64 + 6 \cdot 32 + 1 \cdot 16 + 2 \cdot 4,$$

2008 ist also Summe aus 8 Summanden mit dem Wert 128, 12 Summanden mit dem Wert 64, 6 Summanden mit dem Wert 32, dem Summanden 16 und zwei Summanden mit dem Wert 4. Tatsächlich ist auch hier

$$\frac{1}{128} \cdot 8 + \frac{1}{64} \cdot 12 + \frac{1}{32} \cdot 6 + \frac{1}{16} + \frac{1}{4} \cdot 2 = \frac{1}{16} + \frac{3}{16} + \frac{3}{16} + \frac{1}{16} + \frac{1}{2} = 1.$$

Die Aufgabe ist also leicht zu lösen. Sie regt sofort an, nach weiteren Darstellungsmöglichkeiten und auch Gesetzmäßigkeiten zu suchen. Und diese Aufgabe hat sehr viele verschiedene Lösungen, benötigt keine besonderen Vorkenntnisse, bietet ganz unterschiedliche Ansatzpunkte, lässt sich auf vielfältige Weise verallgemeinern und befindet sich daher zu Recht unter den Schönsten.

Interessant sind nun Fragestellungen und Verallgemeinerungen folgender Art:

- Wie kann man systematisch solche Summendarstellungen erzeugen?
- Wie kann man die Anzahl der Summanden einer solchen Darstellung abschätzen?
- Welche Zahlen kann man so als Summe natürlicher Zahlen darstellen, dass die Addition der Kehrwerte der Summanden den Wert 1 ergibt?
- Welche Zahlen kann man so als Summe *paarweise verschiedener* natürlicher Zahlen darstellen, dass die Addition der Kehrwerte der Summanden den Wert 1 ergibt?
- Gegeben sei eine natürliche Zahl r. Welche Zahlen kann man so als Summe natürlicher Zahlen darstellen, dass die Addition der Kehrwerte der Summanden den Wert r ergibt?

Wir greifen hierbei auf die Ausführungen in den Lösungsbeispielen des Bundeswettbewerbs Mathematik [5, Aufgabe 2008-1-2] sowie auf den Artikel [4], einschließlich der dort benutzten Notation, zurück.

Definition 1. *Gegeben sei eine natürliche Zahl n. Eine* **Partition** *von n ist eine Darstellung von n als Summe natürlicher Zahlen:*

$$n = a_1 + \ldots + a_t$$

für ein $t \geq 1$. Die Partition heiße **harmonisch***, wenn die Summe der Kehrwerte der Summanden 1 ergibt. Die Partition heiße* **stark harmonisch***, wenn sie harmonisch ist und die Summanden paarweise verschieden sind.*

Für das Erzeugen harmonischer Partitionen liefert folgende Beobachtung gute Dienste (vgl. [5, Aufgabe 2008-1-2, Korollar zu Hilfssatz 2; Hilfssatz 5 und 6] sowie [4, Bemerkung 2 und 3]):

Lemma 2.

a) *Jede natürliche Quadratzahl n^2 hat die harmonische Partition $n^2 = n + \ldots + n$ mit n Summanden.*

b) *Haben die natürlichen Zahlen $n_1, \ldots, n_k$ jeweils eine harmonische Partition, nämlich $n_j = a_{j1} + \ldots + a_{jt_j}$ mit $t_j \geq 1$, und sind $b_1, \ldots, b_k$ natürliche Zahlen mit $\frac{1}{b_1} + \ldots + \frac{1}{b_k} = 1$, hat auch $n_1 b_1 + \ldots + n_k b_k$ eine harmonische Partition, nämlich*

$$a_{11}b_1 + \ldots + a_{1t_1}b_1 + a_{21}b_2 + \ldots + a_{2t_2}b_2 + \ldots + a_{k1}b_k + \ldots + a_{kt_k}b_k.$$

c) *Ist $a_1 + \ldots + a_t$ harmonische Partition von n, so ergibt sich für jedes $j \leq t$ eine harmonische Partition von $n + 3a_j$ durch Ersetzen des Summanden a_j durch die zwei Summanden $(2a_j) + (2a_j)$.*

Der Beweis ergibt sich durch direktes Nachrechnen.

Hieraus ergeben sich folgende Spezialfälle (vgl. [5, Aufgabe 2008-1-2, Hilfssatz 2 und 3] sowie [4, Bemerkung 1]):

Korollar 3.

a) *Hat n eine harmonische Partition, so auch $2n + 2$ und $2n + 9$.*

b) *Hat n eine harmonische Partition und ist m eine beliebige natürliche Zahl, so hat auch $m(n + m - 1)$ eine harmonische Partition.*

c) *Haben die Zahlen m und n eine harmonische Partition, so auch $2(m + n)$.*

d) *Sind $s_1^2, \ldots, s_k^2$ Quadratzahlen, so hat $k(s_1^2 + \ldots + s_k^2)$ eine harmonische Partition.*

■ **Beweis.** Wende Lemma 2b an für

a) $k = 2, n_1 = n, n_2 = 1, b_1 = b_2 = 2$ bzw. $k = 3, n_1 = n,$ $n_2 = n_3 = 1, b_1 = 2, b_2 = 3, b_3 = 6$;

b) $k = m, n_1 = n, n_2 = \ldots = n_k = 1, b_1 = \ldots = b_k = k$;

c) $k = 2, n_1 = m, n_2 = n, b_1 = b_2 = 2$;

d) $n_1 = s_1^2, \ldots, n_k = s_k^2, b_1 = \ldots = b_k = k$ (mit Lemma 2a). □

Damit ergeben sich sofort weitere Lösungen der ursprünglichen Aufgabe (vgl. [5, Aufgabe 2008-1-2]). Mittels Korollar 3a kann man die Frage, ob eine harmonische Partition existiert, *rekursiv* auf kleinere Zahlen zurückführen: Für eine gerade bzw. ungerade Zahl n gibt es eine harmonische Partition, wenn es eine für $\frac{n-2}{2}$ bzw. $\frac{n-9}{2}$ gibt. Für 2008 kann man die Aufgabe, eine harmonische Partition zu finden, nach diesem Rezept auf die entsprechende Aufgabe für die Zahlen 1003, 497, 244, 121, 56, 27, 9 zurückführen. Da für die Quadratzahlen 9 und 121 harmonische Partitionen nach Lemma 2a existieren, erhält man durch Zurückrechnen:

$$2008 = 384+384+384+384+192+96+64+48+24+16+12+12+6+2$$

bzw.

$$2008 = \underbrace{176 + \ldots + 176}_{11\text{-mal}} + 24 + 16 + 12 + 12 + 6 + 2.$$

Tatsächlich ist

$$\frac{4}{384} + \frac{1}{192} + \frac{1}{96} + \frac{1}{64} + \frac{1}{48} + \frac{1}{24} + \frac{1}{16} + \frac{2}{12} + \frac{1}{6} + \frac{1}{2}$$
$$= \frac{2 + 1 + 2 + 3 + 4 + 8 + 12 + 2 \cdot 16 + 32 + 96}{192} = 1$$

und ebenso

$$\frac{11}{176} + \frac{1}{24} + \frac{1}{16} + \frac{2}{12} + \frac{1}{6} + \frac{1}{2} = \frac{3 + 2 + 3 + 2 \cdot 4 + 8 + 24}{48} = 1.$$

Da $502 = 20^2 + 10^2 + 1^2 + 1^2$ Summe von 4 positiven Quadratzahlen ist, besitzt $4 \cdot 502$ nach Korollar 3d eine harmonische Partition; es ist genau diejenige der allerersten Lösung.

Für die Größen und die Anzahl der Summanden harmonischer Partitionen gibt es ein paar Abschätzungen (vgl. [5, Aufgabe 2008-1-2, Ergänzungen] sowie [4, Bemerkung 8]). Die dritte Ungleichung ist unabhängig von t und daher interessant, um systematisch alle harmonische Partitionen zu bestimmen.

Lemma 4. *Es sei* $n = a_1 + \ldots + a_t$ *eine harmonische Partition mit* $a_1 \leq \ldots \leq a_t$. *Dann ist für jedes* $j \leq t$:

$$a_j \leq \frac{t - j + 1}{1 - \frac{1}{a_1} - \ldots - \frac{1}{a_{j-1}}} \quad und$$

$$a_j \leq \frac{n - a_1 - \ldots - a_{j-1}}{t - j + 1} \quad und$$

$$a_j \leq \sqrt{\frac{n - a_1 - \ldots - a_{j-1}}{1 - \frac{1}{a_1} - \ldots - \frac{1}{a_{j-1}}}}.$$

Gleichheit gilt nur, wenn die Zahlen $a_j, a_{j+1}, \ldots, a_t$ *alle gleich sind. Insbesondere ist*

$$a_1 \leq t, \quad a_1 \leq \frac{n}{t} \quad und \quad a_1 \leq \sqrt{n}.$$

■ **Beweis.** Es gilt wegen $a_j \le a_{j+1} \le \ldots \le a_t$:

$$1 = \frac{1}{a_1} + \ldots + \frac{1}{a_t} \le \frac{1}{a_1} + \ldots + \frac{1}{a_{j-1}} + \underbrace{\frac{1}{a_j} + \ldots + \frac{1}{a_j}}_{(t-j+1)\text{-mal}}$$

$$= \frac{1}{a_1} + \ldots + \frac{1}{a_{j-1}} + \frac{t-j+1}{a_j}.$$

Nach a_j aufgelöst, ergibt sich die erste Ungleichung. Die zweite Ungleichung folgt analog aus $n = a_1 + \ldots + a_t \ge a_1 + \ldots + a_{j-1} + (t-j-1)a_j$, die dritte durch Multiplizieren der beiden ersten und Wurzelziehen. □

Lemma 5. *Jede harmonische Partition von n hat höchstens $\sqrt{n}$ Summanden.*

■ **Beweis.** Es sei $n = a_1 + \ldots + a_t$ eine harmonische Partition. Dann ist nach der Ungleichung von CAUCHY-BUNJAKOWSKI-SCHWARZ (s. Seite 59):

$$n = (a_1 + \ldots + a_t)\left(\frac{1}{a_1} + \ldots + \frac{1}{a_t}\right)$$

$$\ge \left(\sqrt{a_1} \cdot \frac{1}{\sqrt{a_1}} + \ldots + \sqrt{a_t} \cdot \frac{1}{\sqrt{a_t}}\right)^2 = t^2.$$ □

Bemerkung 1. Eine Abschätzung der Summandenanzahl nach unten ist komplizierter; es gilt nach [1]: Für jedes t gibt es (auch nach Lemma 4) nur endlich viele harmonische Partitionen mit genau t Summanden. Für die größte natürliche Zahl N_t, die eine harmonische Partition mit genau t Summanden hat, gilt (wobei $A_1 := 1$ und $A_{k+1} := A_k(A_k + 1)$ für $k \ge 1$ sei):

$$N_t = (A_1 + 1) + \ldots + (A_{t-1} + 1) + A_t.$$

So ist etwa $N_2 = 2+2 = 4$, $N_3 = 2+3+6 = 11$, $N_4 = 2+3+7+42 = 54$, $N_5 = 2 + 3 + 7 + 43 + 1806 = 1861$.

Dies genügt, um zu ermitteln, welche natürlichen Zahlen eine harmonische Partition haben (vgl. [4, Satz 1]).

Satz 6. *Die Zahlen 1, 4, 9, 10, 11, 16, 17, 18, 20, 22 und alle Zahlen größer gleich 24 haben eine harmonische Partition.*

■ **Beweis.** Zunächst sollen die harmonischen Partitionen für Zahlen kleiner als 24 untersucht werden. Nach Lemma 5 haben diese höchstens 4 Summanden. Nach der Abschätzung in Lemma 4 kann man sie alle bestimmen, siehe nebenstehende Auflistung. Somit haben unter den Zahlen kleiner als 24 genau die im Satz 6 aufgeführten eine harmonische Partition.

$1 = 1,$

$4 = 2 + 2,$

$9 = 3 + 3 + 3,$
$10 = 2 + 4 + 4,$
$11 = 2 + 3 + 6,$

$16 = 4 + 4 + 4 + 4,$
$17 = 3 + 4 + 4 + 6,$
$18 = 3 + 3 + 6 + 6,$
$20 = 2 + 6 + 6 + 6,$
$22 = 2 + 4 + 8 + 8$
$ = 2 + 5 + 5 + 10$
$ = 3 + 3 + 4 + 12,$
$24 = 2 + 4 + 6 + 12,$
$29 = 2 + 3 + 12 + 12,$
$30 = 2 + 3 + 10 + 15,$
$31 = 2 + 4 + 5 + 20,$
$32 = 2 + 3 + 9 + 18,$
$37 = 2 + 3 + 8 + 24,$
$54 = 2 + 3 + 7 + 42.$

Harmonische Partitionen mit höchstens $t = 4$ Summanden.

Nun wird mit vollständiger Induktion gezeigt: Für alle $k \geq 0$ gibt es harmonische Partitionen für alle Zahlen zwischen 24 und $29 \cdot 2^{k+1} - 3$.

Induktionsanfang: Zeige: Für $k = 0$ gibt es harmonische Partitionen für die Zahlen zwischen 24 und 55. Mit Korollar 3a und 3c lassen sich harmonische Partitionen für die oben noch nicht aufgeführten Zahlen zwischen 24 und 55 außer 25, 33, 35, 39, 47, 51, 55 finden. Die nebenstehend aufgeführten und gerade gefundenen Partitionen ungerader Zahlen zwischen 24 und 55 enthalten alle den Summanden 2, woraus sich nach Lemma 2c auch Partitionen für die um 6 vergrößerten Zahlen ergeben. Es verbleiben 25 (eine Quadratzahl mit harmonischer Partition nach Lemma 2a und 39, deren harmonische Partition $39 = 3 + 3 + 6 + 9 + 18$ nach Korollar 3b aus der für 11 angegebenen folgt.

Induktionsschluss: Es gebe harmonische Partitionen für alle Zahlen von 24 bis $29 \cdot 2^{k+1} - 3$. Nach Korollar 3a gibt es harmonische Partitionen für alle geraden Zahlen zwischen $2 \cdot 24 + 2 = 50$ und $2(29 \cdot 2^{k+1} - 3) + 2 = 29 \cdot 2^{k+2} - 4$ und alle ungeraden Zahlen zwischen $2 \cdot 24 + 9 = 57$ und $2(29 \cdot 2^{k+1} - 3) + 9 = 29 \cdot 2^{k+2} + 3$, also alle Zahlen zwischen 56 und $29 \cdot 2^{k+2} - 3$. Nach Induktionsanfang gibt es harmonische Partitionen für die Zahlen von 24 bis 55. Da die Folge der Zahlen $29 \cdot 2^{k+1} - 3$ unbeschränkt ist, gibt es harmonische Partitionen für alle Zahlen größer gleich 24.   □

Für stark harmonische Partitionen ist die Suche komplizierter, da man mit obigen Methoden meist auf Partitionen mit gleichen Summanden kommt. Hierzu ein paar Bemerkungen (vgl. [4, Satz 2; Bemerkung 3 und 7]):

Weitere Bemerkungen.

2. Ist die Zahl n größer als 1 und hat eine stark harmonische Partition $n = a_1 + \ldots + a_t$, so haben $2n + 2$ bzw. $4n + 13$ bzw. $4n + 55$ die stark harmonischen Partitionen

$$2n + 2 = 2 + 2a_1 + \ldots + 2a_t,$$

$$4n + 13 = 3 + 4 + 6 + 4a_1 + \ldots + 4a_t,$$

$$4n + 55 = 4 + 5 + 6 + 10 + 30 + 4a_1 + \ldots + 4a_t.$$

  ■ **Beweis.** Wie man leicht nachrechnet, sind die genannten Partitionen von $2n + 2$, $4n + 13$, $4n + 55$ harmonisch. Da n größer als 1 ist, sind alle Summanden a_j für $j \leq t$ größer als 1. Insbesondere sind die Summanden $2a_j$ bzw. $4a_j$ für $j \leq t$ in den genannten Partitionen größer als 2 bzw. 4. Die übrigen ergänzten Summanden sind nicht durch 4 teilbar, daher kommen in den aufgeführten Partitionen paarweise verschiedene Summanden vor.   □

3. Aus einer stark harmonischen Partition $n = a_1 + \ldots + a_t$ von n lassen sich nach folgenden Rezepten stark harmonische Partitionen größerer Zahlen erstellen: Ist z. B. a_j ein Summand derart, dass $2a_j$, $3a_j$ und $6a_j$ nicht als Summanden in der Partition vorkommen, ist

$$a_1 + \ldots + a_{j-1} + 2a_j + 3a_j + 6a_j + a_{j+1} + \ldots + a_t$$

eine stark harmonische Partition von $n + 10a_j$ wegen $\frac{1}{a_j} = \frac{1}{2a_j} + \frac{1}{3a_j} + \frac{1}{6a_j}$. Ist a_j ein durch m teilbarer Summand derart, dass $\frac{(m+1)a_j}{m}$ und $(m+1)a_j$ nicht als Summanden vorkommen, ist

$$a_1 + \ldots + a_{j-1} + \frac{(m+1)a_j}{m} + (m+1)a_j + 6a_j + a_{j+1} + \ldots + a_t$$

eine stark harmonische Partition von $n + \left(m + 1 + \frac{1}{m}\right) a_j$ wegen $\frac{1}{a_j} = \frac{1}{(m+1)a_j/m} + \frac{1}{(m+1)a_j}$.

4. Es gibt auch stark harmonische Partitionen mit lauter ungeraden Summanden [3], z. B.

$$425 = 3 + 5 + 7 + 9 + 15 + 21 + 27 + 35 + 63 + 105 + 135.$$

Hiermit lässt sich zeigen (vgl. [4, Satz 2]):

Satz 7. *Die Zahlen 1, 11, 24, 30, 31, 32, 37, 38, 43, 45, 50, 52, 53, 54, 55, 57, 59, 60, 61, 62, 64, 65, 66, 67, 69, 71, 73, 74, 75, 76 und alle Zahlen größer gleich 78 haben eine stark harmonische Partition.*

Beweisskizze. Man zeigt die Aussage zunächst direkt für alle Zahlen bis 363 ähnlich wie oben für Satz 6 (wegen der deutlich größeren Komplexität am Besten unter Zuhilfenahme eines Computers, siehe auch die Beispiele auf der folgenden Seite) und beweist dann mit Bemerkung 2 analog zu Satz 6 induktiv für alle $k \geq 0$, dass alle Zahlen zwischen 78 und $366 \cdot 2^k - 3$ eine stark harmonische Partition haben.

Aus obiger Bemerkung 2 erhält man eine stark harmonische Partition für 2008: Es ist $2008 = 2 \cdot 1003 + 2$, $1003 = 4 \cdot 237 + 55$, $237 = 4 \cdot 55 + 13$. Nun hat 55 die stark harmonische Partition $55 = 2 + 4 + 7 + 14 + 28$; hieraus erhält man

$$2008 = 2 + 2 \cdot (4 + 5 + 6 + 10 + 30 + 4 \cdot (3 + 4 + 6 + 4 \cdot (2 + 4 + 7 + 14 + 28)))$$

$$= 2 + 8 + 10 + 12 + 20 + 60 + 24 + 32 + 48 + 64 + 128 + 224 + 448 + 896.$$

Denn:

$$\left(\frac{1}{10} + \frac{1}{20} + \frac{1}{60}\right) + \left(\frac{1}{12} + \frac{1}{24} + \frac{1}{48}\right) + \left(\frac{1}{2} + \frac{1}{8} + \frac{1}{32} + \frac{1}{64} + \frac{1}{128} + \frac{1}{224} + \frac{1}{448} + \frac{1}{896}\right)$$

$$= \frac{6+3+1}{60} + \frac{1+2+4}{48} + \frac{448+112+28+14+7+4+2+1}{896} = \frac{1}{6} + \frac{7}{48} + \frac{11}{16} = 1.$$

Schließlich betrachten wir noch Partitionen $n = a_1 + \ldots + a_t$, für die die Summe der Kehrwerte der Summanden eine feste natürliche Zahl r ist. Diese sollen *Partitionen mit Kehrwertsumme r* heißen.

$11 = 2 + 3 + 6,$
$24 = 2 + 4 + 6 + 12,$
$30 = 2 + 3 + 10 + 15,$
$31 = 2 + 4 + 5 + 20,$
$32 = 2 + 3 + 9 + 18,$
$37 = 2 + 3 + 8 + 24,$
$38 = 3 + 4 + 5 + 6 + 20,$
$43 = 2 + 4 + 10 + 12 + 15,$
$45 = 2 + 4 + 9 + 12 + 18,$
$50 = 2 + 4 + 8 + 12 + 24,$
$52 = 3 + 4 + 6 + 9 + 12 + 18,$
$53 = 2 + 5 + 6 + 10 + 30,$
$54 = 2 + 3 + 7 + 42,$
$55 = 2 + 4 + 7 + 14 + 28,$
$57 = 3 + 4 + 5 + 10 + 15 + 20,$
$59 = 3 + 4 + 5 + 9 + 18 + 20,$
$60 = 2 + 6 + 9 + 10 + 15 + 18,$
$61 = 2 + 4 + 6 + 21 + 28,$
$62 = 2 + 4 + 6 + 20 + 30,$
$64 = 2 + 4 + 8 + 10 + 40,$
$65 = 2 + 6 + 8 + 10 + 15 + 24,$
$66 = 2 + 3 + 12 + 21 + 28,$
$67 = 2 + 3 + 12 + 20 + 30,$
$69 = 2 + 3 + 14 + 15 + 35,$
$71 = 2 + 3 + 11 + 22 + 33,$
$73 = 3 + 5 + 6 + 9 + 12 + 18 + 20,$
$74 = 2 + 5 + 9 + 10 + 18 + 30,$
$75 = 3 + 4 + 5 + 8 + 15 + 40,$
$76 = 2 + 4 + 6 + 16 + 48.$

Stark harmonische Partitionen für $n < 78$.

Aus jeder harmonischen Partition von n kann man leicht eine Partition von $n+r-1$ mit Kehrwertsumme r durch Hinzufügen von $r-1$ Summanden mit Wert 1 erzeugen. Nach Satz 6 ist damit klar, dass alle bis auf endlich viele Zahlen eine Partition mit Kehrwertsumme r haben. Die Details beschreibt folgender Satz (vgl. [4, Satz 3]):

Satz 8. *Es sei r eine natürliche Zahl. Für eine natürliche Zahl n gibt es genau dann keine Partition mit Kehrwertsumme r, wenn eine der folgenden Bedingungen erfüllt ist:*

a) $r = 1$ *und* $n \in \{7, 12, 13, 14, 19, 21, 23\}$;

b) $r \leq 2$ *und* $n = r + 14$;

c) $n < r$ *oder* $n \in \{r+1, r+2, r+4, r+5, r+7\}$.

■ **Beweis.** Für $r = 1$ ist die Aussage gleichbedeutend mit Satz 6.

Da der Kehrwert einer natürlichen Zahl höchstens 1 ist, muss eine Partition mit Kehrwertsumme r mindestens r Summanden mit Wert größer gleich 1 haben, daher ist $n \geq r$. Aus jeder Partition einer Zahl n mit Kehrwertsumme r erhält man durch Hinzufügen eines Summanden mit Wert 1 eine Partition von $n + 1$ mit Kehrwertsumme $r + 1$. Daher kann man sich nach Satz 6 auf die Fälle $0 \leq n - r \leq 23$ konzentrieren. Für $r = 2$ gibt es folgende Partitionen mit Kehrwertsumme 2:

$$8 = 2+2+2+2, \qquad 13 = 2+2+3+3+3,$$
$$14 = 2+2+2+4+4, \qquad 15 = 2+2+2+3+6,$$
$$20 = 2+3+3+3+3+6, \qquad 22 = 2+2+3+3+6+6,$$
$$24 = 2+2+2+6+6+6.$$

Es sei nun $n = a_1 + \ldots + a_t$ eine Partition mit Kehrwertsumme r. Hierin komme für alle m der Summand m jeweils c_m-mal vor. Dann gilt

$$n - r = a_1 + \ldots + a_t - \left(\frac{1}{a_1} + \ldots + \frac{1}{a_t} \right) = \sum_{m=2}^{n} c_m \left(m - \frac{1}{m} \right) = \sum_{m=2}^{n} \frac{m^2 - 1}{m} c_m$$

(der Summand $(1 - 1)c_1$ für $m = 1$ verschwindet). Es sollen nun die Möglichkeiten für c_m und $n-r \leq 14$ bestimmt werden. Wegen $m - \frac{1}{m} > 14$ für $m \geq 15$ ist $c_m = 0$ für $m \geq 15$; die Summe läuft also effektiv nur bis 14. Im Folgenden werde mit *Vorfaktor* zu c_m die Zahl $m - \frac{1}{m} = \frac{m^2-1}{m}$ bezeichnet. Diese Vorfaktoren wachsen offenbar streng monoton mit m. Die Vorfaktoren zu c_m enthalten für $m = 8, 9, 11, 13$ einen Primfaktor in größerer Vielfachheit im Nenner als alle anderen Vorfaktoren; damit die Summe ganzzahlig ist, muss c_m ein Vielfaches dieses Primfaktors sein, was nur für $c_m = 0$ möglich ist, da sonst allein der Summand $\frac{m^2-1}{m} c_m$ größer als 14 wäre. Es kann nicht gleichzeitig $c_5 > 0$ und $c_{10} > 0$ sein, da dann $\frac{24}{5} c_5 + \frac{99}{10} c_{10} > 14$. Somit kommt Primfaktor 5 nur in höchstens einem Vorfaktor vor, damit wäre $5|c_5$ bzw. $5|c_{10}$ und die Summe zu groß außer für $c_5 = c_{10} = 0$. Analog zeigt man $c_7 = c_{14} = 0$. Ist $c_{12} \geq 1$, könnte von den übrigen Summanden wegen $(3 - \frac{1}{3}) + (12 - \frac{1}{12}) > 14$ nur $c_2(2 - \frac{1}{2})$ positiv sein. Damit enthielte aber nur der Vorfaktor zu c_{12} den Primfaktor 3 im Nenner, sodass bei ganzzahliger Summe c_{12} ein Vielfaches von 3 wäre und damit $\frac{143}{12}c_{12} > 14$. Analog schließt man $c_6 \geq 2$ aus. Insgesamt bleibt nur noch

$$n - r = \frac{3}{2}c_2 + \frac{8}{3}c_3 + \frac{15}{4}c_4 + \frac{35}{6}c_6 \leq 14.$$

Hierbei enthält nur der Vorfaktor zu c_4 den Primfaktor 2 doppelt im Nenner, sodass c_4 gerade sein muss; wegen $4 \cdot \frac{15}{4} > 14$ ist c_4 entweder 0 oder 2. Für $c_6 > 0$ ist somit nur $c_6 = c_3 = 1$ und $c_2 \in \{1, 3\}$, für $c_4 > 0$ nur $c_4 = 2$ und $c_2 \in \{1, 3\}$ möglich. Für $c_6 = c_4 = 0$ verschwinden bis auf $\frac{3}{2}c_2$ und $\frac{8}{3}c_3$ alle Summanden; die Summe kann nur für $2|c_2$ und $3|c_3$ ganzzahlig sein, was noch $c_3 = 0$ mit $c_2 \in \{0, 2, 4, 6, 8\}$ und $c_3 = 3$ mit $c_2 \in \{0, 2, 4\}$ liefert. Daher sind $n - b \in \{1, 2, 4, 5, 7\}$ unmöglich, und die einzige Realisierung für $n - b = 14$ mit $c_2 = 4$, $c_3 = 3$ liefert eine Partition mit Kehrwertsumme größer oder gleich $4 \cdot \frac{1}{2} + 3 \cdot \frac{1}{3} = 3$. Es ist $17 = 2 + 2 + 2 + 2 + 3 + 3 + 3$ Partition mit Kehrwertsumme 3.

Daher gibt es für $r > 1$ genau die oben aufgeführten Zahlen n, die keine Partitionen mit Kehrwertsumme r haben. $\square$

Dies lässt vermuten, dass Vergleichbares auch für Partitionen mit paarweise verschiedenen Summanden gilt. Tatsächlich ist nach [2] sogar:

Satz 9. *Zu jeder positiven rationalen Zahl r und zu jedem $c > 0$ gibt es eine Zahl $N(r, c)$, sodass jede natürliche Zahl $n > N(r, c)$ eine Partition $n = a_1 + \ldots + a_t$ mit $c < a_1 < \ldots < a_t$ und*

$$\frac{1}{a_1} + \ldots + \frac{1}{a_t} = r$$

besitzt.

Literatur

1. D. R. CURTISS: *On Kellogg's diophantine problem*, Amer. Math. Mon. **29** (1922), 308–387.
2. R. L. GRAHAM: *A theorem on partitions*, J. Aust. Math. Soc. **3** (1963), 425–441.
3. R. K. GUY: *Unsolved Problems in Number Theory*, 3. Aufl., Springer, New York 2004, Abschnitt D.11.
4. G. KÖHLER, J. SPILKER: *Harmonische Partitionen: Partitionen mit gegebener Summe der Kehrwerte der Teile*, Math. Semesterber. **60** (2013), 67–80.
5. http://www.bundeswettbewerb-mathematik.de, *Bundeswettbewerb Mathematik – Aufgaben (ab 1999) und Lösungen (ab 2000)*, Bearb. K. FEGERT.

Poster zum *Bundeswettbewerb Mathematik 2015*.

Akustische Töne werden als angenehm empfunden, wenn sie harmonische Schwingungen, also reine Sinus- oder Kosinusfunktionen sind.

Schachbrettartige Zerlegung der Kugelfläche

Eckard Specht

2. Runde 2008, Aufgabe 3.

Durch einen Punkt im Innern einer Kugel werden drei paarweise aufeinander senkrecht stehende Ebenen gelegt. Diese zerlegen die Kugeloberfläche in acht krummlinige Dreiecke. Die Dreiecke werden abwechselnd schwarz und weiß so gefärbt, dass die Oberfläche der Kugel schachbrettartig aussieht. Man beweise, dass dann genau die Hälfte der Kugeloberfläche schwarz gefärbt ist.

Es ist eine lohnende Idee sich dieser Aufgabe zu nähern, indem man sich fragt „Geht das auch eine Nummer kleiner?", oder etwas genauer formuliert: „Gibt es vielleicht ein analoges Problem eine Dimension tiefer?"

Denn eine Aufgabe zunächst zu vereinfachen und einen Lösungsversuch zu unternehmen, um dadurch Einblicke zu gewinnen, die später zur Lösung des eigentlichen Problems beitragen, ist ein ebenso gängiges heuristisches Verfahren wie dessen Gegenstück *Verallgemeinerung*. Letzteres wird in der Aufgabe *„Die Erste"* unter dem Motto „Be wise – generalize" erfolgreich angewendet; hier könnte man dagegen „Don't be shy – simplify" zum Leitspruch erheben.

Reduktion der Dimension um eins. Die gewöhnliche Kugeloberfläche, mitunter auch als 2-Sphäre oder kurz mit $\mathbb{S}^2$ bezeichnet, ist die Menge aller Punkte $x = (x_1, x_2, x_3)$ im dreidimensionalen EUKLIDISCHEN Raum, die einen festen Abstand r zum Ursprung haben: $\mathbb{S}^2 := \{x \in \mathbb{R}^3 : ||x||_2 = r\}$, wobei $||x||_2 := \sqrt{x_1^2 + x_2^2 + x_3^2}$ die EUKLIDISCHE Norm des Punktes x ist.

O. B. d. A. wird nachfolgend vorausgesetzt, dass dieser Abstand 1 beträgt, also eine Einheitskugel vorliegt. Dieses Gebilde lässt sich nun dank unserer Anschauung einfach „heruntertransformieren": Die 1-Sphäre $\mathbb{S}^1$ ist demnach die Einheitskreislinie, somit der Rand des Einheitskreises. Letzterer kann mittels zweier senkrecht aufeinander stehender *Geraden*, die sich im Innern der Kreisscheibe im Punkt P schneiden, in vier Gebiete zerlegt werden, deren Außenränder vier *Kreisbögen* sind (Bild 1). Gilt hier in Analogie zur ursprünglichen Aufgabe, dass die Summen der Bogenlängen $\overset{\frown}{AB} + \overset{\frown}{CD}$

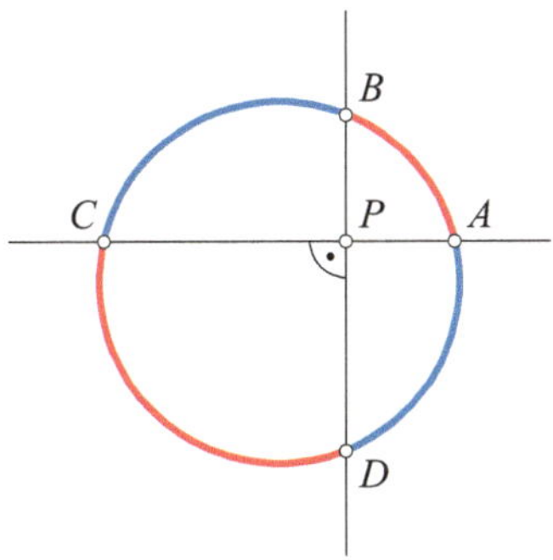

Bild 1. Zerlegung der Kreislinie in vier Bögen, die abwechselnd gefärbt sind.

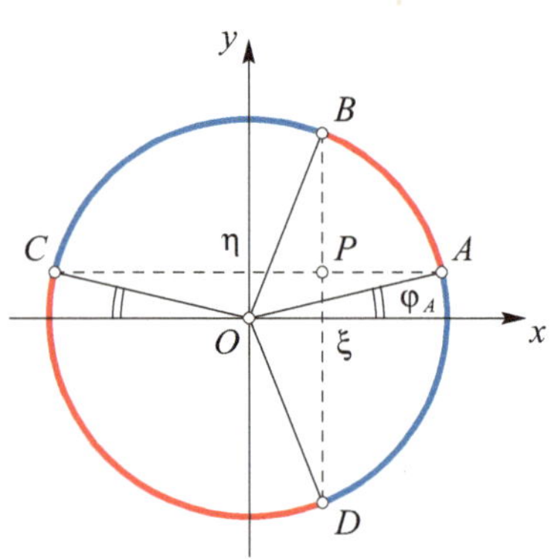

Bild 2. Die Punkte A, B, C, D, hier angeordnet im mathematisch positiven Drehsinn, sind durch ihre Azimutwinkel φ_A, φ_B, φ_C und φ_D eindeutig bestimmt.

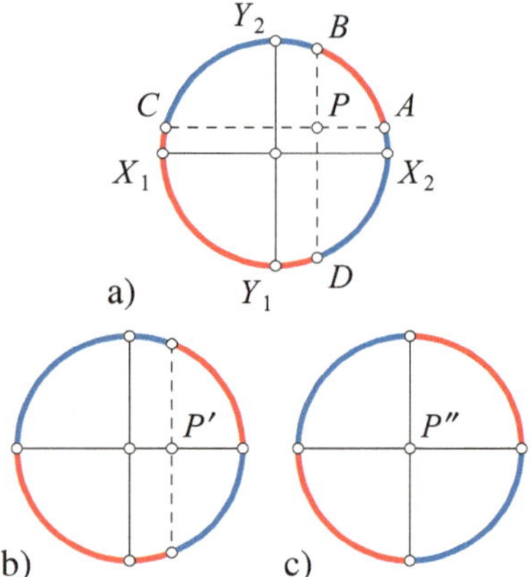

Bild 3. a) Umfärbung der Bögen $\widehat{X_2A}$ und $\widehat{CX_1}$ lässt die Summe der roten und blauen Bogenlängen unverändert und führt auf b); c) werden anschließend $\widehat{BY_2}$ und $\widehat{Y_1D}$ umgefärbt, entstehen jeweils zwei rote und blaue *Viertel*kreisbögen.

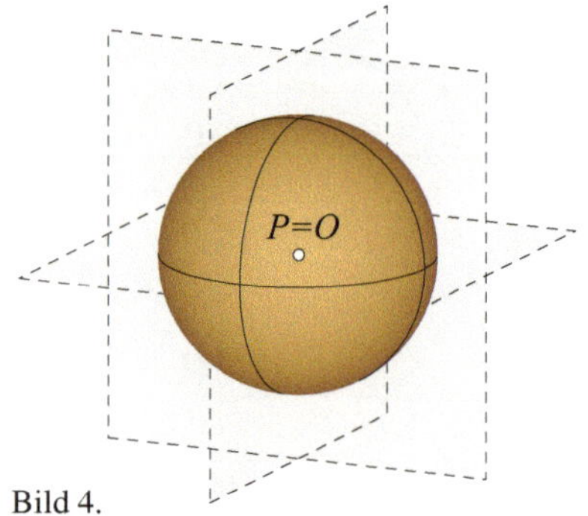

Bild 4.

und $\widehat{BC} + \widehat{DA}$ gleich sind? Diese Frage lässt sich erfreulicherweise durch direktes Ausrechnen beantworten.

Der Schnittpunkt P der beiden senkrecht aufeinander stehenden Geraden habe im kartesischen Koordinatensystem (x, y) mit dem Ursprung $O(0, 0)$ die Koordinaten (ξ, η) (Bild 2). Liegt P nicht im 1. Quadranten, kann durch höchstens zwei Spiegelungen an den Achsen erreicht werden, das dies der Fall ist. Es kann demnach o. B. d. A. davon ausgegangen werden, dass $0 \le \xi < 1$, $0 \le \eta < 1$ und $\xi^2 + \eta^2 < 1$ gilt. Die Geraden durch P schneiden die Einheitskreislinie in den Punkten A, C bzw. B, D. Diesen vier Punkten lassen sich nun eindeutig vier Winkel zuordnen; diese Winkel sind genau die Azimutwinkel φ eines Polarkoordinatensystems (r, φ). Weil für sämtliche Punkte auf der Kreislinie $r = 1$ gilt, genügt also eine einzige Koordinate zur eindeutigen Festlegung der Lage des Punktes. Mit den Abkürzungen $\varphi_A = \arcsin \eta$ und $\varphi_B = \arccos \xi$ ergibt sich nun sofort: $\widehat{AB} = \varphi_B - \varphi_A$. Da Punkt C im 2. Quadranten liegt, ist wegen $\eta = \sin \varphi_A = \sin(\pi - \varphi_A)$: $\varphi_C = \pi - \varphi_A$. Dies ist die entscheidende Beobachtung: Die Azimutwinkel der gegenüberliegenden Punkte A und C sind nicht unabhängig voneinander, sondern Ergänzungswinkel zu π. Ebenso ist aus Bild 2 zu erkennen, dass $\varphi_B + \varphi_D = 2\pi$ gilt. Damit lassen sich die alle vier Bogenlängen einfach als Winkeldifferenzen berechnen (jeweils modulo 2π):

$$\widehat{AB} = \varphi_B - \varphi_A$$
$$\widehat{BC} = \varphi_C - \varphi_B = \pi - \varphi_A - \varphi_B$$
$$\widehat{CD} = \varphi_D - \varphi_C = \pi + \varphi_A - \varphi_B$$
$$\widehat{DA} = \varphi_A - \varphi_D = \varphi_A + \varphi_B,$$

und man sieht unmittelbar, dass $\widehat{AB} + \widehat{CD} = \widehat{BC} + \widehat{DA} = \pi$ erfüllt ist.

Was lernt man daraus? Obwohl sich der Punkt P an einer beliebigen (und damit völlig asymmetrischen) Position innerhalb der Kreisscheibe befindet, lässt sich das Problem offenbar *symmetrisieren*. Bild 3 zeigt diesen Prozess. Im ersten Schritt (Bild 3a zu 3b) wird dem roten Bogen $\widehat{CD}$ ein Teil weggenommen ($\widehat{CX_1}$) und dafür dem roten Bogen $\widehat{AB}$ zugeschlagen ($\widehat{X_2A}$). Die in Bild 3b gezeigte Situation entspricht derjenigen, wenn P alias P' auf der x-Achse liegt. Abschließend wird dasselbe für die blauen Bögen durchgeführt (Bild 3b zu 3c, Punkt P alias $P'' = O$). Es entstehen vier völlig symmetrische Kreisbögen, die jetzt durch die x- bzw. y-Koordinatenachsen geteilt werden. Gleichzeitig sind damit die Spezialfälle, dass P auf einer der beiden Achsen oder gar im Ursprung liegt, behandelt.

Auf der Kugeloberfläche. Es sei P der Schnittpunkt der drei paarweise senkrecht aufeinander stehenden Ebenen. Um gleich bei dem Spezialfall $P = O$ zu bleiben: Wenn jede der drei Ebenen den Ursprung (und gleichzeitig Kugelmittelpunkt) O enthält, dann schneiden diese Koordinatenebenen Großkreise [2] aus der Kugel heraus, wodurch $\mathbb{S}^2$ in acht gleich große Kugeldreiecke zerteilt wird (Bild 4). Jedes Kugeldreieck liegt in genau einem Oktanten und eine schachbrettartige Färbung der Dreiecke führt auf jeweils vier kongruente Dreiecke gleicher Farbe und damit trivialerweise auf die Behauptung.

Im allgemeinen „unsymmetrischen" Fall sei $P(\xi, \eta, \zeta)$ der Schnittpunkt der drei Ebenen mit $0 \leq \xi < 1,\ 0 \leq \eta < 1,\ 0 \leq \zeta < 1$ und $\xi^2 + \eta^2 + \zeta^2 < 1$ (Bild 5). Falls P nicht im 1. Oktanten liegt, führen höchstens drei Spiegelungen an den Koordinatenebenen – in Analogie zu $\mathbb{S}^1$, wie oben – dahin. Die entstehenden Kugeldreiecke sind nun jedoch nicht mehr durch Großkreisbögen begrenzt, und eine analytische Berechnung ihrer Flächeninhalte gelingt leider nicht mit elementaren Mitteln. Abhilfe kann jetzt nur noch eine Ausnutzung von Symmetrien leisten.

Symmetrisierung. Dies hier in der in Bild 3 beschriebenen „Wegnahme- und Hinzufüge-Technik" durchzuführen, indem P erst auf eine Koordinatenebene, dann auf eine Koordinatenachse und schließlich in den Ursprung verschoben wird – bei gleichzeitigem Nachweis, dass sich die Summe der beiden unterschiedlich gefärbten Flächeninhalte nicht ändert, erweist sich vielleicht als zu uneinsichtig. Deshalb wird die Symmetrisierung etwas modifiziert: zusätzlich zu P wird dessen Spiegelpunkt bezüglich O, also $P'(-\xi, -\eta, -\zeta)$ eingeführt. P' soll nun genauso wie P Schnittpunkt dreier senkrecht aufeinander stehender Ebenen sein, die parallel zu den ersten drei Ebenen liegen sollen. Diese scheinbare Verkomplizierung beschert uns nunmehr drei Intervalle je Koordinatenachse, nämlich $(-1, -\xi]$, $(-\xi, \xi]$ und $(\xi, 1)$ in x-Richtung, ebenso drei in y- und z-Richtung, also $3^3 = 27$ Teilvolumina anstelle der $2^3 = 8$ Gebiete zuvor. Das innerste Gebiet mit $x \in (-\xi, \xi]$, $y \in (-\eta, \eta]$ und $z \in (-\zeta, \zeta]$ hat jedoch wegen $\xi^2 + \eta^2 + \zeta^2 < 1$ keinen Punkt mit $\mathbb{S}^2$ gemeinsam, weshalb 26 Außenflächen übrig bleiben. Es bleibt zu zeigen, dass von diesen Gebieten genau 13 von der einen Farbe und 13 von der anderen Farbe sind und dass gewisse Gebiete unterschiedlicher Farbe untereinander kongruent sind.

■ **Beweis.** Aufgrund der Punktsymmetrie von P und P' bzgl. O, hervorgerufen durch die Spiegelung, und der paarweisen Parallelität der Schnittebenen bleiben von den insgesamt 26 Gebieten nur sieben verschiedene Gebiete übrig, die in Bild 6 und 7 mit 1 bis 7 nummeriert sind. Die Gebiete 1, 2 und 3 (Bild 6a) treten dabei jeweils paarweise auf; es sind diejenigen von vier Kleinkreisbögen beranderten Gebiete, die von den Koordinatenachsen durchstoßen werden. Jedes Paar, für das die Koordinatenebenen Spiegelebenen sind, besteht aus kongruenten Gebieten unterschiedlicher Färbung ($1'$ bezeichnet die zu 1 entgegengesetzte Farbe, s. Bild 7), sodass in der Summe Flächengleichheit zwischen beiden Farben besteht. Die Gebiete 4, 5 und 6 (Bild 6b), die ebenfalls durch vier Kleinkreisbögen berandet werden und die von Koordinatenebenen, aber nicht von den Achsen geschnitten werden (4 von der xy-Ebene, 5 von der xz-Ebene und 6 von der yz-Ebene), gibt es jeweils vierfach (mit Kongruenz in jeder Gruppe). Schließlich bleiben acht untereinander kongruente Gebiete 7 übrig (Bild 6c), die von jeweils drei Kleinkreisbögen begrenzt werden.

Bild 5. Schachbrettartige Färbung von $\mathbb{S}^2$ mit $P(\xi = 0{,}47,\ \eta = 0{,}33,\ \zeta = 0{,}19)$. Bei der Lage von Punkt P im Innern und dieser Blickrichtung sind alle acht Kugeldreiecke gerade so zu erkennen.

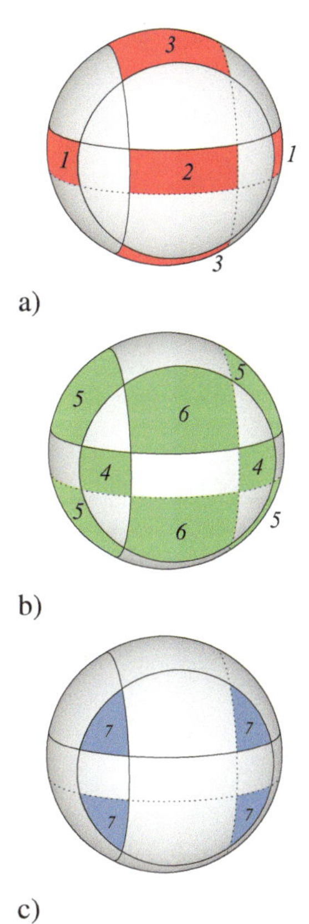

a)

b)

c)

Bild 6. Gebiete, die zu den Äquivalenzrichtungen a) $\langle 1\,0\,0 \rangle$; b) $\langle 1\,1\,0 \rangle$ und c) $\langle 1\,1\,1 \rangle$ gehören.

Ein einfaches Auszählen aller Gebiete anhand Bild 7 unter Berücksichtung der Farben ergibt folgende Tabelle:

Gebiet	*1*	*1'*	*2*	*2'*	*3*	*3'*	*4*	*4'*	*5*	*5'*	*6*	*6'*	*7*	*7'*
Anzahl	1	1	1	1	1	1	2	2	2	2	2	2	4	4

Damit gibt es genauso viel Gebiete in der einen Farbe wie in der anderen Farbe und die Behauptung ist gezeigt. □

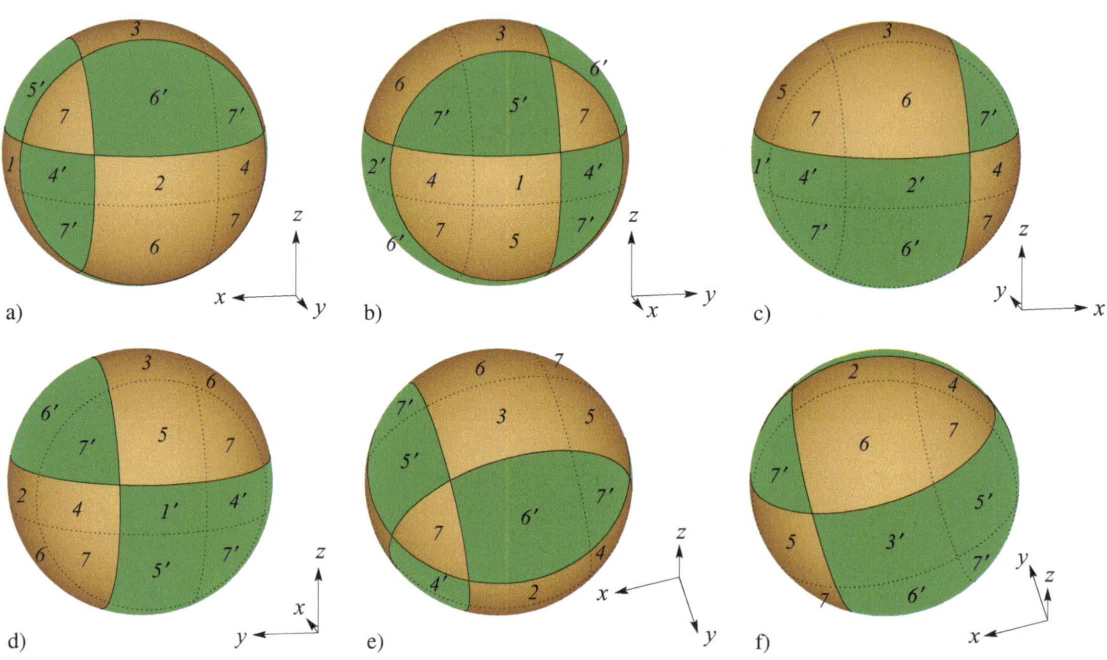

Bild 7. Ansichten der gefärbten Kugeloberfläche a) von rechts; b) von vorn; c) von links; d) von hinten; e) von oben und f) von unten. Jedes der 26 Flächenstücke ist mindestens einmal zu erkennen.

Bild 8. Eine bemalte Styroporkugel mit den Bezeichnungen der 26 Oberflächengebiete.

In Bild 8 ist zu erkennen, wie der Autor die Zuordnung der Nummern der Gebiete an einem Modell überprüfte.

Exkurs Monte-Carlo-Integration. Welche Möglichkeiten bestehen weiterhin, sich der Aufgabe zu nähern? Ohne den Trick der Symmetrisierung wäre es schwer gefallen, einen Vergleich der Flächeninhalte der ursprünglich acht Gebiete herbeizuführen. Was auf dem Kreisrand $\mathbb{S}^1$ noch durch einfaches Ausrechnen von Bogenlängen möglich war, erfordert auf $\mathbb{S}^2$ das Berechnen von Oberflächenintegralen. Dies ist jedoch weit oberhalb der Schulmathematik angesiedelt, aber mit Mitteln der höheren Analysis prinzipiell machbar.

Man kann auch einen numerischen Ansatz verfolgen: Angenommen, die Kugeloberfläche kann mit Punkten übersät werden, die *gleichmäßig* über die gesamte Oberfläche verteilt sind, ohne sich in bestimmten Bereichen zu häufen oder Regionen auszulassen. Dann reicht es offensichtlich, dass alle Punkte, die in die acht schachbrettartig gefärbten Oberflächengebiete fallen, einfach *gezählt* werden: n_i ($i = 0, 1, \ldots, 7$) seien diese Anzahlen sowie $n = \sum_{i=0}^{7} n_i$ die Gesamtzahl der verstreuten Punkte. Die Quotienten $\frac{n_i}{n}$ geben nun die relativen Flächeninhalte der acht Gebiete bezogen auf die gesamte Kugeloberfläche 4π an. Diese Methode ist in der Literatur unter der Bezeichnung *„Hit-or-miss"-Integration* bekannt [1, 7].

Ist das eine vernünftige Vorgehensweise? Mathematiker, die sich der reinen Mathematik verpflichtet fühlen, werden jetzt die Nase rümpfen. Was diese Methode natürlich nicht kann, ist, einen exakten mathematischen Beweis für eine Vermutung zu erbringen. Sie kann aber Hinweise für die Richtigkeit liefern oder Vermutungen widerlegen. So sieht das in der Praxis aus: Als Erstes wird ein guter *Pseudozufallszahlen-Generator* (PZZG) benötigt. Gut bedeutet hier, dass er eine möglichst lange Periode besitzt (alle gängigen PZZG wiederholen ihre „zufälligen" Zahlen, die sie produzieren, irgendwann), moderne wie der MERSENNE-Twister [6] haben Periodenlängen größer als 10^{6000}, was wirklich groß ist. Zweitens sollen die Pseudozufallszahlen nicht in höherdimensionalen „Hyperebenen" liegen, wozu viele in der Vergangenheit und auch heute noch benutzte Standard-Generatoren neigen. Dadurch entstehen Korrelationen zwischen aufeinander folgenden Zahlen, die der Forderung nach Gleichmäßigkeit widersprechen. Im Folgenden wird davon ausgegangen, dass ein derartiger PZZG verfügbar ist und 8-Byte-Gleitkommazahlen vom Typ `double` aus dem Intervall [0, 1] durch einen Aufruf der Funktion `genrand()` zurückgibt.

Wie bekommt man nun gleichmäßig verteilte Punkte auf $\mathbb{S}^2$? Hier lauert bereits ein Fallstrick: Die Idee, die Kugeloberfläche auf das Rechteck $(\vartheta, \varphi) \in [0, \pi] \times [0, 2\pi)$ abzubilden, wobei ϑ und φ Polar- bzw. Azimutwinkel des Kugelkoordinatensystems sind (Bild 9), und in diesem Rechteck die Punkte mittels $\vartheta = \pi \cdot$ `genrand()`, $\varphi = 2\pi \cdot$ `genrand()` zu verteilen, liefert *keine* Gleichmäßigkeit (Bild 10) und ist daher ungeeignet [8]. Korrekt ist dagegen folgende Vorgehensweise nach GEORGE MARSAGLIA [5]: Man nehme zwei Pseudozufallszahlen $x_1, x_2 \in [-1, 1]$ (Letzteres erreicht man einfach durch $x_i = 2 \cdot$ `genrand()` $- 1$) und verwerfe diese, wenn $x_1^2 + x_2^2 > 1$ gilt. Anderenfalls berechne man die Koordinaten durch

$$x = 2x_1\sqrt{1 - x_1^2 - x_2^2}, \; y = 2x_2\sqrt{1 - x_1^2 - x_2^2} \text{ und } z = 1 - 2(x_1^2 + x_2^2).$$

Dies liefert die gewünschte gleichmäßige Verteilung (Bild 11).

Der Algorithmus (s. nächste Seite) zeigt die Monte-Carlo-Integration der acht Oberflächengebiete als Pseudocode. Implementiert man diesen Algorithmus z. B. in `C++` und führt ihn aus, so ergibt sich eine Färbung wie in Bild 12 gezeigt. Eine Integration mittels $n = 2 \cdot 10^{13}$(!) Punkten lieferte folgendes numerisches Ergebnis für die Anzahlen n_i:

$$
\begin{aligned}
n_0 &= 5\,488\,638\,703\,632, & n_1 &= 2\,316\,047\,892\,207, \\
n_3 &= 986\,061\,688\,861, & n_2 &= 3\,109\,252\,091\,973, \\
n_5 &= 1\,459\,252\,113\,127, & n_4 &= 4\,036\,060\,560\,620, \\
n_6 &= 2\,066\,047\,066\,282, & n_7 &= 538\,639\,883\,298,
\end{aligned}
$$

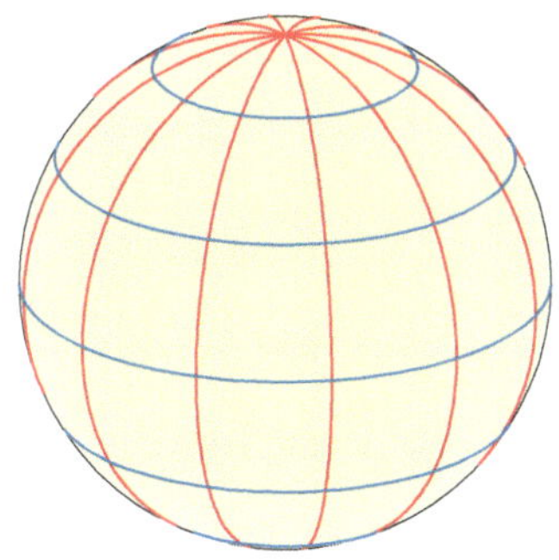

Bild 9. Geografisches Netz der Koordinatenlinien ϑ = const („Breitenkreise", blau) und φ = const („Meridiane", rot) auf der Kugeloberfläche. φ entspricht dem Längengrad auf der (kugelförmig angenommenen) Erdoberfläche; ϑ ist der Ko-Breitengrad, d. h., der „Nordpol" ist – üblicherweise in der Mathematik – bei $\vartheta = 0$, sodass $0 \le \vartheta \le \pi$ gilt.

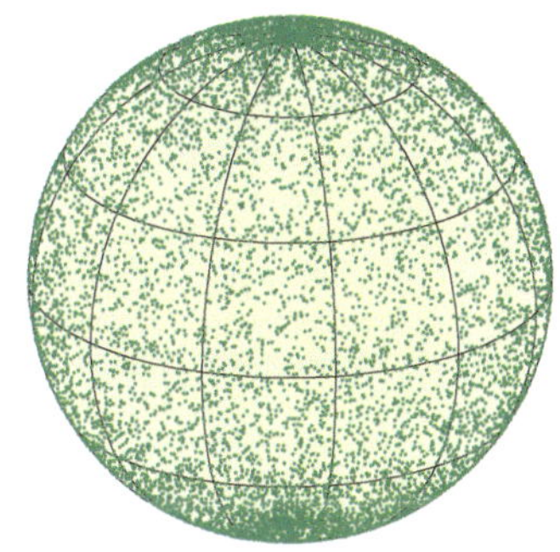

Bild 10. Falsche Methode zum gleichmäßigen Verstreuen von (hier 10 000) Punkten auf einer Kugel. Eine Häufung der Punkte an den Polen ist deutlich zu erkennen.

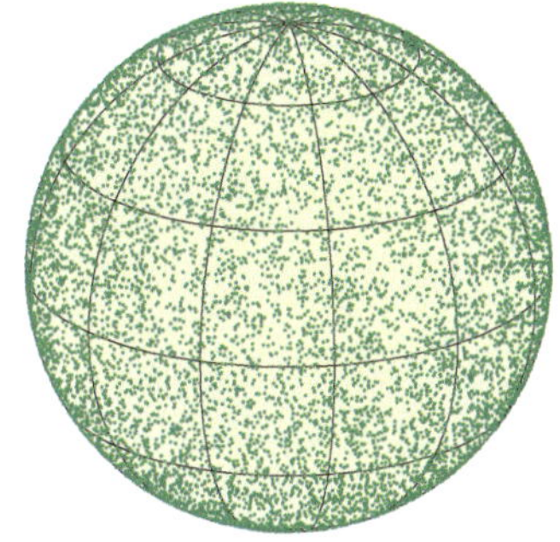

Bild 11. Korrekte Methode zum gleichmäßigen Verstreuen von 10 000 Punkten auf einer Kugel.

Bild 12. Schachbrettartige Färbung von 40 000 Punkten auf $\mathbb{S}^2$ ($\xi = 0{,}47$, $\eta = 0{,}33$, $\zeta = 0{,}19$ wie in Bild 5).

Zur Erklärung des nebenstehenden Algorithmus: Die „Magie" der Oktantenbestimmung des Punktes $P(x, y, z)$ steckt in Zeile 12. $x > \xi$ liefert entweder 1 oder 0 zurück, je nachdem ob der Vergleich wahr oder falsch ist. Dasselbe geschieht mit $y > \eta$ und $z > \zeta$, nur dass diese Bits um eine bzw. zwei Stellen nach links geschoben werden ($\ll$-Operator). Als Ergebnis entsteht eine dreistellige Dualzahl 000_2 bis 111_2, die als Dezimalzahl 0_{10} bis 7_{10} interpretiert wird und die Nummer des zugehörigen Oktanten angibt.

wobei die linke Spalte die grünen Punkte und die rechte Spalte die hellbraunen Punkte wiedergeben. Eine Aufsummierung ergibt: 9 999 999 571 902 grüne Punkte und 10 000 000 428 098 hellbraune Punkte, was ein starkes Indiz für die Richtigkeit der Behauptung darstellt.

Algorithmus 1

procedure Monte-Carlo-Integration(ξ, η, ζ, n)
  for $k \leftarrow 0, 7$ **do**
    $c_k \leftarrow 0$ $\triangleright$ setze Zähler c_k für Oktant k auf null
  end for
  for $i \leftarrow 0, n - 1$ **do** $\triangleright$ durchlaufe die Schleife n-mal
    $x_1 \leftarrow 2 \cdot \text{GENRAND}() - 1$ $\triangleright$ erzeuge Pseudozufallszahl $x_1 \in [-1, 1]$
    $x_2 \leftarrow 2 \cdot \text{GENRAND}() - 1$ $\triangleright$ erzeuge Pseudozufallszahl $x_2 \in [-1, 1]$
    if $x_1^2 + x_2^2 \leq 1$ **then**
      $x \leftarrow 2x_1\sqrt{1 - x_1^2 - x_2^2}$ $\triangleright$ berechne x-Koordinate
      $y \leftarrow 2x_2\sqrt{1 - x_1^2 - x_2^2}$ $\triangleright$ berechne y-Koordinate
      $z \leftarrow 1 - 2(1 - x_1^2 - x_2^2)$ $\triangleright$ berechne z-Koordinate
      $k \leftarrow ((z > \zeta) \ll 2) + ((y > \eta) \ll 1) + (x > \xi)$ $\triangleright$ siehe Kasten
      $c_k \leftarrow c_k + 1$ $\triangleright$ erhöhe Zähler c_k um eins
    end if
  end for
  return $c_0, c_1, \ldots, c_7$ $\triangleright$ gib die Anzahlen c_k zurück
end procedure

Ein ähnliches Problem des Zerschneidens einer Kreisscheibe in der Ebene ist das so genannte *Pizzatheorem* [4]. Interessantes zu Parkettierungen der Kugeloberfläche ist in [3] zu finden.

Literatur

1. M. Evans, T. Swartz: *Approximating Integrals via Monte Carlo and Deterministic Methods*, Oxford University Press Inc., New York 2000.
2. S. Gottwald, H. Kästner, H. Rudolph (Hrsg.): *Meyers Kleine Enzyklopädie Mathematik*, 14. Aufl., Meyers Lexikonverlag, Mannheim 1995, Abschnitt 12.
3. F. Heinrich: *Der Pentagrammakomplex als Parkettierung der Kugeloberfläche (I) und (II)*, Die $\sqrt{\text{Wurzel}}$ **33** (1999), 27–33, 70–77.
4. W. Kroll, J. Jäger: *Das Pizzatheorem – Ein Thema mit Variationen*, mathematica didactica **33** (2010), 79–112.
5. G. Marsaglia: *Choosing a point from the surface of a sphere*, Ann. Math. Stat. **43** (1972), 645–646.
6. M. Matsumoto, T. Nishimura: *Mersenne Twister: A 623-Dimensionally Equidistributed Uniform Pseudo-Random Number Generator*, ACM Transactions on Modeling and Computer Simulation **8** (1998), 3–30.
7. I. M. Sobol': *A Primer for the Monte Carlo Method*, CRC Press Inc., Boca Raton 1994.
8. E. W. Weisstein: *Sphere Point Picking*, From *MathWorld* – A Wolfram Web Resource http://mathworld.wolfram.com/SpherePointPicking.html

Spiegelpunkte

Lisa Sauermann

1. Runde 2009, Aufgabe 3.

Ein Punkt P im Innern des Dreiecks ABC wird an den Mittelpunkten der Seiten BC, CA und AB gespiegelt; die Bildpunkte werden mit P_a, P_b bzw. P_c bezeichnet. Beweise, dass sich die Geraden AP_a, BP_b und CP_c in einem gemeinsamen Punkt schneiden!

Die Schönheit dieser Aufgabe besteht zum Einen in der eleganten Einfachheit der Aussage, zum Anderen in der Vielzahl unterschiedlicher Lösungsansätze.

■ **1. Beweis.** Der einfachste Beweis beginnt mit der Beobachtung, dass es sich bei den Vierecken AP_cBP, BP_aCP und CP_bAP um Parallelogramme handelt (Bild 1). Im Viereck AP_cBP ist nämlich der Mittelpunkt M_c der Seite AB Mittelpunkt beider Diagonalen AB und P_cP (nach Definition von P_c). Analog lässt sich begründen, dass auch die Vierecke BP_aCP und CP_bAP Parallelogramme sind.

Folglich sind nun die Strecken P_cB, AP und P_bC zueinander parallel und gleich lang. Damit ist auch das Viereck P_cBCP_b ein Parallelogramm. Damit stimmen die Mittelpunkte der Strecken CP_c und BP_b überein. Analog lässt sich zeigen, dass auch die Mittelpunkte der Strecken CP_c und AP_a übereinstimmen. Also fallen die Mittelpunkte aller drei Strecken zusammen. Durch diesen gemeinsamen Mittelpunkt Q verlaufen dann insbesondere die Geraden AP_a, BP_b und CP_c. □

Dieser kurze Beweis liefert neben der Behauptung die stärkere Aussage, dass die Mittelpunkte der drei Strecken AP_a, BP_b und CP_c zusammenfallen. Der folgende zweite Beweis liefert uns außerdem noch eine Aussage über die Lage dieses gemeinsamen Schnitt- und Mittelpunktes. Dazu benötigen wir allerdings den Sachverhalt, dass in einem (möglicherweise ausgearteten) Dreieck der Schwerpunkt S die Verbindungsstrecke jeder Ecke zum gegenüberliegenden Seitenmittelpunkt im Verhältnis 2:1 teilt, dass also jeder Eckpunkt bei zentrischer Streckung am Schwerpunkt mit Streckfaktor $-\frac{1}{2}$ auf den gegenüberliegenden Seitenmittelpunkt abgebildet

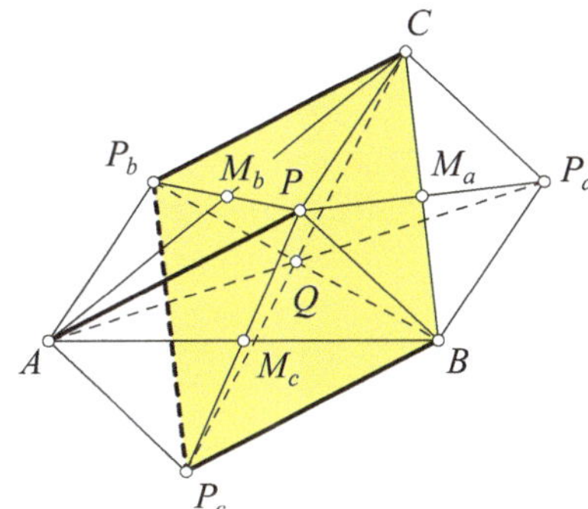

Bild 1. Beweisidee: Im Parallelogramm P_cBCP_b halbieren sich die Diagonalen im gesuchten Punkt Q.

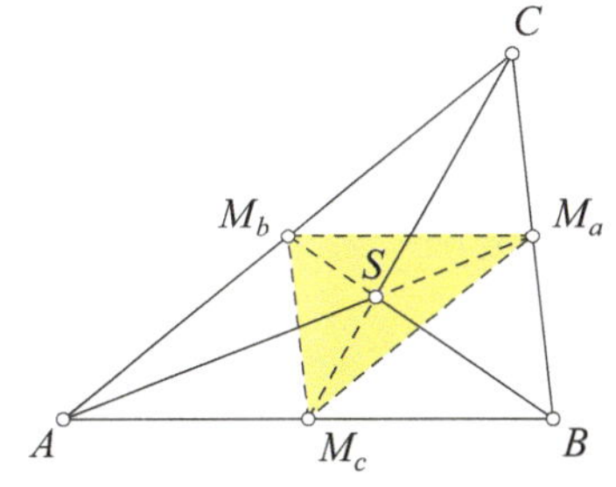

Bild 2. Die zentrische Streckung $(S, -\frac{1}{2})$ bildet das Dreieck ABC auf das Seitenmittendreieck $M_aM_bM_c$ ab.

wird (Bild 2). Ein Beweis hiervon lässt sich in jedem einführenden Buch zur Elementargeometrie nachlesen, beispielsweise [1].

■ **2. Beweis.** Es sei nun also S der Schwerpunkt von $\triangle ABC$ und M_a der Mittelpunkt der Seite BC (Bild 3). Q sei der aus P bei zentrischer Streckung an S mit Streckfaktor $-\frac{1}{2}$ entstehende Punkt. Wie oben beschrieben bildet diese zentrische Streckung A auf M_a ab. Im (möglicherweise ausgearteten) Dreieck $\triangle AP_aP$ ist M_a – nach Definition von P_a – Mittelpunkt der Seite P_aP. Weil die zentrische Streckung an S mit Streckfaktor $-\frac{1}{2}$ den Punkt A auf M_a abbildet und kein weiterer Punkt außer S diese Eigenschaft haben kann, ist S damit auch im Dreieck $\triangle AP_aP$ der Schwerpunkt. Folglich geht der Eckpunkt P bei zentrischer Streckung an S mit Streckfaktor $-\frac{1}{2}$ in den Mittelpunkt der Seite AP_a über. Folglich ist Q der Mittelpunkt der Strecke AP_a. Analog ist Q auch Mittelpunkt der Strecken BP_b und CP_c.

Damit ist insbesondere gezeigt, dass sich die drei Geraden AP_a, BP_b und CP_c im gemeinsamen Punkt Q schneiden. Wir wissen nun aber auch, dass ihr gemeinsamer Schnitt- und Mittelpunkt der Bildpunkt von P unter zentrischer Streckung an S mit Streckfaktor $-\frac{1}{2}$ ist. $\qquad\square$

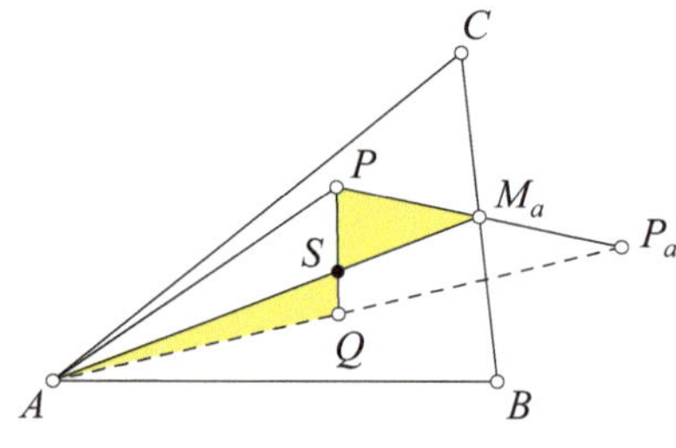

Bild 3.

In dieser Lösung haben wir nicht benutzt, dass P im Innern des Dreiecks ABC liegt. Auch die vorhergehende Lösung benötigte diese Annahme nicht wirklich, denn die Argumentation stimmt auch für ausgeartete Parallelogramme (alle vier Eckpunkte auf einer Geraden).

Es sieht auf den ersten Blick so aus, als wüssten wir nun alles über die in der Aufgabe beschriebene Figur. Doch man weiß nie alles! Wir können uns beispielsweise fragen, ob man die Aufgabe auch „rückwärts" formulieren kann: Die Aufgabe beginnt mit dem Dreieck ABC und dem Punkt P, mit deren Hilfe werden dann die Punkte P_a, P_b und P_c eingeführt. Was passiert, wenn wir mit dem Dreieck $P_aP_bP_c$ und dem Punkt P starten? Können wir dann auch die Punkte A, B und C konstruieren (Bild 4)?

Die Seitenmittelpunkte M_a, M_b und M_c des Dreiecks ABC erhält man offenbar als Mittelpunkte der Strecken PP_a, PP_b und PP_c. Wie ergeben sich nun aus M_a, M_b und M_c die Punkte A, B und C?

Das Dreieck $M_aM_bM_c$ geht durch zentrische Streckung am Schwerpunkt S des Dreiecks ABC mit Streckfaktor $-\frac{1}{2}$ aus diesem hervor (s. Bild 2). Damit ist S auch Schwerpunkt von Dreieck $M_aM_bM_c$. Es lässt sich also Dreieck ABC aus Dreieck $M_aM_bM_c$ konstruieren, indem man das Dreieck $M_aM_bM_c$ an seinem Schwerpunkt mit Streckfaktor -2 streckt. Auch die Konstruktion von M_a, M_b und M_c selbst lässt sich mittels zentrischer Streckungen einfacher formulieren: Das Dreieck $M_aM_bM_c$ ergibt sich aus dem Dreieck $P_aP_bP_c$ durch zentrische Streckung am Punkt P mit dem Streckfaktor $\frac{1}{2}$.

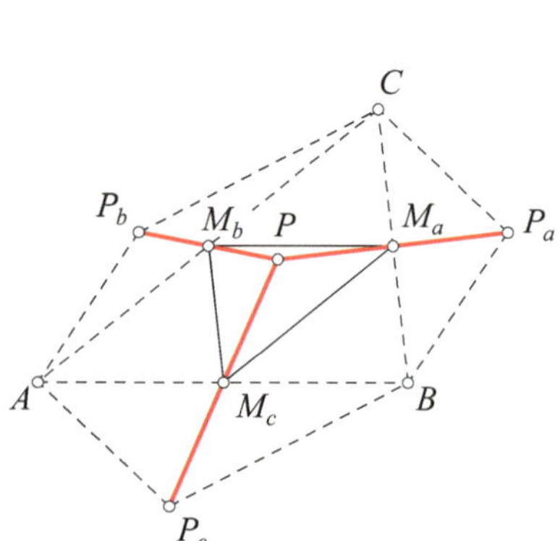

Bild 4. „Rückwärts" formulierte Aufgabe.

Insgesamt lautet dann die „rückwärts" formulierte Aufgabe wie folgt:

> *Gegeben ist ein Dreieck $P_a P_b P_c$ und ein Punkt P. Es sei Dreieck $M_a M_b M_c$ das Bild von Dreieck $P_a P_b P_c$ bei zentrischer Streckung am Punkt P mit Streckfaktor $\frac{1}{2}$. Nun strecken wir das Dreieck $M_a M_b M_c$ an seinem Schwerpunkt mit Streckfaktor -2 und erhalten Dreieck ABC.*
>
> *Beweise, dass sich die Geraden AP_a, BP_b und CP_c in einem gemeinsamen Punkt schneiden!*

Doch es hat seinen Grund, dass die Aufgabe nicht auf diese Weise gestellt wurde. Erstens ist die ursprüngliche Formulierung viel eleganter und zweitens offenbart sich aus dieser alternativen Formulierung direkt eine Lösung:

■ **3. Beweis.** Wir betrachten die Verknüpfung der beiden in dieser Formulierung beschriebenen zentrischen Streckungen (Bild 5). Diese bildet das Dreieck $P_a P_b P_c$ auf das Dreieck ABC ab. Jede Verknüpfung zweier zentrischer Streckungen ist aber, falls das Produkt beider Streckfaktoren ungleich 1 ist, wieder eine zentrische Streckung mit dem Produkt als Streckfaktor (falls das Produkt 1 ist so, ist es eine Parallelverschiebung). In unserem Fall ist das Produkt der beiden Streckfaktoren gleich $\frac{1}{2} \cdot (-2) = -1$. Die resultierende Abbildung ist also eine zentrische Streckung mit Streckfaktor -1 (d. h. eine Punktspiegelung). Demnach wird das Dreieck $P_a P_b P_c$ durch eine zentrische Streckung auf das Dreieck ABC abgebildet. Das Streckzentrum liegt folglich auf den Geraden AP_a, BP_b und CP_c. □

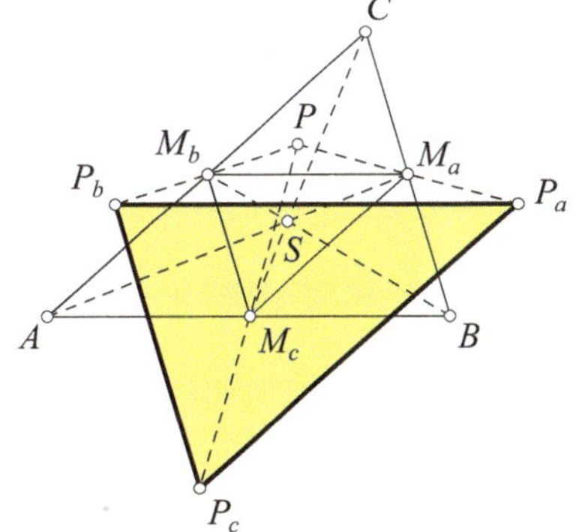

Bild 5.

Diese Lösungsidee lässt sich auch ohne die explizite Umformulierung der Aufgabe umsetzen. Hierzu zeigt man zuerst, dass die beiden beschriebenen zentrischen Streckungen die Dreiecke wie beobachtet aufeinander abbilden (dies haben wir bei der Umformulierung der Aufgabe benutzt) und folgt dann direkt obiger Argumentation. Hieraus ergibt sich eine dritte Lösung der Aufgabe. Auch hier erhält man, dass die Mittelpunkte der drei Strecken AP_a, BP_b und CP_c zusammenfallen (denn die resultierende zentrische Streckung ist sogar eine Punktspiegelung). Auch die zusätzliche Beschreibung des Schnitt- und Mittelpunktes aus der zweiten Lösung ergibt sich hier mit einer kleinen zusätzlichen Überlegung (man muss zeigen, dass der in der zweiten Lösung eingeführte Punkt Q ein Fixpunkt der Verknüpfung der beiden zentrischen Streckungen ist).

Eine vierte mögliche Lösung besteht im Nachrechnen der Tatsache, dass die Mittelpunkte der Strecken AP_a, BP_b und CP_c übereinstimmen:

■ **4. Beweis mittels Vektorrechnung.** Die Ebene können wir mit dem Vektorraum $\mathbb{R}^2$ identifizieren. Jeder Punkt entspricht dann einem Vektor. Es seien a, b, c und p die Vektoren, die den Punkten A, B, C und P entsprechen. Wir wollen nun den zugehörigen Vektor für den Punkt P_a berechnen: Der Mittelpunkt der Seite BC entspricht dem Vektor $\frac{1}{2}(b + c)$. Der Punkt

P_a (mit Vektor $\boldsymbol{p}_a$) ist nun derjenige Punkt, für den der Mittelpunkt M_a der Seite BC auch der Mittelpunkt der Strecke PP_a ist. Es muss also

$$\frac{1}{2}(\boldsymbol{b} + \boldsymbol{c}) = \frac{1}{2}(\boldsymbol{p} + \boldsymbol{p}_a)$$

gelten. Damit ergibt sich

$$\boldsymbol{p}_a = \boldsymbol{b} + \boldsymbol{c} - \boldsymbol{p}.$$

Analog erhalten wir

$$\boldsymbol{p}_b = \boldsymbol{a} + \boldsymbol{c} - \boldsymbol{p}$$

und

$$\boldsymbol{p}_c = \boldsymbol{a} + \boldsymbol{b} - \boldsymbol{p}.$$

Der Mittelpunkt der Strecke AP_a entspricht nun dem Vektor

$$\frac{1}{2}(\boldsymbol{a} + \boldsymbol{p}_a) = \frac{1}{2}(\boldsymbol{a} + \boldsymbol{b} + \boldsymbol{c} - \boldsymbol{p}).$$

Analog erhalten wir auch, dass der Mittelpunkt von BP_b und der Mittelpunkt von CP_c demselben Vektor $\frac{1}{2}(\boldsymbol{a} + \boldsymbol{b} + \boldsymbol{c} - \boldsymbol{p})$ entsprechen. Damit stimmen alle drei Mittelpunkte der Strecken AP_a, BP_b und CP_c überein und insbesondere schneiden sich die Geraden AP_a, BP_b und CP_c in diesem gemeinsamen Mittelpunkt. $\qquad\square$

Insgesamt haben wir gesehen, dass man sich der Aufgabe auf unterschiedlichste Weisen nähern kann und es viel über die Aufgabenstellung hinaus herauszufinden gibt.

Literatur

1. R. Bamler, Ch. Reiher et al.: *Ein-Blick in die Mathematik*, Aulis Verlag Deubner, Köln 2005.

Überraschende Ähnlichkeit

Erhard Quaisser

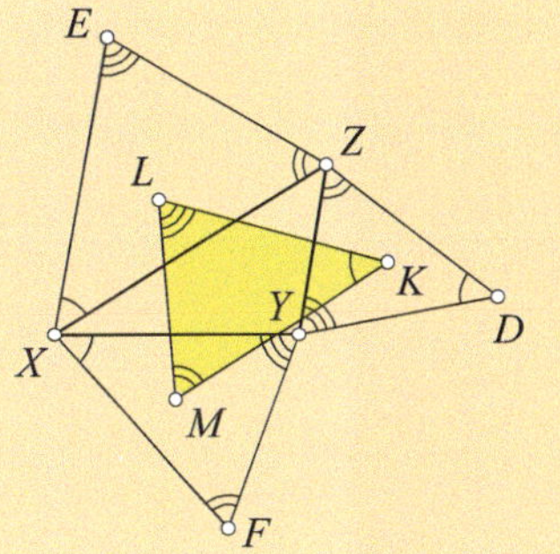

1. Runde 2010, Aufgabe 3.

Über den Seiten eines Dreiecks XYZ werden nach außen hin zueinander ähnliche Dreiecke YDZ, EXZ und YXF aufgesetzt; ihre Umkreismittelpunkte seien K, L bzw. M. Dabei sind

$$\sphericalangle ZDY = \sphericalangle ZXE = \sphericalangle FXY,$$

$$\sphericalangle YZD = \sphericalangle EZX = \sphericalangle YFX.$$

Man zeige, dass das Dreieck KLM zu den aufgesetzten Dreiecken ähnlich ist.

Auffällig ist die strenge Gesetzmäßigkeit, mit der hier gleichsinnig ähnliche Dreiecke auf den Seiten eines beliebigen Dreiecks aufgesetzt sind. Bei der Allgemeinheit des Basisdreiecks ist die behauptete Eigenschaft überraschend. Die Behauptung der Aufgabe sei nachfolgend mit (∗) bezeichnet.

Wir führen einen ersten Beweis mithilfe von *Drehungen*. Zunächst werden dazu einige Eigenschaften über Drehungen bereitgestellt [2].

(A) Ist ρ eine Drehung um einen Punkt A mit dem Drehwinkel 2α und g irgendeine Gerade durch A, dann gibt es genau eine Gerade h durch A so, dass die Nacheinanderausführung der Spiegelung σ_g an der Geraden g und der Spiegelung σ_h an der Geraden h gleich der vorgegebenen Drehung ρ, kurz $\rho = \sigma_h \circ \sigma_g$ ist (Bild 1a). Die geeignete Gerade h ergibt sich einfach als Bild der Geraden g bei der Drehung um A mit dem Drehwinkel α. Mit dieser Darstellung einer Drehung als Nacheinanderausführung zweier geeigneter Geradenspiegelungen kann man die nächste Eigenschaft einfach begründen:

(B) Ist ρ eine Drehung um A mit dem Drehwinkel 2α und χ eine Drehung um B mit dem Drehwinkel 2β und ist $\alpha + \beta \not\equiv 0 \bmod 180°$, dann ist die Nacheinanderausführung $\chi \circ \rho$ die Drehung mit dem Drehwinkel $2(\alpha + \beta)$ um den Punkt C derart, dass die gerichteten Winkel $\sphericalangle CAB$, $\sphericalangle ABC$ und $\sphericalangle ACB$ die Größen α, β bzw. $(\alpha + \beta)$ besitzen (Bild 1b).

Dies ist leicht einsichtig, wenn man sich – den Spezialfall $A = B$ ausgenommen – bei der Darstellung der Drehungen auf die Verbin-

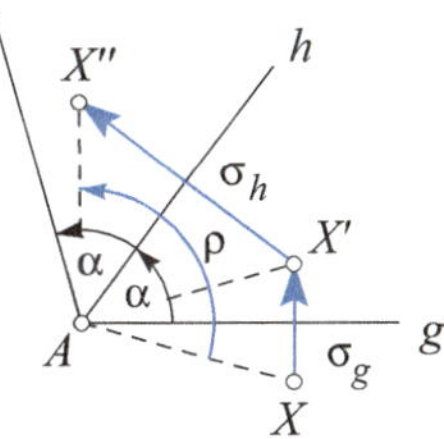

Bild 1a. Punkt X gespiegelt an g ergibt Punkt X', Letzterer an h gespiegelt ergibt X''. Diese beiden Spiegelungen sind mit einer Drehung um A mit dem Winkel 2α identisch.

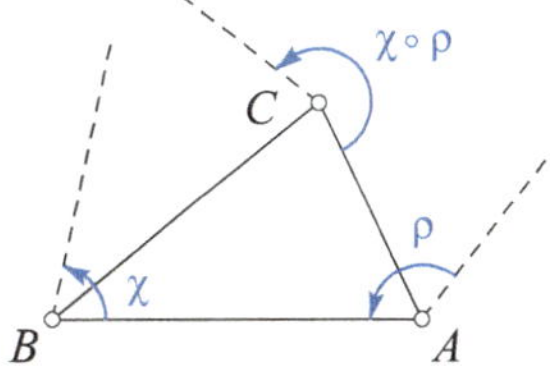

Bild 1b.

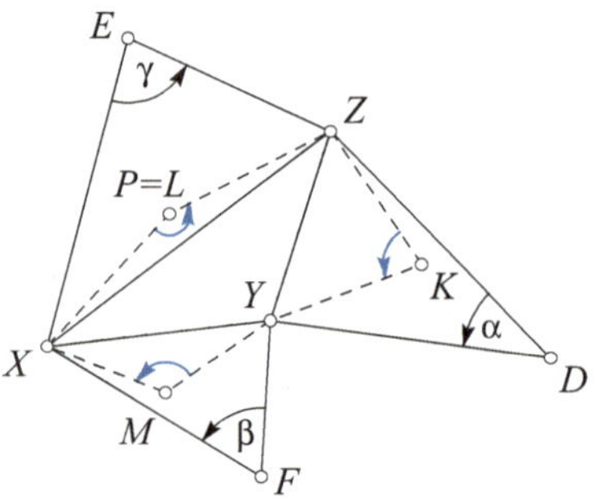

Bild 2.

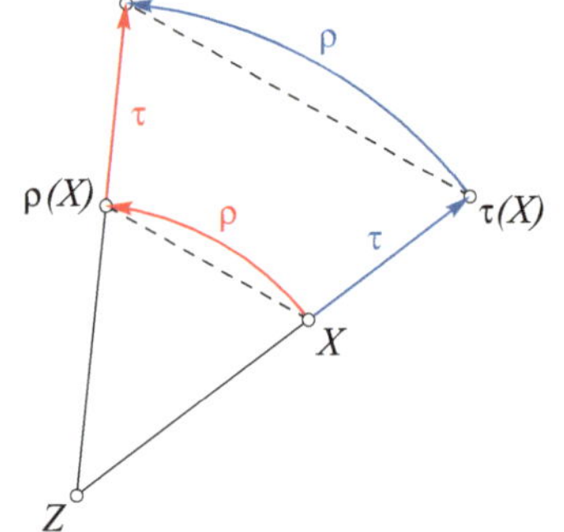

Bild 3. Äquivalenz zweier Drehstreckungen als Nacheinanderausführung einer Drehung ρ und einer zentrischen Streckung τ mit gleichem Zentrum Z; es ist $\tau(\rho(X)) = \rho(\tau(X))$ für alle Punkte X.

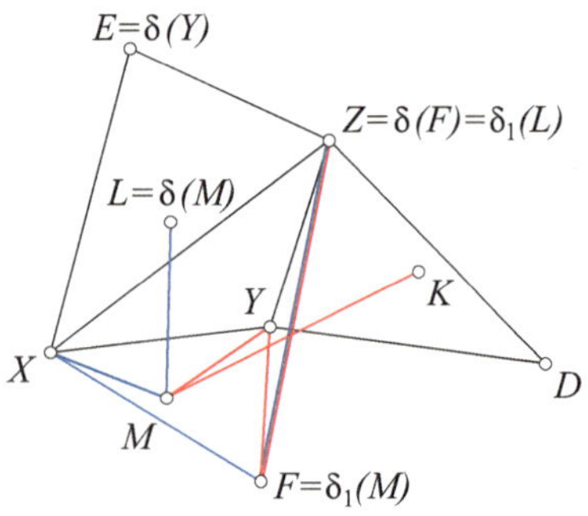

Bild 4.

dungsgerade AB bezieht. Mit $\rho = \sigma_{AB} \circ \sigma_{CA}$ und $\chi = \sigma_{BC} \circ \sigma_{AB}$ ist dann $\chi \circ \rho = \sigma_{BC} \circ \sigma_{CA}$.

■ **1. Beweis.** Nach der Aufgabenstellung sind K, L und M die Mittelpunkte der Umkreise der Dreiecke YDZ, EXZ bzw. YXF, und es seien α, β und γ die Innenwinkel dieser Dreiecke bei D, F bzw. E, also gerichtet gesehen $\alpha = \sphericalangle ZDY$, $\beta = \sphericalangle YFX$ und $\gamma = \sphericalangle XEZ$ (Bild 2). Dann haben die gerichteten Winkel $\sphericalangle ZKY$, $\sphericalangle YMX$ und $\sphericalangle XLZ$ die Größen 2α, 2β bzw. 2γ. Bei der Drehung um K mit dem Drehwinkel 2α geht Z in Y, und bei der Drehung um M mit dem Drehwinkel 2β geht Y in X über. Nach der Eigenschaft (A) und wegen $\alpha + \beta + \gamma = 180°$ ist die Nacheinanderausführung dieser beiden Drehungen eine Drehung um einen Punkt P mit dem Drehwinkel -2γ, bei der Z in X übergeht und $\sphericalangle PKM = \alpha$, $\sphericalangle KMP = \beta$ und $\sphericalangle KPM = \alpha + \beta = -\gamma$ ist. Auch bei der Drehung um L mit dem Drehwinkel -2γ geht Z in X über. Also ist $P = L$, und damit $\sphericalangle LKM = \alpha$, $\sphericalangle KML = \beta$ und $\sphericalangle MLK = \gamma$.

Folglich ist das Dreieck KLM ähnlich zu den aufgesetzten Dreiecken. □

■ **2. Beweis.** Auch der zweite Beweis wird mithilfe von Abbildungen geführt, hier mit Drehstreckungen.

Eine *Drehstreckung* ist – ganz im Sinne des Wortes – die Nacheinanderausführung einer Drehung um einen Punkt und einer zentrischen Streckung am gleichen Punkt. Diese Abfolge der Abbildungen ist vertauschbar. Damit sind auch zwei Drehstreckungen mit gleichem Zentrum in ihrer Abfolge vertauschbar (Bild 3).

Auf Grund der Voraussetzungen – insbesondere in anordnungsgeometrischer Sicht – ist augenscheinlich, dass die aufgesetzten Dreiecke durch eine Drehstreckung an einer Ecke des Dreiecks XYZ jeweils ineinander überführbar sind. Damit drängt sich in natürlicher Weise die Einbeziehung von Drehstreckungen zum Beweis der Behauptung auf.

So gibt es eine Drehstreckung δ mit dem Zentrum X, die F in Z und Y in E überführt. Bei dieser Abbildung geht der Mittelpunkt M des Umkreises des Dreiecks XFY in den Mittelpunkt L des Umkreises des Dreiecks XZE über.

Bei der Drehstreckung δ_1 mit dem gleichen Zentrum X, die den Punkt M auf F abbildet, ist Z das Bild von L. Denn auf Grund der Vertauschbarkeit der Nacheinanderausführung mit der Drehstreckung δ ist $\delta_1 = \delta \circ \delta_1 \circ \delta^{-1}$ und damit $\delta_1(L) = \delta(\delta_1(\delta^{-1}(L))) = \delta(\delta_1(M)) = \delta(F) = Z$. Damit ist das Verhältnis $ML : FZ$ gleich dem Streckungskoeffizienten von δ_1, d. h., es ist $ML : FZ = XM : XF$ (Bild 4).

In analoger Weise ergeben entsprechende Drehstreckungen mit dem Zentrum Y die Verhältnisgleichung $MK : FZ = YM : YF$.

Aus beiden Gleichungen ergibt sich zusammen mit $YM = XM$ schließlich $ML : MK = FY : FX$. Damit ist das Verhältnis zweier Seitenlängen des

Dreiecks KLM gleich dem Verhältnis zweier Seitenlängen des Dreiecks YXF. Analog lassen sich weitere entsprechende Seitenverhältnisse zeigen. Damit ist die Ähnlichkeit bewiesen. □

Für einen weiteren Beweis zeigen wir zunächst das folgende

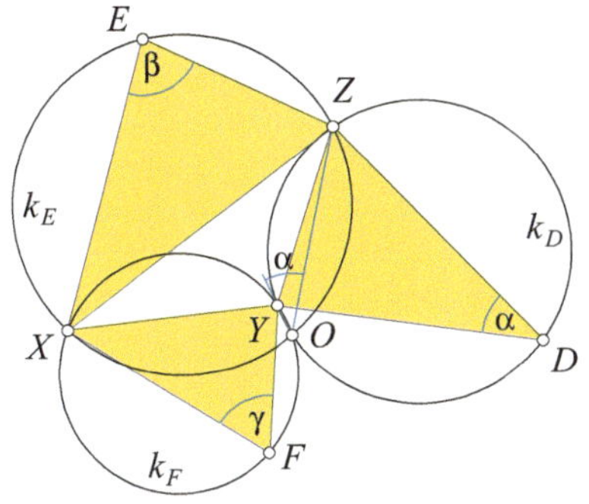

Bild 5.

Lemma. *Die Umkreise k_D, k_E, k_F der Dreiecke YDZ, EXZ bzw. YXF haben einen Punkt O gemeinsam (Bild 5).*

■ **Beweis.** Dabei geht entscheidend ein, dass $\alpha + \beta + \gamma = 180°$ ist. Ein gemeinsamer Punkt der Kreise k_D, k_E sei Z. Zunächst setzen wir noch voraus, dass sie sich hier nicht berühren und dass ihr weiterer Schnittpunkt O von den Punkten X und Y verschieden ist. Bei Verwendung gerichteter Winkel ist nach dem Peripheriewinkelsatz $\sphericalangle YOZ = \alpha$ und $\sphericalangle ZOX = \beta$. Also ist $\sphericalangle YOX = \alpha + \beta = 180° - \gamma$. Folglich liegt der Punkt O auf dem Kreis k_F. Nun mögen sich speziell die Kreise k_D und k_E in Z berühren; ihre gemeinsame Tangente sei t. Nach dem Peripherie-Tangenten-Winkelsatz ist – wieder bezogen auf gerichtete Winkel – $\sphericalangle (ZY, t) = \alpha$ und $\sphericalangle (t, ZX) = \beta$ und damit $\sphericalangle YZX = \alpha + \beta = 180° - \gamma$; also liegt Z auf k_F.

Da die Kreise nicht zwei verschiedene Punkte gemeinsam haben können, sind mit den obigen Überlegungen o. B. d. A. alle Sonderfälle einbezogen. Damit ist der Beweis des Lemmas abgeschlossen. □

■ **3. Beweis.** Wir strecken das $\triangle KLM$ am Punkt O mit dem Faktor 2. Dabei gehen die Punkte K, L und M in die Punkte A, B bzw. C über (Bild 6). Trivialerweise liegen diese Bilder auf den Kreisen k_D, k_E bzw. k_F, und damit ist $\sphericalangle YAZ = \alpha$, $\sphericalangle ZBX = \beta$ und $\sphericalangle XCY = \gamma$.

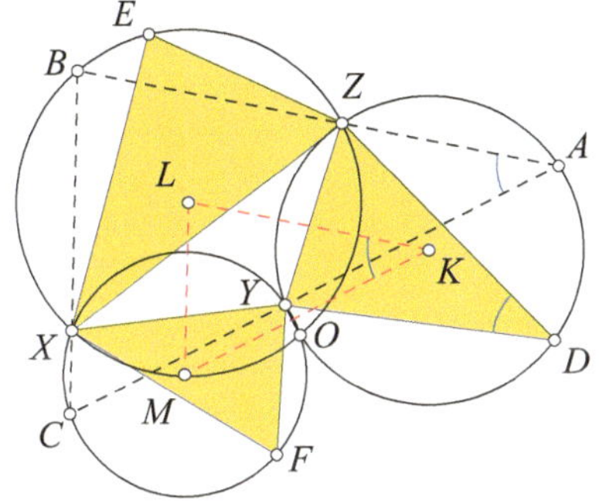

Bild 6.

Überdies ist KL Mittelsenkrechte der Strecke OZ, denn OZ ist gemeinsame Sehne der Kreise um K und L. Demzufolge geht der Mittelpunkt von OZ, der auf KL liegt, bei der Streckung in den Punkt Z über, und dieser Punkt muss nun auf der Geraden AB liegen. Aus völlig analogen Gründen liegt Y auf der Geraden CA. Damit ist $\sphericalangle MKL = \sphericalangle CAB = \sphericalangle YAZ = \alpha$. Aus der Gleichheit entsprechender Winkel folgt nun wie beim ersten Beweis die Behauptung. □

Ein markanter Satz über Kreise am Dreieck ist der

Satz von Miquel.

Sind X, Y und Z Punkte auf den Seiten BC, CA bzw. AB eines Dreiecks ABC, dann schneiden sich die Umkreise der Dreiecke YAZ, ZBX und XCY in einem Punkt (Bild 7a).

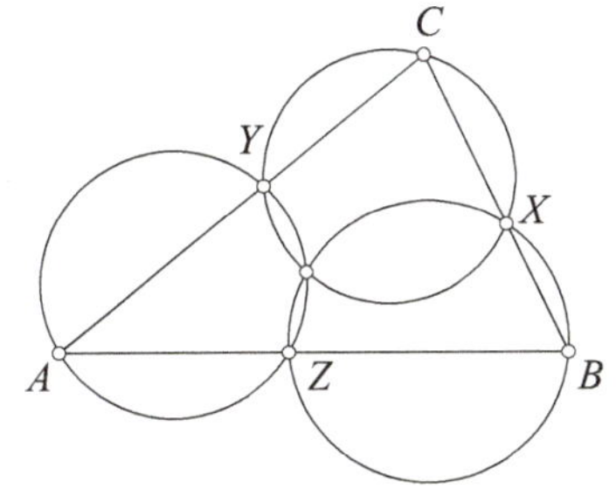

Bild 7a. Zum Satz von Miquel.

Aus dem Lemma folgt mit dem Peripheriewinkelsatz offensichtlich der Satz von Miquel. Es gilt auch die Umkehrung, denn nach dem 3. Beweis kann

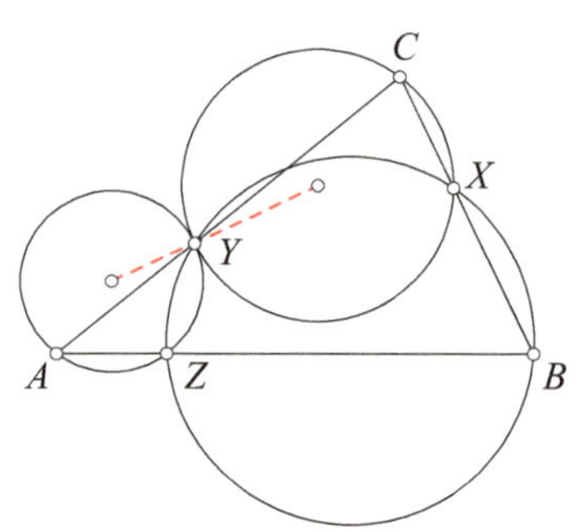

Bild 7b. Satz von MIQUEL im Fall zweier sich in Y berührender Kreise.

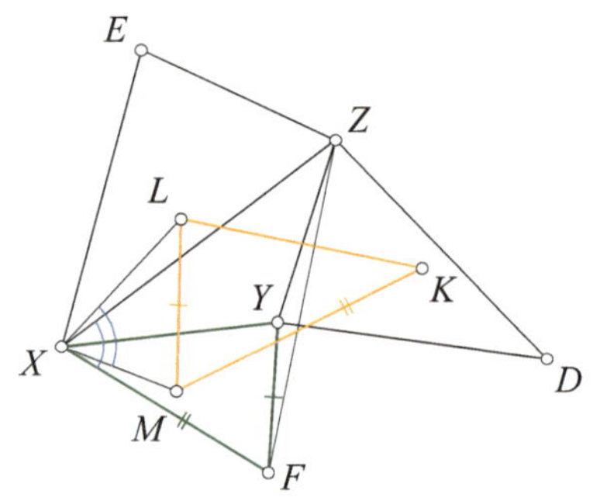

Bild 8. Auf dem Weg zur Gleichung $ML : MK = FY : FX$.

man geeignete Punkte A, B und C auf den Kreisen finden, um mit diesem Satz auf einen gemeinsamen Schnittpunkt dieser Kreise zu schließen.

Zur Findung eines Beweises der Aufgabenstellung „sieht" man, dass man aus dem Dreieck KLM durch eine Streckung von dem gemeinsamen Schnittpunkt der Umkreise aus mit dem Faktor 2 zu einer Konfiguration wie beim Satz von MIQUEL kommt.

Diese vorgelegten Illustrationen zum Satz von MIQUEL (Bild 7a,b) möchten verschiedene mögliche Lagen des Schnittpunktes der drei Kreise deutlich machen, insbesondere auch den Fall, dass zwei von den drei Kreisen sich nur berühren. Der Schnittpunkt kann auch außerhalb des Dreiecks ABC liegen. In Publikationen wird oft lückenhaft nur der Fall diskutiert, dass der Schnittpunkt sogar innerhalb des Dreiecks XYZ liegt.

Es ist oft ungewohnt oder gar völlig unbekannt, dass und wie man Abbildungen zum Beweis geometrischer Eigenschaften einsetzen kann. Hier bei dieser Problemstellung ist ihre Verwendung als Mittel und Methode in natürlicher Weise naheliegend.

Mit den vorgelegten Beweisen mithilfe von Abbildungen sind aber auch Beweiszugänge vorgezeichnet, denen man mit üblichen elementaren Mitteln der Schulgeometrie nachgehen kann.

■ **4. Beweis mit Bezug zum 2. Beweis.** Wir zeigen die Ähnlichkeit des Dreiecks KLM zum Dreieck XYF, indem wir die Verhältnisgleichheit entsprechender Seitenlängen nachweisen.

Nach Voraussetzung sind die Dreiecke EXZ und YXF (gleichsinnig) ähnlich. Folglich stehen die Umkreisradien im gleichen Verhältnis wie entsprechende Seiten, d. h., es ist $MX : LX = FX : ZX$. Außerdem hat die Ähnlichkeit die Gleichheit der (gerichteten) Winkel $\sphericalangle FXM$ und $\sphericalangle ZXL$ zur Folge. Demnach ist $\sphericalangle MXL = \sphericalangle MXZ + \sphericalangle ZXL = \sphericalangle MXZ + \sphericalangle FXM = \sphericalangle FXZ$ (Bild 8). Damit sind die Dreiecke MXL und FXZ (gleichsinnig) ähnlich und folglich gilt

$$ML : MX = FZ : FX. \tag{1}$$

Völlig analog ergibt sich mit der Ähnlichkeit der Dreiecke YXF und YDZ die Gleichheit

$$MY : MK = FY : FZ. \tag{2}$$

Zusammen mit der Längengleichheit $MX = MY$ folgt aus (1) und (2) weiter:

$$\frac{ML}{MK} = \frac{ML}{MX} \cdot \frac{MY}{MK} = \frac{FZ}{FX} \cdot \frac{FY}{FZ} = \frac{FY}{FX}.$$

Damit ist gezeigt, dass bezüglich der Dreiecke KLM und XYF ein Seitenverhältnis übereinstimmt. Analog ergibt sich $KL : KM = DY : DZ$, also $KL : KM = XY : XF$.

Damit ist nach einem Ähnlichkeitssatz die Behauptung bewiesen.   □

Es könnten noch *zusätzliche Eigenschaften* gezeigt werden: So ist LK senkrecht zu FZ.

Eine Verallgemeinerung. Die Lage der Mittelpunkte K, L und M ist bei gegebenem Dreieck XYZ ausschließlich von der Größe der Dreieckswinkel an den Ecken D, E bzw. F abhängig. Nach den Voraussetzungen in (A) beträgt deren Summe $180°$.

Wird also für die aufgesetzten Dreiecke nur diese Eigenschaft vorausgesetzt, dann ergibt sich nach den vorgestellten Beweisen, dass KLM ein Dreieck ist, bei dem der Innenwinkel bei K gleich dem bei D (kurz $\sphericalangle K = \sphericalangle D$), $\sphericalangle L = \sphericalangle E$ und $\sphericalangle M = \sphericalangle F$ ist.

Diese Winkel bestimmen bis auf Ähnlichkeit das Dreieck KLM.

Aus der Aussage (∗) ergeben sich als *Spezialfälle* einige bekannte Sätze:

Satz des NAPOLEON.

Werden auf den Seiten eines beliebigen Dreiecks gleichseitige Dreiecke aufgesetzt, dann bilden die Mittelpunkte dieser gleichseitigen Dreiecke selbst ein gleichseitiges Dreieck (Bild 9).

Das folgt aus (∗) nun wegen der Ähnlichkeit gleichseitiger Dreiecke.

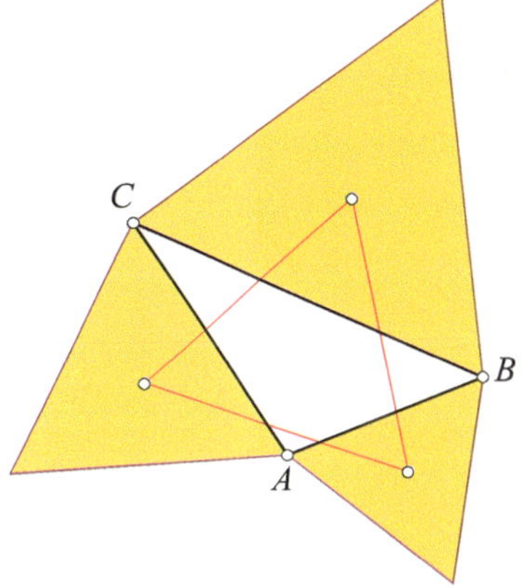

Bild 9. Zum Satz des NAPOLEON.

Satz über aufgesetzte Quadrate.

Über den Seiten BC und CA eines beliebigen Dreiecks ABC werden Quadrate errichtet. Sind P und Q die Mittelpunkte dieser Quadrate und M der Mittelpunkt der Seite AB, dann ist das Dreieck PMQ gleichschenklig-rechtwinklig (Bild 10).

Dieser Spezialfall folgt aus (∗) wegen der Ähnlichkeit gleichschenklig-rechtwinkliger Dreiecke.

Diese Aussage ist Gegenstand der Aufgabe 1998-1-3 des BWM, siehe „Vielfältige Wege", Seite 95ff. Damit liegt für diese Aufgabe hier ein weiterer Lösungszugang „von oben" vor.

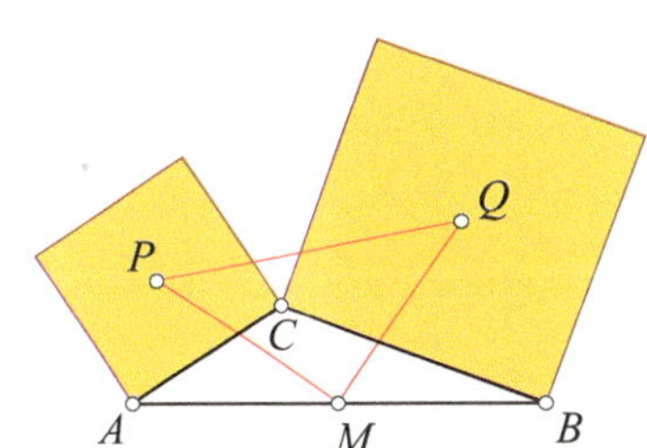

Bild 10. Zwei aufgesetzte Quadrate als Teil einer VECTEN-Konfiguration [1].

Literatur

1. C. ALSINA, R. B. NELSEN: *Perlen der Mathematik – 20 geometrische Figuren als Ausgangspunkte für mathematische Erkundungsreisen*, Springer Spektrum, Berlin Heidelberg 2015.
2. E. QUAISSER, H.-J. SPRENGEL: *Geometrie in Ebene und Raum*, Deutsch-Verlag, Thun-Frankfurt am Main 1989.

Poster zum *Bundeswettbewerb Mathematik 2016*.

Das Poster aus dem Jahr 2016 thematisiert das dritte KEPLERsche Gesetz, hier für kreisförmige Umlaufbahnen um eine Zentralmasse M.

Verallgemeinerte Binärdarstellung

Eric Müller

1. Runde 2010, Aufgabe 4.

Bestimme alle Zahlen, die sich auf genau 2010 Arten als Summe von Zweierpotenzen mit nicht negativen ganzen Zahlen als Exponenten darstellen lassen, wobei in jeder der Summen jede Zweierpotenz höchstens dreimal als Summand auftreten darf. Dabei sind zwei Darstellungen als gleich anzusehen, wenn sie sich nur in der Reihenfolge ihrer Summanden unterscheiden. Eine Summe kann hier auch aus nur einem Summanden bestehen.

Die Schönheit dieser Aufgabe besteht insbesondere darin, dass sie vor dem Hintergrund der bekannten Binärdarstellung natürlicher Zahlen eine überraschende und anregende Frage aufwirft. Außerdem regt sie zu verschiedenen Beweisüberlegungen und -ansätzen an, die für viele Schüler von sich aus beschritten werden können. Ist dann die Aufgabe gelöst, öffnet sich ein umfangreiches Forschungsfeld: Was geschieht, wenn man statt der Zweierpotenzen Potenzen einer anderen Zahl betrachtet und das Wort „dreimal" im Aufgabentext durch n-mal ersetzt wird? Was kann man allgemein über die Anzahlen der Darstellungen sagen?

Es sei $d(n)$ die Anzahl der Darstellungen der Zahl n. Durch Probieren kommt man schnell auf die Vermutung

$$d(n) = \left\lfloor \frac{n}{2} \right\rfloor + 1, \tag{1}$$

was insbesondere für $n = 1$ und $n = 2$ trivial ist (vgl. (3) unten). Unter Benutzung dieser Formel erhält man 4018 und 4019 als gesuchte Zahlen.

Definition. *Im Folgenden heiße für $n > 0$ eine Darstellung*

$$n = \sum_{j=0}^{k} a_j 2^j$$

zulässig, wenn $a_j \in \{0;\, 1;\, 2;\, 3\}$ für $0 \le j \le k$ und $a_k > 0$ gilt.

Nun zum Beweis der Formel (1):

■ **1. Beweis.** Für gerades n gilt $d(n) = d(n + 1)$, da sich jede zulässige Darstellung $n = \sum_{j=0}^{k} a_j 2^j$ eindeutig auf eine zulässige Darstellung $n + 1 = \sum_{j=0}^{k} a'_j 2^j$ mit $a'_0 = a_0 + 1$, $a'_j = a_j$ für $j > 0$ abbilden lässt, da a_0 nur 0 oder 2 sein darf.

Für ungerades n gilt $d(n + 1) = d(n) + 1$: Zunächst gilt für jede zulässige Darstellung $n = \sum_{j=0}^{k} a_j 2^j$, dass a_0 nur 1 oder 3 sein darf. Jede zulässige Darstellung mit $a_0 = 1$ lässt sich auf eine zulässige Darstellung $n + 1 = \sum_{j=0}^{k} a'_j 2^j$ mit $a'_0 = a_0 + 1 = 2$, $a'_j = a_j$ für $j > 0$ abbilden und umgekehrt. Betrachte eine zulässige Darstellung mit $a_0 = 3$. Gibt es keinen Index $j \leq k$ mit $a_j < 2$, so lässt sich die Darstellung auf die zulässige Darstellung

$$n + 1 = 2 \cdot 2^{k+1} + \sum_{j=0}^{k} a'_j 2^j \text{ mit } a'_0 = a_0 - 3 = 0, \, a'_j = a_j - 2 \text{ für } j > 0,$$

in der nur der Faktor vor der höchsten Potenz 2^{k+1} größer oder gleich 2 ist, abbilden und umgekehrt. Ansonsten sei $0 < j_0 \leq k$ der kleinste Index mit $a_{j_0} < 2$. Dann lässt sich die Darstellung auf die zulässige Darstellung

$$n + 1 = \sum_{j=0}^{k} a'_j 2^j \text{ mit } a'_0 = a_0 - 3 = 0, \, a'_j = a_j - 2 \text{ für } 0 < j < j_0,$$

$a'_{j_0} = a_{j_0} + 2$, $a'_j = a_j$ für $j > j_0$ abbilden, in der j_0 der kleinste Index mit $a'_{j_0} \geq 2$ ist, und umgekehrt. Noch nicht gezählt wurde die Darstellung

$$n + 1 = \sum_{j=0}^{k} a'_j 2^j \text{ mit } a'_j \in \{0, 1\} - \text{das ist aber die eindeutig bestimmte}$$

Binärdarstellung von $n + 1$. $\qquad\qquad\qquad\qquad\qquad\qquad\qquad\qquad\qquad\qquad\qquad\quad\square$

■ **2. Beweis.** Obige Formel lässt sich durch Induktion auch mittels der Rekursion

$$d(n) = d\left(\left\lfloor \frac{n}{2} \right\rfloor\right) + d\left(\left\lfloor \frac{n}{2} \right\rfloor - 1\right)$$

(Beweis wie unten für (4)) zeigen. $\qquad\qquad\qquad\qquad\qquad\qquad\qquad\qquad\qquad\quad\square$

■ **3. Beweis.** Zu jeder zulässigen Darstellung $n = \sum_{j=0}^{k} a_j 2^j$ gibt es eindeutig bestimmte $b_j, c_j \in \{0; 1\}$ mit $a_j = 2b_j + c_j$, also

$$n = 2 \sum_{j=0}^{k} b_j 2^j + \sum_{j=0}^{k} c_j 2^j.$$

Die beiden Summen beschreiben jeweils Binärdarstellungen, aus denen sich b_j und c_j eindeutig rekonstruieren lassen, damit ist $d(n)$ die Anzahl

der ganzen Zahlen $x, y \geq 0$ mit $n = 2x + y$, woraus obige Formel folgt
(vgl. (3) unten für $a_1 = a_2 = b = 2$).   □

Hiermit ist die Aufgabe gelöst.

Verallgemeinerung. Diese Aufgabenstellung lässt sich in einem stark verallgemeinerten Kontext betrachten. Hierzu sei $f_{a;b}(n)$ die Anzahl der Darstellungen von n als Summe von Potenzen von b, bei der jede Potenz weniger als a-mal als Summand auftreten darf. Dies ist auch die Anzahl der
Darstellungen $n = \sum_{\nu} k_{\nu} b^{\nu}$ mit $0 \leq k_{\nu} < a$.

Der Einfachheit halber sei auch eine Darstellung mit null Summanden (also
$k_{\nu} = 0$ für alle ν) erlaubt, sodass es genau eine Darstellung für $n = 0$ gibt,
es ist also $f_{a;b}(0) = 1$.

Hier gilt nun:

Eigenschaft 1. Da für $0 \leq n < b$ nur die Potenz b^0 in der Darstellung
vorkommen kann, gilt

$$f_{a;b}(n) = 1 \quad \text{für} \quad 0 \leq n < b. \tag{2}$$

Eigenschaft 2. $f_{b;b}(n) = 1$, da sich jede positive ganze Zahl eindeutig im
Zahlensystem zur Basis b darstellen lässt.

Eigenschaft 3. Für $a_1 \geq a_2$ ist $f_{a_1;b}(n) \geq f_{a_2;b}(n)$, da jede Darstellung
zur Grenze a_2 auch eine zur Grenze a_1 ist.

Eigenschaft 4. Es gilt folgende Funktionalgleichung:

$$f_{a_1 a_2;b}(n) = \sum_{j=0}^{\left\lfloor \frac{n}{a_2} \right\rfloor} f_{a_1;b}(j) \cdot f_{a_2;b}(n - a_2 j). \tag{3}$$

Der Einfachheit halber werden im Folgenden die Summationsgrenzen weggelassen.

■ **Beweis von (3).** Es ist $f_{a_1 a_2;b}(n)$ die Anzahl der Darstellungen $n = \sum_{\nu} k_{\nu} b^{\nu}$ mit $0 \leq k_{\nu} < a_1 a_2$. Zu jedem k_{ν} gibt es eindeutig bestimmte
Zahlen d_{ν} und r_{ν} mit $0 \leq d_{\nu} < a_1$ und $0 \leq r_{\nu} < a_2$ mit $k_{\nu} = a_2 d_{\nu} + r_{\nu}$
(Division mit Rest). Damit ist

$$n = \sum_{\nu} k_{\nu} b^{\nu} = \sum_{\nu} (a_2 d_{\nu} + r_{\nu}) b^{\nu} = a_2 \sum_{\nu} d_{\nu} b^{\nu} + \sum_{\nu} r_{\nu} b^{\nu}.$$

Betrachte die Anzahl der Darstellungen mit festem $j := \sum_{\nu} d_{\nu} b^{\nu}$. Es gibt
hier $f_{a_1;b}(j)$ Möglichkeiten für die d_{ν} und $f_{a_2;b}(n - a_2 j)$ Möglichkeiten für
die r_{ν}, also insgesamt $f_{a_1;b}(j) f_{a_2;b}(n - a_2 j)$ Darstellungen. Die Gesamtanzahl ist dann die Summe über alle j; die Summationsgrenzen ergeben sich
wegen $f_{a;b}(n) = 0$ für $n < 0$.   □

Eigenschaft 5. Die ursprüngliche Aufgabe bestand darin, alle Lösungen von $f_{4;2}(n) = 2010$ zu bestimmen. Nach (3) ist

$$f_{4;2}(n) = \sum_{j=0}^{\lfloor \frac{n}{2} \rfloor} f_{2;2}(j) f_{2;2}(n - 2j) = \sum_{j=0}^{\lfloor \frac{n}{2} \rfloor} 1 = \left\lfloor \frac{n}{2} \right\rfloor + 1.$$

Eigenschaft 6. Es gilt folgende Funktionalgleichung:

$$f_{sb;b}(n) = \sum_{j=0}^{s-1} f_{sb;b}\left(\left\lfloor \frac{n}{b} \right\rfloor - j\right). \tag{4}$$

■ **Beweis von (4).** Schreibe $n = db + r$ mit $0 \le r < b$ (Division mit Rest), also $d = \lfloor \frac{n}{b} \rfloor$. Es ist $f_{sb;b}(n)$ die Anzahl der Darstellungen

$$n = \sum_{\nu} k_\nu b^\nu = k_0 + \sum_{\nu \ge 1} k_\nu b^\nu = k_0 + b\left(\sum_{\nu} k_{\nu-1} b^\nu\right).$$

Die Zahl k_0 kann nur die Werte $r, b+r, \ldots, (s-1)b+r$ annehmen, da die restliche Summe durch b teilbar ist. Betrachte die Anzahl der Darstellungen mit festem Wert $k_0 = r + jb$. Dafür ist

$$\sum_{\nu} k_{\nu-1} b^\nu = \frac{n - k_0}{b} = d - j;$$

die Anzahl ist also $f_{sb;b}(d - j)$. Die Anzahl aller Darstellungen ergibt sich wieder durch Summation über j. $\qquad\qquad\square$

Eigenschaft 7. Direkt aus (4) folgt für alle d:

$$f_{sb;b}(db) = f_{sb;b}(db + 1) = \cdots = f_{sb;b}(db + b - 1).$$

Eigenschaft 8. Für $s = 1$ folgt aus (4) die Aussage $f_{b;b}(n) = 1$ mit Induktion über n.

Eigenschaft 9. Ist $a = sb$ Vielfaches von b, wächst $f_{a;b}$ monoton, was mittels Induktion mit (4) folgt. (Bemerkung: Ist a kein Vielfaches von b, lässt sich direkt $f_{a;b}(a) = f_{a;b}(b\lfloor \frac{a}{b} \rfloor) - 1$ zeigen; also ist die Funktion in diesen Fällen nicht monoton.)

Eigenschaft 10. Für alle $n > 0$ gilt mit $C_{s,b} := \left(\frac{b-1}{b^2 s-1}\right)^{\frac{\ln s}{\ln b}} > 0$ für $s \ge 1$:

$$C_{s,b} \cdot n^{\frac{\ln s}{\ln b}} \le f_{sb;b}(n) \le n^{\frac{\ln s}{\ln b}}. \tag{5}$$

■ **Beweis von (5).** Es wird für $n > 0$ die Abschätzung

$$\left(\frac{(b-1)n + bs - 1}{b^2 s - 1}\right)^{\frac{\ln s}{\ln b}} \leq f_{sb;b}(n) \leq n^{\frac{\ln s}{\ln b}} \tag{6}$$

bewiesen; aus dieser ergibt sich (5), da wegen $bs - 1 \geq 0$ die linke Seite von (6) größer oder gleich der linken Seite von (5) ist. Wegen der Monotonie von $f_{sb;b}$ folgt zunächst aus (4):

$$s f_{sb;b}\left(\left\lfloor \frac{n}{b} \right\rfloor - s + 1\right) \leq f_{sb;b}(n) \leq s f_{sb;b}\left(\left\lfloor \frac{n}{b} \right\rfloor\right). \tag{7}$$

Die linke Ungleichung in (6) ergibt sich mit Induktion nach k für alle n mit $1 \leq n < sb^k$. *Induktionsanfang*: Für $n < sb$ ist die linke Seite von (6) kleiner oder gleich 1 und $f_{sb;b} \geq 1$. Der *Induktionsschritt* verwendet die linke Ungleichung von (7) und $\left\lfloor \frac{n}{b} \right\rfloor \geq \frac{n+1}{b} - 1$. Die rechte Ungleichung in (6) ergibt sich mit Induktion nach k für alle n mit $1 \leq n < b^k$: Der *Induktionsanfang* für $k = 1$ folgt aus Eigenschaft 1, der *Induktionsschritt* verwendet die rechte Ungleichung von (7) und $\left\lfloor \frac{n}{b} \right\rfloor \leq \frac{n}{b}$. □

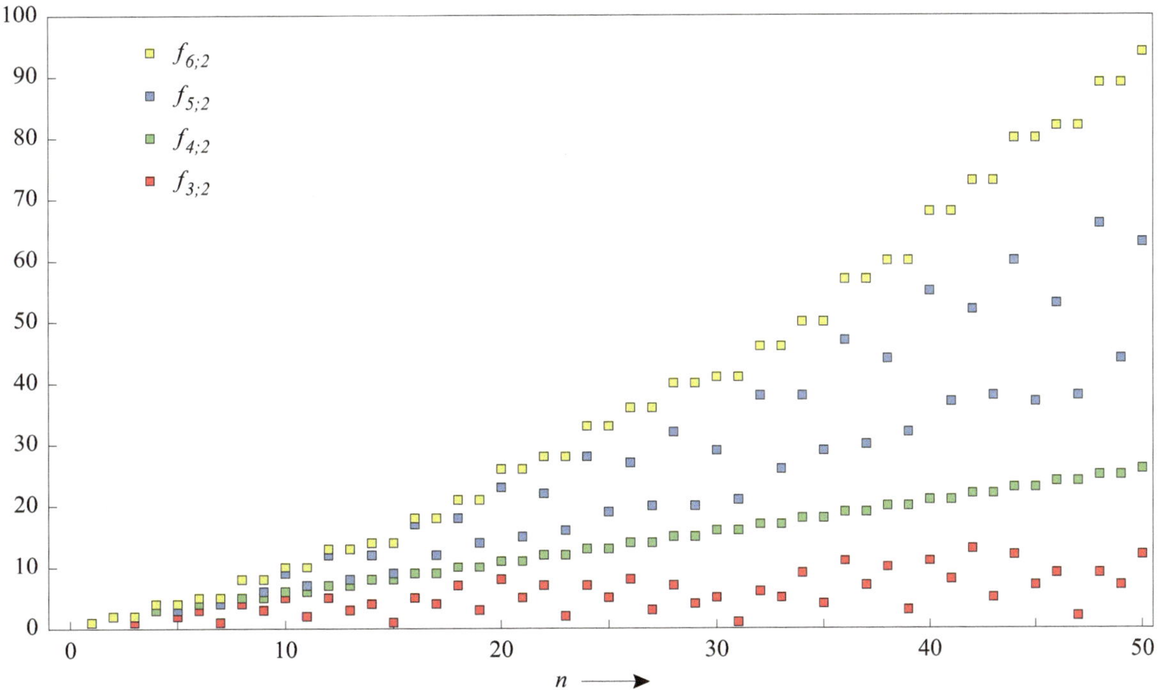

Bild 1. Wachstum der Funktionen $f_{3;2}(n)$ (rot), $f_{4;2}(n)$ (grün), $f_{5;2}(n)$ (blau) und $f_{6;2}(n)$ (gelb).

Das Anwachsen der Funktionswerte von $f_{a;b}(n)$ mit steigendem n für $a \in \{3, 4, 5, 6\}$ ist in Bild 1 gezeigt.

Interessant ist schließlich noch die Frage, wann $f_{sb;b}$ surjektiv ist, also eine Aufgabe der obigen Art stets mindestens eine Lösung hat.

Satz. *Die Funktion $f_{sb;b}$ mit $s \geq 1$ ist surjektiv genau dann, wenn $1 < s \leq b$.*

■ **Beweis.** Für $s = 1$ ist die Funktion konstant 1 und nicht surjektiv. Aus (5) folgt für $s > b$ und $n_0 > C_{s,b}^{\ln b/(\ln b - \ln s)}$: $f_{sb;b}(n_0) > n_0$. Wäre $f_{sb;b}$ surjektiv, müsste wegen der Monotonie $f_{sb;b}(n - 1) \geq f_{sb;b}(n) - 1$ für alle n gelten. Daraus folgt durch Induktion $f_{sb;b}(1) > n_0 + 1 - n_0 = 1$ im Widerspruch zu (2).

Für $1 < s \leq b$ ist die Funktion $x \mapsto x^{\frac{\ln s}{\ln b}}$ unbeschränkt, also ist auch $f_{sb;b}$ unbeschränkt, man kann aber mit Induktion aus (4) folgern:

$$f_{sb;b}(n + b) \leq f_{sb;b}(n) + 1.$$

Damit ist die Funktion in diesem Fall surjektiv. $\qquad\square$

Wie ungleichschenklig kann ein Dreieck sein?

Erhard Quaisser

2. Runde 2010, Aufgabe 1.

Es seien a, b, c die Seitenlängen eines nicht entarteten Dreiecks mit $a \leq b \leq c$. Mit $t(a, b, c)$ werde das Minimum der Quotienten $\frac{b}{a}$ und $\frac{c}{b}$ bezeichnet. Bestimme alle Werte, die $t(a, b, c)$ annehmen kann.

Für jedes Dreieck ABC mit $a \leq b \leq c$ gibt es ein wohl bestimmtes Minimum $t(a, b, c)$ der Quotienten $\frac{b}{a}$ und $\frac{c}{b}$. Zu bestimmen ist die Menge T der reellen Zahlen, die man auf diese Weise erhält.

Eine erste Lösung. (A) Wegen $a \leq b \leq c$ ist $1 \leq \frac{b}{a}$ und $1 \leq \frac{c}{b}$, und wir erhalten als untere Schranke für t:

$$1 \leq t(a, b, c). \tag{1}$$

Eine Vermutung für eine obere Schranke für $t = t(a, b, c)$ können wir gewinnen, wenn wir uns auf die Dreiecke mit gleichen Quotienten $\frac{b}{a}$ und $\frac{c}{b}$ beschränken (Bild 1). Dann ist $b = ta$ und $c = tb = t^2 a$. Aus der Dreiecksungleichung $c < a + b$ folgt nun $t^2 < 1 + t$ und nach quadratischer Ergänzung weiter

$$\left(t - \frac{1}{2}\right)^2 < \frac{5}{4}, \quad \text{also} \quad t < \frac{1}{2}(\sqrt{5} + 1).$$

Wir zeigen nun *indirekt*, dass diese Zahl $\phi := \frac{1}{2}(\sqrt{5} + 1)$ tatsächlich eine obere Schranke von $t(a, b, c)$ für *alle* Dreiecke ist:

$$t(a, b, c) < \phi. \tag{2}$$

■ **1. Indirekter Beweis.** Angenommen, es gäbe ein Dreieck mit $t \geq \phi$. Dann wären $b \geq \phi a$ *und* $c \geq \phi^2 a$ und damit $a \leq \frac{c}{\phi^2}$ und $b \leq \frac{c}{\phi}$. Wegen $1 + \phi = \phi^2$ wäre dann $a + b \leq \frac{1+\phi}{\phi^2} c = c$ im Widerspruch zur Dreiecksungleichung $a + b > c$. Folglich gilt (2). $\qquad\square$

Mit (1) und (2) ist gezeigt, dass $1 \leq t(a, b, c) < \phi$, oder mit anderen Worten, dass $T \subseteq [1, \phi)$ gilt.

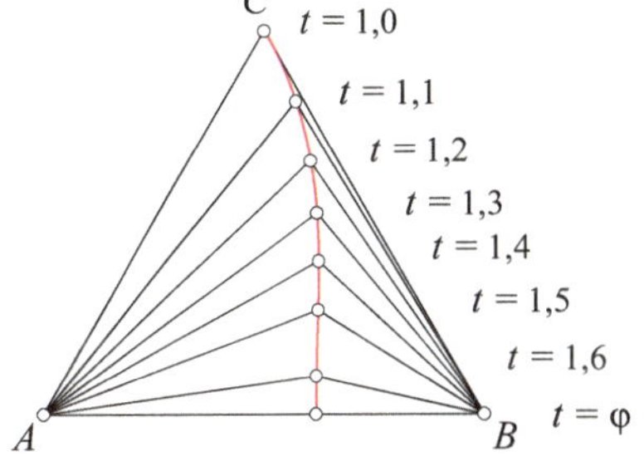

Bild 1. Lagen der Eckpunkte C bei unterschiedlichen Parametern $t = \frac{b}{a} = \frac{c}{b}$.

Es überrascht zunächst sehr, dass bei der vorgegebenen Problemstellung die obere Schranke eine markante Zahl ist, nämlich eine charakteristische Zahl beim *Goldenen Schnitt*. Die Zahl $\phi := \frac{1}{2}(\sqrt{5}+1) \approx 1{,}618$ ist die Lösung der quadratischen Gleichung $1 + \phi = \phi^2$ mit $\phi > 1$. Auf engere Zusammenhänge gehen wir noch näher ein.

(B) Nun zeigen wir $T \supseteq [1, \phi)$, d. h., wir zeigen, dass es zu jeder reellen Zahl $1 \leq z < \phi$ ein Dreieck ABC mit $a \leq b \leq c$ und $t(a, b, c) = z$ gibt. Dies gelingt schon mit den speziellen Dreiecken, bei denen $\frac{b}{a} = \frac{c}{b}$ ist. Wir wählen eine Länge a und weiter die Längen $b = za$ und $c = zb = z^2a$. Wegen $1 \leq z$ ist offensichtlich $a \leq b \leq c$. Ein Dreieck existiert, wenn die Dreiecksungleichung gilt, und dafür ist hier nur noch $a + b > c$ nachzuweisen. Wegen $0 < z < \phi$ ist $z^2 < 1 + z$ und damit in der Tat $a + b = (1 + z)a > z^2a = c$. Die Lösung der Aufgabe lautet also:

> *Alle reellen Zahlen aus dem halboffenen Intervall $[1, \phi)$ und nur diese können als Werte $t(a, b, c)$ auftreten, oder kürzer, es ist:*
> $T = [1, \phi)$.

Weitere Beweise für die Abschätzung (2). Wir gehen weiteren Überlegungen nach, die zu (2) führen. Nach Voraussetzung gibt es reelle Zahlen $1 \leq x, 1 \leq y$ mit $b = xa$ und $c = yb = xya$. Die Dreiecksungleichung reduziert sich auf die Ungleichung $a + b > c$, und diese ist offensichtlich äquivalent mit der Ungleichung

$$1 + x > xy. \tag{3}$$

■ **Beweis.** Im Folgenden bezeichne $t = \min\{x, y\}$.

(A) Mit $1 \leq t \leq x, y$ und (3) ist

$$1 > x(y - 1) \geq t(t - 1),$$

also $1 > t^2 - t$ und damit $t < \phi$.

(B) Ist $x \leq y$, dann ist $t = x$ und aus (3) folgt

$$1 > x(y - 1) \geq x^2 - x = t^2 - t.$$

Ist $x \geq y$, dann ist $t = y$ und aus (3) folgt

$$1 > x(y - 1) \geq y^2 - y = t^2 - t. \qquad \square$$

Ein Bezug zum Goldenen Schnitt in geometrischer Sicht. Beim ersten Beweis ergab sich in algebraischer Weise, dass die obere Schranke eine Nullstelle einer gewissen quadratischen Gleichung und damit die Goldene Schnittzahl ϕ ist. Wir spüren hier einen elementargeometrischen Bezug und Hintergrund auf. Es wurde bereits gezeigt, dass das volle Spektrum aller möglichen Zahlen $t(a, b, c)$ schon durch die speziellen Dreiecke ABC mit $\frac{b}{a} = \frac{c}{b}$ dargestellt wird.

Im Grenzfall liegt C auf der Strecke AB (*ausgeartetes Dreieck*). Dann ist $c = a+b$, die Strecke AB wird hier durch C in zwei Teile der Längen a und b zerlegt (Bild 2). Wegen $\frac{b}{a} = \frac{c}{b}$ verhält sich dann der größere Teil zu dem kleineren, also $b : a$, wie das Ganze zum größeren Teil, also $(a + b) : b$. Und diese Eigenschaft der Zerlegung ist genau die elementargeometrische Erklärung des Goldenen Schnitts einer Strecke.

Bild 2. Teilung einer Strecke im Verhältnis des Goldenen Schnitts.

Interpretation von $t(a, b, c)$ als Maß für die Ungleichschenkligkeit.
Ein Dreieck ABC mit $a \leq b \leq c$ ist gleichschenklig genau dann, wenn $a = b$ *oder* $b = c$ ist. Die Verneinung, die *Ungleichschenkligkeit*, ist dann durch $a < b$ *und* $b < c$ charakterisiert. Den kleinsten Wert der Quotienten von $\frac{b}{a}$ und $\frac{c}{b}$ kann man deshalb als Grad für die Abweichung von der Gleichschenkligkeit ansehen. Ein Dreieck mit der größten Ungleichschenkligkeit gibt es nicht, denn zu jedem Dreieck gibt es ein weiteres Dreieck mit einem größeren Wert $t(a, b, c)$. Die Grenzlage bildet gerade das ausgeartete Dreieck ABC, das durch den Goldenen Schnitt einer Strecke AB entsteht und für das $t(a, b, c) = \phi$ ist.

Eine einfache geometrische Veranschaulichung.   Wir möchten eine möglichst einfache Veranschaulichung aller Dreiecke mit $a \leq b \leq c$ und ihren Werten $t(a, b, c)$ geben. Wie schon bemerkt, gibt es reelle Zahlen $1 \leq x, y$ mit $b = xa$ und $c = yb$, und die Dreiecksungleichung reduziert sich auf die Ungleichung $a + b > c$, also auf

$$\frac{1}{x} + 1 > y. \tag{4}$$

Eine naheliegende Veranschaulichung ist, dass jedem Dreieck ein Punkt $P(x, y)$ in der x, y-Ebene entspricht. Wegen $1 \leq x, y$ ist hier nur der erste Quadrant der x, y-Ebene von Interesse. Durch die Bedingung (4) schränkt sich dieser auf die Punkte unterhalb der Kurve mit der Gleichung $y = \frac{1}{x} + 1$ (mit $x \geq 1$) ein (Bild 3).

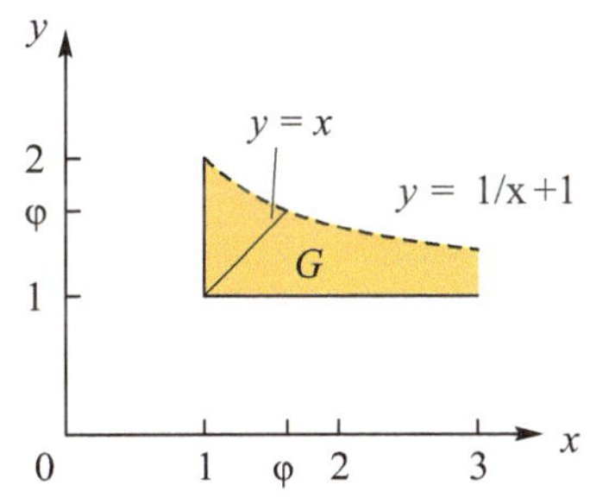

Bild 3.

Umgekehrt gibt es zu jedem Punkt $P(x, y)$ aus dem umschriebenen Bereich G bis auf Ähnlichkeit genau ein Dreieck mit $a \leq b \leq c$. (Man wähle einfach eine Länge b und dazu die Längen $a = \frac{1}{x}b$ und $c = yb$.) Nach der Aufgabenstellung interessieren die Werte des Minimums $t(x, y)$ von x und y. Für $x \leq y$ ist $x = t(x, y)$, und es sind diejenigen Punkte aus G zu betrachten, die oberhalb oder auf der Geraden mit der Gleichung $y = x$ liegen. Offensichtlich ist die obere Grenze aller x-Werte gerade durch die x-Koordinate des Schnittpunktes der Geraden $y = x$ mit der Kurve $y = \frac{1}{x} + 1$ gegeben, und diese ist die Lösung $x = \phi$ der Gleichung $x = \frac{1}{x} + 1$.

Im Falle $x \geq y$ ist $y = t(x, y)$, und es sind die Punkte $P(x, y)$ aus G zu betrachten, die unterhalb oder auf der Geraden $y = x$ liegen. Offensichtlich liefert die y-Koordinate des gleichen Schnittpunktes die obere Grenze der

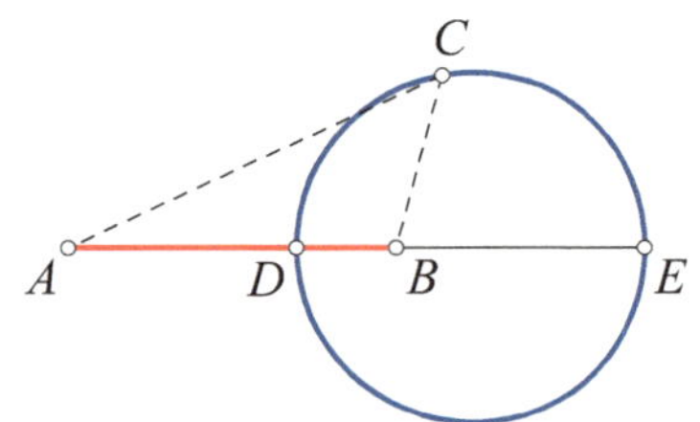

Bild 4. Kreis des APOLLONIUS: Für alle Punkte C auf dem Kreis gilt $\frac{AC}{BC} = \text{const.}$

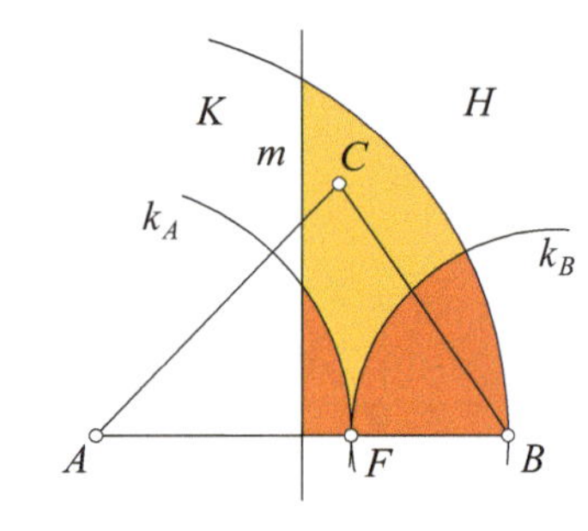

Bild 5.

in Frage stehenden y-Werte, also $y = \phi$. Diese Veranschaulichung ergibt eine eigenständige Lösung der Aufgabe.

Eine weitere geometrische Veranschaulichung und ein weiterer Lösungszugang. Hilfreich ist hier ein spezieller Kreis: Ist AB eine Strecke in einer Ebene und $s \neq 1$ eine positive reelle Zahl, dann ist die Menge der Punkte C in der Ebene, für die das Streckenverhältnis $AC : BC = s$ ist, ein Kreis, der so genannte *Apollonius-Kreis* (Bild 4). Dieser Kreis schneidet die Gerade AB in zwei Punkten D und E, von denen genau einer (hier D) ein innerer Punkt der Strecke AB ist. Die Strecke DE ist ein Durchmesser dieses Kreises. Ein Punkt C liegt genau dann im Innern des APOLLONIUS-Kreises, wenn $AC : BC > s$ ist.

■ **2. Beweis.** Wir betrachten nun in der Ebene die Menge der Dreiecke ABC mit zwei festen Ecken A und B. Aus Symmetriegründen genügt es, alle Ecken C in ein und derselben Halbebene bezüglich der Geraden AB zu betrachten, anschaulich mit Blick auf das Bild gesehen „oberhalb" von AB. Nun ist zunächst in der Veranschaulichung die Grundbedingung $a \leq b \leq c$ zu beschreiben.

Die Bedingung $a \leq b$ ist gleichbedeutend damit, dass C auf derjenigen Halbebene bezüglich der Mittelsenkrechten m der Strecke AB liegt, die den Punkt B enthält. Dazu zählen noch die Punkte von m selbst. Diese Punkte bilden also eine abgeschlossene Halbebene H (Bild 5).

Die Bedingung $b \leq c$ ist äquivalent damit, dass C im Innern oder auf dem Rand des Kreises um A durch B liegt. Diese Punkte bilden eine abgeschlossene Kreisscheibe K. In Betracht kommen also genau die Punkte aus dem Durchschnitt von H und K, die oberhalb von AB liegen. Auf der Strecke gibt es genau einen Punkt F mit $AF : FB = AB : AF$.

Das ist der Goldene Schnitt, und für ihn gilt, wie wir oben bemerkt haben, $AF : FB = \phi$. Nun sei k_B der APOLLONIUS-Kreis bezüglich AB mit dem Quotienten ϕ. Ein Punkt C liegt im Innern oder auf dem Rand dieses Kreises k_B genau dann, wenn $AC : CB \geq \phi$ ist. Schließlich sei k_A der Kreis um A durch den Punkt F. Ein Punkt C liegt genau dann im Innern oder auf dem Rand dieses Kreises, wenn $AC \leq AF$ ist. Und dafür ist wegen $AB = \frac{AB}{AC}AC \geq \frac{AB}{AF}AC$ und $\frac{AB}{AF} = \phi$ notwendig und hinreichend, dass $\frac{AB}{AC} \geq \phi$ ist.

Die Kreise k_A und k_B berühren sich von außen im Punkt F und dieser liegt auf AB. Also haben die entsprechenden abgeschlossenen Kreisscheiben keinen gemeinsamen Punkt in derjenigen Punktmenge, die für die Dreiecksecken C in Betracht kommt. Folglich ist für alle Ecken C der Quotient $\frac{b}{a} = \frac{CA}{CB}$ *oder* $\frac{c}{b} = \frac{AB}{AC}$ kleiner als ϕ, d. h., es gilt (2). □

Damit ist eine vom 1. Beweis unabhängige Lösung mit neuen Einsichten vorgelegt.

Konstruktion mit dem Lineal allein

Eric Müller

1. Runde 2014, Aufgabe 3.

Gegeben sind die Eckpunkte eines regelmäßigen Sechsecks, dessen Seiten die Länge 1 haben. Konstruiere hieraus allein mit dem Lineal weitere Punkte mit dem Ziel, dass es unter den vorgegebenen und konstruierten Punkten zwei solche gibt, die den Abstand $\sqrt{7}$ haben.

Anmerkungen: „Konstruiere hieraus allein mit dem Lineal …" bedeutet: Neu konstruierte Punkte entstehen nur als Schnitt von Verbindungsgeraden zweier Punkte, die gegeben oder schon konstruiert sind. Insbesondere kann mit dem Lineal keine Länge gemessen werden.

Die Konstruktion ist zu beschreiben und ihre Richtigkeit zu beweisen.

Unabhängig voneinander bewiesen GEORG MOHR (1640–1697) und LORENZO MASCHERONI (1750–1800), dass jede mit Zirkel und Lineal mögliche Konstruktion auch mit Zirkel allein durchführbar ist, siehe auch [1]. Mit Lineal allein braucht man dafür weitere Voraussetzungen (z. B. einen beliebigen Kreis mit Mittelpunkt, wie JACOB STEINER (1796–1863) zeigte). Daher hat jede Aufgabe, etwas allein mit Lineal zu konstruieren, einen besonderen Reiz.

Hier darf man sich nicht durch die Länge $\sqrt{7}$ verunsichern lassen – die Lösung ist überraschend einfach und regt zu vielen Verallgemeinerungen an. Wir bezeichnen die Eckpunkte des regelmäßigen Sechsecks der Reihe nach (gegen den Uhrzeigersinn) mit A_1, A_2, …, A_6 (Bild 1). Bekanntlich teilen die Diagonalen A_1A_4, A_2A_5 und A_3A_6 das Sechseck in sechs gleichseitige Dreiecke auf, deren Seitenlänge 1 und Höhe $\frac{\sqrt{3}}{2}$ ist, insbesondere stoßen an den Ecken des Sechsecks je zwei gleichseitige Dreiecke zusammen, sodass dort der Innenwinkel 120° ist. Mit solchen kongruenten gleichseitigen Dreiecken kann man die Ebene pflastern[†] (die Ecken liegen dann auf dem sog. *hexagonalen Gitter*), und man kann zunächst untersuchen, welche Abstände dort vorkommen. Bild 2 zeigt die Koordinaten und die Abstände vom Ursprung O an – und hier kommt $\sqrt{7}$ als Abstand von O zu P_7 oder P_8 vor. Das gibt Anlass zu folgenden Konstruktionen (vgl. [2, Aufgabe 2014-1-3]):

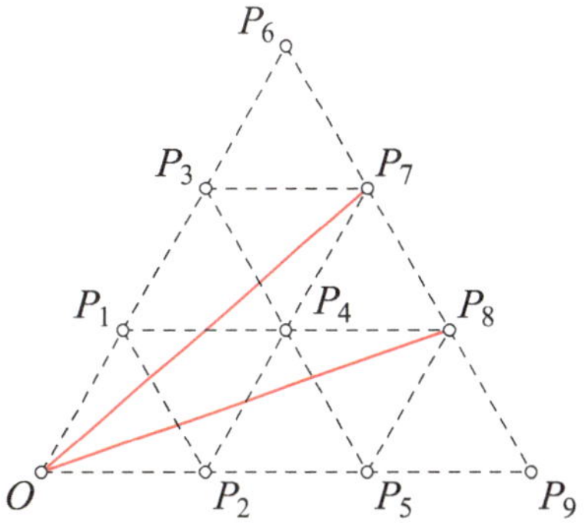

Bild 2. Koordinaten von Gitterpunkten und Abstände im hexagonalen Gitter:
$O(0, 0)$, $P_1(\frac{1}{2}, \frac{\sqrt{3}}{2})$, $P_2(1, 0)$, $P_3(1, \sqrt{3})$, $P_4(\frac{3}{2}, \frac{\sqrt{3}}{2})$, $P_5(2, 0)$, $P_6(\frac{3}{2}, \frac{3\sqrt{3}}{2})$, $P_7(2, \sqrt{3})$, $P_8(\frac{5}{2}, \frac{\sqrt{3}}{2})$, $P_9(3, 0)$; $OP_1 = OP_2 = 1$, $OP_4 = \sqrt{3}$, $OP_3 = OP_5 = 2$, $OP_7 = OP_8 = \sqrt{7}$, $OP_6 = OP_9 = 3$.

[†] Siehe auch auf den Seiten 23, 89 und 135.

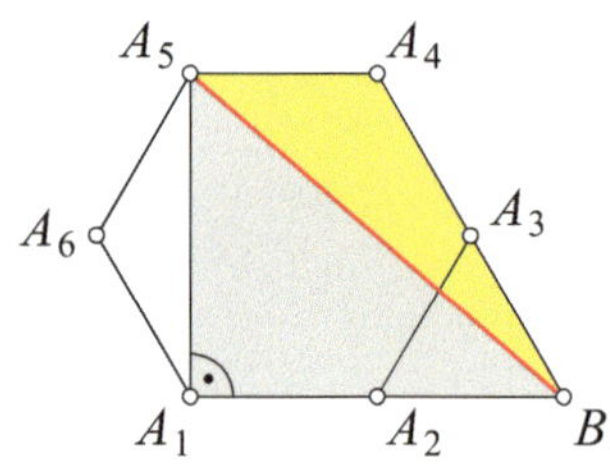

Bild 3.

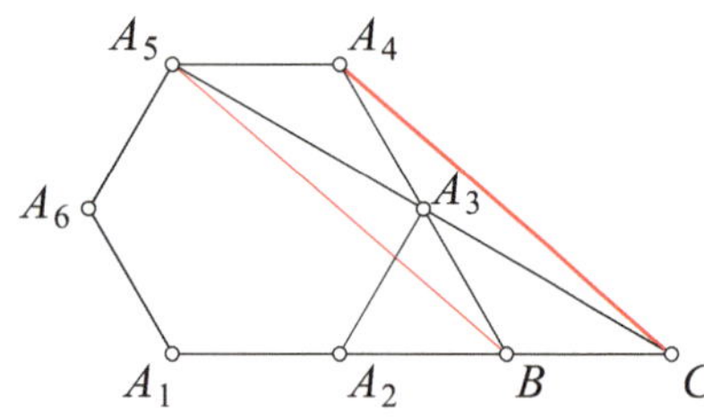

Bild 4.

1. Lösung: (Bild 3). Wir schneiden die Geraden A_1A_2 und A_3A_4 und erhalten so den Punkt B. Dann hat die Strecke A_5B die Länge $\sqrt{7}$.

■ **Beweis.** Im Dreieck A_2A_3B gilt $\sphericalangle BA_2A_3 = 180° - \sphericalangle A_3A_2A_1 = 60°$, analog folgt $\sphericalangle A_2A_3B = 60°$. Damit ist es gleichseitig mit Seitenlänge $A_2A_3 = 1$, somit ist $A_4B = 2$. Im Dreieck A_4A_5B ist weiter $\sphericalangle A_5A_4B = \sphericalangle A_5A_4A_3 = 120°$, also nach Kosinussatz

$$(A_5B)^2 = (A_5A_4)^2 + (A_4B)^2 - 2A_5A_4 \cdot A_4B \cos 120° = 1 + 2^2 + 2,$$

d. h. $A_5B = \sqrt{7}$.

Die Länge der Strecke A_5B kann man auch ohne Trigonometrie berechnen: Es ist $A_1B = A_1A_2 + A_2B = 2$, außerdem besteht die Strecke A_1A_5 aus Höhen von zwei der sechs gleichseitigen Dreiecke, aus denen das Sechseck besteht, damit ist $A_1A_5 = \sqrt{3}$ und $\sphericalangle A_2A_1A_5 = \sphericalangle A_2A_1A_6 - \sphericalangle A_5A_1A_6 = 120° - 30° = 90°$; somit ist Dreieck A_5A_1B rechtwinklig bei A_1, und nach Satz von Pythagoras folgt $(A_5B)^2 = (A_1A_5)^2 + (A_1B)^2 = 3 + 2^2$, also $A_5B = \sqrt{7}$. □

2. Lösung: (Bild 4). Wir schneiden die Geraden A_1A_2 und A_3A_5 und erhalten so den Punkt C. Dann hat die Strecke A_4C die Länge $\sqrt{7}$.

■ **Beweis.** Der Schnittpunkt der Geraden A_1A_2 und A_3A_4 sei wiederum B. Die Punktspiegelung an A_3 bildet B auf A_4 ab wegen $BA_3 = A_3A_4$, außerdem wegen $\sphericalangle CBA_3 = 180° - \sphericalangle A_3BA_2 = 120° = \sphericalangle A_5A_4A_3$ auch die Gerade BC auf A_4A_5. Damit wird C auf A_5 abgebildet und die Strecke BA_5 auf CA_4, damit ist $CA_4 = BA_5 = \sqrt{7}$ nach 1. Lösung. □

Damit ist die Aufgabe gelöst. Es drängen sich aber weitere interessante Fragestellungen auf:

1. Welche Punkte der Ebene sind überhaupt auf diese Weise konstruierbar?
2. Welche Streckenlängen der Form $\sqrt{d}$, wobei d eine positive ganze Zahl ist, lassen sich auf diese Weise konstruieren?
3. Wie sieht die Situation aus, wenn statt der Ecken eines regelmäßigen Sechsecks die Ecken eines regelmäßigen n-Ecks ($n \geq 3$) mit der Seitenlänge 1 gegeben sind?

Exkurs 1. Legt man A_1 auf den Ursprung des Koordinatensystems und A_1 auf den Punkt $(1, 0)$, so haben offenbar die Ecken $A_3, \ldots, A_6$ die Koordinaten $(\frac{3}{2}, \frac{\sqrt{3}}{2})$, $(1, \sqrt{3})$, $(0, \sqrt{3})$, $(-\frac{1}{2}, \frac{\sqrt{3}}{2})$, das sind alles Koordinaten der Form $(q, r\sqrt{3})$ mit rationalen Zahlen q, r. Unser Ziel ist:

Satz 1. *Aus den Ecken $A_1 \ldots, A_6$ des regelmäßigen Sechsecks mit A_1 im Ursprung und $A_2(1, 0)$ lassen sich genau die Punkte $(x, y\sqrt{3})$ mit $x, y \in \mathbb{Q}$ konstruieren.*

Hierzu benötigen wir

> **Lemma 2.** *Es sei $\alpha \in \mathbb{R}\setminus\{0\}$ und $K \subset \mathbb{R}$ eine Teilmenge, die für beliebige $a, b \in K$ auch $a+b$, $a-b$, ab und für $b \neq 0$ auch $\frac{a}{b}$ enthält. Sind Punkte $P_k(x_k, \alpha y_k)$ mit $x_k, y_k \in K$ für $k = 1, 2, 3, 4$ gegeben mit $P_1 \neq P_2$, $P_3 \neq P_4$, sodass $P_1 P_2$ und $P_3 P_4$ nicht parallel sind, dann hat der Schnittpunkt von $P_1 P_2$ und $P_3 P_4$ auch Koordinaten der Form $(x, \alpha y)$ mit $x, y \in K$.*

■ **Beweis von Lemma 2.** Da $P_1 P_2$ und $P_3 P_4$ nicht parallel sind, ist ohne Beschränkung der Allgemeinheit $P_1 P_2$ nicht parallel zur y-Achse, also $x_1 \neq x_2$. Dann besteht die Gerade $P_1 P_2$ aus allen Punkten (x, y) mit $y = \alpha \cdot (m + xt)$, wobei $t = \frac{y_2 - y_1}{x_2 - x_1}$ und $m = y_1 - x_1 t$ in K liegen. Ist $P_3 P_4$ parallel zur y-Achse, folgt $x_3 = x_4$, und der Schnittpunkt ist $(x_3, \alpha \cdot (m + x_3 t))$. Ist $P_3 P_4$ nicht parallel zur y-Achse, besteht analog die Gerade $P_3 P_4$ aus allen Punkten (x, y) mit $y = \alpha \cdot (m' + xt')$, wobei $t \neq t'$ gilt, da $P_1 P_2$ und $P_3 P_4$ nicht parallel sind. Dann ist der Schnittpunkt $(\frac{m - m'}{t' - t}, \alpha \cdot (m + \frac{m - m'}{t' - t} t))$. In beiden Fällen ist die Behauptung erfüllt. □

■ **Beweis von Satz 1.** Da $\mathbb{Q}$ die Voraussetzungen von K erfüllt, können durch die Konstruktion nur Punkte der Form $P_{q,r}(q, r\sqrt{3})$ mit rationalen Zahlen q, r entstehen. Umgekehrt können alle derartigen Punkte konstruiert werden: Wir zeigen zunächst, dass man die Ecken eines Sechsecks konstruieren kann, das aus dem Ausgangssechseck durch die Parallelverschiebung entsteht, die A_1 auf A_2 abbildet. Das verschobene Sechseck habe die Ecken $A'_1, \ldots, A'_6$ (Bild 5). Hierbei ist offenbar $A'_1 = A_2$, $A'_5 = A_4$. Sofort folgt auch, dass A'_6 der Schnittpunkt der Diagonalen $A_3 A_6$ und $A_2 A_5$ ist und $A'_2 = B$, wobei B der in der ersten Lösung oben konstruierte Schnittpunkt von $A_1 A_2$ und $A_3 A_4$ ist. Analog ist A'_4 der Schnittpunkt von $A_2 A_3$ mit $A_4 A_5$. Um A'_3 zu erhalten, konstruieren wir wie in der 2. Lösung oben zunächst den Punkt C als Schnittpunkt der Geraden $A_1 A_2$ und $A_3 A_5$, dann ist A'_3 der Schnittpunkt von $A_3 A_6$ mit $A'_4 C$, denn: Wiederum ist A_3 die Mitte der Strecke $A_5 C$, aber auch der Strecke $A'_1 A'_4$, also halbieren sich im Viereck $A_5 A'_1 C A'_4$ die Diagonalen, es ist ein Parallelogramm. Damit ist $\sphericalangle A_5 A'_4 C = \sphericalangle C A'_1 A_5 = \sphericalangle A'_2 A'_1 A'_6 = 120°$. Andererseits ist auch $\sphericalangle A'_5 A'_4 A'_3 = 120°$ als Innenwinkel im verschobenen Sechseck. Damit liegt A'_3 auf $A'_4 C$. Weiter liegt A'_3 ebenso wie A'_6 auf der Geraden $A_3 A_6$.

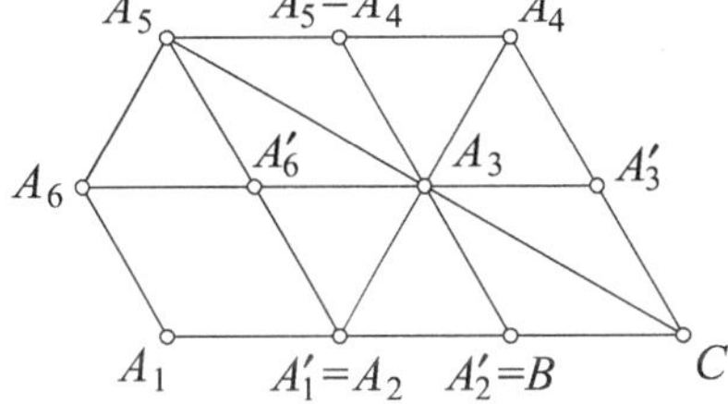

Bild 5.

Iteriert man dies (auch mit Verschiebungen parallel zu den anderen Sechseckseiten), erhält man aus A_1 die Punkte $P_{x,y}(x, y\sqrt{3})$ mit ganzzahligen Werten von x, y, die somit alle konstruierbar sind. Gegeben sei nun ein Punkt $P(\frac{p}{q}, \frac{r}{s}\sqrt{3})$ mit $p, q, r, s \in \mathbb{Z}$ und $q \neq 0$, $s \neq 0$. Zunächst sei $r \neq 0$, also der Punkt nicht auf der Geraden $A_1 A_2$. Dieser Punkt ist dann der Schnittpunkt der Geraden $P_{0,0} P_{ps,qr}$ und $P_{1,0} P_{1+(p-q)s,qr}$, wie man wie im Beweis von Lemma 2 nachrechnet. Für $r = 0$ erhält man schließlich P als Schnittpunkt von $A_1 A_2$ mit der Geraden durch $(\frac{p}{q}, \sqrt{3})$ und $(\frac{p}{q}, -\sqrt{3})$.

□

Exkurs 2. Für die Beantwortung der zweiten Frage benötigen wir etwas höhere Hilfsmittel:

> **Satz 3 (Quadratisches Reziprozitätsgesetz und Ergänzungssätze).** *Für eine ungerade Primzahl p und eine zu p teilerfremde Zahl a definieren wir*
>
> $$\left(\frac{a}{p}\right) = \begin{cases} 1 & \textit{wenn es eine Zahl } r \textit{ mit } r^2 \equiv a \bmod p \textit{ gibt,} \\ -1 & \textit{sonst.} \end{cases}$$
>
> *Hierfür gilt:*
>
> *a)* $\left(\frac{ab}{p}\right) = \left(\frac{a}{p}\right)\left(\frac{b}{p}\right)$ *für alle ganzen Zahlen a, b.*
>
> *b) Für ungerade Primzahlen p, q gilt* $\left(\frac{p}{q}\right)\left(\frac{q}{p}\right) = (-1)^{\frac{p-1}{2}\cdot\frac{q-1}{2}}$.
>
> *c) Für ungerade Primzahlen p gilt* $\left(\frac{-1}{p}\right) = (-1)^{\frac{p-1}{2}}$ *und*
> $$\left(\frac{2}{p}\right) = (-1)^{\frac{p^2-1}{8}}.$$

Zum Beweis siehe [3, Kapitel 5] und zur Erklärung des LEGENDRE-Symbols $\left(\frac{a}{p}\right)$ siehe nebenstehenden Kasten.

> **Satz 4.** *Es sei $p > 2$ eine Primzahl und $k \in \{1, 2, 3\}$.*
> *Gibt es eine ganze Zahl r mit $p \mid r^2 + k$, so gibt es ganze Zahlen a, b mit $p = a^2 + kb^2$.*

■ **Beweisskizze.** Wir betrachten im kartesischen Koordinatensystem die Ellipse mit der Gleichung

$$ky^2 + (px - ry)^2 = mp,$$

wobei $m = \frac{6}{\pi} < 2$ für $k < 3$ und $m = \frac{9}{\pi} < 3$ für $k = 3$. Diese Ellipse entsteht aus einem Kreis $y^2 + x^2 = mp$ durch Stauchung um Faktor $\sqrt{k}$ in y-Richtung und um p in x-Richtung sowie eine Scherung. Daher ist die Fläche der Ellipse der $(p\sqrt{k})$-te Teil der Kreisfläche, also $\frac{mp\pi}{p\sqrt{k}} = \frac{m\pi}{\sqrt{k}}$. Das ist größer gleich $\frac{6}{\sqrt{2}} > 4$ für $k < 3$ und größer gleich $\frac{9}{\sqrt{3}} = 3\sqrt{3} > 4$ für $k = 3$. Da die Ellipse symmetrisch zum Ursprung und konvex ist, enthält sie nach dem Gitterpunktsatz von MINKOWSKI [3, Kapitel 18.1] noch einen Gitterpunkt (x_0, y_0) außerhalb des Ursprungs. Insbesondere ist $(px_0 - ry_0)^2 + ky_0^2 > 0$. Außerdem gilt $(px_0 - ry_0)^2 + ky_0^2 \equiv r^2 y_0^2 + ky_0^2 \equiv 0 \bmod p$ und nach Wahl von m: $(px_0 - ry_0)^2 + ky_0^2 < 2p$ für $k < 3$ und $(px_0 - ry_0)^2 + ky_0^2 < 3p$ für $k = 3$. Im Fall $k = 3$ kann nicht $(px_0 - ry_0)^2 + ky_0^2 = 2p$ sein, da wegen p ungerade sonst $(px_0 -$

Legendre-Symbol.

Der Ausdruck $\left(\frac{a}{p}\right)$ ist nach ADRIEN MARIE LEGENDRE (1752–1833) benannt. Will man z. B. herausfinden, ob es eine ganze Zahl r mit $r^2 \equiv 86 \bmod 257$ gibt, berechnet man nach Satz 3:

$$\left(\frac{86}{257}\right) = \left(\frac{2}{257}\right)\left(\frac{43}{257}\right);$$

$$\left(\frac{2}{257}\right) = (-1)^{\frac{257^2-1}{8}} = 1;$$

$$\left(\frac{43}{257}\right)\left(\frac{257}{43}\right) = (-1)^{\frac{43-1}{2}\cdot\frac{257-1}{2}} = 1;$$

außerdem ist nach Definition wegen $257 \equiv -1 \bmod 43$ auch

$$\left(\frac{257}{43}\right) = \left(\frac{-1}{43}\right);$$

$$\left(\frac{-1}{43}\right) = (-1)^{\frac{43-1}{2}} = -1.$$

Somit ist $\left(\frac{43}{257}\right) = -1$ und

$$\left(\frac{86}{257}\right) = -1.$$

Es gibt also keine ganze Zahl r mit $r^2 \equiv 86 \bmod 257$, hingegen gibt es eine mit $r^2 \equiv 2 \bmod 257$ – Ausprobieren liefert $r = 60$.

$ry_0)^2 + ky_0^2 \equiv (px_0 - ry_0)^2 - y_0^2 \equiv 2 \bmod 4$ gälte. Also ist wie gewünscht $(px_0 - ry_0)^2 + ky_0^2 = p$. Siehe Bild 6 für $p = 7, r = 5, k = 3$. $\square$

Lemma 5. *Es sei $k \in \mathbb{Z}$. Haben zwei Zahlen die Form $a^2 + kb^2$ mit $a, b \in \mathbb{Z}$, so gilt das auch für ihr Produkt.*

■ **Beweis von Lemma 5.** Für alle $a_1, a_2, b_1, b_2 \in \mathbb{Z}$ gilt

$$(a_1^2 + kb_1^2)(a_2^2 + kb_2^2) = (a_1 a_2 - kb_1 b_2)^2 + k(a_1 b_2 + a_2 b_1)^2.$$ $\square$

Nun gilt:

Satz 6. *Eine Strecke der Länge $\sqrt{d}$, wobei d eine positive ganze Zahl ist, lässt sich genau dann aus den Ecken eines regulären Sechsecks mit Kantenlänge 1 mit Lineal konstruieren, wenn es eine Quadratzahl q^2 und Primzahlen $p_1, \ldots, p_r$ mit $p_k \not\equiv 2 \bmod 3$ gibt und $d = q^2 p_1 \cdots p_r$.*

■ **Beweis von Satz 6.** Lässt sich eine Strecke der Länge $\sqrt{d}$ konstruieren, gibt es nach Satz 1 rationale Zahlen x, y mit $d = x^2 + 3y^2$. Wir nehmen zuerst an, dass d quadratfrei ist, also keine Quadratzahl $q^2 > 1$ als Teiler enthält, weil man sonst x und y durch q teilen kann. Bestimme den Hauptnenner a von x und y und erhalte damit ganze Zahlen a, b, c mit $a^2 d = b^2 + 3c^2$ und $\gcd(a, b, c) = 1$. Es sei p Primfaktor von d mit $p^2 \nmid d$; wir wollen $p \not\equiv 2 \bmod 3$ zeigen. Im Fall $p = 2$ wäre für a ungerade: $a^2 d \equiv 2 \bmod 4$, aber $b^2 + 3c^2 \not\equiv 2 \bmod 4$; für gerade a wäre $8 \mid a^2 d$, aber $8 \nmid b^2 + 3c^2$, da b oder c ungerade ist, d. h., $p = 2$ ist ausgeschlossen.

Nun sei $p > 3$. Es ist c nicht durch p teilbar, denn sonst wäre wegen $p \mid b^2 + 3c^2$ auch b und damit a durch p teilbar entgegen $\gcd(a, b, c) = 1$. Die $p - 1$ Zahlen $c, 2c, \ldots, (p-1)c$ haben $p - 1$ verschiedene Reste ungleich 0 modulo p, es gibt also ein c' mit $cc' \equiv 1 \bmod p$ und somit $(bc')^2 + 3 \equiv 0 \bmod p$. Somit gibt es nach Satz 4 ganze Zahlen a, b mit $p = a^2 + 3b^2$, insbesondere ist $p \equiv a^2 \not\equiv 2 \bmod 3$.

Es seien nun p_k mit $k = 1, \ldots, r$ beliebige paarweise verschiedene Primzahlen mit $p_k \not\equiv 2 \bmod 3$ sowie q^2 Quadratzahl und $d = q^2 p_1 \cdots p_r$. Es ist also $3 \mid p_k$ oder $3 \mid p_k - 1$. Im ersten Fall ist $p_k = 3$ und $p_k = 0^2 + 3 \cdot 1^2$. Für $p_k \equiv 1 \equiv 1^2 \bmod 3$ gilt nach Satz 3:

$$1 = \left(\frac{p_k}{3}\right) = \left(\frac{3}{p_k}\right)(-1)^{\frac{3-1}{2} \frac{p_k - 1}{2}} = \left(\frac{3}{p_k}\right)(-1)^{\frac{p_k - 1}{2}}$$

$$= \left(\frac{3}{p_k}\right)\left(\frac{-1}{p_k}\right) = \left(\frac{-3}{p_k}\right),$$

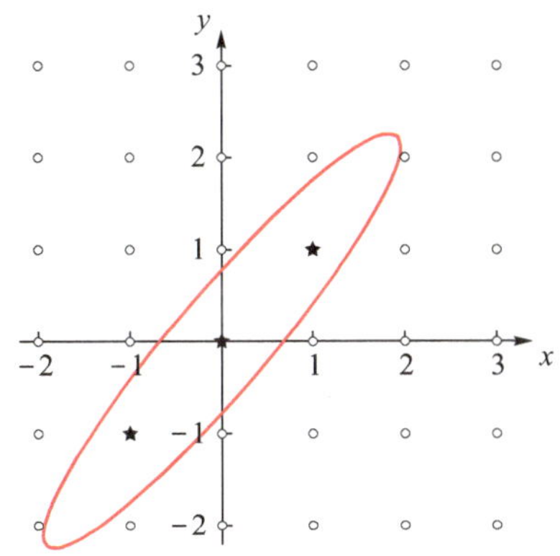

Bild 6. Die Ellipse $(7x - 5y)^2 + 3y^2 = \frac{63}{\pi}$ enthält nur die Gitterpunkte $(0, 0)$, $(1, 1)$, $(-1, -1)$.

d. h., es gibt eine Zahl mit $r^2 \equiv -3 \bmod p_k$, also ist nach Satz 4 wieder $p_k = a_k^2 + 3b_k^2$ mit $a_k, b_k \in \mathbb{Z}$. Nach Lemma 5 gibt es auch $a, b \in \mathbb{Z}$ mit $p_1 \cdots p_r = a^2 + 3b^2$. Also ist $\sqrt{d}$ konstruierbar als Abstand vom Ursprung zum Punkt $(qa, qb\sqrt{3})$. $\qquad\square$

Schließlich werden noch einige Überlegungen dazu angestellt, wie es für andere Eckenzahlen aussieht.

Exkurs 3. Für $n = 3$ erhält man nur die Geraden A_1A_2, A_2A_3, A_3A_1 und keine weiteren Schnittpunkte, insbesondere sind nur Strecken der Länge 1 konstruierbar (Bild 7), für $n = 4$ kann man allein den Mittelpunkt M des Quadrats als neuen Punkt konstruieren, und man kann Strecken der Länge $\frac{1}{\sqrt{2}}$, 1 und $\sqrt{2}$ konstruieren (Bild 8).

Wir betrachten also nun ein n-Eck $A_1 \ldots A_n$ mit $n \geq 5$ und $A_1(0,0)$ und $A_2(1,0)$. Es sei $\varphi = \frac{2\pi}{n}$. Damit haben die Eckpunkte A_k die Koordinaten $(\sum_{j=0}^{k-2} \cos(j\varphi), \sum_{j=0}^{k-2} \sin(j\varphi))$. Nun gilt:

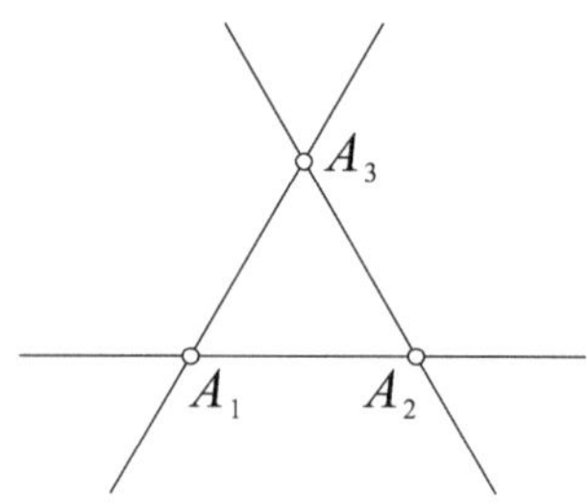

Bild 7.

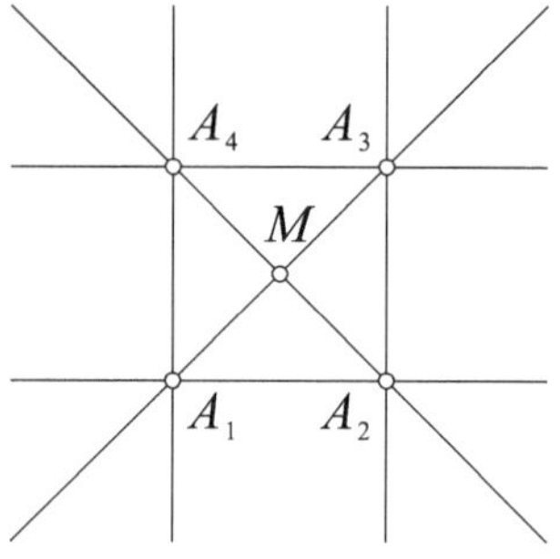

Bild 8.

> **Lemma 7.** *Für alle ganzzahligen Zahlen $m \geq 0$ und alle reellen Zahlen α gibt es Polynome T_m und U_m mit ganzzahligen Koeffizienten, für die gilt:*
> $$\cos(m\alpha) = T_m(\cos\alpha), \quad \sin((m+1)\alpha) = \sin\alpha\, U_m(\cos\alpha).$$

■ **Beweis durch Induktion nach m.** Offenbar ist $T_0(x) = U_0(x) = 1$, $T_1(x) = x$ und $U_1(x) = 2x$. *Induktionsschritt:* Die Aussage gelte bereits für alle Zahlen bis $m \geq 1$. Durch Addition der Additionstheoreme für $\cos(m\alpha + \alpha)$ und $\cos(m\alpha - \alpha)$ folgt $\cos((m+1)\alpha) = 2\cos\alpha\cos(m\alpha) - \cos((m-1)\alpha) = 2\cos\alpha\, T_m(\cos\alpha) - T_{m-1}(\cos\alpha)$. Weiterhin ist mit $\cos((m+1)\alpha) = T_{m+1}(\cos\alpha)$ und $x = \cos\alpha$: $T_{m+1}(x) = 2x\, T_m(x) - T_{m-1}(x)$, daher ist T_{m+1} ein Polynom mit ganzzahligen Koeffizienten. Auf gleiche Weise folgt $U_{m+1}(x) = 2x\, U_m(x) - U_{m-1}(x)$ aus den Additionstheoremen für $\sin((m+1)\alpha + \alpha)$ und $\sin((m+1)\alpha - \alpha)$. $\qquad\square$

Bemerkung. T_m und U_m heißen *Tschebyschew-Polynome 1. bzw. 2. Art.*

Es sei nun K_n die Menge der Werte aller Quotienten

$$\frac{a_r(\cos\varphi)^r + a_{r-1}(\cos\varphi)^{r-1} + \ldots + a_0}{b_s(\cos\varphi)^s + b_{s-1}(\cos\varphi)^{s-1} + \ldots + b_0}$$

mit $r \geq 0$, $s \geq 0$, $a_0, \ldots, a_r, b_0 \ldots b_s \in \mathbb{Z}$ und Nenner ungleich 0. Für $a, b \in K_n$ sind auch $a + b$, $a - b$, ab und für $b \neq 0$ auch $\frac{a}{b}$ in K_n.

> **Satz 8.** *Die Punkte $P_{ab}(a, b\sin\varphi)$ mit $a, b \in K_n$ und nur diese lassen sich mit Lineal aus den Ecken $A_1 \ldots A_n$ konstruieren.*

Das verallgemeinert klarerweise Satz 1. Für den Beweis benötigen wir noch

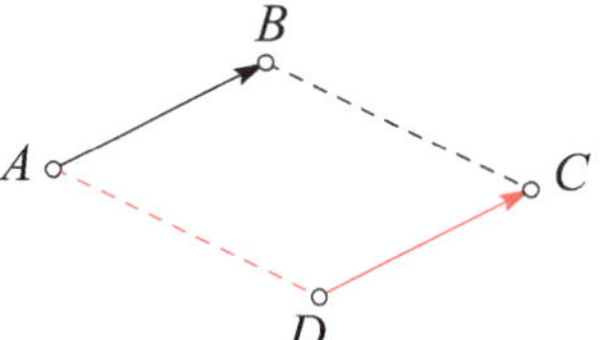

Bild 9.

> **Definition 9.** *Es seien A, B, C Punkte der Ebene. Der* vierte Punkt *D zu A, B, C sei ein Punkt mit $\overrightarrow{AB} = \overrightarrow{DC}$ und $AD \parallel BC$ (Bild 9).*

Bemerkung. Die Vektorgleichung $\overrightarrow{DC} = \overrightarrow{AB}$ für D ist stets eindeutig lösbar, damit gilt stets auch $AD \parallel BC$. Sind die Punkte A, B, C in Definition 9 nicht kollinear, ist $ABCD$ Parallelogramm. Für $A = B$ ist $D = C$.

In folgender Situation kann man den vierten Punkt mit Lineal konstruieren:

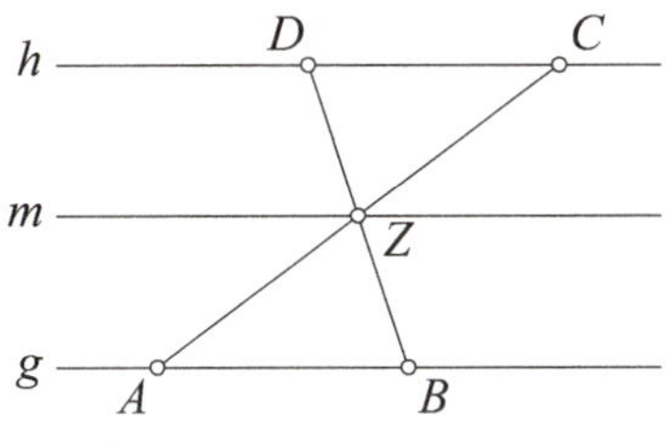

Bild 10.

> **Lemma 10.** *Es seien g, h parallele Geraden mit $g \neq h$, und m sei Mittelparallele von g, h, d. h., m ist parallel zu g und h mit gleichen Abständen von g und h. Es seien $A, B \in g$ und $C \in h$ gegeben. Dann lässt sich der vierte Punkt D zu A, B, C so bestimmen: Es sei Z der Schnittpunkt von AC mit m, dann ist D der Schnitt von BZ mit h (Bild 10).*

■ **Beweis von Lemma 10.** Da m Mittelparallele von g und h ist, vertauscht die Punktspiegelung an $Z \in m$ die Geraden g und h, also auch A mit C und B mit D. Daher ist $\overrightarrow{AB} = -\overrightarrow{CD} = \overrightarrow{DC}$ und $AD \parallel BC$.   □

■ **Beweis von Satz 8.** Nach Lemma 7 sind die Koordinaten aller Ecken des n-Ecks von der Form $(a, b\sin\varphi)$ mit $a, b \in K_n$. Nach Lemma 2 sind dann auch die Koordinaten aller Punkte, die man daraus mit Lineal konstruieren kann, von dieser Form. Nun wird gezeigt, dass sich tatsächlich alle derartigen Punkte konstruieren lassen. Um die Notation zu vereinfachen, definieren wir für alle $m, r \in \mathbb{Z}$ mit $1 \leq m \leq n$ die Ecke $A_{m+rn} := A_m$.

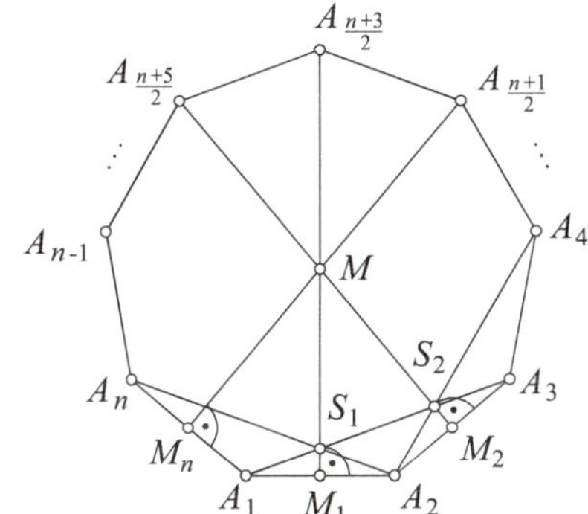

Bild 11.

Wir konstruieren zuerst den Mittelpunkt M des Vielecks und die Mitten M_k der Seiten $A_k A_{k+1}$ für $k \in \{n, 1, 2\}$ mit dem Lineal: Aus Symmetriegründen geht die Mittelsenkrechte der Strecke $A_m A_{m+1}$ stets durch M und den Schnittpunkt S_m der Geraden $A_{m-1} A_{m+1}$ und $A_m A_{m+2}$ (Bild 11).

Ist n ungerade, geht für alle m aus Symmetriegründen die Mittelsenkrechte der Strecke $A_m A_{m+1}$ auch durch die Ecke $A_{m+(n+1)/2}$. Konstruiere also die Schnittpunkte S_1 bzw. S_2 als Schnitt von $A_1 A_3$ mit $A_n A_2$ bzw. $A_2 A_4$. Dann ist M der Schnittpunkt von $S_1 A_{(n+3)/2}$ mit $S_2 A_{(n+5)/2}$. Diese beiden Geraden schneiden die Strecken $A_1 A_2$ und $A_2 A_3$ auch in den Mittelpunkten M_1 und M_2. Schließlich ist M_n der Schnitt von $M A_{(n+1)/2}$ mit $A_n A_1$

Ist n gerade, liegt M aus Symmetriegründen auf allen Geraden $A_m A_{m+(n/2)}$. Konstruiere also M als Schnittpunkt von $A_1 A_{1+(n/2)}$ mit $A_2 A_{2+(n/2)}$ und für $k \in \{n, 1, 2\}$ zunächst S_k als Schnittpunkt von $A_{k-1} A_{k+1}$ und $A_k A_{k+2}$, dann M_k als Schnittpunkt von $A_k A_{k+1}$ mit $S_k M$. Wegen $n \geq 5$ liegt nämlich M nicht auf den Geraden $A_{k-1} A_{k+1}$, also $S_k \neq M$ (Bild 12).

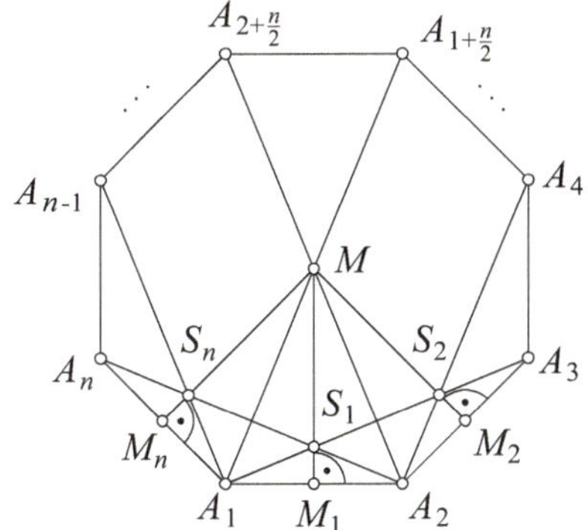

Bild 12.

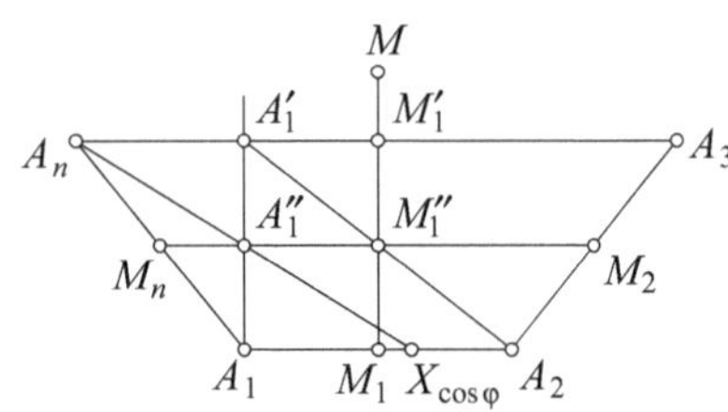

Bild 13.

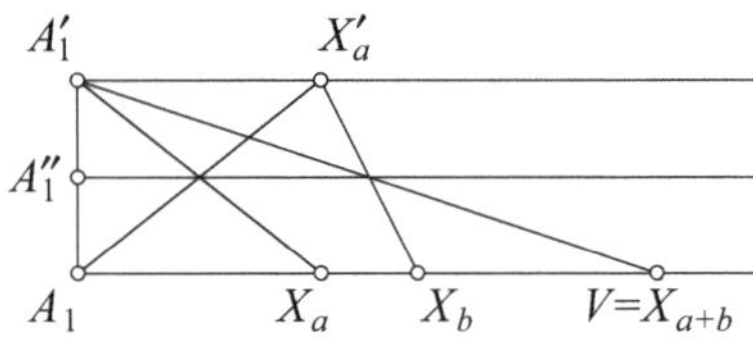

Bild 14.

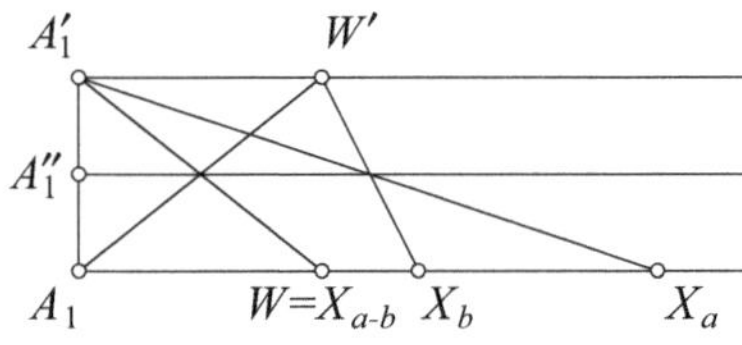

Bild 15.

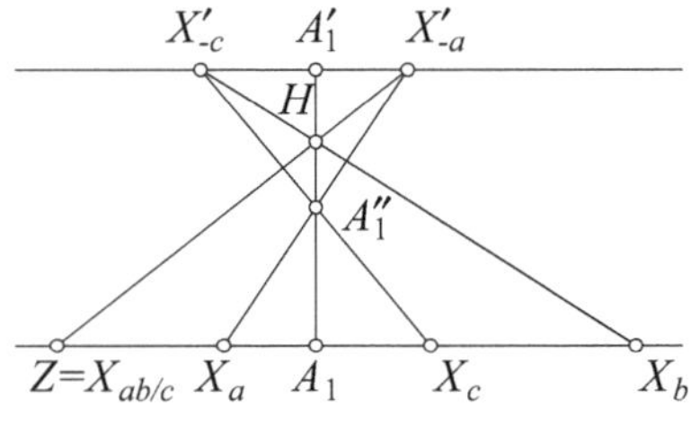

Bild 16.

Im Folgenden werden von oben nur noch die Punkte A_n, A_1, A_2, A_3, M_n, M_1, M_2 und M benötigt. Aus Symmetriegründen sind die Geraden A_1A_2 und A_nA_3 parallel, und M_nM_2 ist Mittelparallele von A_1A_2 und A_nA_3. Zu jedem Punkt $N \in A_1A_2$ seien N' bzw. N'' die Punkte auf A_nA_3 bzw. M_nM_2 mit $N'N \perp A_1A_2$ und $N''N \perp A_1A_2$; offenbar ist N'' Mitte der Strecke NN'. Zum Beispiel ist M_1'' der Schnittpunkt von M_1M mit M_nM_2. Da die zentrische Streckung an A_2 mit Faktor 2 die Punkte M_1 und M_2 auf A_1 und A_3 abbildet, also die Geraden MM_1'' und M_nM_2 auf A_1A_1' und A_nA_3, bildet sie M_1'' auf A_1' ab, daher ist A_1' Schnittpunkt von A_2M_1'' mit A_nA_3, und A_1A_1' ist die y-Achse im Koordinatensystem (Bild 13).

Um Fallunterscheidungen zu vereinfachen, definieren wir (gerichtete) Streckenlängen auf Geraden parallel zur x- bzw. y-Achse als Differenz der x- bzw. y-Werte ihrer Endpunkte, z. B. $A_1A_2 = -A_2A_1 = 1$, $A_1A_1' = -A_1'A_1 = \cos\varphi$.

Wir konstruieren nun die Punkte $X_a(a, 0)$ mit $a \in K_n$ und schließlich allgemein $P_{ab}(a, b\sin\varphi)$ mit $a, b \in K_n$.

1. Es sind $X_0 = A_1$, $X_1 = A_2$ bereits gegebene Punkte. Da $A_n(-\cos\varphi, \sin\varphi)$, $A_1''(0, \frac{\sin\varphi}{2})$ und $X_{\cos\varphi}(\cos\varphi, 0)$ offenbar kollinear sind, schneidet die Gerade A_nA_1'' die x-Achse A_1A_2 in $X_{\cos\varphi}$ (Bild 13).

2. Es seien X_a und X_b für $a, b \in K_n$ gegeben oder konstruiert. Wir konstruieren X_{a+b}: Konstruiere nach Lemma 10 den vierten Punkt X_a' zu X_a, A_1, A_1', dann den vierten Punkt V zu X_a', A_1', X_b. Dann ist $\overrightarrow{X_bV} = \overrightarrow{A_1'X_a'} = \overrightarrow{A_1X_a}$, also $V = X_{a+b}$ (Bild 14).

3. Es seien X_a und X_b für $a, b \in K_n$ gegeben oder konstruiert. Wir konstruieren X_{a-b}: Konstruiere den vierten Punkt W' zu X_a, X_b, A_1', dann den vierten Punkt W zu W', A_1', A_1. Wegen $\overrightarrow{A_1W} = \overrightarrow{A_1'W'} = \overrightarrow{X_bX_a}$ folgt $W = X_{a-b}$ (Bild 15).

4. Es seien X_a, X_b und X_c für $a, b, c \in K_n$ mit $c \neq 0$ gegeben oder konstruiert. Wir konstruieren $X_{ab/c}$ (Bild 16). Für $a = 0$ ist $X_{ab/c} = A_1$, für $b = -c$ ist $X_{ab/c} = X_{0-a}$ nach 3. aus $X_0 = A_1$ und X_a konstruierbar. Nun sei $b \neq -c$ und $a \neq 0$. Die Schnittpunkte von $A_1''X_a$ und $A_1''X_c$ mit A_nA_3 sind X_{-a}' und X_{-c}', da Punktspiegelung an A_1'' die Geraden A_1A_2 und A_nA_3 vertauscht. Die Geraden $X_{-c}'X_b$ und A_1A_1' sind wegen $b \neq -c$ nicht parallel und schneiden sich in einem Punkt $H \neq A_1'$ wegen $a \neq 0$. Es sei Z Schnittpunkt von $X_{-a}'H$ und A_1A_2. Dann ist $Z = X_{ab/c}$, denn nach Strahlensatz gilt $A_1Z : A_1'X_{-a}' = HA_1 : HA_1' = A_1X_b : A_1'X_{-c}'$, also $A_1Z = A_1'X_{-a}' \cdot A_1X_b/A_1'X_{-c}' = \frac{ab}{c}$. Speziell folgt für $c = 1$ bzw. $b = 1$ (also $X_c = A_2$ bzw. $X_b = A_2$), dass X_{ab} und $X_{a/c}$ konstruierbar sind.

5. Da $X_{\cos\varphi}$ nach 1. konstruierbar ist, ist wegen 4. auch $X_{(\cos\varphi)^l}$ für alle ganzzahligen $l > 0$ konstruierbar (und für $l = 0$ gleich A_2, also gegeben), und nach 2. ist für alle positiven ganzen Zahlen m auch $X_{m(\cos\varphi)^l}$ konstruierbar; da $X_0 = A_1$ gegeben ist, ist wegen 3. auch $X_{0-m(\cos\varphi)^l} = X_{-m(\cos\varphi)^l}$ konstruierbar. Durch Anwendung von 2. und 4. folgt daraus, dass alle Punkte X_a mit $a \in K_n$ konstruierbar sind.

6. Wir konstruieren P_{ab} aus X_a und X_b. Konstruiere zuerst einmalig A_2' als Schnitt von $A_1 M_1''$ mit $A_n A_3$. Konstruiere den vierten Punkt T' zu X_a, X_b, A_2' und den vierten Punkt X_a' zu X_a, A_2, A_2' und den vierten Punkt U zu T', A_2', A_1. Dann ist P_{ab} der Schnitt von $T'U$ mit $X_a X_a'$.

Begründung. Zunächst ist $U = X_{a-b}$ wegen $\overrightarrow{A_1 U} = \overrightarrow{A_2' T'} = \overrightarrow{X_b X_a}$. Weiter ist $T'U$ parallel zu $A_1 A_2'$. Da A_1 und A_2' die Koordinaten $(0; 0)$ und $(1, \sin\varphi)$ haben, haben beide Geraden Steigung $\sin\varphi$. Die Gerade $X_a X_a'$ ist parallel zu $A_2 A_2'$ und senkrecht zur x-Achse. Damit hat der Schnittpunkt von $T'U$ mit $X_a X_a'$ Koordinaten $(a, X_{a-b} X_a \sin\varphi) = (a, b\sin\varphi)$, ist also P_{ab} (Bild 17). $\square$

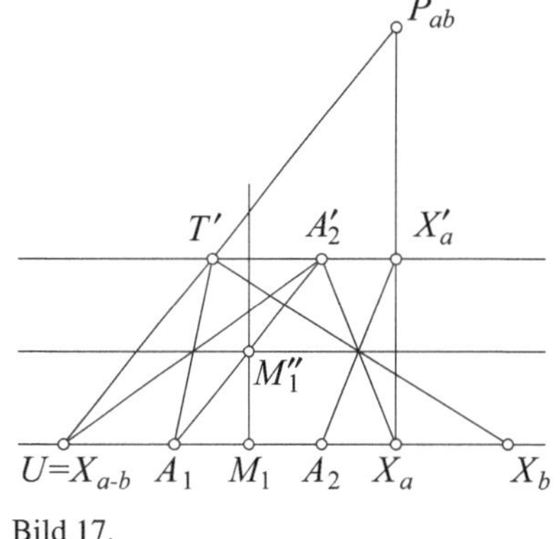

Bild 17.

Korollar 11. *Ist n Teiler von $\tilde{n}$, ist K_n Teilmenge von $K_{\tilde{n}}$ und jeder für ein n-Eck konstruierbare Punkt ist auch für ein $\tilde{n}$-Eck (mit identischer Seite $A_1 A_2$) konstruierbar.*

■ **Beweis.** Wegen Lemma 7 ist $\cos\frac{2\pi}{n} = T_{\tilde{n}/n}(\cos\frac{2\pi}{\tilde{n}})$ und $\sin\frac{2\pi}{n} = \sin\frac{2\pi}{\tilde{n}} U_{\tilde{n}/n-1}(\cos\frac{2\pi}{\tilde{n}})$, also K_n Teilmenge von $K_{\tilde{n}}$, und jeder Punkt mit Koordinaten $(a, \sin\frac{2\pi}{n} b)$ mit $a, b \in K_n$ ist auch von der Form $(a, \sin\frac{2\pi}{\tilde{n}} \tilde{b})$ mit $a, \tilde{b} \in K_{\tilde{n}}$. $\square$

Die Frage 2 ist deutlich schwieriger; wir behandeln umfassend nur den Fall $n = 8$. Hier ist $\cos\varphi = \sin\varphi = \frac{\sqrt{2}}{2}$, und die Menge K_8 besteht offenbar aus Zahlen der Form $\frac{a+b\sqrt{2}}{c+d\sqrt{2}}$ mit $a, b, c, d \in \mathbb{Q}$. Nun kann man den Nenner rational machen: $\frac{a+b\sqrt{2}}{c+d\sqrt{2}} = \frac{ac-2bd}{c^2-2d^2} + \sqrt{2}\frac{bc-ad}{c^2-2d^2}$, also ist $K_8 = \{x + y\sqrt{2} \,|\, x, y \in \mathbb{Q}\}$. Das Quadrat des Abstandes zweier konstruierbarer Punkte ist also

$$d = (v+w\sqrt{2})^2 + (\frac{\sqrt{2}}{2})^2 (x+y\sqrt{2})^2 = v^2 + 2w^2 + \frac{x^2}{2} + y^2 + \sqrt{2}(2vw+xy)$$

mit $v, w, x, y \in \mathbb{Q}$. Dies kann nur für $2vw + xy = 0$ rational sein. Für $y \neq 0$ ist

$$dy^2 = (v^2+2w^2+y^2)y^2 + \frac{x^2}{2}y^2 = v^2 y^2 + 2w^2 y^2 + y^4 + 2v^2 w^2 = (y^2+2w^2)(y^2+v^2).$$

Für $y = 0$ ist entweder $v = 0$, also $d = 2w^2 + \frac{x^2}{2} = (0^2 + 2\cdot 1^2)(w^2 + (\frac{x}{2})^2)$ oder $w = 0$, also $d = v^2 + \frac{x^2}{2} = (x^2 + 2v^2)((\frac{1}{2})^2 + (\frac{1}{2})^2)$. Multipliziert man dies jeweils mit dem Hauptnenner, gibt es in allen Fällen eine rationale Zahl q und $a, b, c, d \in \mathbb{Z}$ mit $dq^2 = (a^2 + 2b^2)(c^2 + d^2)$. Wir können annehmen, dass keine ganze Quadratzahl größer 1 die Zahl d teilt, dann ist q ganzzahlig. Es sei $p \neq 2$ Primfaktor von d. So teilt q einen der Faktoren $a^2 + 2b^2$, $c^2 + d^2$. Wie oben im Beweis von Satz 6 folgt, dass es eine ganze Zahl r mit $r^2 + 2 \equiv 0 \bmod p$ oder $r^2 + 1 \equiv 0 \bmod p$ gibt. Im ersten Fall ist nach Satz 4: $p = x^2 + 2y^2$ für ganze Zahlen und nach Satz 3:

$$1 = \left(\frac{-2}{p}\right) = \left(\frac{-1}{p}\right)\left(\frac{2}{p}\right) = (-1)^{\frac{p-1}{2}}(-1)^{\frac{p^2-1}{8}}.$$

Dies ist genau dann wahr, wenn $p \equiv 1 \bmod 8$ oder $p \equiv 3 \bmod 8$. Im zweiten Fall ist nach Satz 4: $p = x^2 + y^2$ für ganze Zahlen x, y, und nach Satz 3: $1 = \left(\frac{-1}{p}\right) = (-1)^{\frac{p-1}{2}}$, was genau wahr ist, wenn $p \equiv 1 \bmod 4$. Auch $p = 2$ kann offenbar d teilen. Zusammen ergibt sich:

> **Satz 12.** *Eine Strecke der Länge $\sqrt{d}$, wobei d eine positive ganze Zahl ist, lässt sich genau dann aus den Ecken eines regulären Achtecks mit Kantenlänge 1 mit Lineal konstruieren, wenn es eine (ganze) Quadratzahl q^2 und Primzahlen $p_1, \ldots, p_r$ mit $p_k \not\equiv 7 \bmod 8$ gibt und $d = q^2 p_1 \cdots p_r$.*

Zum allgemeinen Fall: Es sei $\phi(n)$ die Anzahl der zu n teilerfremden Zahlen zwischen 1 und n und $t := \frac{\phi(n)}{2}$. Setze $C := 2\cos\varphi$. Man kann (mit Kreisteilungspolynomen [3, Kapitel 12.6]) zeigen, dass es $u_{t-1}, \ldots, u_0 \in \mathbb{Z}$ gibt mit

$$C^t + u_{t-1}C^{t-1} + u_{t-2}C^{t-2} + \cdots + u_0 = 0, \tag{1}$$

dass der Exponent t in (1) nicht kleiner gewählt werden kann und dass $K_n = \{d_0 + d_1 C + \ldots + d_{t-1}C^{t-1} \mid d_0, \ldots, d_{t-1} \in \mathbb{Q}\}$. Daher sind Punkte mit Abstand $\sqrt{d}$ genau dann konstruierbar, wenn es $d_0, \ldots, d_{t-1}$, $e_0, \ldots, e_{t-1} \in \mathbb{Q}$ gibt mit

$$d = \left(\sum_{j=0}^{t-1} d_j C^j\right)^2 + \left(\sin\varphi \sum_{j=0}^{t-1} 2e_j C^j\right)^2.$$

Dies kann man mit $(2\sin\varphi)^2 = 4 - C^2$ und (1) vereinfachen zu einer Gleichung $d = \sum_{j=0}^{t-1} D_j C^j$, wobei $D_0, \ldots, D_{t-1}$ Polynomfunktionen von $d_0, \ldots, d_{t-1}$ und $e_0, \ldots, e_{t-1}$ sind. Das ist wegen der Minimalität von t in (1) äquivalent zu $D_0 = d$, $D_1 = \cdots = D_{t-1} = 0$, woraus Bedingungen für $d_0, \ldots, d_{t-1}, e_0, \ldots, e_{t-1}$ und damit für d folgen. Zum Beispiel gilt für $n = 5$: $t = 2$, $C^2 + C - 1 = 0$, $D_0 = d_0^2 + d_1^2 + 3e_0^2 + 2e_0 e_1 + 2e_1^2$, $D_1 = 2d_0 d_1 - d_1^2 + e_0^2 + 4e_0 e_1 - e_1^2$; für $d_0 = 0$, $d_1 = 2$, $e_0 = e_1 = 1$ ergibt sich, dass sich aus den Ecken eines regulären Fünfecks mit Seitenlänge 1 Punkte mit Abstand $\sqrt{11}$ konstruieren lassen.

Literatur

1. V. J. BASTON, F. A. BOSTOCK: *On the impossibility of ruler-only constructions*, Proc. Amer. Math. Soc. **110** (1990) 4, 1017–1025.
2. http://www.bundeswettbewerb-mathematik.de, *Bundeswettbewerb Mathematik – Aufgaben (ab 1999) und Lösungen (ab 2000)*, Bearb. K. FEGERT.
3. A. LEUTBECHER: *Zahlentheorie: Eine Einführung in die Algebra*, Springer-Verlag, Berlin Heidelberg 1996.

Dreiecke – mal groß, mal klein

Robert Strich

1. Runde 2016, Aufgabe 2.

Gegeben ist ein Dreieck ABC mit Flächeninhalt 1. Anja und Bernd spielen folgendes Spiel: Anja wählt einen Punkt X auf der Seite BC, dann wählt Bernd einen Punkt Y auf der Seite CA und schließlich Anja einen Punkt Z auf der Seite AB; dabei dürfen X, Y und Z keine Eckpunkte des Dreiecks ABC sein. Anja versucht hierbei, den Flächeninhalt des Dreiecks XYZ möglichst groß zu machen, Bernd dagegen möchte diesen Flächeninhalt möglichst klein halten. Welchen Flächeninhalt hat das Dreieck XYZ am Ende des Spiels, wenn beide optimal spielen?

Die zweite Aufgabe der 1. Wettbewerbsrunde 2016 behandelt ein so genanntes *Zwei-Personen-Spiel*. Wie im Bundeswettbewerb zur Tradition geworden, spielen zwei Spieler namens Anja und Bernd um den Sieg. Das allein ist allerdings keine Besonderheit. In den elf Wettbewerbsdurchgängen von 2010 bis 2020 waren außer 2016 auch noch 2010, 2013, 2017, 2018 und 2020 Zwei-Personen-Spiele Themen von Aufgaben (s. Seiten 358–378). Interessant und bemerkenswert sind allerdings folgende Tatsachen, die das Spiel und damit die Aufgabe von anderen ihrer Art unterscheidet:

- Ziel dieses Spiels ist nicht, wie sonst so oft, das Erreichen einer Endstellung bzw. eines Endzustands, sondern es geht um Flächeninhalte von Dreiecken, die es zu maximieren bzw. zu minimieren gilt. Die Objekte, die manipuliert werden, sind also elementargeometrischer Natur.

- Die beiden Spieler verfolgen unterschiedliche, jeweils entgegengesetzte Ziele. Sie können dabei nicht dieselben Züge machen. Das Spiel ist in diesem Sinn nicht symmetrisch.

- Anna und Bernd haben bei ihren Zügen jeweils unendlich viele Zugmöglichkeiten, nämlich zunächst einen beliebigen Punkt der entsprechenden Dreiecksseite auszuwählen.

Wie kann man sich bei einer solchen Aufgabe einer Lösung nähern? Ein erstes Probieren einiger Lagemöglichkeiten der Punkte X, Y und Z zeigt zunächst, dass ohne Beachtung einer Strategie sowohl große Flächeninhalte nahe an 1 (Bild 1), als auch kleine Flächeninhalte nahe an 0 (Bild 2) möglich sind.

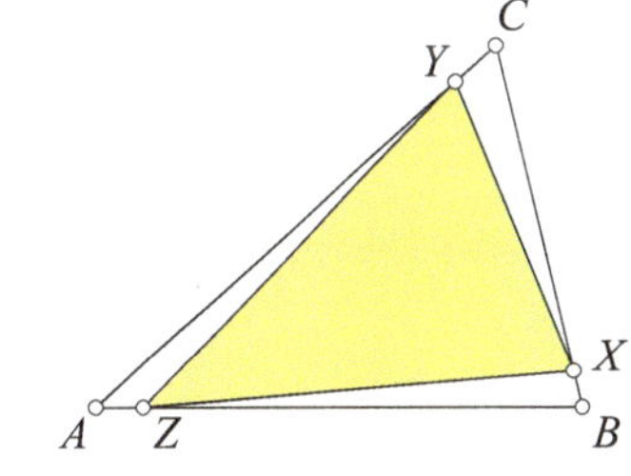

Bild 1.

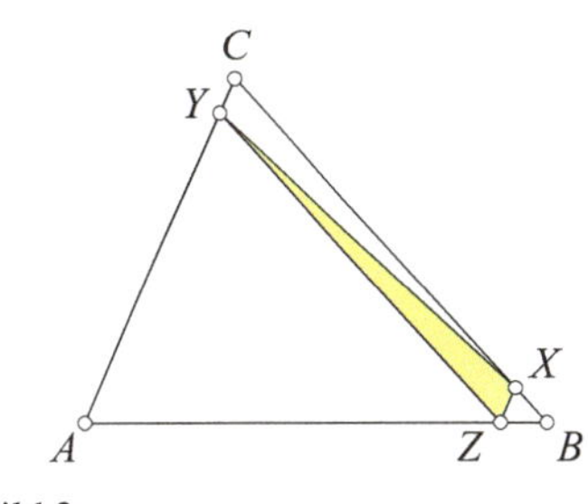

Bild 2.

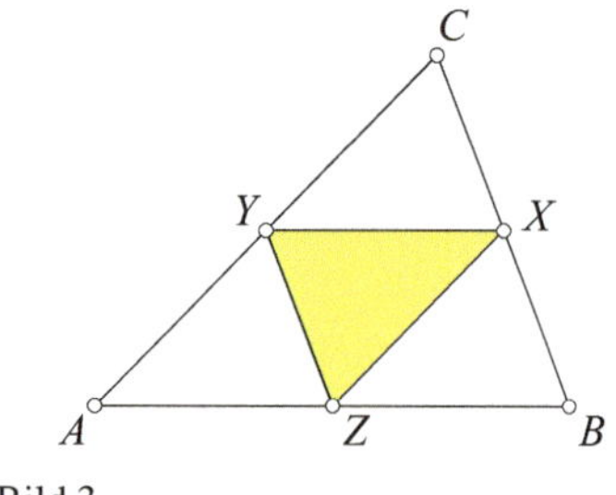

Bild 3.

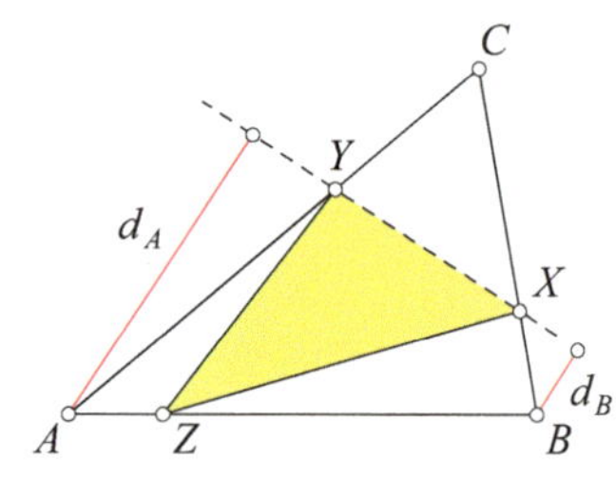

Bild 4.

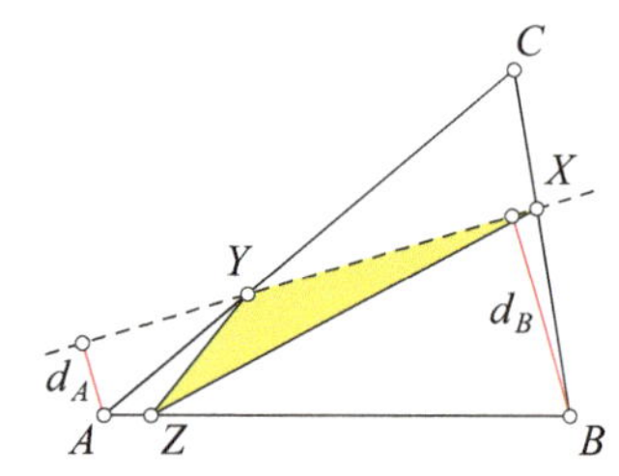

Bild 5.

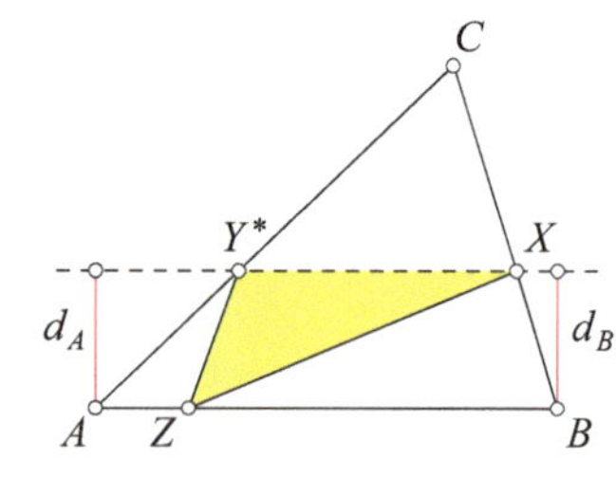

Bild 6.

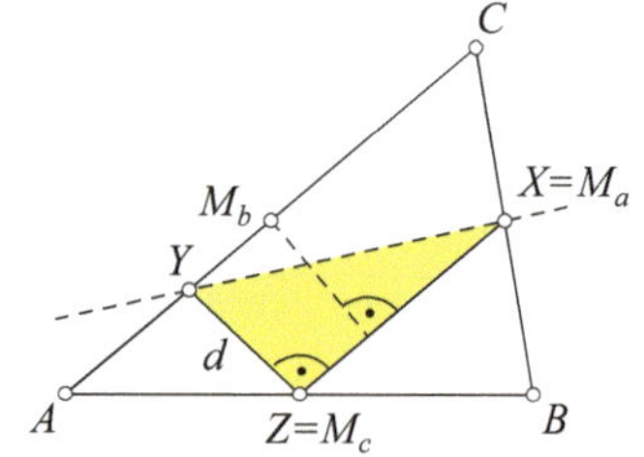

Bild 7.

Dabei führt die „goldene Mitte", also die Wahl der Seitenmitten des Dreiecks nicht etwa zu einem „mittleren" Flächeninhalt $\frac{1}{2}$, sondern nur zu dem Wert $\frac{1}{4}$ (Bild 3). Zu weiteren Einsichten in eine mögliche Strategie für beide Spieler gelangt man auf diese Weise zunächst nicht. Wie bei allen zugbasierten Spielen kann man dann versuchen, das Spiel vom Ende her zu betrachten: Wenn X und Y schon gewählt sind, was ist dann eine optimale Wahl für Z? Betrachtet man die Gerade XY so sieht man, dass hierbei die Abstände d_A und d_B der Punkte A bzw. B von XY von Bedeutung sind.

Ist $d_A > d_B$, dann ist der Flächeninhalt des Dreiecks XYA größer als der des Dreiecks XYB (Bild 4). Mehr noch: Bewegt sich ein Punkt Z auf der Strecke AB von B nach A, so variiert der Abstand d_Z des Punktes Z von der Geraden XY zwischen d_B und d_A. In diesem Fall wäre also eine Wahl von Z „nahe" an A für Anja günstig. Je näher Z an A ist, umso größer ist der Flächeninhalt des Dreiecks XYZ. Einen maximalen Flächeninhalt gibt es in diesem Fall nicht. Daher ist auch nicht klar, was in diesem Fall eine von der Aufgabe geforderte „optimale" Spielweise von Anja wäre. Sie kann Flächeninhalte für das Dreieck XYZ beliebig nahe an dem Flächeninhalt von Dreieck XYA erreichen.

Ähnlich verhält es sich im Fall $d_A < d_B$ (Bild 5). Hier wäre eine Lage von Z nahe am Punkt B günstig für Anja. Weil der Punkt B selbst nicht gewählt werden darf, hätte Anja in dieser Situation keinen wirklich optimalen Punkt Z zur Wahl, sie könnte Flächeninhalte für das Dreieck XYZ beliebig nahe an dem Flächeninhalt von Dreieck XYB erreichen.

Im letzten Fall $d_A = d_B$ ergibt sich ein anderes Bild: Für jede Lage von Z auf der Seite AB ist $d_Z = d_A = d_B$ (Bild 6). Der Flächeninhalt des Dreiecks XYZ ist demnach unabhängig von der konkreten Wahl des Punktes Z.

Ausgehend von dieser Betrachtung kann nun Bernds Zug analysiert werden. Es wird dabei schnell offensichtlich, dass der Fall $d_A = d_B$ erstrebenswert für ihn ist.

Beispielsweise führt im Fall $d_A > d_B$ eine Wahl von Y^* mit $XY^* \parallel AB$ statt Y offenbar für Anja in jedem Fall zu einem Flächeninhalt von Dreieck XY^*Z, der gleich dem von Dreieck XY^*A und damit kleiner als der von Dreieck XYA ist (Bild 7). Weil Anja bei Vorgabe von X und Y einen Flächeninhalt beliebig nahe an dem von Dreieck XYA erreichen kann, ist für Bernd der Punkt Y^* die bessere Wahl.

Solcherlei Überlegungen lassen sich bis hin zu einer vollständigen Analyse des gesamten Spiels fortsetzen. Elegant und kurz kann das eigentliche Ergebnis dann folgendermaßen formuliert und bewiesen werden.

Wenn beide optimal spielen, hat das Dreieck XYZ am Ende des Spiels den Flächeninhalt $\frac{1}{4}$.

■ **1. Beweis.** Die Mittelpunkte der Seiten BC, CA und AB seien mit M_a, M_b bzw. M_c bezeichnet, der Flächeninhalt des Dreiecks XYZ mit $[XYZ]$. Es genügt zu zeigen, dass Anja stets so spielen kann, dass $[XYZ] \geq \frac{1}{4}$ ist, und dass Bernd stets so spielen kann, dass $[XYZ] \leq \frac{1}{4}$ ist. Wenn Anja im ersten Zug $X = M_a$ und in ihrem zweiten Zug $Z = M_c$ wählt (dies kann sie unabhängig von Bernds Zug machen), so ist $XZ \parallel AC$ (Bild 8).

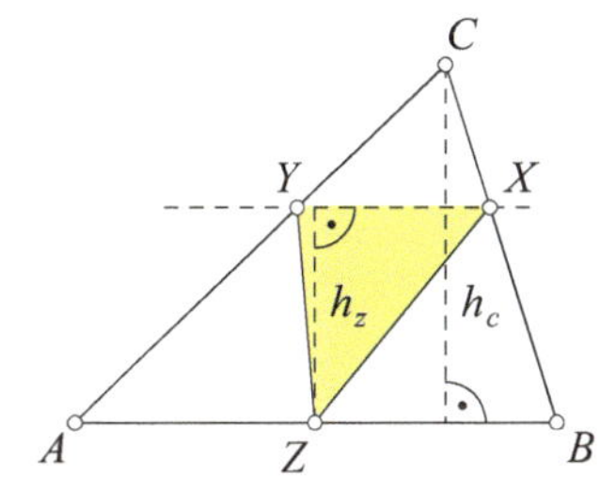
Bild 8.

Für jede Lage von Y auf der Seite AC hat der Abstand d von Y von der Gerade XZ denselben Wert und deswegen ist $[XYZ] = \frac{1}{2} \cdot XZ \cdot d$ konstant, insbesondere ist $[XYZ] = [XM_bZ] = [M_aM_bM_c] = \frac{1}{4}$. Anja kann also stets so spielen, dass $[XYZ] \geq \frac{1}{4}$ ist.

Wenn Bernd Y so wählt, dass $XY \parallel AB$ ist (Bild 9), dann ist mit Strahlensatz (Zentrum C, Parallelen XY und AB) für ein geeignetes $k \in (0, 1)$:

$$k = \frac{CX}{CB} = \frac{XY}{BA} = \frac{h_c - h_z}{h_c} = 1 - \frac{h_z}{h_c}.$$

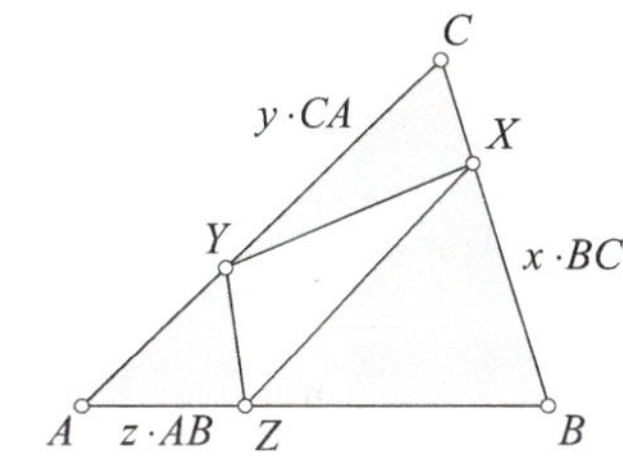
Bild 9.

Demnach gilt auch $h_z = (1 - k) \cdot h_c$ und für den Flächeninhalt des Dreiecks XYZ in diesem Fall:

$$[XYZ] = \frac{1}{2} \cdot XY \cdot h_z = \frac{1}{2} \cdot k \cdot AB \cdot (1-k) \cdot h_c = k \cdot (1-k) \cdot [ABC] = k \cdot (1-k).$$

Weil nun $k \cdot (1 - k) = k - k^2 = \frac{1}{4} - (\frac{1}{2} - k)^2 \leq \frac{1}{4}$ für alle k ist, kann Bernd also stets so spielen, dass $[XYZ] \leq \frac{1}{4}$ ist. $\square$

Diesen Beweis und zwei weitere Varianten desselben findet man in [1]. Dort ist auch ein interessanter algebraischer Zugang zu finden, der im Folgenden kurz vorgestellt werden soll.

■ **2. Beweis.** Zu drei Punkten X, Y und Z auf den Dreieckseiten BC, CA bzw. AB gibt es eindeutig bestimmte reelle Zahlen x, y und z, wobei $x, y, z \in (0, 1)$ gilt, sodass $BX = x \cdot BC$, $CY = y \cdot CA$ und $AZ = z \cdot AB$; der Ausschluss von 0 und 1 bewirkt, dass die Punkte nicht Eckpunkte des Dreiecks sein können. Umgekehrt gibt es zu drei derartigen Zahlen x, y, z auch stets genau drei Punkte X, Y und Z auf den Dreieckseiten, die die genannten Teilverhältnisse haben (Bild 10). Die Flächeninhalte der Teildreiecke AZY, BXZ und CYX kann man nun abhängig von x, y und z berechnen. Hierbei wird mehrfach benutzt, dass die Flächeninhalte zweier Dreiecke mit gleicher Höhe, aber verschiedenen Grundseiten, im selben Verhältnis stehen wie die Längen der Grundseiten. Es gilt

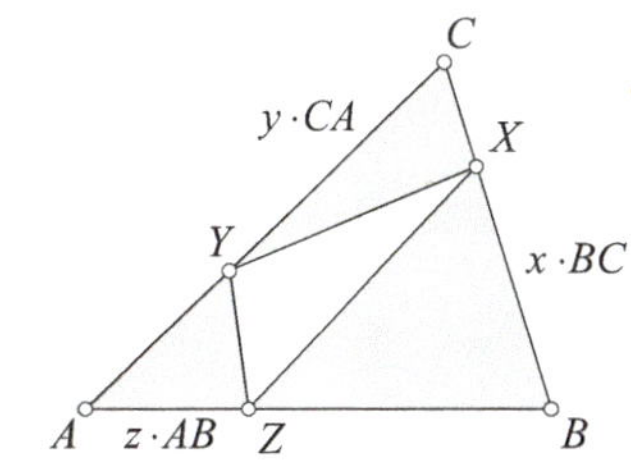
Bild 10.

$$[CYX] = \frac{CX}{CB} \cdot [CYB] = \frac{BC - BX}{BC} \cdot [CYB] = \left(1 - \frac{BX}{BC}\right) \cdot [CYB]$$
$$= (1 - x) \cdot [CYB] = (1 - x) \cdot y \cdot [CAB] = (1 - x) \cdot y.$$

Genauso ergeben sich

$$[AZY] = (1 - y) \cdot z \quad \text{und} \quad [BXZ] = (1 - z) \cdot x.$$

Damit kann man den Flächeninhalt des Dreiecks XYZ angeben als:

$$[XYZ] = [ABC] - [CYX] - [AZY] - [BXZ]$$
$$= 1 - (1-x) \cdot y - (1-y) \cdot z - (1-z) \cdot x$$
$$= 1 + xy + yz + zx - x - y - z.$$

Das Spiel kann nun folgendermaßen verstanden werden: Anja wählt eine Zahl $x \in (0, 1)$, danach Bernd eine Zahl $y \in (0, 1)$ und schließlich Anja wieder eine Zahl $z \in (0, 1)$. Dabei versucht Anja den Wert des Terms $T(x, y, z) := 1 + xy + yz + zx - x - y - z$ möglichst groß zu machen, Bernd versucht, ihn möglichst klein zu machen.

Wir können nun zeigen:

(1) Bernd kann erreichen, dass $T(x, y, z) \leq \frac{1}{4}$ ist, unabhängig davon, welchen Wert Anja im ersten Zug für x und im letzten Zug für z wählt.

Man erkennt an der Darstellung

$$T(x, y, z) = 1 + xy - x - y + (x + y - 1) \cdot z,$$

dass für $y = (1 - x)$ die Wahl von z keinen Einfluss auf den Wert des Terms hat. Wählt Bernd dieses y (abhängig von x), dann ergibt sich:

$$T(x, y, z) = 1 + x(1-x) - x - (1-x) + (x + 1 - x - 1) \cdot z$$
$$= x - x^2 = \frac{1}{4} - \left(\frac{1}{2} - x\right)^2 \leq \frac{1}{4}.$$

(2) Anja kann erreichen, dass der Wert von $T(x, y, z)$ unabhängig davon, welchen Wert Bernd für y wählt, stets mindestens gleich $\frac{1}{4}$ ist.

Hierzu wählt sie in ihrem ersten Zug $x = \frac{1}{2}$, im letzten Zug $z = y$. Dann ergibt sich:

$$T(x, y, z) = 1 + xy + yz + zx - x - y - z$$
$$= 1 + \frac{1}{2}y + y^2 + \frac{1}{2}y - \frac{1}{2} - y - y$$
$$= y^2 - y + \frac{1}{2} = \frac{1}{4} + \left(y - \frac{1}{2}\right)^2 \geq \frac{1}{4}.$$

Damit ist der Beweis erbracht. □

Die Aufgabe regt dazu an, weiterzudenken und Varianten zu finden bzw. zu untersuchen.

> *Bei sonst gleicher Aufgabenstellung will nun Anja versuchen, den Flächeninhalt von Dreieck XYZ zu minimieren und Bernd versucht, ihn zu maximieren.*

Lösung. Anja kann in dieser Variante X und Z beliebig nahe an C bzw. A wählen. Unabhängig von der Wahl von Bernd kann sie dadurch den Flächeninhalt von Dreieck XYZ beliebig klein machen. Ein Optimum gibt es, wenn man weiterhin die Lage von X, Y und Z in den Eckpunkten des Dreiecks ABC vermeiden will, nicht.

Ein weiteres Beispiel sei ohne Lösung angegeben. Weitere Verallgemeinerungen im Dreidimensionalen sind denkbar.

> *Gespielt wird in einem*
>
> *a) Quadrat ABCD*
> *b) beliebigen Viereck ABCD*
>
> *mit Flächeninhalt 1. Wieder setzen Anja und Bernd abwechselnd nacheinander Punkte W, X, Y und Z auf die Seiten AB, BC, CD und DA des Vierecks. Anja versucht den Flächeninhalt des Vierecks WXYZ zu minimieren, Bernd ihn zu maximieren. Wie sieht hier eine optimale Spielweise für beide aus?*

Literatur

1. http://www.bundeswettbewerb-mathematik.de, *Bundeswettbewerb Mathematik – Aufgaben (ab 1999) und Lösungen (ab 2000)*, Bearb. K. FEGERT.

Poster zum *Bundeswettbewerb Mathematik 2017*.

Vektorielle Größen und ihre Beziehungen zueinander beschreiben und bestimmen physikalische Vorgänge; hier die kreisförmige Drehbewegung beim Kettenkarussell mit der Bahngeschwindigkeit v als vektorielles Produkt der Winkelgeschwindigkeit ω und des Ortsvektors r.

Ein Meteoriten-Beweis

Karl Fegert

2. Runde 2017, Aufgabe 4.

*Eine natürliche Zahl nennen wir **heinersch**[†], wenn sie sich als Summe einer positiven Quadratzahl und einer positiven Kubikzahl darstellen lässt. Beweise: Es gibt unendlich viele heinersche Zahlen, deren Vorgänger und deren Nachfolger ebenfalls heinersch sind.*

Am 31. Oktober 1903 trug FREDERICK NELSON COLE auf einer Tagung der American Mathematical Society über „Die Faktorisierung großer Zahlen" vor. Ohne ein Wort zu sagen berechnete er an der Tafel nach schulüblichem Algorithmus das Produkt $193\,707\,721 \cdot 761\,838\,257\,287$, anschließend den Wert von $2^{67} - 1$ und jeder der Zuseher (der Ausdruck „Zuhörer" wäre nicht passend) konnte sich auch ohne höhere Mathematikkenntnisse überzeugen, dass das Gleichheitszeichen zwischen den Ergebnissen richtig war. Danach setzte er sich wieder und erhielt rauschenden Beifall. Er hatte nämlich als Erster eine lange gesuchte Faktorisierung der 67-ten MERSENNE-Zahl M_{67} gefunden. So wird die Geschichte oft erzählt, z. B. in [1].

FREDERICK COLE hat ein wesentliches Element mathematischen Arbeitens verwirklicht: Das Ergebnis von langem Nachdenken (er sagte „drei Jahre, jeden Sonntag Morgen") so kurz, knapp und leicht verständlich zu formulieren, dass man die Richtigkeit mit Kenntnissen der Mittelstufenmathematik in kurzer Zeit bestätigen kann. Das ist beeindruckend – und er hatte wohl diebische Freude daran, dass alle fragten „Wie in aller Welt kommt man darauf?"

Die Geschichte ist recht blumig erzählt, es ist anzunehmen, dass COLE nach dem Beifall schon noch erklärt hat, wie er diese beiden Faktoren gefunden hat. Jedenfalls enthält die schriftliche Ausarbeitung seines Vortrages [2] diese Erklärung und die zusätzliche Bemerkung „Read before the AMS, Oct 31st 1903". Es sei kurz bemerkt, dass COLE zwar viele, aber doch

---

[†] Mit der Bezeichnung „HEINERSCH" ehren wir HANNS-HEINRICH („HEINER") LANGMANN, der 34 Jahre lang die Geschäftsstelle des Bundeswettbewerbs Mathematik geleitet und den Wettbewerb maßgeblich weiter entwickelt hat.

nur eine relativ kleine Anzahl aller Primzahlen bis $193\,707\,721$ (das sind ungefähr 10^7 Zahlen) untersuchen musste, ob sie Teiler von M_{67} sind.

Mit meinem Beitrag möchte ich eine Aufgabe vorstellen, die ebenfalls eine solche „Meteoritenlösung" besitzt – eine Formel fällt vom Himmel und wird mit einfachen Mitteln verifiziert. Ich möchte aufzeigen, wie lang und steinig der Weg sein kann, bis man „auf so einfache Lösungen" kommt.

Man ahnt schon beim ersten Durchlesen der Aufgabenstellung, dass es einen einfachen Beweis in folgender Form geben könnte:

Beweis: Für jede ganze positive Zahl $s > 1$ sind folgende drei Zahlen offensichtlich alle verschieden und erfüllen die Bedingungen der Aufgabe:

$$H_2(s) := (\ldots s \ldots)^2 + (\ldots s \ldots)^3$$

$$H_1(s) := (\ldots s \ldots)^2 + (\ldots s \ldots)^3 = H_2(s) - 1 \quad \text{und}$$

$$H_3(s) := (\ldots s \ldots)^2 + (\ldots s \ldots)^3 = H_2(s) + 1,$$

wobei in den Klammern nach dem ersten Gleichheitszeichen sechs verschiedene, möglichst einfache Terme stehen und das Wort „offensichtlich" berechtigt ist, weil man sofort sieht, dass die Terme in den Klammern positive ganze Zahlen sind und dass die verwendeten Termumformungen, die zu den Termen $H_2(s) \pm 1$ führen, im Kopf mit Schulkenntnissen durchgeführt werden können. So einfach können solche Terme aber wohl doch nicht gefunden werden, sonst wäre dieses Problem wohl kaum als vierte und damit schwerste Aufgabe in einer zweiten Runde gestellt worden.

Im Gegensatz zu manchen anderen Aufgaben unseres Wettbewerbs scheint diese Aufgabe nicht ein Nebenresultat aktueller Forschung zu sein. Zur Theorie der Zahlen, die Summe aus zwei Quadratzahlen sind, gibt es seit der Antike Ergebnisse, die seit GAUSS nochmals entscheidend vertieft werden konnten. Dagegen gibt es für die Zahlen, die sich als Summe einer positiven Kubikzahl und einer Quadratzahl darstellen lassen, kaum Ergebnisse. Jedenfalls ist die Folge dieser Zahlen erst seit dem Jahr 2000 in der bekannten Sammlung von ganzzahligen Folgen OEIS (Online-Encyclopedia of Integer Sequences) [3] verzeichnet, und es ist dort keine weitergehende Literatur vermerkt – mit Ausnahme eines Hinweises, dass diese Aufgabe in unserem Wettbewerb gestellt wurde. Eine Internetrecherche verspricht somit nicht viel Erfolg.

Also wird man mit Computerhilfe eine Tabelle der HEINERSCHEN Zahlen erzeugen und nach Mustern suchen, die einem bei der Suche nach Formeln helfen könnten (Tabelle 1). Wenn man über keine Programmierkenntnisse verfügt, kann man eine solche auch mit einer Tabellenkalkulation wie z. B. *Excel*® erstellen: In einer Tabelle überprüft man im Feld (m-te Zeile | n-te Spalte), ob $m - n^3$ eine Quadratzahl ist. Dies kann mit der Formel

```
=WENN(WURZEL(m-n^3)-GANZZAHL(WURZEL(m-n^3))=0;1;"")
```

2, 5, 9, 10, 12, 17, 24, 26, 28, 31, 33, 36, 37, 43, 44, 50, 52, 57, 63, 65, 68, 72, 73, 76, 80, 82, 89, 91, 100, 101, 108, 113, 122, 126, 127, 128, 129, 134, 141, 145, 148, 150, 152, 161, 164, 170, 171, 174, 177, 185, 189, 196, 197, 204, 206, 208, 217, 220, 223, 225, 226, 232, 233, 241, 246, 252, 257, 260, 264, 265, 269, 280, 283, 289, 290, 294, 297, 316, 320, 321, 325, 332, 337, 344, 347, 350, 351, 352, 353, 359, 360, 362, 368, 369, 379, 381, 385, 388, 392, 401, 407, 408, 412, 414, 424, 425, 427, 441, 442, 443, 449 464, 468, 472, 485, 486, 487, 492, 505, 511, 512, 513, 516, 521, 525, 528, 530, 537, 539, 540, 548, 556, 561, 566, 568, 576, 577, 584, 593, 599, 603, 609, 612, 616, 626, 632, 633, 640, 652, 654, 656, 657, 667, 677, 681, 684, 689, 700, 701, 703, 704, 708, 730, 733, 737, 738, 740, 743, 745, 750, 754, 756, 765, 768, 778, 784, 785, 792, 793, 801, 810, 811, 827, 829, 836, 841, 842, 848, 849, 850, 854, 868, 872, 873, 892, 898, 901, 905, 908, 909, 912, 919, 925, 927, 945, 953, 954, 962, 964, 966, 968, 969, 985, 988, 996, 1000

Tabelle 1. HEINERsche Zahlen bis 1000. HEINERsche Tripel sind in roter Farbe hervorgehoben.

geschehen, wobei für die Variablen m und n noch ein korrekter Feldbezug passend zur verwendeten Tabellenkalkulation formuliert werden muss. Der Eintrag „1" in einem Feld weist dann darauf hin, dass die Zeilenzahl m HEINERSCH ist. Ob das Ergebnis dann korrekt ist, bedarf wohl einer zusätzlichen Plausibilitätsbetrachtung, da Rundungsfehler eventuell falschen Alarm auslösen.

Drei aufeinander folgende HEINERSCHE Zahlen nennen wir ein *heinersches Tripel*. Nebenstehende Tabelle 2 führt alle HEINERSCHEN Tripel bis 5000 auf. Wir hoffen, aus ihr Muster auslesen zu können.

Auf die Schnelle erkennt man hier nichts. Auffällig sind wohl die zwei Tripel mit $H_2 = 128 = 2^7$ und $H_2 = 512 = 2^9$, bei manchen Tripeln sind die Quadratanteile Quadrate von Dreieckszahlen, gelegentlich ist der Quadrat- oder Kubikanteil 1. Welche Spur soll man nun verfolgen?

1. Ansatz. Wir betrachten das zweite HEINERSCHE Tripel aus unserer Tabelle: $H_1 = 127 = 3^3 + 10^2$, $H_2 = 128 = 4^3 + 8^2$, $H_3 = 129 = 5^3 + 2^2$. Es fällt auf, dass bei den drei Zahlen der „Kubikanteil" drei aufeinander folgende Kubikzahlen sind. Wir versuchen, unendlich viele solcher Tripel zu konstruieren, die Anzahl der Variablen im zugrunde liegenden DIOPHANTISCHEN Gleichungssystem sind auf fünf reduziert:

$$H_1 = h - 1 = (a - 1)^3 + c^2$$
$$H_2 = h \qquad = a^3 + b^2$$
$$H_3 = h + 1 = (a + 1)^2 + d^2.$$

Nun versuchen wir, unendlich viele Lösungen (h, a, b, c, d) mit verschiedenen Werten für h zu finden, eine erste Lösung $(128, 4, 8, 10, 2)$ kennen wir schon.

Die beiden Zahlen $h - 1$ und $h + 1$ sind genau dann HEINERSCH, wenn

$$(a - 1)^3 + c^2 + 1 = (a + 1)^3 + d^2 - 1$$
$$\Longleftrightarrow \quad -3a^2 + 3a + c^2 = 3a^2 + 3a + d^2$$
$$\Longleftrightarrow \quad c^2 - d^2 = 6a^2. \tag{1}$$

Genaues Hinsehen zeigt: Wenn das Tripel (a, c, d) Lösung von (1) ist, dann auch (ka, kc, kd) für alle positiven ganzzahligen k. Mit den bekannten „Start"-Tripeln haben wir also schon unendlich viele Lösungstripel von (1) und damit Kandidaten für eine vollständige Lösung unseres Problems. Man findet aber auch noch andere Start-Lösungstripel: Für gerade a erhält man über die Faktorisierung $(c - d)(c + d) = c^2 - d^2 = 6a^2$ die naheliegende Wahl $c - d = 6$ und $c + d = a^2$, also $c = \frac{1}{2}a^2 + 3$, $d = \frac{1}{2}a^2 - 3$. Hoffentlich haben wir aus mehreren Möglichkeiten die richtige gewählt. Eine andere Wahl könnte in eine Sackgasse führen – oder zu einer viel einfacheren Lösung!

$126 = 5^3 + 1^2$
$127 = 3^3 + 10^2$
$128 = 4^3 + 8^2$

$127 = 3^3 + 10^2$
$128 = 4^3 + 8^2$
$129 = 2^3 + 11^2 = 5^3 + 2^2$

$350 = 5^3 + 15^2$
$351 = 3^3 + 18^2$
$352 = 7^3 + 3^2$

$351 = 3^3 + 18^2$
$352 = 7^3 + 3^2$
$353 = 4^3 + 17^2$

$441 = 6^3 + 15^2$
$442 = 1^3 + 21^2$
$443 = 7^3 + 10^2$

$485 = 1^3 + 22^2$
$486 = 5^3 + 19^2$
$487 = 7^3 + 12^2$

$511 = 3^3 + 22^2$
$512 = 7^3 + 13^2$
$513 = 8^3 + 1^2$

$848 = 4^3 + 28^2$
$849 = 2^3 + 29^2$
$850 = 9^3 + 11^2$

$1431 = 11^3 + 10^2$
$1432 = 7^3 + 33^2$
$1433 = 4^3 + 37^2$

$1568 = 7^3 + 35^2$
$1569 = 5^3 + 38^2$
$1570 = 9^3 + 29^2$

$2024 = 7^3 + 41^2 = 10^3 + 32^2$
$2025 = 9^3 + 36^2$
$2026 = 1^3 + 45^2$

$2752 = 12^3 + 32^2$
$2753 = 14^3 + 3^2$
$2754 = 9^3 + 45^2$

$2843 = 7^3 + 50^2$
$2844 = 14^3 + 10^2$
$2845 = 9^3 + 46^2$

$3024 = 12^3 + 36^2$
$3025 = 10^3 + 45^2 = 6^3 + 53^2$
$3026 = 1^3 + 55^2$

$3844 = 12^3 + 46^2$
$3845 = 1^3 + 62^2$
$3846 = 5^3 + 61^2$

$4697 = 13^3 + 50^2$
$4698 = 9^3 + 63^2$
$4699 = 7^3 + 66^2$

Tabelle 2. HEINERSCHE Tripel bis 5000.

Wir können ein neues Zwischenergebnis formulieren:

> *Für jedes k sind die Zahlen*
>
> $$H_1(k) := (4k - 1)^3 + (10k)^2 \quad \text{und}$$
>
> $$H_3(k) := (4k + 1)^3 + (2k)^2$$
>
> *beide* HEINERSCH *und es gilt* $H_1 + 1 = H_3 - 1$.

Dies kann man später durch einfaches Ausmultiplizieren direkt nachweisen, ohne lange die Herleitung dokumentieren zu müssen.

Weiter hoffen wir, dass es unendlich viele k gibt, für die auch die dazwischen liegende Zahl $H_2 = H_1 + 1 = H_3 - 1$ HEINERSCH ist. Wir suchen also unter den Zahlentripeln $(a, c, d) = (4k, 10k, 2k)$ diejenigen, für die es ein b gibt, sodass $H_2 = a^3 + b^2 = H_3 - 1$. Erfreulicherweise führt gleich dieses erste Starttripel zu einer Lösung, viele der anderen Ansätze wie $(4k, 11k, 5k)$, $(2k, 5k, k)$ hätten in eine Sackgasse (möglicherweise mit einem Schlupfweg als Ausgang) geführt. Es ist

$$
\begin{aligned}
H_3 - 1 = H_2 \quad &\Longleftrightarrow \quad (a + 1)^3 + d^2 - 1 = a^3 + b^2 \\
&\Longleftrightarrow \quad 3a^2 + 3a + d^2 = b^2 \\
&\Longleftrightarrow \quad 3 \cdot (4k)^2 + 3 \cdot 4k + (2k)^2 = b^2 \\
&\Longleftrightarrow \quad 4k(13k + 3) = b^2.
\end{aligned}
$$

Nun liegt es nahe, für k eine Quadratzahl zu wählen, also $k = t^2$. Dann ist nämlich $4k$ ebenfalls Quadratzahl und wir sind fertig, wenn wir unendlich viele t finden, für die $13t^2 + 3$ ebenfalls Quadratzahl ist, d. h.

$$13t^2 + 3 = s^2 \quad \text{oder} \quad s^2 - 13t^2 = 3. \tag{2}$$

Zu $t = 1$ erhält man eine erste Lösung $(s, t) = (4, 1)$; diese kennen wir schon, weil $128 = 4^3 + 8^2$.

Die Gleichung (2) ist eine *pellsche Gleichung*, die uns im Rahmen dieser Aufgabe mehrmals begegnen wird. Wir schreiben hier nur das Ergebnis in Form einer rekursiven Folge auf:

$$
\begin{aligned}
s_0 = 4, \quad t_0 &= 1, \\
s_{n+1} = 649s_n + 13 \cdot 180t_n, \quad t_{n+1} &= 180s_n + 649t_n,
\end{aligned}
$$

die man mit $d = 13$, $r = 3$ und der (Minimal-)Lösung $(\tilde{s}, \tilde{t}) = (649, 180)$ für $r = 1$ erhält (siehe dazu nebenstehender Kasten).

Wir haben jetzt immerhin einen ersten Beweis:

■ **1. Beweis.** Bekanntlich gibt es unendlich viele Paare positiver ganzer Zahlen (s, t), für die $s^2 - 13t^2 = 3$ gilt, und für solche Zahlen (s, t) sind

---

Pellsche Gleichung.

Quadratische DIOPHANTISCHE Gleichungen der Form

$$x^2 - dy^2 = r$$

heißen *pellsche Gleichungen*, für die ganzzahlige Lösungen (x, y) gesucht sind. Dabei sind die Parameter $d > 1$ und $r \neq 0$ ganzzahlig und gegeben, außerdem wird d von keiner Quadratzahl größer als 1 geteilt.

Man kann zeigen, dass diese Gleichung für die rechte Seite $r = 1$ stets unendlich viele Lösungen hat [4]. Benötigt wird hier aber nur folgende Aussage, die leicht mit vollständiger Induktion nachgewiesen werden kann:

Kennt man für ein d eine Lösung $(\tilde{x}, \tilde{y})$ mit positiven Werten von $\tilde{x}$ und $\tilde{y}$ der entsprechenden Gleichung für den Spezialfall $r = 1$, dann erhält man aus einer beliebigen Lösung (x_0, y_0) der PELLSCHEN Gleichung für gegebenes r unendlich viele Lösungen dieser Gleichung durch die Rekursion

$$
\begin{aligned}
x_{k+1} &= \tilde{x} \cdot x_k + d\tilde{y} \cdot y_k, \\
y_{k+1} &= \tilde{y} \cdot x_k + \tilde{x} \cdot y_k
\end{aligned}
$$

für $k \geq 0$.

die drei Zahlen

$$H_1(t) := (4t^2 - 1)^3 + (10t^2)^2 = 64t^6 + 4t^2(13t^2 + 3) - 1$$
$$H_2(s, t) := (4t^2)^3 + (2st)^2 \quad = 64t^6 + 4s^2t^2$$
$$H_3(t) := (4t^2 + 1)^3 + (2t^2)^2 \quad = 64t^6 + 4t^2(13t^2 + 3) + 1$$

alle HEINERSCH (die Ausdrücke in den Klammern nach dem ersten Gleichheitszeichen sind positiv ganz!), und $H_1(t)$ und $H_3(t)$ sind Vorgänger bzw. Nachfolger von $H_2(s, t)$. □

In obiger Darstellung haben wir an vielen Stellen aus einer Auswahl von Fortsetzungen gleich die Erfolg versprechende Variante dargestellt. Mögliche Irrwege hätten (und haben!) sich u. a. an folgenden Stellen aufgetan: Warum wählen wir drei aufeinander folgende Kubikzahlen? Warum die Beschränkung von a auf Vielfache von 4 und nicht 2? Warum die Beschränkung auf die Lösungstripel $(a, x, z) = (4k, 10k, 2k)$ und nicht $(4k, 14k, 10k)$? Was, wenn man die Theorie der PELLSCHEN Gleichung nicht kennt? Ein Muster der Lösungszahlen durch Probieren zu erkennen ist wohl kaum möglich. Allerdings hilft einem ein Computer. Die App *WolframAlpha*® spuckt nach wenigen Sekunden die Lösungen zu (2) aus (Bild 1).

Dass wir uns bei den Ansätzen erheblich eingeschränkt haben, erkennt man auch daran, dass unsere Formel eine sehr ausgedünnte Tabelle möglicher HEINERSCHER Tripel bereitstellt: Mit einem Computeralgebrasystem (CAS) erhält man $(s_1, t_1) = (4936, 1369)$, $(s_2, t_2) = (6\,406\,924, 1\,776\,961)$ und hieraus[‡]

$$H_2(4936, 1369) = 421\,309\,111\,022\,716\,351\,808 \quad \text{und}$$
$$H_2(6\,406\,924, 1\,776\,961) = 2\,014\,871\,487\,313\,770\,747\,701\,034\,231\,710\,777\,909\,888.$$

Dies ist natürlich noch nicht die von uns gewünschte einfache Lösung, da die Theorie der PELLSCHEN Gleichung nicht zum Schulstoff gehört und ersatzweise die vollständige Induktion doch noch eine längere Argumentation erfordert.

Also suchen wir weiter. Eine ähnliche Reduzierung der Variablen wie in obigem Ansatz erreicht man, wenn man nicht von drei aufeinander folgenden Kubikzahlen ausgeht, sondern von drei aufeinander folgenden Quadratzahlen. Da eine computergestützte Suche kein solches Tripel im Zahlenraum bis 7000 findet, hatte ich diesen Ansatz verworfen – bis mir ECKARD SPECHT zur Erstellung der Lösungsbeispiele [5] eine achtzeilige „Meteoriten"-Lösung mit eben dieser Eigenschaft zusandte (siehe 2. Beweis weiter unten). In dieser Lösung sind die „möglichst einfachen Terme", von denen ich in der Einleitung sprach, Polynome fünften Grades. Mein Versuch, eine motivatorisch begründete Herleitung für meine Lösungsbeispiele [5] zu finden, führte zu folgendem Ansatz und schließlich zu diesem Artikel.

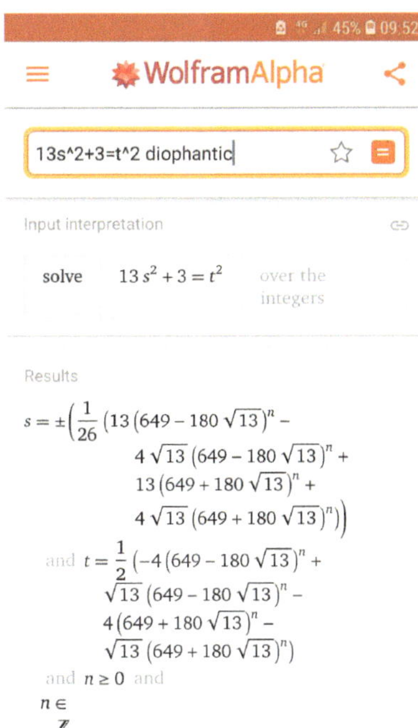

Bild 1. Ausgabe von *WolframAlpha*® (Screenshot vom Handy, durch Scrollen werden noch mehr Lösungen angezeigt).

[‡] Der Autor vertraut hier einer alten, noch lauffähigen Version von *DERIVE*®.

2. Ansatz. Wir versuchen, unendlich viele HEINERSCHE Tripel zu finden, bei denen die „Quadratanteile" drei aufeinander folgende Quadratzahlen sind, d. d., wir setzen $H_2 := a^3 + b^2$ und hoffen, dass es zu unendlich vielen geschickt gewählten Paaren (a, b) ein c und d gibt, sodass

$$H_1 = h - 1 = c^3 + (b - 1)^2 \tag{3}$$

$$H_2 = h \quad\;\; = a^3 + b^2 \tag{4}$$

$$H_3 = h + 1 = d^3 + (b + 1)^2. \tag{5}$$

Gleichung (4) in (3) eingesetzt, ergibt die notwendige Bedingung $a^3 + b^2 - 1 = c^3 + (b - 1)^2$, also

$$c^3 - a^3 = 2b - 2 > 0. \tag{6}$$

Da $2b - 2$ immer gerade ist, sind c und a von gleicher Parität und wir setzen $c = a + 2n$ mit geeignetem $n \in \mathbb{N}$. Einsetzen in (6) ergibt $a^3 + 6a^2n + 12an^2 + 8n^3 - a^3 = 2b - 2$ und hieraus die notwendige Bedingung

$$b = b_n = 3a^2n + 6an^2 + 4n^3 + 1. \tag{7}$$

Ähnlich erhalten wir nach Einsetzen von (4) in (5) die Gleichung $a^3 + b^2 + 1 = d^3 + (b + 1)^2$, was sich vereinfacht zu $a^3 - 2b = d^3$; mit (7) erhält man dann die notwendige Bedingung

$$d^3 = d_{a,n}^3 = a^3 - 6a^2n - 12an^2 - 8n^3 - 2. \tag{8}$$

Nun gilt es, unendlich viele Paare (a, n) zu finden, für die der Term (8) die dritte Potenz einer positiven ganzen Zahl ist. Ausprobieren mit dem Computer liefert $d_{9,1}^3 = 5^3$, $d_{25,2}^3 = 19^3$, $d_{49,3}^3 = 41^3$, $d_{1,0}^3 = (-1)^3$. Dies führt zur Vermutung, dass dies erfüllt ist für alle

$$a_n = (2n + 1)^2, \tag{9}$$

also $c = c_n = a + 2n = 4n^2 + 6n + 1$. Einsetzen in (8), Ausmultiplizieren und Faktorisieren ergibt tatsächlich, dass

$$d^3 = d_{(2n+1)^2,n}^3 = (2n + 1)^6 - 6(2n + 1)^4n - 12(2n + 1)^2n^2 - 8n^3 - 2$$

$$= 64n^6 + 96n^5 - 40n^3 + 6n - 1 = (4n^2 + 2n - 1)^3$$

für jedes ganzzahlige $n \neq 0$ die dritte Potenz einer positiven ganzen Zahl ist. Mit (7) ist schließlich

$$b_n = 3(2n + 1)^4n + 6(2n + 1)^2n^2 + 4n^3 + 1$$

$$= 48n^5 + 120n^4 + 100n^3 + 30n^2 + 3n + 1.$$

Ein Nachweis, dass diese Bedingungen auch hinreichend sind, lässt einen gewaltigen Meteoriten in Form einer bombastischen Formel vom Himmel fallen:

■ **2. Beweis.** Für $n \geq 1$ sind die drei Zahlen

$$H_i(n) := 2304n^{10} + 11520n^9 + 24000n^8 + 26880n^7 + 17552n^6 + 7008n^5$$
$$+ 1980n^4 + 540n^3 + 129n^2 + 18n + i, \quad i = 1, 2, 3,$$

offensichtlich drei aufeinander folgende positive ganze Zahlen, und dass sie HEINERSCH sind, folgt aus der (durch Ausmultiplizieren leicht zu bestätigenden) Darstellung

$$H_1(n) = (4n^2 + 6n + 1)^3 + (b_n - 1)^2$$
$$H_2(n) = (4n^2 + 4n + 1)^3 + b_n^2$$
$$H_3(n) = (4n^2 + 2n - 1)^3 + (b_n + 1)^2 \quad \text{mit}$$
$$b_n = 48n^5 + 120n^4 + 100n^3 + 30n^2 + 3n + 1. \qquad \square$$

Bemerkung. Die Formel liefert für alle n Summen von Kubik- und Quadratzahlen, allerdings werden für $n = 0$ und $n = -1$ auch zweite und dritte Potenzen von 0 oder negativen Zahlen zugelassen. So liefert $n = -1$ das „unechte" HEINERSCHE Tripel $0 = (-1)^3 + 1^2, 1 = 1^3 + 0^2, 2 = 1^3 + 1^2$, und $n = 0$ liefert $1 = 1^3 + 0^2, 2 = 1^3 + 1^2, 3 = (-1)^3 + 2^2$. Für alle anderen Werte von n sind die Basen der dritten Potenzen positiv. Für $n < -1$ sind die b_n negativ, was nicht weiter stört, da man sie durch die positiven $|b_n|$ ersetzen kann. Für $n = -2$ und $n = 1$ erhält man als die nächstkleineren Tripel

$$91329 = 5^3 + |-302|^2, \quad 91330 = 9^3 + |-301|^2, \quad 91331 = 11^3 + |-300|^2,$$
$$91932 = 11^3 + 301^2, \qquad 91933 = 9^3 + 302^2, \qquad 91934 = 5^3 + 303^2.$$

Die Richtigkeit dieses Beweises ist mit Mathematikkenntnissen der Mittelstufe nachvollziehbar – allerdings benötigt man dazu eher schulunübliche Ausdauer, was man ersetzen kann durch den Glauben an die Zuverlässigkeit des verwendeten CAS.

3. Ansatz. Auf der Suche nach Mustern stoßen wir in unserer Tabelle 2 auf die beiden HEINERSCHEN Tripel

$$2024 = 10^3 + 32^2, \quad 2025 = 9^3 + 36^2, \quad 2026 = 1^3 + 45^2 \quad \text{und}$$
$$3024 = 12^3 + 36^2, \quad 3025 = 10^3 + 45^2, \quad 3026 = 1^3 + 55^2.$$

Auffällig ist, dass hier mit einer Ausnahme die Quadratanteile Quadrate von *Dreieckszahlen* sind. Aber noch mehr hätte einem – aus der Rückschau betrachtet – auffallen sollen, dass jeweils der Kubikanteil bei H_3 die Zahl 1 ist, d. h. dass H_2 eine Quadratzahl ist. Also ist unser Ansatz:

Problem A. *Finde Quadratzahlen H_2, die* HEINERSCH *sind.*
Dann ist $H_3 = H_2 + 1$ automatisch HEINERSCH.

Problem B. *Finde Quadratzahlen, die um 1 größer sind als eine* HEINERSCHE *Zahl H_1.*

Problem C. *Suche Quadratzahlen, die gleichzeitig in Problem A und B vorkommen.*

Zu Problem A. Ein Blick in Tabelle 1 zeigt, dass 3^2, 6^2, 10^2, 15^2 HEINERSCH sind, also vermuten wir, dass die Quadrate aller Dreieckszahlen außer der Zahl 1 (diese wäre auch HEINERSCH, wenn man die Darstellung $1 = 1^3 + 0^2$ zuließe) alle HEINERSCH sind. Einfache Termumformung bestätigt dies:

$$H_2(n) = \left(\frac{n(n+1)}{2} \right)^2 = \frac{n^4 + 2n^3 + n^2}{4} = \left(\frac{n(n-1)}{2} \right)^2 + n^3.$$

Ich habe mit dieser Formel allerdings keine leichte Fortführung für Problem C gefunden; der Computer sagt, dass für $n = 10, 11, 140, 147, 166, 203, \ldots$ auch $H_2(n) - 1$ HEINERSCH ist. Vielleicht fühlt sich jemand angesprochen, hier eine allgemeine Formel zu finden.

Obige Umformung kann man allgemeiner darstellen: Für positive ganzzahlige n, r, t ist $H_2 = H_2(n, r, t) := (rn^2 + tn)^2 = r^2n^4 - 2rtn^3 + 4rtn^3 + t^2n^2 = (|rn^2 - tn|)^2 + 4rtn^3$ dann eine HEINERSCHE Zahl, wenn $k := 4rt$ eine Kubikzahl ist (und $rn^2 - tn \neq 0$, was für genügend große n stets der Fall ist). Für $r = t = \frac{1}{2}$ erhalten wir die oben betrachteten Dreieckszahlen, ganzzahlige Werte für r und t führen zu Zahlen der Form $(n^2 + 2n)^2$, $(2n^2 + n)^2$, $(n^2 + 16n)^2$ usw.

Zu Problem B. Ermutigt durch obiges Vorgehen (ein Polynom vierten Grades lässt sich aufspalten in Summe aus dritter Potenz eines linearen Polynoms und Quadrat eines quadratischen Polynoms ohne Absolutglied) betrachten wir folgenden recht allgemeinen Ansatz mit sieben Variablen p, q, s, t, A, B, C (alle positiv ganz):

$$H_2 = H_1 + 1 = (px^2 + qx)^2 + (sx + t)^3 + 1 = (Ax^2 + Bx + C)^2.$$

Ausmultiplizieren mit anschließendem Koeffizientenvergleich ergibt

$$p^2x^4 + (2pq + s^3)x^3 + (q^2 + 3s^2t)x^2 + 3st^2x + t^3 + 1$$
$$= A^2x^4 + 2ABx^3 + (B^2 + 2AC)x^2 + 2BCx + C^2,$$

also $C^2 = t^3 + 1$, $2BC = 3st^2$, $B^2 + 2AC = q^2 + 3s^2t$, $2AB = 2pq + s^3$, $A^2 = p^2$. Mit Probieren findet man eine Lösung: Zunächst wählt man für $C^2 = t^3 + 1$ die einfache nichttriviale Lösung $t = 2$ und $C = 3$

(man kann mit höherer Mathematik zeigen, dass es keine weiteren gibt), weiteres Probieren liefert $p = q = s = 2$ und $A = 2$, $B = 4$, weitere Lösungen sind wohl auch möglich. Als Zwischenergebnis ergibt sich unter Berücksichtigung, dass $px^2 + qx \neq 0$ und $sx + t > 0$ sein muss:

> *Für jedes ganzzahlige $x \geq 1$ ist $(2x^2+4x+3)^2-1$ stets* HEINERSCH.

Zu Problem C. Wir bringen die HEINERSCHEN Quadratzahlen $(n^2+2n)^2$ aus Problem A und $(2x^2 + 4x + 3)^2$ aus Problem B zusammen: Die Gleichung $2x^2 + 4x + 3 = n^2 + 2n$ ist äquivalent zu $(n + 1)^2 - 2(x + 1)^2 = 2$ mit einer Startlösung $(n, x) = (9, 6)$. Dies ist wieder eine PELLSCHE Gleichung mit einer Startlösung; von ihr wissen wir bereits, wie man ihr auf die Pelle rückt. Lösungen sind $n_0 = 9$, $x_0 = 6$, $n_{i+1} := 3n_i + 4x_i + 6$ und $x_{i+1} := 2n_i + 3x_i + 4$.

Während der Reinschrift dieses Beitrags fiel mir auf, dass eine weitere Vereinfachung der Terme durch die Substitution $n = s - 1$ und $x = t - 1$ möglich ist, die Formeln werden dann einfacher als in den auf der Homepage des BWM abrufbaren Lösungen [5]: Die PELLSCHE Gleichung wird zu $s^2 - 2t^2 = 2$ mit den Lösungen $s_0 = 10$, $t_0 = 7$, $s_{i+1} := 3s_i + 4t_i$ und $b_{i+1} := 2s_i + 3t_i$, die HEINERSCHE Zahl $(2x^2 + 4x + 3)^2 - 1$ wird zu

$$(2(t - 1)^2 + 4(t - 1) + 3)^2 - 1 = (2t^2 + 1)^2 - 1 =$$
$$(2t^2)^2 + 2 \cdot 2t^2 + 1 - 1 = (2t^2)^2 - 8t^3 + 4t^2 + 8t^3 = (2t^2 - 2t)^2 + (2t)^3$$

und die HEINERSCHE Zahl $(n^2 + 2n)^2 = ((n^2 - 2n)^2 + (2n)^3$ wird zu $((s - 1)^2 + 2(s - 1))^2 = (s^2 - 1)^2$ mit der Darstellung $(s^2 - 1)^2 = ((s - 1)^2 + 2(s - 1))^2 = ((s - 1)^2 - 2(s - 1))^2 + 2^3(s - 1)^3$. Eventuell hätte man diese einfachen Formeln auch direkt erhalten, wenn man bei Problem B den Ansatz $(px^2 + q)^2 + (sx + t)^3 + 1 = (Ax^2 + Bx + C)^2$ gewählt hätte. – Nun haben wir alles für einen

■ **3. Beweis.** Die PELLSCHE Gleichung $s^2 - 2t^2 = 2$ hat die Lösung $(s, t) = (10, 7)$, also gibt es unendlich viele Paare ganzer Zahlen (s, t) mit $s \geq 10$ und $t \geq 7$, die diese Gleichung erfüllen. Für ein jedes solches Zahlenpaar sind dann

$$H_1(t) := (2t^2 + 1)^2 - 1^3 = (2t^2 - 2t)^2 + (2t)^3,$$
$$H_2(t) := (2t^2 + 1)^2 \qquad = (s^2 - 1)^2 = [(s - 1)^2 + 2(s - 1)]^2$$
$$\qquad\qquad\qquad = [(s - 1)^2 - 2(s - 1)]^2 + 2^3(s - 1)^3,$$
$$H_3(t) := (2t^2 + 1)^2 + 1^3$$

offensichtlich drei HEINERSCHE Zahlen und $H_1(t)$ bzw. $H_3(t)$ sind Vorgänger bzw. Nachfolger von $H_2(t)$.　　　　　　　　　　　　　　　　□

Analog zum 1. Ansatz erhält man unendlich viele Lösungen (s_i, t_i) von $s^2 - 2t^2 = 2$ mittels der Rekursion (s. Kasten auf Seite 250)

$$s_0 = 10, \quad t_0 = 6,$$
$$s_{i+1} := 3s_i + 4t_i, \quad t_{i+1} := 2s_i + 3t_i$$

für $i \geq 0$. Auch hier erhalten wir eine recht ausgedünnte Liste von HEINERSCHEN Tripeln: Die drei kleinsten Werte für H_2 sind $H_2(7) = 9801$, $H_2(58) = 11\,309\,769$ und $H_2(239) = 13\,051\,463\,049$.

4. Ansatz. Nun fehlt noch der wirklich einfache Acht-Zeilen-Beweis. Hierzu schauen wir uns den Trick aus dem vorigen Problem nochmals an: Es ist $(x + y)^2 = (x - y)^2 + 4xy$ eine HEINERSCHE Zahl, wenn $4xy$ eine dritte Potenz ist. Wir haben uns durch den Blick auf Tabelle 1 (die uns ja nur relativ kleine Werte angibt) verleiten lassen, nur Binome der Form $(px + q)$ anzusehen. Die Formel im 3. Beweis ermutigt uns, ein Binom der Form $(px^2 + q)$ zu betrachten.

Bei der Umformung $(x + y)^2 = (x - y)^2 + 4xy$ ergibt die Wahl $y = 1$ und $x = 2r^3$, dass $4xy$ eine Kubikzahl ist. Gut, dass wir nicht $y = 2$ und $x = r^3$ und damit eine Sackgasse gewählt haben. Mit dieser Wahl gilt:

$$H_2 = (2r^3 + 1)^2 = (2r^3 - 1)^2 + 8r^3 = (2r^3 - 1)^2 + (2r)^3 \quad \text{und}$$
$$H_3 = H_2 + 1 = (2r^3 + 1)^2 + 1^3$$

sind HEINERSCHE Zahlen. Ferner gilt:

$$H_1 = H_2 - 1 = (2r^3 + 1)^2 - 1 = 4r^6 + 4r^3 + 1 - 1 = 4r^6 + 4r^3.$$

Hier glauben wir uns schon fast am Ziel: Eine weitere Manipulation, die aus den Koeffizienten 4 die Koeffizienten $64 = 8^2 = 4^3$ macht, würde zur gesuchten Summe aus Quadrat- und Kubikzahl führen. Man kann aber zeigen, dass eine solche Manipulation nicht möglich ist. Aber eine quadratische Ergänzung, dieses Mal mit dem gemischten Glied, führt zum Ziel:

$$H_1 = \cdots = 4r^6 - E + 4r^3 + E = (2r^3 - 2r^{\frac{3}{2}})^2 + E \quad \text{mit} \quad E = 8r^{\frac{9}{2}} = (2r^{\frac{3}{2}})^3.$$

Um ganzzahlige Exponenten zu erhalten, setzen wir $r = s^2$, also $E = (2s^3)^3 = 2 \cdot 2s^6 \cdot 2s^3$ und

$$H_1 = \cdots = (2s^6 - 2s^3) + (2s^3)^3 \quad \text{und} \quad H_2 = (2s^6 + 1)^2.$$

Wir überprüfen noch, für welche s die Terme tatsächlich zu positiven Zahlen führen. Für $s = 1$ und $s = 0$ erhalten wir nur die „unechten" HEINERSCHEN Tripel

$$H_1(1) = 8 = 2^3 + 0^2, \quad H_2(1) = 9 = 2^3 + 1^2, \quad H_3(1) = 10 = 1^3 + 3^2,$$
$$H_1(0) = 0 = 0^3 + 0^2, \quad H_2(0) = 1 = 0^3 + (-1)^2, \quad H_3(0) = 2 = 1^3 + 1^2.$$

Unsere Erläuterungen, wie wir den Term gefunden haben, lassen wir weg und können endlich unseren Meteoriten-Beweis, ohne ein Wort zu sagen, an die Tafel schreiben:

■ **Acht-Zeilen-Beweis.** Für jede ganze positive Zahl $s > 1$ sind offensichtlich die drei Zahlen

$$H_1(s) := (2s^6 + 1)^2 - 1 = (2s^6 - 2s^3)^2 + (2s^3)^3$$

$$H_2(s) := (2s^6 + 1)^2 \qquad = (2s^6 - 1)^2 + (2s^2)^3$$

$$H_3(s) := (2s^6 + 1)^2 + 1 = (2s^6 + 1)^2 + 1^3$$

alle HEINERSCH, H_1 und H_3 sind Vorgänger bzw. Nachfolger von H_2, und für verschiedene s erhalten wir verschiedene Zahlen H_2, weil alle Terme streng monoton mit s wachsen.   □

Die „einfachen Terme" sind hier tatsächlich „einfache Polynome", wenn auch zwölften Grades.

Literatur

1. F. N. COLE: *On the factoring of large numbers*, Bull. Amer. Math. Soc. **10** (1903) 3, 134–137.
2. K. DEVLIN: *Sternstunden der modernen Mathematik*, Birkhäuser Verlag Basel, Boston, Berlin 1990.
3. N. J. A. SLOANE: *Online-Encyclopedia of Integer Sequences*, `http://oeis.org/A055394`.
4. M. J. JACOBSON JR., H. C. WILLIAMS: *Solving the Pell Equation*, CMS Books in Mathematics, Springer 2009.
5. `http://www.bundeswettbewerb-mathematik.de`, *Bundeswettbewerb Mathematik – Aufgaben (ab 1999) und Lösungen (ab 2000)*, Bearb. K. FEGERT.

Poster zum *Bundeswettbewerb Mathematik 2018*.

Einen physikalischen Hintergrund zeigt auch das Poster aus dem Jahr 2018. Die Gleichung gibt die „Wurfweite" des Skateboarders mit dem Abwurfwinkel β und der Anfangsgeschwindigkeit v_0 bei einem schiefen Wurf an.

Eine Pralinenschachtel mit versteckter Drehsymmetrie

Horst Sewerin

2. Runde 2018, Aufgabe 2.

Wir betrachten alle reellen Funktionen f mit der Eigenschaft

$$f(1 - f(x)) = x \quad \text{für alle } x \in \mathbb{R}.$$

a) Weise die Existenz einer solchen Funktion durch Angabe eines konkreten Beispiels nach.

b) Wir definieren für jede solche Funktion f die Summe

$$S_f = f(-2017) + f(-2016) + \cdots + f(-1) + f(0)$$
$$+ f(1) + \cdots + f(2017) + f(2018).$$

Bestimme die Menge aller Werte, die derartige Summen S_f annehmen können.

Einige Fakten über Funktionalgleichungen. In dieser Aufgabe begegnet uns zum sechsten Mal beim Bundeswettbewerb Mathematik eine *Funktionalgleichung*[†]. Daher schauen wir zunächst etwas allgemeiner auf diesen besonderen Gleichungstyp. Er ist dadurch gekennzeichnet, dass seine Lösungen – im Gegensatz zu algebraischen Gleichungen (wie z. B. den vertrauten quadratischen Gleichungen) – nicht nur Zahlen, sondern *Funktionen* sind. Die in der Gleichung auftretenden Funktionen können mehrere Variablen haben, und es sei – um uns nicht allzu sehr von der Schulmathematik zu entfernen – die Grundmenge entweder $\mathbb{R}$, $\mathbb{Q}$, $\mathbb{Z}$ oder $\mathbb{N}$ oder eine Teilmenge davon. In der hier diskutierten Aufgabe kommt nur eine Funktion mit nur einer Variablen vor.

Wie wir ebenfalls an dem Beispiel erkennen, wird nicht immer verlangt, eine Funktionalgleichung in dem Sinn zu lösen, dass man alle Funktionen angeben soll, die diese Gleichung erfüllen. Oft geht es um den Nachweis bestimmter Bedingungen, die sich aus den Voraussetzungen ableiten lassen. Oder man verwendet Funktionalgleichungen zur Definition bestimmter Eigenschaften von Funktionen.

[†] Es waren dies zuvor die Aufgaben 1977-2-4 (Seite 293), 1983-2-4 (Seite 305), 2006-2-2 (Seite 351), 2010-2-4 (Seite 359) und 2016-2-3 (Seite 371).

Dies ist übrigens die einzige Gelegenheit, bei der Funktionalgleichungen, jeweils für alle $x \in \mathbb{R}$ und eine reelle Konstante a, in der Schule eine Rolle spielen, nämlich zur Definition

- *gerader* Funktionen: $f(x) = f(-x)$,
- *ungerader* Funktionen: $f(x) = -f(-x)$ bzw. $f(-x) = -f(x)$ und
- *periodischer* Funktionen: $f(x + a) = f(x)$.

Dagegen gehören *Differenzialgleichungen*, also Funktionalgleichungen, in denen auch   Ableitungen der – dann als differenzierbar vorausgesetzten – Funktionen vorkommen, zum Stoffumfang wenigstens der Leistungskurse in Mathematik und Physik.

Jedoch könnten insbesondere die von CAUCHY in einer Publikation von 1821 untersuchten Funktionalgleichungen, deren erste gelegentlich nach ihm benannt wird, interessierten Schülerinnen und Schülern vertraut sein. Sie werden bezeichnet als

klassische Funktionalgleichungen:

$f(x + y) = f(x) + f(y)$ *mit den einzigen stetigen Lösungen $f(x) = ax$,*

$f(xy) = f(x)f(y)$ *mit den einzigen stetigen Lösungen $f(x) = x^a$,*

$f(x + y) = f(x)f(y)$ *mit den einzigen stetigen Lösungen $f(x) = a^x$ und*

$f(xy) = f(x) + f(y)$ *mit den einzigen stetigen Lösungen $f(x) = \log_a(x)$,*

wobei in den ersten beiden Lösungsfunktionen $a \in \mathbb{R}$ und in den beiden letzten Lösungsfunktionen $a \in \mathbb{R}^+$ eine Konstante ist, und wobei in allen vier Beispielen die Nullfunktion $f(x) \equiv 0$ als triviale Lösung dazukommt. Weitere Beispiele für „bekannte" Funktionalgleichungen finden sich in [1].

Wird die Stetigkeit der Lösung einer Funktionalgleichung nicht verlangt, so darf man bei der Betrachtung der Lösungsfunktionen nur auf ihre algebraischen Eigenschaften zurückgreifen. Dies führt zusammen mit der Grundmenge $\mathbb{Z}$ oder $\mathbb{N}$ oft zu eigentlich *zahlentheoretischen* Aufgaben, die lediglich im Gewand einer Funktionalgleichung auftreten. Beispiele hierfür sind die eingangs erwähnten Aufgaben 1983-2-4 und 2010-2-4.

Lösungsstrategien für Funktionalgleichungen. Nun wenden wir uns der vorgestellten Aufgabe zu, wobei wir ausdrücklich auf die Lösungsbeispiele des Bundeswettbewerbs Mathematik [2] zurückgreifen. Wir werden im Folgenden einige für Funktionalgleichungen spezifische Lösungsstrategien kennenlernen. Diese sind zum Beispiel:

Strategie 1:   *Interpretiere die Terme auf beiden Seiten der Gleichung.*

Strategie 2:   *Setze spezielle Werte für die Variablen ein.*

Strategie 3:   *Suche nach Fixpunkten der Funktion(en).*

Strategie 4:   *Betrachte geometrische Aspekte der Gleichung.*

Strategie 5:   *Finde geeignete Substitutionen für Terme oder Funktionen.*

Erste Überlegungen zur gestellten Aufgabe. Da die rechte Seite der gegebenen Funktionalgleichung (Letztere bezeichnen wir der Kürze halber mit Gleichung (1)), hier also x, alle reellen Werte annimmt, ist f surjektiv auf $\mathbb{R}$. Insbesondere ist f nicht konstant, sodass wir zwei verschiedene Werte x_1, x_2 betrachten können.

Aus $x_1 \neq x_2$ folgt $f(1 - f(x_1)) = x_1 \neq x_2 = f(1 - f(x_2))$. Wegen der Eindeutigkeit von f ist dann $1 - f(x_1) \neq 1 - f(x_2)$, woraus $f(x_1) \neq f(x_2)$ folgt. Also ist f injektiv und daher bijektiv.

Daher ist $f(f(x))$ ebenfalls bijektiv auf $\mathbb{R}$.

Aus (1) folgt nun $f(f(1 - f(x))) = f(x)$ für alle reellen x. Wir setzen $f(x) = 1 - c$ mit einem geeigneten Wert c und beachten, dass c wegen der Surjektivität von f alle reellen Werte annehmen kann. So erhalten wir $f(f(c)) = 1 - c$ für alle reellen c. Mit der Abkürzung $f(f(x)) =: h(x)$ gilt also nach Umbenennung der Variablen

$$h(x) = 1 - x \quad \text{für alle reellen } x. \tag{2}$$

Aus dem *Fixpunktansatz* $f(x) = x$ (siehe nebenstehenden Kasten) folgt $h(x) = f(f(x)) = f(x) = 1 - x = x$, also $x = \frac{1}{2}$. Daher besitzt f den einzigen Fixpunkt $x = \frac{1}{2}$, für den (1) in der Tat erfüllt ist.

Nun können wir mit einer beliebigen reellen Zahl $a \neq \frac{1}{2}$ arbeiten und betrachten $b = f(a)$. Dann ist $f(b) = h(a) = 1 - a$ und $f(1 - a) = f(f(b)) = h(b) = 1 - b$. Mit $f(1 - b) = f(f(1 - a)) = h(1 - a) = a$ ergibt sich für alle $a \neq \frac{1}{2}$ der *Viererzyklus* $b, 1 - a, 1 - b, a$ von Funktionswerten, wobei $b \neq a$ aus der Einzigkeit des Fixpunkts $x = \frac{1}{2}$ folgt. Jeweils zwei aufeinander folgende Werte in diesem Zyklus sind größer als $\frac{1}{2}$, die beiden anderen sind kleiner als $\frac{1}{2}$. Außerdem gilt

$$f(a) + f(1 - a) = b + 1 - b = 1 \quad \text{für alle } a \in \mathbb{R}. \tag{3}$$

Lösung des Aufgabenteils b). An dieser Stelle können wir bereits den Aufgabenteil b) beantworten, noch ehe wir ein konkretes Beispiel für die gesuchte Funktion f gefunden haben. Nach (3) gilt nämlich

$$S_f = \sum_{i=-2017}^{2018} f(i) = \sum_{i=1}^{2018} (f(i) + f(1 - i)) = \sum_{i=1}^{2018} 1 = 2018.$$

Dies ist also der einzig mögliche Wert für die Summe S_f, egal wie die Funktion f konkret aussieht.

Geometrische Lösung des Aufgabenteils a). Nun wenden wir uns aber endlich dem Aufgabenteil a) zu, denn alle bisher gewonnenen Erkenntnisse stehen unter dem Vorbehalt, dass es möglicherweise gar keine Funktion mit diesen Eigenschaften gibt. Worauf können wir uns bei der Konstruktion

---

Fixpunkte von Funktionen.

Eine Stelle x_F heißt *Fixpunkt* der Funktion f, wenn $f(x_F) = x_F$ gilt. Eine Funktion kann keine, einen oder mehrere Fixpunkte besitzen. In jedem Fixpunkt schneidet der Graph von f die 1. Winkelhalbierende (Bild 1).

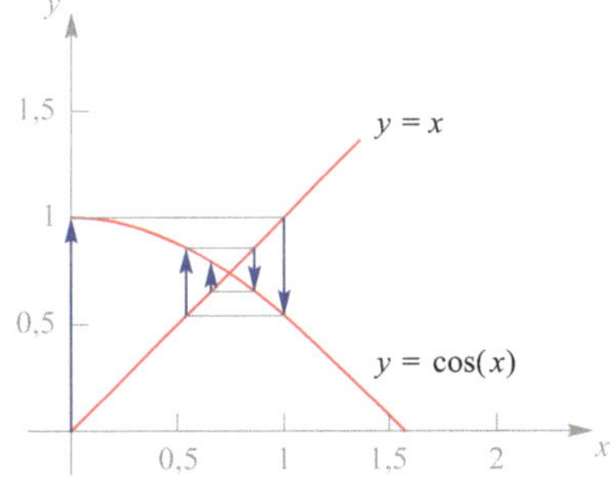

Bild 1. *Fixpunktiteration* zur numerischen Lösung z. B. transzendenter Gleichungen wie $\cos x = x$:
Drückt man nach dem Einschalten eines Taschenrechners (der Startwert sollte dabei null sein) wiederholt die cos-Taste (im Modus rad, Bogenmaß), ändert sich die Anzeige gemäß den Endpunkten der blau gefärbten Wege und nähert sich dabei allmählich dem Fixpunkt $x_F \approx 0{,}73908513$.

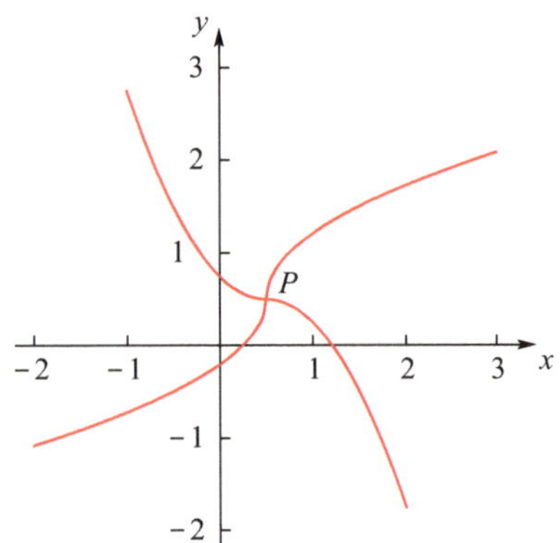

Bild 2. Vier Parabeläste, die vom Fixpunkt P ausgehen.

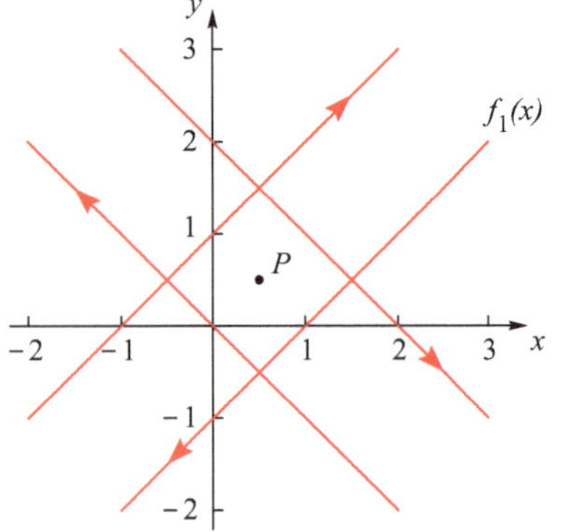

Bild 3. Hier gibt es noch zwei bis vier y-Werte für einen x-Wert, was der Eindeutigkeitsforderung an eine Funktion widerspricht.

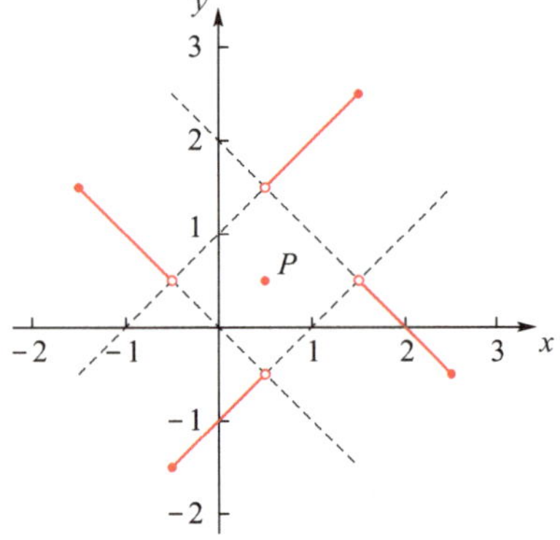

Bild 4. „Herausschälen" einer stückweise stetigen Funktion aus den vier Geraden in Bild 3.

einer Beispielfunktion stützen? Auffällig ist der Viererzyklus von Funktionswerten, der – anschaulich ausgedrückt – auch so beschrieben werden kann:

Mit jedem Punkt $P_1(a, b)$ des Graphen von f liegen auch die Punkte $P_2(b, 1 - a)$, $P_3(1 - a, 1 - b)$ und $P_4(1 - b, a)$ auf dem Graphen G_f von f; hinzu kommt der Fixpunkt $P(\frac{1}{2}, \frac{1}{2})$. Bleiben wir bei der geometrischen Anschauung und fragen: Was haben diese Punkte miteinander zu tun? Aus der Abbildungsgeometrie wissen wir, dass P_1 durch Spiegelung an der 1. Winkelhalbierenden des x, y-Koordinatensystems in den Punkt $Q_1(b, a)$ übergeht, der dann durch Spiegelung an der Geraden $x = \frac{1}{2}$ auf P_2 abgebildet wird. Ganz genauso ist es mit P_2 und P_3, P_3 und P_4 sowie P_4 und P_1.

Die Verkettung zweier Geradenspiegelungen ist bekanntlich eine *Drehung* um den Schnittpunkt der Spiegelgeraden mit dem doppelten eingeschlossenen Winkel als Drehwinkel. Der Schnittpunkt der 1. Winkelhalbierenden und der Geraden $x = \frac{1}{2}$ ist P und die beiden Spiegelgeraden bilden dort einen Winkel von $45°$. Also werden die vier Punkte zyklisch durch eine Drehung um P um $90°$ gegen den Uhrzeigersinn aufeinander abgebildet. Daher ist G_f drehsymmetrisch zu P mit dem Drehwinkel $90°$, etwa wie der in Bild 2 abgebildete Relationsgraph.

Bild 2 zeigt aber auch, welches Problem wir noch zu lösen haben: Die hier abgebildete drehsymmetrische Figur ist *nicht* Graph einer Funktion, weil jedem $x \neq \frac{1}{2}$ mehrere (hier zwei) Werte zugeordnet sind. Also müssen wir wechselseitige „Löcher" in den Ästen zulassen, ohne die Drehsymmetrie zu verletzen oder Definitionslücken zu erzeugen. Da es in der Nähe des Fixpunkts nicht einfach ist, den Überblick über die erforderlichen Löcher zu behalten, könnten wir eine Funktion wählen, die den Abstand zu P wahrt. Versuchen wir es daher zunächst mit der einfachen linearen Funktion $f_1(x) = x - 1$, deren Graph mit seinen Bildern bei der Drehung um P ein Quadrat einschließt (Bild 3).

Natürlich ist auch hier die Eindeutigkeit der Zuordnung verletzt, aber wir erhalten einen Hinweis für das weitere Vorgehen, indem wir den Graphen dynamisch aufbauen. Wenn wir nämlich auf dem Graph von $f_1(x) = x - 1$ von der unteren Quadratecke $(\frac{1}{2}, -\frac{1}{2})$ nach links unten wandern (warum nicht nach rechts oben?), bewegt sich der zugehörige Bildpunkt $(-\frac{1}{2}, \frac{1}{2})$ nach links oben, der andere zugehörige Bildpunkt $(\frac{1}{2}, \frac{3}{2})$ nach rechts oben und der vierte Bildpunkt $(\frac{3}{2}, \frac{1}{2})$ nach rechts unten. Die jeweilige Bewegung darf allerdings die x-Koordinate höchstens um 1 verändern, weil sonst Punkte (z. B. bei $(-\frac{1}{2}, -\frac{3}{2})$ bzw. $(-\frac{1}{2}, \frac{1}{2})$) übereinander liegen. Hier muss also der Definitionsbereich von $f_1(x) = x - 1$ zunächst enden, wobei nur einer der übereinanderliegenden Punkte zur gesuchten Funktion gehören darf. Die Drehbilder des Viererzyklus fügen sich – wie zu erwarten – zu einer auf dem Intervall $I = \left[-\frac{3}{2}, \frac{5}{2}\right]$ wohldefinierten Funktion zusammen, wenn wir die Randpunkte der Abschnitte geeignet zuordnen. Dies ist in Bild 4 dargestellt.

Nun können wir die Funktion entsprechend nach rechts und links fortsetzen und erhalten das Schaubild des Graphen G_f einer möglichen Beispielfunktion zur Lösung der gegebenen Funktionalgleichung (Bild 5).

Eine formale Darstellung für f lautet:

$$f(x) = \begin{cases} \frac{1}{2} & \text{falls } x = \frac{1}{2} \\[2mm] x - 1 & \text{falls } x \in \left[-\frac{1}{2} - 2k, \frac{1}{2} - 2k\right); k \in \mathbb{Z}_0^+ \\[2mm] -x & \text{falls } x \in \left[-\frac{1}{2} - 2k - 1, \frac{1}{2} - 2k - 1\right); k \in \mathbb{Z}_0^+ \\[2mm] 1 - f(1 - x) & \text{falls } x > \frac{1}{2}. \end{cases}$$

Diese Funktion ist offensichtlich auf $\mathbb{R}$ wohldefiniert und erfüllt alle Voraussetzungen.

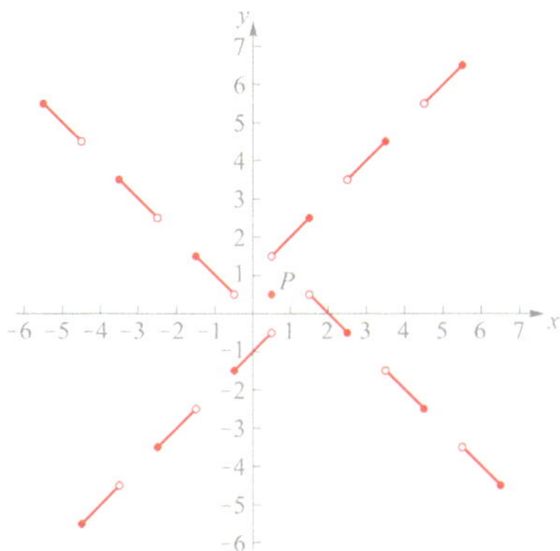

Bild 5. „Windmühlenfunktion" als eine mögliche Lösung der gegebenen Funktionalgleichung.

Ein weiterer Lösungsweg für a). Kann man auch zu einer Lösungsfunktion gelangen, ohne die möglichen Eigenschaften des Funktionsgraphen zu antizipieren? Für ein weiteres Beispiel wählen wir daher einen etwas abstrakteren Zugang. In diesem Beispiel werden darüber hinaus in jeder Umgebung des Fixpunktes P unendlich viele Funktionswerte liegen.

Dazu verwenden wir die *Binärdarstellung* $z = \pm \sum\limits_{-\infty}^{\infty} b_i \cdot 2^i$ einer beliebigen reellen Zahl z mit den Binärziffern $b_i \in \{0; 1\}$, die dadurch eindeutig bestimmt ist, dass $b_i = 1$ für alle i kleiner als irgendeine Zahl k ausgeschlossen sei (analog zum Ausschluss von $0,\overline{9}$ als Dezimalbruchentwicklung). Für jede reelle Zahl $x \neq \frac{1}{2}$ sei $z = x - \frac{1}{2}$ und es sei $m = \max\limits_{i}(b_i = 1)$ in der Binärdarstellung von z, also der höchste Exponent, für den die Binärziffer von z den Wert 1 hat. Dieses m ist für alle $x \neq \frac{1}{2}$ eindeutig definiert, und wir unterscheiden zwei Fälle.

Fall 1. m ist gerade. Dann sei $f(x) = \frac{1}{2}x + \frac{1}{4}$.

Fall 2. m ist ungerade. Dann sei $f(x) = -2x + \frac{3}{2}$.

Zum Nachweis, dass f die Parität von m vertauscht, zeigen wir

$$\text{für gerades } m: \quad z_{\text{neu}} = \left(\frac{1}{2}x + \frac{1}{4}\right) - \frac{1}{2} = \frac{1}{2}\left(x - \frac{1}{2}\right) = \frac{1}{2}z,$$

$$\text{d. h. } m \to m - 1,$$

$$\text{für ungerades } m: \quad z_{\text{neu}} = \left(-2x + \frac{3}{2}\right) - \frac{1}{2} = -2\left(x - \frac{1}{2}\right) = -2z,$$

$$\text{d. h. } m \to m + 1.$$

Somit können die beiden Teilfunktionen niemals den gleichen Funktionswert liefern. Also ist die so definierte Funktion, zusammen mit $f(\frac{1}{2}) = \frac{1}{2}$, bijektiv auf $\mathbb{R}$.

Beispiele zur Binärdarstellung reeller Zahlen:

$0{,}125_{10} = 0{,}001_2$

$0{,}83_{10} = 0{,}11010100011110101\ldots_2$

$4{,}31_{10} = 100{,}010011110101110\ldots_2$

$\pi = 11{,}00100100000111111\ldots_2$

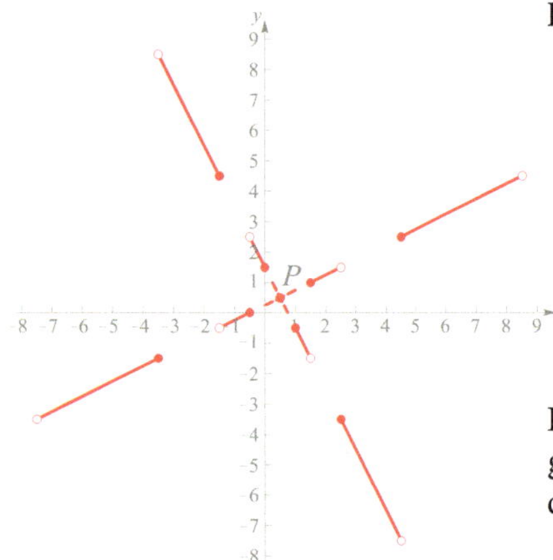

Bild 6. „Propellerfunktion" als eine weitere mögliche Lösung der gegebenen Funktionalgleichung.

Der Nachweis der Erfüllung von (1) erfolgt über (2):

$$g(x) = -2\left(\frac{1}{2}x + \frac{1}{4}\right) + \frac{3}{2} = 1 - x \quad \text{für gerades } m \text{ bzw.}$$

$$g(x) = \frac{1}{2}\left(-2x + \frac{3}{2}\right) + \frac{1}{4} = 1 - x \quad \text{für ungerades } m \text{ und}$$

$$g\left(\frac{1}{2}\right) = \frac{1}{2} = 1 - \frac{1}{2}.$$

In dem Graph von f (Bild 6) sind seine beiden Trägergeraden in der Umgebung des Fixpunkts P natürlich dicht ausgefüllt mit immer kleiner werdenden Segmenten, die sich hier nicht mehr darstellen lassen.

Anwendung einer Substitution. Wenn Lösungsfunktionen Fixpunkte besitzen, bietet es sich an, eine Substitution durch eine solche Funktion vorzunehmen, deren Fixpunkt sich im Ursprung befindet. In unserem Fall wäre daher die Substitution

$$g(x) = f\left(x + \frac{1}{2}\right) - \frac{1}{2} \tag{4}$$

sinnvoll. Gleichung (4) ist äquivalent zu

$$f(x) = g\left(x - \frac{1}{2}\right) + \frac{1}{2}, \tag{5}$$

und dies in (1) eingesetzt, liefert

$$f(1 - f(x)) = g\left(1 - f(x) - \frac{1}{2}\right) + \frac{1}{2} = g\left(-f(x) + \frac{1}{2}\right) + \frac{1}{2}$$

$$= g\left(-g\left(x - \frac{1}{2}\right)\right) + \frac{1}{2} = x.$$

Die letzte Gleichung dieser Kette bedeutet nach Umstellung und Substitution von $z = x - \frac{1}{2}$ zunächst $g(-g(z)) = z$, und nach Umbenennung von z in x:

$$g(-g(x)) = x \quad \text{für alle } x \in \mathbb{R}. \tag{6}$$

Damit haben wir eine im Vergleich zu (1) wesentlich einfachere Funktionalgleichung erhalten.

Wie in den obigen ersten Überlegungen können wir nun auch für die Funktion g wichtige Eigenschaften zusammenstellen. Aus (6) sehen wir wieder direkt, dass g surjektiv auf $\mathbb{R}$ ist. Auch ist g injektiv, denn aus der Annahme $g(y) = g(x)$ folgt $x = g(-g(x)) = g(-g(y)) = y$. Somit ist $g(x)$ auf ganz $\mathbb{R}$ umkehrbar mit der Umkehrfunktion g^{-1}. Wenden wir g^{-1} auf beide Seiten von (6) an, so erhalten wir $-g(x) = g^{-1}(x)$ und mit $y = g(x)$ ergibt erneutes Einsetzen in (6) die Beziehung $g(-y) = g^{-1}(y)$. Eine Umbenennung von y in x und Subtraktion beider Gleichungen liefert

$$g(-x) - (-g(x)) = g(x) + g(-x) = 0 \quad \text{für alle } x \in \mathbb{R}. \qquad (7)$$

Daraus folgt durch Resubstitution unmittelbar die bereits früher bewiesene Gleichung (3). Weitere Eigenschaften der Funktion g sowie daraus leicht zu ermittelnde Eigenschaften der Lösungsfunktion f sind in [2] nachzulesen. Insbesondere wird dort gezeigt, dass die Graphen der Lösungsfunktionen auch abschnittsweise gekrümmt sein können.

Zur Entstehung der Aufgabe. Es fügt sich, dass der Autor dieses Beitrags auch der Verfasser der Aufgabe ist. Daher können im Folgenden einige Einblicke über die Entstehung dieses Motivs gegeben werden.

Ausgangspunkt war eine gewisse Unzufriedenheit mit einigen Funktionalgleichungen in mathematischen Schülerwettbewerben, denn immer wieder führten recht komplizierte Terme zu dafür unangemessen trivialen Lösungsfunktionen. Auf der anderen Seite stand eine länger währende Beschäftigung mit einfachen Funktionen, deren zweimalige Hintereinanderausführung die *Identität* liefert, wie etwa $f(x) = \frac{1}{x}$ oder $f(x) = a - x$, und deren Verkettungen. Diese Untersuchungen führten mich im Jahr 2011 neben anderen Ergebnissen schließlich zu der Funktionalgleichung in dieser Aufgabe, von der mir zunächst noch nicht klar war, welche Lösung sie besitzt.

Umso angenehmer war die bei der weiteren Bearbeitung gewonnene Einschätzung, dass Resultat und Schwierigkeitsgrad wohl für einen Schülerwettbewerb passend zu sein schienen. In einer ersten Version teilte ich die Aufgabe CHRISTIAN REIHER mit, einem mehrfachen ehemaligen Bundessieger beim Bundeswettbewerb Mathematik und äußerst erfolgreichen Teilnehmer an der Internationalen Mathematik-Olympiade. Von ihm stammt auch der Vorschlag zu Teil b) der Aufgabe, den ich gern aufgegriffen habe.

Nach der Einsendung an den Aufgabenausschuss „ruhte" das Problem noch einige Jahre, wobei in dieser „Reifezeit" die Mitglieder des Ausschusses an der Aufgabe arbeiten konnten. So entstehen die schließlich im Wettbewerb veröffentlichten Aufgaben in der Regel durch eine intensive Kooperation über mehrere Jahre hinweg (im Aufgabenpool des BWM befinden sich sogar noch Vorschläge aus seiner Gründungszeit vor 50 Jahren).

Für den Aufgabensteller tritt neben den Stolz über die Auswahl eines seiner Motive auch die Neugier auf andere Zugangs- und Lösungswege oder Erweiterungen, auf die er selbst nicht gekommen ist. Hier ließ sich in den Schülerlösungen inhaltlich reiche Beute machen, die anhand zweier Beobachtungen vorgestellt wird.

So führte die Bearbeitung zwangsläufig zu einer intensiven Auseinandersetzung mit der *Injektivität* und der *Surjektivität* von Funktionen. Diese wichtigen Eigenschaften werden in der Schulmathematik allenfalls noch bei der

Umkehrbarkeit der Tangens-Funktion im Hauptwert sowie bei der Nicht-Umkehrbarkeit der quadratischen Funktion angesprochen und ansonsten in ihrer Bedeutung trivialisiert. Ebenso grundlegend ist hier die Notwendigkeit zur abschnittsweisen Definition einer Funktion, die im Unterricht kaum sinnvoll motiviert werden kann. Damit erfüllt diese Aufgabe ein wichtiges Kriterium für Schönheit: Sie weist den Weg zu relevanten Themen innerhalb der Mathematik.

Ein weiteres „Schönheitskriterium" ist die Möglichkeit vielfältiger Zugänge zur Lösung. Einige Zugänge sind in diesem Beitrag und in [2] ausführlich dargelegt, so dass es hier genügt, einige weitere Beispielfunktionen ohne Nachweis anzugeben, die von den Teilnehmern gefunden wurden.

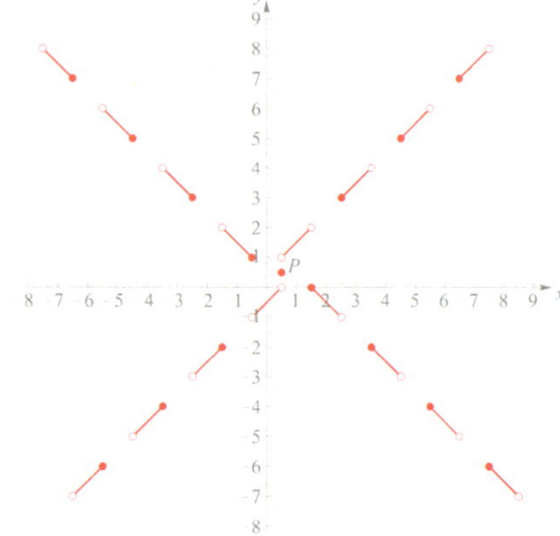

Bild 7. Lösungsgraph zu A).

A)
$$f(x) = \begin{cases} \frac{1}{2} & \text{für } x = \frac{1}{2} \\ x + \frac{1}{2} & \text{für } x > \frac{1}{2} \wedge x \in A \\ x - \frac{1}{2} & \text{für } x < \frac{1}{2} \wedge x \in A \\ -x + \frac{3}{2} & \text{für } x > \frac{1}{2} \wedge x \in B \\ -x + \frac{1}{2} & \text{für } x < \frac{1}{2} \wedge x \in B, \end{cases} \tag{8}$$

wobei die Mengen

$$A = \{x \in \mathbb{R} \setminus \{\tfrac{1}{2}\} \mid \left\lceil 2 \left| x - \tfrac{1}{2} \right| \right\rceil \equiv 1 \mod 2\},$$

$$B = \{x \in \mathbb{R} \setminus \{\tfrac{1}{2}\} \mid \left\lceil 2 \left| x - \tfrac{1}{2} \right| \right\rceil \equiv 0 \mod 2\}$$

benutzt wurden (Bild 7).

B) Ausgehend von der Zahlenfolge $X = \{x_n \mid x_n = \frac{1}{2} + \frac{1}{2n}, n \in \mathbb{N}\}$ definieren wir auf dem Intervall $I_1 = (\frac{1}{2}, 1]$ eine Hilfsfunktion

$$h_1(x) = \begin{cases} x, & \text{falls } x \notin X \\ x_{n+1}, & \text{falls } x \in X. \end{cases}$$

Eine weitere Hilfsfunktion $h_2 = \frac{1}{2x-1}$ bildet $I_1 \setminus \{1\}$ auf $I_2 = (1, \infty)$ ab und ihre Umkehrfunktion ist $h_2^{-1}(x) = \frac{1}{2} + \frac{1}{2x}$. Schließlich sei auf I_1 die Hilfsfunktion $h_3(x) = h_2(h_1(x))$ definiert, welche die Umkehrfunktion h_3^{-1} besitzt. Damit ist

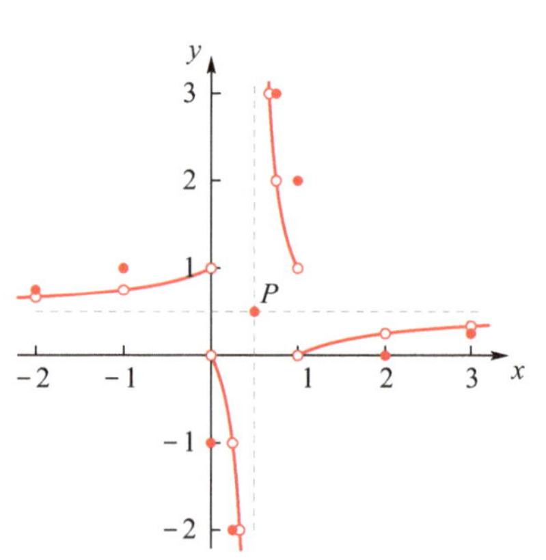

Bild 8. Lösungsgraph zu B).

$$f(x) = \begin{cases} \frac{1}{2} & \text{für } x = \frac{1}{2} \\ h_3(x) & \text{für } x \in I_1 \\ 1 - h_3^{-1}(x) & \text{für } x \in I_2 \\ 1 - f(1-x) & \text{für } x \in \mathbb{R} \setminus (I_1 \cup I_2 \cup \{\tfrac{1}{2}\}). \end{cases} \tag{9}$$

Die beiden folgenden Schülervorschläge kommen neben dem isolierten Fixpunkt P mit nur vier Teilgraphen aus, da sich Funktion und Umkehrfunktion den Geraden $x = \frac{1}{2}$ bzw. $y = \frac{1}{2}$ asymptotisch nähern (Bild 9 und

Bild 10). Beide Varianten zeigen aber auch die Grenzen auf, an die manche Teilnehmer bei der Konstruktion ihres Beispiels stoßen, denn sie enthalten jeweils einen unbemerkten Fehler. Frage an den Leser: Um welchen Fehler handelt es sich, und wie kann er behoben werden? Die Antwort findet sich am Ende des Anhangs auf Seite 386.

C) Verwendung von Exponential- und Logarithmusfunktion:

$$f(x) = \begin{cases} -\frac{1}{2} \cdot \left(\frac{1}{2}\right)^{-x} + \frac{1}{2} & \text{für } x \leq 0 \\[2mm] \log_{\frac{1}{2}}\left(-x + \frac{1}{2}\right) & \text{für } 0 < x < \frac{1}{2} \\[2mm] \frac{1}{2} & \text{für } x = \frac{1}{2} \\[2mm] -\log_{\frac{1}{2}}\left(x - \frac{1}{2}\right) + 1 & \text{für } \frac{1}{2} < x \leq 1 \\[2mm] \left(\frac{1}{2}\right)^{x} + \frac{1}{2} & \text{für } x > 1. \end{cases} \tag{10}$$

D) Verwendung von gebrochen-rationalen Funktionen:

$$f(x) = \begin{cases} \frac{1}{4x-2} + \frac{1}{2} & \text{für } \left(0 < x < \frac{1}{2}\right) \wedge \left(\frac{1}{2} < x < 1\right) \\[2mm] \frac{1}{2} & \text{für } x = \frac{1}{2} \\[2mm] -\frac{1}{4x-2} + \frac{1}{2} & \text{für } (x \leq 0) \wedge (x \geq 1). \end{cases} \tag{11}$$

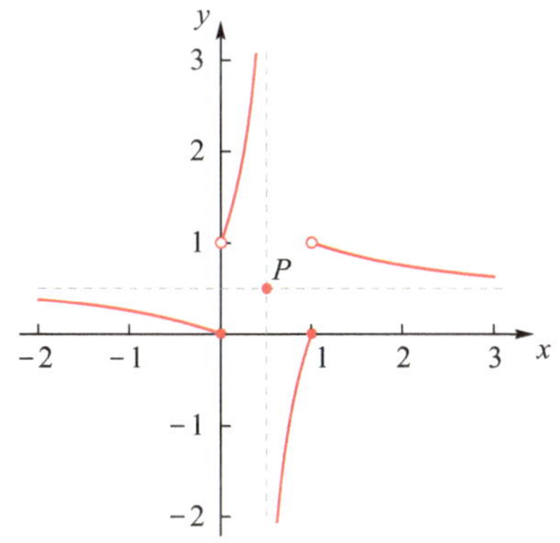

Bild 9. Lösungsgraph zu C). Die beiden Asymptoten durch P sind gestrichelt eingezeichnet.

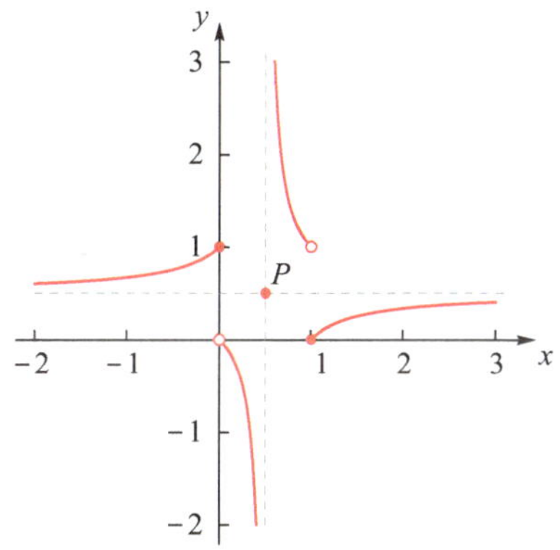

Bild 10. Lösungsgraph zu D).

Weitere Aufgaben und Schlussbemerkungen. Den aufmerksamen Lesern ist sicher aufgefallen, dass in den vorherigen Darlegungen einige Bemerkungen über Funktionalgleichungen nicht durch Beispiele belegt worden sind. Dies soll hier gesammelt nachgeholt werden und erlaubt so einen abschließenden, vergleichenden Blick auf die in diesem Beitrag besprochene Aufgabe.

Es gibt Aufgaben mit Funktionalgleichungen, die eigentlich *zahlentheoretischer Natur* sind. Folgende Beispiele über die vorher genannten BWM-Aufgaben hinaus seien genannt:

Aufgabe 1. *Man bestimme alle reellwertigen Funktionen $f(x)$ mit dem Definitionsbereich $D_f = \mathbb{N}_0$, für die gilt:*
$f(0) = 0$ und $f(x^2 - y^2) = f(x)f(y)$ für $x \neq y$.
[3, Nr. 209]

Aufgabe 2. *Es sei $\mathbb{N}$ die Menge der positiven ganzen Zahlen. Man bestimme alle Funktionen $g : \mathbb{N} \to \mathbb{N}$, sodass die Zahl $(g(m) + n)(m + g(n))$ für alle $m, n \in \mathbb{N}$ eine Quadratzahl ist.*
[4, Aufg. 2010-3]

Es gibt Aufgaben, deren Funktionalgleichung kompliziert aussieht, deren Lösungsfunktionen sich aber als relativ schlicht erweisen. Folgende Beispiele seien genannt:

> **Aufgabe 3.** *Man bestimme alle reellen Funktionen, die die Funktionalgleichung $x^2 f(x) + f(1-x) = 2x - x^4$ für alle reellen Werte für x erfüllen.*
> [3, Nr. 227]

> **Aufgabe 4.** *Es sei $\mathbb{R}$ die Menge der reellen Zahlen. Man bestimme alle Funktionen $f : \mathbb{R} \to \mathbb{R}$, sodass für alle reellen Zahlen x und y gilt: $f(f(x)f(y)) + f(x+y) = f(xy)$.*
> [4, 2017-2]

Es gibt Aufgaben mit Funktionalgleichungen, die eine *eindeutige*, aber nicht-triviale Lösung haben. Folgende Beispiele seien genannt:

> **Aufgabe 5.** *Man bestimme alle Funktionen $F(x)$, die für alle $x \in \mathbb{R}$ mit Ausnahme von $x = 0$ und $x = 1$ definiert sind und welche die Funktionalgleichung $F(x) + F\left(\frac{x-1}{x}\right) = 1 + x$ erfüllen.*
> [5, 1971-B-2]

> **Aufgabe 6.** *Für eine Funktion $f : \mathbb{R} \to \mathbb{R}$ gilt die Funktionalgleichung $x^2 f(x) + f(1-x) = 2x - 4$. Man bestimme $f(x)$.*
> [6, Aufg. 1982-3]

Die Funktionalgleichungen in Aufgabe 3 und in Aufgabe 6 sind fast identisch. Es folgt ein weiteres Beispiel für Funktionalgleichungen, die sich hier nur durch die Vertauschung zweier Zeichen unterscheiden, dadurch aber völlig verschiedene Lösungsfunktionen erzeugen:

> **Aufgabe 7.** *Die Menge aller positiven rationalen Zahlen sei mit $\mathbb{Q}^+$ bezeichnet. Man bestimme alle Funktionen $f : \mathbb{Q}^+ \to \mathbb{Q}^+$ mit der Eigenschaft $f(x^2 f(y)^2) = f(x)^2 f(y)$ für alle $x, y \in \mathbb{Q}^+$.*
> [4, Shortlist 2018]

Aufgabe 8. *Die Menge aller positiven rationalen Zahlen sei mit $\mathbb{Q}^+$ bezeichnet. Man bestimme alle Funktionen $f : \mathbb{Q}^+ \to \mathbb{Q}^+$ mit der Eigenschaft $f(x^2 f(y)^2) = f(x^2) f(y)$ für alle $x, y \in \mathbb{Q}^+$.*
[7, 1. Auswahlklausur für 2019]

Als letztes Beispiel wird eine Funktionalgleichung genannt, die eine sehr tiefgehende Analyse erfordert und die Inhalt eines Vortrags auf dem 8. Weltkongress der World Federation of National Mathematics Competitions (WFNMC) war. Der Verfasser, M. E. KUCZMA, geht, ohne das Schulniveau wesentlich zu überschreiten, auch auf die Hintergründe der Entstehung des dort vorgestellten Problems ein.

Aufgabe 9. *Man bestimme alle Lösungspaare $(f, g) : \mathbb{R} \times \mathbb{R} \to \mathbb{R} \times \mathbb{R}$ für die Funktionalgleichung*
$$x + g(y + f(x)) = y + g(x + f(y)).$$
[8]

Zahlreiche weitere Beispiele sind in [1] und [9] gesammelt.

Eine letzte Bemerkung soll meiner persönlichen Erfahrung beim Lösen von Funktionalgleichungen gelten. Diese wird durch die Abwandlung des berühmten Zitats aus dem Kinofilm „*Forrest Gump*" am besten beschrieben: „*Eine Funktionalgleichung ist wie eine Schachtel Pralinen; man weiß nie, was man kriegt.*"

Literatur

1. A. ENGEL: *Problem-Solving Strategies*, Springer-Verlag, New York Berlin Heidelberg 1998, Kapitel 10.
2. http://www.bundeswettbewerb-mathematik.de, *Bundeswettbewerb Mathematik – Aufgaben (ab 1999) und Lösungen (ab 2000)*, Bearb. K. FEGERT.
3. G. BARON, E. WINDISCHBACHER (Bearb.): *Österreichische Mathematik-Olympiaden 1970–1989*, Universitätsverlag Wagner, Innsbruck 1990.
4. https://www.imo-official.org/problems.aspx, *Problemarchiv der Internationalen Mathematik-Olympiade.*
5. G. L. ALEXANDERSON, L. F. KLOSINSKI, L. C. LARSON (Bearb.): *The William Lowell Putnam Mathematical Competition – Problems and Solutions: 1965–1984*, The Mathematical Association of America 1985.
6. H. SEWERIN: *Mathematische Klausuraufgaben*, Manz, München 1985.
7. http://www.bundeswettbewerb-mathematik.de, *Aufgabenarchiv des Auswahlwettbewerbs (ab 2002).*
8. M. E. KUCZMA: *A functional equation arising from compatibility of means*, Mathematics Competitions **30** (2017) 2 & **31** (2018) 1, 7–14. http://wfnmc.org/Journal%202017%20and%202018%201.pdf.
9. A. M. PARVARDI: *Functional Equations in Mathematical Olympiads: Problems & Solutions*, Vol. I (2017–2018), Amazon Fulfillment, Wrocław 2018.

Poster zum *Bundeswettbewerb Mathematik 2019*.

Im Zentrum steht *„Der vitruvianische Mensch"* von LEONARDO DA VIN-CI, dessen Todestag sich im Wettbewerbsjahr 2019 zum 500. Mal jährte. Die Darstellung idealisierter Proportionen des menschlichen Körpers wird häufig mit dem Goldenen Schnitt in Verbindung gebracht.

Algebraische Zahlen distanzieren sich von den rationalen

Rainer Kaenders

1. Runde 2019, Aufgabe 4.

In der Dezimaldarstellung von $\sqrt{2} = 1{,}4142\ldots$ findet Isabelle eine Folge von k aufeinander folgenden Nullen, dabei ist k eine positive ganze Zahl. Beweise: Die erste Null dieser Folge steht frühestens an der k-ten Stelle nach dem Komma.

Ganzalgebraische Zahlen sind ganz oder gar nicht rational. Die reelle Zahl $\sqrt{2}$ erfüllt eine quadratische Gleichung, nämlich $x^2 - 2 = 0$. Allgemein heißt eine reelle Zahl t, die eine algebraische Gleichung der Form

$$a_n x^n + a_{n-1} x^{n-1} + \cdots + a_1 x + a_0 = 0$$

mit ganzen Zahlen $a_0, a_1, \ldots, a_n$ und $a_n \neq 0$ erfüllt, *algebraisch vom Grad n*, wenn t nicht auch Lösung einer algebraischen Gleichung kleineren Grades ist. Falls die algebraische Gleichung mit ganzzahligen Koeffizienten den Leitkoeffizienten $a_n = 1$ hat, heißen ihre Lösungen *ganzalgebraisch*. Würden wir uns nur auf die Lösungen linearer Gleichungen mit Leitkoeffizient 1 beschränken, erhielten wir die ganzen Zahlen selbst. $\sqrt{2}$ erfüllt $x^2 - 2 = 0$, ist also ganzalgebraisch. Die Summe, das Produkt und der Quotient algebraischer Zahlen ist wieder algebraisch und die Summe und das Produkt ganzalgebraischer Zahlen ist wieder ganzalgebraisch. Das ist nicht offensichtlich, wollen wir hier aber nicht zeigen.

Algebraische Zahlen hätten wir genauso definieren können als Zahlen, die eine Polynomgleichung mit rationalen Koeffizienten erfüllen. Denn wenn wir die ganze Gleichung mit dem Produkt der Nenner all dieser Koeffizienten multiplizieren, erhalten wir wieder eine solche Gleichung mit ganzzahligen Koeffizienten, die von derselben Zahl erfüllt wird. Bei ganzalgebraischen Zahlen geht das nicht. Reelle Zahlen, die überhaupt keine Polynomgleichung mit rationalen oder gar ganzzahligen Koeffizienten erfüllen, nennt man *transzendent*.

Wenn wir nun eine rationale Zahl, die wir als Bruch $\frac{p}{q}$ schreiben können, wobei p und q teilerfremd sind, als Lösung einer solchen Gleichung betrachten, dann gilt für eine Gleichung mit ganzen Zahlen $a_0, a_1, \ldots, a_{n-1}$, dass

$$\left(\frac{p}{q}\right)^n + a_{n-1}\left(\frac{p}{q}\right)^{n-1} + \cdots + a_1\left(\frac{p}{q}\right) + a_0 = 0.$$

Multiplizieren wir die Gleichung mit q^n und stellen sie dann um, so wird dies zu

$$p^n = q\left(-a_{n-1}p^{n-1} - \cdots - a_1pq^{n-2} - a_0q^{n-1}\right).$$

Im Fall $|q| > 1$ hätte q einen Primfaktor, der dann auch p teilen würde. Da p und q teilerfremd sind, folgt $|q| = 1$, also ist $\frac{p}{q}$ ganzzahlig. Wir haben gesehen:

Ganzalgebraische Zahlen sind ganz oder gar nicht rational.

Da $\sqrt{2}$ nicht ganz sein kann (Warum eigentlich nicht?), muss $\sqrt{2}$ irrational sein.

Algebraische Zahlen halten die Brüche auf Abstand. Sei t eine nicht-rationale algebraische Zahl vom Grad n, somit existieren ganzzahlige Koeffizienten $a_0, a_1, \ldots, a_n$ mit $a_n \neq 0$ und

$$a_n t^n + a_{n-1} t^{n-1} + \cdots + a_1 t + a_0 = 0. \tag{1}$$

Hätte das Polynom $a_n x^n + a_{n-1} x^{n-1} + \cdots + a_1 x + a_0$ eine rationale Zahl $\frac{p}{q}$ als Nullstelle, dann könnten wir mit Polynomdivision durch $(x - \frac{p}{q})$ dividieren und erhielten ein Polynom mit rationalen Koeffizienten und Grad $n - 1$, bei dem t immer noch eine Nullstelle wäre. Das ist aber unmöglich, da t Grad n hat. Also gibt es keine rationale Nullstelle.

Setzen wir in die Gleichung eine rationale Zahl ein, die durch einen gekürzten Bruch $\frac{p}{q}$ mit $q > 0$ gegeben wird, so finden wir, dass

$$q^n\left(a_n\left(\frac{p}{q}\right)^n + a_{n-1}\left(\frac{p}{q}\right)^{n-1} + \cdots + a_1\left(\frac{p}{q}\right) + a_0\right)$$

eine von Null verschiedene ganze Zahl sein muss. Ziehen wir hiervon dann noch die Null in Form von (1) ab, so ergibt sich für die Beträge:

$$1 \leq q^n\left|a_n\left(\frac{p}{q}\right)^n + a_{n-1}\left(\frac{p}{q}\right)^{n-1} + \cdots + a_1\left(\frac{p}{q}\right) + a_0\right|$$

$$= q^n\left|a_n\left[\left(\frac{p}{q}\right)^n - t^n\right] + a_{n-1}\left[\left(\frac{p}{q}\right)^{n-1} - t^{n-1}\right] + \cdots + a_1\left(\frac{p}{q} - t\right)\right|.$$

Die Differenz zweier k-ter Potenzen können wir mit Hilfe der Formel

$$a^k - b^k = (a - b)\left(a^{k-1} + a^{k-2}b + a^{k-3}b^2 + \cdots + ab^{k-2} + b^{k-1}\right)$$

behandeln und dadurch überall einmal $\left(\frac{p}{q} - t\right)$ ausklammern. Für festes t ist der Rest ein Polynom $P_t(x)$, ausgewertet in $\frac{p}{q}$. Es gilt also:

$$1 \le q^n \left|\frac{p}{q} - t\right| \left|P_t\left(\frac{p}{q}\right)\right|.$$

Weil P_t ein Polynom ist, das auf dem Intervall $[t-1, t+1]$ beschränkt ist, gibt es eine Konstante $M > 0$, die nur von t abhängt, sodass für alle x mit $|x - t| \le 1$ gilt: $|P_t(x)| < M$. Für $\left|\frac{p}{q} - t\right| \le 1$ heißt das also

$$1 < q^n \left|\frac{p}{q} - t\right| M \quad \text{oder anders gesagt} \quad \left|\frac{p}{q} - t\right| > \frac{1}{M\,q^n}, \qquad (2)$$

und für $\left|\frac{p}{q} - t\right| \le 1$ und $q > M$ und ohnehin für $\left|\frac{p}{q} - t\right| > 1$ haben wir schließlich

$$\left|\frac{p}{q} - t\right| > \frac{1}{q^{n+1}}. \qquad (3)$$

Falls also der Nenner q nur groß genug ist, nämlich $q > M$, dann gilt (3).

Wenn wir versuchen, uns einer algebraischen Zahl t von Grad n mit Schritten der Größe $\frac{1}{q}$ mit einem $q > M$ von der Null aus zu nähern, so werden wir nicht zufällig beliebig nahe neben t auskommen. Wir haben dann immer noch mindestens einen Abstand von $\frac{1}{q^{n+1}}$ von t. Gleichzeitig ist es offenbar möglich, mit dem richtigen Zähler m dafür zu sorgen, dass gilt:

$$\frac{1}{q^{n+1}} < \left|\frac{m}{q} - t\right| < \frac{1}{2\,q}.$$

Die erste transzendente Zahl. Diese oben ausgeführte Beobachtung machte es JOSEPH LIOUVILLE 1844 möglich eine transzendente Zahl konkret anzugeben; es war die erste ganz konkret benennbare reelle Zahl, von der man zeigen konnte, dass sie transzendent ist [1].

Die Idee dabei ist, eine Zahl λ zu konstruieren, die zu nahe an Brüchen mit entsprechend kleinem Nenner liegt, sodass es für jedes $n > 0$ einen gekürzten Bruch $\frac{p}{q}$ gibt, der die Ungleichung (3) verletzt. Diese Zahl ist

$$\lambda := \sum_{k=1}^{\infty} \frac{1}{10^{k!}} = 0{,}110001000000000000000001000000000000000 \cdots.$$

Nehmen wir an, die Zahl wäre Lösung einer algebraischen Gleichung n-ten Grades mit rationalen Koeffizienten. Wie oben beschrieben, gibt es dann ein $M > 0$, sodass für $\frac{p}{q}$ mit $q > M$ gilt:

$$\left|\frac{p}{q} - t\right| > \frac{1}{q^{n+1}}.$$

Sei m eine beliebige natürliche Zahl, sodass $10^{m!} > M$. Dann gilt für die rationale Zahl

$$\sum_{k=1}^{m} \frac{1}{10^{k!}} = \frac{\sum_{k=1}^{m} 10^{m!-k!}}{10^{m!}},$$

dass sie zu nahe an λ liegt. Ihr Abstand zu λ ist nämlich $\sum_{k=m+1}^{\infty} \frac{1}{10^{k!}}$ und kann ohne Probleme grob abgeschätzt werden durch (wie man schon an der Dezimaldarstellung erkennt):

$$\sum_{k=m+1}^{\infty} \frac{1}{10^{k!}} < \frac{2}{10^{(m+1)!}}.$$

Nach der Ungleichung (3) haben wir dann:

$$\frac{1}{\left(10^{m!}\right)^{n+1}} < \frac{2}{10^{(m+1)!}}.$$

Für natürliche Zahlen m mit $m!\,(n+1) < (m+1)!$ bzw. $n < m$ ist diese Aussage falsch. Weil m beliebig groß gewählt werden kann, ist die Annahme, dass λ algebraisch vom Grad n ist, widerlegt. Die Zahl λ ist also transzendent.

Nullen in der Entwicklung von $\sqrt{2}$. Was bedeutet dies nun für $\sqrt{2}$? Falls viele Nullen in der Dezimaldarstellung von $\sqrt{2}$ vorkommen, dann liegt sie nahe an einer rationalen Zahl mit verhältnismäßig kleinem Nenner. Wenden wir die obigen Überlegungen auf diesen Fall an, so finden wir die Lösung der vorgelegten Aufgabe. Wir können sogar beweisen, dass die erste Null dieser Folge von Nullen frühestens an der $(k+1)$-ten Stelle steht.

Verschärfung 1. *Findet Isabelle in der Dezimaldarstellung von $\sqrt{2}$ eine Folge von k Nullen, dann steht die erste Null dieser Folge frühestens an der $(k+1)$-ten Stelle nach dem Komma.*

■ **Beweis.** Sei $t = \sqrt{2}$ unsere ganzalgebraische Zahl vom Grad 2. Angenommen, es findet sich eine Folge von k aufeinander folgenden Nullen ab der $(m+1)$-ten Stelle nach dem Komma. Dann gibt es eine natürliche Zahl N mit $0 < t - \frac{N}{10^m} < \frac{1}{10^{m+k}}$. Die Abschätzung (3) führt uns hier nicht zum Ergebnis, wohingegen die etwas stärkere Abschätzung (2) für $n = 2$ und $q = 10^m$ die Behauptung beweist. Als geeignetes M können wir $M = 4$ wählen, da $P_t(x) = x + \sqrt{2}$ auf $[\sqrt{2}-1, \sqrt{2}+1]$ mit dem Maximum $2\sqrt{2} + 1$ kleiner als 4 ist:

$$t - \frac{N}{10^m} > \frac{1}{4 \cdot 10^{2m}}, \quad \text{somit} \quad \frac{1}{10^{m+k}} > \frac{1}{4 \cdot 10^{2m}}.$$

Es folgt $m \geq k$ und das heißt, dass die erste Null frühestens an der $(k+1)$-ten Stelle stehen kann.   □

Allerdings möchten wir hier noch eine stärkere Behauptung zeigen:

Verschärfung 2. *Findet Isabelle in der Dezimaldarstellung von $\sqrt{2}$ eine Folge von k Nullen, dann steht die erste Null dieser Folge frühestens an der $(k+2)$-ten Stelle nach dem Komma.*

■ **Beweis.** Schreibe $\sqrt{2} = z + r$, wobei $z = \frac{N}{10^m}$ mit $N = 1414\cdots$ einer $(m+1)$-stelligen natürlichen Zahl und $0 < r < \frac{1}{10^{m+k}}$. (In dieser Ungleichung ist die Gleichheit ausgeschlossen, da $\sqrt{2}$ irrational ist.) Das heißt, dass mit der $(m+1)$-ten Stelle eine Folge von k Nullen beginnt. Eine Folge von k Nullen, die mit der $(k+1)$-ten Stelle oder früher begänne, würde $m \leq k$ bedeuten. Wir zeigen, dass dies zu einem Widerspruch führt.

Quadrieren wir $\sqrt{2} = z + r$, erhalten wir $2 = z^2 + 2zr + r^2$, wobei $z^2 = \frac{N^2}{10^{2m}}$. Wegen $z < \sqrt{2} < \frac{3}{2} - \frac{1}{20}$ gilt $2z + \frac{1}{10} < 3$. Für $k \geq 1$ und wegen $m + k \geq 1$ haben wir $2z + \frac{1}{10^{m+k}} < 3$ und es folgt mit $r < \frac{1}{10^{m+k}}$:

$$2zr + r^2 = (2z + r)\, r < \frac{3}{10^{m+k}}. \tag{4}$$

Nun ist $2rz + r^2$ eine Zahl der Form $0, \underbrace{00\cdots0}_{m+k-1\text{ Stück}} \delta * * * \cdots$, wobei die Sternchen $*$ für irgendwelche Ziffern stehen und die Ziffer δ die Werte 0, 1 oder 2 annehmen kann wegen (4). Die Bedingung $m \leq k$ impliziert, dass $m + k \geq 2m$ und wir können $2 = z^2 + 2zr + r^2$ wie folgt aufteilen:

$$\begin{aligned}
2 &= 1, a_1 \cdots a_{2m-1} a_{2m} & &\leftarrow z^2 \\
&+ 0, 0\ \cdots\ 0 \quad\ \delta\ b_{2m+1} \cdots & &\leftarrow 2rz + r^2.
\end{aligned}$$

In den ersten Summanden geht nur z^2 und in den zweiten nur $2rz + r^2$ ein.

Wenn nun die 2 auf diese Weise darstellbar wäre, dann wäre

$$z^2 = 1, \underbrace{99\cdots99}_{2m\text{ Stück}} - \frac{\delta}{10^{2m}}.$$

Dies würde bedeuten, dass $N^2 = (10^m z)^2 = 199\cdots99 - \delta$. Doch können 99, 98 und 97 nicht die letzten beiden Ziffern eines Quadrates sein, das ja einerseits bei Division durch 4 immer den Rest 0 oder 1 lässt und andererseits keine 7 als letzte Ziffer haben kann. Damit ist es also unmöglich, dass die Folge der k-Nullen mit der $(k+1)$-ten Stelle beginnt. Folglich kann sie erst ab der $(k+2)$-ten Stelle beginnen.   □

Wie viele Nullen in der Entwicklung von $\sqrt{2}$ auftreten und an welchen Stellen dies geschieht, bleibt nach wie vor mysteriös. In Tabelle 1 findet sich eine Aufstellung, wann welche Folge von k aufeinander folgenden Nullen

Tabelle 1. Tatsächliches erstes Auftreten von k aufeinander folgenden Nullen in der Dezimaldarstellung von $\sqrt{2}$:

k	beginnend an Nachkommastelle
1	13
2	415
3	1879
4	12 655
5	109 812
6	109 812
7	158 809
8	129 460 489

zum ersten Mal in der Entwicklung von $\sqrt{2}$ erscheint. Schon die ersten Ziffern enthalten viel weniger Nullen, als die Abschätzung nahe legt:

$$\sqrt{2} = 1{,}41421356237309504880168872420969807856967187537694$$
$$80731766797379907324784621070388503875343276415727$$
$$35013846230912297024924836055850737212644121497099$$
$$93583141322266592750559275579995050115278206057147$$
$$01095599716059702745345968620147285174186408891986$$
$$09552329230484308714321450839762603627995251407989$$
$$68725339654633180882964062061525835239505474575028$$
$$77599617298355752203375318570113543746034084988471$$
$$60386899970699004815030544027790316454247823068492$$
$$93691862158057846311159666871301301561856898723723$$
$$52885092648612494977154218334204285686060146824720$$
$$77143585487415565706967765372022648544701585880162$$
$$07584749226572260020855844665214583988939443709265$$
$$91800311388246468157082630100594858704003186480342$$
$$19489727829064104507263688131373985525611732204024$$
$$50912277002269411275736272804957381089675040183698$$
$$68368450725799364729060762996941380475654823728997$$
$$18032680247442062926912485905218100445984215059112$$
$$02494413417285314781058036033710773091828693147101$$
$$71111683916581726889419758716582152128229518488472\dots$$

Die Dezimalentwicklung von $\sqrt{2}$ bzw. von $\sqrt{2} - 1$ kann man zum Beispiel auch mit Hilfe der Funktion $f(x) = \frac{1}{x+2}$ berechnen: Die Zahlen 0, $f(0)$, $f(f(0))$, $f(f(f(0)))$, ..., hierbei entsteht jede Zahl durch Anwendung von f auf die vorangegangene, nähern sich $\sqrt{2} - 1$ an [2, S. 229]. Aber auch bei dieser Herangehensweise wird die Vorhersage von Mustern in der Dezimalentwicklung nicht einfacher.

Die Suche nach solchen Mustern in der Dezimalentwicklung einer Zahl hat eine lange Geschichte. Häufig beziehen sich die Überlegungen auf die Dezimalentwicklung der Kreiszahl π. Beispielsweise berichtet DAVID WELLS [3] von einer Folge von sechsmal der Ziffer 9 ab der 762. Nachkommastelle der Dezimaldarstellung von π, dem so genannten FEYNMAN-*Punkt*. RICHARD FEYNMAN und DOUGLAS R. HOFSTADTER werden gerne mit der Anekdote zitiert, dass sie π bis zur 762. Stelle auswendig lernen und dann nach zwei oder drei Neunen „und so weiter" sagen wollten.

Eine reelle Zahl heißt *normal*, falls alle Ziffern im Zehnersystem mit der gleichen Wahrscheinlichkeit vorkommen und wenn zusätzlich auch alle Ziffernpaare, Dreierkombinationen etc. mit der gleichen Wahrscheinlichkeit in der Dezimalentwicklung der Zahl erscheinen. Eine Zahl heißt *ein-*

fach normal, wenn dies in einem speziellen Zahlensystem zu irgendeiner Basis so ist und sie heißt *absolut normal*, wenn dies in jedem solchen Zahlensystem der Fall ist. Der Begriff geht auf den französischen Mathematiker FÉLIX ÉDOUARD JUSTIN ÉMILE BOREL (1871–1956) zurück [4]. Wenn π normal ist, dann kommt dort auch jede Telefonnummer, jedes Geburtsdatum und sogar die Bibel vor, wenn man sie durch Zahlen kodieren würde.

Falls $\sqrt{2}$ eine normale Zahl ist, würden wir etwa eine Null unter den ersten 10 Ziffern, ein Paar von 2 Nullen unter den ersten 200 Ziffern, eine Folge von 3 Nullen unter den ersten 3000 Ziffern, eine Folge von 4 Nullen unter den ersten 40 000, etc. erwarten. Eine Auszählung unter den oben aufgeführten ersten 1000 Nachkommastellen von $\sqrt{2}$ ergibt 94 einzelne Nullen (100 erwartet) und 7 „Doppelnullen 00" (5 erwartet). Diese Beobachtung und die Bilder 1 und 2 sprechen zumindest nicht gegen die Annahme, dass es sich bei $\sqrt{2}$ um eine normale Zahl handelt.

Der Mathematiker DAVID GAWEN CHAMPERNOWNE hat 1933 erstmals die explizite Konstruktion einer normalen Zahl publiziert [5], die nichts anderes ist als die Aneinanderreihung der natürlichen Zahlen als Nachkommastellen. Im Dezimalsystem lauten die ersten Stellen der CHAMPERNOWNE-Zahl also:

$$C_{10} = 0,12345678910111213141516171819202122232425262728 29\ldots.$$

WACŁAW SIERPIŃSKI hatte allerdings schon 1916 eine absolut normale Zahl konstruiert [6], deren genauere Bestimmung erst 2002 gelang. Von Zahlen wie $\sqrt{2}$, π, e und ln 2, ist es noch offen, ob sie normal sind.

Danksagung. CHRISTOPH KIRFEL und ERIC MÜLLER danke ich für hilfreiche Rückmeldungen bei der Erstellung dieses Beitrags.

Literatur

1. J. LIOUVILLE: *Nouvelle démonstration d'un théorème sur les irrationalles algébriques, inséré dans le compte rendu de la dernière séance*, In: Comptes Rendus Acad. Sci. Paris., Band 18, 1844, 910–911.
2. R. COURANT, H. ROBBINS: *Was ist Mathematik?*, 5. Aufl., Springer Heidelberg Dordrecht London New York 2001, darin: Kapitel 2: Der LIOUVILLEsche Satz und die Konstruktion transzendenter Zahlen, 83–85 und 229–230.
3. D. WELLS: *The Penguin Dictionary of Curious and Interesting Numbers*, Penguin Books, Middlesex, England 1986, S. 51.
4. C. A. PICKOVER: *Das Mathebuch – Von Pythagoras bis in die 57. Dimension, 250 Meilensteine in der Geschichte der Mathematik*, Librero IBP, Kerkdriel 2015, darin: Normale Zahl, Félix Édouard Justin Émile Borel, 1871–1956, 320–321.
5. D. G. CHAMPERNOWNE: *The construction of decimals normal in the scale of ten*, Journal of the London Mathematical Society **8** (1933) 4, 254–260.
6. W. SIERPIŃSKI: *Démonstration èlèmentaire d'un théorème de M. Borel sur les nombres absolutment normaux et détermination effective d'un tel nombre*, Bull. Soc. Math. France **45** (1917), 125–144.

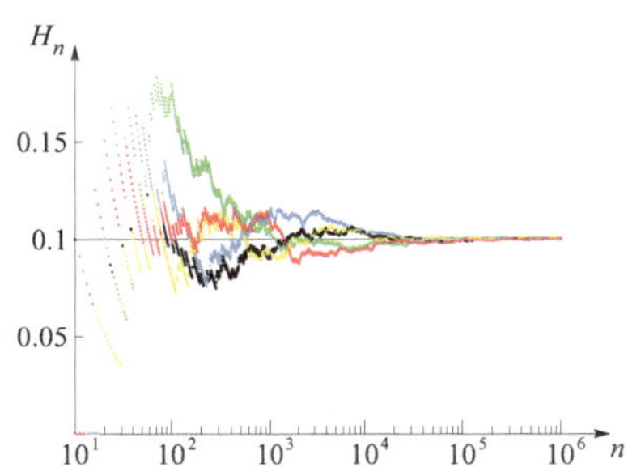

Bild 1. Relative Häufigkeit H_n der Ziffern 0 (rot), 6 (schwarz), 7 (grün), 8 (blau) und 9 (gelb) unter den ersten n Nachkommastellen von $\sqrt{2}$. Die Abszissenachse ist logarithmisch geteilt; man sieht deutlich, dass die Häufigkeit aller Ziffern asymptotisch für $n \to \infty$ gegen $\frac{1}{10}$ zu gehen scheint.

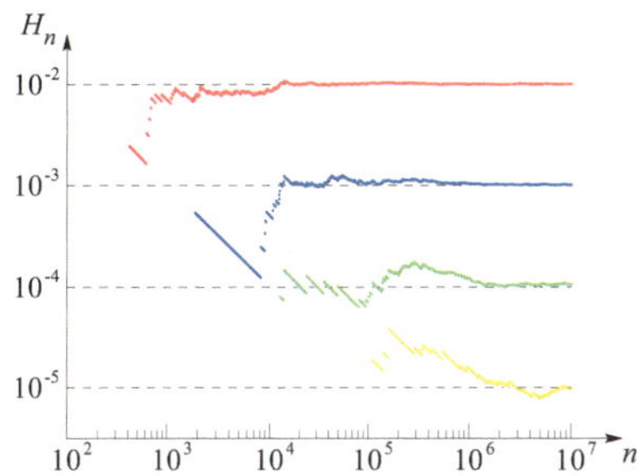

Bild 2. Relative Häufigkeiten H_n der Zifferntupel „00" (rot), „000" (blau), „0000" (grün) und „00000" (gelb) unter den ersten n Nachkommastellen von $\sqrt{2}$. Beide Achsen sind hier logarithmisch geteilt; die Häufigkeit aller Zifferntupel geht asymptotisch für $n \to \infty$ gegen die erwarteten Werte einer Gleichverteilung.

Poster zum *Bundeswettbewerb Mathematik 2020*.

Zum 50-jährigen Jubiläum wurden die drei Elemente des langjährigen Wettbewerbslogos neu arrangiert. Gleichschenkliges Dreieck, Quadrat und Kreis bilden eine abstrakte 50 in der Wettbewerbsfarbe Rot. Welche Bedeutung das Zusammenwirken der drei Flächen hat, wird in diesem Buch auf Seite 381 vorgestellt.

50 Jahre Bundeswettbewerb Mathematik

Aufgaben 1970–2020

1. Runde 1970/71

❶ An einer Tafel stehen die Zahlen $1, 2, 3, \ldots, 1970$. Man darf irgend zwei Zahlen wegwischen und dafür ihre Differenz anschreiben. Wiederholt man diesen Vorgang genügend oft, so bleibt an der Tafel schließlich nur noch eine Zahl stehen.
Es ist nachzuweisen, dass diese Zahl ungerade ist.

❷ Gegeben ist ein Stück Papier. Es wird in acht oder zwölf beliebige Stücke zerschnitten. Jedes der entstandenen Stücke darf man wieder in acht oder zwölf Stücke zerschneiden oder unzerschnitten lassen, usw.
Kann man auf diese Weise 60 Stücke bekommen? Zeige, dass man jede beliebige Anzahl, die größer als 60 ist, erhalten kann!

❸ Von beliebigen fünf Strecken wird lediglich vorausgesetzt, dass man jeweils drei von ihnen zu Seiten eines Dreiecks machen kann.
Es ist nachzuweisen, dass mindestens eines der Dreiecke spitzwinklig ist.

❹ Es sei P das links liegende, Q das rechts liegende von zwei benachbarten Feldern eines Schachbrettes aus $n \times n$ Feldern. Auf dem linken Feld P steht ein Spielstein. Er soll über das Schachbrett bewegt werden. Als Bewegungen sind zugelassen:

    1) Versetzung auf das oben liegende Nachbarfeld,

    2) Versetzung auf das rechts liegende Nachbarfeld,

    3) Versetzung auf das links unten anstoßende Feld.

Auf dem üblichen Schachbrett wäre also von e5 aus nur zulässig:

    1) Versetzung nach e6,

    2) Versetzung nach f5,

    3) Versetzung nach d4.

Beweise: Für keine Zahl n kann der Stein alle Felder je einmal besuchen und seine Wanderung in Q beenden.

2. Runde 1970/71

1 Beweise: Sind a, b, c, d natürliche Zahlen, die der Bedingung $ab = cd$ genügen, so ist $a^2 + b^2 + c^2 + d^2$ keine Primzahl.
Man formuliere und beweise auch eine Verallgemeinerung dieses Satzes.

2 Die Bewohner eines Planeten haben eine Sprache, die nur die Buchstaben A und O besitzt. Zur Vermeidung von Fehlern unterscheiden sich irgend zwei Wörter gleicher Buchstabenanzahl an mindestens drei Stellen (z. B. unterscheiden sich AAOAO und AOAAA an der zweiten, dritten und fünften Stelle).
Zeige, dass es nicht mehr als $\frac{2^n}{n+1}$ Wörter mit n Buchstaben gibt.

3 In einem Land gibt es nur Einbahnstraßen. Zwischen irgend zwei Städten besteht eine und nur eine direkte Straßenverbindung.
Zeige, dass es eine Stadt gibt, die von jeder anderen Stadt aus direkt oder über höchstens eine zweite Stadt erreicht werden kann.

4 Im Innern eines Quadrates mit der Seite 1 liegt ein sich nicht überschneidender Streckenzug, dessen Länge größer als 1000 ist.
Beweise, dass es zu jedem solchen Streckenzug eine Parallele zu einer der Quadratseiten gibt, welche den Streckenzug in mindestens 501 Punkten schneidet.

1. Runde 1971/72

❶ Auf jedem Feld eines Schachbrettes von $n \times n$ Feldern steht eine Zahl. Die Summe der Zahlen in einem Kreuz ist größer oder gleich a; ein *Kreuz* ist die Vereinigung einer beliebigen Zeile mit einer beliebigen Spalte.
Welches ist die kleinstmögliche Summe aller Zahlen auf dem Schachbrett?

❷ In einer Ebene liegen n gleich große kreisrunde Bierfilze $B_1, B_2, \ldots, B_n$ ($n \geq 3$). B_i berührt B_{i+1} für jedes $i \in \{1, 2, 3, \ldots, n\}$; dabei soll $B_{n+1} = B_1$ sein. Die Bierfilze liegen so, dass ein weiterer gleich großer Bierfilz B beim Abrollen außen an der geschlossenen Kette der Bierfilze der Reihe nach jeden Bierfilz berührt. Wie viele Umdrehungen macht B bis zur Rückkehr in die Ausgangslage?

❸ In einer Menge mit n Elementen sind 2^{n-1} Teilmengen derart ausgewählt, dass jeweils drei dieser Teilmengen ein gemeinsames Element haben.
Zeige, dass dann alle ausgewählten Teilmengen ein gemeinsames Element haben.

❹ Beweise: Durchläuft n die Folge der natürlichen Zahlen, so durchläuft

$$\left\lfloor n + \sqrt{n} + \frac{1}{2} \right\rfloor$$

die Folge der natürlichen Zahlen mit Ausnahme der Quadratzahlen.

2. Runde 1971/72

❶ Auf einem Feld eines nach allen Seiten unendlichen „Schachbrettes" steht ein Springer. Auf dem Brett steht sonst keine Schachfigur.
Auf wie viel verschiedenen Feldern kann der Springer nach n Zügen stehen?

❷ Beweise: Unter 79 aufeinander folgenden natürlichen Zahlen gibt es stets mindestens eine, deren Quersumme durch 13 teilbar ist.
Zeige durch ein Gegenbeispiel, dass sich hierbei die Zahl 79 nicht durch die Zahl 78 ersetzen lässt.

❸ Das arithmetische Mittel zweier verschiedener natürlicher Zahlen x und y ist eine zweistellige Zahl. Sie geht in das geometrische Mittel von x und y über, wenn man ihre Ziffern vertauscht.

    a) Bestimme x und y.

    b) Weise nach, dass die Aufgabe a) bis auf die Reihenfolge von x und y genau ein Lösungspaar hat, wenn die Basis g des benützten Stellenwertsystems 10 ist, dass es dagegen für $g = 12$ keine Lösung gibt.

    c) Gib weitere Grundzahlen g an, für die die Aufgabe a) lösbar ist, und solche Grundzahlen, für die sie unlösbar ist.

❹ An einem Schachturnier nehmen p Personen teil ($p > 2$), bei dem jeder Spieler mit jedem anderen Spieler nur einmal zu spielen hat. Nachdem n Spiele gespielt sind, ist folgende Situation eingetreten: Kein Spiel ist im Gang, und in jeder Teilmenge von drei Spielern können mindestens einmal zwei Spieler gefunden werden, die noch nicht miteinander gespielt haben.
Zeige, dass

$$n \le \frac{p^2}{4}.$$

1. Runde 1972/73

❶ Eine natürliche Zahl besitzt eine tausendstellige Darstellung im Dezimalsystem, bei der höchstens eine Ziffer von 5 verschieden ist.

Man zeige, dass sie keine Quadratzahl ist.

❷ Von den Punkten A und B eines ebenen Sees kann man in geradliniger Fahrt jeden Punkt des Sees erreichen.

Es ist zu zeigen, dass man von jedem Punkt der Strecke AB ebenfalls jeden Punkt des Sees geradlinig erreichen kann.

❸ Gegeben sind n Ziffern a_1 bis a_n in vorgegebener Reihenfolge.

Gibt es eine natürliche Zahl, bei der die Dezimaldarstellung ihrer Quadratwurzel hinter dem Komma gerade mit diesen Ziffern in der vorgeschriebenen Reihenfolge beginnt?

❹ Um einen runden Tisch sitzen n Personen. Die Anzahl derjenigen Personen, die das gleiche Geschlecht haben wie die Personen zu ihrer Rechten, ist gleich der Anzahl der Personen, für die das nicht gilt.

Man beweise, dass n durch 4 teilbar ist.

2. Runde 1972/73

❶ In einem Quadrat mit der Seitenlänge 7 sind 51 Punkte markiert.
Es ist zu zeigen, dass es unter diesen Punkten stets drei gibt, die im Innern eines Kreises mit dem Radius 1 liegen.

❷ Mit einer im Zehnersystem geschriebenen natürlichen Zahl darf man folgende Operationen vornehmen:

(1) am Ende der Zahl 4 anhängen,

(2) am Ende der Zahl 0 anhängen,

(3) die Zahl durch 2 teilen, wenn sie gerade ist.

Man zeige, dass man, ausgehend von 4, jede natürliche Zahl durch eine Folge der Operationen (1), (2), (3) erreichen kann.

❸ Zum Auslegen des Fußbodens eines rechteckigen Zimmers sind rechteckige Platten des Formats 2×2 und solche des Formats 4×1 verwendet worden.
Man beweise, dass das Auslegen nicht möglich ist, wenn man von der einen Sorte eine Platte weniger und von der anderen Sorte eine Platte mehr verwenden will.

❹ Man beweise: Für jede natürliche Zahl n gibt es eine im Dezimalsystem n-stellige Zahl aus den Ziffern 1 und 2, die durch 2^n teilbar ist.
Gilt dieser Satz auch in einem Stellenwertsystem der Basis 4 bzw. 6?

1. Runde 1973/74

❶ Unter welchen notwendigen und hinreichenden Bedingungen befinden sich unter allen konvexen Formen eines Gelenkvierecks auch Trapeze?

Erläuterung: Gelenkvierecke sind Vierecke, deren Seitenlängen fest vorgegeben, deren Winkel zwischen den Seiten jedoch variabel sind.

❷ Im Innern eines Quadrats mit der Seitenlänge 2 liegen 7 Vielecke vom Flächeninhalt 1.

Man zeige, dass es darunter zwei Vielecke gibt, die sich in einer Fläche von mindestens $\frac{1}{7}$ überschneiden.

❸ M sei eine Menge mit n Elementen, P sei die Menge aller echten und unechten Teilmengen von M.

Wie groß ist die Anzahl der Paare (A, B), wenn $A \in P$ und $B \in P$ und A echte oder unechte Teilmenge von B ist?

❹ In einem konvexen Vieleck sind alle Diagonalen gezogen.

Man beweise: Jede Seite und jede Diagonale können so mit einem Pfeil versehen werden, dass in Pfeilrichtung kein geschlossener Weg aus Seiten und Diagonalen möglich ist.

2. Runde 1973/74

❶ In einer Ebene sind 25 Punkte so gegeben, dass von irgend drei dieser Punkte stets zwei ausgewählt werden können, deren Entfernung kleiner als 1 ist.
Es ist zu zeigen, dass es unter diesen Punkten 13 gibt, die man durch eine Kreisscheibe vom Radius 1 überdecken kann.
Man beweise auch eine Verallgemeinerung dieses Satzes.

❷ Von 30 gleich aussehenden Kugeln haben 15 das Gewicht a und 15 das Gewicht b ($b \neq a$). Sie sollen nach unterschiedlichem Gewicht sortiert werden Ein damit beauftragter Sortierer legt zwei Haufen von je 15 Kugeln vor und behauptet, die leichteren von den schwereren getrennt zu haben.
Wie kann man mit möglichst wenigen Wägungen auf einer zweischaligen Waage überprüfen, ob die Sortierung richtig ist?

❸ In einem Halbkreis H vom Radius 1 über dem Durchmesser AB ist der Kreis K_1 vom Radius $\frac{1}{2}$ einbeschrieben. Eine Folge verschiedener Kreise $K_1, K_2, \ldots$ mit den Radien $r_1, r_2, \ldots$ ist dadurch definiert, dass für jede natürliche Zahl n der Kreis K_{n+1} den Halbkreis H, die Strecke AB und den Kreis K_n berührt.
Man beweise, dass

$$a_n = \frac{1}{r_n} \quad \text{für } n = 1, 2, \ldots$$

ganzzahlig ist, und zwar eine Quadratzahl, wenn n gerade, und das Doppelte einer Quadratzahl, wenn n ungerade ist.

❹ Peter und Paul spielen um Geld. Sie bestimmen der Reihe nach bei jeder natürlichen Zahl deren größten ungeraden Teiler. Liegt dieser um 1 über einem ganzzahligen Vielfachen von 4, dann zahlt Peter an Paul eine DM, andernfalls Paul an Peter eine DM. Nach einiger Zeit brechen sie ab und machen Bilanz.
Es ist nachzuweisen, dass Paul gewonnen hat.

1. Runde 1975

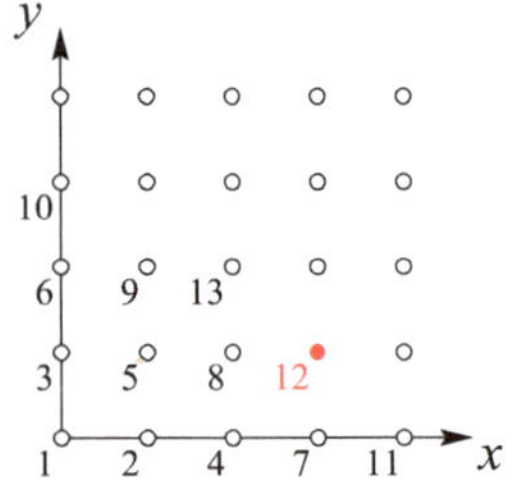

❶ In einem ebenen Koordinatensystem werden die Punkte mit nicht-negativen ganzzahligen Koordinaten gemäß der nebenstehenden Figur nummeriert. Z. B. hat der Punkt $(3|1)$ die Nummer 12.
Welche Nummer hat der Punkt $(x|y)$?

❷ Man zeige, dass jedes konvexe Vielflach mindestens zwei Flächen mit gleicher Anzahl der Kanten besitzt.

❸ Welche Vierecke mit aufeinander senkrecht stehenden Diagonalen besitzen zugleich einen Inkreis und einen Umkreis?

❹ In Sikinien, wo es nur endlich viele Städte gibt, gehen von jeder Stadt drei Straßen aus, von denen jede wieder in eine sikinische Stadt führt; andere Straßen gibt es dort nicht. Ein Tourist startet in der Stadt A und fährt nach folgender Regel: Er wählt in der nächsten Stadt die linke Straße der Gabelung, in der übernächsten die rechte Straße, dann wieder die linke und so weiter, immer abwechselnd.
Man zeige, dass er schließlich nach A zurückkommt.

2. Runde 1975

❶ a, b, c, d seien verschiedene positive reelle Zahlen.

Man beweise: Liegt zwischen a und b mindestens eine der Zahlen c und d oder zwischen c und d mindestens eine der Zahlen a und b, so ist

$$\sqrt{(a+b)(c+d)} > \sqrt{ab} + \sqrt{cd}. \qquad (*)$$

Andernfalls können die vier Zahlen so gewählt werden, dass $(*)$ falsch ist.

❷ Man zeige, dass keine der Zahlen der Folge

$$10001, 100010001, 1000100010001, \ldots$$

eine Primzahl ist.

❸ Es sei $a_n = \frac{1}{n}(x_1 + x_2 + \cdots + x_n)$ das arithmetische, $g_n = \sqrt[n]{x_1 x_2 \cdots x_n}$ das geometrische Mittel der positiven ganzen Zahlen $x_1, x_2, \ldots, x_n$.

Mit S_n sei die folgende Behauptung bezeichnet:

Ist $\frac{a_n}{g_n}$ eine natürliche Zahl, so ist $x_1 = x_2 = \cdots = x_n$.

Man beweise S_2 und widerlege S_n mindestens für alle gerade $n > 2$.

❹ Zwei Brüder haben n Goldstücke vom Gesamtgewicht $2n$ geerbt. Die Gewichte der Stücke sind ganzzahlig, und das schwerste Stück ist nicht schwerer als alle übrigen Stücke zusammen.

Man zeige, dass die Brüder ihr Erbe in zwei gleich schwere Teilmengen aufteilen können, falls n gerade ist.

1. Runde 1976

❶ Punkte mit ganzzahligen Koordinaten heißen *Gitterpunkte*. Im Raum sind neun Gitterpunkte $P_1, P_2, \ldots, P_9$ beliebig ausgewählt.

Man zeige, dass der Mittelpunkt mindestens einer der Strecken $P_i P_j$ ($1 \leq i < j \leq 9$) ebenfalls ein Gitterpunkt ist.

❷ Jede von zwei Gegenseiten eines konvexen Vierecks ist in sieben gleiche Teile geteilt. Die Verbindungsstrecken entsprechender Teilungspunkte teilen das Viereck in sieben Vierecke.

Man beweise, dass der Flächeninhalt von mindestens einem der entstandenen Vierecke gleich $\frac{1}{7}$ des Flächeninhalts des ganzen Vierecks ist.

❸ Eine Menge S von positiven rationalen Zahlen ist durch ein Baumdiagramm so geordnet, dass jedes Element $\frac{a}{b}$ (a und b teilerfremde natürliche Zahlen) genau die beiden Nachfolger $\frac{a}{a+b}$ und $\frac{b}{a+b}$ als Blätter hat.

Wie müssen a und b für das Anfangselement gewählt werden, damit S die Menge aller rationalen Zahlen r mit $0 < r < 1$ ist?

Man gebe ein Verfahren zur Bestimmung der Anzahl der Schritte vom Anfangselement bis zu dem Element $\frac{p}{q}$ an.

❹ In der Ebene sind n verschiedene Punkte ($n > 2$) gegeben. Jeder dieser Punkte ist mit mindestens einem der anderen durch eine Strecke verbunden, und keine dieser Verbindungsstrecken überschneidet eine andere.

Man beweise, dass es höchstens $3n - 6$ derartige Verbindungsstrecken gibt.

2. Runde 1976

❶ Man beweise, dass $1^n + 2^n + \cdots + n^n$ durch n^2 teilbar ist, wenn n eine ungerade natürliche Zahl ist.

❷ In einer Ebene liegen zwei kongruente Quadrate Q und Q'. Sie sollen so in Teilstücke $T_1, T_2, \ldots, T_n$ bzw. $T_1', T_2', \ldots, T_n'$ zerschnitten werden, dass T_i durch eine Parallelverschiebung in T_i' für $i = 1, 2, \ldots, n$ überführt werden kann.

❸ Eine Kreislinie ist in $2n$ gleiche Bögen geteilt, und $P_1, P_2, \ldots, P_{2n}$ ist irgendeine Permutation der Teilpunkte.
Man beweise, dass der geschlossene Streckenzug $P_1 P_2 \ldots P_{2n} P_1$ mindestens ein Paar paralleler Strecken besitzt.

❹ Jeder Punkt des dreidimensionalen euklidischen Raums wird entweder rot oder blau eingefärbt.
Man weise nach, dass es unter den in diesem Raum möglichen Quadraten mit der Seitenlänge 1 wenigstens eines mit drei roten Eckpunkten oder wenigstens eines mit vier blauen Eckpunkten gibt.

1. Runde 1977

❶ Unter 2000 paarweise verschiedenen natürlichen Zahlen befinden sich je zur Hälfte gerade und ungerade Zahlen. Die Summe aller Zahlen ist kleiner als $3\,000\,000$.
Man zeige, dass mindestens eine der Zahlen durch 3 teilbar ist.

❷ Ein Käfer krabbelt auf den Kanten einer n-seitigen Pyramide. Sein Weg beginnt und endet im Mittelpunkt A einer Grundkante. Unterwegs durchläuft er jeden Punkt höchstens einmal.
Wie viele verschiedene Wege stehen ihm zur Verfügung? (Zwei Wege gelten hierbei als gleich, wenn sie aus denselben Punkten bestehen.)
Man zeige, dass die Summe der Eckenanzahlen aller dieser Wege $1^2+2^2+\cdots+n^2$ ist.

❸ Die Zahl 50 sei als Summe nicht unbedingt verschiedener positiver ganzer Zahlen dargestellt. Das Produkt dieser Zahlen ist durch 100 teilbar.
Wie groß kann das Produkt höchstens sein?

❹ In einem Sehnenviereck sind von den Seitenmitten die Lote auf die Gegenseite gefällt. Man zeige, dass diese Lote durch einen Punkt gehen.

2. Runde 1977

❶ Gibt es zwei unendliche, aus nicht-negativen ganzen Zahlen bestehende Mengen A und B, so dass jede nicht-negative ganze Zahl auf genau eine Weise als Summe einer zu A gehörigen und einer zu B gehörigen Zahl geschrieben werden kann?

❷ In der Ebene sind drei nicht-kollineare Punkte A, B, C gegeben. Mit Hilfe einer gegebenen beweglichen Kreisscheibe, mit der man die drei Punkte zugleich bedecken kann und deren Durchmesser vom Durchmesser des Kreises durch A, B, C verschieden ist, soll die vierte Ecke des Parallelogramms $ABCD$ konstruiert werden. (Die Kreisscheibe wird als Kurvenlineal benützt, indem man sie an zwei Punkte anlegt. Punkte sind entweder gegeben oder entstehen als Schnittpunkte von mit dem Kurvenlineal gezeichneten Kreisen.)

❸ Man zeige, dass es unendlich viele natürliche Zahlen gibt, die man nicht in der Form

$$a = a_1^6 + a_2^6 + \cdots + a_7^6$$

darstellen kann, wobei $a_1, a_2, \ldots, a_7$ positive ganze Zahlen sind.
Man beweise auch eine Verallgemeinerung.

❹ Die Funktion f ist auf der Menge D aller von 0 und 1 verschiedenen rationalen Zahlen definiert und erfüllt für jedes $x \in D$ die Gleichung

$$f(x) + f\left(1 - \frac{1}{x}\right) = x.$$

Man bestimme f.

1. Runde 1978

❶ Die Gangart eines Springers beim Schachspiel wird so geändert, dass er statt der üblichen Bewegung um 1 und 2 Felder in zueinander senkrechten Richtungen eine solche um p und q Felder ausführt. Das Schachbrett sei dabei nach allen Seiten unbegrenzt. Nach n Zügen steht der Springer wieder auf dem Ausgangsfeld.
Man beweise, dass n stets eine gerade Zahl ist.

❷ Ein Satz von n^2 Spielmarken besteht aus je n Stück mit den Aufschriften „1", „2", „3" bis „n".
Kann man sie alle so in gerader Linie aufreihen, dass immer zwischen einer Marke mit der Aufschrift „x" und der nächsten Marke mit der Aufschrift „x" genau x Marken mit von „x" verschiedener Aufschrift liegen und das für alle $x \in \{1, 2, 3, \ldots, n\}$?

❸ Unter der *Restsumme* $r(n)$ einer natürlichen Zahl n versteht man die Summe aller Reste, die bei Division von n durch die natürlichen Zahlen von 1 bis n entstehen.
Man zeige: Ist von zwei aufeinander folgenden Zahlen die größere eine Zweierpotenz, so haben beide Zahlen die gleiche Restsumme.

❹ Im Dreieck ABC wird A an B nach A_1, B an C nach B_1 und C an A nach C_1 gespiegelt.
Man konstruiere das Dreieck ABC, falls nur die Punkte A_1, B_1, C_1 gegeben sind.

2. Runde 1978

❶ a, b und c seien die Seitenlängen eines Dreiecks. Weiter sei $R = a^2 + b^2 + c^2$ und $S = (a + b + c)^2$. Man beweise, dass stets gilt

$$\frac{1}{3} \leq \frac{R}{S} < \frac{1}{2}$$

und dass sich dabei die Zahl $\frac{1}{2}$ nicht durch eine kleinere ersetzen lässt.

❷ Im Innern eines Quadrats mit dem Flächeninhalt 1 sind sieben beliebige Punkte gewählt. Zusammen mit den Ecken des Quadrats bilden sie eine Menge M von elf Punkten.
Betrachtet werden nun alle Dreiecke, deren Ecken zu M gehören.

    a) Man beweise: Mindestens eines dieser Dreiecke hat einen Flächeninhalt, der höchstens $\frac{1}{16}$ beträgt.

    b) Man gebe ein Beispiel, bei dem die sieben Punkte so gewählt sind, dass keine vier von ihnen auf einer Geraden liegen und der Flächeninhalt eines jeden der betrachteten Dreiecke mindestens $\frac{1}{16}$ beträgt.

❸ Sünn und Tacks benutzen zu einem Spiel, das über mehrere Runden geht, folgende Wörter: `Bad`, `Binse`, `Käfig`, `Kosewort`, `Maitag`, `Name`, `Pol`, `Parade`, `Wolf`. Zwei Wörter gelten als *verträglich* miteinander, wenn sie genau einen Konsonanten gemeinsam haben. In der 1. Runde bestimmt Sünn für sich und für Tacks je eines der neun Wörter als Startwort. In jeder weiteren Runde nennt zuerst Sünn ein Wort, das mit seinem Wort aus der vorhergegangenen Runde verträglich ist, darauf nennt Tacks seinerseits ein mit seinem Wort aus der vorhergegangenen Runde verträgliches Wort. Tacks hat gewonnen, wenn in der Folge der abwechselnd von Sünn und Tacks genannten Wörter zwei unmittelbar benachbarte Wörter gleich sind.

    a) Man zeige, dass Tacks bei geschicktem Spiel immer gewinnt.
       Wie viele Runden sind dazu höchstens nötig?

    b) Auf Wunsch von Sünn wird das Wort `Käfig` durch `Feige` ersetzt.
       Man zeige, dass nun Tacks nicht mehr gewinnen kann, falls Sünn die Startwörter geeignet wählt und geschickt spielt.

❹ Die Darstellung einer Primzahl im Zehnersystem habe die Eigenschaft, dass jede Permutation der Ziffern wieder die Dezimaldarstellung einer Primzahl ergibt.
Man zeige, dass bei jeder möglichen Anzahl der Stellen höchstens drei verschiedene Ziffern in der Dezimaldarstellung vorkommen.
Man beweise auch eine Verschärfung dieses Satzes.

1. Runde 1979

❶ Einer Fußball-Liga gehören n Vereine an. Eine Spielrunde umfasst die Gesamtheit aller Spiele, bei denen jeder Verein genau einmal gegen jeden anderen spielt.
Wie viele Spielwochen sind für die Durchführung der Spielrunde mindestens erforderlich, wenn jeder Verein wöchentlich höchstens ein Spiel gegen einen der anderen austrägt?
Man gebe ein Verfahren zur Aufstellung eines Spielplanes an.

❷ Die Ecken zweier verschiedener Quadrate sind gegen den Uhrzeigersinn mit A_1, B_1, C_1 und D_1 bzw. A_2, B_2, C_2 und D_2 bezeichnet. Dabei ist $A_1 = A_2$.
Man beweise, dass die Geraden $(B_1 B_2)$, $(C_1 C_2)$ und $(D_1 D_2)$ einen Punkt gemeinsam haben.

❸ Im Dezimalsystem gibt es zweistellige Zahlen, die sich so in zwei natürliche Faktoren zerlegen lassen, dass die beiden Faktoren und die beiden Ziffern der Zahl eine Menge aus vier aufeinander folgenden ganzen Zahlen bilden. (Beispiel: $12 = 3 \cdot 4$).
Man bestimme alle derartigen Zahlen in allen Stellenwertsystemen.

❹ Es sei a eine ganze Zahl, die nicht durch 5 teilbar ist.
Man beweise, dass das Polynom $f(x) = x^5 - x + a$ nicht als Produkt zweier Polynome positiven Grades mit ganzzahligen Koeffizienten dargestellt werden kann.

2. Runde 1979

❶ Jeder Punkt der Ebene sei rot oder blau gefärbt.
Man beweise, dass es dann ein Rechteck mit Eckpunkten gleicher Farbe gibt.
Man beweise auch eine Verallgemeinerung.

❷ Ein Kreis k mit Radius r und Mittelpunkt M sei fest vorgegeben.
Welche Figur bilden die Inkreismittelpunkte aller stumpfwinkligen Dreiecke mit
dem Umkreis k?

❸ Zu einem Turnier treten n Teilnehmer an, durchnummeriert von 0 bis $n - 1$.
Nach Abschluss des Wettkampfs stellt jeder Teilnehmer für seine Nummer s und
seine Punktanzahl t fest: Genau t Teilnehmer haben je s Punkte erreicht.
Man gebe zu allen möglichen Lösungen für jeden Teilnehmer die Anzahl der erzielten Punkte an.

❹ $p_1, p_2, p_3, \ldots$ sei eine unendliche Folge natürlicher Zahlen in Dezimaldarstellung.
Für jeden Index i gelte: Die letzte Ziffer von p_{i+1} – also die Einerziffer – ist von 9
verschieden; streicht man sie, so erhält man p_i.
Man zeige, dass die Folge unendlich viele zusammengesetzte Zahlen enthält.

1. Runde 1980

❶ Eine Tafel besteht aus sechs nebeneinanderliegenden Feldern. Zwei Spieler A und B tragen abwechselnd so lange je eine der Ziffern $0, 1, 2, \ldots, 9$ in ein beliebiges noch freies Feld ein, bis alle Felder besetzt sind; dabei dürfen verschiedene Felder mit derselben Ziffer belegt werden. A fängt an. Nachdem B eine Ziffer in das letzte freie Feld eingetragen hat, werden die sechs aneinandergereihten Ziffern als Dezimaldarstellung einer ganzen Zahl z gedeutet. B hat gewonnen, wenn z durch eine vorher vereinbarte natürliche Zahl n teilbar ist.
Für welche natürlichen Zahlen n zwischen 1 und 20 kann B durch geschicktes Spiel den Gewinn erzwingen, für welche nicht?

❷ Im Dreieck ABC schneiden die Winkelhalbierenden der Innenwinkel bei A und B die jeweils gegenüberliegenden Dreiecksseiten in D bzw. E. P liege auf der Verbindungsgeraden von D und E.
Man beweise, dass der Abstand des Punktes P von der Geraden (AB) gleich der Summe oder Differenz seiner Abstände von (BC) und von (CA) ist.

❸ In der Ebene sind $2n + 3$ ($n \in \mathbb{N}^*$) Punkte gegeben, von denen keine drei auf einer Geraden und keine vier auf einem Kreis liegen.
Man zeige, dass es einen Kreis durch drei der Punkte gibt, so dass von den übrigen $2n$ Punkten n innerhalb und n außerhalb des Kreises liegen.

❹ Gegeben sei die Folge $a_1, a_2, a_3, \ldots$ mit

$$a_n = \frac{1}{n(n + 1)}$$

für alle Indizes n.
Auf wie viele verschiedene Weisen lässt sich der Bruch $\frac{1}{1980}$ als Summe endlich vieler aufeinander folgender Glieder dieser Folge darstellen?

2. Runde 1980

1 Man beweise: Ist nicht jede der beiden natürlichen Zahlen a und b eine Kubikzahl, so ist $\sqrt[3]{a} + \sqrt[3]{b}$ irrational.

2 P sei eine Menge von n Primzahlen. M sei eine Menge von mehr als n natürlichen Zahlen, die alle keine Quadratzahlen sind und von denen keine einen Primfaktor hat, der nicht in P enthalten ist.

Man beweise, dass es stets eine nicht-leere Teilmenge T von M gibt, bei der das Produkt aller ihrer Elemente eine Quadratzahl ist.

3 Im Dreieck ABC sei P ein Punkt auf der Seite AB, Q ein Punkt auf der Seite BC und R ein Punkt auf der Seite AC. P, Q und R seien nicht Ecken des Dreiecks. Betrachtet werden die Kreise durch A, P und R, durch B, P und Q und durch Q, C und R.

Man beweise, dass die Mittelpunkte dieser drei Kreise die Ecken eines zum Dreieck ABC ähnlichen Dreiecks sind.

4 Eine Zahlenfolge $a_1, a_2, a_3, \ldots$ ist definiert durch

$$a_1 = 1, \quad a_2 = 2, \quad a_{n+2} = \begin{cases} 5a_{n+1} - 3a_n, & \text{falls } a_n \cdot a_{n+1} \text{ gerade,} \\ a_{n+1} - a_n, & \text{falls } a_n \cdot a_{n+1} \text{ ungerade.} \end{cases}$$

Man beweise:

a) Die Folge enthält unendlich viele positive und unendlich viele negative Glieder.

b) Kein Glied der Folge ist gleich null.

c) Ist $n = 2^k - 1$ ($k \in \{2, 3, 4, \ldots\}$), so ist a_n durch 7 teilbar.

1. Runde 1981

❶ Es seien a und n natürliche Zahlen und $s = a + a^2 + a^3 + \cdots + a^n$.
Man beweise: In der Dezimaldarstellung hat s dann und nur dann die Einerziffer 1,
wenn auch a und n in ihrer Dezimaldarstellung beide die Einerziffer 1 haben.

❷ Man beweise: Gilt für die Seitenlängen a, b und c eines nicht-gleichseitigen Dreiecks die Beziehung $a + b = 2c$, dann ist die Verbindungsstrecke von Schwerpunkt und Inkreismittelpunkt parallel zu einer Seite des Dreiecks.

❸ Eine quadratische Fläche der Seitenlänge 2^n ist schachbrettartig in Einheitsquadrate unterteilt. Eines dieser Einheitsquadrate wird entfernt.
Man zeige, dass die verbleibende Fläche stets durch Platten der Form ⌐, bestehend aus drei Einheitsquadraten, lückenlos und überschneidungsfrei bedeckt werden kann.

❹ Man beweise: Wenn p eine Primzahl ist, dann lässt sich $2^p + 3^p$ nicht in der Form n^k mit natürlichen Zahlen n und k ($k > 1$) darstellen.

2. Runde 1981

❶ Eine Zahlenfolge $a_1, a_2, a_3, \ldots$ hat folgende Eigenschaft: a_1 ist eine natürliche Zahl, und es gilt

$$a_{n+1} = \left\lfloor \frac{3}{2} a_n \right\rfloor + 1$$

für alle Indizes n.

Kann man a_1 so wählen, dass die ersten $100\,000$ Glieder der Folge alle gerade sind und das $100\,001$-te Glied ungerade ist?

❷ Durch eine bijektive Abbildung der Ebene auf sich werde jeder Kreis in einen Kreis überführt.

Man beweise, dass eine solche Abbildung jede Gerade in eine Gerade überführt.

❸ Es sei k eine natürliche Zahl und $n = 2^{k-1}$.

Man beweise: Aus $2n-1$ natürlichen Zahlen lassen sich stets n Zahlen so auswählen, dass deren Summe durch n teilbar ist.

❹ M sei eine nicht-leere Menge positiver ganzer Zahlen, die mit jedem Element x auch $4x$ und $\lfloor \sqrt{x} \rfloor$ enthält.

Man beweise, dass jede positive ganze Zahl zu M gehört.

1. Runde 1982

❶ S sei die Summe der größten ungeraden Teiler der 2^n natürlichen Zahlen von 1 bis 2^n. Man beweise:

$$3 \cdot S = 4^n + 2.$$

❷ In einem konvexen Viereck $ABCD$ seien die Seiten AB und DC je in m gleiche Teile geteilt. Die Teilungspunkte auf AB seien von A aus der Reihe nach mit $S_1, S_2, \ldots, S_{m-1}$ bezeichnet, die auf DC von D aus mit $T_1, T_2, \ldots, T_{m-1}$. Ebenso seien die Gegenseiten BC und AD von B und A aus durch die Punkte $U_1, U_2, \ldots, U_{n-1}$ bzw. $V_1, V_2, \ldots, V_{n-1}$ je in n gleiche Teile unterteilt.
Man beweise: Jede der Strecken $S_i T_i$ ($1 \leq i \leq m - 1$) wird von den Strecken $U_j V_j$ ($1 \leq j \leq n - 1$) in gleich lange Teilstrecken unterteilt.

❸ In der Ebene sei ein konvexes 1982-Eck gegeben. Es werden alle Dreiecke betrachtet, deren Ecken zugleich Eckpunkte dieses Vielecks sind. Ein Punkt P der Ebene liege auf keiner der Seiten dieser Dreiecke.
Man beweise, dass die Anzahl der betrachteten Dreiecke, die P im Innern enthalten, gerade ist.

❹ Eine Menge reeller Zahlen heißt *summenfrei*, wenn sie keine Elemente x, y, z mit der Eigenschaft $x + y = z$ enthält. Eine summenfreie Teilmenge von $\{1, 2, 3, \ldots, 2n + 1\}$ enthalte k Elemente.
Man bestimme den maximalen Wert für k.

2. Runde 1982

1 Ein Schüler dividiert die natürliche Zahl p durch die natürliche Zahl $q \leq 100$. Irgendwo in der Dezimalentwicklung hinter dem Komma treten die Ziffern 1, 9, 8, 2 hintereinander auf.
Man zeige, dass der Schüler sich verrechnet hat.

2 Kann man jedes beliebige Dreieck ABC durch senkrechte Projektion auf eine Ebene in ein gleichseitiges Dreieck $A'B'C'$ überführen?

3 Für die nicht-negativen Zahlen $a_1, a_2, a_3, \ldots, a_n$ gelte $a_1 + a_2 + a_3 + \cdots + a_n = 1$.
Man beweise, dass dann der Term

$$\frac{a_1}{1 + a_2 + a_3 + \cdots + a_n} + \frac{a_2}{1 + a_1 + a_3 + \cdots + a_n} + \cdots$$
$$+ \frac{a_n}{1 + a_1 + a_2 + \cdots + a_{n-1}}$$

ein Minimum besitzt, und berechne es.

4 Für die positive ganze Zahl n sei $4^n + 2^n + 1$ eine Primzahl.
Man beweise, dass n eine Dreierpotenz ist.

1. Runde 1983

1 Die Oberfläche eines Fußballs setzt sich aus schwarzen Fünfecken und weißen Sechsecken zusammen. An die Seiten eines jeden Fünfecks grenzen lauter Sechsecke, während an die Seiten eines jeden Sechsecks abwechselnd Fünfecke und Sechsecke grenzen.

Man bestimme aus diesen Angaben über den Fußball die Anzahl seiner Fünfecke und seiner Sechsecke.

2 Von einem rechtwinkligen Dreieck sind Umkreis- und Inkreisradius gegeben.

Man konstruiere das Dreieck mit Zirkel und Lineal, beschreibe die Konstruktion und begründe ihre Richtigkeit.

3 Eine reelle Zahl heißt *dreisam*, wenn sie eine Dezimaldarstellung besitzt, in der keine von 0 und 3 verschiedene Ziffer vorkommt.

Man beweise, dass sich jede positive reelle Zahl als Summe von neun dreisamen Zahlen darstellen lässt.

4 Es sei g eine Gerade und n eine vorgegebene natürliche Zahl.

Man beweise, dass sich stets n verschiedene Punkte auf g sowie ein nicht auf g liegender Punkt derart wählen lassen, dass die Entfernung je zweier dieser $n + 1$ Punkte ganzzahlig ist.

2. Runde 1983

❶ Die nebenstehende Figur zeigt einen dreieckigen Billardtisch mit den Seiten a, b und c. Im Punkt S auf c befindet sich eine – als punktförmig anzunehmende – Kugel. Nach Anstoß durchläuft sie, wie in der Figur angedeutet, infolge Reflexion an a, b, a, b und c (in S) immer wieder dieselbe Bahn. Die Reflexion erfolgt nach dem Reflexionsgesetz.

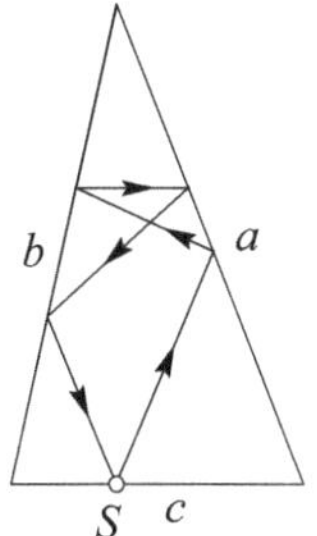

Man charakterisiere die Gesamtheit aller Dreiecke ABC, die eine solche Bahn zulassen, und bestimme die Lage von S.

❷ Zwei Personen A und B machen folgendes Spiel: Sie nehmen aus der Menge $\{0, 1, 2, 3, \ldots, 1024\}$ abwechselnd 512, 256, 128, 64, 32, 16, 8, 4, 2, 1 Zahlen weg, wobei A zuerst 512 Zahlen wegnimmt, B dann 256 Zahlen usw.
Es bleiben zwei Zahlen a, b stehen $(a < b)$. B zahlt an A den Betrag $b - a$.
A möchte möglichst viel gewinnen, B möglichst wenig verlieren.
Welchen Gewinn erzielt A, wenn jeder Spieler seiner Zielsetzung entsprechend optimal spielt?

❸ Im Innern eines Fünfecks liegen k Punkte. Sie bilden zusammen mit den Eckpunkten des Fünfecks eine $(k + 5)$-elementige Menge M. Die Fläche des Fünfecks sei durch Verbindungslinien zwischen den Punkten von M derart in Teilflächen zerlegt, dass keine Teilfläche in ihrem Innern einen Punkt von M enthält und auf dem Rand jeder Teilfläche genau drei Punkte von M liegen. Keine der Verbindungslinien hat mit einer anderen Verbindungslinie oder mit einer Fünfeckseite einen Punkt gemeinsam, der nicht zu M gehört.
Kann bei einer solchen Zerlegung des Fünfecks von jedem Punkt von M eine gerade Anzahl von Verbindungslinien (hierzu zählen auch die Fünfeckseiten) ausgehen?

❹ Für eine Folge $f(0), f(1), f(2), \ldots$ gilt:

$$f(0) = 0 \quad \text{und} \quad f(n) = n - f(f(n - 1)) \quad \text{für } n = 1, 2, 3, \ldots.$$

Man gebe eine Formel an, mit deren Hilfe man für jede natürliche Zahl n den Wert $f(n)$ unmittelbar aus n und ohne Berechnung vorangegangener Folgenglieder bestimmen kann.

1. Runde 1984

❶ Es sei n eine positive ganze Zahl und $M = \{1, 2, 3, 4, 5, 6\}$. Zwei Personen A und B spielen in folgender Weise: A schreibt eine Ziffer aus M auf, B hängt eine Ziffer aus M an, und so wird abwechselnd je eine Ziffer aus M angehängt, bis die $2n$-stellige Dezimaldarstellung einer Zahl entstanden ist. Ist diese Zahl durch 9 teilbar, so gewinnt B, anderenfalls gewinnt A.

Für welche n kann A, für welche n kann B den Gewinn erzwingen?

❷ Gegeben sei ein regelmäßiges n-Eck mit dem Umkreisradius 1. L sei die Menge der (verschiedenen) Längen aller Verbindungsstrecken seiner Eckpunkte.

Wie groß ist die Summe der Quadrate der Elemente von L?

❸ Es seien a und b positive ganze Zahlen.

Man zeige: Ist $a \cdot b$ gerade, dann gibt es positive ganze Zahlen c und d mit

$$a^2 + b^2 + c^2 = d^2;$$

ist dagegen $a \cdot b$ ungerade, so gibt es keine solchen positiven ganzen Zahlen c und d.

❹ In einem quadratischen Feld der Seitenlänge 12 befindet sich eine Quelle, die ein System von geradlinigen Bewässerungsgräben speist. Dieses ist so angelegt, dass für jeden Punkt des Feldes der Abstand zum nächsten Graben höchstens 1 beträgt. Dabei ist die Quelle als Punkt und sind die Gräben als Strecken anzusehen.

Es ist nachzuweisen, dass die Gesamtlänge der Bewässerungsgräben größer als 70 ist.

2. Runde 1984

❶ Die natürlichen Zahlen n und z seien teilerfremd und größer als 1.
Für $k = 0, 1, 2, \ldots, n - 1$ sei $s(k) = 1 + z + z^2 + \cdots + z^k$.
Man beweise:

    a) Mindestens eine der Zahlen $s(k)$ ist durch n teilbar.

    b) Sind auch n und $z - 1$ teilerfremd, so ist schon eine der Zahlen $s(k)$ mit
       $k = 0, 1, 2, \ldots, n - 2$ durch n teilbar.

❷ Man bestimme alle beschränkten abgeschlossenen Teilmengen F der Ebene mit
folgender Eigenschaft:
F besteht aus mindestens zwei Punkten und enthält mit je zwei Punkten A, B stets
auch mindestens einen der beiden Halbkreisbögen über der Strecke AB.

Erläuterung: Eine Teilmenge F der Ebene heißt genau dann *abgeschlossen*, wenn gilt: Zu jedem
Punkt P der Ebene, der nicht Element von F ist, gibt es eine (nicht ausgeartete) Kreisscheibe mit
Mittelpunkt P, die keine Elemente von F enthält.

❸ Die Folgen $a_1, a_2, a_3, \ldots$ und $b_1, b_2, b_3, \ldots$ genügen für alle positiven ganzen
Zahlen n der folgenden Rekursion:

$$a_{n+1} = a_n - b_n \quad \text{und} \quad b_{n+1} = 2b_n, \quad \text{falls } a_n \geq b_n,$$

$$a_{n+1} = 2a_n \quad \text{und} \quad b_{n+1} = b_n - a_n, \quad \text{falls } a_n < b_n.$$

Für welche Paare (a_1, b_1) von positiven reellen Anfangsgliedern gibt es einen Index
k mit $a_k = 0$?

❹ Eine Kugel wird von allen vier Seiten eines räumlichen Vierecks berührt.
Man beweise, dass alle vier Berührpunkte in ein und derselben Ebene liegen.

1. Runde 1985

① Vierundsechzig Spielwürfel gleicher Größe mit den Augenzahlen ⚀ bis ⚅ werden auf einen Tisch geschüttet und zu einem Quadrat mit acht waagerechten und acht senkrechten Würfelreihen zusammengeschoben. Durch Drehen der Würfel, unter Beibehaltung ihres Platzes, soll erreicht werden, dass schließlich bei allen vierundsechzig Würfeln die ⚀ nach oben zeigt. Die Würfel dürfen jedoch nicht einzeln gedreht werden, sondern es ist nur erlaubt, jeweils alle acht Würfel einer waagerechten oder senkrechten Reihe gemeinsam um 90° um die Längsachse dieser Reihe zu drehen.

Man beweise, dass es stets möglich ist, die Würfel durch mehrfaches Anwenden der erlaubten Drehungsart in die geforderte Endlage zu bringen.

② Man beweise, dass in jedem Dreieck für jede seiner Höhen gilt:

Projiziert man den Fußpunkt der Höhe senkrecht auf die beiden anderen Höhen und die zugehörigen Seiten, so liegen die vier Bildpunkte auf einer Geraden.

③ Ausgehend von der Folge $F_1 = (1, 2, 3, 4, \dots)$ der positiven ganzen Zahlen werden weitere Folgen $F_2, F_3, F_4, \dots$ nach folgender Vorschrift gebildet:

F_{n+1} entsteht aus F_n, indem unter Beibehaltung der Reihenfolge zu den durch n teilbaren Gliedern von F_n jeweils 1 addiert wird, während die übrigen Glieder unverändert übernommen werden.

So erhält man z. B.: $F_2 = (2, 3, 4, 5, \dots)$ und $F_3 = (3, 3, 5, 5, \dots)$.

Man bestimme alle positiven ganzen Zahlen n mit der Eigenschaft, dass genau die ersten $n - 1$ Glieder von F_n den Wert n haben.

④ Jeder Punkt des dreidimensionalen Raumes wird mit genau einer der Farben rot, grün, blau gefärbt. Die Mengen R bzw. G bzw. B bestehen aus den Längen derjenigen Strecken im Raum, deren beide Endpunkte gleichfarbig rot bzw. grün bzw. blau gefärbt sind.

Man zeige, dass mindestens eine dieser drei Mengen alle nicht-negativen reellen Zahlen enthält.

2. Runde 1985

❶ Man beweise, dass keine der binär geschriebenen Zahlen $11, 111, 1111, \ldots$ eine Quadratzahl, Kubikzahl oder höhere Potenz einer natürlichen Zahl ist.

❷ Die Inkugel eines beliebigen Tetraeders habe den Radius r. An diese Inkugel werden die vier Tangentialebenen parallel zu den Seitenflächen des Tetraeders gelegt. Sie schneiden vom Tetraeder vier kleinere Tetraeder ab, deren Inkugelradien r_1, r_2, r_3 und r_4 seien.
Man beweise:
$$r_1 + r_2 + r_3 + r_4 = 2r.$$

❸ Von einem Punkt im Raum gehen n Strahlen aus, wobei der Winkel zwischen je zwei dieser Strahlen mindestens $30°$ beträgt.
Man beweise, dass n kleiner als 59 ist.

❹ Bei einer Versammlung treffen sich 512 Personen. Unter je sechs dieser Personen gibt es immer mindestens zwei, die sich gegenseitig kennen.
Man beweise, dass es auf dieser Versammlung sicher sechs Personen gibt, die sich alle gegenseitig kennen.

1. Runde 1986

❶ Auf einem Kreis liegen n Punkte, $n > 1$. Sie sollen so mit $P_1, P_2, P_3, \ldots, P_n$ bezeichnet werden, dass der Streckenzug $P_1 P_2 P_3 \ldots P_n$ überschneidungsfrei ist. Auf wie viele Arten ist dies möglich?

❷ Es sei a eine gegebene natürliche Zahl und $x_1, x_2, x_3, \ldots$ die Folge mit

$$x_n = \frac{n}{n + a} \quad (n \in \mathbb{N}^*).$$

Man beweise, dass sich für jedes $n \in \mathbb{N}^*$ das Folgenglied x_n als Produkt zweier Glieder dieser Folge darstellen lässt, und bestimme die Anzahl der Darstellungen in Abhängigkeit von n und a.

❸ Die Punkte S auf der Seite AB, T auf der Seite BC und U auf der Seite CA eines Dreiecks liegen so, dass Folgendes gilt:

$$AS : SB = 1 : 2, \quad BT : TC = 2 : 3 \quad \text{und} \quad CU : UA = 3 : 1.$$

Man konstruiere das Dreieck ABC, wenn lediglich die Punkte S, T und U gegeben sind.

❹ Die Folge $a_1, a_2, a_3, \ldots$ ist definiert durch

$$a_1 = 1, \quad a_{n+1} = \frac{1}{16} \left(1 + 4a_n + \sqrt{1 + 24a_n} \right) \quad (n \in \mathbb{N}^*).$$

Man bestimme und beweise eine Formel, mit der man zu jeder natürlichen Zahl n das Folgenglied a_n unmittelbar berechnen kann, ohne vorausgehende Folgenglieder bestimmen zu müssen.

2. Runde 1986

❶ Die Kanten eines Würfels werden von 1 bis 12 durchnummeriert; dann wird für jede Ecke die Summe der Nummern der von ihr ausgehenden Kanten bestimmt.

    a) Man zeige, dass diese Summen nicht alle gleich sein können.

    b) Können sich acht gleiche Summen ergeben, nachdem eine der Kantennummern durch die Zahl 13 ersetzt worden ist?

❷ Ein Dreieck habe die Seiten a, b, c, den Inkreisradius r und die Ankreisradien r_a, r_b, r_c.
Man beweise:

    a) Das Dreieck ist genau dann rechtwinklig, wenn gilt:

$$r + r_a + r_b + r_c = a + b + c.$$

    b) Das Dreieck ist genau dann rechtwinklig, wenn gilt:

$$r^2 + r_a^2 + r_b^2 + r_c^2 = a^2 + b^2 + c^2.$$

❸ Es sei d_n die letzte von 0 verschiedene Ziffer der Dezimaldarstellung von $n!$.
Man zeige, dass die Folge $d_1, d_2, d_3, \ldots$ nicht periodisch ist.

Erläuterungen: Eine Folge $a_1, a_2, a_3, \ldots$ heißt genau dann *periodisch*, wenn es natürliche Zahlen T und n_0 mit folgender Eigenschaft gibt: Für alle natürlichen Zahlen n mit $n > n_0$ gilt $a_n = a_{n+T}$.

❹ Gegeben seien die endliche Menge M mit m Elementen und 1986 weitere Mengen $M_1, M_2, M_3, \ldots, M_{1986}$, von denen jede mehr als $\frac{m}{2}$ Elemente aus M enthält.
Man zeige, dass nicht mehr als zehn Elemente von M markiert werden müssen, damit jede Menge M_i ($i = 1, 2, 3, \ldots, 1986$) mindestens ein markiertes Element enthält.

1. Runde 1987

❶ Es sei p eine Primzahl größer als 3 und n eine natürliche Zahl; außerdem habe p^n in der Dezimalschreibweise 20 Stellen.

Man zeige, dass hierin mindestens eine Ziffer mehr als zweimal vorkommt.

❷ Es sei n eine positive ganze Zahl und $M_n = \{1, 2, 3, \ldots, n\}$. Eine Teilmenge T von M_n heiße *fett*, wenn kein Element von T kleiner ist als die Anzahl der Elemente von T. Die Anzahl der fetten Teilmengen von M_n werde mit $f(n)$ bezeichnet.

Man entwickle ein Verfahren, mit dem sich $f(n)$ für jedes n bestimmen lässt, und berechne damit $f(32)$.

❸ Gegeben sei ein konvexes Vieleck mit mindestens drei Ecken. Durch je drei aufeinander folgende Ecken wird jeweils ein Kreis gelegt.

Man beweise, dass mindestens eine der dadurch entstandenen Kreisscheiben das Vieleck ganz überdeckt.

❹ Vorgegeben seien n^3 Einheitswürfel ($n > 1$), die von 1 bis n^3 durchnummeriert sind. Alle diese Einheitswürfel werden zu einem Würfel der Kantenlänge n zusammengesetzt. In diesem Würfel heißen zwei Einheitswürfel *benachbart*, wenn sie mindestens eine Ecke gemeinsam haben. Als *Abstand* zweier benachbarter Einheitswürfel wird der Absolutbetrag der Differenz ihrer Nummern definiert.

Man denke sich für jede mögliche Zusammensetzung des großen Würfels den größten auftretenden Abstand benachbarter Einheitswürfel auf eine Tafel geschrieben.

Was ist die kleinste Zahl, die auf dieser Tafel notiert wird?

Erläuterung: Ein *Einheitswürfel* ist ein Würfel mit der Kantenlänge 1.

2. Runde 1987

❶ Man bestimme alle Tripel (x, y, z) ganzer Zahlen, für die gilt:

$$2^x + 3^y = z^2.$$

❷ Jede Kante eines konvexen Vielflachs ist mit einer Richtung versehen und darf nur in dieser Richtung durchlaufen werden. Dabei gibt es zu jeder Ecke mindestens eine Kante, die zu ihr hinführt, und mindestens eine Kante, die von ihr wegführt. Man zeige, dass dann das Vielflach mindestens zwei Seitenflächen hat, die jeweils auf ihrem Rand umlaufen werden können.

❸ Gegeben sind zwei Folgen natürlicher Zahlen $a_1, a_2, a_3, \ldots$ und $b_1, b_2, b_3, \ldots$ mit

$$a_{n+1} = n \cdot a_n + 1 \quad \text{und} \quad b_{n+1} = n \cdot b_n - 1 \quad \text{für jedes } n \in \{1, 2, 3, \ldots\}.$$

Man zeige, dass es höchstens endlich viele Zahlen gibt, die beiden Folgen angehören.

❹ Es seien k und n natürliche Zahlen mit $1 < k \le n$; $x_1, x_2, x_3, \ldots, x_k$ seien k positive Zahlen, deren Summe gleich ihrem Produkt ist.

    a) Man zeige:
$$x_1^{n-1} + x_2^{n-1} + \cdots + x_k^{n-1} \ge k \cdot n.$$

    b) Welche zusätzlichen Bedingungen für k, n und $x_1, x_2, x_3, \ldots, x_k$ sind notwendig und hinreichend dafür, dass
$$x_1^{n-1} + x_2^{n-1} + \cdots + x_k^{n-1} = k \cdot n$$

    gilt?

1. Runde 1988

❶ Ein Quadrat sei schachbrettartig in n^4 Felder eingeteilt. Auf diese Felder werden n^3 Spielsteine gestellt, auf jedes höchstens einer. Dabei stehen in jeder Zeile gleich viele Steine. Außerdem ist die gesamte Aufstellung symmetrisch zu einer der Diagonalen des Quadrats; diese Diagonale heiße d.

Man beweise:

    a) Ist n ungerade, dann steht auf d mindestens ein Stein.

    b) Ist n gerade, dann gibt es eine Aufstellung der beschriebenen Art, bei der kein Stein auf d steht.

❷ In einem Dreieck seien die Höhen mit h_a, h_b, h_c, der Inkreisradius mit r bezeichnet. Man beweise, dass das Dreieck dann und nur dann gleichseitig ist, wenn

$$h_a + h_b + h_c = 9r$$

ist.

❸ Man beweise, dass jedes Achteck mit lauter rationalen Seitenlängen und lauter gleichen Innenwinkeln punktsymmetrisch ist.

❹ Ausgehend von vier vorgegebenen ganzen Zahlen a_1, b_1, c_1, d_1 definiert man rekursiv für alle positiven ganzen Zahlen n:

$$a_{n+1} := |a_n - b_n|, \quad b_{n+1} := |b_n - c_n|,$$

$$c_{n+1} := |c_n - d_n|, \quad d_{n+1} := |d_n - a_n|.$$

Man beweise, dass es eine natürliche Zahl k gibt, für die alle Folgenglieder a_k, b_k, c_k, d_k den Wert null annehmen.

2. Runde 1988

❶ Für die natürlichen Zahlen x und y gelte

$$2x^2 + x = 3y^2 + y.$$

Man beweise, dass dann $x - y$, $2x + 2y + 1$ und $3x + 3y + 1$ Quadratzahlen sind.

❷ Eine Kreislinie sei irgendwie durch $3k$ Punkte in je k Bögen der Längen 1, 2 und 3 aufgeteilt.
Man beweise, dass stets zwei dieser Punkte sich diametral gegenüberliegen.

❸ Man beweise: Alle spitzwinkligen Dreiecke mit gleicher Höhe h_c und gleich großem Winkel γ haben umfangsgleiche Höhenfußpunktdreiecke.

❹ Gegeben ist die Gleichung

$$xyz = p^n(x + y + z),$$

wobei p eine Primzahl größer als 3 und n eine positive ganze Zahl ist.
Man zeige, dass diese Gleichung mindestens $3n+3$ verschiedene Lösungen (x, y, z) mit positiven ganzen Zahlen x, y, z und $x < y < z$ besitzt.

1. Runde 1989

❶ Es sei $f(x) = x^n$, wobei n eine positive ganze Zahl ist.
Kann dann die Dezimalzahl $0, f(1) f(2) f(3) \ldots$ rational sein?

(*Beispiel:* Für $n = 2$ geht es um $0, 1\,4\,9\,16\,25 \ldots$, für $n = 3$ ist die betrachtete Zahl
$0, 1\,8\,27\,64\,125 \ldots$)

❷ Ein Trapez hat den Flächeninhalt 2 m^2; seine Diagonalen sind zusammen 4 m lang.
Man bestimme die Höhe dieses Trapezes.

❸ Man beweise: Wird ein ebenes konvexes Vieleck in endlich viele überschneidungs-
freie Vierecke zerschnitten, so ist mindestens eines dieser Vierecke konvex.

Erläuterung: Eine ebene Figur heißt genau dann *konvex*, wenn sie mit je zwei ihrer Punkte stets
auch deren gesamte Verbindungsstrecke enthält.

❹ Es sei n eine ungerade natürliche Zahl.
Man beweise: Die Gleichung

$$\frac{4}{n} = \frac{1}{x} + \frac{1}{y}$$

hat dann und nur dann eine Lösung (x, y) mit natürlichen Zahlen x, y, wenn n
einen Teiler der Form $4k - 1$ besitzt ($k \in \mathbb{N}^*$).

2. Runde 1989

❶ Man gebe eine positive ganze Zahl k und ein Polynom

$$f(x) = a_0 + a_1 x + a_2 x^2 + \cdots + a_k x^k, \quad a_k \neq 0,$$

mit folgenden Eigenschaften an:

(1) Die Koeffizienten $a_0, a_1, a_2, \ldots, a_k$ sind Elemente von $\{-1, 0, 1\}$.

(2) Für jede positive ganze Zahl n ist $f(n)$ durch 30 teilbar.

(3) Kein Polynom kleineren Grades hat ebenfalls beide Eigenschaften (1) und (2).

❷ Man bestimme alle Paare (a, b) reeller Zahlen, für welche die Ungleichung

$$\left| \sqrt{1 - x^2} - ax - b \right| \leq \frac{1}{2} \cdot (\sqrt{2} - 1)$$

für alle $x \in [0; 1]$ gültig ist.

❸ Auf jeder Seite eines Sehnenvierecks S wird nach außen ein Rechteck errichtet, wobei die eine Rechteckseite mit der Seite von S übereinstimmt und die andere Rechteckseite genau so lang wie die jeweilige Gegenseite im Sehnenviereck S ist. Man zeige, dass die Mittelpunkte dieser vier Rechtecke stets die Eckpunkte eines weiteren Rechtecks sind.

❹ Jede Ecke eines regelmäßigen n-Ecks ($n \geq 3$) ist so mit einer natürlichen Zahl als *Eckenwert* versehen, dass jede dieser Zahlen ein Teiler der Summe seiner beiden Nachbarzahlen ist. Man betrachte zu je drei aufeinander folgenden Ecken mit den zugehörigen Eckenwerten a, b, c den Quotienten $\frac{a+c}{b}$.

Es ist zu beweisen, dass der Mittelwert dieser n Quotienten nicht kleiner als 2, aber kleiner als 3 ist.

Erläuterung: Unter den *Nachbarzahlen* werden dabei die Eckenwerte der beiden benachbarten Ecken verstanden.

1. Runde 1990

❶ Es sei $f(x) = x^2 + 2bx + c$ mit ganzen Zahlen b und c.

Man beweise: Gilt $f(n) \geq 0$ für alle ganzen Zahlen n, so gilt $f(x) \geq 0$ sogar für alle rationalen Zahlen x.

❷ Von der Zahlenfolge $a_0, a_1, a_2, \ldots$ ist bekannt:

$$a_0 = 0, \quad a_1 = 1, \quad a_2 = 1 \quad \text{und} \quad a_{n+2} + a_{n-1} = 2(a_{n+1} + a_n)$$

für alle $n \in \mathbb{N}^*$.

Es ist zu beweisen, dass alle Glieder dieser Folge Quadratzahlen sind.

❸ Zwischen zwanzig Städten bestehen 172 direkte Flugverbindungen, die jeweils in beiden Richtungen benutzbar sind. Keine zwei von ihnen verbinden dieselben beiden Städte.

Man weise nach, dass man von jeder Stadt in jede andere Stadt fliegen kann, ohne dabei mehr als einmal umzusteigen.

❹ In einem Tetraeder sei jede Kante senkrecht zu ihrer Gegenkante.

Man beweise, dass es eine Kugel gibt, auf der die Mittelpunkte aller sechs Kanten liegen.

Erläuterung: Zwei Strecken AB und CD heißen *senkrecht zueinander*, wenn die durch A gezogene Parallele zu CD senkrecht auf AB steht.

2. Runde 1990

❶ Gesucht werden drei positive ganze Zahlen a, b, c, bei denen das Produkt von je zweien bei Division durch die dritte den Rest 1 lässt.

Man bestimme alle Lösungen.

❷ Es bezeichne $A(n)$ die kleinste Anzahl verschiedener Punkte der Ebene mit folgender Eigenschaft: Für jedes $k \in \{1, 2, 3, \ldots, n\}$ existiert mindestens eine Gerade, die genau k dieser Punkte enthält.

Man beweise:
$$A(n) = \left\lfloor \frac{n+1}{2} \right\rfloor \cdot \left\lfloor \frac{n+2}{2} \right\rfloor.$$

❸ Gegeben sind fünf nicht-negative Zahlen mit der Summe 1.

Man beweise, dass man diese Zahlen so im Kreis anordnen kann, dass die Summe der fünf Produkte je zweier benachbarter Zahlen höchstens $\frac{1}{5}$ beträgt.

❹ In der Ebene liegt ein Wurm der Länge 1.

Man beweise, dass man ihn stets mit einer Halbkreisscheibe vom Durchmesser 1 zudecken kann.

1. Runde 1991

❶ Gegeben sind 1991 paarweise verschiedene positive reelle Zahlen, wobei das Produkt von irgend zehn dieser Zahlen stets größer als 1 ist.

Man beweise, dass das Produkt aller 1991 Zahlen ebenfalls größer als 1 ist.

❷ Es sei g eine gerade positive ganze Zahl und

$$f(n) = g^n + 1 \quad (n \in \mathbb{N}^*).$$

Man beweise, dass für jede positive ganze Zahl n gilt:

    a) $f(n)$ ist Teiler von jeder der Zahlen $f(3n), f(5n), f(7n), \ldots$;

    b) $f(n)$ ist teilerfremd zu jeder der Zahlen $f(2n), f(4n), f(6n), \ldots$

❸ In einer Ebene mit quadratischem Gitter, bei dem die Seitenlänge des Grundquadrats 1 ist, liegt ein rechtwinkliges Dreieck. Alle seine Eckpunkte sind Gitterpunkte und alle Seitenlängen sind ganzzahlig.

Man beweise, dass auch der Inkreismittelpunkt des Dreiecks ein Gitterpunkt ist.

❹ Ein Streifen der Breite 1 soll durch rechteckige Platten mit der gemeinsamen Breite 1 und den Längen $a_1, a_2, a_3, \ldots$ lückenlos gepflastert werden ($a_1 \neq 1$). Von der zweiten Platte an ist jede Platte ähnlich, aber nicht kongruent zu dem schon gepflasterten Teil des Streifens. Nach Auflegen der ersten n Platten habe der gepflasterte Teil des Streifens die Länge s_n.

Gibt es – bei vorgegebenem a_1 – eine Zahl, die von keinem s_n übertroffen wird?

2. Runde 1991

❶ Man bestimme alle Lösungen der Gleichung

$$4^x + 4^y + 4^z = u^2$$

mit ganzen Zahlen x, y, z, u.

❷ Im Raum seien acht Punkte so gegeben, dass keine vier in einer Ebene liegen. Von allen Verbindungsstrecken dieser Punkte werden 17 blau gefärbt, die übrigen rot. Man beweise, dass hierbei stets mindestens vier blaue Dreiecke entstehen. Man beweise ferner, dass in obiger Behauptung „vier" nicht durch „fünf" ersetzt werden darf.

Erläuterung: Mit *blauen* Dreiecken sind solche gemeint, bei denen alle drei Seiten blau gefärbt sind.

❸ Eine Menge M von Punkten der Ebene heiße *stumpf*, wenn je drei Punkte aus M stets die Ecken eines stumpfwinkligen Dreiecks sind.

    a) Man beweise die Richtigkeit der Aussage:
       Zu jeder endlichen stumpfen Menge M gibt es einen Ebenenpunkt P mit folgender Eigenschaft: P ist kein Element von M und $M \cup \{P\}$ ist ebenfalls stumpf.

    b) Man entscheide, ob die in a) formulierte Aussage richtig bleibt, wenn man dort „endlich" durch „unendlich" ersetzt.

❹ Gegeben seien zwei nicht-negative ganze Zahlen a und b, von denen die eine gerade, die andere ungerade ist. Durch die Vorschrift

$$a_0 = a, \quad a_1 = b, \quad a_{n+1} = 2a_n - a_{n-1} + 2 \quad \text{für } n = 1, 2, 3, \ldots,$$
$$b_0 = b, \quad b_1 = a, \quad b_{n+1} = 2b_n - b_{n-1} + 2 \quad \text{für } n = 1, 2, 3, \ldots,$$

werden zwei Folgen (a_n) und (b_n) definiert.
Man beweise, dass genau dann keine der beiden Folgen ein negatives Glied enthält, wenn

$$\left| \sqrt{a} - \sqrt{b} \right| \leq 1$$

gilt.

1. Runde 1992

❶ Auf dem Tisch stehen zwei Schalen; in der einen liegen p, in der anderen q Spielsteine ($p, q \in \mathbb{N}^*$). Zwei Spieler A und B ziehen abwechselnd, wobei A beginnt. Wer am Zug ist,

- nimmt aus einer der Schalen einen Stein weg
- oder nimmt aus beiden Schalen je einen Stein weg
- oder legt einen Stein aus einer der Schalen in die andere.

Gewonnen hat, wer den letzten Stein wegnimmt.
Unter welchen Bedingungen kann A, unter welchen Bedingungen kann B den Gewinn erzwingen?

❷ Eine positive ganze Zahl n heißt *gut*, wenn sie sich auf eine und nur eine Weise als Summe mindestens zweier positiver ganzer Zahlen darstellen lässt, deren Produkt ebenfalls den Wert n hat; hierbei werden Darstellungen, die sich nur durch die Reihenfolge der Summanden unterscheiden, als gleich angesehen.
Man bestimme alle guten Zahlen.

❸ Gegeben ist ein Dreieck ABC mit den Seitenlängen a, b, c. Drei Kugeln berühren sich paarweise und berühren außerdem die Ebene des Dreiecks in den Punkten A, B bzw. C.
Man bestimme die Radien dieser Kugeln.

❹ Eine endliche Menge $\{a_1, a_2, \ldots, a_k\}$ positiver ganzer Zahlen mit $a_1 < a_2 < \cdots < a_k$ heißt *alternierend*, wenn $i + a_i$ für $i = 1, 2, 3, \ldots, k$ gerade ist. Auch die leere Menge gelte als alternierend. Die Anzahl der alternierenden Teilmengen von $\{1, 2, 3, \ldots, n\}$ wird mit $A(n)$ bezeichnet.
Man entwickle ein Verfahren, mit dem sich $A(n)$ für jedes $n \in \mathbb{N}^*$ bestimmen lässt, und berechne damit $A(33)$.

2. Runde 1992

❶ Unter der *Standarddarstellung* einer positiven ganzen Zahl n wird nachfolgend die Darstellung von n im Dezimalsystem verstanden, bei der die erste Ziffer verschieden von 0 ist. Jeder positiven ganzen Zahl n wird nun eine Zahl $f(n)$ zugeordnet, indem in der Standarddarstellung von n die letzte Ziffer vor die erste gestellt wird. Beispiele: $f(1992) = 2199$, $f(2000) = 200$.

Man bestimme die kleinste positive ganze Zahl n, für die $f(n) = 2n$ gilt.

❷ Es werden alle n-stelligen Wörter aus dem Ziffern-Alphabet $\{0, 1\}$ betrachtet. Diese 2^n Wörter sollen so in einer Folge $w_0, w_1, w_2, \ldots, w_{2^n-1}$ angeordnet werden, dass w_m aus w_{m-1} durch Ändern einer einzigen Ziffer entsteht ($m = 1, 2, 3, \ldots, 2^n - 1$).

Man weise nach, dass der folgende Algorithmus dies leistet:

1. Starte mit $w_0 = 000\ldots00$.
2. Es sei $w_{m-1} = a_1a_2a_3\ldots a_n$ mit $a_i \in \{0, 1\}$, $i = 1, 2, 3, \ldots, n$.

   Bestimme den Exponenten $e(m)$ der höchsten Zweierpotenz, die m teilt, und setze $j = e(m) + 1$.

   Ersetze in w_{m-1} die Ziffer a_j durch $1 - a_j$; so entsteht w_m.

❸ Gegeben ist ein konvexes, gleichseitiges Fünfeck. Über den Seiten dieses Fünfecks werden nach innen gleichseitige Dreiecke errichtet.

Man beweise, dass mindestens eines dieser Dreiecke nicht über den Rand des Fünfecks hinausragt.

❹ Für drei Zahlenfolgen (x_n), (y_n), (z_n) mit positiven Anfangsgliedern x_1, y_1, z_1 gelte

$$x_{n+1} = y_n + \frac{1}{z_n}, \quad y_{n+1} = z_n + \frac{1}{x_n}, \quad z_{n+1} = x_n + \frac{1}{y_n}, \quad (n = 1, 2, 3, \ldots).$$

Man beweise:

a) Keine der drei Folgen ist nach oben beschränkt.

b) Mindestens eine der Zahlen $x_{200}, y_{200}, z_{200}$ ist größer als 20.

1. Runde 1993

❶ Alle natürlichen Zahlen außer 1 und 2 können als Summe von paarweise verschiedenen Summanden dargestellt werden. Für jede natürliche Zahl n ($n \geq 3$) wird bei allen derartigen Darstellungen von n die Anzahl der Summanden gezählt und die größte vorkommende Anzahl mit $A(n)$ bezeichnet.
Man ermittle $A(n)$.

❷ Von einer Menge M aus endlich vielen Punkten der Ebene sei bekannt:
Für je zwei verschiedene Punkte A, B aus M gibt es stets einen Punkt C aus M, so dass das Dreieck ABC gleichseitig ist.
Man bestimme die größtmögliche Anzahl von Punkten einer solchen Menge M.

❸ Es gibt Paare von Quadratzahlen mit folgenden beiden Eigenschaften:
  (1) Ihre Dezimaldarstellungen haben die gleiche Ziffernanzahl, wobei die erste Ziffer jeweils von 0 verschieden ist.
  (2) Hängt man an die Dezimaldarstellung der ersten die der zweiten an, so entsteht die Dezimaldarstellung einer weiteren Quadratzahl.

Beispiel: 16 und 81; $1681 = 41^2$.

Man beweise, dass es unendlich viele Paare von Quadratzahlen mit diesen Eigenschaften gibt.

❹ Gegeben sei ein Dreieck ABC mit dem Flächeninhalt F und den Seitenlängen a, b, c ($a = BC$, $b = CA$, $c = AB$). Die Seite AB wird über A hinaus um a und über B hinaus um b verlängert. Entsprechend wird BC über B bzw. C hinaus um b bzw. c verlängert. Schließlich wird CA über C bzw. A hinaus um c bzw. a verlängert.
Die äußeren Endpunkte der Verlängerungsstrecken bilden die Eckpunkte eines Sechsecks mit dem Flächeninhalt G.
Man beweise:
$$\frac{G}{F} \geq 13.$$

2. Runde 1993

❶ In einem regulären Neuneck sei jede Ecke entweder rot oder grün gefärbt. Je drei Ecken des Neunecks bestimmen ein Dreieck. Ein solches Dreieck heiße *rot* bzw. *grün*, wenn seine Ecken alle rot bzw. alle grün sind.
Man beweise, dass es bei jeder derartigen Färbung des Neunecks mindestens zwei verschiedene kongruente Dreiecke gleicher Farbe gibt.

❷ Für die reelle Zahl a gelte, dass es genau ein Quadrat gibt, dessen Ecken alle auf der Kurve mit der Gleichung $y = x^3 + ax$ liegen.
Man bestimme die Seitenlänge dieses Quadrats.

❸ Gegeben sei ein Dreieck ABC. Ferner sei A' der Schnittpunkt der Winkelhalbierenden w_α mit der Mittelsenkrechten $m(AB)$, B' der Schnittpunkt von w_β mit $m(BC)$, C' der Schnittpunkt von w_γ mit $m(CA)$.
Man beweise:

1. Das Dreieck ABC ist genau dann gleichseitig, wenn A' und B' zusammenfallen.

2. Wenn die Punkte A', B', C' verschieden sind, gilt

$$|\sphericalangle B'A'C'| = 90° - \frac{1}{2} \cdot |\sphericalangle BAC|.$$

Erläuterung: Mit w_α wird die Winkelhalbierende des Innenwinkels BAC bezeichnet; analog sind w_β und w_γ erklärt. Für beliebige verschiedene Punkte X, Y bezeichnet $m(XY)$ die Mittelsenkrechte der Strecke XY.

❹ Gibt es eine natürliche Zahl n, bei der die Dezimaldarstellung von $n!$ mit 1993 beginnt?

1. Runde 1994

❶ Gegeben seien elf reelle Zahlen.
Man beweise, dass immer mindestens zwei von ihnen Dezimaldarstellungen haben,
die an unendlich vielen Nachkommastellen übereinstimmen.

Beispiele von Dezimaldarstellungen:
$\frac{1}{4} = 0,250\,000\,000\ldots$, $\frac{1}{3} = 0,333\,333\,333\ldots$, $\sqrt{2} = 1,414\,213\,562\ldots$

❷ Anna und Bernd spielen nach folgender Regel: Beide schreiben auf je einen Zettel
eine natürliche Zahl und geben ihren Zettel gefaltet dem Schiedsrichter. Dieser
schreibt auf eine für Anna und Bernd sichtbare Tafel zwei natürliche Zahlen, von
denen die eine beliebig, die andere aber die Summe der Zahlen auf den Zetteln
ist. Danach fragt der Schiedsrichter Anna, ob sie die Zahl von Bernd nennen kann.
Wenn Anna verneint, richtet er an Bernd die entsprechende Frage. Wenn Bernd
verneint, geht die Frage wieder an Anna, usw.
Es wird vorausgesetzt, dass Anna und Bernd beide intelligent und ehrlich sind.
Man beweise, dass nach endlich vielen Fragen die Antwort JA gegeben wird.

❸ Gegeben sei das Dreieck $A_1 A_2 A_3$ und ein Punkt P in seinem Innern. Für $i = 1, 2, 3$
sei B_i ein beliebiger Punkt auf der Gegenseite von A_i; ferner seien C_i und D_i die
Mittelpunkte der Strecken $A_i B_i$ bzw. $P B_i$.
Man beweise, dass die Dreiecke $C_1 C_2 C_3$ und $D_1 D_2 D_3$ den gleichen Flächeninhalt
haben.

❹ Mit den reellen Zahlen a und b ($b \neq 0$) wird die unendliche arithmetische Folge

$$a, \quad a+b, \quad a+2b, \quad a+3b, \ldots$$

gebildet. Man beweise, dass diese Folge dann und nur dann eine unendliche geometrische Teilfolge enthält, wenn $\frac{a}{b}$ eine rationale Zahl ist.

2. Runde 1994

❶ Man bestimme alle positiven ganzen Zahlen n mit der folgenden Eigenschaft:
Jede natürliche Zahl, deren Dezimaldarstellung aus n Ziffern besteht, und zwar genau einer Sieben und $n-1$ Einsen, ist eine Primzahl.

❷ Es sei k eine beliebige ganze Zahl. Eine Zahlenfolge $a_0, a_1, a_2, \ldots$ wird definiert durch

$$a_0 = 0, \quad a_1 = k \quad \text{und} \quad a_{n+2} = k^2 \cdot a_{n+1} - a_n \quad \text{für } n = 0, 1, 2, \ldots$$

Man beweise: Für jedes n ist $a_{n+1} \cdot a_n + 1$ ein Teiler von $a_{n+1}^2 + a_n^2$.

❸ Es seien A und B zwei verschieden große Kugeln, die sich von außen berühren. Sie befinden sich im Innern eines Kegels K, wobei jede der Kugeln den Kegel in einem Kreis berührt. Im Innern von K liegen m weitere, untereinander kongruente Kugeln ($m \geq 3$); sie sind ringförmig so angeordnet, dass jede von ihnen den Kegel K, die Kugeln A und B sowie ihre beiden Nachbarn berührt.
Man beweise, dass dies für höchstens drei Werte von m möglich ist.

❹ Es sei M eine Menge von n Punkten im Raum ($n \geq 3$). Die Verbindungsstrecken dieser Punkte seien alle verschieden lang, und r dieser Strecken seien rot gefärbt. Weiter sei m die kleinste ganze Zahl, für die

$$m \geq 2 \cdot \frac{r}{n}$$

gilt. Man beweise, dass es dann stets einen Streckenzug aus m roten Strecken gibt, die nach wachsender Länge angeordnet sind.

1. Runde 1995

❶ Ein Spiel startet mit zwei Haufen von p bzw. q Steinen. Zwei Spieler A und B ziehen abwechselnd, wobei A beginnt. Wer am Zug ist, muss einen Haufen wegnehmen und den anderen in zwei Haufen zerlegen. Verloren hat, wer als Erster keinen vollständigen Zug mehr ausführen kann.

Bei welchen Werten von p und q kann A den Gewinn erzwingen, bei welchen nicht?

❷ In der Ebene liegen eine Gerade g und ein Punkt A außerhalb von g. Der Punkt P durchlaufe die Gerade g.

Man bestimme die Menge aller Punkte X der Ebene, die zusammen mit A und P die Ecken eines gleichseitigen Dreiecks bilden.

❸ Eine positive ganze Zahl n heiße *zerbrechlich*, wenn es positive ganze Zahlen a, b, x, y gibt, für die

$$a + b = n \quad \text{und} \quad \frac{x}{a} + \frac{y}{b} = 1$$

gilt. Man bestimme die Menge aller zerbrechlichen Zahlen.

❹ In einem Quadrat mit der Seitenlänge 100 befinden sich Kreisscheiben vom Radius 1. Sie liegen so, dass die folgenden beiden Bedingungen erfüllt sind:

 1. Keine zwei der Kreisscheiben haben gemeinsame innere Punkte.

 2. Jede Strecke der Länge 10, die ganz in dem Quadrat liegt, trifft mindestens eine Scheibe.

Man beweise, dass dann in dem Quadrat mindestens 400 Scheiben liegen.

Hinweis: Eine Strecke *trifft* eine Kreisscheibe bedeutet, dass Strecke und Kreisscheibe mindestens einen Punkt gemeinsam haben.

2. Runde 1995

❶ Ein Spielstein steht zunächst auf dem Punkt $(1|1)$ der Koordinatenebene und kann nach folgenden Regeln auf den Punkten der Ebene bewegt werden:

1. Steht der Stein auf $(a|b)$, darf er nach $(2a|b)$ oder nach $(a|2b)$ gehen.
2. Steht der Stein auf $(a|b)$, darf er im Falle $a > b$ nach $(a - b|b)$ gehen und im Falle $a < b$ nach $(a|b - a)$ gehen.

Welche Beziehung zwischen den Zahlen x und y ist notwendig und hinreichend dafür, dass der Stein irgendwann auf dem Punkt $(x|y)$ stehen kann?

❷ Auf einer Strecke der Länge 1 sind endlich viele, paarweise disjunkte Teilstrecken gefärbt. Der Abstand zweier gefärbter Punkte beträgt nie genau $\frac{1}{10}$.
Man beweise, dass die Gesamtlänge der gefärbten Teilstrecken nicht größer als $\frac{1}{2}$ ist.

❸ Jede Diagonale eines konvexen Fünfecks sei parallel zu einer Seite.
Man beweise, dass das Verhältnis der Länge einer Diagonale zur entsprechenden Seite in allen fünf Fällen den gleichen Wert hat, und berechne diesen Wert.

❹ Man beweise, dass jede natürliche Zahl k $(k > 1)$ ein Vielfaches besitzt, das kleiner als k^4 ist und im Zehnersystem mit höchstens vier verschiedenen Ziffern geschrieben wird.

1. Runde 1996

❶ Kann man ein Quadrat der Seitenlänge 5 cm vollständig mit drei Quadraten der Seitenlänge 4 cm überdecken?

❷ Auf einem $n \times n$-Schachbrett sind die Felder so nummeriert wie in dem abgebildeten Beispiel für $n = 5$.
Es werden n Felder derart ausgewählt, dass aus jeder Zeile und jeder Spalte genau ein Feld kommt. Anschließend werden die Nummern dieser Felder addiert.
Welche Werte für die Summe sind hierbei möglich?

1	2	3	4	5
6	7	8	9	10
11	12	13	14	15
16	17	18	19	20
21	22	23	24	25

❸ In der Ebene liegen vier Geraden so, dass je drei von ihnen ein Dreieck bestimmen; eine dieser Geraden sei parallel zu einer der drei Seitenhalbierenden des von den drei anderen Geraden bestimmten Dreiecks.
Man beweise, dass dann auch jede der drei anderen Geraden diese Eigenschaft hat.

❹ Man bestimme die Menge aller positiven ganzen Zahlen n, für die

$$n \cdot 2^{n-1} + 1$$

eine Quadratzahl ist.

2. Runde 1996

① Eine Menge von Punkten des Raumes wird schrittweise erweitert, indem man jeweils einen ihrer Punkte an einem anderen ihrer Punkte spiegelt und den erhaltenen Bildpunkt zur Menge hinzufügt.

Kann man auf diese Weise, ausgehend von der Menge von sieben Eckpunkten eines Würfels, nach endlich vielen Schritten dieser Menge die achte Ecke des Würfels hinzufügen?

② Die Folge $z_0, z_1, z_2, \ldots$ wird rekursiv definiert durch

$$z_0 = 0,$$
$$z_n = z_{n-1} + \frac{3^r - 1}{2}, \quad \text{wenn} \quad n = 3^{r-1} \cdot (3k+1)$$
$$z_n = z_{n-1} - \frac{3^r + 1}{2}, \quad \text{wenn} \quad n = 3^{r-1} \cdot (3k+2)$$

für geeignete ganze Zahlen r, k.

Man beweise: In dieser Folge tritt jede ganze Zahl genau einmal auf.

③ Auf den Seiten eines Dreiecks ABC sind nach außen Rechtecke ABB_1A_1, BCC_1B_2, CAA_2C_2 errichtet.

Man beweise, dass sich die Mittelsenkrechten der Strecken A_1A_2, B_1B_2, C_1C_2 in einem gemeinsamen Punkt P schneiden.

④ Es sei p eine ungerade Primzahl.

Man bestimme diejenigen positiven ganzen Zahlen x, y ($x \leq y$), für welche

$$\sqrt{2p} - \sqrt{x} - \sqrt{y}$$

nicht-negativ und möglichst klein ist.

1. Runde 1997

❶ Kann man aus 100 beliebig gegebenen ganzen Zahlen stets 15 Zahlen derart auswählen, dass die Differenz zweier beliebiger dieser 15 Zahlen durch 7 teilbar ist?

Wie lautet die Antwort, wenn 15 durch 16 ersetzt wird?

❷ Man bestimme alle Primzahlen p, für die das Gleichungssystem

$$p + 1 = 2x^2$$
$$p^2 + 1 = 2y^2$$

Lösungen mit ganzen Zahlen x, y besitzt.

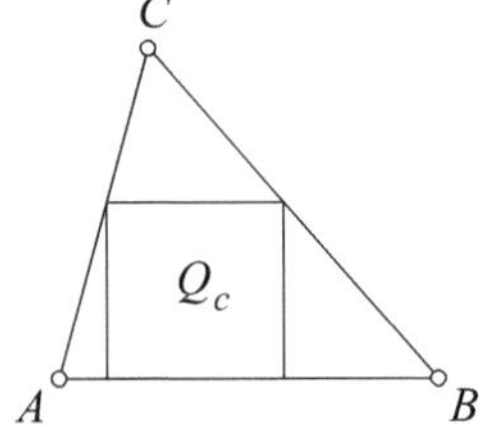

❸ Jedem spitzwinkligen Dreieck ABC lässt sich ein Quadrat Q_a so einbeschreiben, dass zwei seiner Ecken auf der Seite BC und die anderen Ecken auf den Seiten AC und AB liegen. Entsprechend kann man Quadrate Q_b und Q_c einbeschreiben.

Man bestimme alle Dreiecke ABC, für die Q_a, Q_b und Q_c gleiche Seitenlängen haben.

❹ In einem Park wachsen 10 000 Bäume in 100 Reihen mit je 100 Bäumen (im Quadratgitter angeordnet).

Wie viele Bäume kann man höchstens schlagen, wenn folgende Bedingung erfüllt sein soll: Wenn man sich auf irgendeinen Baumstumpf setzt, so sieht man von ihm aus keinen weiteren Baumstumpf.

2. Runde 1997

❶ Ein regelmäßiges Tetraeder mit einer schwarzen und drei weißen Flächen steht mit seiner schwarzen Fläche auf einer Ebene. Es wird mehrmals über je eine seiner Kanten gekippt. Schließlich nimmt es wieder den ursprünglichen Platz in der Ebene ein.
Kann es dann auf einer seiner weißen Flächen stehen?

❷ Man beweise: Für jede rationale Zahl a hat die Gleichung $y = \sqrt{x^2 + a}$ unendlich viele Lösungen (x, y) mit rationalen Zahlen x und y.

❸ Eine Halbkreisfläche mit dem Durchmesser AB $(AB = 2r)$ sei durch einen Radius in zwei Kreissektoren zerlegt; jedem dieser Sektoren sei ein Kreis einbeschrieben. Man beweise: Sind S und T die Berührpunkte dieser Kreise mit AB, so gilt:

$$ST \geq 2r \cdot (\sqrt{2} - 1).$$

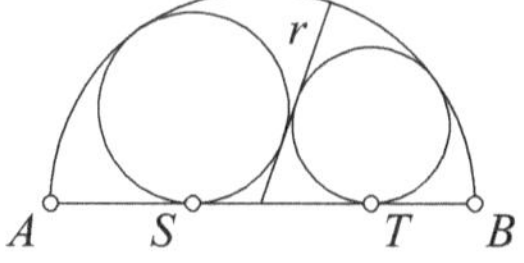

❹ Es sei n eine natürliche Zahl.
Man beweise: Sind $3n + 1$ und $4n + 1$ Quadratzahlen, dann ist n durch 56 teilbar.

1. Runde 1998

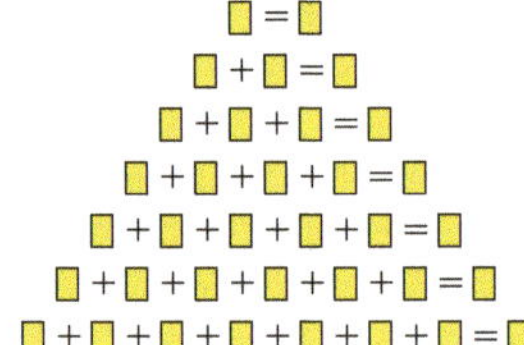

❶ Ein Spielfeld hat die links dargestellte Form. Zwei Spieler A und B tragen abwechselnd in eines der jeweils noch freien Kästchen eine ganze Zahl ein, wobei A beginnt. Bei jeder Eintragung können Kästchen und Zahl beliebig gewählt werden. Man beweise: Der Spieler A kann durch geschicktes Spiel stets erreichen, dass nach der Eintragung in das letzte noch freie Kästchen alle entstandenen Gleichungen erfüllt sind.

Hinweis: Die Größe der Kästchen stellt keine Einschränkung für die Anzahl der Stellen der jeweils einzutragenden Zahl dar.

❷ Man beweise, dass es eine unendliche Folge von Quadratzahlen mit folgenden Eigenschaften gibt:
    (1) Das arithmetische Mittel je zweier benachbarter Folgenglieder ist eine Quadratzahl.
    (2) Je zwei benachbarte Folgenglieder sind teilerfremd.
    (3) Die Folge wächst streng monoton.

❸ Über den Seiten BC und CA eines beliebigen Dreiecks ABC werden nach außen Quadrate errichtet. Der Mittelpunkt der Seite AB sei M, die Mittelpunkte der beiden Quadrate seien P und Q.
Man beweise, dass das Dreieck MPQ gleichschenklig-rechtwinklig ist.

❹ Man beweise: Für jede natürliche Zahl n ist die Zahl

$$n + \left\lfloor \left(\sqrt{2} + 1 \right)^n \right\rfloor$$

ungerade.

2. Runde 1998

❶ Man bestimme alle Tripel (x, y, z) ganzer Zahlen, die Lösungen der Gleichung

$$xy + yz + zx - xyz = 2$$

sind.

❷ Es sei $M = \{1, 2, 3, \ldots, 10\,000\}$.

Man beweise, dass man 16 Teilmengen von M mit folgender Eigenschaft finden kann: Für jede Zahl z aus M gibt es acht dieser Teilmengen, deren Schnittmenge $\{z\}$ ist.

❸ Gegeben seien ein Dreieck ABC und ein Punkt P auf der Seite AB mit folgenden Eigenschaften:

(1) $BC = AC + \dfrac{1}{2} \cdot AB,$

(2) $AP = 3 \cdot PB.$

Man beweise: Der Winkel PAC ist doppelt so groß wie der Winkel CPA.

❹ Im Innern eines konvexen Polyeders P mit dem Rauminhalt 2^n seien $3 \cdot (2^n - 1)$ Punkte gewählt ($n \in \mathbb{N}^*$).

Man beweise, dass P ein konvexes Polyeder mit dem Rauminhalt 1 enthält, in dessen Innerem keiner der gewählten Punkte liegt.

1. Runde 1999

❶ Auf 100 Affen werden 1600 Kokosnüsse verteilt, wobei einige Affen auch leer ausgehen können.

Man beweise, dass es – ganz gleich, wie die Verteilung erfolgt – stets mindestens vier Affen mit derselben Anzahl von Kokosnüssen gibt.

❷ Zwei Zahlenfolgen $a_1, a_2, a_3, \ldots$ und $b_1, b_2, b_3, \ldots$ werden definiert durch

$$a_1 = b_1 = 1 \quad \text{und} \quad a_{n+1} = a_n + b_n, \quad b_{n+1} = a_n b_n \quad (n = 1, 2, 3, \ldots).$$

Man beweise, dass die Glieder der ersten Folge paarweise teilerfremd sind.

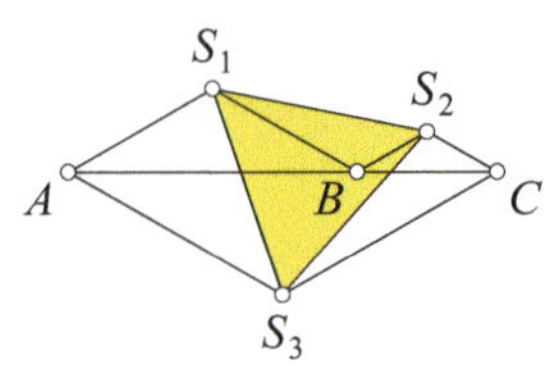

❸ In der Ebene werden auf dem geraden Streckenzug ABC über AB, BC und CA als Grundseiten die positiv orientierten gleichschenkligen Dreiecke ABS_1, BCS_2 und CAS_3 mit den Basiswinkeln $30°$ errichtet.

Man beweise: Das Dreieck $S_3 S_2 S_1$ ist gleichseitig.

❹ Es gibt konvexe Polyeder mit mehr Seitenflächen als Ecken.

Was ist die kleinste Anzahl von dreieckigen Seitenflächen, die ein solches Polyeder haben kann?

2. Runde 1999

❶ Die Eckpunkte eines regelmäßigen $2n$-Ecks ($n \in \mathbb{N}, n > 2$) sollen derart mit jeweils einer der Zahlen $1, 2, 3, \ldots, 2n$ beschriftet werden, dass die Summe der Zahlen an zwei benachbarten Eckpunkten jeweils gleich der Summe der Zahlen an den beiden diametral gegenüberliegenden Eckpunkten ist. Dabei sollen die Zahlen an den Ecken alle verschieden sein.
Man beweise, dass dies dann und nur dann möglich ist, wenn n ungerade ist.

❷ Für jede natürliche Zahl n werde die Quersumme ihrer Darstellung im Zehnersystem mit $Q(n)$ bezeichnet.
Man beweise, dass für unendlich viele natürliche Zahlen k die Ungleichung

$$Q\left(3^k\right) \geq Q\left(3^{k+1}\right)$$

gilt.

❸ Gegeben sei ein konvexes Viereck $ABCD$ und die Punkte K, L, M, N, P mit folgenden Eigenschaften:

- K, L, M, N sind innere Punkte der Seiten AB bzw. BC bzw. CD bzw. DA.
- P ist innerer Punkt des Vierecks $ABCD$.
- Die Vierecke $PKBL$ und $PMDN$ sind Parallelogramme.

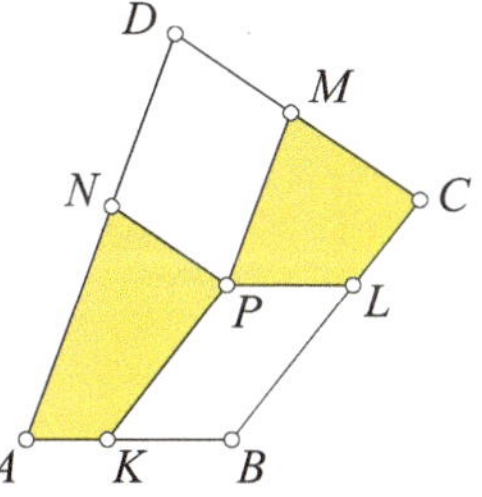

Mit S, S_1, S_2 werden die Flächeninhalte der Vierecke $ABCD$ bzw. $PNAK$ bzw. $PLCM$ bezeichnet.
Man beweise:

$$\sqrt{S} \geq \sqrt{S_1} + \sqrt{S_2}.$$

❹ Eine natürliche Zahl heiße *bunt*, wenn sie sich als Summe einer positiven Quadratzahl und einer positiven Kubikzahl darstellen lässt. Es seien r und s zwei beliebig gegebene positive ganze Zahlen.
Man beweise:

a) Für unendlich viele natürliche Zahlen n sind die Zahlen $r + n$ und $s + n$ beide bunt.

b) Für unendlich viele natürliche Zahlen m sind die Zahlen rm und sm beide bunt.

1. Runde 2000

❶ Zwei natürliche Zahlen, von denen die eine durch Ziffernpermutation aus der anderen entsteht, haben die Summe $999\ldots9$ (lauter Neunen).

Ist dies möglich, wenn jede der Zahlen

    a) 1999 Stellen hat,

    b) 2000 Stellen hat?

Erläuterung: Die Aussagen über Ziffern und Stellenzahl beziehen sich auf die Dezimaldarstellung der vorkommenden Zahlen.

❷ Man betrachte fünf positive ganze Zahlen, bei denen die Summe von je drei dieser Zahlen durch die Summe der restlichen beiden Zahlen teilbar ist; dies ist z. B. der Fall bei den Zahlen 1, 1, 1, 1, 2.

Man entscheide, ob es fünf paarweise verschiedene Zahlen mit dieser Eigenschaft gibt.

❸ Dem Halbkreis über einer Strecke AB sei ein konvexes Viereck $ABCD$ einbeschrieben. Der Schnittpunkt von AC und BD sei S, der Fußpunkt des Lotes von S auf AB sei T.

Man beweise, dass ST den Winkel CTD halbiert.

❹ Ein kreisförmiges Spielbrett sei in n Sektoren ($n \geq 3$) eingeteilt, von denen jeder entweder leer oder mit einem Spielstein besetzt ist. Die Verteilung der Spielsteine wird schrittweise verändert: Ein Schritt besteht daraus, dass man einen besetzten Sektor auswählt, seinen Spielstein entfernt und die beiden Nachbarsektoren „umpolt", d. h. einen besetzten Sektor leert und einen leeren Sektor mit einem Spielstein besetzt.

Für welche Werte von n kann man in endlich vielen Schritten lauter leere Sektoren erzielen, wenn anfangs ein einziger Sektor besetzt ist?

2. Runde 2000

❶ Gegeben ist ein Satz von n Gewichtsstücken ($n > 3$) mit den Massen $1, 2, 3, \ldots, n$ Gramm.

Man bestimme alle Werte von n, für die eine Zerlegung in drei Haufen gleicher Masse möglich ist.

❷ Man beweise: Für jede ganze Zahl n ($n \geq 2$) gibt es n verschiedene natürliche Zahlen mit der Eigenschaft, dass für irgend zwei dieser Zahlen a und b die Summe $a + b$ durch die Differenz $a - b$ teilbar ist.

❸ Durch jede Ecke eines (nicht notwendigerweise regulären) Tetraeders und die Mittelpunkte der drei von dieser Ecke ausgehenden Kanten wird eine Kugel gelegt. Man beweise, dass es einen Punkt gibt, der auf allen vier Kugeln liegt.

❹ Man betrachte Summen der Form

$$\sum_{k=1}^{n} e_k k^3 \quad \text{mit} \quad e_k \in \{-1, 1\}.$$

Gibt es eine solche Summe mit dem Wert 0, wenn

    a) $n = 2000$,

    b) $n = 2001$ ist?

1. Runde 2001

❶ Auf dem Tisch liegt ein Haufen mit 2001 Spielsteinen, der schrittweise in Haufen mit je drei Steinen umgewandelt werden soll. Dabei besteht ein Schritt darin, dass ein Haufen ausgewählt, daraus ein Stein entfernt und der Resthaufen in zwei Haufen zerlegt wird.
Kann dies mit einer Folge von vollständig ausgeführten Schritten erreicht werden?
Erläuterung: Ein Haufen besteht immer aus mindestens einem Stein.

❷ Von einer Folge $a_0, a_1, a_2, \ldots$ reeller Zahlen sei bekannt:

$$a_0 = 1 \quad \text{und} \quad a_{n+1} = a_n + \sqrt{a_{n+1} + a_n}$$

für alle natürlichen Zahlen n.
Man beweise, dass eine einzige Folge mit diesen Eigenschaften existiert, und gebe eine explizite Formel für a_n an.

❸ Gegeben sei ein spitzwinkliges Dreieck ABC mit Umkreismittelpunkt O. Die Gerade (BO) schneide den Umkreis nochmals in D, und die Verlängerung der von A ausgehenden Höhe schneide den Kreis in E.
Man beweise, dass das Viereck $BECD$ und das Dreieck ABC den gleichen Flächeninhalt haben.

❹ Man beweise: Bei jeder positiven ganzen Zahl ist die Anzahl der Teiler, deren Dezimaldarstellung auf 1 oder 9 endet, nicht kleiner als die Anzahl der Teiler, deren Dezimaldarstellung auf 3 oder 7 endet.

2. Runde 2001

1. Zehn Ecken eines regelmäßigen 100-Ecks seien rot und zehn andere blau gefärbt. Man beweise: Unter den Verbindungsstrecken zweier roter Punkte gibt es mindestens eine, die genauso lang ist wie eine der Verbindungsstrecken zweier blauer Punkte.

2. Man gebe für jede natürliche Zahl $n \in \mathbb{N}$ zwei ganze Zahlen p_n und q_n mit folgender Eigenschaft an: Für genau n verschiedene ganze Zahlen x ist

$$x^2 + p_n x + q_n$$

das Quadrat einer natürlichen Zahl.

3. Die Punkte A', B' und C' liegen auf den Seiten BC bzw. CA bzw. AB so, dass

$$A'B' = B'C' = C'A' \quad \text{und} \quad AB' = BC' = CA'$$

gilt. Man beweise, dass das Dreieck ABC gleichseitig ist.

4. In einem Quadrat Q der Seitenlänge 500 liegt ein Quadrat R der Seitenlänge 250. Man beweise: Auf dem Rand von Q lassen sich stets zwei Punkte A und B so wählen, dass die Strecke AB mit R keinen Punkt gemeinsam hat und ihre Länge größer als 521 ist.

1. Runde 2002

❶ Auf dem Planeten Ypsilon besteht das Jahr – wie bei uns – aus 365 Tagen. Auch dort gibt es nur Monate mit 28, 30 oder 31 Tagen.

Man beweise, dass auf Ypsilon das Jahr ebenfalls 12 Monate haben muss.

❷ Die Loszettel einer gewissen Lotterie enthalten sämtliche neunstellige Zahlen, die mit den Ziffern 1, 2, 3 gebildet werden können; dabei steht auf jedem Loszettel genau eine Zahl. Es gibt nur rote, gelbe und blaue Loszettel. Zwei Losnummern, die sich an allen neun Stellen unterscheiden, stehen stets auf Zetteln verschiedener Farbe. Jemand zieht ein rotes Los und ein gelbes Los; das rote Los hat die Nummer 122 222 222, das gelbe Los hat die Nummer 222 222 222. Der Hauptgewinn fällt auf das Los mit der Nummer 123 123 123.

Welche Farbe hat es?

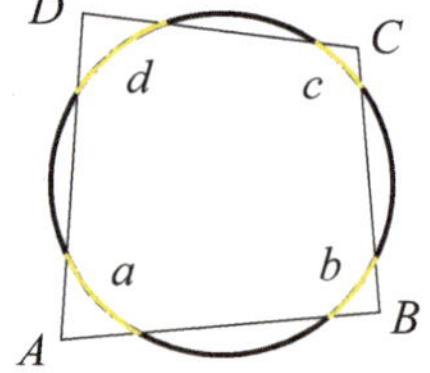

❸ Die Seiten eines konvexen Vierecks zerlegen einen Kreis in acht Teilbögen, von denen vier innerhalb und vier außerhalb des Vierecks liegen (s. Skizze). Die Längen der inneren Bögen seien gegen den Uhrzeigersinn mit a, b, c, d bezeichnet; es gelte

$$a + c = b + d.$$

Man beweise, dass das Viereck ein Sehnenviereck ist.

❹ Aus zwölf Strecken der Längen 1, 2, 3, 4, ..., 12 wird irgendwie ein Zwölfeck zusammengesetzt.

Man beweise, dass es dann stets in diesem Zwölfeck drei aufeinander folgende Seiten gibt, deren Gesamtlänge größer als 20 ist.

2. Runde 2002

❶ Ein Kartenstapel, dessen Karten von 1 bis n durchnummeriert sind, wird gemischt. Nun wird wiederholt die folgende Operation durchgeführt: Wenn an der obersten Stelle die Karte mit der Nummer k liegt, dann wird innerhalb der obersten k Karten die Reihenfolge umgekehrt.

Man beweise, dass nach endlich vielen solcher Operationen die Karte mit der Nummer 1 oben liegt.

❷ Gesucht werden streng monoton wachsende Folgen $a_0, a_1, a_2, \ldots$ nicht-negativer ganzer Zahlen mit der Eigenschaft, dass jede nicht-negative ganze Zahl eindeutig in der Form

$$a_i + 2a_j + 4a_k$$

geschrieben werden kann; dabei sind i, j und k nicht notwendigerweise verschieden.

Man beweise, dass es genau eine solche Folge gibt und bestimme a_{2002}.

❸ Gegeben ist ein konvexes Polyeder mit einer geraden Anzahl von Kanten. Man beweise, dass jede Kante so mit einem Pfeil versehen werden kann, dass für jede Ecke die Anzahl der in ihr mündenden Pfeile gerade ist.

❹ In einem spitzwinkligen Dreieck ABC seien H_a und H_b die Fußpunkte der von A bzw. B ausgehenden Höhen; W_a und W_b seien die Schnittpunkte der Winkelhalbierenden durch A bzw. durch B mit den gegenüberliegenden Seiten.

Man beweise: Im Dreieck ABC liegt der Inkreismittelpunkt I genau dann auf der Strecke H_aH_b, wenn der Umkreismittelpunkt U auf der Strecke W_aW_b liegt.

1. Runde 2003

❶ Gegeben seien sechs aufeinander folgende positive ganze Zahlen.
Man beweise, dass es eine Primzahl gibt, die Teiler von genau einer dieser Zahlen
ist.

❷ Man ermittle alle Tripel (x, y, z) ganzer Zahlen, die jede der folgenden Gleichungen erfüllen:

$$x^3 - 4x^2 - 16x + 60 = y \tag{1}$$
$$y^3 - 4y^2 - 16y + 60 = z \tag{2}$$
$$z^3 - 4z^2 - 16z + 60 = x. \tag{3}$$

Hinweis: Es reicht nicht, lediglich Lösungen anzugeben, es muss auch bewiesen werden, dass es keine weiteren Lösungen gibt.

❸ In einem Parallelogramm $ABCD$ werden auf den Seiten AB und BC die Punkte M und N so gewählt, dass sie mit keinem Eckpunkt zusammenfallen und die Strecken AM und NC gleich lang sind. Der Schnittpunkt der Strecken AN und CM wird mit Q bezeichnet.
Man beweise, dass DQ den Winkel ADC halbiert.

❹ Man gebe alle positiven ganzen Zahlen an, die sich nicht in der Form

$$\frac{a}{b} + \frac{a+1}{b+1}$$

darstellen lassen, wobei a und b positive ganze Zahlen sind.

2. Runde 2003

❶ Der Graph einer auf ganz $\mathbb{R}$ definierten reellwertigen Funktion f habe mindestens zwei Symmetriezentren.

Man beweise, dass f sich als Summe einer linearen und einer periodischen Funktion darstellen lässt.

Begriffserläuterungen: Ein Punkt P heißt *Symmetriezentrum* einer Figur F, wenn jeder Punkt von F bei Spiegelung an P wieder in einen Punkt von F übergeht.

Eine Funktion g heißt *linear*, wenn es reelle Zahlen a, b gibt, so dass die Gleichung $g(x) = ax + b$ für alle x gilt.

Eine Funktion p heißt *periodisch*, wenn es eine positive reelle Zahl k gibt, so dass $p(x) = p(x+k)$ für alle x gilt.

❷ Die Zahlenfolge $a_1, a_2, a_3, \ldots$ sei rekursiv definiert durch:

$$a_1 = 1, \quad a_2 = 1, \quad a_3 = 2 \quad \text{und} \quad a_{n+3} = \frac{1}{a_n}\,(a_{n+1} \cdot a_{n+2} + 7) \quad \text{für } n > 0.$$

Man beweise, dass alle Folgenglieder ganzzahlig sind.

❸ Gegeben sei ein konvexes Sehnenviereck $ABCD$ mit Diagonalenschnittpunkt S; die Fußpunkte der Lote von S auf AB und auf CD seien E bzw. F.

Man beweise: Die Mittelsenkrechte der Strecke EF halbiert die Seiten BC und DA.

❹ Es seien p und q zwei verschiedene teilerfremde positive ganze Zahlen. Die Menge der ganzen Zahlen soll so in drei Teilmengen A, B, C zerlegt werden, dass für jede ganze Zahl z in jeder der Mengen A, B, C genau eine der drei Zahlen z, $z + p$, $z + q$ liegt.

Man beweise, dass eine solche Zerlegung genau dann möglich ist, wenn $p + q$ durch 3 teilbar ist.

1. Runde 2004

❶ Zu Beginn eines Spiels stehen an der Tafel die Zahlen $1, 2, \ldots, 2004$. Ein Spielzug besteht daraus, dass man

- eine beliebige Anzahl der Zahlen an der Tafel auswählt,
- den Elferrest der Summe dieser Zahlen berechnet und an die Tafel schreibt,
- die ausgewählten Zahlen löscht.

Bei einem solchen Spiel standen irgendwann noch zwei Zahlen an der Tafel. Eine davon war 1000; man bestimme die andere Zahl.

Hinweis: Zur vollständigen Lösung gehört nicht nur die Angabe der Zahl, sondern auch der Nachweis, dass diese zweite an der Tafel stehende Zahl keine andere als die angegebene sein kann.

❷ Die Seitenlängen a, b, c eines Dreiecks seien ganzzahlig, ferner sei eine der Höhen des Dreiecks gleich der Summe seiner beiden anderen Höhen.
Man beweise, dass dann $a^2 + b^2 + c^2$ eine Quadratzahl ist.

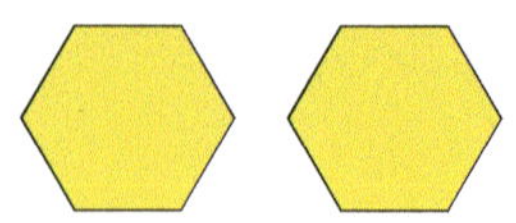

❸ Man beweise, dass die beiden abgebildeten kongruenten regelmäßigen Sechsecke so in insgesamt sechs Teile zerschnitten werden können, dass diese Teile sich lückenlos und überschneidungsfrei zu einem gleichseitigen Dreieck zusammensetzen lassen.

❹ Ein Würfel sei so in endlich viele Quader zerlegt, dass der Rauminhalt der Umkugel des Würfels so groß ist wie die Summe der Rauminhalte der Umkugeln aller Quader der Zerlegung.
Man beweise, dass dann alle diese Quader Würfel sind.

2. Runde 2004

1 Es sei k eine positive ganze Zahl. Eine natürliche Zahl heiße *k-typisch*, wenn jeder ihrer Teiler bei Division durch k den Rest 1 lässt.

Man beweise:

    a) Wenn die Anzahl der Teiler einer positiven ganzen Zahl n (einschließlich 1 und n) k-typisch ist, dann ist n die k-te Potenz einer ganzen Zahl.

    b) Die Umkehrung der Aussage a) ist falsch, wenn k größer als 2 ist.

2 Es sei k eine positive ganze Zahl. In einem Kreis mit Radius 1 seien endlich viele Sehnen gezogen. Jeder Durchmesser habe mit höchstens k dieser Sehnen gemeinsame Punkte.

Man beweise, dass die Summe der Längen aller dieser Sehnen kleiner als $k\pi$ ist.

3 Gegeben seien zwei Kreise k_1 und k_2, die sich in den beiden verschiedenen Punkten A und B schneiden. Die Tangente an k_2 im Punkt A schneide k_1 außer in A in einem Punkt C_1; entsprechend schneide die Tangente an k_1 im Punkt A den Kreis k_2 in einem weiteren Punkt C_2. Die Gerade $(C_1 C_2)$ schließlich schneide k_1 in einem von C_1 und B verschiedenen Punkt D.

Man beweise, dass die Gerade (BD) die Sehne AC_2 halbiert.

4 Man beweise, dass es unendlich viele Paare (x, y) verschiedener positiver rationaler Zahlen gibt, für die sowohl $\sqrt{x^2 + y^3}$ als auch $\sqrt{x^3 + y^2}$ rational sind.

1. Runde 2005

❶ Im Zentrum eines 2005×2005-Schachbretts liegt ein Spielwürfel, der in einer Folge von Zügen über das Brett bewegt werden soll. Ein Zug besteht dabei aus folgenden drei Schritten:

- Man dreht den Würfel mit einer beliebigen Seite nach oben,
- schiebt dann den Würfel um die angezeigte Augenzahl nach rechts oder um die angezeigte Augenzahl nach links und
- schiebt anschließend den Würfel um die verdeckt liegende Augenzahl nach oben oder um die verdeckt liegende Augenzahl nach unten.

Welche Felder lassen sich durch eine endliche Folge derartiger Züge erreichen?

❷ Die ganze Zahl a habe die Eigenschaft, dass $3a$ in der Form $x^2 + 2y^2$ mit ganzen Zahlen x, y darstellbar ist.
Man beweise, dass dann auch a in dieser Form darstellbar ist.

❸ Den Seiten a, b, c eines Dreiecks liegen die Winkel α, β, γ gegenüber. Es sei ferner $3\alpha + 2\beta = 180°$.
Man beweise, dass dann $a^2 + bc = c^2$ ist.

❹ Für welche positiven ganzen Zahlen n kann man die n Zahlen $1, 2, 3, \ldots, n$ so in einer Reihe anordnen, dass für je zwei beliebige Zahlen der Reihe ihr arithmetisches Mittel nicht irgendwo zwischen ihnen steht?

2. Runde 2005

1 Zwei Spieler A und B haben auf einem 100×100-Schachbrett je einen Stein. Sie ziehen abwechselnd ihren Stein, wobei jeder Zug aus einem Schritt senkrecht oder waagerecht auf ein Nachbarfeld besteht und A den ersten Zug ausführt. Zu Beginn liegt der Stein von A in der linken unteren Ecke und der Stein von B in der rechten unteren Ecke.

Man beweise: Der Spieler A kann unabhängig von den Spielzügen des Spielers B stets nach endlich vielen Zügen das Feld erreichen, auf dem gerade der Stein von B steht.

2 Es sei x eine rationale Zahl.

Man beweise: Es gibt nur endlich viele Tripel (a, b, c) ganzer Zahlen mit $a < 0$ und $b^2 - 4ac = 5$, für die $ax^2 + bx + c$ positiv ist.

3 Zwei Kreise k_1 und k_2 schneiden sich in A und B. Eine erste Gerade durch B schneide k_1 in C und k_2 in E. Eine zweite Gerade durch B schneide k_1 in D und k_2 in F; dabei liege B zwischen den Punkten C und E sowie zwischen den Punkten D und F. Schließlich seien M und N die Mittelpunkte der Strecken CE und DF. Man beweise: Die Dreiecke ACD, AEF und AMN sind zueinander ähnlich.

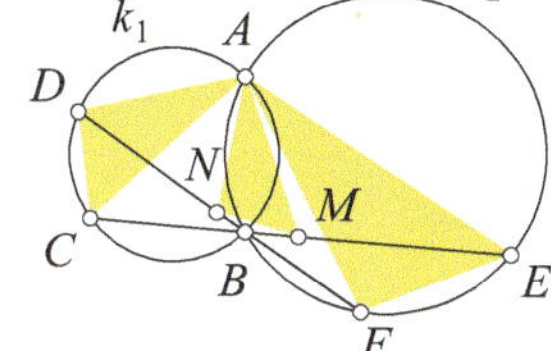

4 Es sei $A(n)$ die maximale Anzahl der Selbstüberschneidungen von geschlossenen Streckenzügen $P_1 P_2 \ldots P_n P_1$ ($n \geq 3$), bei denen keine drei der Eckpunkte auf einer Geraden liegen.

Man beweise:

$$\text{a)} \quad A(n) = \frac{n(n-3)}{2}, \text{ falls } n \text{ ungerade und}$$

$$\text{b)} \quad A(n) = \frac{n(n-4)}{2} + 1, \text{ falls } n \text{ gerade ist.}$$

Erläuterung: Eine *Selbstüberschneidung* ist ein Schnitt zweier nicht benachbarter Strecken.

1. Runde 2006

① Man finde zwei aufeinander folgende positive ganze Zahlen, deren Quersummen beide durch 2006 teilbar sind.

② Man beweise, dass es keine ganzen Zahlen x und y gibt, für die die Gleichung

$$x^3 + y^3 = 4\,(x^2 y + x y^2 + 1)$$

gilt.

③ Für die Seitenlängen a, b und c eines Dreiecks gelte die Beziehung $a^2 + b^2 > 5c^2$. Man beweise, dass dann c die Länge der kürzesten Seite ist.

④ Ein quadratisches Blatt Papier liegt auf dem Tisch. Es wird schrittweise in mehrere Teile zerschnitten: Bei jedem Schritt wird ein Teil vom Tisch genommen und durch einen geraden Schnitt in zwei Teile zerlegt; diese beiden Teile werden auf den Tisch zurückgelegt.

Man bestimme die kleinste Anzahl an Schritten, mit denen man erreichen kann, dass sich auf dem Tisch unter den Teilen wenigstens 100 Zwanzigecke befinden.

2. Runde 2006

❶ Ein Kreis sei in $2n$ kongruente Sektoren eingeteilt, von denen n schwarz und die übrigen n weiß gefärbt sind. Die weißen Sektoren werden, irgendwo beginnend, im Uhrzeigersinn mit $1, 2, 3, \ldots, n$ nummeriert. Danach werden die schwarzen Sektoren, irgendwo beginnend, gegen den Uhrzeigersinn mit $1, 2, 3, \ldots, n$ nummeriert. Man beweise, dass es n aufeinander folgende Sektoren gibt, in denen die Zahlen 1 bis n stehen.

❷ Man bestimme alle reellwertigen Funktionen f, die auf der Menge der positiven rationalen Zahlen definiert sind, dort positive Funktionswerte besitzen und die die Gleichung

$$f(x) + f(y) + 2xy \cdot f(xy) = \frac{f(xy)}{f(x + y)}$$

für alle positiven rationalen x, y erfüllen.

❸ Gegeben sei ein spitzwinkliges Dreieck ABC und ein beliebiger Punkt P im Innern des Dreiecks. Die Lotfußpunkte von P auf die Seiten AB, BC und CA seien C', A' bzw. B'.
Bei welchen Lagen von P gelten $\sphericalangle BAC = \sphericalangle B'A'C'$ und $\sphericalangle CBA = \sphericalangle C'B'A'$?

❹ Eine positive ganze Zahl heiße *ziffernreduziert*, wenn in ihrer Dezimalschreibweise höchstens neun verschiedene Ziffern vorkommen. (Dabei werden führende Nullen nicht berücksichtigt.)
Es sei M eine endliche Menge ziffernreduzierter Zahlen.
Man beweise, dass die Summe der Kehrwerte der Zahlen aus M kleiner als 180 ist.

1. Runde 2007

❶ Gegeben sei ein regelmäßiges 2007-Eck. Man verteile auf seine Eckpunkte und auf seine Seitenmittelpunkte in beliebiger Weise die natürlichen Zahlen $1, 2, \ldots, 4014$ und bilde zu jeder Seite die Summe der Zahlen auf den beiden Eckpunkten und der Zahl auf dem Mittelpunkt.
Man gebe eine Verteilung der Zahlen an, bei der diese Summen gleich sind.

❷ Die positiven ganzen Zahlen werden entweder rot oder grün gefärbt nach folgender Regel:

- Die Summe irgend dreier roter Zahlen ist eine rote Zahl.
- Die Summe irgend dreier grüner Zahlen ist eine grüne Zahl.
- Es gibt sowohl rot als auch grün gefärbte Zahlen.

Man finde alle möglichen Färbungen.

❸ Im Innern der Seiten BC und CA eines Dreiecks ABC liegen die Punkte E und F so, dass die Strecken AF und BE gleich lang sind und sich die Kreise durch A, C, E und B, C, F außer in C in einem weiteren Punkt D schneiden.
Man beweise, dass die Gerade CD den Winkel BCA halbiert.

❹ Es sei a eine positive ganze Zahl.
Wie viele nicht-negative ganzzahlige Lösungen hat die Gleichung

$$\left\lfloor \frac{x}{a} \right\rfloor = \left\lfloor \frac{x}{a+1} \right\rfloor ?$$

2. Runde 2007

① Für welche Zahlen n gibt es eine positive ganze Zahl k mit folgender Eigenschaft:
Die Zahl k hat die Quersumme n und die Zahl k^2 hat die Quersumme n^2?

② Zu Beginn eines Spiels liegen r rote und g grüne Steine auf einem Tisch. Anja und
Bernd ziehen abwechselnd nach folgenden Regeln:
Wer am Zug ist, wählt eine Farbe und entfernt k Steine dieser Farbe. Dabei muss k
ein Teiler der augenblicklichen Anzahl der Steine der anderen Farbe sein. Anja hat
den ersten Zug. Wer den letzten Stein wegnimmt, ist Gewinner.
Wer kann den Gewinn erzwingen?

③ Für die Menge E von Punkten des dreidimensionalen Raumes bezeichne $L(E)$
die Menge aller Punkte, die auf einer Verbindungsgeraden von zwei verschiedenen
Punkten aus E liegen.
Es sei T die Menge der Eckpunkte eines regulären Tetraeders.
Aus welchen Punkten besteht die Menge $L(L(T))$?

④ Es seien 54 kongruente gleichseitige Dreiecke zu einem regelmäßigen Sechseck zusammengelegt. In der entstehenden Figur gibt es dann genau 37 Punkte, die Ecken
wenigstens eines der Dreiecke sind. Diese Punkte werden irgendwie von 1 bis 37
nummeriert.
Ein Dreieck heißt *uhrig*, wenn man in Uhrzeigerrichtung laufend von der Ecke
mit der kleinsten Zahl über die Ecke mit der mittleren Zahl zu der Ecke mit der
höchsten Zahl gelangt.
Man beweise, dass mindestens 19 der 54 Dreiecke uhrig sind!

1. Runde 2008

❶ Fritz hat mit Streichhölzern gleicher Länge die Seiten eines Parallelogramms gelegt, dessen Ecken nicht auf einer gemeinsamen Geraden liegen. Er stellt fest, dass in die Diagonalen genau 7 bzw. 9 Streichhölzer passen.
Wie viele Streichhölzer bilden den Umfang des Parallelogramms?

❷ Man stelle die Zahl 2008 so als Summe natürlicher Zahlen dar, dass die Addition der Kehrwerte der Summanden die Zahl 1 ergibt.

❸ Man beweise folgende Aussage:
In einem spitzwinkligen Dreieck ABC schneiden sich die Winkelhalbierende w_α, die Seitenhalbierende s_b und die Höhe h_c genau dann in einem Punkt, wenn w_α, die Seite BC und der Kreis um den Höhenfußpunkt H_c durch die Ecke A einen Punkt gemeinsam haben.

❹ In einem ebenen Koordinatensystem stehen auf Punkten mit ganzzahligen Koordinaten vier Spielsteine. Sie können nach folgender Regel gezogen werden: Ein Stein kann auf eine neue Position gezogen werden, wenn in der Mitte zwischen seiner alten und neuen Position einer der übrigen Steine liegt.
Zu Beginn stehen die vier Spielsteine auf den Punkten $(0|0)$, $(0|1)$, $(1|0)$ und $(1|1)$. Kann man nach endlich vielen Zügen erreichen, dass die vier Steine auf je einem der Punkte $(0|0)$, $(1|1)$, $(3|0)$ und $(2|-1)$ stehen?

2. Runde 2008

❶ Man bestimme alle reellen Lösungen der Gleichung

$$\sqrt[5]{x^3 + 2x} = \sqrt[3]{x^5 - 2x}.$$

Dabei sei – im Unterschied zu manchen Definitionen in der Fachliteratur – für eine ungerade Zahl $n > 1$ die Wurzel $\sqrt[n]{a}$ auch für negative reelle Radikanden a erklärt: Sie sei diejenige reelle Zahl b, für die $b^n = a$ ist.

❷ Die positiven ganzen Zahlen a, b und c seien so gewählt, dass auch die Quotienten

$$\frac{bc}{b+c}, \quad \frac{ca}{c+a} \quad \text{und} \quad \frac{ab}{a+b}$$

ganzzahlig sind.

Man beweise, dass a, b und c einen gemeinsamen Teiler haben, der größer als 1 ist.

❸ Durch einen Punkt im Innern einer Kugel werden drei paarweise aufeinander senkrecht stehende Ebenen gelegt. Diese zerlegen die Kugeloberfläche in acht krummlinige Dreiecke. Die Dreiecke werden abwechselnd schwarz und weiß so gefärbt, dass die Oberfläche der Kugel schachbrettartig aussieht.

Man beweise, dass dann genau die Hälfte der Kugeloberfläche schwarz gefärbt ist.

❹ Auf einem Bücherbord stehen nebeneinander n Bücher ($n \geq 3$) von lauter unterschiedlichen Autoren. Ein Bibliothekar betrachtet das erste und zweite Buch von links und vertauscht diese beiden genau dann, wenn sie nicht in der alphabetischen Reihenfolge ihrer Autoren stehen. Danach macht er das Gleiche mit dem zweiten und dritten Buch von links usw. Auf diese Weise geht er die Buchreihe insgesamt dreimal von links nach rechts durch.

Bei wie vielen verschiedenen Ausgangsanordnungen der Bücher sind diese dann alphabetisch sortiert?

1. Runde 2009

❶ Bei der 202-stelligen Quadratzahl

$$\underbrace{9\ldots9}_{100\,\text{Neunen}}\ z\ \underbrace{0\ldots0}_{100\,\text{Nullen}}\ 9$$

ist die Ziffer z an der 102-ten Dezimalstelle von rechts nicht lesbar.
Ermittle eine mögliche Ziffer, die dort stehen kann!

❷ Zu zwei positiven reellen Zahlen a und b sei $m(a, b)$ die kleinste der drei Zahlen

$$a, \quad \frac{1}{b} \quad \text{und} \quad \frac{1}{a} + b.$$

Für welche Zahlenpaare (a, b) ist $m(a, b)$ maximal?

❸ Ein Punkt P im Innern des Dreiecks ABC wird an den Mittelpunkten der Seiten BC, CA und AB gespiegelt; die Bildpunkte werden mit P_a, P_b bzw. P_c bezeichnet. Beweise, dass sich die Geraden AP_a, BP_b und CP_c in einem gemeinsamen Punkt schneiden!

❹ Eine positive ganze Zahl heiße *Dezimal-Palindrom*, wenn ihre Dezimaldarstellung

$$z_n \ldots z_0$$

mit $z_n \neq 0$ spiegelsymmetrisch ist, d. h., wenn $z_k = z_{n-k}$ für alle $k = 0, \ldots, n$ gilt.
Zeige, dass jede nicht durch 10 teilbare ganze Zahl ein positives Vielfaches besitzt, das ein Dezimal-Palindrom ist!

2. Runde 2009

❶ Zu Beginn eines Spiels liegen in drei Kisten 2008, 2009 bzw. 2010 Spielsteine. Anja und Bernd führen Spielzüge abwechselnd nach folgender Regel durch:

- Wer am Zug ist, wählt zwei Kisten aus, entleert sie und verteilt danach die Spielsteine aus der dritten Kiste neu auf die drei Kisten, wobei keine Kiste leer bleiben darf.
- Wer keinen vollständigen Spielzug mehr ausführen kann, hat verloren.

Wer kann den Gewinn erzwingen, wenn Anja anfängt?

❷ Es sei n eine ganze Zahl, die größer als 1 ist.
Beweise, dass die beiden folgenden Aussagen äquivalent sind:

(A) Es gibt positive ganze Zahlen a, b und c, die nicht größer als n sind und für die das Polynom $ax^2 + bx + c$ zwei verschiedene reelle Nullstellen x_1 und x_2 mit

$$|x_2 - x_1| \le \frac{1}{n}$$

besitzt.

(B) Die Zahl n hat mindestens zwei verschiedene Primteiler.

❸ Gegeben seien ein Dreieck ABC und ein Punkt P auf der Seite AB. Ferner sei Q der von C verschiedene Schnittpunkt der Geraden CP mit dem Umkreis des Dreiecks.
Beweise, dass die Ungleichung

$$\frac{PQ}{CQ} \le \left(\frac{AB}{AC + CB}\right)^2$$

gilt und dass Gleichheit genau dann besteht, wenn CP die Winkelhalbierende des Winkels ACB ist.

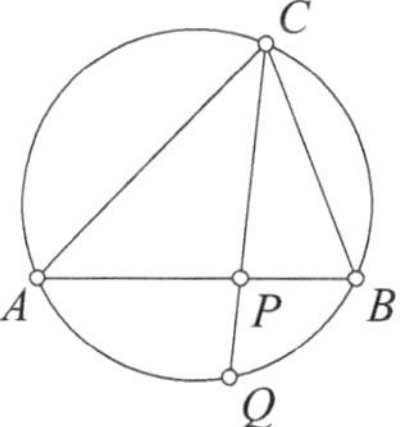

❹ Wie viele Diagonalen kann man in ein konvexes 2009-Eck höchstens einzeichnen, wenn in der fertigen Zeichnung jede gezeichnete Diagonale im Inneren des 2009-Ecks höchstens eine weitere gezeichnete Diagonale schneiden darf?

1. Runde 2010

❶ Gibt es eine positive ganze Zahl n, für die die Zahl

$$\underbrace{1\ldots1}_{n\text{ Einsen}}2\underbrace{1\ldots1}_{n\text{ Einsen}}$$

eine Primzahl ist?

❷ Gegeben sind 9999 Stäbe mit den Längen $1, 2, \ldots, 9998, 9999$.
Die Spieler Anja und Bernd entfernen abwechselnd je einen der Stäbe, wobei Anja beginnt. Das Spiel endet, wenn nur noch drei Stäbe übrig bleiben. Lässt sich aus diesen ein nicht entartetes Dreieck bilden, so hat Anja gewonnen, andernfalls Bernd.
Wer kann den Gewinn erzwingen?

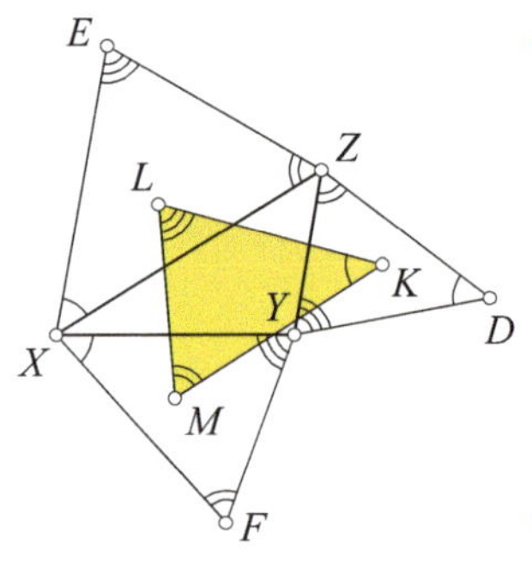

❸ Über den Seiten eines Dreiecks XYZ werden nach außen hin zueinander ähnliche Dreiecke YDZ, EXZ und YXF aufgesetzt; ihre Umkreismittelpunkte seien K, L bzw. M. Dabei sind

$$\sphericalangle ZDY = \sphericalangle ZXE = \sphericalangle FXY \quad \text{und}$$
$$\sphericalangle YZD = \sphericalangle EZX = \sphericalangle YFX.$$

Man zeige, dass das Dreieck KLM zu den aufgesetzten Dreiecken ähnlich ist.

❹ Bestimme alle Zahlen, die sich auf genau 2010 Arten als Summe von Zweierpotenzen mit nicht negativen ganzen Zahlen als Exponenten darstellen lassen, wobei in jeder der Summen jede Zweierpotenz höchstens dreimal als Summand auftreten darf.
Dabei sind zwei Darstellungen als gleich anzusehen, wenn sie sich nur in der Reihenfolge ihrer Summanden unterscheiden. Eine Summe kann hier auch aus nur einem Summanden bestehen.

2. Runde 2010

① Es seien a, b, c die Seitenlängen eines nicht entarteten Dreiecks mit $a \leq b \leq c$. Mit $t(a, b, c)$ werde das Minimum der Quotienten $\frac{b}{a}$ und $\frac{c}{b}$ bezeichnet. Bestimme alle Werte, die $t(a, b, c)$ annehmen kann.

② Die Zahlenfolge $a_1, a_2, a_3, \ldots$ sei rekursiv definiert durch

$$a_1 := 1, \quad a_{n+1} := \left\lfloor \sqrt{a_1 + a_2 + \cdots + a_n} \right\rfloor \quad \text{für } n \geq 1.$$

Bestimme alle Zahlen, die mehr als zweimal als Folgenglieder auftreten.

③ Gegeben sei ein spitzwinkliges Dreieck ABC. Der Fußpunkt der Höhe h_c sei mit D bezeichnet, ferner sei E ein beliebiger Punkt auf der Strecke CD. Schließlich seien P, Q, R und S die Fußpunkte der Lote von D auf die Geraden AC, AE, BE bzw. BC.
Beweise: Die Punkte P, Q, R und S liegen entweder auf einem Kreis oder auf einer Geraden.

④ Im Folgenden sei mit $\mathbb{N}_0$ die Menge der nichtnegativen ganzen Zahlen bezeichnet. Bestimme alle Polynome p, die die beiden folgenden Eigenschaften erfüllen:

(1) Alle Koeffizienten von p sind aus $\mathbb{N}_0$.

(2) Es gibt eine Funktion f, die auf $\mathbb{N}_0$ definiert ist und nur Zahlen aus $\mathbb{N}_0$ als Werte annimmt und die

$$f(f(f(n))) = p(n)$$

für alle $n \in \mathbb{N}_0$ erfüllt.

1. Runde 2011

❶ Zehn Schalen stehen im Kreis. Sie werden – irgendwo beginnend – im Uhrzeigersinn mit 1, 2, 3, …, 9 bzw. 10 Murmeln gefüllt. In einem Zug darf man zu zwei benachbarten Schalen je eine Murmel hinzufügen oder aus zwei benachbarten Schalen – wenn sie beide nicht leer sind – je eine Murmel entfernen.
Kann man erreichen, dass nach endlich vielen Zügen in jeder Schale genau 2011 Murmeln liegen?

❷ An einem runden Tisch sitzen 16 Kinder. Nach der Pause setzen sie sich wieder an den Tisch. Dabei stellen sie fest: Jedes Kind sitzt entweder auf seinem ursprünglichen Platz oder auf einem der beiden benachbarten Plätze.
Wie viele Sitzordnungen sind auf diese Weise nach der Pause möglich?

❸ Die Diagonalen eines konvexen Fünfecks teilen jeden seiner Innenwinkel in drei gleich große Teile.
Folgt hieraus, dass das Fünfeck regelmäßig ist?

❹ Es seien a und b positive ganze Zahlen. Bekanntlich liefert die Division mit Rest von $a \cdot b$ durch $a + b$ eindeutig bestimmte ganze Zahlen q und r mit

$$a \cdot b = q\,(a+b) + r \quad \text{und} \quad 0 \leq r < a + b.$$

Bestimme alle Paare (a, b), für die $q^2 + r = 2011$ gilt.

2. Runde 2011

❶ Beweise, dass man ein Quadrat nicht in endlich viele Sechsecke zerlegen kann, deren Innenwinkel alle kleiner als $180°$ sind.

❷ Beweise: Sind für eine positive ganze Zahl n sowohl $3n + 1$ als auch $10n + 1$ Quadratzahlen, dann ist $29n + 11$ keine Primzahl.

❸ Bei einer Wettbewerbsvorbereitung mit mehr als zwei teilnehmenden Mannschaften spielen je zwei von ihnen höchstens einmal gegeneinander. Beim Betrachten des Spielplans stellt sich heraus:

(1) Wenn zwei Mannschaften gegeneinander spielen, dann gibt es keine weitere Mannschaft, die gegen sie beide spielt.

(2) Wenn zwei Mannschaften nicht gegeneinander spielen, dann gibt es stets genau zwei andere Mannschaften, die gegen sie beide spielen.

Beweise, dass alle Mannschaften die gleiche Anzahl von Spielen bestreiten.

❹ In einem Tetraeder $ABCD$, das nicht entartet und nicht notwendig regulär ist, haben die Seiten AD und BC die gleiche Länge a, die Seiten BD und AC die gleiche Länge b, die Seite AB die Länge c_1 und die Seite CD die Länge c_2. Es gibt einen Punkt P, für den die Summe der Abstände zu den Eckpunkten des Tetraeders minimal ist.
Bestimme diese Summe in Abhängigkeit von den Größen a, b, c_1 und c_2.

1. Runde 2012

1 Alex schreibt die sechzehn Ziffern 2, 2, 3, 3, 4, 4, 5, 5, 6, 6, 7, 7, 8, 8, 9, 9 in beliebiger Reihenfolge nebeneinander und setzt dann irgendwo zwischen zwei Ziffern einen Doppelpunkt, so dass eine Divisionsaufgabe entsteht.
Kann das Ergebnis dieser Rechnung 2 sein?

2 Gibt es positive ganze Zahlen a und b derart, dass sowohl $a^2 + 4b$ als auch $b^2 + 4a$ Quadratzahlen sind?

3 Einem Quadrat $ABCD$ wird ein gleichseitiges Dreieck DCE aufgesetzt. Der Mittelpunkt dieses Dreiecks wird mit M bezeichnet und der Schnittpunkt der Geraden AC und BE mit S.
Beweise, dass das Dreieck CMS gleichschenklig ist.

4 Von den Eckpunkten eines regelmäßigen 27-Ecks werden sieben beliebig ausgewählt.
Beweise, dass es unter diesen sieben Punkten drei Punkte gibt, die ein gleichschenkliges Dreieck bilden, oder vier Punkte, die ein gleichschenkliges Trapez bilden.

2. Runde 2012

❶ Aus der Menge $\{1, 2, 3, \ldots, 2n\}$ werden n Zahlen ausgewählt und in aufsteigender Reihenfolge mit $a_1, a_2, \ldots, a_n$ bezeichnet, danach werden die restlichen n Zahlen in absteigender Reihenfolge mit $b_1, b_2, \ldots, b_n$ benannt. Für diese $2n$ Zahlen gilt also $a_1 < a_2 < \cdots < a_n$ und $b_1 > b_2 > \cdots > b_n$.
Beweise, dass dann stets gilt:

$$|a_1 - b_1| + |a_2 - b_2| + \cdots + |a_n - b_n| = n^2.$$

❷ Auf einem runden Tisch sind n Schalen im Kreis angeordnet. Anja geht im Uhrzeigersinn um den Tisch und legt dabei nach folgender Regel Murmeln in die Schalen: Sie legt in eine beliebige erste Schale eine Murmel, dann geht sie eine Schale weiter und legt dort eine Murmel hinein. Anschließend geht sie zwei Schalen weiter, bevor sie wieder eine Murmel legt, danach geht sie drei Schalen weiter usw. Wenn in jeder Schale mindestens eine Murmel liegt, hört sie auf.
Für welche n tritt dies ein?

❸ Der Inkreis des Dreiecks ABC berührt die Seiten BC, CA und AB in den Punkten A_1, B_1 bzw. C_1. Der Punkt D sei das Bild des Punktes C_1 bei der Spiegelung am Mittelpunkt des Inkreises. Schließlich sei E der Schnittpunkt der Geraden B_1C_1 und A_1D.
Beweise, dass die Strecken CE und CB_1 gleiche Länge haben.

❹ In ein rechtwinkliges Koordinatensystem soll ein Rechteck mit den Seitenlängen a und b mit $a \leq b$ so gelegt werden, dass sich kein Punkt mit ganzzahligen Koordinaten in seinem Inneren oder auf seinem Rand befindet.
Unter welcher notwendigen und zugleich hinreichenden Bedingung für a und b ist dies möglich?

1. Runde 2013

❶ Kann man die Menge der natürlichen Zahlen von 1 bis 21 so in Teilmengen zerlegen, dass in jeder dieser Teilmengen die größte Zahl gleich der Summe der übrigen Zahlen ist?

❷ Kann man jedes Dreieck in genau fünf gleichschenklige Dreiecke zerlegen?

Bemerkung: Bei allen betrachteten Dreiecken liegen die drei Eckpunkte nicht auf einer Geraden.

❸ Im Innern des Quadrates $ABCD$ liege der Punkt P so, dass

$$\sphericalangle DCP = \sphericalangle CAP = 25°$$

gilt. Wie groß ist der Winkel $\sphericalangle PBA$?

❹ Anja und Bernd spielen folgendes Spiel: Sie schreiben abwechselnd je eine Ziffer an die Tafel, wobei Anja beginnt. Jede weitere Ziffer wird entweder rechts oder links neben die schon an der Tafel stehende Ziffernfolge geschrieben.

Beweise, dass Anja verhindern kann, dass nach einem Zug von Bernd die Ziffernfolge einschließlich evtl. führender Nullen eine Quadratzahl im Dezimalsystem darstellt.

2. Runde 2013

❶ Es seien m und n positive ganze Zahlen, für die $m^2 + n^2 + m$ durch mn teilbar ist. Zeige, dass dann m eine Quadratzahl ist.

❷ Gegeben sei ein Parallelogramm aus Papier mit den Seitenlängen 25 und 10 sowie der Höhe 6 zwischen den längeren Seiten. Es soll so in genau zwei Teile zerschnitten werden, dass man unter Verwendung beider Teile einen Würfel mit geeigneter Kantenlänge ohne weitere Schnitte vollständig und ohne Überlappungen bekleben kann.

Beschreibe eine solche Zerschneidung und zeige, dass diese die Bedingungen der Aufgabe tatsächlich erfüllt.

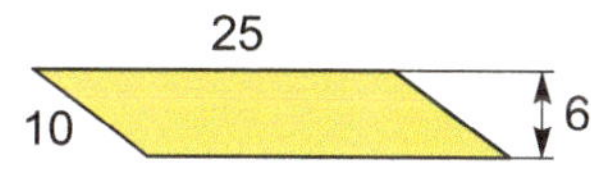

❸ Es sei $ABCDEF$ ein konvexes Sechseck, dessen Ecken auf einem Kreis liegen. Für seine Seitenlängen gelte die Beziehung $AB \cdot CD \cdot EF = BC \cdot DE \cdot FA$. Zeige, dass sich dann die Diagonalen AD, BE und CF in genau einem Punkt schneiden.

❹ Im pascalschen Dreieck sind in einfacher und übersichtlicher Weise die Binomialkoeffizienten angeordnet.

Wir wählen einen beliebigen dieser Binomialkoeffizienten aus, der nicht am rechten Rand des Dreiecks steht. Rechts von ihm stehen in der gleichen Zeile t Zahlen, die wir der Reihe nach mit $a_1, a_2, \ldots, a_t$ benennen, wobei $a_t = 1$ die letzte Zahl in dieser Reihe ist. Geht man vom gleichen Binomialkoeffizienten parallel zum linken Rand schräg nach rechts oben, so stehen dort wiederum t Zahlen, die wir der Reihe nach mit $b_1, b_2, \ldots, b_t$ benennen, wobei $b_t = 1$ ist.

Zeige, dass

$$b_t a_1 - b_{t-1} a_2 + b_{t-2} a_3 - \cdots + (-1)^{t-1} b_1 a_t = 1$$

```
        1
      1   1
    1   2   1
  1   3   3   1
1   4   6   4   1
 ..  ..  ..  ..  ..  ..
```

gilt.

Beispiel: Man erhält bei der Wahl von $\binom{4}{1} = 4$ die Werte $t = 3$, $a_1 = 6$, $a_2 = 4$, $a_3 = 1$ sowie $b_1 = 3$, $b_2 = 2$, $b_3 = 1$.

1. Runde 2014

❶ Anja soll 2014 ganze Zahlen an die Tafel schreiben und dabei erreichen, dass zu je drei dieser Zahlen auch deren arithmetisches Mittel eine der 2014 Zahlen ist. Beweise, dass dies nur gelingt, wenn sie lauter gleiche Zahlen schreibt.

❷ Die 100 Ecken eines Prismas, dessen Grundfläche ein 50-Eck ist, werden in beliebiger Reihenfolge mit den Zahlen 1, 2, 3, ..., 100 nummeriert.
Beweise, dass es zwei Ecken gibt, die durch eine Kante des Prismas verbunden sind und deren Nummern sich um höchstens 48 unterscheiden.

Bemerkung: Bei allen betrachteten Dreiecken liegen die drei Eckpunkte nicht auf einer Geraden.

❸ Gegeben sind die Eckpunkte eines regelmäßigen Sechsecks, dessen Seiten die Länge 1 haben. Konstruiere hieraus allein mit dem Lineal weitere Punkte mit dem Ziel, dass es unter den vorgegebenen und konstruierten Punkten zwei solche gibt, die den Abstand $\sqrt{7}$ haben.

Anmerkungen: „Konstruiere hieraus allein mit dem Lineal ..." bedeutet: Neu konstruierte Punkte entstehen nur als Schnitt von Verbindungsgeraden zweier Punkte, die gegeben oder schon konstruiert sind. Insbesondere kann mit dem Lineal keine Länge gemessen werden.
Die Konstruktion ist zu beschreiben.

❹ Für welche positiven ganzen Zahlen n besitzt die Zahl

$$\frac{4n + 1}{n(2n - 1)}$$

eine abbrechende Dezimalbruchentwicklung?

2. Runde 2014

❶ Zeige, dass für alle positiven ganzen Zahlen n die Zahl $2^{(3^n)} + 1$ durch 3^{n+1} teilbar ist.

❷ Für alle positiven ganzen Zahlen m und k mit $m \geq k$ sei

$$a_{m,k} = \binom{m}{k-1} - 3^{m-k}.$$

Bestimme alle Folgen reeller Zahlen $(x_1, x_2, x_3, \ldots)$, die für alle positiven ganzen Zahlen n die Gleichung

$$a_{n,1}x_1 + a_{n,2}x_2 + \cdots + a_{n,n}x_n = 0$$

erfüllen.

Anmerkung: $\binom{m}{k-1}$ bezeichne wie üblich einen Binomialkoeffizienten.

❸ In einer Ebene liegt eine Gerade g; auf ihr werden n paarweise verschiedene Punkte beliebig gewählt ($n \geq 2$); über den Verbindungsstrecken je zweier dieser Punkte werden Halbkreise gezeichnet, die alle auf derselben Seite von g liegen.
Bestimme in Abhängigkeit von n die maximale Anzahl von nicht auf g liegenden Schnittpunkten solcher Halbkreise.

❹ In der Ebene sind drei nicht auf einer Geraden liegende Punkte A_1, A_2 und A_3 gegeben; für $n = 4, 5, 6, \ldots$ sei A_n der Schwerpunkt des Dreiecks $A_{n-3}A_{n-2}A_{n-1}$.

    a) Zeige, dass es genau einen Punkt S gibt, der für alle $n \geq 4$ im Inneren des Dreiecks $A_{n-3}A_{n-2}A_{n-1}$ liegt.

    b) Es sei T der Schnittpunkt der Geraden SA_3 mit der Geraden A_1A_2.
       Bestimme die beiden Streckenverhältnisse $A_1T : TA_2$ und $TS : SA_3$.

1. Runde 2015

❶ Zwölf 1-Euro-Münzen werden flach so auf einen Tisch gelegt, dass ihre Mittelpunkte die Ecken eines regelmäßigen 12-Ecks bilden und sich benachbarte Münzen berühren.
Zeige, dass sich weitere sieben 1-Euro-Münzen in das Innere dieses Rings aus Münzen flach auf den Tisch legen lassen.

❷ Eine Summe aus 335 paarweise verschiedenen positiven ganzen Zahlen hat den Wert 100 000.

    a) Wie viele ungerade Summanden müssen in dieser Summe mindestens vorkommen?

    b) Wie viele ungerade Summanden können es höchstens sein?

❸ Im Dreieck ABC sei M der Mittelpunkt der Seite AB. An den Strahl $[AB$ wird in A der Winkel $\sphericalangle ACM$ angetragen, an den Strahl $[BA$ in B der Winkel $\sphericalangle MCB$; dabei wird die Drehrichtung jeweils so gewählt, dass die freien Schenkel auf der gleichen Seite von AB wie der Punkt C liegen.
Beweise, dass sich die freien Schenkel auf der Geraden CM schneiden.

Anmerkung: Mit Strahl $[XY$ (in manchen Lehrbüchern auch *Halbgerade* $[XY$ genannt) wird derjenige Teil der Geraden XY bezeichnet, der aus der Strecke XY zusammen mit ihrer geradlinigen Verlängerung über Y hinaus besteht.

❹ Das soziale Netzwerk „BWM" hat viele Mitglieder. Man weiß: Wählt man irgendwelche vier Mitglieder davon aus, dann ist immer eines von diesen vier Mitgliedern mit den drei anderen befreundet.
Ist dann unter irgend vier Mitgliedern immer eines, das mit allen Mitgliedern von „BWM" befreundet ist?

Anmerkung: Wenn Mitglied A mit Mitglied B befreundet ist, dann ist auch Mitglied B mit Mitglied A befreundet.

2. Runde 2015

❶ Ein Rechteck mit Seitenlängen a und b wird in $a \cdot b$ Einheitsquadrate aufgeteilt (a, b sind positive ganze Zahlen, beide gerade).

Anja und Bernd färben nun abwechselnd jeweils ein Quadrat, das aus einem oder mehreren bislang noch ungefärbten Einheitsquadraten dieses Rechtecks besteht. Wer nicht mehr färben kann, hat verloren.

Anja beginnt. Bestimme alle Paare (a, b), für die sie den Gewinn erzwingen kann.

❷ Die Dezimaldarstellung eines Bruches $\frac{m}{n}$ mit positiven ganzen Zahlen m und n enthält irgendwo nach dem Komma die Ziffernfolge 7143.

Zeige, dass $n > 1250$ ist.

❸ Jede der positiven ganzen Zahlen $1, 2, \ldots, n$ wird entweder rot oder blau oder gelb gefärbt, wobei folgende Regeln eingehalten werden:

(1) Eine Zahl und die nächstgrößere Zahl gleicher Farbe (falls es eine solche gibt) haben stets verschiedene Parität.

(2) Wenn jede Farbe bei der Färbung verwendet wird, dann gibt es genau eine Farbe, für die die kleinste Zahl in dieser Farbe gerade ist.

Bestimme die Anzahl solcher Färbungen.

❹ Es sei ABC ein Dreieck, bei dem der Inkreismittelpunkt I und Umkreismittelpunkt U verschieden sind. Für jeden Punkt X im Innern dieses Dreiecks sei $d(X)$ die Summe der Abstände von X zu den drei (evtl. geradlinig verlängerten) Dreieckseiten.

Beweise: Wenn für zwei verschiedene Punkte P und Q im Innern des Dreiecks ABC die Bedingung $d(P) = d(Q)$ erfüllt ist, dann stehen die Geraden PQ und UI senkrecht aufeinander.

1. Runde 2016

❶ Gegeben ist die mit 2016 Nullen geschriebene Zahl $101010\ldots0101$, in der sich die Ziffern 1 und 0 abwechseln.

Beweise, dass diese Zahl keine Primzahl ist.

❷ Gegeben ist ein Dreieck ABC mit Flächeninhalt 1. Anja und Bernd spielen folgendes Spiel: Anja wählt einen Punkt X auf der Seite BC, dann wählt Bernd einen Punkt Y auf der Seite CA und schließlich Anja einen Punkt Z auf der Seite AB; dabei dürfen X, Y und Z keine Eckpunkte des Dreiecks ABC sein. Anja versucht hierbei, den Flächeninhalt des Dreiecks XYZ möglichst groß zu machen, Bernd dagegen möchte diesen Flächeninhalt möglichst klein halten.

Welchen Flächeninhalt hat das Dreieck XYZ am Ende des Spiels, wenn beide optimal spielen?

❸ Auf einem Kreis liegen die Punkte A, B, C und D in dieser Reihenfolge. Die Sehnen AC und BD schneiden sich im Punkt P, die Senkrechten auf AC im Punkt C bzw. auf BD im Punkt D schneiden sich im Punkt Q.

Beweise, dass die Geraden AB und PQ senkrecht aufeinander stehen.

❹ In einer Klasse sind 33 Kinder. Jedes Kind schreibt an die Tafel, wie viele andere Kinder in der Klasse den gleichen Vornamen tragen wie es selbst. Danach schreibt jedes Kind an die Tafel, wie viele andere Kinder in der Klasse den gleichen Nachnamen haben wie es selbst. Als sie fertig sind, kommt unter den 66 Zahlen an der Tafel jede der Zahlen $0, 1, 2, \ldots, 10$ mindestens einmal vor.

Beweise, dass in der Klasse mindestens zwei Kinder den gleichen Vor- und Nachnamen tragen.

Anmerkung: In dieser Klasse hat jedes Kind genau einen Vornamen und genau einen Nachnamen.

2. Runde 2016

❶ Mit n verschiedenen Zahlen kann man bekanntlich auf $\frac{n(n-1)}{2}$ Arten Summen von je zwei verschiedenen von ihnen bilden.

Für welche n ($n \geq 3$) gibt es n verschiedene ganze Zahlen, für die diese Summen $\frac{n(n-1)}{2}$ aufeinander folgende Zahlen sind?

❷ Beweise, dass es unendlich viele positive ganze Zahlen gibt, die sich nicht als Summe aus einer Dreieckszahl und einer Primzahl darstellen lassen.

Anmerkung: Unter einer Dreieckszahl versteht man eine Zahl der Form $\frac{k(k+1)}{2}$, wobei k eine positive ganze Zahl ist.

❸ Bestimme alle Funktionen f, die für alle reellen Zahlen außer $1/3$ und $-1/3$ definiert sind und die für jede solche Zahl x die Gleichung

$$f\left(\frac{x+1}{1-3x}\right) + f(x) = x$$

erfüllen.

❹ Jede Seitenfläche eines regulären Dodekaeders liegt in einer eindeutig bestimmten Ebene. Diese Ebenen zerteilen den Raum in eine endliche Anzahl von disjunkten Raumteilen.

Bestimme deren Anzahl.

Anmerkung: Die Ebenen selbst oder Teile davon zählen nicht als eigenständige Raumteile.

1. Runde 2017

❶ Die Zahlen $1, 2, 3, \ldots, 2017$ stehen an der Tafel. Amelie und Boris wischen abwechselnd je eine dieser Zahlen weg, bis nur noch zwei Zahlen übrig bleiben. Amelie beginnt. Wenn die Summe der beiden letzten Zahlen durch 8 teilbar ist, gewinnt Amelie, ansonsten Boris.
Wer kann den Gewinn erzwingen?

❷ Wie viele spitze Innenwinkel kann ein überschneidungsfreies ebenes 2017-Eck höchstens haben?

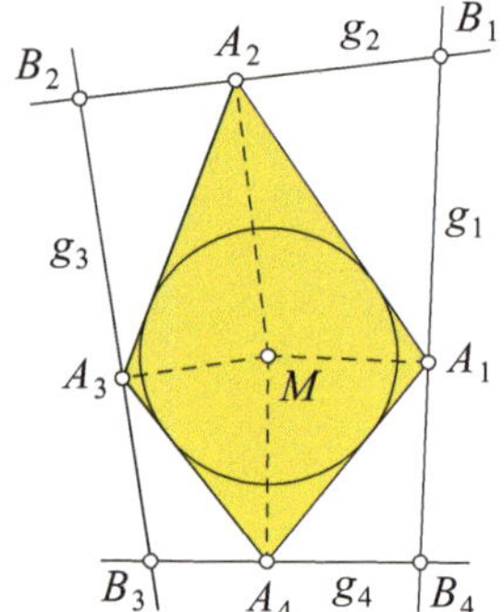

❸ In einem konvexen Tangentenviereck $A_1 A_2 A_3 A_4$ sei M der Mittelpunkt des Inkreises, der die Seiten des Vierecks berührt. Weiter sei g_1 die Gerade durch A_1, die senkrecht auf der Strecke $A_1 M$ steht; entsprechend seien g_2, g_3 und g_4 festgelegt. Die Geraden g_1, g_2, g_3 und g_4 bestimmen ein weiteres Viereck $B_1 B_2 B_3 B_4$, wobei B_1 der Schnittpunkt von g_1 und g_2 ist; entsprechend bezeichnet B_2, B_3 bzw. B_4 den Schnittpunkt von g_2 und g_3, g_3 und g_4 bzw. g_4 und g_1.
Beweise, dass sich die Diagonalen des Vierecks $B_1 B_2 B_3 B_4$ im Punkt M schneiden.

❹ Die Zahlenfolge $a_0, a_1, a_2, \ldots$ sei rekursiv definiert durch die Vorschrift

$$a_0 := 1 \quad \text{und} \quad a_n := a_{n-1} \cdot \left(4 - \frac{2}{n} \right)$$

für $n \geq 1$.
Beweise, dass für jedes $n \geq 1$ gilt:

    a) a_n ist eine natürliche Zahl.

    b) Jede Primzahl p mit $n < p \leq 2n$ ist Teiler von a_n.

    c) Wenn n eine Primzahl ist, dann ist $a_n - 2$ durch n teilbar.

2. Runde 2017

❶ Von den natürlichen Zahlen $1, 2, 3, \ldots, n+1$ soll man eine streichen und die übrigen so in einer Folge $a_1, a_2, \ldots, a_n$ anordnen, dass von den n Zahlen $|a_1 - a_2|$, $|a_2 - a_3|, \ldots, |a_{n-1} - a_n|, |a_n - a_1|$ keine zwei gleich sind.
Für welche natürlichen Zahlen $n \geq 4$ ist dies möglich?

❷ In einem konvexen regulären 35-Eck sind 15 Ecken rot gefärbt. Gibt es bei jeder solchen Färbung unter den 15 roten Ecken drei Ecken, die ein gleichschenkliges Dreieck bilden?

❸ Gegeben ist ein Dreieck mit den Seitenlängen a, b und c, dem Inkreismittelpunkt I und dem Schwerpunkt S.
Beweise: Wenn $a + b = 3c$ gilt, dann ist $S \neq I$ und die Gerade SI steht senkrecht auf einer der Seiten des Dreiecks.

❹ Eine natürliche Zahl nennen wir *heinersch*, wenn sie sich als Summe einer positiven Quadratzahl und einer positiven Kubikzahl darstellen lässt.
Beweise: Es gibt unendlich viele heinersche Zahlen, deren Vorgänger und deren Nachfolger ebenfalls heinersch sind.

1. Runde 2018

❶ Welches ist die größte natürliche Zahl mit der Eigenschaft, dass jede ihrer Ziffern außer der ersten und der letzten kleiner ist als das arithmetische Mittel ihrer beiden Nachbarziffern?

❷ Bestimme alle reellen Zahlen x, für die

$$\left\lfloor \frac{20}{x+18} \right\rfloor + \left\lfloor \frac{x+18}{20} \right\rfloor = 1$$

gilt.

❸ Im spitzwinkligen Dreieck ABC wird der Höhenschnittpunkt mit H bezeichnet. Die Höhe von A schneide die Seite BC im Punkt H_a und die Parallele zu BC durch H schneide den Kreis mit Durchmesser AH_a in den Punkten P_a und Q_a. Entsprechend seien die Punkte P_b und Q_b sowie P_c und Q_c festgelegt.
Beweise, dass die sechs Punkte P_a, Q_a, P_b, Q_b, P_c und Q_c auf einem gemeinsamen Kreis liegen.

❹ Im Raum sind sechs Punkte gegeben, die paarweise verschiedene Entfernungen voneinander haben und von denen keine drei auf einer gemeinsamen Geraden liegen. Wir betrachten alle Dreiecke mit Ecken in diesen Punkten.
Beweise, dass es unter diesen Dreiecken eines gibt, dessen längste Seite zugleich kürzeste Seite in einem anderen dieser Dreiecke ist.

2. Runde 2018

① Anja und Bernd nehmen abwechselnd Steine von einem Haufen mit anfangs n Steinen ($n \geq 2$). Anja beginnt und nimmt in ihrem ersten Zug wenigstens einen, aber nicht alle Steine weg. Danach nimmt, wer am Zug ist, mindestens einen, aber höchstens so viele Steine weg, wie im unmittelbar vorhergehenden Zug weggenommen wurden. Wer den letzten Stein wegnimmt, gewinnt.

Bei welchen Werten von n kann Anja den Gewinn erzwingen, bei welchen kann es Bernd?

② Wir betrachten alle reellen Funktionen f mit der Eigenschaft $f(1 - f(x)) = x$ für alle $x \in \mathbb{R}$.

    a) Weise die Existenz einer solchen Funktion durch Angabe eines konkreten Beispiels nach.

    b) Wir definieren für jede solche Funktion f die Summe

$$S_f = f(-2017) + f(-2016) + \cdots + f(-1) + f(0) + f(1) + \ldots$$
$$+ f(2017) + f(2018).$$

    Bestimme die Menge aller Werte, die derartige Summen S_f annehmen können.

③ Gegeben sind eine Strecke AB und auf ihr ein Punkt T, wobei T näher an B liegt als an A.

Zeige, dass es zu jedem von T verschiedenen Punkt C auf der Senkrechten zur Strecke AB *durch* T jeweils genau einen Punkt D auf der Strecke AC mit $\sphericalangle CBD = \sphericalangle BAC$ gibt und dass dann das Lot zu AC durch D stets durch ein und denselben, von der Wahl von C unabhängigen Punkt E auf der Geraden AB geht.

④ Bestimme alle natürlichen Zahlen n mit $n > 1$, für die gilt:

Färbt man jeden Gitterpunkt eines quadratischen Gitters in der Ebene mit je einer von n vorgegebenen Farben, dann gibt es immer drei Gitterpunkte gleicher Farbe, die ein gleichschenklig-rechtwinkliges Dreieck bilden, dessen Katheten parallel zu den Gitterlinien sind.

Erläuterung: Die Gitterpunkte eines quadratischen Gitters sind diejenigen Punkte in einem kartesischen Koordinatensystem (d. h. einem Koordinatensystem, bei dem die Achsen senkrecht aufeinander stehen und bei dem die Längeneinheiten auf beiden Achsen gleich sind), bei denen beide Koordinaten ganzzahlig sind. Gitterlinien sind die Geraden, die durch Gitterpunkte gehen und parallel zu einer der beiden Achsen sind.

1. Runde 2019

❶ Ein 8×8-Schachbrett wird mit 32 Dominosteinen der Größe 1×2 vollständig und überschneidungsfrei bedeckt.

Beweise: Es gibt stets zwei Dominosteine, die ein 2×2-Quadrat bilden.

❷ Die Buchstaben A, C, F, H, L und S stehen für sechs nicht notwendigerweise verschiedene Ziffern im Dezimalsystem, wobei $S \neq 0$ und $F \neq 0$ ist. Aus ihnen werden die sechsstelligen Dezimaldarstellungen $SCHLAF$ und $FLACHS$ zweier Zahlen gebildet.

Beweise: Die Differenz dieser beiden Zahlen ist genau dann durch 271 teilbar, wenn $C = L$ und $H = A$ gilt.

❸ Im Quadrat $ABCD$ werden auf der Seite BC der Punkt E und auf der Seite CD der Punkt F so gewählt, dass $\sphericalangle EAF = 45°$ gilt und weder E noch F Eckpunkte des Quadrates sind. Die Geraden AE und AF schneiden den Umkreis des Quadrates außer im Punkt A noch in den Punkten G bzw. H.

Beweise, dass die Geraden EF und GH parallel sind.

❹ In der Dezimaldarstellung von $\sqrt{2} = 1{,}4142\ldots$ findet Isabelle eine Folge von k aufeinander folgenden Nullen, dabei ist k eine positive ganze Zahl.

Beweise: Die erste Null dieser Folge steht frühestens an der k-ten Stelle nach dem Komma.

2. Runde 2019

❶ 120 Piraten verteilen unter sich 119 Goldstücke. Danach kontrolliert der Kapitän, ob irgendeiner der Piraten 15 oder mehr Goldstücke hat. Wenn er den ersten solchen findet, muss dieser alle seine Goldstücke anderen Piraten geben, wobei er keinem mehr als ein Goldstück geben darf. Diese Kontrolle wird wiederholt, solange es irgendeinen Piraten mit 15 oder mehr Goldstücken gibt.
Endet dieser Vorgang in jedem Fall nach endlich vielen Kontrollen?

❷ Bestimme den kleinstmöglichen Wert der Summe

$$S(a, b, c) = \frac{ab}{c} + \frac{bc}{a} + \frac{ca}{b},$$

wobei a, b, c drei positive reelle Zahlen mit $a^2 + b^2 + c^2 = 1$ sind.

❸ Gegeben sei das Dreieck ABC mit $AC > BC$ und Inkreis k. Weiter seien M, W und L die Punkte auf der Geraden AB, die die Seitenhalbierende bzw. Winkelhalbierende bzw. Höhe von C mit der Geraden AB gemeinsam haben. Diejenige Tangente an k durch M, die verschieden von AB ist, berühre k in T.
Beweise, dass die Winkel $\sphericalangle MTW$ und $\sphericalangle TLM$ gleich groß sind.

❹ Beweise: Für keine ganze Zahl $k \geq 2$ liegen zwischen $10k$ und $10k + 100$ mehr als 23 Primzahlen.

1. Runde 2020

❶ Beweise: Es gibt unendlich viele Quadratzahlen der Form $50^m - 50^n$, aber keine Quadratzahl der Form $2020^m + 2020^n$; dabei sind m und n positive ganze Zahlen.

❷ Konstantin zieht auf einem $n \times n$-Schachbrett ($n \geq 3$) mit einem Springer mit möglichst wenigen Zügen vom Feld in der unteren linken Ecke auf das Feld in der unteren rechten Ecke. Danach nimmt Isabelle diesen Springer und zieht von dem Feld in der unteren linken Ecke mit möglichst wenigen Zügen auf das Feld in der oberen rechten Ecke.
Für welche n benötigen beide dafür gleich viele Züge?

Hinweise: Der Springer darf nur wie im Schachspiel üblich gezogen werden.

❸ Die Strecke AB sei der Durchmesser eines Kreises k und E ein Punkt im Innern von k. Die Gerade AE schneide k außer in A noch im Punkt C, die Gerade BE schneide k außer in B noch im Punkt D.
Beweise: Der Wert von $\overline{AC} \cdot \overline{AE} + \overline{BD} \cdot \overline{BE}$ ist unabhängig von der Lage von E.

❹ Die Folge (a_n) ist rekursiv definiert durch $a_1 = 0$, $a_2 = 2$, $a_3 = 3$ sowie

$$a_n = \max_{0<d<n} a_d \cdot a_{n-d}$$

für $n \geq 4$. Bestimme die Primfaktorzerlegung von $a_{19702020}$.

Hinweise: Der Ausdruck $\max_{0<d<n} a_d \cdot a_{n-d}$ bezeichnet den größten Wert aller Zahlen $a_1 \cdot a_{n-1}$, $a_2 \cdot a_{n-2}, \ldots, a_{n-1} \cdot a_1$.

50
JAHRE
BUNDESWETTBEWERB
MATHEMATIK

Die Mitglieder des Aufgabenausschusses im Jahr 2011 (v. u. n. o.):
Prof. ARTHUR ENGEL, Dr. CORNELIA WISSEMANN-HARTMANN,
Dr. ERIC MÜLLER, Prof. ERHARD QUAISSER, Dr. ECKARD SPECHT,
KARL FEGERT, Prof. RAINER KAENDERS, Dr. ROBERT STRICH,
Dipl.-Math. HANNS-HEINRICH LANGMANN, Dipl.-Math. STEFAN KLEITSCH

Anhang

Eine Retrospektive. Das Bild auf Seite 279 (vgl. auch Bild 1 und S. 18) war bis vor wenigen Jahren das markante *Logo des Bundeswettbewerbs Mathematik*. Es zeigt in kreuzförmiger Anordnung links oben ein Quadrat, rechts oben einen Kreis mit einem Durchmesser, der gleich der Kantenlänge des Quadrats ist, und links unten ein gleichschenkliges Dreieck, dessen Basislänge und Höhe mit der Kantenlänge des Quadrats übereinstimmt. Diese Anordnung legt die Frage nahe, ob es einen Körper gibt, der nach senkrechter Parallelprojektion auf drei (zueinander senkrechte) Ebenen diese einfachen geometrischen Figuren als Umrisse zeigt.

Das Bild auf Seite 1 veranschaulicht, dass es in der Tat einen solchen Körper gibt. Er entsteht aus einem geraden Kreiszylinder mit quadratischem Querschnitt, von dem man mit zwei speziellen ebenen Schnitten durch einen Durchmesser auf der kreisförmigen Deckfläche zwei Teile abtrennt. Der so entstandene (Rest-)Körper ist als *polyascher Stöpsel* (Bild 2) bekannt, und er besitzt, wie das Bild klar veranschaulicht, bei spezieller Lage zu den Bildebenen die gewünschten Projektionen.

Doch die kreuzförmige Anordnung im Logo weist zusätzlich auf *zugeordnete Normalrisse* eines Körpers hin, wie sie in der Darstellenden Geometrie üblich und festgelegt sind. Gewählt werden drei paarweise zueinander senkrechte Projektionsebenen. Eine Beschreibung ist einfach mit einem dreidimensionalen kartesischen Koordinatensystem möglich: Die drei Bildebenen sind die xy-Ebene, xz-Ebene und die yz-Ebene (Bild 3 links). Eine Standardvorstellung über die Lage der Bildebenen bezüglich des Betrachters ist: die xy-Ebene als *Grundrisstafel* mit Blick von *oben*, die xz-Ebene als *Aufrisstafel* mit Blick von *vorn* und die yz-Ebene als *Seiten-* oder *Kreuzrisstafel* mit Blick von *links* zu sehen. Die Projektionen werden also orientiert gesehen. Ist wie in diesem Falle die darzustellende Figur begrenzt, dann kann man sie so in das Koordinatensystem stellen, dass alle Koordinaten der Punkte nicht negativ sind.

Wir legen den POLYASCHEN Stöpsel (Bild 4) so, dass seine kreisförmige Grundfläche parallel zur Grundrisstafel und sein quadratischer Querschnitt parallel zur Seitenrisstafel liegt. Das Aufrissbild ist dann ein gleichschenkliges Dreieck, dessen Achse parallel zur z-Achse ist. Nun werden die Projektionsebenen noch nach einer *europäischen*(!) Darstellungsart *verebnet*, d. h., längs der y-Achse wird aufgeschlitzt, und dann werden die drei Bildebenen durch Umlegungen so in eine gemeinsame Ebene überführt, dass ihre *Innen*seiten nach außen zeigen, s. Bild 3 rechts. (Zur Verebnung wird auch längs einer anderen Rissachse geschlitzt, siehe Standardliteratur zum Thema.) Dann ergibt sich eine Darstellung wie im Bild 5, die aber nicht mit dem Logo auf Seite 279 bzw. Bild 1 übereinstimmt.

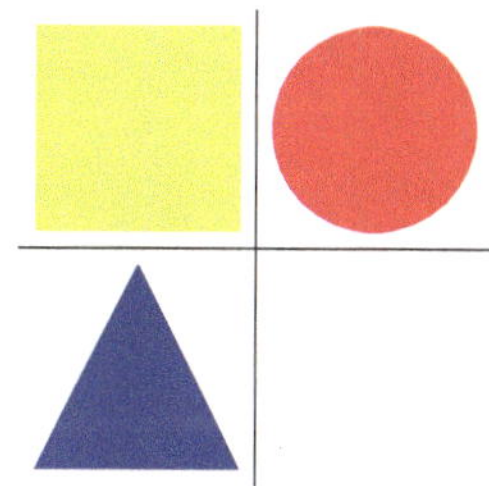

Bild 1. Früheres Logo des Bundeswettbewerbs Mathematik.

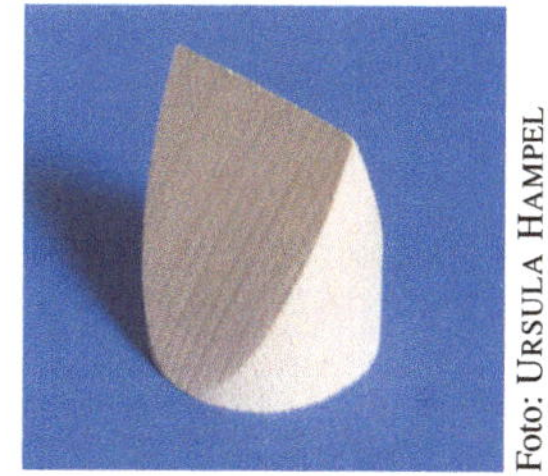

Bild 2. POLYASCHER Stöpsel, der bereits auf PETER FRIEDRICH CATEL (1747–1791) zurückgeht.

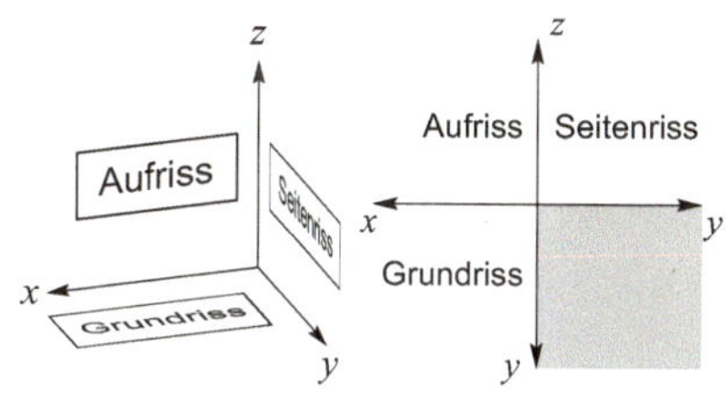

Bild 3.

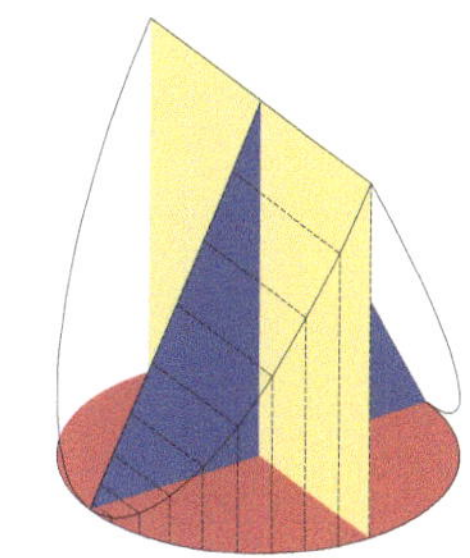

Bild 4.

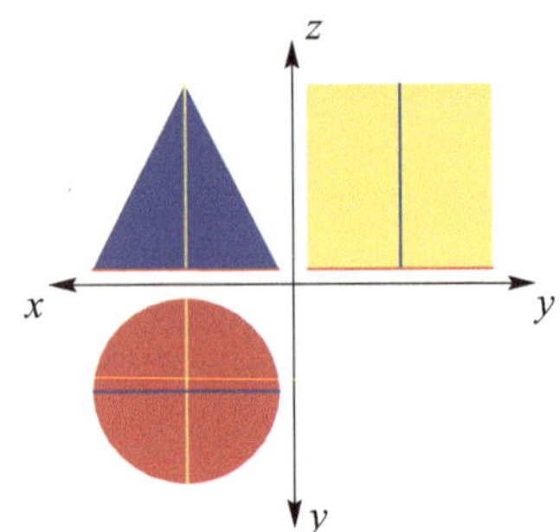

Bild 5.

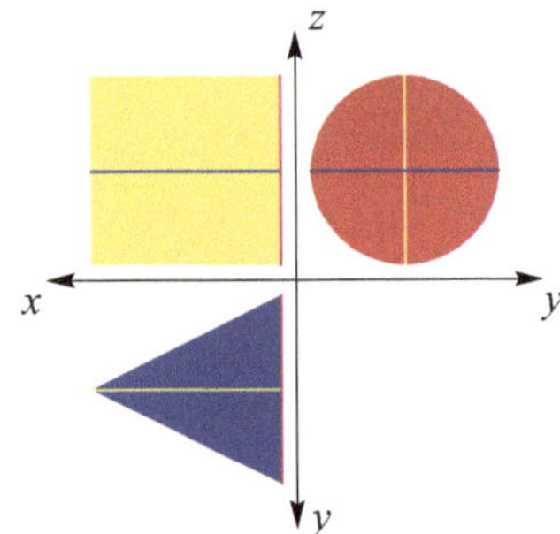

Bild 6.

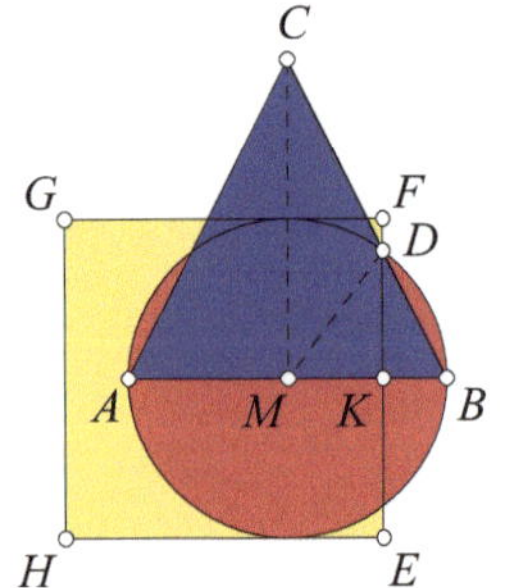

Bild 7. Das Verhältnis $\frac{CD+DE}{AM} \approx 3,14164$ ist eine überraschend gute Approximation für π.

Um das zu erreichen, muss der quadratische Querschnitt parallel zur Aufrisstafel gelegt werden. Dann ist zwar – wie gewünscht – der Seitenriss ein Kreis und der Grundriss ein gleichschenkliges Dreieck, aber die Achse des Dreiecks (als Grundrissbild des Querschnitts) verläuft parallel zur x-Achse (Bild 6). Und das steht im Widerspruch zum Logo.

Kurzum: Das Logo ist nach mathematischen Regeln fehlerhaft. Nun gesteht man im Vergleich zum Bild 6 gern zu, dass das ehemalige Logo gefälliger und schöner ist. Und das mag bei den Vätern des Bundeswettbewerbs wohl auch im Vordergrund gestanden haben. Vielleicht haben sie aber auch diesen Mangel bewusst in Kauf genommen, um Nachdenken und Entdeckerfreude zu befördern, ganz im Sinne des Wettbewerbs.

Nicht unerwähnt bleiben soll in diesem Zusammenhang, dass in dem Logo eine Näherungskonstruktion für die Kreiszahl π versteckt ist. Man verschiebt das Dreieck und das Quadrat so über den Kreis, wie im Bild 7 gezeichnet: Die Basis des Dreiecks wird zum Durchmesser des Kreises, zwei Seiten des Quadrats sind parallel zu dieser Basis und berühren den Kreis, eine dritte Seite des Quadrats schneidet den Kreis im gleichen Punkt wie ein Schenkel des Dreiecks.

Wie man leicht nachrechnet (mit Hilfe der Strahlensatzfigur $B - DK - CM$ und des Satzes des PYTHAGORAS in den Dreiecken BCM und MDK), hat – wenn man dem Radius des Kreises den Wert 1 gibt – die Strecke DE die Länge $\frac{9}{5}$ und die Strecke CD die Länge $\sqrt{\frac{9}{5}}$. Addiert man beide Zahlen, erhält man für die Länge des Streckenzuges $C - D - E$ einen erstaunlich guten Näherungswert für π, nämlich

$$\frac{9}{5} + \sqrt{\frac{9}{5}} \approx 3,14164\,07865\cdots \approx \pi \cdot 1,0000153\ldots.$$

Diese geometrische Näherungskonstruktion für π stammt von THEOPHIL LAMBACHER, dem Mitbegründer des Mathematik-Lehrwerks „*Lambacher Schweizer*" im Klett-Verlag [1, S. 31]. Er zitiert aus [2, S. 29], dass dies „der von VIETA angegebene Näherungswert für π" ist, eine Behauptung, die oft im Internet wiederholt wird. Gelegentlich wird der Wert aber auch RAMANUJAN zugeschrieben [3]. Welche Überlegungen zu diesem Wert führen, muss hier offenbleiben. (Übrigens: Der Kreis um D durch E verfehlt den Punkt A recht knapp.)

Literatur

1. J. STARK: *65 Jahre Lambacher Schweizer*, Festschrift, Ernst Klett Verlag GmbH, Stuttgart 2011,
   https://www.klett.de/sixcms/media.php/185/Festschrift_LS65_Internet.pdf.
2. E. BEUTEL: *Die Quadratur des Kreises*, Mathematisch-Physikalische Bibliothek, Reihe 1, Band 12, Teubner, Berlin 1933.
3. https://en.wikipedia.org/wiki/Approximations_of_%CF%80.

Anhang zur Aufgabe 1972/73-2-3, S. 14.

Mit $C_{ij} := (i - j) \bmod 4$ (Bild 1a) ist $I_{2\times2} \equiv 0 \bmod 4$ und $I_{4\times1} \equiv 2 \bmod 4$. (Ebenso für $C_{ij} := (i + j) \bmod 4$, Bild 1b.)

Übrigens ist diese Wahl von C_{ij} auch die Lösung des Klassikers

> *Ein Schachbrett der Kantenlänge n kann man nur dann mit Streifen der Größe* 4×1 *pflastern, wenn n durch 4 teilbar ist.*

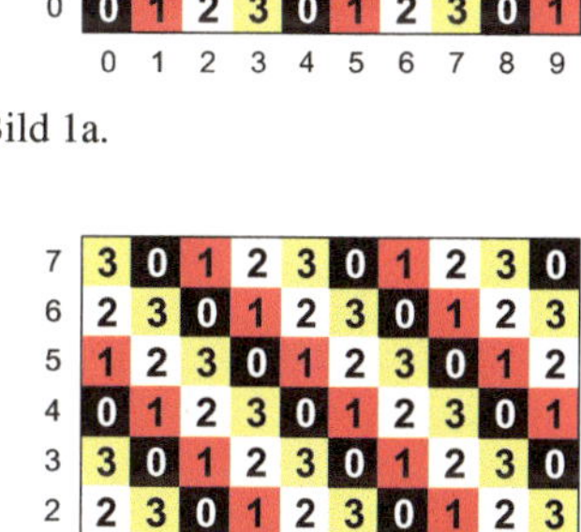

7	1	2	3	0	1	2	3	0	1	2
6	2	3	0	1	2	3	0	1	2	3
5	3	0	1	2	3	0	1	2	3	0
4	0	1	2	3	0	1	2	3	0	1
3	1	2	3	0	1	2	3	0	1	2
2	2	3	0	1	2	3	0	1	2	3
1	3	0	1	2	3	0	1	2	3	0
0	0	1	2	3	0	1	2	3	0	1
	0	1	2	3	4	5	6	7	8	9

Bild 1a.

7	3	0	1	2	3	0	1	2	3	0
6	2	3	0	1	2	3	0	1	2	3
5	1	2	3	0	1	2	3	0	1	2
4	0	1	2	3	0	1	2	3	0	1
3	3	0	1	2	3	0	1	2	3	0
2	2	3	0	1	2	3	0	1	2	3
1	1	2	3	0	1	2	3	0	1	2
0	0	1	2	3	0	1	2	3	0	1
	0	1	2	3	4	5	6	7	8	9

Bild 1b.

■ **Beweis.** Die Fälle $n \equiv 1 \bmod 4$ und $n \equiv 3 \bmod 4$ scheiden von vornherein aus, weil das Schachbrett dann eine ungeradzahlige Größe hätte und es somit nicht von Viererstreifen lückenlos und überlappungsfrei überdeckt werden kann. Im Fall $n = 4k + 2$ mit $k = 1, 2, \ldots$ lässt sich das Schachbrett wegen $n^2 = 16k^2 + 16k + 4$ immer in k^2 Platten der Größe 4×4, jeweils k Platten des Formats 4×2 bzw. 2×4 und eine 2×2-Platte unterteilen. Jeder Viererstreifen überdeckt jedoch einen Wert $I \equiv 0 \bmod 6$, egal wie er im Feld liegt; demzufolge liefern auch alle aus Viererstreifen zusammengesetzten Rechtecke und Quadrate eine Summe von I-Werten, die durch 6 teilbar ist. Die verbleibende 2×2-Platte trägt hingegen zur Summe der I-Werte mit einem Summanden bei, der bei Division durch 6 entweder den Rest 2, nämlich für $\begin{smallmatrix}1&2\\2&3\end{smallmatrix}$ und $\begin{smallmatrix}2&3\\3&0\end{smallmatrix}$ oder den Rest 4, für $\begin{smallmatrix}3&0\\0&1\end{smallmatrix}$ und $\begin{smallmatrix}0&1\\1&2\end{smallmatrix}$, lässt. Damit kann in diesem Fall das Brett nicht mit Viererstreifen gepflastert werden. Der letzte Fall $n = 4k$ ist trivial, denn – wie oben gesehen – genügt eine Unterteilung in k^2 4×4-Quadrate, die ihrerseits in Viererstreifen zerlegt werden. □

Anhang zur Aufgabe 2018-2-2, S. 277ff.

Hier folgen die Lösungen zu den Aufgaben 1 bis 9 mit kurzen Beweisskizzen. Anschließend wird die Frage zu den Funktionsbeispielen C) und D) beantwortet.

Lösung der Aufgabe 1. Mit vollständiger Induktion lässt sich beweisen, dass für alle natürlichen Zahlen k gilt: $f(2k+1) = 0$ sowie $f(4k) = 0$. Weiter kann es höchstens eine Zahl $n \equiv 2 \mod 4$ geben mit $f(n) \neq 0$. Daher gilt $f_k(x) = \begin{cases} a \in \mathbb{R} & \text{für } x = 4k+2,\ k \in \mathbb{N}_0 \\ 0 & \text{sonst} \end{cases}$ und die Lösungsmenge L lautet: $L = \bigcup_{k \in \mathbb{N}_0} f_k(x)$.

Lösung der Aufgabe 2. Die Lösungsmenge besteht aus allen Funktionen der Form $g(n) = n + c$ mit $c \in \mathbb{N}_0$. Der Nachweis dafür, dass alle Funktionen dieser Form die gegebene Funktionalgleichung erfüllen, erfolgt durch direktes Einsetzen. Zum Nachweis dafür, dass keine anderen Funktionen diese Gleichung erfüllen, können wir zunächst zeigen: Aus $p \mid g(k) - g(l)$ für eine Primzahl p und positive ganze Zahlen k, l folgt $p \mid k - l$. Dies

verwenden wir, um nachzuweisen, dass g injektiv ist, und anschließend zu folgern, dass $|g(k+1) - g(k)| = 1$ für alle $k \in \mathbb{N}$ gilt. Mit vollständiger Induktion lässt sich zeigen, dass $g(n) = g(1) + q(n-1)$ mit $|q| = 1$ gilt. Abschließend kann $q = -1$ ausgeschlossen werden.

Lösung der Aufgabe 3. Für den *Hauptfall* $1 - x^2(1-x)^2 \neq 0$ ergibt sich als Lösungsfunktion $f(x) = 1 - x^2$. Dazu substituieren wir in der Ausgangsgleichung x durch $1 - x$ bzw. multiplizieren wir die Ausgangsgleichung mit $(1-x)^2$ und subtrahieren die beiden neuen Gleichungen voneinander. Für den *Sonderfall* $1 - x^2(1-x)^2 = 0$ liefert der Unterfall $x^2 - x + 1 = 0$ keine reellen Lösungen; der Unterfall $x^2 - x - 1 = 0$ hat die Lösungen $x_1 = \frac{1+\sqrt{5}}{2}$ und $x_2 = \frac{1-\sqrt{5}}{2}$. Weitere Rechnungen ergeben, dass $f(x_1) = a$ frei wählbar ist und damit auch die Lösung $f(x_2) = -\frac{5+\sqrt{5}}{2} - \frac{3+\sqrt{5}}{2}a$ erzeugt. Dies sind alle Lösungen.

Lösung der Aufgabe 4. Die gegebene Funktionalgleichung besitzt genau die drei Lösungsfunktionen $f(x) \equiv 0$, $f(x) = x - 1$ und $f(x) = 1 - x$. Der Nachweis dafür, dass diese Funktionen die gegebene Gleichung erfüllen, erfolgt durch direktes Einsetzen. Zum Nachweis dafür, dass es keine anderen Lösungsfunktionen gibt, stellen wir zunächst fest, dass mit jeder Funktion $f(x)$ auch $-f(x)$ Lösungsfunktion ist, und können daher o. B. d. A. $f(0) \leq 0$ annehmen. Für jedes $x \neq 1$ existiert ein reelles y mit $x + y = xy \Leftrightarrow y = \frac{x}{x-1}$. Damit wird die Ausgangsgleichung für $x \neq 1$ zu $f(f(x)f(\frac{x}{x-1})) = 0$. Einsetzen von $x = 0$ liefert $f((f(0))^2) = 0$, dessen *Unterfall* $f(0) = 0$ mit $y = 0$ in der Ausgangsgleichung die Lösung $f(x) = 0$ liefert, wogegen im *Unterfall* $f(0) < 0$ zunächst gezeigt werden kann, dass $f(1) = 0$ gilt, aus $f(a) = 0$ stets $a = 1$ folgt, und $f(0) = -1$ gilt. Mit $y = 1$ in der Ausgangsgleichung folgt über $f(x+1) = f(x) + 1$, dass $f(x+n) = f(x) + n$, $n \in \mathbb{Z}$. Weiter lässt sich zeigen, dass f injektiv ist. Einsetzen von $(x, y) = (t, -t)$ sowie von $(x, y) = (t, 1-t)$ in die Ausgangsgleichung führt nach einiger Rechnung zu $f(t) = t - 1$, woraus sich die beiden nichttrivialen Lösungsfunktionen ergeben.

Lösung der Aufgabe 5. Substitution von $\frac{x-1}{x}$ für x bzw. $\frac{-1}{x-1}$ für x in der Ausgangsgleichung (1) ergibt die Gleichungen (2) und (3). Aus der Summe $(1) + (3) - (2)$ erhalten wir $F(x) = \frac{x^3 - x^2 - 1}{2x(x-1)}$. Die Probe durch Einsetzen bestätigt diese (einzige) Lösung.

Lösung der Aufgabe 6. Setzen wir in der Funktionalgleichung nacheinander t und $1 - t$ für x ein, so erhalten wir zwei Gleichungen, deren eine wir nach $f(t)$ auflösen und in die andere einsetzen können. Weiteres Umformen liefert die Lösungsfunktion $f(x) = 2 \cdot \frac{x^3 - 4x^2 + 6x - 1}{x^4 - 2x^3 + x^2 - 1}$ mit dem Definitionsbereich $D_f = \mathbb{R} \setminus \{\frac{1+\sqrt{5}}{2}, \frac{1-\sqrt{5}}{2}\}$.

Lösung der Aufgabe 7. Setzen wir nacheinander $x = f(a)$, $y = b$ und $x = f(b)$, $y = a$ in die Ausgangsgleichung ein und fassen geschickt zusammen, so erhalten wir $\frac{f(f(a))^2}{f(a)} = \frac{f(f(b))^2}{f(b)}$ für alle $a, b \in \mathbb{Q}^+$. Dies bedeutet, dass eine positive rationale Konstante C existiert mit $f(f(a))^2 = Cf(a)$ bzw. $\left(\frac{f^2(a)}{C}\right)^2 = \frac{f(a)}{C}$ für alle $a \in \mathbb{Q}^+$. Entsprechend gilt $\frac{f(a)}{C} = \left(\frac{f^2(a)}{C}\right)^2 = \left(\frac{f^3(a)}{C}\right)^4 = \cdots = \left(\frac{f^{n+1}(a)}{C}\right)^{2^n}$ für alle $n \in \mathbb{N}$. Dies geht nur für $\frac{f(a)}{C} = 1$; also ist $f(a) = C$ und aus der Ausgangsgleichung erhalten wir $C = C^3$, also $C = 1$. Damit ist $f(x) \equiv 1$ die einzige Lösungsfunktion. Die Probe bestätigt das Ergebnis.

Lösung der Aufgabe 8. Es sei U eine beliebige Untergruppe von $\mathbb{Q}^+$ und $a_1, a_2, \cdots \in \mathbb{Q}^+$ feste Repräsentanten der Nebenklassen von $\mathbb{Q}^+/U$. Ferner seien $u_1, u_2, \ldots$ Zahlen aus U, sodass jedem a_i genau ein u_i zugeordnet ist. Damit ergeben sich folgende Lösungen $f : \mathbb{Q}^+ \to \mathbb{Q}^+$:

$$f(x) = \begin{cases} r \cdot u_i & \text{für } x = a_i^2 \cdot r^2 \text{ mit } r \in U \\ u \text{ beliebig} \in U & \text{falls } x \text{ kein Quadrat einer Zahl aus } \mathbb{Q}^+ \text{ ist.} \end{cases}$$

Dabei kommen alle Lösungen durch die möglichen Untergruppen U und die Auswahl der u_i zustande, sowie durch beliebige Wahl von $u \in U$ (die a_i sind für jedes U fest).

Zum Beispiel ergibt sich Folgendes für die trivialen Untergruppen von $\mathbb{Q}^+$:
a) $U = \{1\}$: Hier ist nur $r = u = 1$ sowie $u_i = 1$ möglich, sodass $f(x) = 1$ für alle $x \in \mathbb{Q}^+$.
b) $U = \mathbb{Q}^+$: Hier ist $f(x) = a\sqrt{x}$ mit festem a, wenn x eine Quadratzahl ist, sowie $f(x)$ beliebig aus $\mathbb{Q}^+$, wenn x keine Quadratzahl ist.

Zunächst ist zu zeigen, dass f wohldefiniert ist und die Ausgangsgleichung erfüllt. Dies gelingt unter Beachtung der Tatsache, dass die Wertemenge W_f von f in U liegt. Für die andere Beweisrichtung ist zu zeigen, dass W_f eine Untergruppe von $\mathbb{Q}^+$ ist. Mithilfe der Nebenklassen von $\mathbb{Q}^+/W_f$ lässt sich dann nachweisen, dass jede Lösungsfunktion f tatsächlich die oben beschriebene Form haben muss.

Lösung der Aufgabe 9. Dieses Problem ist keine Wettbewerbsaufgabe, sondern stammt aus der Forschung. Es ist in dem Sinn noch ungelöst, dass die Menge aller Lösungsfunktionen noch nicht vollständig beschrieben ist. Aber wir nennen einige Beispiele für Lösungen:

- $f(x) = -\lfloor x \rfloor$, $g(x) = \begin{cases} x - \lfloor x \rfloor, & x \geq 0 \\ x, & x \leq 0 \end{cases}$

- $f : \mathbb{R} \to \{0, 1\}$ beliebig mit $f(x + 1) = f(x)$, $g(x) = x + f(x)$

- $f(x) = -ax$, $g(x) = \frac{x}{1+a}$ $(a \neq 1)$

- $f(x) = \frac{1}{r} \ln(a\,\mathrm{e}^{-rx} + 1 - a)$, $g(x) = \frac{1}{r} \ln \frac{\mathrm{e}^{rx} + a}{1+a}$ $(r \neq 0; 0 \leq a \leq 1)$

- $f(x) = -x$, $g(x) = \frac{x}{2} + h(x)$, wobei $h : \mathbb{R} \to \mathbb{R}$ eine beliebige gerade Funktion ist.

Nebenklassen.

In der additiven ABELSCHEN Gruppe $(\mathbb{Z}, +)$ der ganzen Zahlen ist für jede feste Primzahl p die Menge $\mathbb{Z}_p = \{k \cdot p, k \in \mathbb{Z}\}$ eine *Untergruppe*.

Die *Nebenklassen* von $\mathbb{Z}/\mathbb{Z}_p$ sind die Mengen $a\mathbb{Z}_p = \{a + kp \mid a \in \mathbb{Z} \text{ fest}, k \in \mathbb{Z}\}$.

Beispielsweise ist $2\mathbb{Z}_5 = \{\ldots; -8; -3; 2; 7; 12; \ldots\}$.

Die Herkunft der Funktionalgleichung ergibt sich aus einer Verallgemeinerung der auch aus der Schule bekannten *Mittelwerte* (z. B. arithmetisches, geometrisches, harmonisches und quadratisches Mittel, s. Kasten auf Seite 58). Dazu definieren wir für $n \geq 2$ eine *Mittelwertfunktion* $\mu : \mathbb{R}_+^n \to \mathbb{R}_+$ über folgende Bedingungen: μ ist *symmetrisch*, d. h., $\mu(X) = \mu(X')$ für jede Permutation X' von $X = (x_1, x_2, \ldots, x_n)$, μ ist in jedem x_i *monoton wachsend*, μ ist *normiert*, d. h. $\mu(t, \ldots, t) = t$ für alle $t \in \mathbb{R}_+$. Darüber hinaus heißt μ *homogen*, wenn und nur wenn $\mu(tX) = t\mu(X)$ für alle $t \in \mathbb{R}_+$ und $X \in \mathbb{R}_+^n$.

Zwei Mittelwertfunktionen $\mu : \mathbb{R}_+^n \to \mathbb{R}_+$ und $\tilde{\mu} : \mathbb{R}_+^{n+1} \to \mathbb{R}_+$ heißen *kompatibel*, wenn für ein beliebiges $(x_1, \ldots, x_n, x_{n+1}) \in \mathbb{R}_+^{n+1}$ die Gleichung $\tilde{\mu}(x_1, \ldots, x_n, x_{n+1}) = \tilde{\mu}(\underbrace{z, \ldots, z}_{n\text{-mal}}, x_{n+1})$ erfüllt ist, wobei $z = \mu(x_1, \ldots, x_{n+1})$ gilt. Wenn wir nun für zwei kompatible homogene Mittelwertfunktionen $\mu : \mathbb{R}_+^n \to \mathbb{R}_+$ und $\tilde{\mu} : \mathbb{R}_+^{n+1} \to \mathbb{R}_+$ die Funktionen f und g mit $f(x) = \ln \mu(\underbrace{1, \ldots, 1}_{n-1\text{-mal}}, \mathrm{e}^{-x})$, $g(x) = \ln \tilde{\mu}(\underbrace{\mathrm{e}^x, \ldots, \mathrm{e}^x}_{n\text{-mal}}, 1)$ definieren ($x \in \mathbb{R}$), so erfüllen diese Funktionen die gegebene Funktionalgleichung. – Ein tiefer Griff in die Pralinenschachtel!

Antwort auf die Frage vor den Lösungsbeispielen C) und D) auf Seite 267. Es geht in beiden Beispielen um die Definition von $f(0)$ und $f(1)$. In Beispiel C) gilt $f(0) = 0$ und $f(1) = 0$. Damit ist f nicht injektiv und besitzt in $x = 0$ einen zweiten Fixpunkt, was ausgeschlossen ist. In Beispiel D) gilt $f(0) = 1$ und $f(1) = 0$. Diese Wahl bietet sich scheinbar auch zur Rettung von C) an, aber sie verletzt die Drehsymmetrie des Graphen, weil dann auch $(0, 0)$ und $(1, 1)$ zu f gehören müssen – Widerspruch! Den einzigen Ausweg bietet eine größere „Umräumaktion", wie sie etwa in Beispiel B) vorgenommen worden ist.

Dieses schöne Trennsymbol, welches im gesamten Buch Verwendung findet, hat selbstverständlich eine mathematische und sogar eine physikalische Bedeutung: es zeigt den *Sinus cardinalis* oder die si-Funktion:

$$\mathrm{si}(x) = \begin{cases} \frac{\sin x}{x} & \text{für } x \neq 0 \\ 1 & \text{für } x = 0. \end{cases}$$

Diese Funktion findet zahlreiche Anwendungen; ihr Quadrat beschreibt z. B. die Intensitätsverteilung einer an einem Spalt gebeugten Welle. Mit METAFONT wurde daraus ein Symbol in der gewünschten Breite gemacht.

Verzeichnis der Autoren und Bearbeiter

StD a. D. KARL FEGERT, Neu-Ulm

StD Dr. HERMANN FRASCH†, Stuttgart

Prof. Dr. RAINER KAENDERS, Universität Bonn

StD a. D. KLAUS-R. LÖFFLER, Leverkusen

Dr. ERIC MÜLLER, Villingen-Schwenningen, dreimaliger Bundessieger (1986–1988)

Prof. i. R. Dr. ERHARD QUAISSER, Werder (Havel)

Ass. Prof. Dr. LISA SAUERMANN, Stanford University, sechsmalige Bundessiegerin (2006–2011)

OStD a. D. Dr. HORST SEWERIN, Hofheim a. Ts.

Dr. ECKARD SPECHT, Universität Magdeburg

OStR Dr. ROBERT STRICH, Ochsenfurt, Bundessieger 1995 und 1996

Dr. EMESE-TÜNDE VARGYAS, Universität Mainz

StDin Dr. CORNELIA WISSEMANN-HARTMANN, Wuppertal

Prof. Dr. GÜNTER M. ZIEGLER, Freie Universität Berlin, Bundessieger 1980 und 1981

Ergänzendes Literaturverzeichnis

1. Stifterverband für die deutsche Wissenschaft (Hrsg.): *Bundeswettbewerb Mathematik – Aufgaben und Lösungen 1970–1975*, Bearb. H. FRASCH, Ernst Klett Verlag, Stuttgart 1977.
2. Verein Bildung und Begabung (Hrsg.): *Bundeswettbewerb Mathematik – Aufgaben und Lösungen 1972–1982*, Bearb. K.-R. LÖFFLER, Ernst Klett Verlage, Stuttgart 1987.
3. Verein Bildung und Begabung (Hrsg.): *Bundeswettbewerb Mathematik – Aufgaben und Lösungen 1983–1987*, Bearb. K.-R. LÖFFLER, Ernst Klett Verlage, Stuttgart 1988.
4. K.-R. LÖFFLER (Hrsg.): *Bundeswettbewerb Mathematik – Aufgaben und Lösungen 1988–1992*, Ernst Klett Schulbuchverlag, Stuttgart Düsseldorf Berlin Leipzig 1994.
5. K.-R. LÖFFLER (Hrsg.): *Bundeswettbewerb Mathematik – Aufgaben und Lösungen 1993–1997*, Ernst Klett Verlag, Stuttgart Berlin Leipzig 1998.
6. *Bundeswettbewerb Mathematik – Aufgaben (ab 1999) und Lösungen (ab 2000)*, Bearb. K. FEGERT, `http://www.bundeswettbewerb.de`.
7. Aufgabenausschuss des Bundeswettbewerbs Mathematik (Hrsg.): *Aufgaben von Schülern für Schüler*, Bildung & Begabung gemeinnützige GmbH, Bonn 2010.
8. A. ENGEL: *Problem-Solving Strategies*, Springer-Verlag, New York Berlin Heidelberg 1998.
9. K. FEGERT: *Bundeswettbewerb Mathematik. Gedanken zu Anforderungen und Aufgabenstellungen*, Mathematikunterricht **51** (2005), No. 5, 37–43.
10. H.-H. LANGMANN, D. SCHLEICHER: *Der Bundeswettbewerb Mathematik*. In: S. SCHIEMANN (Hrsg.): Talentförderung Mathematik, Schriftenreihe des ICBF Münster/Nijmegen, Bd. 11, S. 237–254. LIT Verlag, Berlin 2009.
11. H.-H. LANGMANN: *Der Bundeswettbewerb Mathematik*, Mitt. d. DMV **18** (2010), 206–208.
12. H. SEWERIN: *Mathematische Schülerwettbewerbe. Beschreibungen, Analysen, Aufgaben, Trainingsmethoden, mit Ergebnissen einer Umfrage zum Bundeswettbewerb Mathematik*, Manz, München 1979 (ISBN 3-7863-0347-9).

BILDUNG & BEGABUNG

Talentförderzentrum des Bundes und der Länder

Bildung & Begabung ist das Talentförderzentrum des Bundes und der Länder. Seine Wettbewerbe und Akademien helfen Jugendlichen, ihre Stärken zu entfalten – unabhängig davon, auf welche Schule sie gehen oder aus welcher Kultur sie stammen. Außerdem unterstützt Bildung & Begabung Lehrkräfte, Eltern sowie Schülerinnen und Schüler mit umfangreichen Informations- und Vernetzungsangeboten.

Bildung & Begabung bietet individuelle Förderprogramme: Besonders leistungsfähige Schülerinnen und Schüler der Oberstufe finden während der Sommerferien intellektuelle und soziale Herausforderungen in der Deutschen SchülerAkademie. Seit 2003 gibt es in zahlreichen Bundesländern JuniorAkademien für die Sekundarstufe I.

Die TalentAkademie unterstützt Jugendliche der Mittelstufe aller Schulformen darin, ihre Persönlichkeit zu entwickeln, den Teamgeist zu schärfen und eigene Talente zu entdecken. Mit der VorbilderAkademie gibt Bildung & Begabung jungen Geflüchteten und Jugendlichen mit Einwanderungsgeschichte Orientierungswissen über ihre Chancen im deutschen Bildungssystem. „GamesTalente" verbindet Begabungsförderung und digitale Spiele in einem innovativen Wettbewerbs- und Akademieformat.

Der Bundeswettbewerb Fremdsprachen und die Bundesweiten Mathematikwettbewerbe haben die längste Tradition im Förderangebot des Talentförderzentrums, das außerdem den Auswahlwettbewerb zur Internationalen Mathematik-Olympiade organisiert.

Im Online-Portal www.begabungslotse.de finden Eltern, Lehrkräfte sowie Schülerinnen und Schüler Informationen zur Talentförderung in Deutschland. Die Fachtagung „Perspektive Begabung" vernetzt Bildungspraktikerinnen und -praktiker aus Wissenschaft und Praxis.

Bildung & Begabung ist eine Tochter des Stifterverbandes. Förderer sind das Bundesministerium für Bildung und Forschung und die Kultusministerkonferenz. Schirmherr ist der Bundespräsident.

Bildung & Begabung gemeinnützige GmbH
Kortrijker Str. 1
53177 Bonn
Telefon: (0228) 9 59 15 – 10
E-Mail: info@bildung-und-begabung.de

Eingetragen beim Registergericht Amtsgericht Essen, HRB 22445
St.-Nr.: 206/5887/1089
Geschäftsführung: PD Dr. Elke Völmicke, Bettina Jorzik

www.facebook.com/BildungBegabung
www.twitter.com/BildungBegabung
www.instagram.com/BildungBegabung
www.youtube.com/BildungBegabung

Sachwortverzeichnis